D1867812

Carsten Roppel

Grundlagen der digitalen Kommunikationstechnik

Carsten Roppel

Grundlagen der digitalen Kommunikationstechnik

Übertragungstechnik – Signalverarbeitung – Netze

mit 368 Bildern, 42 Tabellen und 62 Beispielen

Fachbuchverlag Leipzig
im Carl Hanser Verlag

Prof. Dr.-Ing. Carsten Roppel
Fachhochschule Schmalkalden
Fachbereich Elektrotechnik

Bibliografische Information Der Deutschen Bibliothek
Die Deutsche Bibliothek verzeichnet diese Publikation in der Deutschen Nationalbibliografie; detaillierte bibliografische Daten sind im Internet über http://dnb.ddb.de abrufbar.

ISBN-10: 3-446-22857-8
ISBN-13: 978-3-446-22857-3

Fachbuchverlag Leipzig
im Carl Hanser Verlag

Internet: http://www.fachbuch-leipzig.hanser.de

Lektorat: Dipl.-Ing. Erika Hotho
Herstellung: Dipl.-Ing. Franziska Kaufmann
Druck und Bindung: Druckhaus „Thomas Müntzer“ GmbH, Bad Langensalza
Printed in Germany

Vorwort

Welche Inhalte gehören in ein Lehrbuch der digitalen Kommunikationstechnik? Geht man dieser Frage nach, so kann man sicherlich zu sehr unterschiedlichen Ergebnissen kommen. Die Themenauswahl des vorliegenden Buches hat zum Ziel, wichtige Grundlagen im Bereich der digitalen Übertragungstechnik, der Signalverarbeitung und der Kommunikationsnetze zu vermitteln.

Das Buch beginnt mit der Signalübertragung über lineare, zeitinvariante Systeme und der Beschreibung von Zufallssignalen. Im Bereich der Übertragungstechnik werden neben der Basisbandübertragung die digitalen Modulationsverfahren einschließlich OFDM behandelt. Weitere Abschnitte sind der Kanalcodierung und der Informationstheorie gewidmet. Die dabei angewandten Verfahren werden zum großen Teil mit Hilfe der digitalen Signalverarbeitung realisiert. Daher werden auch die entsprechenden Grundlagen zeitdiskreter Signale und Systeme abgedeckt. Dies sind neben der Signalabtastung und Quantisierung grundlegende Funktionen wie digitale Filter und die diskrete Fourier-Transformation. Auf implementierungsspezifische Aspekte, wie z. B. den Einfluss der Quantisierung auf die Filtereigenschaften oder die Umsetzung der Algorithmen mit einem Festkomma-Signalprozessor, wird nicht eingegangen.

Im Bereich der Netze werden zunächst allgemeine Funktionsprinzipien wie Leitungs- und Paketvermittlung, zuverlässige Datenübertragung und Grundlagen der Verkehrstheorie behandelt. Ein weiterer Schwerpunkt wird auf die Dienstgüte (QoS: Quality of Service) und das Verkehrsmanagement gelegt. Darauf aufbauend werden die technischen Grundlagen des ISDN und von ATM- und IP-Netzen beschrieben. Die Behandlung der Netze konzentriert sich auf die Schichten 1 bis 3 des OSI-Referenzmodells, also von der Bitübertragung in der physikalischen Schicht bis zu Vermittlungsfunktionen in der Netzwerkschicht. Endgeräte- und dienstespezifische Aspekte der Schichten 4 bis 7 werden nur behandelt, sofern sie in einem engen Zusammenhang mit den darunter liegenden Schichten stehen.

Bei dem Entwurf eines Kommunikationssystems ist eine Vielzahl von Kriterien zu berücksichtigen. Daher ist es wichtig, die grundlegenden Konzepte zu verstehen und die Vor- und Nachteile einer Variante abzuwägen. Letztendlich ist keine Lösung perfekt, sondern es gilt das Optimum zwischen Nutzen und Aufwand zu finden. In diesem Sinne hoffe ich, dass es mir bei diesem Buch gelungen ist, ein ausgewogenes Verhältnis zwischen Auswahl und Menge des Stoffes einerseits und der Tiefe der Behandlung des Materials andererseits zu finden.

Als immer wieder problematisch erweist sich die Frage nach der Verwendung englischer Ausdrücke. Gegen eine konsequente Übersetzung ins Deutsche spricht, dass weiterführende Literatur in Form von Fachaufsätzen oder auch Datenblättern meist in Englisch abgefasst und daher die Kenntnis der englischen Fachausdrücke unbedingt erforderlich ist. Daher wird neben dem deutschen Begriff oft der englische Fachausdruck mit angegeben. Insbesondere im Bereich der Kommunikationsnetze finden sich viele englische Fachausdrücke, für die es keine geeignete deutsche Übersetzung gibt. Soweit es sinnvoll erschien, wurden

Begriffe einer VDE-Richtlinie [11] verwendet. Auch werden in diesem Bereich sehr viele Abkürzungen verwendet, die das Lesen eines Textes oft erschweren. Auch hier gilt jedoch, dass die Kenntnis der Abkürzungen Voraussetzung für die weitere Arbeit mit Handbüchern oder weiterführender Literatur ist. Übungsaufgaben mit Lösungen sowie weitere Informationen zum Buch sind im Internet unter

http://www.fh-schmalkalden.de/roppel_digicom

abrufbar. Dort können auch Kommentare abgegeben und Fehler berichtet werden.

Danken möchte ich abschließend den Studierenden für ihre konstruktive Kritik im Rahmen meiner Vorlesungen an der Fachhochschule Schmalkalden, Frau Hotho, Frau Kaufmann und den Mitarbeitern des Fachbuchverlages Leipzig für zahlreiche Gestaltungsvorschläge und die große Geduld sowie meiner Familie für den nicht immer einfachen Umgang mit mir während des Schreibens an diesem Buch.

Carsten Roppel
Dezember 2005

Inhaltsverzeichnis

1 Einführung

Ein digitales Kommunikationssystem, das sicherlich viele Leser aus eigener Erfahrung kennen, zeigt Bild 1-1: Ein Computer ist über ein Modem mit einem Kommunikationsnetz verbunden und tauscht Daten mit einem anderen Computer aus. Damit dieses System seine Aufgabe erfüllen kann, wird eine Vielzahl von Verfahren und Technologien eingesetzt. Die wichtigste Funktion ist zunächst die Signalübertragung zwischen zwei Punkten. In einem digitalen Übertragungssystem repräsentieren die Signale binäre Symbole oder Bits. Die digitale Übertragungstechnik ist daher die Grundlage eines digitalen Kommunikationssystems, weil sie die Funktionen zur Bitübertragung bereitstellt. In unserem Beispiel kann die Kommunikation über viele verschiedene Übertragungssysteme erfolgen. Zwischen Modem und Kommunikationsnetz kommt je nach Anschlussart (z. B. Modem zur Einwahl in das Fernsprechnetz, Kabelmodem zur Datenübertragung über das Kabelfernsehnetz usw.) eine Reihe von Übertragungsverfahren zum Einsatz. Innerhalb des Netzes, im so genannten Kernnetz oder Backbone, erfolgt die Übertragung in der Regel über Lichtwellenleiter, Richtfunk oder Satellit.

Bild 1-1: Ein digitales Kommunikationssystem

Das Kommunikationsnetz besteht neben Übertragungssystemen aus Vermittlungseinrichtungen. Letztere haben die Aufgabe, die Daten zum gewünschten Kommunikationspartner weiterzuleiten. Dabei gibt es zwei grundlegende Funktionsprinzipien: die Leitungsvermittlung und die Paketvermittlung. Die Leitungsvermittlung liegt unseren heutigen Fernsprechnetzen zu Grunde, während die Paketvermittlung die Basis des Internet ist.

Die gemeinsame Behandlung der Übertragungstechnik und der digitalen Netze soll es dem Leser ermöglichen, ein grundlegendes Verständnis für beide Themengebiete zu entwickeln und die wechselseitigen Abhängigkeiten zu erkennen. Dies wird erleichtert durch eine einheitliche Verwendung von Begriffen und Definitionen. Beispiele dienen außer der exemplarischen Vertiefung auch dazu, auf ausgewählte aktuelle Anwendungen und Entwicklungen hinzuweisen. Die Entwicklung, die Planung und der Betrieb von Kommunikationssystemen sind ohne den Einsatz von leistungsfähigen Messgeräten, Entwicklungs- und Simulationswerkzeugen nicht denkbar. Eine Arbeit mit diesen Werkzeugen setzt ein tief gehendes Verständnis der Funktionsweise des Kommunikationssystems voraus. Die Kenntnis der Grundlagen ermöglicht das schnelle Einarbeiten in neue Verfahren, Arbeitsgebiete oder Werkzeuge.

Die folgenden Abschnitte geben einen ersten Überblick über die Themenschwerpunkte des vorliegenden Buches. Dies ist neben der digitalen Übertragungstechnik und den Kommunikationsnetzen auch die digitale Signalverarbeitung, die bei der Realisierung eines digitalen Kommunikationssystems eine wichtige Rolle spielt.

1.1 Digitale Übertragungssysteme

Ein allgemeines Modell eines digitalen Übertragungssystems zeigt Bild 1-2. Grundlegende Funktionsblöcke sind die Quellencodierung, die Kanalcodierung und vom spezifischen Übertragungsverfahren abhängige Funktionen wie die Modulation. Im Sender finden wir die Quellen- und Kanalcodierung sowie die Modulation. Der Empfänger besteht aus den entsprechenden Funktionen der Quellen- und Kanaldecodierung und der Demodulation. Sender und Empfänger sind über den Übertragungskanal – oder kurz Kanal – verbunden.

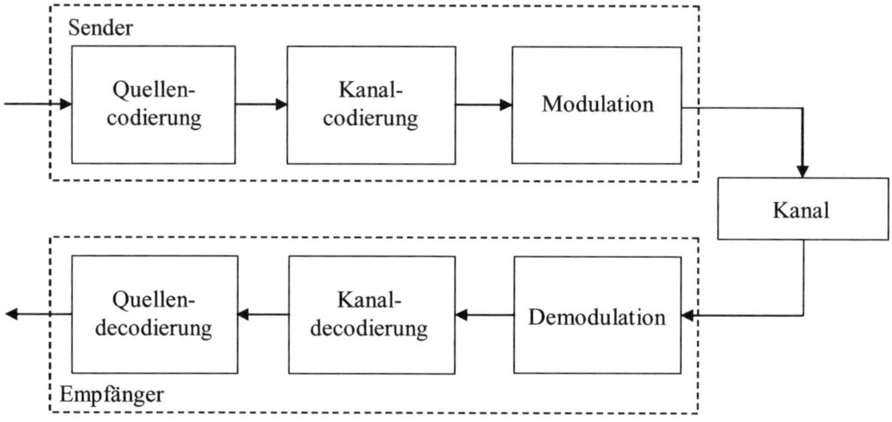

Bild 1-2: Elemente eines digitalen Übertragungssystems

Betrachten wir das System von "innen" heraus und beginnen mit dem Kanal. Der Kanal ist das physikalische Übertragungsmedium zwischen Sender und Empfänger. Dabei kann es sich z. B. um eine terrestrische oder satellitengebundene Funkstrecke, ein Telefonkabel, einen Lichtwellenleiter oder auch um ein Speichermedium wie die Compact Disc (CD) handeln. Der Kanal dämpft und verzerrt das vom Sender ausgehende Nutzsignal und es überlagern sich Störungen in Form eines Rauschsignals. Das Verhältnis der Leistung des Nutzsignals zur Leistung des Rauschsignals am Empfängereingang bezeichnet man als Signal-Rausch-Verhältnis. Eine weitere wesentliche Eigenschaft des Kanals ist dessen Bandbreite, d. h. die Größe des für die Übertragung nutzbaren Frequenzbereichs. Das Signal-Rausch-Verhältnis und die Bandbreite bestimmen die erzielbare Übertragungsrate. Diese wird meist in Bit pro Sekunde (bit/s) angegeben.

Der Block Modulation bildet die zu übertragende binäre Symbolfolge auf für den Kanal geeignete Signale ab. Modulation und Demodulation können auch Funktionen zur spektralen Formung des gesendeten Signals bzw. zur Entzerrung des Signals im Empfänger oder im Falle einer optischen Übertragung die elektrisch-optische Wandlung des Signals beinhalten. Der Begriff des Modems leitet sich aus der Modulation-Demodulation ab.

Bild 1-3 zeigt oben ein Basisbandsignal für die Bitfolge (0, 1, 1, 0, 1). Ein Basisbandsignal benötigt einen Übertragungskanal, dessen nutzbarer Frequenzbereich bis zu sehr niedrigen Frequenzen reicht. Wird das Basisbandsignal auf ein sinusförmiges Trägersignal aufmoduliert, so wird es zu höheren Frequenzen hin verschoben. Je nach Modulationsverfahren erhält man eines der unteren Signale in Bild 1-3. Dort sind drei grundlegende digitale Modulationsverfahren gezeigt. Bei der Amplitudenumtastung (Amplitude-Shift Keying, ASK) ändert sich die Amplitude in Abhängigkeit der zu übertragenden Symbolfolge. Bei der Phasenumtastung (Phase-Shift Keying, PSK) ändert sich entsprechend die Phase und bei der Frequenzumtastung (Frequency-Shift Keying, FSK) die Frequenz.

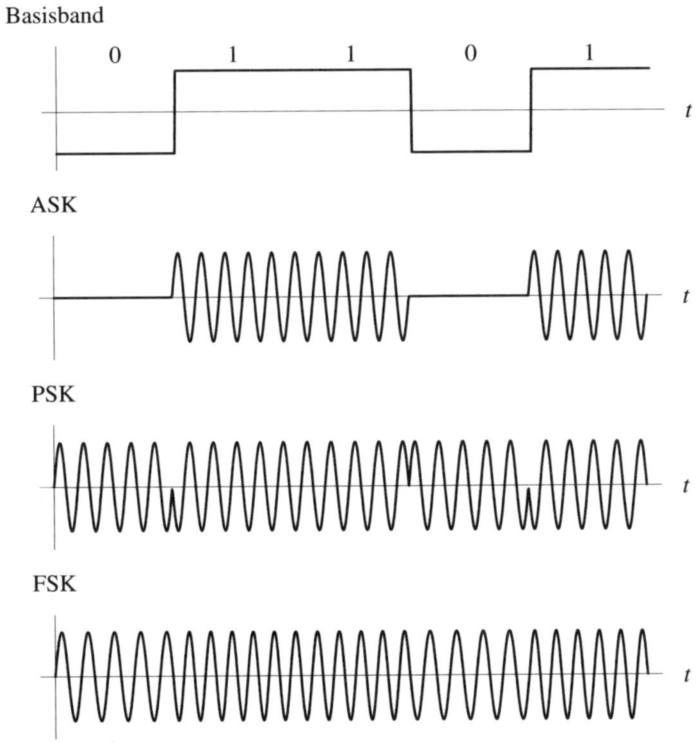

Bild 1-3: Grundlegende Modulationsverfahren

Bei den oben genannten Modulationsverfahren spricht man auch von Einträgerverfahren, da die zu übertragende Bitfolge auf ein Trägersignal aufmoduliert wird. Durch die Verfügbarkeit immer leistungsfähigerer digitaler Signalprozessoren können heute auch Mehrträgerverfahren mit bis zu mehreren tausend Unterträgern realisiert werden. In der Form von OFDM (Orthogonal Frequency-Division Multiplex) werden Mehrträgerverfahren z. B. beim digitalen terrestrischen Fernsehen (Digital Video Broadcasting, DVB) und bei drahtlosen lokalen Rechnernetzen (Wireless Local Area Network, WLAN) eingesetzt.

Ein wichtiges Leistungskriterium eines Modulationsverfahrens ist die Bitfehlerwahrscheinlichkeit. Grundsätzlich kommt es durch das dem Nutzsignal überlagerte Rauschen bei der Übertragung zu Bitfehlern. Die Wahrscheinlichkeit, dass ein Bit verfälscht wird, ist umso größer, je kleiner das Signal-Rausch-Verhältnis ist. Bild 1-4 zeigt einen typischen Verlauf der Bitfehlerwahrscheinlichkeit als Funktion des Signal-Rausch-Verhältnisses.

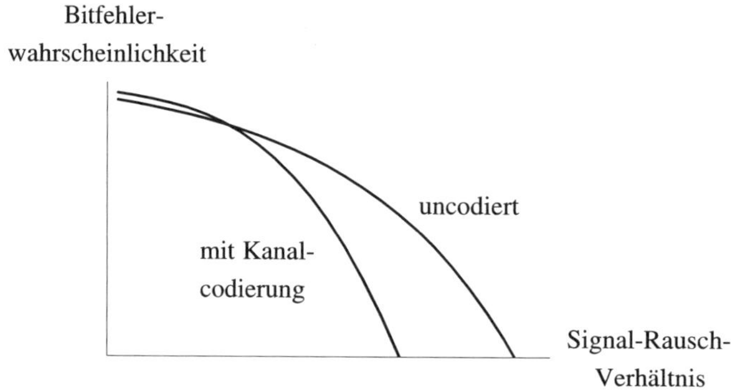

Bild 1-4: Bitfehlerwahrscheinlichkeit und Kanalcodierung

Mit Hilfe der Kanalcodierung lassen sich nun Bitfehler, die durch Störungen und auch durch Verzerrungen im Übertragungskanal verursacht werden, korrigieren. Dies geschieht, indem sendeseitig eine Zusatzinformation in Form von Redundanzbits zu der zu übertragenden Information hinzugefügt wird. Durch Auswertung der Redundanzinformation wird der Kanaldecodierer des Empfängers in die Lage versetzt, Bitfehler korrigieren zu können. Bild 1-4 zeigt die Verbesserung, die mit einer Kanalcodierung erzielt wird. Die Verbesserung drückt sich dadurch aus, dass bei gleicher Bitfehlerwahrscheinlichkeit mit Kanalcodierung ein geringeres Signal-Rausch-Verhältnis erforderlich ist als bei uncodierter Übertragung. Der steile Verlauf bei einem großen Signal-Rausch-Verhältnis ist typisch für digitale Übertragungssysteme. Er weist darauf hin, dass bei zunehmenden Störungen die Bitfehlerwahrscheinlichkeit stark ansteigt und die Übertragungsqualität schlagartig abnimmt. Wie man allerdings erkennt, schneiden sich die Kurven für codierte und uncodierte Übertragung. Links vom Schnittpunkt, also bei einem sehr kleinen Signal-Rausch-Verhältnis, ist die Bitfehlerwahrscheinlichkeit bei codierter Übertragung sogar größer als bei uncodierter Übertragung. Dies ist auf die zusätzlich zu übertragende Redundanzinformation zurückzuführen.

Am Eingang unseres Übertragungssystems in Bild 1-2 finden wir die Quellencodierung. Aufgabe der Quellencodierung ist es, die zu übertragende Nachricht mit einer möglichst geringen Anzahl von Bits darzustellen. Dazu wird die in der Nachricht enthaltene redundante Information minimiert. Die Trennung von Quellen- und Kanalcodierung geht auf die grundlegenden Arbeiten von C. Shannon aus dem Jahr 1948 zur Informationstheorie zurück.

1.2 Digitale Signalverarbeitung

Viele der in digitalen Übertragungssystemen verwendeten Funktionen im Bereich der Modulation/Demodulation und der Kanal- und Quellencodierung bzw. Decodierung werden in der Regel digital realisiert. Ein allgemeines digitales Signalverarbeitungssystem ist in Bild 1-5 gezeigt.

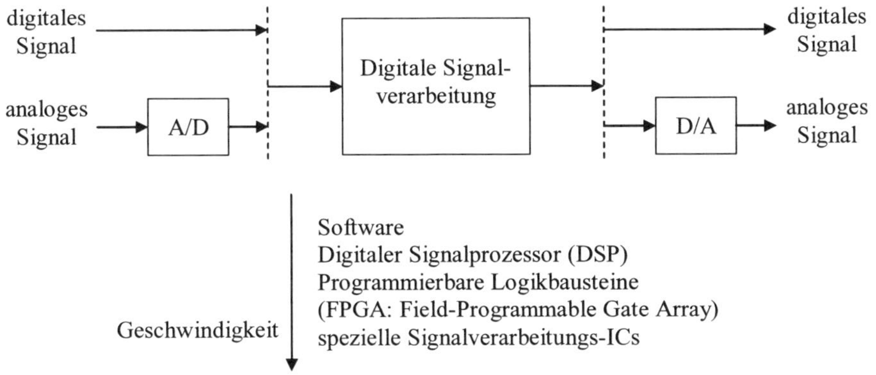

Bild 1-5: System zur digitalen Signalverarbeitung

Ein- und Ausgangssignale eines solchen Systems sind digitale, zeitdiskrete Signale. Ist ein Übergang von der analogen in die zeitdiskrete Welt erforderlich, so erfolgt dieser mit Hilfe eines Analog-Digital(A/D)- bzw. Digital-Analog(D/A)-Wandlers. Einen solchen Übergang finden wir beispielsweise am Empfängereingang des digitalen Übertragungssystems in Bild 1-2. Nach einer analogen Vorverarbeitung des Eingangssignals und der A/D-Wandlung erfolgt die weitere Signalverarbeitung (Demodulation und Decodierung) im digitalen Bereich.

Die grundlegenden Funktionen der A/D-Wandlung sind die Abtastung und die Quantisierung des analogen Signals (Bild 1-6). Durch die Abtastung des analogen Signals $x(t)$ mit der Abtastrate f_A erhalten wir das zeitdiskrete Signal $x(n)$. Die Punkte in der Darstellung von $x(n)$ markieren die äquidistanten Abtastwerte im Abstand $T_A = 1/f_A$. Unter Quantisierung versteht man die Abbildung der Abtastwerte auf eine endliche Anzahl von diskreten Werten, die beispielsweise mit einem digitalen Signalprozessor verarbeitet werden können.

In der Kommunikationstechnik haben wir es in der Regel mit einer Echtzeitverarbeitung der Daten zu tun, bei der die Signalverarbeitungsfunktionen in einer fest begrenzten Zeit ausgeführt werden müssen. Während man im Audiobereich mit Abtastraten von einigen 10 kHz arbeitet, findet man in digitalen Übertragungssystemen Abtastraten bis zu 100 MHz und darüber hinaus. Beispielsweise muss bei der Filterung eines Audiosignals, das mit 44,1 kHz abgetastet wurde (diese Abtastrate wird bei der Audio-CD verwendet), die digitale Filterfunktion alle $1/44{,}1\ \text{kHz} = 22{,}67\ \mu\text{s}$ einen neuen Ausgangswert berechnen. Bei einer Abtastung mit 100 MHz stehen dagegen nur 10 ns für die Verarbeitung eines Abtastwertes zur Verfügung.

Für die Realisierung der digitalen Signalverarbeitungsfunktionen steht daher eine Reihe von Optionen zur Verfügung, die sich in der Verarbeitungsgeschwindigkeit unterscheiden wie in Bild 1-5 angedeutet. Dabei werden oft auch Kombinationen eingesetzt, beispielsweise eine Vorverarbeitung mit einem programmierbaren Logikbaustein, die mit einer Reduzierung der Abtastrate verbunden ist, und eine weitere Verarbeitung mit einem digitalen Signalprozessor.

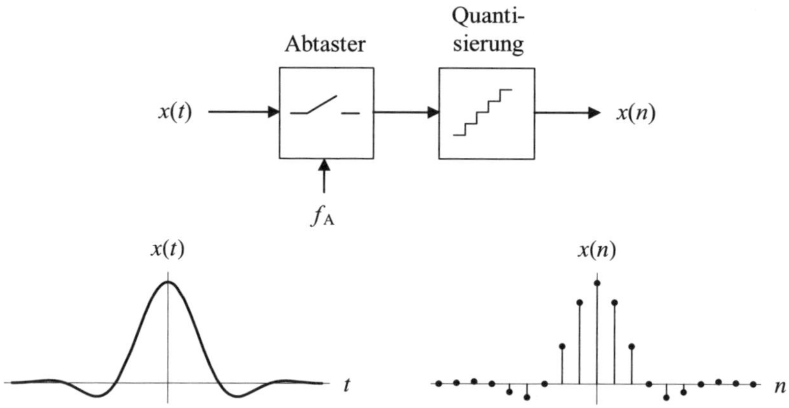

Bild 1-6: Ein zeitdiskretes Signal entsteht durch Abtastung eines analogen Signals

1.3 Digitale Netze

Ein Kommunikationsnetz besteht aus Übertragungssystemen, Vermittlungseinrichtungen und Endgeräten (Bild 1-7). Die Übertragungssysteme im Kernbereich des Netzes bezeichnet man als Transportnetz. Der Teil des Netzes von der letzten Vermittlungseinrichtung bis zum Teilnehmeranschluss wird als Anschluss- oder Teilnehmernetz bezeichnet (die "Last Mile" im englischen Sprachgebrauch). Gateways ermöglichen die Kommunikation zwischen verschiedenen Netzen, beispielsweise zwischen einem Fernsprechnetz und einem Datennetz.

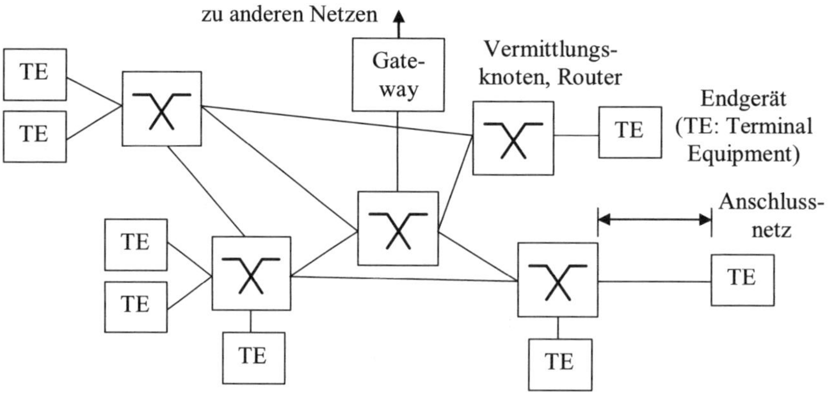

Bild 1-7: Ein Kommunikationsnetz

Die Übertragungssysteme stellen die Funktionen zur Bitübertragung zwischen zwei Punkten bereit. Während man bei einem Übertragungssystem mit einem Sender und einem Empfänger von einer Punkt-zu-Punkt-Übertragung spricht, greifen in vielen Kommunikationssystemen mehrere Sender auf ein gemeinsam genutztes Übertragungsmedium zu (Bild 1-8). So ist z. B. beim Mobilfunk der gemeinsame Übertragungskanal durch den verfügbaren Frequenzbereich innerhalb einer Funkzelle oder bei lokalen Rechnernetzen (IEEE 802.3 Local Area Network, auch als Ethernet bekannt) durch das Koaxial- oder Zweidrahtkabel gegeben. Damit diese Sender sich nicht gegenseitig stören, ist ein Mehrfachzugriffsverfahren erforderlich.

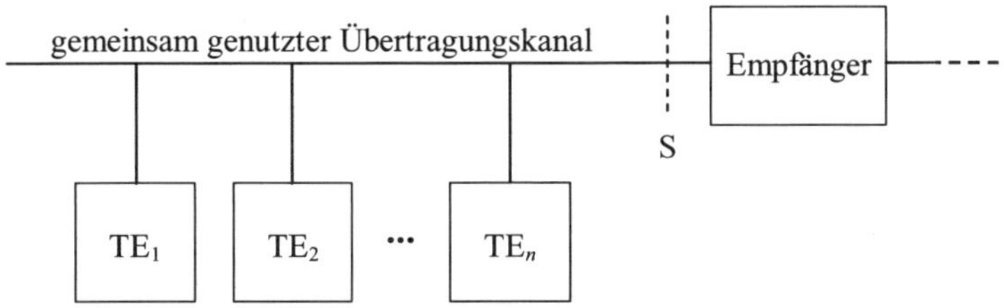

Bild 1-8: Mehrfachzugriff durch Endgeräte TE_1 bis TE_n auf einen Kanal

Zwei weitere Begriffe sind im Zusammenhang mit Kommunikationsnetzen von Bedeutung: Schnittstellen und Protokolle. Eine Schnittstelle, in Bild 1-8 mit S bezeichnet, definiert mechanische Eigenschaften wie z. B. Kabeltyp oder Steckerverbindung, elektrische Eigenschaften wie z. B. Spannungspegel und die Struktur der Signale. Eine Struktur kann in Form eines Übertragungsrahmens gegeben sein, in dem die Bedeutung der einzelnen Bits festgelegt ist (z. B. Bits, die den Rahmenanfang markieren oder dem Fehlerschutz dienen). Protokolle definieren die Datenformate (die Syntax), die die kommunizierenden Geräte austauschen, und deren mögliche Aktionen und Reaktionen (die Semantik). Damit Systeme unterschiedlicher Hersteller miteinander kommunizieren können, müssen Schnittstellen und Protokolle standardisiert werden (siehe Anhang 3).

Die Vermittlungseinrichtungen haben die Aufgabe, zwischen Endgeräten, die miteinander kommunizieren wollen, einen Übertragungsweg bereitzustellen. Man unterscheidet zwischen zwei grundsätzlichen Vermittlungsprinzipien, der Leitungsvermittlung und der Paketvermittlung. Bei der Leitungsvermittlung wird zwischen zwei Endgeräten eine Verbindung mit fester Übertragungskapazität aufgebaut. Nach diesem Prinzip arbeitet das Telefonnetz. Bei der Paketvermittlung werden Datenpakete zwischen den Endgeräten übertragen. Sendet ein Endgerät keine Pakete, so wird auch keine Übertragungskapazität im Netz belegt. Dieses Prinzip liegt dem Internet zu Grunde.

Vermittlungseinrichtungen und Endgeräte sind in der Regel dienstespezifisch, d. h. für das Telefonnetz und das Internet werden jeweils eigene Vermittlungseinrichtungen (im Falle des Internets spricht man von Routern) und Endgeräte benötigt. Das Transportnetz ist dagegen diensteunabhängig. Auch im Bereich der Anschlussnetze versucht man, die vorhandene Infrastruktur (z. B. den Anschlussbereich des Fernsprechnetzes oder das Kabelfernsehnetz) für möglichst viele Dienste zu nutzen.

Im Bereich der Netze werden zunächst allgemeine Funktions- und Entwurfsprinzipien betrachtet. Dazu gehören Verfahren der zuverlässigen Datenübertragung, d. h. der Schutz gegen Übertragungsfehler, und Grundlagen der Dimensionierung. Ein weiterer Schwerpunkt wird auf die Dienstgüte (Quality of Service, QoS) und das Verkehrsmanagement gelegt. Dieser Bereich konzentriert sich naturgemäß auf paketvermittelnde Netze, da hier eine Reihe von Maßnahmen erforderlich ist, um Dienste mit unterschiedlichen Qualitätsanforderungen zu übertragen.

Besonders hohe Anforderungen haben in dieser Hinsicht Echtzeitdienste. Ein Beispiel für einen Echtzeitdienst ist die Sprachübertragung. Nach der Abtastung, Quantisierung und Quellencodierung benötigt ein Sprachsignal je nach verwendetem Sprachcodec (Codec: Codierer-Decodierer) eine Bitrate von 6 bis 64 kbit/s. Der Bitstrom wird im Endgerät paketiert und über das Netz zum Empfänger übertragen (Bild 1-9). Dieser hat die Aufgabe, aus den eingehenden Paketen wieder den sendeseitigen Bitstrom zu gewinnen. Im Netz kommt es nun zu Paketverlusten und die Pakete erfahren unterschiedliche Laufzeiten. Nur solange die Verluste und die Laufzeiten unterhalb bestimmter Grenzen liegen, können sie im Empfänger ausgeglichen werden und der Dienst arbeitet zufrieden stellend.

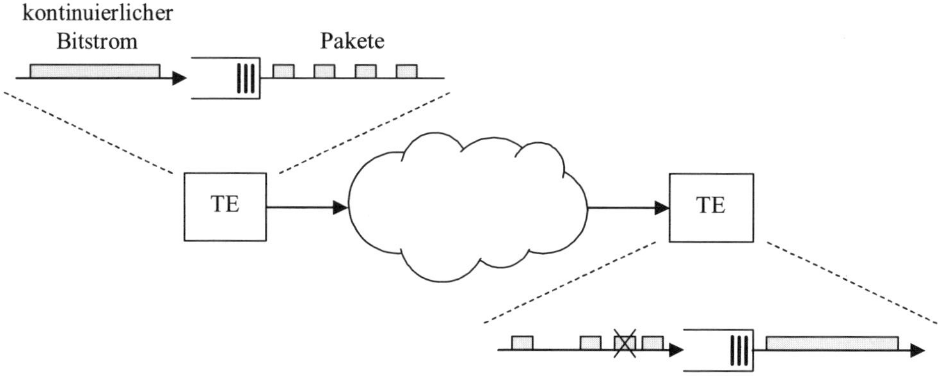

Bild 1-9: Echtzeitdienste und Paketvermittlung

Nach den wichtigsten Prinzipien werden anschließend die technischen Grundlagen des ISDN (Integrated Services Digital Network), von ATM (Asynchronous Transfer Mode) und von IP (Internet Protocol) behandelt. Der Ansatz, die zu Grunde liegenden Prinzipien vorab und unabhängig von spezifischen Netzen zu behandeln, beruht darauf, dass diese Prinzipien in allen Netzen wiederzufinden sind, auch wenn sich deren spezifische Umsetzungen in Bezeichnungen und Details unterscheiden mögen.

Es mag sich hier die Frage stellen, warum ATM heute in einem grundlagenorientierten Buch behandelt werden sollte. Tatsächlich wurden grundlegende Verfahren des Verkehrsmanagements für ATM entwickelt, die gegenwärtig in ähnlicher Form auf das Internet übertragen werden. Mit ATM wurde das Ziel eines diensteintegrierenden Netzes verfolgt, in das die Erfahrungen aus leitungsvermittelnden und paketvermittelnden Netzen eingeflossen sind. Während die Leitungsvermittlung für die Datenübertragung nicht optimal ist, unterstützt die Paketvermittlung Echtzeitdienste (z. B. Sprache und Video) nicht idealer Weise. Das Ziel, beides in einem Netz effizient zu integrieren, führte zu einer beträchtlichen Komplexität des Verkehrsmanagements. Dies war bei ATM so und kann gegenwärtig beim Internet im Zuge der Sprachübertragung (Stichwort "Voice over IP") beobachtet werden. Der erneute Ansatz, ein diensteintegrierendes Netz auf der Basis von IP zu schaffen, wird unter dem Begriff "Next Generation Networks" subsumiert.

2 Signalübertragung

Ein Signal ist die physikalische Darstellung einer Nachricht z. B. in Form einer elektrischen Spannung oder einer akustischen oder elektromagnetischen Welle. In diesem Kapitel wird der Frage nachgegangen, wie sich ein Signal bei der Übertragung über ein System wie den Übertragungskanal oder ein Filter verhält. Sehr viele dieser Systeme gehören zur Klasse der linearen zeitinvarianten Systeme. Diese Systeme werden im Zeitbereich mit Hilfe der Impulsantwort und im Frequenzbereich mit Hilfe der Übertragungsfunktion beschrieben. Wichtige Werkzeuge in diesem Zusammenhang sind die Faltung und die Fourier-Transformation.

Nachrichtentragende Signale sind Zufallssignale, im Gegensatz zu deterministischen Signalen, beispielsweise einem Sinussignal. Die Beschreibung solcher Signale mit Hilfe der Korrelation und des Spektrums bildet eine weitere Grundlage für die Analyse von Übertragungssystemen.

2.1 Lineare zeitinvariante Systeme

Ein System reagiert auf ein Eingangssignal $x(t)$ mit dem Ausgangssignal $y(t)$. Der funktionale Zusammenhang zwischen Eingang und Ausgang wird durch $y(t) = F\{x(t)\}$ beschrieben (Bild 2-1).

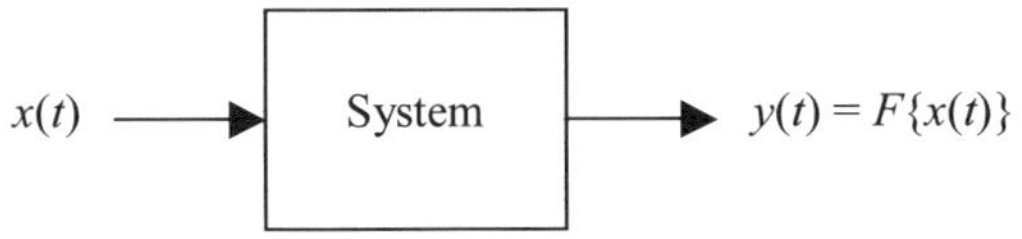

Bild 2-1: Ein System

Das System heißt linear, wenn für eine Linearkombination von Eingangssignalen $x_i(t)$ die Linearkombination der entsprechenden Ausgangssignale $y_i(t)$ zu beobachten ist:

$$x(t) = a_1 x_1(t) + a_2 x_2(t) + ... = \sum_i a_i x_i(t),$$
$$y(t) = a_1 F\{x_1(t)\} + a_2 F\{x_2(t)\} + ... = \sum_i a_i F\{x_i(t)\}. \tag{2-1}$$

Das System heißt zeitinvariant, wenn dessen Eigenschaften unabhängig von der Zeit sind. Für ein zeitverschobenes Eingangssignal $x(t - t_0)$ ist dann das entsprechende zeitverschobene Ausgangssignal zu beobachten:

$$F\{x(t - t_0)\} = y(t - t_0)\,. \tag{2-2}$$

In diesem Fall spricht man von linearen zeitinvarianten Systemen oder kurz LTI-Systemen (Linear Time-Invariant, LTI).

2.1.1 Impulsantwort und Faltung

Zur Beschreibung eines LTI-Systems im Zeitbereich dient die Impulsantwort $h(t)$. Die Impulsantwort ist die Reaktion des Systems auf einen Dirac-Impuls $\delta(t)$ am Eingang, d. h. $h(t) = F\{\delta(t)\}$. Der Dirac-Impuls ist eine verallgemeinerte Funktion, die durch

$$\int_{-\infty}^{\infty} \delta(t)\,\mathrm{d}t = 1, \qquad \delta(t) = 0 \text{ für } t \neq 0 \tag{2-3}$$

definiert ist. $\delta(t)$ hat die Einheit 1/s. Der Impuls wird grafisch durch einen senkrechten Pfeil dargestellt. Messtechnisch kann der Dirac-Impuls durch einen schmalen Rechteckimpuls $d(t)$ der Breite T_0 und der Höhe $1/T_0$ (Fläche = 1) näherungsweise realisiert werden (Bild 2-2).

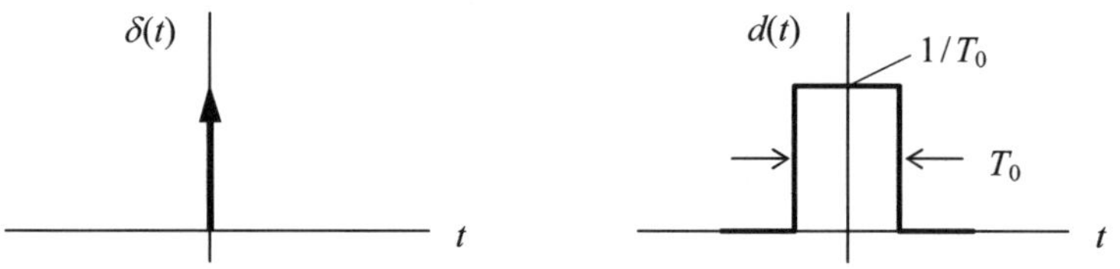

Bild 2-2: Dirac-Impuls und messtechnische Realisierung durch schmalen Rechteckimpuls

Approximiert man ein beliebiges Signal $x(t)$ durch eine Folge von Rechteckimpulsen wie in Bild 2-3 gezeigt, so erhält man

$$x(t) \approx \sum_{n=-\infty}^{\infty} x(nT_0)\, d(t - nT_0)\, T_0 \,. \tag{2-4}$$

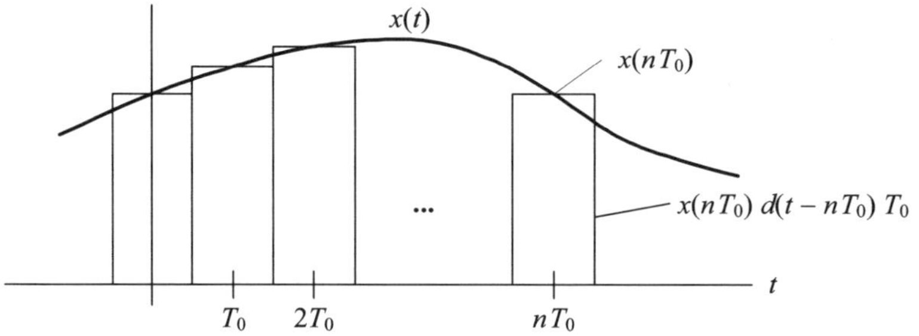

Bild 2-3: Approximation eines Signals $x(t)$ durch eine Folge von Rechteckimpulsen

Die Approximation wird offensichtlich umso besser, je schmaler die Rechteckimpulse sind. Lässt man T_0 gegen null gehen, so geht der Rechteckimpuls in einen Dirac-Impuls und die

Summe in Gl. 2-4 in ein Integral über. Mit den Bezeichnungen $T_0 \to \mathrm{d}\tau$ sowie $nT_0 \to \tau$ erhält man den Ausdruck

$$x(t) = \int_{-\infty}^{\infty} x(\tau)\delta(t-\tau)\,\mathrm{d}\tau = x(t) * \delta(t)\,. \tag{2-5}$$

Das Integral in Gl. 2-5 bezeichnet man als Faltungsintegral; der Operator "$*$" (lies: gefaltet mit) ist eine abkürzende Schreibweise dafür. Wenden wir diese Beziehung auf ein LTI-System an, so erhalten wir mit den Eigenschaften der Linearität (Gl. 2-1) und der Zeitinvarianz (Gl. 2-2):

$$\begin{aligned} y(t) = F\{x(t)\} &= F\left\{\int_{-\infty}^{\infty} x(\tau)\delta(t-\tau)\,\mathrm{d}\tau\right\} \\ &= \int_{-\infty}^{\infty} x(\tau)F\{\delta(t-\tau)\}\,\mathrm{d}\tau \qquad \text{(Linearität)} \\ &= \int_{-\infty}^{\infty} x(\tau)h(t-\tau)\,\mathrm{d}\tau \qquad \text{(Zeitinvarianz).} \end{aligned}$$

Damit haben wir das folgende wichtige Ergebnis: Für ein beliebiges Eingangssignal $x(t)$ erhält man das Ausgangssignal $y(t)$ eines LTI-Systems durch Faltung von $x(t)$ mit der Impulsantwort $h(t)$, d. h.

$$y(t) = x(t) * h(t) = \int_{-\infty}^{\infty} x(\tau)h(t-\tau)\,\mathrm{d}\tau\,. \tag{2-6}$$

Der Name Faltung (engl.: convolution) kommt daher, dass man $h(-\tau)$ aus $h(\tau)$ erhält, indem man $h(\tau)$ an der y-Achse faltet oder spiegelt (siehe auch Beispiel 2-2). Wie bei der Multiplikation gelten für die Faltung das Kommutativ-, Assoziativ- und das Distributivgesetz (für einen Beweis siehe z. B. [25]):

$$\begin{aligned} x(t) * y(t) &= y(t) * x(t)\,, \\ [x(t) * y(t)] * z(t) &= x(t) * [y(t) * z(t)]\,, \\ x(t) * [y(t) + z(t)] &= [x(t) * y(t)] + [x(t) * z(t)]\,. \end{aligned} \tag{2-7}$$

Aus der Definition Gl. 2-3 des Dirac-Impulses ergeben sich zwei häufig verwendete Beziehungen:

$$\int_{-\infty}^{\infty} x(t)\delta(t-t_0)\,\mathrm{d}t = x(t_0)\,, \tag{2-8}$$

$$x(t) * \delta(t-t_0) = x(t-t_0)\,. \tag{2-9}$$

Gl. 2-8 beschreibt die Siebeigenschaft des Dirac-Impulses. $\delta(t - t_0)$ ist außer bei $t = t_0$ gleich null, daher wird der Wert von $x(t)$ an der Stelle $t = t_0$ herausgesiebt. Gemäß Gl. 2-9 ergibt die Faltung eines Signals mit dem um t_0 verschobenen Dirac-Impuls das um t_0 verschobene Signal $x(t - t_0)$. Ein System mit der Impulsantwort $h(t) = \delta(t - t_0)$ wirkt also als Verzögerungsglied.

Die Sprungantwort $g(t)$ eines Systems ist dessen Reaktion auf einen Einheitssprung $u(t)$ am Eingang (für eine grafische Darstellung von $u(t)$ siehe Bild 2-5). Die Impulsantwort ist die Ableitung der Sprungantwort:

$$h(t) = \frac{\mathrm{d}g(t)}{\mathrm{d}t}. \tag{2-10}$$

Dies folgt aus

$$g(t) = u(t) * h(t) = \int_{-\infty}^{\infty} h(\tau)u(t-\tau)\,\mathrm{d}\tau$$

$$\frac{\mathrm{d}g(t)}{\mathrm{d}t} = \int_{-\infty}^{\infty} h(\tau)\left(\frac{\mathrm{d}}{\mathrm{d}t}u(t-\tau)\right)\mathrm{d}\tau = \int_{-\infty}^{\infty} h(\tau)\delta(t-\tau)\,\mathrm{d}\tau = h(t) * \delta(t) = h(t)$$

unter Anwendung des Kommutativgesetzes (Gl. 2-7) sowie der Beziehung $\mathrm{d}u(t)/\mathrm{d}t = \delta(t)$.

Da ein Einheitssprung messtechnisch einfacher erzeugt werden kann als ein Dirac-Impuls, wird die Impulsantwort oft über den Umweg der Sprungantwort bestimmt. Die folgenden beiden Beispiele sollen die Konzepte der Impulsantwort und der Faltung anhand eines einfachen, aber wichtigen Systems, des RC-Tiefpasses, verdeutlichen.

Beispiel 2-1: Sprung- und Impulsantwort des RC-Tiefpasses

Bild 2-4 zeigt einen RC-Tiefpass mit dem Eingangssignal $x(t)$ und dem Ausgangssignal $y(t)$. Der Strom durch die Kapazität C ist gegeben durch $i(t) = C\,\mathrm{d}y(t)/\mathrm{d}t$. Für das Ausgangssignal erhält man eine Differenzialgleichung erster Ordnung:

$$y(t) = x(t) - u_\mathrm{R}(t) = x(t) - R\,i(t) = x(t) - RC\frac{\mathrm{d}y(t)}{\mathrm{d}t}.$$

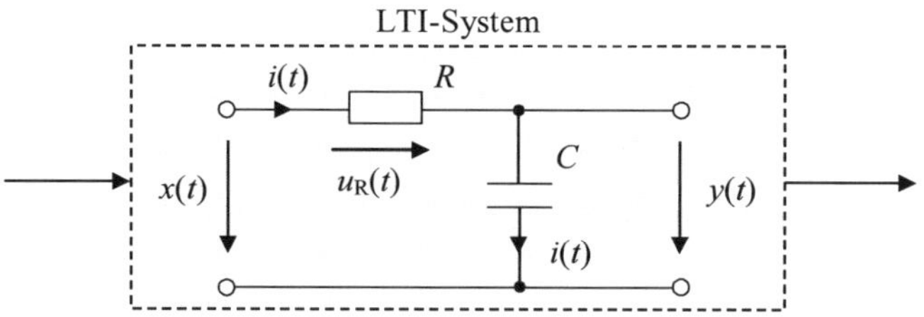

Bild 2-4: Der RC-Tiefpass

Für $x(t) = u(t) = 1$ und $t \geq 0$ erhält man am Ausgang die Sprungantwort (Bild 2-5)

$$y(t) = g(t) = 1 - \mathrm{e}^{-t/RC} \quad \text{für } t \geq 0, \tag{2-11}$$

wovon man sich durch Einsetzen in die Differenzialgleichung leicht überzeugen kann. Als Anstiegszeit t_A bezeichnet man die Zeit, in der die Sprungantwort von 10 % auf 90 % des Endwertes ansteigt. Sie ergibt sich zu

$$\begin{aligned} &t_1 = -RC \ln 0{,}9, \quad t_2 = -RC \ln 0{,}1, \\ &t_\mathrm{A} = t_2 - t_1 = RC\left(\ln 0{,}9 - \ln 0{,}1\right) = 2{,}2\, RC. \end{aligned} \tag{2-12}$$

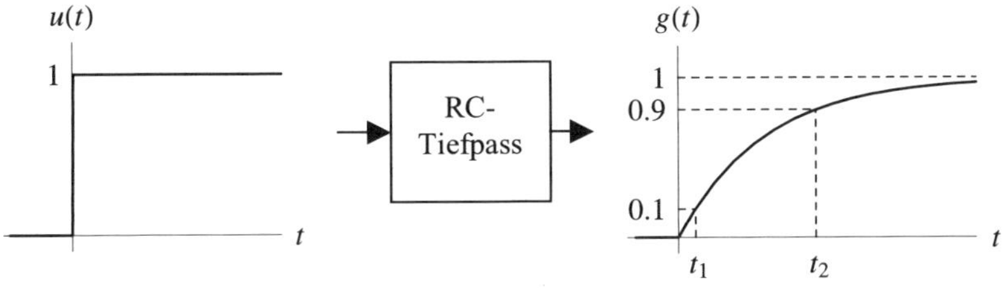

Bild 2-5: Sprungantwort des RC-Systems

Die Impulsantwort (Bild 2-6) erhalten wir schließlich durch Ableiten der Sprungantwort:

$$h(t) = \frac{1}{RC}\mathrm{e}^{-t/RC} \quad \text{für } t \geq 0. \tag{2-13}$$

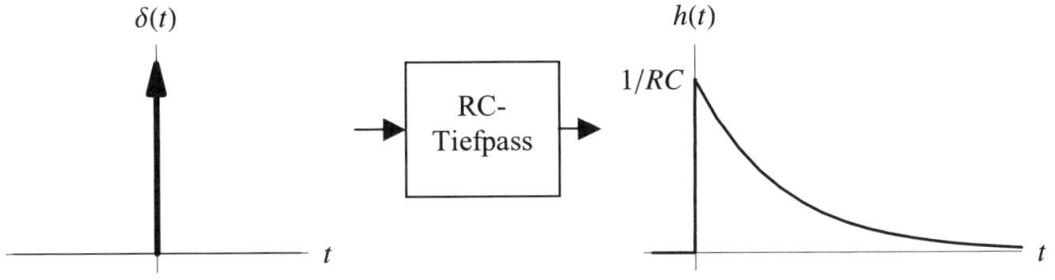

Bild 2-6: Impulsantwort des RC-Systems

◀

Wenn die Impulsantwort eines Systems bekannt ist, können wir prinzipiell mit Hilfe von Gl. (2-6) die Reaktion des Systems auf beliebige deterministische Eingangssignale bestimmen. Als Beispiel dazu wollen wir die Reaktion des RC-Tiefpasses auf einen Rechteckimpuls am Eingang berechnen.

Beispiel 2-2: Reaktion des RC-Tiefpasses auf einen Rechteckimpuls

Am Eingang des Tiefpasses aus Bild 2-4 liege nun das Signal $x(t) = \mathrm{rect}(t/T_0 - 1/2)$, d. h. ein Rechteckimpuls der Breite T_0, der bei $t = 0$ beginnt, und der Amplitude 1. Für das Ausgangssignal gilt Gl. 2-6. Dabei ist τ die Integrationsvariable, t ist bezüglich der Integration ein konstanter Parameter. $h(-\tau)$ erhält man durch Faltung von $h(\tau)$ um die y-Achse, und $h(t-\tau)$ ist zusätzlich um t verschoben. $t > 0$ bewirkt eine Verschiebung nach rechts, $t < 0$ nach links. Das Ausgangssignal zum Zeitpunkt t, $y(t)$, ist die Fläche unter $x(\tau)\cdot h(t-\tau)$, siehe Bild 2-7. Zur Berechnung von $y(t)$ müssen drei Fälle unterschieden werden:

1. Fall: $t < 0$. Für Verschiebungen $t < 0$ überlappen sich $x(\tau)$ und $h(t-\tau)$ nicht und es ist $y(t) = 0$.

2. Fall: $0 \le t \le T_0$. Für Verschiebungen im Bereich $0 \le t \le T_0$ gilt mit $x(\tau) = 0$ für $\tau < 0$, $x(\tau) = 1$ im Intervall $0 \le \tau \le t$ und $h(t-\tau) = 0$ für $\tau > t$

$$y(t) = \int_0^t \frac{1}{RC} \mathrm{e}^{-(t-\tau)/RC} \, \mathrm{d}\tau = \frac{1}{RC}\left[RC\, \mathrm{e}^{-(t-\tau)/RC}\right]_0^t = 1 - \mathrm{e}^{-t/RC} .$$

3. Fall: $t > T_0$. Für Verschiebungen $t > T_0$ erhalten wir entsprechend

$$y(t) = \int_0^{T_0} \frac{1}{RC} \mathrm{e}^{-(t-\tau)/RC} \, \mathrm{d}\tau = \left(1 - \mathrm{e}^{-T_0/RC}\right) \mathrm{e}^{-(t-T_0)/RC} .$$

Der gesamte Verlauf von $y(t)$ ist in Bild 2-8 wiedergegeben.

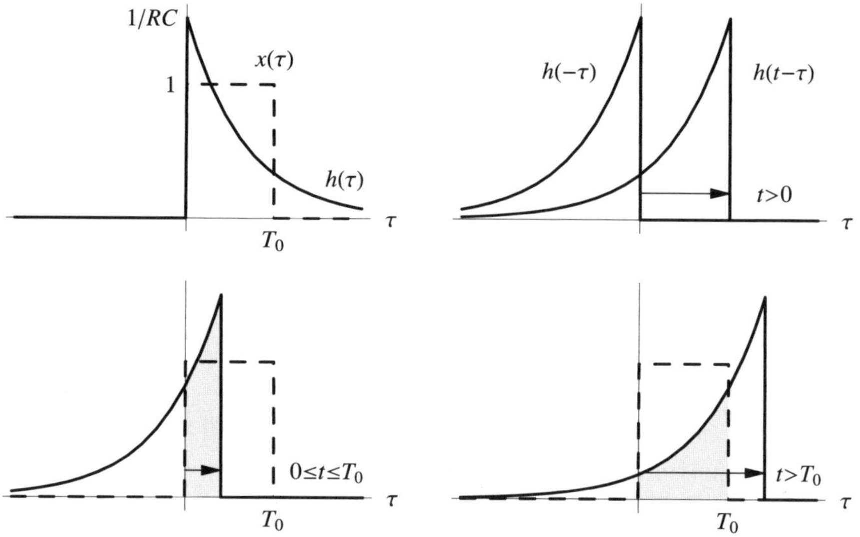

Bild 2-7: Faltung eines Rechteckimpulses der Breite T_0 mit der Impulsantwort des RC-Tiefpasses

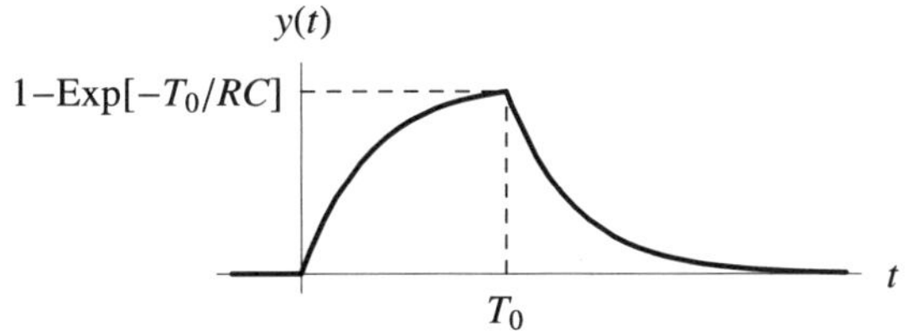

Bild 2-8: Ausgangssignal y(t) des RC-Tiefpasses

◄

2.1.2 Fourier-Transformation

Die Fourier-Transformation dient der Beschreibung von Signalen und Systemen im Frequenzbereich. Die Beschreibungen im Zeit- und Frequenzbereich sind dabei gleichwertig; je nach Fragestellung ist jedoch häufig die Lösung eines Problems in einem der Bereiche wesentlich einfacher. Die Fourier-Transformierte eines Signals nennt man Fourier-Spektrum, die der Impulsantwort eines Systems Übertragungsfunktion. Die Fourier-Transformierte eines Signals $x(t)$ lautet

$$S(f) = \Im\{x(t)\} = \int_{-\infty}^{\infty} x(t)\,\mathrm{e}^{-\mathrm{j}2\pi f t}\,\mathrm{d}t\,. \qquad (2\text{-}14)$$

Umgekehrt erhält man $x(t)$ durch Fourier-Rücktransformation von $S(f)$:

$$x(t) = \Im^{-1}\{S(f)\} = \int_{-\infty}^{\infty} S(f)\,\mathrm{e}^{\mathrm{j}2\pi f t}\,\mathrm{d}f\,. \qquad (2\text{-}15)$$

$S(f)$ gibt die Verteilung der Amplitude über der Frequenz an und wird daher auch als Fourier-Spektrum oder Amplitudendichtespektrum bezeichnet. Hat das Signal beispielsweise die Dimension einer Spannung, so hat die Fourier-Transformierte die Dimension Vs oder V/Hz. Oft wird auch $\omega = 2\pi f$ an Stelle von f als Integrationsvariable verwendet. Man erhält dann

$$S(\omega) = \int_{-\infty}^{\infty} x(t)\,\mathrm{e}^{-\mathrm{j}\omega t}\,\mathrm{d}t\,,\quad x(t) = \frac{1}{2\pi}\int_{-\infty}^{\infty} S(\omega)\,\mathrm{e}^{\mathrm{j}\omega t}\,\mathrm{d}\omega\,.$$

Die Fourier-Transformierte ist im Allgemeinen eine komplexe Funktion. Aufspalten in Real- und Imaginärteil liefert

$$S(f) = \mathrm{Re}\{S(f)\} + \mathrm{j}\,\mathrm{Im}\{S(f)\}\,. \qquad (2\text{-}16)$$

Eine komplexe Größe $z = a + \mathrm{j}b$ kann durch Betrag und Phase dargestellt werden (Bild 2-9). Für $S(f)$ erhält man damit

$$S(f) = |S(f)|\,\mathrm{e}^{\mathrm{j}\varphi(f)}\,,$$
$$|S(f)| = \sqrt{\mathrm{Re}^2\{S(f)\} + \mathrm{Im}^2\{S(f)\}}\,, \tag{2-17}$$
$$\varphi(f) = \arctan\frac{\mathrm{Im}\{S(f)\}}{\mathrm{Re}\{S(f)\}}\,.$$

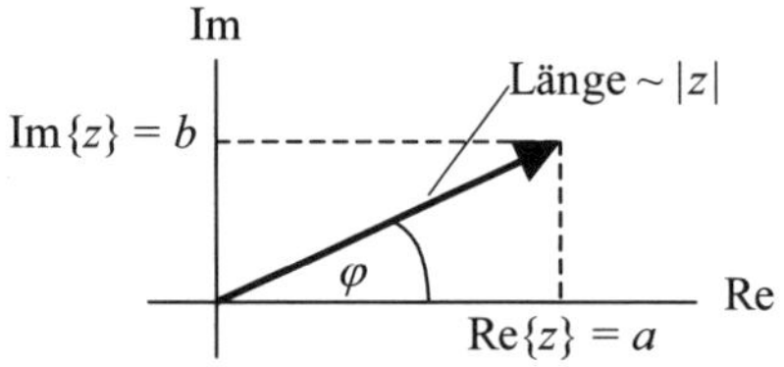

Bild 2-9: Betrag und Phase

Beispiel 2-3: Fourier-Transformierte des Rechteckimpulses

Die Fourier-Transformierte eines Rechteckimpulses $x(t) = A\,\mathrm{rect}(t/T)$ der Breite T und der Amplitude A berechnet sich zu

$$S(f) = \int_{-T/2}^{T/2} A\,\mathrm{e}^{-\mathrm{j}2\pi f t}\,\mathrm{d}t = A\frac{\mathrm{e}^{-\mathrm{j}\pi f T} - \mathrm{e}^{\mathrm{j}\pi f T}}{-\mathrm{j}2\pi f}\,. \tag{2-18}$$

Mit der eulerschen Beziehung $\mathrm{e}^{\pm\mathrm{j}\theta} = \cos\theta \pm \mathrm{j}\sin\theta$ erhält man

$$S(f) = A\frac{\sin(\pi f T)}{\pi f} = AT\,\mathrm{si}(\pi f T)\,, \tag{2-19}$$

siehe Bild 2-10. In Gl. 2-19 wird die si-Funktion $\mathrm{si}(x) = \sin(x)/x$ eingeführt (in der englischsprachigen Literatur wird meist die Funktion $\mathrm{sinc}(x) = \sin(\pi x)/\pi x$ verwendet). Durch Anwendung der Regel von l'Hospital erhält man den Grenzwert für $x = 0$ zu $\mathrm{si}(0) = 1$.

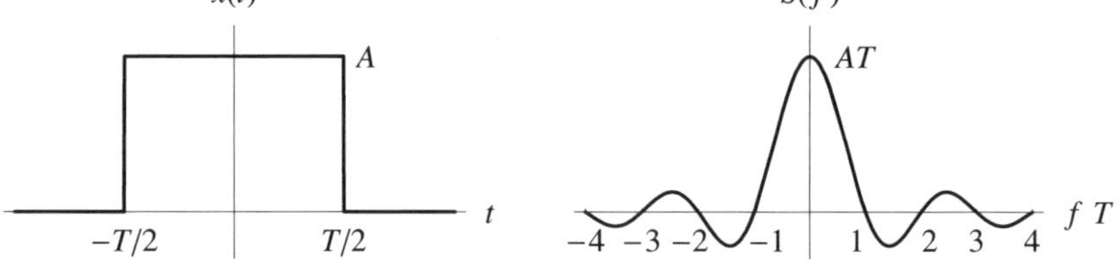

Bild 2-10: Rechteckimpuls und dessen Fourier-Transformierte

◀

Wichtige Theoreme der Fourier-Transformation und die Fourier-Transformierten der bedeutendsten Signale sind in Anhang 2 zu finden. Die Transformierte des Dirac-Impulses ergibt sich zu

$$\Im\{\delta(t)\} = \int_{-\infty}^{\infty} \delta(t) \mathrm{e}^{-\mathrm{j}2\pi f t}\, \mathrm{d}t = \mathrm{e}^{-\mathrm{j}2\pi f t}\Big|_{t=0} = 1 .$$

Der Ähnlichkeitssatz gibt den Zusammenhang zwischen der Transformierten von $x(t)$ und dem gedehnten Signal $x(at)$ an. Mit der Substitution $\lambda = at$ ist

$$\Im\{x(at)\} = \frac{1}{|a|} \int_{-\infty}^{\infty} x(\lambda) \mathrm{e}^{-\mathrm{j}2\pi f \lambda / a}\, \mathrm{d}\lambda = \frac{1}{|a|} S\left(\frac{f}{a}\right).$$

Der Verschiebungssatz gibt den Zusammenhang zwischen der Transformierten von $x(t)$ und dem verschobenen Signal $x(t - t_0)$ an. Mit $\lambda = t - t_0$ ist

$$\begin{aligned}\Im\{x(t - t_0)\} &= \int_{-\infty}^{\infty} x(\lambda) \mathrm{e}^{-\mathrm{j}2\pi f (\lambda + t_0)}\, \mathrm{d}\lambda = \mathrm{e}^{-\mathrm{j}2\pi f t_0} \int_{-\infty}^{\infty} x(\lambda) \mathrm{e}^{-\mathrm{j}2\pi f \lambda}\, \mathrm{d}\lambda \\ &= S(f) \mathrm{e}^{-\mathrm{j}2\pi f t_0} .\end{aligned}$$

Periodische Signale können nicht mit Hilfe von Gl. 2-14 transformiert werden, da das Fourier-Integral für diese Signale nicht existiert. Dies hängt damit zusammen, dass sich für solche Signale die Amplitudendichte auf unendlich schmale Bereiche $\Delta f \to 0$ konzentriert. Führt man jedoch den Dirac-Impuls $\delta(f)$ (mit der Einheit 1/Hz) zur Beschreibung solcher Spektren ein, so lassen sich auch für viele periodische Signale deren Fourier-Transformierte angeben.

Beispiel 2-4: Fourier-Transformierte des Kosinus- und des Sinussignals

Das zum Fourier-Spektrum

$$S(f) = \frac{A}{2}\left[\delta(f - f_0) + \delta(f + f_0)\right]$$

zugehörige Signal $x(t)$ erhält man durch Fourier-Rücktransformation von $S(f)$:

$$x(t) = \Im^{-1}\{S(f)\} = \frac{A}{2}\left[\int_{-\infty}^{\infty} \delta(f - f_0) \mathrm{e}^{\mathrm{j}2\pi f t}\, \mathrm{d}f + \int_{-\infty}^{\infty} \delta(f + f_0) \mathrm{e}^{\mathrm{j}2\pi f t}\, \mathrm{d}f\right].$$

Der Dirac-Impuls $\delta(f \pm f_0)$ ist nur für $f = \pm f_0$ von null verschieden. Mit Hilfe der Siebeigenschaft aus Gl. 2-8 und der eulerschen Beziehung erhält man

$$x(t) = \frac{A}{2}\left[\mathrm{e}^{\mathrm{j}2\pi f_0 t} + \mathrm{e}^{-\mathrm{j}2\pi f_0 t}\right] = A \cos(2\pi f_0 t) ,$$

also ist $S(f)$ die Fourier-Transformierte des Kosinussignals der Frequenz f_0 und der Amplitude A:

$$S(f) = \Im\{A\cos(2\pi f_0 t)\} = \frac{A}{2}\left[\delta(f - f_0) + \delta(f + f_0)\right]. \tag{2-20}$$

Das Fourier-Spektrum einer Kosinusschwingung ist reell und gerade und besteht aus zwei spektralen Linien (Dirac-Impulse) bei $f = f_0$ und $f = -f_0$. Entsprechend gilt für ein Sinussignal

$$S(f) = \Im\{A\sin(2\pi f_0 t)\} = -\mathrm{j}\frac{A}{2}\left[\delta(f - f_0) - \delta(f + f_0)\right]. \tag{2-21}$$

Das Fourier-Spektrum einer Sinusschwingung ist imaginär und ungerade. Der Betrag der beiden Fourier-Spektren ist aber gleich (Bild 2-11).

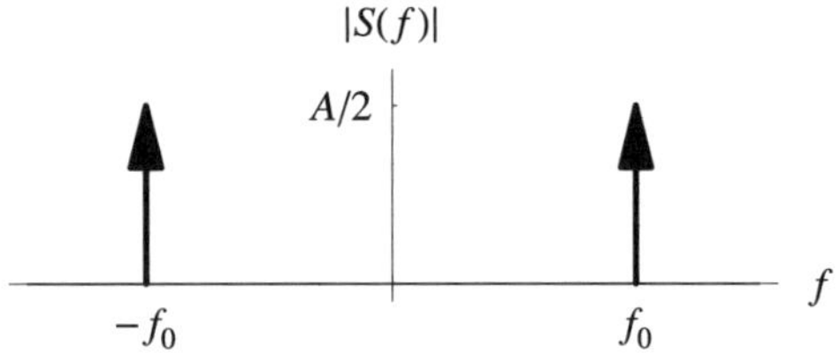

Bild 2-11: Betrag der Fourier-Transformierten des Kosinus- und des Sinussignals

◀

Wie man an den beiden letzten Beispielen erkennt, besitzen periodische Signale Linienspektren, während nichtperiodische Signale durch kontinuierliche Spektren gekennzeichnet sind.

Der Faltung zweier Signale im Zeitbereich entspricht die Multiplikation der Fourier-Transformierten im Frequenzbereich. Auch umgekehrt entspricht der Multiplikation im Zeitbereich die Faltung im Frequenzbereich, d. h.

$$\begin{aligned} \Im\{x(t) * y(t)\} &= \Im\{x(t)\} \cdot \Im\{y(t)\} = S_\mathrm{x}(f) \cdot S_\mathrm{y}(f), \\ \Im\{x(t) \cdot y(t)\} &= \Im\{x(t)\} * \Im\{y(t)\} = S_\mathrm{x}(f) * S_\mathrm{y}(f). \end{aligned} \tag{2-22}$$

Diese beiden Beziehungen werden auch Faltungstheoreme genannt. Den ersten Zusammenhang erhält man durch Einsetzen des Faltungsintegrals in das Fourier-Integral:

$$\begin{aligned} \Im\{x(t) * y(t)\} &= \int_{-\infty}^{\infty}\left[\int_{-\infty}^{\infty} x(\tau)y(t-\tau)\,\mathrm{d}\tau\right]\mathrm{e}^{-\mathrm{j}2\pi f t}\,\mathrm{d}t \\ &= \int_{-\infty}^{\infty} x(\tau)\underbrace{\left[\int_{-\infty}^{\infty} y(t-\tau)\mathrm{e}^{-\mathrm{j}2\pi f t}\,\mathrm{d}t\right]}_{\substack{\Im\{y(t-\tau)\} = S_\mathrm{y}(f)\,\mathrm{e}^{-\mathrm{j}2\pi f \tau} \\ \text{(Verschiebungssatz)}}}\mathrm{d}\tau\,. \end{aligned}$$

Durch Anwenden des Verschiebungssatzes, wie oben gezeigt, wird daraus das erste Faltungstheorem,

$$\Im\{x(t) * y(t)\} = \underbrace{\left[\int_{-\infty}^{\infty} x(\tau)\, e^{-j2\pi f \tau}\, d\tau\right]}_{\Im\{x(t)\} = S_x(f)} S_y(f)$$

$$= S_x(f) \cdot S_y(f)\,.$$

Den zweiten Zusammenhang erhält man durch eine ähnliche Rechnung, ausgehend von der Fourier-Transformation von $x(t) \cdot y(t)$ mit anschließendem Einsetzen von $\Im^{-1}\{S_y(f)\}$ für $y(t)$.

Beispiel 2-5: Fourier-Transformierte des Dreieckimpulses

Die direkte Berechnung der Fourier-Transformierten des Dreieckimpulses $\Lambda(t)$ mittels des Fourier-Integrals nach Gl. 2-14 ist recht aufwändig. Man gelangt wesentlich schneller zum Ziel, wenn man sich durch Auswerten des Faltungsintegrals klarmacht, dass der Dreieckimpuls über die Faltung des Rechteckimpulses rect(t) mit sich selbst entsteht:

$$\mathrm{rect}(t) * \mathrm{rect}(t) = \Lambda(t) = \begin{cases} 1 - |t|, & |t| \le 1\,, \\ 0, & |t| > 1\,. \end{cases}$$

Für die Fourier-Transformierte folgt mit Hilfe der Faltungstheoreme und Gl. 2-19 sofort

$$\Im\{\mathrm{rect}(t) * \mathrm{rect}(t)\} = \Im\{\mathrm{rect}(t)\} \cdot \Im\{\mathrm{rect}(t)\} = \mathrm{si}^2(\pi f) = \Im\{\Lambda(t)\}\,.$$

Mit Hilfe des Ähnlichkeitssatzes erhält man für die Fourier-Transformierte eines Dreieckimpulses der Breite $2T$ und der Höhe A (Bild 2-12)

$$S(f) = \Im\{A\,\Lambda(t/T)\} = A\,T\,\mathrm{si}^2(\pi f T)\,. \qquad (2\text{-}23)$$

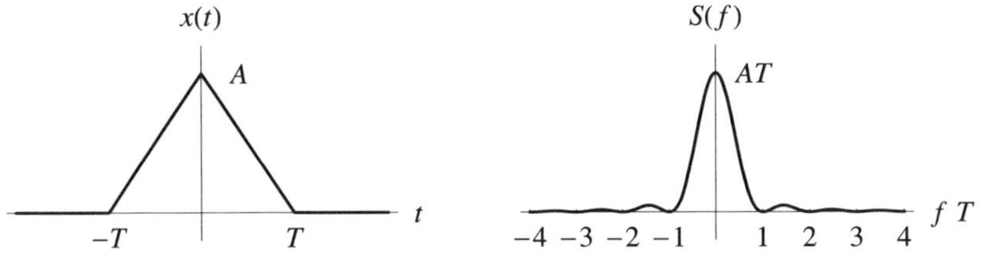

Bild 2-12: Dreieckimpuls und dessen Fourier-Transformierte

◀

Aus den obigen Beispielen folgt für die Fourier-Transformierte $S(f)$ eines reellen Signals $x(t)$ (siehe auch Anhang 2):

1. Der Realteil Re$\{S(f)\}$ ist eine gerade Funktion.
2. Der Imaginärteil Im$\{S(f)\}$ ist eine ungerade Funktion.

3. Der Betrag $|S(f)|$ ist eine gerade Funktion.
4. Die Phase $\varphi(f)$ ist eine ungerade Funktion.
5. Die Fourier-Transformierte eines reellen geraden Signals ist reell und gerade.
6. Die Fourier-Transformierte eines reellen ungeraden Signals ist imaginär und ungerade.

Ein interessanter Aspekt der Fourier-Transformation ist die Tatsache, dass zeitbegrenzte Signale wie die Signale aus den Beispielen 2-3 und und 2-5 eine unendlich große Bandbreite haben, d. h. es existiert keine Frequenz, oberhalb derer das Fourier-Spektrum zu null wird. Andererseits müssen exakt bandbegrenzte Signale wie das Kosinussignal aus Beispiel 2-4 eine unendliche Zeitdauer haben. In der Praxis werden aber Signale immer nur für eine endliche Dauer existieren. Eine interessante Diskussion zu dieser Problematik findet sich in [35].

2.1.3 Übertragungsfunktion

Die Beschreibung eines LTI-Systems im Zeitbereich durch Impulsantwort und Faltung kann bei komplizierten Signalen bzw. Impulsantworten sehr aufwändig werden. Ein besseres Verständnis und eine einfachere Behandlung ist oft im Frequenzbereich möglich.

Wir betrachten dazu die Übertragung eines sinusförmigen Signals. Auf Grund der Linearität des Systems erhalten wir am Ausgang ein Signal gleicher Frequenz, während Amplitude und Phase des Ausgangssignals von den Eigenschaften des LTI-Systems bestimmt werden. Zu einem sinusförmigen Signal mit der Amplitude $\hat{u}$ und der Phase φ gehört die komplexe Amplitude $U = \hat{u}\,\mathrm{e}^{\mathrm{j}\varphi}$. Die zugehörige reelle Zeitfunktion erhält man durch Multiplikation mit $\mathrm{e}^{\mathrm{j}2\pi ft}$ und Bilden des Realteils. Die Übertragungsfunktion $H(f)$ bei einer bestimmten Frequenz f ist gleich dem Verhältnis von komplexer Amplitude am Ausgang, $U_2(f)$, zu komplexer Amplitude am Eingang, $U_1(f)$:

$$H(f) = \frac{U_2(f)}{U_1(f)} = \frac{\hat{u}_2}{\hat{u}_1}\,\mathrm{e}^{\mathrm{j}(\varphi_2 - \varphi_1)}\,. \tag{2-24}$$

Mit den komplexen Signalen

$$x(t) = U_1(f)\,\mathrm{e}^{\mathrm{j}2\pi ft}, \qquad y(t) = U_2(f)\,\mathrm{e}^{\mathrm{j}2\pi ft}$$

gilt im Zeitbereich

$$\begin{aligned} y(t) &= h(t) * x(t) \\ &= \int_{-\infty}^{\infty} h(\tau) U_1(f)\,\mathrm{e}^{\mathrm{j}2\pi f(t-\tau)}\,\mathrm{d}\tau = U_1(f)\,\mathrm{e}^{\mathrm{j}2\pi ft} \int_{-\infty}^{\infty} h(\tau)\,\mathrm{e}^{-\mathrm{j}2\pi f\tau}\,\mathrm{d}\tau \end{aligned}$$

und damit

$$\frac{U_2(f)}{U_1(f)} = \int_{-\infty}^{\infty} h(\tau)\,\mathrm{e}^{-\mathrm{j}2\pi f\tau}\,\mathrm{d}\tau\,.$$

Bei dem Integral auf der rechten Seite in obiger Gleichung handelt es sich um das Fourier-Integral Gl. 2-14. Impulsantwort und Übertragungsfunktion sind also durch die Fourier-Transformation verknüpft:

$$H(f) = \Im\{h(t)\}, \qquad h(t) = \Im^{-1}\{H(f)\}. \tag{2-25}$$

Vergleicht man die Darstellung von $H(f)$ durch Betrag und Phase (siehe Gl. 2-17),

$$H(f) = |H(f)|\,\mathrm{e}^{\mathrm{j}\varphi(f)},$$

mit Gl. 2-24, so zeigt sich, dass der Betrag von $H(f)$ gleich dem Verhältnis der Amplituden und die Phase von $H(f)$ gleich der Phasendifferenz von Ausgangs- und Eingangssignal ist.

Durch Fourier-Transformation der Beziehung Gl. 2-6 erhält man mit dem Faltungstheorem Gl. 2-22 schließlich die Beschreibung eines LTI-Systems im Frequenzbereich:

$$S_{\mathrm{y}}(f) = \Im\{y(t)\} = \Im\{x(t) * h(t)\} = S_{\mathrm{x}}(f) \cdot H(f). \tag{2-26}$$

Die Multiplikation des Fourier-Spektrums des Eingangssignals mit der Übertragungsfunktion des LTI-Systems ergibt also das Fourier-Spektrum des Ausgangssignals. Die Übertragungsfunktion bestimmt, wie Amplitude und Phase der spektralen Komponenten des Eingangssignals bei Übertragung über das System verändert werden. Die Zusammenhänge zur Beschreibung eines LTI-Systems sind nochmals in Bild 2-13 zusammengefasst.

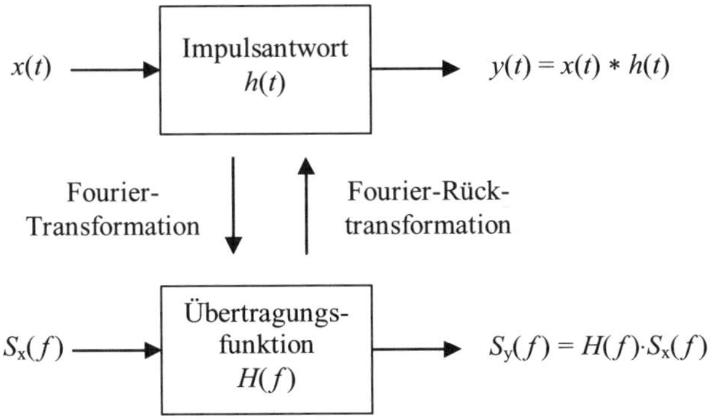

Bild 2-13: Beschreibung eines LTI-Systems im Zeit- und Frequenzbereich

Beispiel 2-6: Übertragungsfunktion des RC-Tiefpasses

Wir betrachten wieder den RC-Tiefpass von Bild 2-4. Am Eingang bzw. Ausgang liegen sinusförmige Signale der Frequenz f und mit den komplexen Amplituden $U_1(f)$ bzw. $U_2(f)$. Mit den Impedanzen $Z_1 = R$ und $Z_2 = 1/\mathrm{j}\,\omega C$ erhält man durch Anwendung der Spannungsteilerregel für die Übertragungsfunktion

$$\frac{U_2(f)}{U_1(f)} = H(f) = \frac{Z_2}{Z_1 + Z_2} = \frac{1}{1 + \mathrm{j}\omega RC} = \frac{1}{1 + \mathrm{j}\, f / B}$$

mit $\omega = 2\pi f$ und der Bandbreite $B = 1/2\pi RC$. Man erhält $H(f)$ ebenfalls durch Fourier-Transformation der Impulsantwort (Gl. 2-13):

$$H(f) = \Im\{h(t)\} = \int_0^\infty \frac{1}{RC} e^{-(1/RC + j2\pi f)t} \, dt = \left[\frac{e^{-(1/RC+j2\pi f)t}}{-(1 + j2\pi f RC)} \right]_0^\infty$$

$$= \frac{1}{1 + j2\pi f RC} = \frac{1}{1 + jf/B}.$$

Durch konjugiert komplexes Erweitern mit $1 - jf/B$ zerlegt man $H(f)$ in Real- und Imaginärteil

$$H(f) = \frac{1}{1 + (f/B)^2} - j\frac{f/B}{1 + (f/B)^2}$$

und erhält schließlich für Betrag und Phase (Bild 2-14)

$$|H(f)| = \frac{1}{\sqrt{1 + (f/B)^2}}, \quad \varphi(f) = \arctan\left(-\frac{f}{B}\right) = -\arctan\frac{f}{B}. \tag{2-27}$$

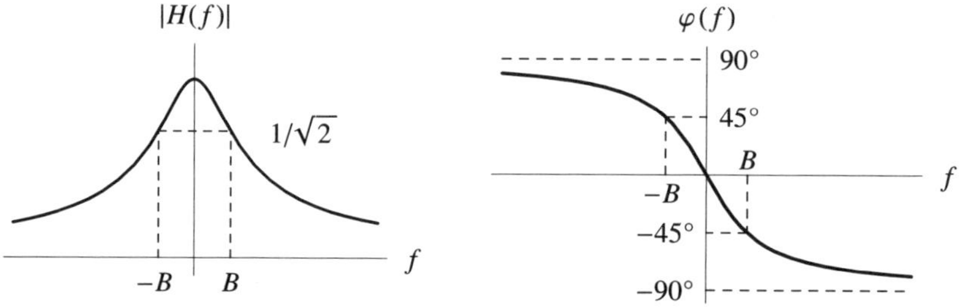

Bild 2-14: Betrag und Phase der Übertragungsfunktion des RC-Tiefpasses

◀

Der Betrag einer Übertragungsfunktion wird oft in dB (Dezibel) angegeben. Das Dezibel ist ein logarithmischer Maßstab, der für Dämpfungs- und Pegelangaben verwendet wird. Das Verhältnis von Ausgangsleistung P_2 zu Eingangsleistung P_1 eines Systems beträgt dabei (Logarithmus zur Basis 10):

$$a = 10\log\frac{P_2}{P_1}\,\mathrm{dB}.$$

Diese eigentlich dimensionslose Größe erhält die Pseudoeinheit dB. Oft wird die Dämpfung auch zu $10\log(P_1/P_2) = -10\log(P_2/P_1)$ definiert. Da $P \sim u^2$ und $\log x^2 = 2\log x$, gilt für Spannungen

$$a = 20\log\frac{u_2}{u_1} = 20\log|H(f)|\,\mathrm{dB}.$$

Leistungen werden meist mit Bezug auf 1 mW, Spannungen mit Bezug auf 1 µV oder 1 V angegeben:

$$P_{\text{dBm}} = 10\log\frac{P}{1\,\text{mW}} \qquad \text{dBm} \quad \text{oder} \quad \text{dB(mW)}$$

$$u_{\text{dB}\mu\text{V}} = 20\log\frac{u}{1\,\mu\text{V}} \qquad \text{dB}\mu\text{V} \quad \text{oder} \quad \text{dB(}\mu\text{V)}$$

$$u_{\text{dBV}} = 20\log\frac{u}{1\,\text{V}} \qquad \text{dBV} \quad \text{oder} \quad \text{dB(V)}$$

An der Stelle $f = B$ erhält man für den Betrag der Übertragungsfunktion des RC-Tiefpasses

$$|H(f = B)| = 1/\sqrt{2} = 0{,}707, \qquad a = 20\log|H(f = B)| = -3\,\text{dB}\,.$$

Die Bandbreite des RC-Tiefpasses ist also definiert als die Frequenz, bei der die Dämpfung -3 dB beträgt. Für die bereits berechnete Anstiegszeit (Gl. 2-12) gilt somit $t_{\text{A}} = 0{,}35/B$. Für ein sinusförmiges Eingangssignal der Frequenz $f = B$ und der Amplitude 1 V erhält man ein Ausgangssignal der Amplitude 0,707 V; die Phasenverschiebung zwischen Eingang und Ausgang beträgt $-45°$.

2.1.4 Verzerrungsfreies System

Ein System wird als verzerrungsfrei bezeichnet, wenn das Ausgangssignal bis auf einen Amplitudenfaktor K und eine Verzögerung t_0 gleich dem Eingangssignal ist:

$$y(t) = K\,x(t - t_0)\,.$$

Aus der Fourier-Transformation dieser Beziehung erhält man für die Übertragungsfunktion mit Hilfe des Verschiebungssatzes

$$S_{\text{y}}(f) = K\,S_{\text{x}}(f)\,e^{-\text{j}2\pi f t_0}, \qquad H(f) = \frac{S_{\text{y}}(f)}{S_{\text{x}}(f)} = K\,e^{-\text{j}2\pi f t_0}\,. \tag{2-28}$$

Die Übertragungsfunktion eines verzerrungsfreien Systems weist also einen konstanten Betrag $|H(f)| = K$ und eine lineare Phase $\varphi(f) = -2\pi f t_0$ auf. Die zugehörige Impulsantwort erhält man durch Fourier-Rücktransformation der Übertragungsfunktion. Mit Hilfe der Beziehung $\Im^{-1}\{1\} = \delta(t)$ und des bereits oben verwendeten Verschiebungssatzes lautet sie

$$h(t) = K\,\delta(t - t_0)\,. \tag{2-29}$$

Beispiel 2-7: Übertragungskanal mit Mehrwegeausbreitung

Wenn sich ein Signal über verschiedene Wege vom Sender zum Empfänger mit unterschiedlichen Signallaufzeiten ausbreiten kann, spricht man von Mehrwegeempfang. Dieser ist typisch für den Mobilfunk, wenn das Signal eimal direkt und einmal indirekt, durch Reflexion z. B. an einem Gebäude, zum Empfänger gelangt. Auch in einem Fernsehkabelnetz tritt Mehrwegeempfang auf, wenn das Signal am Ende einer nicht abgeschlossenen Leitung reflektiert wird. Bild 2-15 zeigt das Modell eines solchen Kanals. Legt man für die direkte und die indirekte Ausbreitung jeweils verzerrungsfreie Übertragung zu Grunde, so erhält man bei Anregung mit einem Dirac-Impuls am Ausgang einen Dirac-Impuls bei $t = 0$ (direkter Empfang) und einen zweiten Dirac-Impuls bei $t = t_0$ (indirekter Empfang). Die Impulsantwort lautet also (Bild 2-15)

$$h(t) = \delta(t) + a\delta(t - t_0)\,.$$

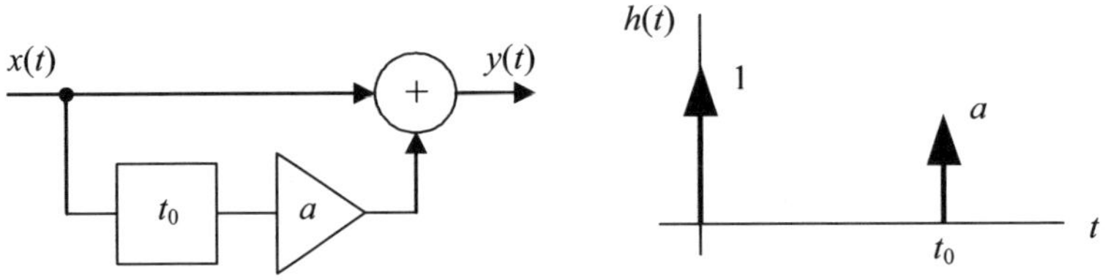

Bild 2-15: Kanalmodell und Impulsantwort bei Mehrwegeempfang

Dabei ist t_0 die Laufzeitdifferenz zwischen direktem und indirektem Pfad, a beschreibt die Dämpfung des indirekten Pfades bezogen auf den direkten Pfad. Durch Fourier-Transformation der Impulsantwort erhalten wir die Übertragungsfunktion des Kanals,

$$H(f) = 1 + a\,\mathrm{e}^{-\mathrm{j}2\pi f t_0}\,, \qquad |H(f)| = \sqrt{1 + a^2 + 2a\cos(2\pi f t_0)}\,.$$

Der Betrag der Übertragungsfunktion (Bild 2-16) weist an den Stellen, an denen die cos-Funktion den Wert -1 annimmt, d. h. bei $f = \pm n/2t_0$, n ungerade, Einbrüche auf.

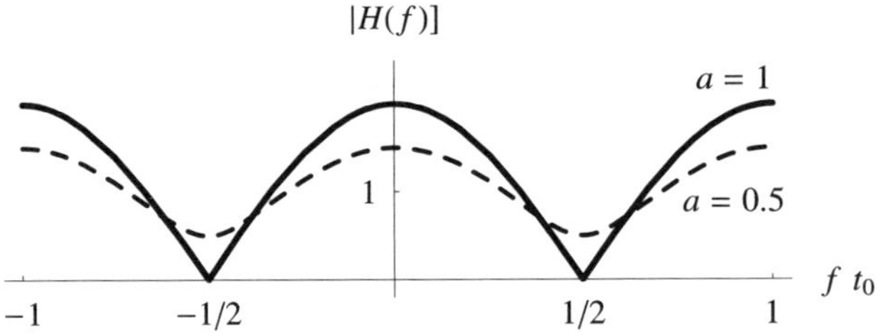

Bild 2-16: Betrag der Übertragungsfunktion des Kanals aus Bild 2-15

◀

2.1.5 Der ideale Tiefpass

Die Übertragungsfunktion eines idealen Tiefpasses ist innerhalb des Durchlassbereichs konstant und außerhalb des Durchlassbereichs, im Sperrbereich, ist sie null bzw. die Dämpfung unendlich. Für einen idealen Tiefpass der Bandbreite B gilt daher

$$H(f) = H_0 \,\mathrm{rect}\left(\frac{f}{2B}\right) = \begin{cases} H_0 & \text{für} \quad |f| \le B\,, \\ 0 & \text{für} \quad |f| > B\,. \end{cases} \qquad (2\text{-}30)$$

Die Übertragungsfunktion ist somit reell, da $\mathrm{Im}\{H(f)\} = 0$. Durch Fourier-Rücktransformation (Gl. 2-15, die Rechnung erfolgt analog zu Beispiel 2-3) erhält man die Impulsantwort

$$h(t) = H_0 \frac{\sin(2\pi B t)}{\pi t} = 2 H_0 B \,\mathrm{si}(2\pi B t)\,. \qquad (2\text{-}31)$$

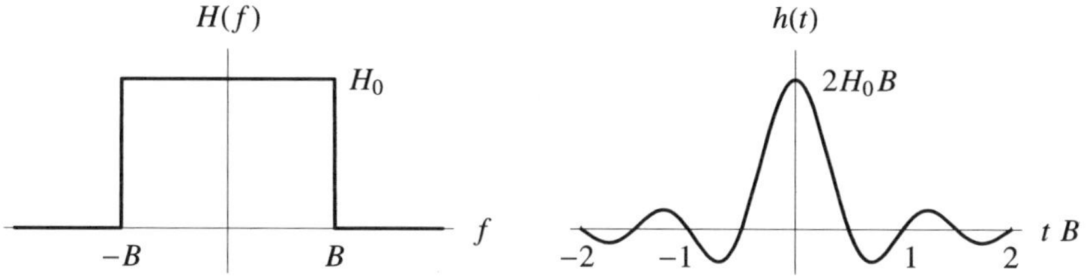

Bild 2-17: Übertragungsfunktion und Impulsantwort des idealen Tiefpasses

Übertragungsfunktion und Impulsantwort sind in Bild 2-17 gezeigt. $H(f)$ ist konstant im Durchlassbereich der Breite B. Der ideale Tiefpass ist somit ein bandbegrenztes und innerhalb der Bandbreite verzerrungsfreies System. Die Impulsantwort ist nicht kausal, da das Ausgangssignal bereits für $t < 0$ von null verschieden ist, obwohl die Ursache (der Dirac-Impuls am Eingang) erst bei $t = 0$ wirkt. Der ideale Tiefpass ist somit physikalisch nicht realisierbar, er spielt aber bei der Analyse von Übertragungssystemen eine wichtige Rolle.

2.1.6 Der ideale Bandpass

Die Übertragungsfunktion des idealen Bandpasses der Bandbreite B lautet (Bild 2-18)

$$H(f) = H_0 \left[\mathrm{rect}\left(\frac{f - f_c}{B} \right) + \mathrm{rect}\left(\frac{f + f_c}{B} \right) \right], \qquad f_c > B/2\,. \qquad (2\text{-}32)$$

Der Durchlassbereich der Breite B liegt symmetrisch zur Mittenfrequenz f_c. Die Bedingung $f_c > B/2$ besagt, dass der Sperrbereich um $f = 0$ herum nicht verschwinden darf.

Die Berechnung der Impulsantwort durch Einsetzen von Gl. 2-32 in Gl. 2-15 ist ohne Probleme möglich. Man gelangt auf einem anderen Weg zur Impulsantwort, wenn man die um $\pm f_c$ zentrierten rect-Funktionen in Gl. 2-32 durch Verschiebung einer im Ursprung liegenden rect-Funktion um $\pm f_c$ darstellt (vgl. auch Gl. 2-9):

$$H(f) = H_0 \,\mathrm{rect}\left(\frac{f}{B} \right) * \left[\delta(f - f_c) + \delta(f + f_c) \right].$$

Mit Hilfe des Faltungstheorems Gl. 2-22, der Fourier-Transformierten der rect-Funktion und des Dirac-Impulses sowie des Verschiebungstheorems erhalten wir

$$\begin{aligned} h(t) &= \Im^{-1}\left\{ H_0 \,\mathrm{rect}\left(\frac{f}{B} \right) \right\} \cdot \Im^{-1}\{ \delta(f - f_c) + \delta(f + f_c) \} \\ &= H_0 B \,\mathrm{si}(\pi B t) \cdot \left(\mathrm{e}^{\mathrm{j}2\pi f_c t} + \mathrm{e}^{-\mathrm{j}2\pi f_c t} \right) = H_0 B \,\mathrm{si}(\pi B t) \cdot 2\cos(2\pi f_c t)\,. \end{aligned}$$

Somit lautet die Impulsantwort des idealen Bandpasses

$$h(t) = 2 H_0 B \,\mathrm{si}(\pi B t) \cos(2\pi f_c t)\,. \qquad (2\text{-}33)$$

Übertragungsfunktion und Impulsantwort sind in Bild 2-18 dargestellt. Für die Impulsantwort in diesem Bild gilt $f_c = 2B$. Die si-Funktion in Gl. 2-33 bildet die Hüllkurve der Impulsantwort und ist als gestrichelte Linie gekennzeichnet.

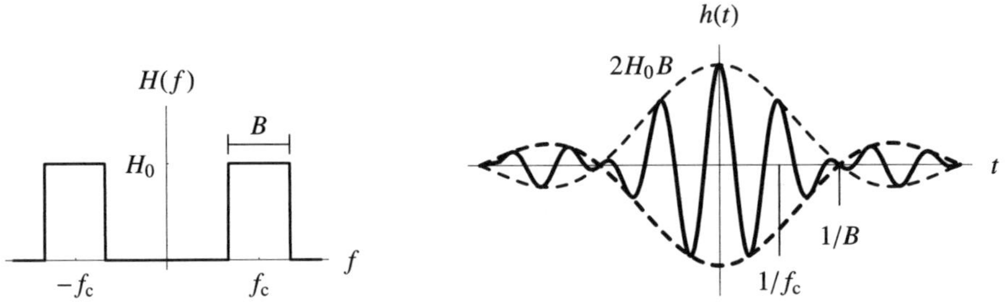

Bild 2-18: Übertragungsfunktion und Impulsantwort des idealen Bandpasses

2.2 Energie- und Leistungssignale

Wir betrachten als Signal eine elektrische Spannung $u(t)$, die an einem Widerstand R abfällt. Die momentane Leistung beträgt

$$p(t) = \frac{u^2(t)}{R}$$

mit der Einheit W und die in R im Zeitintervall (t_1, t_2) umgewandelte elektrische Energie beträgt

$$E_{\text{el}} = \frac{1}{R} \int_{t_1}^{t_2} u^2(t)\,\mathrm{d}t$$

mit der Einheit Ws. Für die Beschreibung von Systemen verwendet man meist auf einen Widerstand von $R = 1\ \Omega$ normierte Größen. Man erhält so die normierte Energie eines Signals $x(t)$

$$E = \int_{t_1}^{t_2} x^2(t)\,\mathrm{d}t \tag{2-34}$$

sowie die normierte mittlere Leistung

$$P = \frac{1}{t_2 - t_1} E = \frac{1}{t_2 - t_1} \int_{t_1}^{t_2} x^2(t)\,\mathrm{d}t\ . \tag{2-35}$$

Handelt es sich bei $x(t)$ um eine Spannung, so hat E die Einheit $\mathrm{V^2 s}$ und P die Einheit $\mathrm{V^2}$. Zur Umwandlung der normierten in elektrische Größen werden die normierten Größen durch den Bezugswiderstand R geteilt.

Energiesignale sind Signale endlicher Energie, d. h. es gilt

$$E = \int_{-\infty}^{\infty} x^2(t)\,\mathrm{d}t, \qquad 0 < E < \infty\,. \tag{2-36}$$

Beispiele für Energiesignale sind Impulse endlicher Länge wie der Rechteckimpuls (Bild 2-10) und der Dreieckimpuls (Bild 2-12). Als Leistungssignale werden Signale mit einer endlichen mittleren Leistung bezeichnet:

$$P = \lim_{T\to\infty} \frac{1}{2T} \int_{-T}^{T} x^2(t)\,\mathrm{d}t, \qquad 0 < P < \infty\,. \tag{2-37}$$

Zu den Leistungssignalen gehören die periodischen Signale, beispielsweise das Kosinus- bzw. das Sinussignal, und zeitlich nicht begrenzte Zufallssignale.

2.2.1 Korrelation von Energie- und Leistungssignalen

Die Korrelation ist ein Maß für die Ähnlichkeit zweier Signale. Sie spielt bei der Beschreibung von Zufallssignalen und bei Verfahren für den Empfang digitaler Signale eine wichtige Rolle. Die Idee der Korrelation basiert auf der Differenz zweier Energiesignale $x(t)$ und $y(t)$. Für die Energie des Differenzsignals gilt

$$E = \int_{-\infty}^{\infty} \big(x(t) - y(t)\big)^2\,\mathrm{d}t = \underbrace{\int_{-\infty}^{\infty} x^2(t)\,\mathrm{d}t}_{E_\mathrm{x}} + \underbrace{\int_{-\infty}^{\infty} y^2(t)\,\mathrm{d}t}_{E_\mathrm{y}} - 2\int_{-\infty}^{\infty} x(t)y(t)\,\mathrm{d}t\,.$$

Das erste und das zweite Integral in diesem Ausdruck sind gleich der Energie (Gl. 2-36) von $x(t)$ bzw. $y(t)$ und werden bei der Definition der Ähnlichkeit der Signale nicht berücksichtigt. Als Korrelationskoeffizienten definiert man

$$\rho_\mathrm{xy} = \frac{1}{\sqrt{E_\mathrm{x}E_\mathrm{y}}} \int_{-\infty}^{\infty} x(t)y(t)\,\mathrm{d}t\,. \tag{2-38}$$

Bedingt durch die Normierung mit den Signalenergien liegt der Korrelationskoeffizient im Bereich von +1 bis −1. Er nimmt den Wert +1 bei größter Ähnlichkeit, d. h. bei bis auf einen positiven Faktor identischen Signalen $y(t) = ax(t)$, an. Den Wert −1 erhält man für $y(t) = -ax(t)$.

Lässt man zusätzlich eine zeitliche Verschiebung τ zwischen den Signalen zu, so wird der Korrelationskoeffizient eine Funktion dieser Verschiebung. Man erhält so die unnormierte Korrelationsfunktion

$$R_\mathrm{xy}(\tau) = \int_{-\infty}^{\infty} x(t)y(t+\tau)\,\mathrm{d}t\,. \tag{2-39}$$

Korreliert man verschiedene Signale $x(t)$ und $y(t)$ wie in Gl. 2-39, so bezeichnet man $R_{xy}(\tau)$ auch als Kreuzkorrelationsfunktion. Signale, für die die Kreuzkorrelationsfunktion an der Stelle $\tau = 0$ gleich null ist, d. h. $R_{xy}(0) = 0$, bezeichnet man als orthogonale Signale.

Beispiel 2-8: Orthogonale Signale

Die Signale in Bild 2-19,

$$x(t) = \mathrm{rect}\left(\frac{t}{T} - \frac{1}{2}\right)\cos\left(2\pi\frac{t}{T}\right), \quad y(t) = \mathrm{rect}\left(\frac{t}{T} - \frac{1}{2}\right)\cos\left(4\pi\frac{t}{T}\right),$$

sind orthogonal zueinander, da

$$R_{xy}(0) = \int_0^T \cos\left(2\pi\frac{t}{T}\right)\cos\left(4\pi\frac{t}{T}\right)\mathrm{d}t = 0\,.$$

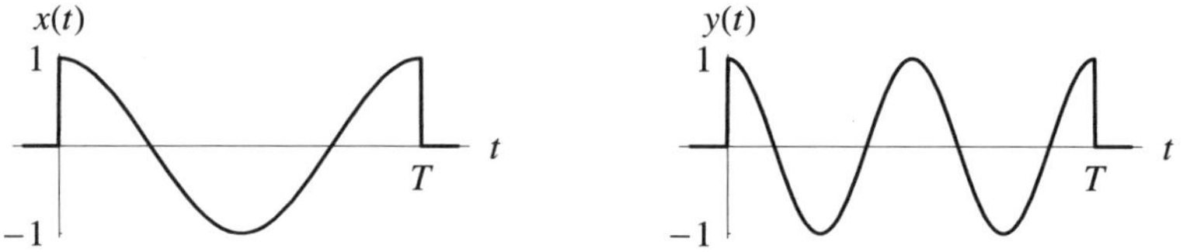

Bild 2-19: Beispiel orthogonaler Signale

◀

Die Ähnlichkeit von Gl. 2-39 mit dem Faltungsintegral Gl. 2-6 weist auf einen Zusammenhang zwischen der Korrelationsfunktion für Energiesignale und der Faltungsoperation hin. Wir ersetzen in Gl. 2-39 τ durch $-\tau$ sowie t durch λ und erhalten

$$R_{xy}(-\tau) = \int_{-\infty}^{\infty} x(\lambda)y(-(\tau - \lambda))\,\mathrm{d}\lambda = x(\tau) * y(-\tau)$$

und somit

$$R_{xy}(\tau) = x(-\tau) * y(\tau)\,. \tag{2-40}$$

Mit dem Kommutativgesetz der Faltung (Gl. 2-7) ist

$$R_{yx}(\tau) = y(-\tau) * x(\tau) = x(\tau) * y(-\tau) = R_{xy}(-\tau)\,. \tag{2-41}$$

Korreliert man ein Signal mit sich selbst, d. h. gilt $y(t) = x(t)$, erhält man die Autokorrelationsfunktion $R_{xx}(\tau) \cong R_x(\tau)$. Wir stellen folgende Eigenschaften der Autokorrelationsfunktion reeller Energiesignale fest:

1. $R_x(\tau)$ ist eine gerade Funktion:

$$R_x(-\tau) = x(\tau) * x(-\tau) = x(-\tau) * x(\tau) = R_x(\tau)\,. \tag{2-42}$$

2. $R_x(0)$ ist gleich der Signalenergie und der maximale Wert der Autokorrelationsfunktion:

$$R_x(0) = \int_{-\infty}^{\infty} x^2(t)\,\mathrm{d}t = E\,,\ |R_x(\tau)| \le R_x(0)\,. \tag{2-43}$$

Die Definition der Korrelationsfunktion von Leistungssignalen erfolgt analog zur Definition für Energiesignale:

$$R_{xy}(\tau) = \lim_{T\to\infty} \frac{1}{2T} \int_{-T}^{T} x(t)y(t+\tau)\,\mathrm{d}t\,. \tag{2-44}$$

Die Autokorrelationsfunktion reeller Leistungssignale hat ähnliche Eigenschaften wie die der reellen Energiesignale. Sie ist eine gerade Funktion, und $R_x(0)$ ist gleich der Signalleistung und der maximale Wert der Autokorrelationsfunktion:

$$R_x(0) = \lim_{T\to\infty} \frac{1}{2T} \int_{-T}^{T} x^2(t)\,\mathrm{d}t = P\,,\ |R_x(\tau)| \le R_x(0)\,. \tag{2-45}$$

2.2.2 Energie- und Leistungsdichtespektrum

Mit Gl. 2-14 wurde das Fourier-Spektrum bzw. Amplitudendichtespektrum eines Signals definiert. Dies beschrieb die Verteilung der Amplitude über der Frequenz. Entsprechend beschreiben das Energie- und das Leistungsdichtespektrum die Verteilung der Energie bzw. der Leistung über der Frequenz für Energie- bzw. für Leistungssignale.

Die Fläche unter dem Spektrum $\phi_x(f)$ muss gleich der Energie bzw. der Leistung des Signals sein. Im Fall eines Energiesignals muss also

$$E = R_x(0) = \int_{-\infty}^{\infty} \phi_x(f)\,\mathrm{d}f \tag{2-46}$$

gelten. Durch Fourier-Transformation der Autokorrelationsfunktion eines Energiesignals in der Form von Gl. 2-42 erhalten wir zunächst

$$\Im\{R_x(\tau)\} = \Im\{x(-\tau) * x(\tau)\} = \Im\{x(-\tau)\}\,\Im\{x(\tau)\} = S^*(f)\,S(f) = |S(f)|^2\,.$$

Dabei ist $S^*(f)$ der konjugiert komplexe Wert von $S(f)$. Für eine komplexe Zahl $z = a + \mathrm{j}b$ ist $z{\cdot}z^* = (a+\mathrm{j}b)(a-\mathrm{j}b) = a^2 + b^2 = |z|^2$, somit ist die Fourier-Transformierte der Autokorrelationsfunktion eines Energiesignals $x(t)$ gleich dem Betragsquadrat der Fourier-Transformierten von $x(t)$. Durch Fourier-Rücktransformation erhalten wir wieder $R_x(\tau)$ und für $\tau = 0$ ist

$$R_x(0) = \Im^{-1}\left\{|S(f)|^2\right\}\Big|_{\tau=0} = \int_{-\infty}^{\infty} |S(f)|^2\,\mathrm{d}f\,.$$

Wie der Vergleich mit Gl. 2-46 zeigt, lautet das gesuchte Energiedichtespektrum

$$\phi_X(f) = \Im\{R_X(\tau)\} = |S(f)|^2 . \qquad (2\text{-}47)$$

Mit Hilfe von Gl 2-36 erhalten wir auch den Zusammenhang

$$E = \int_{-\infty}^{\infty} |S(f)|^2 \, df = \int_{-\infty}^{\infty} x^2(t) \, dt . \qquad (2\text{-}48)$$

Dies ist das parsevalsche Theorem. Es verknüpft die Energie eines Signals mit der Zeitfunktion $x(t)$ und dessen Fourier-Transformierter $S(f)$. Für Leistungssignale definiert man entsprechend das Leistungsdichtespektrum

$$\phi_X(f) = \Im\{R_X(\tau)\} , \qquad (2\text{-}49)$$

für die Leistung des Signals erhält man

$$R_X(0) = P = \int_{-\infty}^{\infty} \phi_X(f) \, df . \qquad (2\text{-}50)$$

Handelt es sich bei dem Signal $x(t)$ um eine Spannung, so hat das Energiedichtespektrum die Dimension (normierte Energie)/Frequenz, also $V^2 s/Hz$, und das Leistungsdichtespektrum besitzt die Dimension (normierte Leistung)/Frequenz, also V^2/Hz. Sowohl das Energie- als auch das Leistungsdichtespektrum sind reelle, gerade Funktionen und stets positiv.

Beispiel 2-9: Autokorrelationsfunktion und Leistungsdichtespektrum des Kosinussignals

Ein Kosinussignal ist ein periodisches Signal und damit ein Leistungssignal. Bei einem periodischen Signal wird der Zeitmittelwert zur Bestimmung der Autokorrelationsfunktion über eine oder mehrere Perioden gebildet. Für das Kosinussignal $x(t) = A\cos(2\pi f_0 t)$ erhalten wir mit Hilfe von Gl. 2-44 bei Integration von $-T = -1/f_0$ bis $T = 1/f_0$

$$R_X(\tau) = \frac{1}{2T} \int_{-T}^{T} x(t) x(t+\tau) \, dt = \frac{f_0}{2} A^2 \int_{-1/f_0}^{1/f_0} \cos(2\pi f_0 t) \cos(2\pi f_0 (t+\tau)) \, dt$$

$$= \frac{f_0}{2} A^2 \Big[\cos(2\pi f_0 \tau) \underbrace{\int_{-1/f_0}^{1/f_0} \cos^2(2\pi f_0 t) \, dt}_{=1/f_0} + \sin(2\pi f_0 \tau) \underbrace{\int_{-1/f_0}^{1/f_0} \cos(2\pi f_0 t) \sin(2\pi f_0 t) \, dt}_{=0} \Big]$$

$$= \frac{A^2}{2} \cos(2\pi f_0 \tau).$$

Die Autokorrelationsfunktion eines periodischen Signals ist also erwartungsgemäß selbst eine periodische Funktion, denn bei einer Verschiebung um τ entsprechend einem ganzzahligen Vielfachen der Periodendauer nimmt der Integrand $x(t)\,x(t+\tau)$ immer wieder den gleichen Wert an. Umgekehrt weist ein periodischer Anteil der Autokorrelationsfunktion auf eine periodische Signalkomponente hin. Für das Leistungsdichtespektrum folgt (vgl. mit dem Fourier-Spektrum, Beispiel 2-4)

$$\phi_{\mathrm{x}}(f) = \Im\left\{\frac{A^2}{2}\cos(2\pi f_0 \tau)\right\} = \frac{A^2}{4}\big(\delta(f+f_0)+\delta(f-f_0)\big).$$

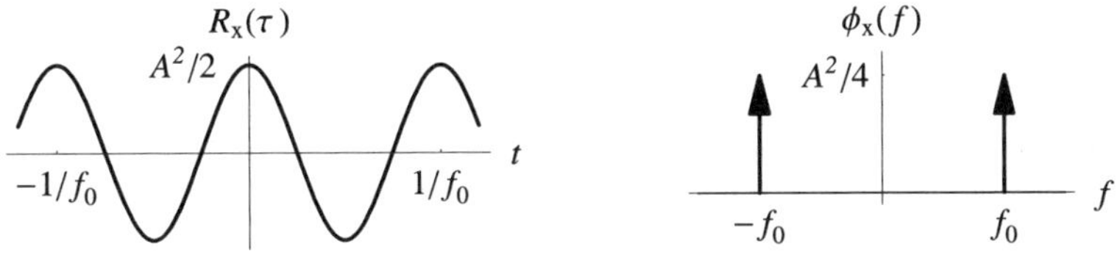

Bild 2-20: Autokorrelationsfunktion und Leistungsdichtespektrum des Kosinussignals

Die Signalleistung kann sowohl aus der Autokorrelationsfunktion für $\tau = 0$ als auch aus der Fläche unter dem Leistungsdichtespektrum bestimmt werden und beträgt

$$P = R_{\mathrm{x}}(0) = \int_{-\infty}^{\infty} \phi_{\mathrm{x}}(f)\,\mathrm{d}f = \frac{A^2}{2}.$$

◀

Während einem Fourier-Spektrum durch die Fourier-Rücktransformation ein eindeutiges Signal zugeordnet werden kann, gilt dies nicht für das Energie- und das Leistungsdichtespektrum. Beispielsweise erhält man für das Sinussignal $x(t) = A\sin(2\pi f_0 t)$ die gleiche Autokorrelationsfunktion und das gleiche Leistungsdichtespektrum wie für das Kosinussignal aus dem Beispiel oben. Durch die Bildung des zeitlichen Mittelwerts bei der Autokorrelationsfunktion geht die Phaseninformation verloren.

2.3 Zufallssignale

Bisher haben wir uns mit deterministischen Signalen beschäftigt, deren Verlauf durch eine Funktion $x(t)$ für beliebige t festgelegt ist. Wir wenden uns nun den Zufallssignalen zu, deren exakter Verlauf nicht bekannt ist. Stattdessen erfolgt die Beschreibung durch statistische Mittelwerte und Wahrscheinlichkeitsverteilungen. Zufallssignale treten im Zusammenhang mit Übertragungssystemen als informationstragende Signale und als Störsignale auf.

2.3.1 Zufallsprozesse

Ein Zufallsprozess ordnet einem zufälligen Ereignis eine von der Zeit abhängige Funktion zu. Wir betrachten als Beispiel die Rauschspannung, die auf Grund der thermischen Bewegung der Elektronen in einem Widerstand entsteht. Wählt man aus einer großen Zahl identischer Widerstände zufällig einen aus und beobachtet dessen Rauschspannung, so erhält man eine Musterfunktion $x_i(t)$ dieses Zufallsprozesses (Bild 2-21). Alle auf diese Weise erhaltenen Musterfunktionen nennt man ein Ensemble. $x_i(t_1)$ ist der Wert einer Musterfunktion zum Zeitpunkt t_1. Zwei verschiedene Musterfunktionen eines Zufallsprozesses zeigen einen völlig verschiedenen zeitlichen Verlauf. Zu einem Zeitpunkt t_1 nehmen die Musterfunktionen ganz unterschiedliche Werte $x_i(t_1)$ an. $\boldsymbol{x}(t_1)$ bezeichnet in diesem Zusammenhang eine Zufallsvariable, deren Wert von der Auswahl einer Musterfunktion abhängt, und $\boldsymbol{x}(t)$ den Zufallsprozess.

Ein Zufallsprozess wird daher durch eine Reihe von Mittelwerten beschrieben. Als Ensemble-Mittelwert oder linearen Mittelwert zum Zeitpunkt t_1 definiert man

$$\overline{\boldsymbol{x}(t_1)} = E\left[\boldsymbol{x}(t_1)\right].$$

$E[\cdot]$ ist der Operator für den Erwartungswert, der über das Ensemble zu bestimmen ist. Ist die Wahrscheinlichkeitsdichte einer Zufallsvariablen bekannt, kann deren Erwartungswert berechnet werden (siehe Abschnitt 2.3.1.2).

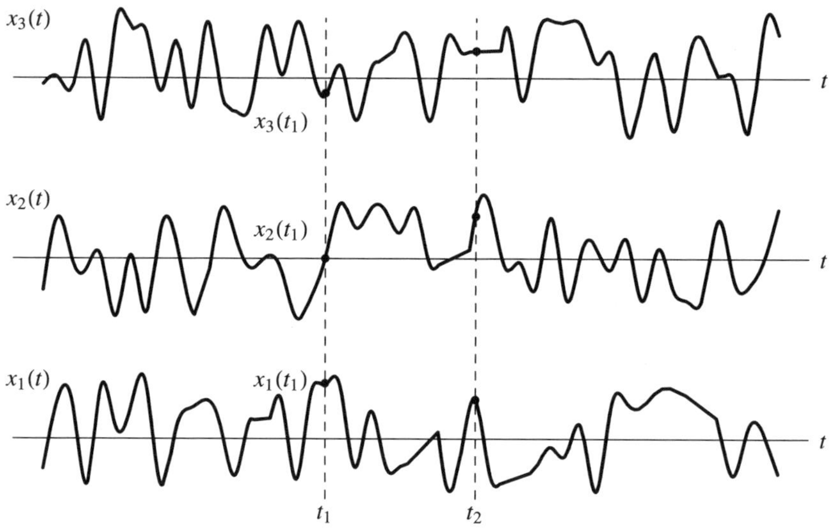

Bild 2-21: Musterfunktionen eines Zufallsprozesses

Für den quadratischen Mittelwert gilt

$$\overline{\boldsymbol{x}^2(t_1)} = E\left[\boldsymbol{x}^2(t_1)\right]$$

und für die Autokorrelationsfunktion

$$R_{\mathrm{x}}(t_1, t_2) = E\left[\boldsymbol{x}(t_1)\,\boldsymbol{x}(t_2)\right].$$

Diese Mittelwerte hängen alle vom Beobachtungszeitpunkt ab. Eine wesentliche Vereinfachung ergibt sich, wenn man von einem stationären Zufallsprozess ausgehen kann. Die statistischen Eigenschaften eines stationären Prozesses sind unabhängig vom Beobachtungszeitpunkt. Ein Prozess, bei dem dies nur für die oben angeführten Mittelwerte gilt, nennt man schwach stationär (Wide-Sense Stationary, WSS). Für den linearen Mittelwert gilt dann

$$E\left[\boldsymbol{x}(t_1)\right] = E\left[\boldsymbol{x}(t_2)\right] = \overline{\boldsymbol{x}(t)} = m_x \,.$$

Die Autokorrelationsfunktion eines stationären Prozesses ist nur noch eine Funktion der Differenz $\tau = t_2 - t_1$ und hängt nicht mehr von den absoluten Zeitpunkten t_1, t_2 ab, denn bei einer Verschiebung um $t_1 - t$ erhält man

$$R_\mathrm{x}(t_1,t_2) = E\left[\boldsymbol{x}(t_1-(t_1-t))\,\boldsymbol{x}(t_2-(t_1-t))\right] = E\left[\boldsymbol{x}(t)\,\boldsymbol{x}(t+\tau)\right] = R_\mathrm{x}(\tau)\,.$$

Oft ist nur eine einzige Musterfunktion bekannt. Man geht dann von der Hypothese aus, dass eine Musterfunktion den gesamten Prozess repräsentiert. Einen Prozess, für den dies zutrifft, nennt man ergodisch. Ein ergodischer Prozess ist auch immer stationär (umgekehrt muss dies nicht gelten). Die Annahme eines ergodischen Prozesses stellt eine Hypothese dar, die meist nicht bewiesen werden kann. Für eine genaue mathematische Definition der Stationarität und der Ergodizität siehe z. B. [28]. Für ergodische Prozesse genügt es, zur Bestimmung der Erwartungswerte eine einzelne Musterfunktion $x(t)$ nacheinander zu verschiedenen Zeitpunkten zu beobachten. Damit treten an die Stelle der Ensemble-Mittelwerte Zeitmittelwerte. Für den linearen Mittelwert gilt

$$\overline{x(t)} = m_\mathrm{x} = \lim_{T\to\infty} \frac{1}{2T} \int_{-T}^{T} x(t)\,\mathrm{d}t\,. \tag{2-51}$$

m_x ist der Gleichanteil des Zufallssignals $x(t)$. Für den quadratischen Mittelwert gilt

$$\overline{x^2(t)} = P = \lim_{T\to\infty} \frac{1}{2T} \int_{-T}^{T} x^2(t)\,\mathrm{d}t\,. \tag{2-52}$$

Wie der Vergleich mit Gl. 2-37 zeigt, ist P die mittlere normierte Leistung von $x(t)$. Die Differenz

$$\overline{x^2(t)} - \overline{x(t)}^2 = P - m_\mathrm{x}^2 = \sigma_\mathrm{x}^2$$

ist die Varianz von $x(t)$. Dabei ist m_x^2 die Leistung des Gleichanteils und σ_x^2 die Leistung des Wechselanteils. Die Gesamtleistung ist daher auch

$$P = \overline{x^2(t)} = \sigma_\mathrm{x}^2 + m_\mathrm{x}^2\,. \tag{2-53}$$

Die Größe $\sqrt{\overline{x^2(t)}}$ ist der Effektivwert (root-mean-square value, rms) von $x(t)$. Die Standardabweichung σ_x ist der Effektivwert des Wechselanteils. Für die Autokorrelationsfunktion eines ergodischen Prozesses erhalten wir schließlich

$$R_\mathrm{x}(\tau) = \lim_{T\to\infty} \frac{1}{2T} \int_{-T}^{T} x(t)x(t+\tau)\,\mathrm{d}t\,. \tag{2-54}$$

Analog zu Gl. 2-44 erhält man die Kreuzkorrelationsfunktion $R_{xy}(\tau)$, wenn man zwei Zufallssignale $x(t)$ und $y(t)$ korreliert.

Die wichtigsten Eigenschaften der Autokorrelationsfunktion stationärer Zufallssignale lauten zusammengefasst:

1. $R_x(\tau)$ ist eine gerade Funktion: $R_x(\tau) = R_x(-\tau)$.
2. $R_x(0)$ ist gleich der mittleren normierten Leistung von $x(t)$ und der maximale Wert der Autokorrelationsfunktion:

   $$R_x(0) = \overline{x^2(t)} = P\,,\ \left|R_x(\tau)\right| \le R_x(0)\,.$$

3. Für $|\tau| \to \infty$ strebt die Autokorrelationsfunktion gegen die Leistung des Gleichanteils:

   $$\lim_{|\tau|\to\infty} R_x(\tau) = \overline{x(t)}^2 = m_x^2\,.$$

Es wurde bereits angedeutet, dass zur vollständigen Beschreibung eines Zufallsprozesses die zu Grunde liegenden Wahrscheinlichkeitsdichten bekannt sein müssen. Wir wollen uns daher zunächst mit Verteilungsfunktionen und Wahrscheinlichkeitsdichten vertraut machen.

2.3.2 Verteilungsfunktion und Wahrscheinlichkeitsdichte

Ähnlich wie ein Zufallsprozess einem Ereignis eine Zeitfunktion zuordnet, ordnet eine Zufallsvariable X einem Ereignis eine reelle Zahl x zu. Gibt es eine endliche Anzahl von Ereignissen, so spricht man von einer diskreten Zufallsvariablen. Beispielsweise kann ein Element einer binären Zufallsfolge die Werte 0 oder 1 annehmen. Diesen beiden Ereignissen werden die Zahlen 0 und 1 zugeordnet:

$$X = 0, X = 1.$$

Sind beide Ereignisse gleich wahrscheinlich, so können wir für die Auftrittswahrscheinlichkeiten $P(X = 0) = P(X = 1) = 1/2$ schreiben.

Eine stetige Zufallsvariable kann beliebige reelle Werte annehmen. Ein Beispiel ist die Rauschspannung an einem Widerstand. Die Wahrscheinlichkeit, dass eine solche Zufallsvariable einen bestimmten Wert annimmt, geht gegen null. Ein sinnvolles Ereignis ist in diesem Fall beispielsweise, dass die Rauschspannung einen Wert zwischen 0,01 V und 0,02 V aufweist:

$$0{,}01\ \text{V} \le X \le 0{,}02\ \text{V}.$$

Die Verteilungsfunktion $F_X(x)$ gibt die Wahrscheinlichkeit an, dass eine Zufallsvariable X kleiner oder gleich einer reellen Zahl x ist, d. h.

$$F_X(x) = P(X \le x). \tag{2-55}$$

Die Wahrscheinlichkeit und damit auch die Verteilungsfunktion nimmt Werte zwischen null und eins an. Für das komplementäre Ereignis $P(X > x)$ gilt

$$P(X > x) = 1 - F_X(x). \tag{2-56}$$

Die Verteilungsfunktion ist eine stets positive, monoton steigende Funktion mit folgenden Eigenschaften:

1. $0 \le F_X(x) \le 1$
2. $F_X(-\infty) = 0$
3. $F_X(\infty) = 1$
4. $F_X(x_1) \le F_X(x_2)$ für $x_1 \le x_2$

Die Wahrscheinlichkeitsdichte $f_X(x)$ einer Zufallsvariablen erhält man durch Ableitung der Verteilungsfunktion:

$$f_X(x) = \frac{\mathrm{d}F_X(x)}{\mathrm{d}x}, \quad F_X(x) = \int_{-\infty}^{x} f_X(\lambda)\,\mathrm{d}\lambda. \tag{2-57}$$

Die Wahrscheinlichkeitsdichte ist eine stets positive Funktion, deren Fläche eins ist:

1. $f_X(x) \ge 0$
2. $\int_{-\infty}^{\infty} f_X(\lambda)\,\mathrm{d}\lambda = F_X(\infty) = 1$

Die Wahrscheinlichkeit, dass X in ein Intervall $a \le X \le b$ fällt, beträgt

$$\begin{aligned} P(a \le X \le b) &= P(X \le b) - P(X \le a) \\ &= F_X(b) - F_X(a) = \int_a^b f_X(\lambda)\,\mathrm{d}\lambda, \end{aligned} \tag{2-58}$$

ist also gleich der Fläche unter $f_X(x)$ im Bereich a bis b (Bild 2-22).

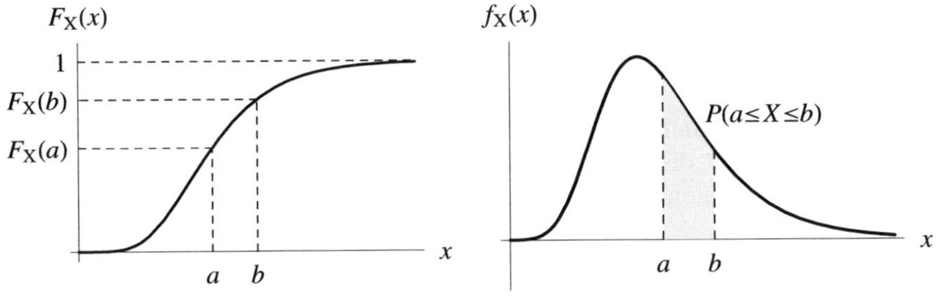

Bild 2-22: Verteilungsfunktion und Wahrscheinlichkeitsdichte einer stetigen Zufallsvariablen

Auch im Falle einer diskreten Zufallsvariablen kann eine Wahrscheinlichkeitsdichte angegeben werden; diese enthält bei den Werten, die die Zuvallsvariable annehmen kann, Dirac-Impulse.

Aus Gl. 2-58 folgt für die Wahrscheinlichkeit, dass X in ein kleines Intervall $x \leq X \leq x + \Delta x$ fällt,

$$P(x \leq X \leq x + \Delta x) = \int_{x}^{x+\Delta x} f_X(\lambda)\,\mathrm{d}\lambda \approx f_X(x)\,\Delta x\,.$$

Man erhält den Mittelwert von X, indem man x mit der Auftrittswahrscheinlichkeit $f_X(x)\,\Delta x$ multipliziert und für alle Intervalle aufsummiert. Lässt man Δx gegen null gehen, so strebt der so berechnete Mittelwert gegen den Erwartungswert:

$$E[X] = m_X = \int_{-\infty}^{\infty} x\, f_X(x)\,\mathrm{d}x\,. \tag{2-59}$$

Allgemein nennt man den Erwartungswert $E[X^n]$ das n-te Moment der Verteilung. Das 1. Moment ist also der Mittelwert; das 2. Moment ist der quadratische Mittelwert. Für ihn gilt entsprechend

$$E\left[X^2\right] = \overline{x^2} = \int_{-\infty}^{\infty} x^2 f_X(x)\,\mathrm{d}x\,. \tag{2-60}$$

Im Falle einer diskreten Zufallsvariablen treten an Stelle der Gleichungen 2-59 und 2-60 die Summenausdrücke

$$E[X] = \sum_i x_i P(X = x_i)\,,\quad E\left[X^2\right] = \sum_i x_i^2 P(X = x_i)\,. \tag{2-61}$$

Die Varianz (oder 2. zentrales Moment) ist ein Maß für die Streuung der Werte um den Mittelwert und ist definiert als

$$\begin{aligned}\sigma_X^2 &= E\left[(X - m_X)^2\right] = E\left[X^2 - 2m_X X + m_X^2\right] = \overline{x^2} - 2m_X^2 + m_X^2 \\ &= \overline{x^2} - m_X^2\,.\end{aligned} \tag{2-62}$$

Nach diesen allgemeinen Ausführungen zu Verteilungsfunktionen und Wahrscheinlichkeitsdichten wollen wir nun die im Zusammenhang mit der Kommunikationstechnik wichtigsten Verteilungen betrachten.

2.3.3 Wichtige Verteilungsfunktionen

Aus der Gruppe der stetigen Verteilungsfunktionen werden hier die Gleich-, die Exponential-, die Normal- und die Rice-Verteilung behandelt. Zu den diskreten Verteilungsfunktionen gehören die Binomial- und die Poisson-Verteilung.

Die Wahrscheinlichkeitsdichte einer gleich verteilten Zufallsgröße ist konstant in einem Intervall $a \leq x \leq b$ und null außerhalb dieses Intervalls. Da die Fläche unter der Wahrscheinlichkeitsdichte gleich eins sein muss, gilt

$$f_X(x) = \frac{1}{b-a} \qquad \text{für} \qquad a \le x \le b\,. \tag{2-63}$$

Durch Integration der Wahrscheinlichkeitsdichte gemäß Gl. 2-57 erhalten wir für die Verteilungsfunktion

$$F_X(x) = \int_a^x \frac{1}{b-a}\,\mathrm{d}\lambda = \frac{x-a}{b-a} \qquad \text{für} \qquad a \le x \le b\,. \tag{2-64}$$

Wahrscheinlichkeitsdichte und Verteilungsfunktion der Gleichverteilung sind in Bild 2-23 gezeigt. Der Mittelwert bestimmt sich mit Gl. 2-59 zu

$$m_X = \int_a^b x \frac{1}{b-a}\,\mathrm{d}x = \frac{1}{b-a}\left[\frac{1}{2}x^2\right]_a^b = \frac{b+a}{2}\,. \tag{2-65}$$

Für den quadratischen Mittelwert erhalten wir mit Gl. 2-60

$$\overline{x^2} = \int_a^b x^2 \frac{1}{b-a}\,\mathrm{d}x = \frac{1}{3}\frac{b^3+a^3}{b-a} = \frac{1}{3}\left(b^2+ab+a^2\right) \tag{2-66}$$

und für die Varianz mit Hilfe von Gl. 2-62

$$\sigma_X^2 = \overline{x^2} - m_X^2 = \frac{(b+a)^2}{12}\,. \tag{2-67}$$

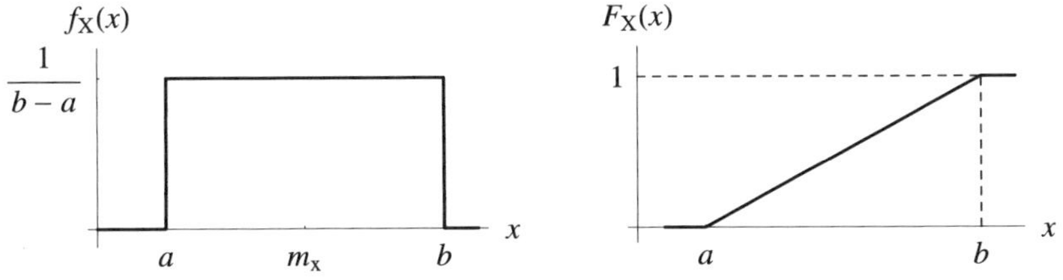

Bild 2-23: Wahrscheinlichkeitsdichte und Verteilungsfunktion der Gleichverteilung

Wahrscheinlichkeitsdichte und Verteilungsfunktion der Exponentialverteilung lauten

$$f_X(x) = a\,\mathrm{e}^{-ax}\,,\; F_X(x) = 1-\mathrm{e}^{-ax} \quad \text{für } x \ge 0, \tag{2-68}$$

siehe Bild 2-24. Diese Verteilung hat nur einen Parameter a, der sowohl den Mittelwert als auch die Varianz bestimmt:

$$m_X = \frac{1}{a}\,,\; \sigma_X^2 = \frac{1}{a^2}\,. \tag{2-69}$$

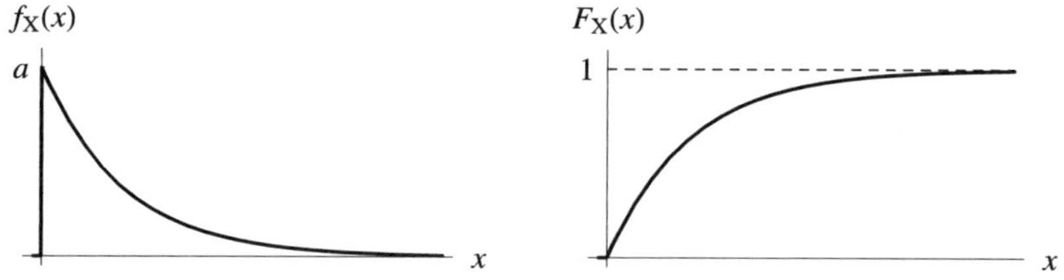

Bild 2-24: Wahrscheinlichkeitsdichte und Verteilungsfunktion der Exponentialverteilung

Die Wahrscheinlichkeitsdichte der Normal- oder Gauß-Verteilung ist durch

$$f_X(x) = \frac{1}{\sqrt{2\pi}\,\sigma_X} \exp\left(-\frac{(x - m_X)^2}{2\sigma_X^2} \right) \tag{2-70}$$

gegeben (Bild 2-25). Die Parameter dieser Verteilung sind der Mittelwert m_X und die Standardabweichung σ_X. Abkürzend schreibt man auch $N(m_X, \sigma_X)$.

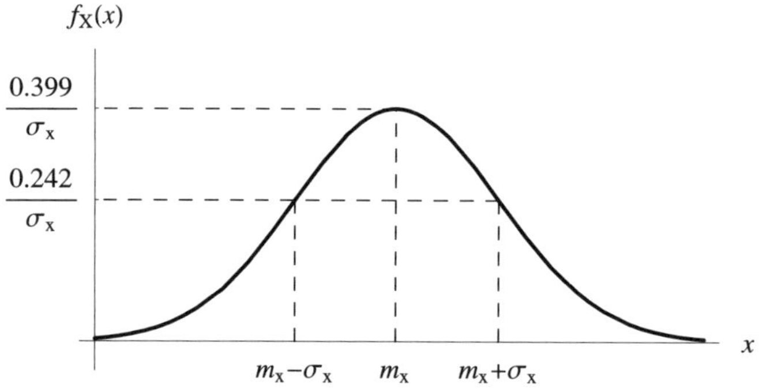

Bild 2-25: Wahrscheinlichkeitsdichte der Normalverteilung

Das Integral Gl. 2-57 zur Bestimmung der Verteilungsfunktion kann für die Normalverteilung nicht geschlossen berechnet werden. Hier arbeitet man mit der Fehlerfunktion (error function) erf(x) bzw. der komplementären Fehlerfunktion erfc(x), die man in vielen mathematischen Handbüchern tabelliert vorfindet, siehe z. B. [2]. Diese Funktionen sind definiert als

$$\operatorname{erf}(x) = \frac{2}{\sqrt{\pi}} \int_0^x \exp(-\gamma^2)\,\mathrm{d}\gamma\,, \quad \operatorname{erfc}(x) = 1 - \operatorname{erf}(x) = \frac{2}{\sqrt{\pi}} \int_x^\infty \exp(-\gamma^2)\,\mathrm{d}\gamma\,. \tag{2-71}$$

Den Verlauf der Funktionen zeigt Bild 2-26. Mit ihrer Hilfe erhalten wir ausgehend von

$$F_X(x) = \int_{-\infty}^{x} \frac{1}{\sqrt{2\pi}\,\sigma_X} \exp\left(-\frac{(\lambda - m_X)^2}{2\sigma_X^2} \right) \mathrm{d}\lambda$$

mit der Substitution $\gamma = \dfrac{\lambda - m_X}{\sqrt{2}\,\sigma_X}$, $d\lambda = \sqrt{2}\sigma_X\, d\gamma$, die Verteilungsfunktion

$$F_X(x) = \frac{1}{\sqrt{\pi}} \int_{-\infty}^{\frac{x-m_X}{\sqrt{2}\sigma_X}} \exp\left(-\gamma^2\right) d\gamma = \frac{1}{2}\left(2 - \frac{2}{\sqrt{\pi}} \int_{\frac{x-m_X}{\sqrt{2}\sigma_X}}^{\infty} \exp\left(-\gamma^2\right) d\gamma\right)$$

$$= \frac{1}{2}\operatorname{erfc}\left(-\frac{x-m_X}{\sqrt{2}\,\sigma_X}\right). \qquad (2\text{-}72)$$

In Gl. 2-72 wurden die Beziehungen $\operatorname{erfc}(-\infty) = 2$ und $\operatorname{erfc}(-x) = 2 - \operatorname{erfc}(x)$ verwendet. Eine nützliche Näherung für die erfc-Funktion für große x lautet

$$\operatorname{erfc}(x) \approx \frac{1}{x\sqrt{\pi}} \exp(-x^2) \quad \text{für } x > 6. \qquad (2\text{-}73)$$

In der englischsprachigen Literatur wird an Stelle der erfc-Funktion meist die Funktion $Q(x) = \frac{1}{2}\operatorname{erfc}(x/\sqrt{2})$ verwendet.

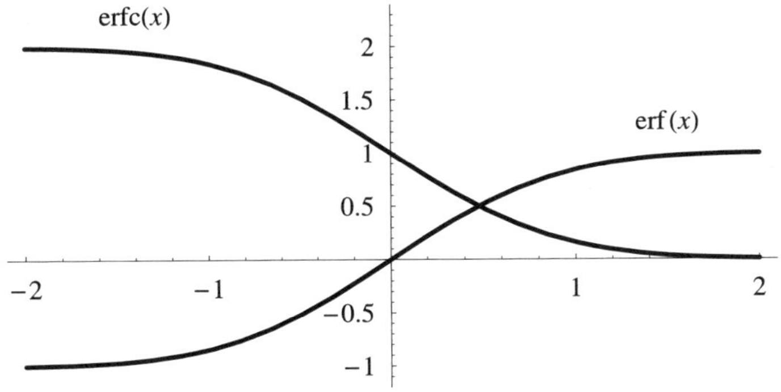

Bild 2-26: Fehlerfunktion erf(x) und komplementäre Fehlerfunktion erfc(x)

Die Bedeutung der Normalverteilung ist im zentralen Grenzwertsatz begründet [2]. Er besagt, dass eine Zufallsvariable, die durch Aufsummieren einer großen Zahl statistisch unabhängiger Zufallsvariablen gebildet wird, näherungsweise normal verteilt ist. Voraussetzung ist, dass jeder Summand nur einen geringen Beitrag liefert.

Beispiel 2-10: Normal verteiltes Zufallssignal

Thermisches Rauschen wird durch die thermische Bewegung der Elektronen verursacht. Jedes Elektron liefert durch seine Eigenbewegung einen kleinen Beitrag zur Rauschspannung. Diese ist damit die Summe vieler statistisch unabhängiger Zufallssignale und deren Amplitude ist normal verteilt mit dem Mittelwert $m_X = 0$ und der Standardabweichung σ_X (Bild 2-27).

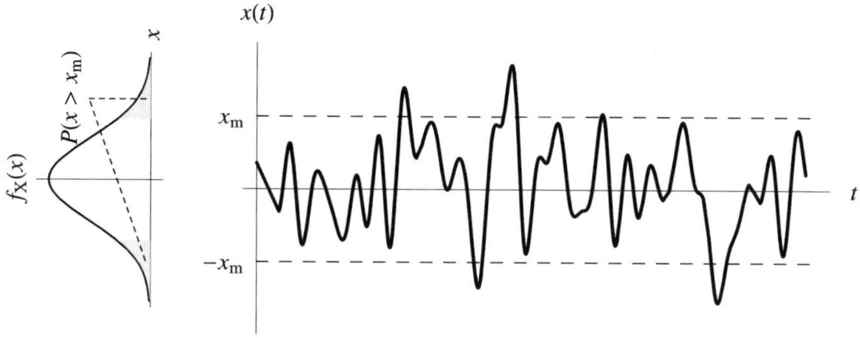

Bild 2-27: Ein normal verteiltes Zufallssignal

Gemäß Gl. 2-53 ist die Leistung des Rauschsignals gleich dessen Varianz σ_x^2. Mit Hilfe der erfc-Funktion können wir nun z. B. die Frage beantworten, mit welcher Wahrscheinlichkeit das Zufallssignal den Wert $\pm x_m = 2\sigma_x$ überschreitet. Mit Gl. 2-72 erhalten wir

$$P\left(|x| > x_m\right) = 2P\left(x \le -x_m\right) = 2\frac{1}{2}\operatorname{erfc}\left(-\frac{-2\sigma_x}{\sqrt{2}\sigma_x}\right) = \operatorname{erfc}\left(\sqrt{2}\right) = 0{,}046\,.$$

◀

Eine Rice-verteilte Zufallsgröße entsteht, wenn aus zwei statistisch unabhängigen, normal verteilten Zufallsvariablen Y und Z mit gleicher Varianz σ^2, aber unterschiedlichen Mittelwerten $c\cos\theta$ bzw. $c\sin\theta$ eine neue Zufallsvariable X gemäß

$$X = \sqrt{Y^2 + Z^2}$$

gebildet wird. Diese Zufallsvariable ist Rice-verteilt mit der Wahrscheinlichkeitsdichte

$$f_X(x) = \frac{x}{\sigma^2} I_0\left(x\frac{c}{\sigma^2}\right)\exp\left(-\frac{x^2+c^2}{2\sigma^2}\right) \quad \text{für } x \ge 0. \tag{2-74}$$

In Gl. 2-74 ist $I_0(x)$ die modifizierte Bessel-Funktion erster Art nullter Ordnung [2]. Da X nicht negativ werden kann, ist $f_X(x)$ gleich null für $x < 0$. Für $c = 0$ ist $I_0(0) = 1$ und die Rice-Verteilung geht in die Rayleigh-Verteilung über. Bild 2-28 zeigt die Wahrscheinlichkeitsdichte als Funktion von $r = x/\sigma$ mit $s = c/\sigma$ als Parameter in der Form

$$\sigma\, f_X(x) = r I_0(rs)\exp\left(-\frac{r^2+s^2}{2}\right).$$

Die linke Kurve mit $c/\sigma = 0$ gilt für die Rayleigh-Verteilung. Rice- und Rayleigh-Verteilung werden uns bei der Bestimmung der Fehlerwahrscheinlichkeit im Falle der inkohärenten Demodulation begegnen.

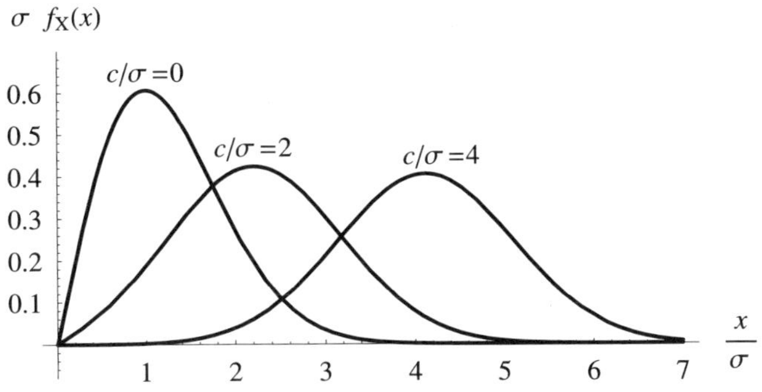

Bild 2-28: Wahrscheinlichkeitsdichte der Rice-Verteilung

Die Binomialverteilung beschreibt eine diskrete Zufallsvariable, die entsteht, wenn ein Zufallsexperiment n-mal wiederholt wird. Gesucht ist die Wahrscheinlichkeit, dass ein bestimmtes Ereignis A genau i-mal eintritt, d. h. dass die Zufallsvariable den Wert i ($i = 0, 1, ..., n$) annimmt. Damit kann insbesondere die Frage beantwortet werden, mit welcher Wahrscheinlichkeit i Bitfehler in einem Datenwort der Länge n bit auftreten (siehe Beispiel 2-11). Die Wahrscheinlichkeit, dass A eintritt, sei $P(A) = \rho$; die Wahrscheinlichkeit, dass A nicht eintritt, ist dann $1 - \rho$. Bei n Durchführungen des Zufallsexperiments tritt jede Folge, in der A genau i-mal eintritt, mit der Wahrscheinlichkeit $\rho^i(1 - \rho)^{n-i}$ auf. Die Anzahl der möglichen Folgen ist durch den Binomialkoeffizienten

$$\binom{n}{i} = \frac{n!}{i!(n-i)!} \tag{2-75}$$

gegeben. Weiterhin ist $0! = 1$, und aus Gl. 2-75 folgt

$$\binom{n}{0} = \binom{n}{n} = 1, \quad \binom{n}{1} = \binom{n}{n-1} = n, \quad \binom{n}{2} = \binom{n}{n-2} = \frac{n(n-1)}{2}.$$

Für die gesuchte Wahrscheinlichkeit gilt damit

$$P(i) = \binom{n}{i}\rho^i(1-\rho)^{n-1}, \quad i = 0, 1, ..., n. \tag{2-76}$$

Die Verteilungsfunktion der Binomialverteilung ergibt sich durch Aufsummieren der Wahrscheinlichkeiten aus Gl. 2-76:

$$F_X(i) = \sum_{i=0}^{k} P(i), \quad k = 0, 1, ..., n. \tag{2-77}$$

Für große n und ein kleines ρ kann die Binomialverteilung Gl. 2-75 durch die Poisson-Verteilung angenähert werden:

$$P(i) = \frac{(n\rho)^i}{i!}e^{-n\rho}. \tag{2-78}$$

Neben der Näherung für die Binomialverteilung dient die Poisson-Verteilung auch der Beschreibung von Ankunftsprozessen. Dazu wird sie in der Form

$$P(i) = \frac{(\lambda T)^i}{i!} \mathrm{e}^{-\lambda T} \tag{2-79}$$

geschrieben. Beispielsweise gibt Gl. 2-79 die Wahrscheinlichkeit an, dass bei der Paketübertragung in einem Kommunikationsnetz genau i Pakete in einem Intervall der Länge T eintreffen. Dabei ist λ die Ankunftsrate der Pakete und es wird angenommen, dass die Zeiten zwischen den Paketankünften exponentialverteilt sind.

Beispiel 2-11: Wahrscheinlichkeit für ein fehlerhaftes Datenwort

Gesucht ist die Wahrscheinlichkeit, dass in einem Datenwort der Länge $n = 64$ bit genau 1 oder 2 Bitfehler auftreten. Die Bitfehlerwahrscheinlichkeit betrage $\rho = 10^{-5}$, und Bitfehler treten zufällig und unabhängig voneinander auf. Mit Hilfe von Gl. 2-76 erhalten wir

$$P(1) = 6{,}396 \cdot 10^{-4}, \quad P(2) = 2{,}015 \cdot 10^{-7}.$$

Die Wahrscheinlichkeit, dass ein fehlerhaftes Datenwort zwei oder mehr Bitfehler enthält, ist also deutlich geringer als die Wahrscheinlichkeit für einen Bitfehler. Die Wahrscheinlichkeit, dass ein Datenwort mindestens einen Bitfehler enthält, beträgt

$$P(i \geq 1) = 1 - P(0) = 6{,}398 \cdot 10^{-4}$$

und ist praktisch identisch zu $P(1)$, d. h. fehlerhafte Datenworte enthalten nahezu immer nur einen Bitfehler. Dies gilt allgemein, falls $n\rho << 1$. Eine nützliche Näherung der Wahrscheinlichkeit für ein fehlerhaftes Datenwort ist

$$P(i \geq 1) \approx n\rho,$$

was aus der Reihenentwicklung $P(0) = (1 - \rho)^n \approx 1 - n\rho$ für $n\rho << 1$ folgt.

◀

2.3.4 Leistungsdichtespektrum von Zufallssignalen

Die Autokorrelationsfunktion $R_\mathrm{x}(\tau)$ eines stationären Zufallssignals gibt uns an, wie zeitlich um τ auseinander liegende Werte statistisch korreliert sind. Fällt $R_\mathrm{x}(\tau)$ nur sehr langsam vom Maximalwert $R_\mathrm{x}(0)$ ab, so deutet dies darauf hin, dass benachbarte Werte des Zufallssignals nicht sehr voneinander abweichen. Wir erwarten dann, dass das Leistungsdichtespektrum des Signals wesentliche Leistungsanteile bei niedrigen Frequenzen enthält. Umgekehrt deutet eine schnell abfallende Autokorrelationsfunktion auf schnelle zeitliche Änderungen des Signals hin, so dass auch Leistungsanteile bei hohen Frequenzen zu erwarten sind.

Es gibt also einen Zusammenhang zwischen der Korrelationsfunktion und dem Leistungsdichtespektrum. Für stationäre oder zumindest schwach stationäre Zufallsprozesse kann man nach dem Wiener-Khintchine-Theorem die Leistungsdichte durch Fourier-Transformation der Autokorrelationsfunktion berechnen:

$$\phi_X(f) = \Im\{R_X(\tau)\}. \tag{2-80}$$

Die Fourier-Rücktransformation des Leistungsdichtespektrums liefert für $\tau = 0$ die normierte Leistung des Signals

$$R_X(0) = P = \int_{-\infty}^{\infty} \phi_X(f)\,\mathrm{d}f. \tag{2-81}$$

Die Leistung ist also gleich der Fläche unter $\phi_X(f)$. Da $R_X(\tau)$ eine gerade, reelle Funktion ist, ist auch $\phi_X(f)$ eine gerade, reelle Funktion und stets positiv. Formal entsprechen diese Beziehungen den Gleichungen 2-49 und 2-50 im Falle deterministischer Leistungssignale.

Eine intuitive Definition des Leistungsdichtespektrums geht vom Energiedichtespektrum eines Energiesignals aus. $x_T(t)$ sei eine auf das Intervall $-T/2 \le t \le T/2$ beschränkte Musterfunktion eines Zufallsprozesses. Außerhalb des Intervalls ist $x_T(t)$ gleich null. Es handelt sich somit um ein Energiesignal mit der Fourier-Transformierten $S_T(f) = \Im\{x_T(t)\}$. Gemäß Gl. 2-47 ist $|S_T(f)|^2$ das Energiedichtespektrum des Signals. Wir bilden nun den Erwartungswert der Energiedichte über alle Musterfunktionen, teilen durch T und erhalten im Grenzfall $T \to \infty$

$$\phi_X(f) = \lim_{T\to\infty} \frac{1}{T} E\left[|S_T(f)|^2\right] \tag{2-82}$$

als Leistungsdichte des Zufallsprozesses. Das Wiener-Khintchine-Theorem besagt, dass die Leistungsdichte gemäß Gl. 2-82 identisch zur Fourier-Transformierten der Autokorrelationsfunktion (Gl. 2-80) ist.

Gl. 2-82 ist auch die Grundlage für die Schätzung der Leistungsdichte aus einem zeitlich beschränkten Zufallssignal, wie es bei einer Messung oder einer Simulation zur Verfügung steht. Der Schätzwert

$$\hat{\phi}_X(f) = \frac{1}{T}|S_T(f)|^2 \tag{2-83}$$

wird auch als Periodogramm bezeichnet. $S_T(f)$ wird aus Abtastwerten von $x_T(t)$ mit Hilfe der diskreten Fourier-Transformation numerisch berechnet (siehe Abschnitt 8.1.3). Es folgt nun ein etwas umfangreicheres Beispiel, in dem einige der bisher gewonnenen Erkenntnisse zusammengeführt werden.

Beispiel 2-12: Autokorrelationsfunktion und Leistungsdichtespektrum eines binären Zufallssignals

Gegeben ist ein binäres Zufallssignal $x(t)$ als Musterfunktion eines stationären, ergodischen Zufallsprozesses. Das Signal besteht aus rechteckförmigen Impulsen der Dauer T_b (Bitdauer). Eine Zufallsfolge von binären Symbolen a_k bestimmt die Impulsamplituden. Die a_k können die Werte A oder $-A$ annehmen (Bild 2-29). Der Anfangszeitpunkt t_0 des ersten Impulses des Signals sei ebenfalls zufällig gewählt. Die Symbole a_k sind statistisch unabhängig und gleich wahrscheinlich, d. h. $P(A) = P(-A) = 1/2$. Für Mittelwert und Leistung des Signals erhalten wir

$$m_x = E[x(t)] = E[a_k] = \tfrac{1}{2}A + \tfrac{1}{2}(-A) = 0\,,$$

$$P = E\left[x^2(t)\right] = E\left[a_k^2\right] = \tfrac{1}{2}A^2 + \tfrac{1}{2}(-A)^2 = A^2\,.$$

Zur Bestimmung der Autokorrelationsfunktion (AKF) $R_x(\tau) = E[x(t)x(t+\tau)]$ betrachten wir zunächst den Fall $|\tau| > T_b$ (Bild 2-29). Dann ist $x(t) = a_i$, $x(t+|\tau|) = a_j$, d. h. wir liegen für ein beliebiges t in verschiedenen Symbolen und erhalten

$$R_x(\tau) = E\left[a_i a_j\right] = 0\,.$$

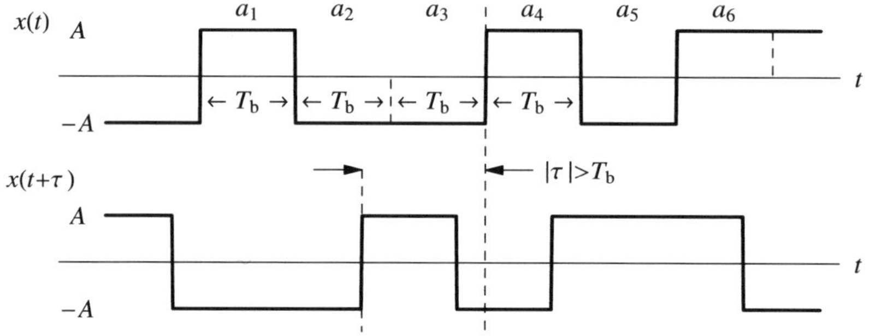

Bild 2-29: Zur Bestimmung der AKF des binären Zufallssignals für $|\tau| > T_b$

Im Fall $|\tau| \le T_b$ (Bild 2-30) können wir je nach Wahl von t in verschiedenen Symbolen oder im gleichen Symbol zu liegen kommen. Das Ereignis B mit der Wahrscheinlichkeit $P(B)$ stehe für den Fall der verschiedenen Symbole. Dann ist

$$x(t) = a_i \quad \text{und} \quad x\left(t+|\tau|\right) = \begin{cases} a_j: & P(B) \\ a_i: & 1-P(B) \end{cases}$$

$$R_x(\tau) = \underbrace{E\left[a_i a_j\right]}_{0} P(B) + \underbrace{E\left[a_i^2\right]}_{A^2}\left(1-P(B)\right) = A^2\left(1-P(B)\right).$$

Zur Bestimmung von $P(B)$ betrachten wir ein beliebiges Intervall der Länge T_b (siehe Bild 2-30 unten). Der zufällig ausgewählte Zeitpunkt t ist über dieses Intervall gleich verteilt mit der Wahrscheinlichkeitsdichte $1/T_b$ (vgl. Gl. 2-63), und für $P(B)$ gilt

$$P(B) = \int_0^{|\tau|} \frac{1}{T_b}\,\mathrm{d}t = \frac{|\tau|}{T_b}$$

und damit für die AKF

$$R_x(\tau) = \begin{cases} A^2\left(1 - \dfrac{|\tau|}{T_b}\right) & \text{für } |\tau| \le T_b, \\ 0 & \text{für } |\tau| > T_b. \end{cases} \tag{2-84}$$

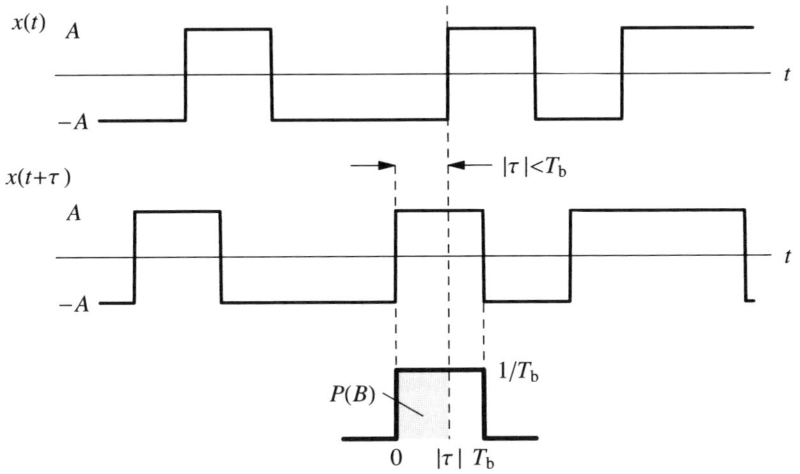

Bild 2-30: Zur Bestimmung der AKF des binären Zufallssignals für $|\tau| \le T_b$

Durch Fourier-Transformation der AKF aus Gl. 2-84 erhalten wir schließlich das Leistungsdichtespektrum (siehe Gl. 2-80). Mit Hilfe des Ergebnisses aus Beispiel 2-5 folgt sofort

$$\phi_x(f) = A^2 T_b \operatorname{si}^2(\pi f T_b). \tag{2-85}$$

$R_x(\tau)$ und $\phi_x(f)$ sind in Bild 2-31 dargestellt; vergleiche auch mit den am Ende von Abschnitt 2.3.1 angeführten Eigenschaften der AKF. Zusätzlich ist die Leistungsdichte in dB in Bild 2-32 gezeigt. Typisch für dieses Signal sind die Nebenmaxima. Der Abstand von Haupt- zu erstem Nebenmaximum beträgt ca. 13 dB.

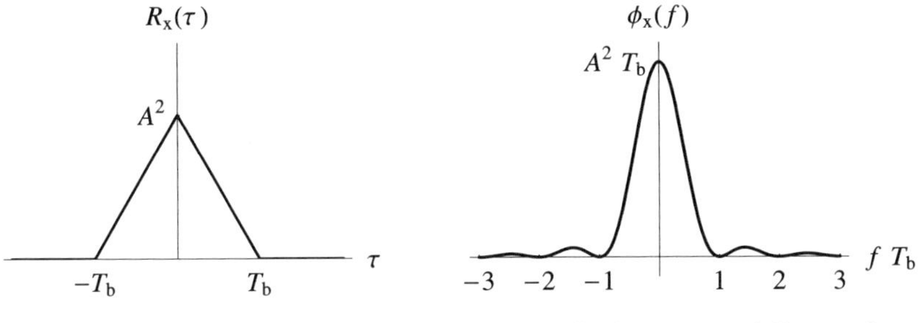

Bild 2-31: AKF und Leistungsdichtespektrum des binären Zufallssignals

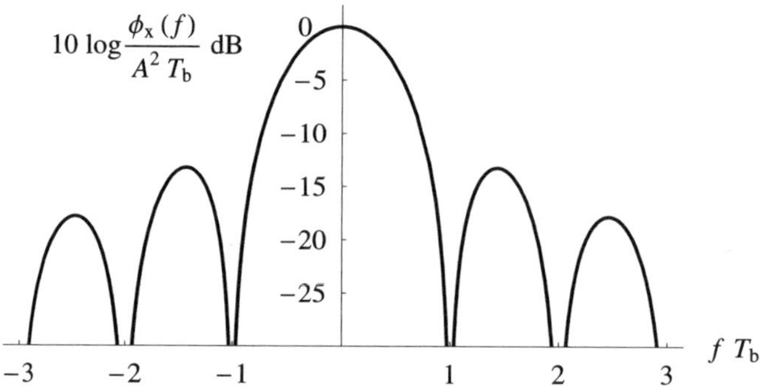

Bild 2-32: Leistungsdichtespektrum im logarithmischen Maßstab

◀

2.3.5 Übertragung von Zufallssignalen über LTI-Systeme

Ein reelles Zufallssignal $x(t)$ wird über ein LTI-System mit der Impulsantwort $h(t)$ und der Übertragungsfunktion $H(f)$ übertragen. Das Zufallssignal wird durch seine Autokorrelationsfunktion $R_x(\tau)$ und sein Leistungsdichtespektrum $\phi_x(f)$ beschrieben. Wir halten zunächst fest, dass die Eigenschaften eines Zufallsprozesses wie Stationarität und Ergodizität bei der Übertragung über ein LTI-System erhalten bleiben. Dies gilt im Allgemeinen nicht für die Wahrscheinlichkeitsdichte. Eine Ausnahme bilden normal verteilte Zufallssignale, d. h. in diesem Falle ist auch das Ausgangssignal ein normal verteiltes Zufallssignal [25].

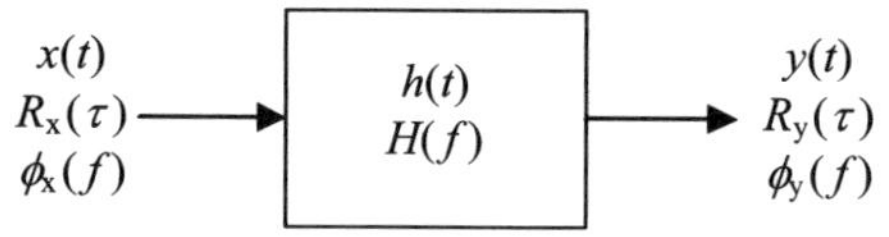

Bild 2-33: Zufallssignal und LTI-System

Zur Beschreibung des Zufallssignals am Ausgang suchen wir dessen AKF und dessen Leistungsdichtespektrum. Ausgehend von Gl. 2-6 ist zunächst

$$y(t) = x(t) * h(t) = \int_{-\infty}^{\infty} h(\lambda)x(t-\lambda)\,\mathrm{d}\lambda\,,$$

wobei das Kommutativgesetz und λ als Integrationsvariable verwendet wurden, um eine Verwechslung mit der Variable τ der AKF zu vermeiden. Als erster Schritt wird die Kreuzkorrelationsfunktion $R_{xy}(t_2 - t_1) = E[x(t_1)\,y(t_2)]$ zwischen Eingangs- und Ausgangssignal bestimmt. Mit $t_1 = t - \tau$, $t_2 = t$ ist $R_{xy}(\tau) = E[x(t - \tau)\,y(t)]$ und durch Einsetzen des Faltungsintegrals für $y(t)$ erhalten wir

$$R_{xy}(\tau) = E\left[x(t-\tau)\int_{-\infty}^{\infty} h(\lambda)x(t-\lambda)\,\mathrm{d}\lambda]\right].$$

$E[\cdot]$ steht für die Bildung des Zeitmittelwertes in der Form von Gl. 2-54. Daher kann die Reihenfolge von Bildung des Erwartungswertes und Integration vertauscht werden und es ist

$$R_{xy}(\tau) = \int_{-\infty}^{\infty} h(\lambda)\underbrace{E\left[x(t-\tau)x(t-\lambda)\right]}_{R_x(\tau-\lambda)}\mathrm{d}\lambda = h(\tau) * R_x(\tau).$$

Im zweiten Schritt bestimmen wir durch eine ähnliche Rechnung die AKF des Ausgangssignals:

$$R_y(\tau) = R_y(-\tau) = E\left[y(t)y(t-\tau)\right]$$

$$= E\left[\int_{-\infty}^{\infty} h(\lambda)x(t-\lambda)\,\mathrm{d}\lambda\, y(t-\tau)\right] = \int_{-\infty}^{\infty} h(\lambda)\underbrace{E\left[x(t-\lambda)y(t-\tau)\right]}_{R_{xy}(-\tau+\lambda)}\mathrm{d}\lambda$$

$$= h(\tau) * R_{xy}(-\tau) = h(-\tau) * R_{xy}(\tau).$$

In Verbindung mit dem ersten Ergebnis erhalten wir nun für den Zusammenhang zwischen AKF von Ausgangs- und Eingangssignal

$$R_y(\tau) = h(-\tau) * h(\tau) * R_x(\tau). \tag{2-86}$$

Die Fourier-Transformation dieser Beziehung liefert schließlich den entsprechenden Zusammenhang für die Leistungsdichten. Mit der Beziehung zwischen AKF und Leistungsdichtespektrum, Gl. 2-80, sowie $\Im\{h(-\tau)\} = H^*(f)$ und dem Faltungstheorem Gl. 2-22 erhalten wir

$$\phi_y(f) = H^*(f)H(f)\phi_x(f)$$

bzw.

$$\phi_y(f) = |H(f)|^2 \phi_x(f). \tag{2-87}$$

Dieses wichtige Ergebnis liefert uns die Leistungsdichte am Ausgang des LTI-Systems. Sie ist gleich dem Produkt der Leistungsdichte am Eingang und dem Betragsquadrat der Übertragungsfunktion. Die Phase von $H(f)$ spielt für die Leistungsdichte keine Rolle, da die Leistung eines Signals von der Amplitude und nicht von dessen Phase abhängt.

2.3.6 Weißes Rauschen, Rauschbandbreite und additives Rauschen

Unter weißem Rauschen versteht man ein Rauschsignal mit einer konstanten Leistungsdichte, unabhängig von der Frequenz. Die Bezeichnung geht auf die Analogie zu weißem Licht zurück, in dem alle Farben bzw. Frequenzen enthalten sind. Das

Rauschsignal $n(t)$ ist eine Musterfunktion eines mittelwertfreien, stationären Zufallsprozesses. Die Leistungsdichte ist gegeben durch

$$\phi_n(f) = \frac{n_0}{2}, \tag{2-88}$$

und die zugehörige Autokorrelationsfunktion erhält man durch Fourier-Rücktransformation:

$$R_n(\tau) = \frac{n_0}{2}\,\delta(\tau). \tag{2-89}$$

Beide Funktionen sind in Bild 2-34 gezeigt. Gl. 2-89 besagt, dass bereits bei geringsten Verschiebungen $|\tau| > 0$ keinerlei Ähnlichkeit zwischen $n(t)$ und dem um τ verschobenen Signal mehr besteht.

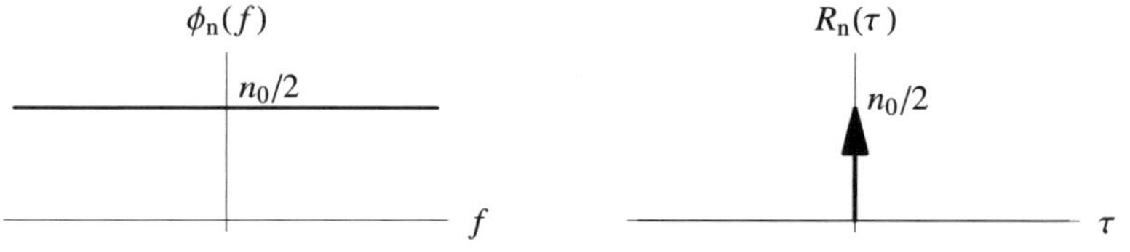

Bild 2-34: Leistungsdichtespektrum und AKF von weißem Rauschen

Die Leistung von idealem weißen Rauschen, gegeben durch die Fläche unter $\phi_n(f)$ bzw. durch $R_n(0)$, ist unendlich. Ein solches Signal kann physikalisch nicht existieren, es hat aber für die Analyse von Übertragungssystemen eine große Bedeutung. Thermisches Rauschen, verursacht durch die thermische Bewegung der Elektronen in einem elektrischen Leiter mit dem Widerstand R, hat über einen sehr großen Frequenzbereich bis ca. 10^{12} Hz eine konstante Leistungsdichte. Für diese gilt

$$\phi_n(f) = 2kTR, \quad n_0 = 4kTR. \tag{2-90}$$

Dabei ist $k = 1{,}38 \cdot 10^{-23}$ Ws/K die Boltzmann-Konstante und T die absolute Temperatur (300 K $\cong$ 27 °C). Da alle Übertragungssysteme bandbegrenzt sind, kann thermisches Rauschen als eine der Hauptstörquellen im interessierenden Frequenzbereich sehr gut als weißes Rauschen modelliert werden.

In Beispiel 2-10 wurde thermisches Rauschen als ein normal verteiltes Zufallssignal beschrieben. Man spricht daher auch von weißem gaußschen Rauschen. Bild 2-35 zeigt das Ersatzschaltbild eines rauschenden Widerstandes. In der Ersatzschaltung wird das Rauschen durch eine Spannungsquelle $u_n(t)$ bzw. eine Stromquelle $i_n(t)$ modelliert; der Widerstand R ist rauschfrei. Die im Bereich $-f_g \leq f \leq f_g$ erzeugte Rauschleistung beträgt

$$N = \overline{u_n^2(t)} = n_0 f_g = 4\,k\,T\,R\,f_g\,. \tag{2-91}$$

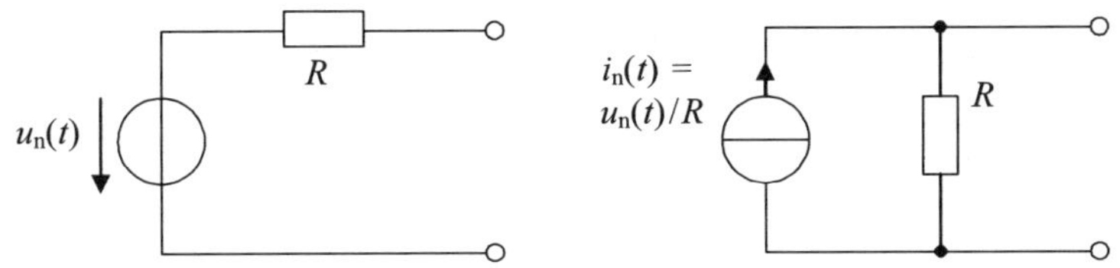

Bild 2-35: Ersatzschaltbild eines rauschenden Widerstandes mit Spannungs- bzw. Stromquelle

Beispiel 2-13: Thermisches Widerstandsrauschen

Für einen Widerstand $R = 1\ \mathrm{M\Omega}$ erhält man mit der Grenzfrequenz $f_g = 10^{12}$ Hz sowie der Temperatur $T = 300$ K für die Rauschleistungsdichte und die Rauschleistung

$n_0 = 1{,}66 \cdot 10^{-14}\ \mathrm{V^2/Hz}, \quad N = 1{,}66 \cdot 10^{-2}\ \mathrm{V^2}.$

Schließt man an den rauschenden Widerstand einen idealen, rauschfreien Widerstand R_L an, so wird an diesen die elektrische Leistung N_{el} abgegeben. Die Spannung bzw. die Leistung an R_L beträgt

$$u_L(t) = \frac{R_L}{R + R_L} u_n(t), \quad N_{el} = \frac{\overline{u_L^2(t)}}{R_L} = \frac{R_L}{(R + R_L)^2} \overline{u_n^2(t)}.$$

N_{el} wird maximal im Falle einer angepassten Last $R_L = R$ und es ist

$N_{el} = kTf_g = 4{,}14 \cdot 10^{-9}$ W.

◀

Im Falle des thermischen Widerstandsrauschens ist also die maximal verfügbare Rauschleistung, bezogen auf eine Bandbreite von 1 Hz, $N_{el}/f_g = kT$ W/Hz. Nichthermische Rauschquellen werden durch den gleichen Zusammenhang spezifiziert, indem man ihnen eine Rauschtemperatur T_N zuordnet:

$$T_N = \frac{N_{el}}{k f_g}. \tag{2-92}$$

T_N ist keine physikalische Temperatur, sondern lediglich eine Rechengröße, die man der Rauschquelle zuordnet. Sie entspricht der hypothetischen Temperatur eines Widerstandes, der innerhalb der Bandbreite f_g die gleiche Rauschleistung an eine angepasste Last abgibt.

Es wurde bereits erwähnt, dass alle Übertragungssysteme bandbegrenzt sind und somit immer bandbegrenztes oder gefiltertes weißes Rauschen beobachtet wird. Für das Leistungsdichtespektrum des Rauschsignals $r(t)$ am Ausgang eines Filters mit der Übertragungsfunktion $H(f)$ erhalten wir mit Gl. 2-87 und Gl. 2-88

$$\phi_r(f) = \frac{n_0}{2} |H(f)|^2. \tag{2-93}$$

Die Rauschleistung von $r(t)$ ist gleich der Fläche unter $\phi_r(f)$ und beträgt

$$N = \overline{r^2(t)} = \frac{n_0}{2} \int_{-\infty}^{\infty} |H(f)|^2 \, \mathrm{d}f \,. \tag{2-94}$$

Beispiel 2-14: Durch einen RC-Tiefpass gefiltertes weißes Rauschen

Das Ersatzschaltbild eines RC-Tiefpasses mit kurzgeschlossenem Eingang und rauschendem Widerstand zeigt Bild 2-36. Für die Rauschleistungsdichte am Eingang des (rauschfreien) RC-Tiefpasses gilt mit Gl. 2-88 und Gl. 2-90

$$\phi_n(f) = \frac{n_0}{2} = 2kTR \,.$$

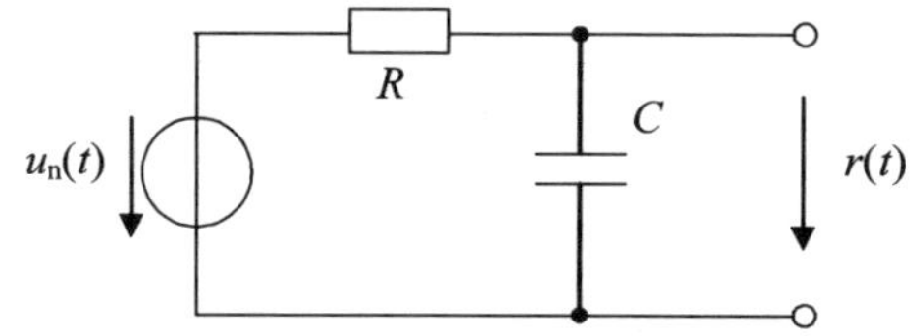

Bild 2-36: RC-Tiefpass mit rauschendem Widerstand

Für den Betrag der Übertragungsfunktion erhalten wir mit Gl. 2-27 aus Beispiel 2-6

$$|H(f)|^2 = \frac{1}{1+(f/B)^2}$$

und somit für die Leistungsdichte von $r(t)$

$$\phi_r(f) = \frac{2kTR}{1+(f/B)^2} \,,$$

siehe Bild 2-37. An der Stelle $f = B$ ist die Leistungsdichte auf die Hälfte des Maximalwertes von $2kTR$ bei $f = 0$ abgesunken. Die AKF von $r(t)$ kann aus $\phi_r(f)$ durch Fourier-Rücktransformation bestimmt werden:

$$R_r(\tau) = 2kTR \int_{-\infty}^{\infty} \frac{\mathrm{e}^{\mathrm{j}2\pi f\tau}}{1+(f/B)^2} \mathrm{d}f$$

$$= 2kTR \left(\int_{-\infty}^{\infty} \frac{\cos(2\pi f\tau)}{1+(f/B)^2} \mathrm{d}f + \mathrm{j} \int_{-\infty}^{\infty} \frac{\sin(2\pi f\tau)}{1+(f/B)^2} \mathrm{d}f \right).$$

Das zweite Integral ist null, da der Integrand ungerade ist und sich somit positive und negative Flächenanteile aufheben. Für das erste Integral erhält man mit

$$\int_0^\infty \frac{\cos(ax)}{1+x^2}\,dx = \frac{\pi}{2}\exp(-|a|)$$

und der Substitution $x = f/B$ das Ergebnis

$$R_r(\tau) = 2\pi k T R B \exp(-|2\pi\tau B|).$$

Mit $B = 1/2\pi RC$ ist schließlich

$$R_r(\tau) = \frac{kT}{C}\exp\left(-\frac{|\tau|}{RC}\right).$$

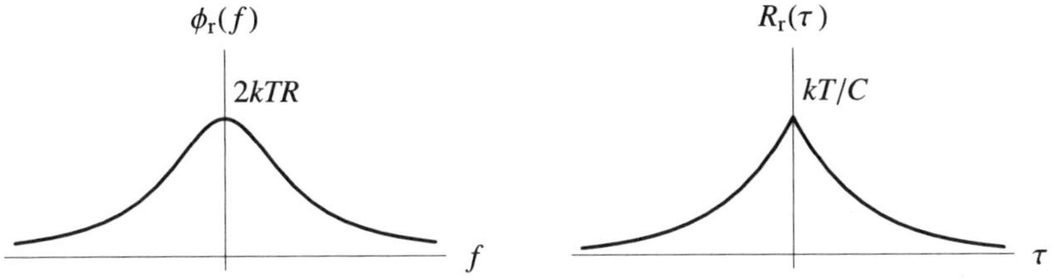

Bild 2-37: Leistungsdichtespektrum und AKF des gefilterten weißen Rauschens

Der Vergleich der AKF von $r(t)$ in Bild 2-37 mit der AKF des weißen Rauschens (Bild 2-34) zeigt, dass durch die Tiefpassfilterung benachbarte Werte stärker korreliert sind, d. h. das Signal ändert sich weniger rasch. Dies gilt umso mehr, je größer RC bzw. je kleiner die Bandbreite des Filters ist. Die Leistung von $\phi_r(f)$ ergibt sich zu

$$R_r(0) = \frac{kT}{C}$$

und ist interessanterweise unabhängig von R. Die Ursache für dieses überraschende Ergebnis wird im Folgenden aufgeklärt.

◀

Die Rauschleistung am Ausgang eines Filters mit der Übertragungsfunktion $H(f)$, an dessen Eingang weißes Rauschen mit der Leistungsdichte $n_0/2$ liegt, ist durch Gl. 2-94 gegeben. Die Rauschbandbreite B_N dieses Filters ist definiert als die Bandbreite eines idealen Filters mit der konstanten Übertragungsfunktion H_0 im Durchlassbereich, an dessen Ausgang die gleiche Rauschleistung resultiert. Dabei ist H_0 der Maximalwert von $H(f)$ bei der Mittenfrequenz $f = f_c$ (Bild 2-38). Die Rauschleistung am Ausgang des Filters ist proportional zur Fläche unter $|H(f)|^2$, und wir erhalten

$$N = \frac{n_0}{2}\int_{-\infty}^{\infty}|H(f)|^2\,df = n_0\int_0^\infty |H(f)|^2\,df \overset{!}{=} n_0 H_0^2 B_N.$$

Daraus folgt die Definition der Rauschbandbreite zu

$$B_N = \frac{1}{H_0^2} \int_0^\infty |H(f)|^2 \, df . \tag{2-95}$$

B_N ist eine Kenngröße des Filters, mit deren Hilfe für weißes Rauschen am Filtereingang sofort die Rauschleistung am Ausgang angegeben werden kann.

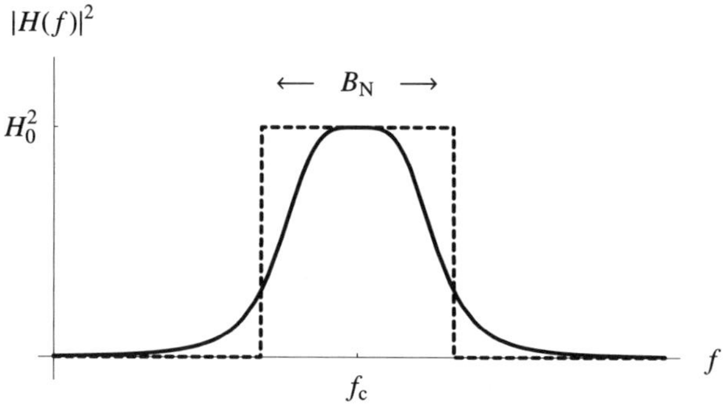

Bild 2-38: Definition der Rauschbandbreite

Beispiel 2-15: Rauschbandbreite des RC-Tiefpasses

Für den RC-Tiefpass ist $f_c = 0$ und $H_0 = H(0) = 1$. Damit erhalten wir

$$B_N = \int_0^\infty \frac{1}{1+(f/B)^2} \, df .$$

Mit

$$\int_0^\infty \frac{1}{1+x^2} \, dx = \frac{\pi}{2}$$

und der Substitution $x = f/B$ folgt weiter

$$B_N = \int_0^\infty \frac{1}{1+x^2} B \, df = \frac{\pi}{2} B = \frac{1}{4RC} .$$

Die Rauschbandbreite ist also proportional zu $1/R$. Dies erklärt das zunächst unerwartete Ergebnis von Beispiel 2-14. Die Rauschleistung am Filterausgang ist unabhängig von R, da $N = n_0 B_N = (4kTR)\cdot(1/4RC) = kT/C$. Eine Vergrößerung von R vergrößert zwar n_0, verringert aber die Rauschbandbreite. Ein Vergleich mit der –3-dB-Bandbreite $B = 1/2\pi RC$ zeigt, dass die Rauschbandbreite um den Faktor $\pi/2$ größer ist.

◄

In einem Übertragungssystem überlagern sich Nutzsignal $x(t)$ und Rauschen $n(t)$ meist additiv, wie in Bild 2-39 gezeigt. Am Eingang eines Empfängers sitzt ein Filter, dessen Aufgabe es ist, das Nutzsignal unverzerrt für die weitere Signalverarbeitung durchzulassen und Störungen außerhalb des vom Signal belegten Frequenzbereichs zu unterdrücken.

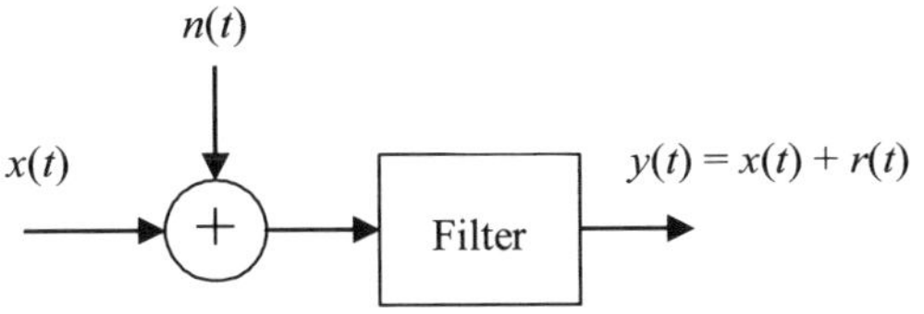

Bild 2-39: Additives Rauschen

Am Filterausgang haben wir das Signal $y(t) = x(t) + r(t)$ mit dem bandbegrenzten Rauschsignal $r(t)$. Für die Leistung von $y(t)$ folgt

$$\overline{y^2(t)} = \overline{\left(x(t) + r(t)\right)^2} = \overline{x^2(t)} + 2\,\overline{x(t)r(t)} + \overline{r^2(t)} \,.$$

Wir nehmen an, dass das Rauschen und das Nutzsignal physikalisch unabhängig und damit unkorreliert sind. Damit ist der Mittelwert von $x(t)r(t)$ gleich null und

$$\overline{y^2(t)} = \overline{x^2(t)} + \overline{r^2(t)} = S + N \,. \tag{2-96}$$

Die Leistung des Nutzsignals $x(t)$ bezeichnet man als Signalleistung S und die Leistung des Rauschsignals $r(t)$ als Rauschleistung N. Das Verhältnis von Signal- zu Rauschleistung nennt man Signal-Rausch-Verhältnis (Signal-to-Noise Ratio, SNR):

$$\frac{S}{N} = \frac{\overline{x^2(t)}}{\overline{r^2(t)}} \,. \tag{2-97}$$

Das Signal-Rausch-Verhältnis wird meist in Dezibel dB angegeben, d. h. in der Form $10\log(S/N)$, und dann auch als Störabstand bezeichnet.

Wir gehen in unseren weiteren Betrachtungen immer davon aus, dass es sich bei dem additiven Rauschen $n(t)$ um weißes, gaußsches Rauschen mit der Rauschleistungsdichte $n_0/2$ handelt (Additive White Gaussian Noise, AWGN). Wir nehmen an, das Nutzsignal sei auf die Bandbreite B begrenzt und das Filter sei ein ideales Filter gleicher Bandbreite. Damit gilt für die Rauschleistung

$$N = n_0\, B \,. \tag{2-98}$$

Eine Verstärkung des Eingangssignals wurde nicht berücksichtigt, da diese sich gleichermaßen auf Signal und Rauschen auswirkt und damit keinen Einfluss auf das Signal-Rausch-Verhältnis hat. Eine große Bandbreite hat also eine große Rauschleistung zur Folge. Um in einem breitbandigen Übertragungssystem auf das gleiche Signal-Rausch-Verhältnis wie in einem schmalbandigen System zu kommen, ist eine entsprechend größere Signalleistung erforderlich.

Beispiel 2-16: Signal- und Rauschleistung in einem Fernsprechkanal

Ein Fernsprechkanal hat einen Frequenzbereich von 300 Hz bis 3,4 kHz, also eine Bandbreite von 3100 Hz. Der Störabstand beträgt ca. 35 dB. Für eine Rauschleistungsdichte $n_0 = 10^{-10}\ \mathrm{V}^2/\mathrm{Hz}$ erhalten wir mit Gl. 2-98 eine Rauschleistung von

$$N = 10^{-10}\ \mathrm{V}^2/\mathrm{Hz} \cdot 3100\ \mathrm{Hz} = 3{,}1 \cdot 10^{-7}\ \mathrm{V}^2.$$

Die erforderliche Signalleistung beträgt

$$35\,\mathrm{dB} \cong \frac{S}{N} = 10^{35/10} = 3162\,, \quad S = 3162 \cdot N = 9{,}8 \cdot 10^{-4}\ \mathrm{V}^2.$$

Dies enstpricht einem Effektivwert von $\sqrt{S} = 31{,}3\ \mathrm{mV}$. Bei einer Impedanz von $R_\mathrm{L} = 120\ \Omega$ beträgt die elektrische Leistung $S/R_\mathrm{L} = 8{,}2 \cdot 10^{-6}$ W oder –20,9 dBm.

◀

3 Signalabtastung und Quantisierung

Die Abtastung und die Quantisierung eines analogen Signals sind grundlegende Funktionen der Analog-Digital-Wandlung. Ein bandbegrenztes analoges Signal $x(t)$ wird mit der Rate f_A abgetastet (Bild 3-1). Ein Signal ist bandbegrenzt, wenn es keine Leistungsanteile oberhalb einer Grenzfrequenz f_g hat. Das Abtasttheorem stellt den Zusammenhang zwischen f_g und der mindestens erforderlichen Abtastrate her. Da nur bandbegrenzte Signale bei einer endlichen Abtastrate durch ihre Abtastwerte eindeutig dargestellt werden können, befindet sich am Eingang des A/D-Wandlers ein Tiefpass mit der Bandbreite f_g.

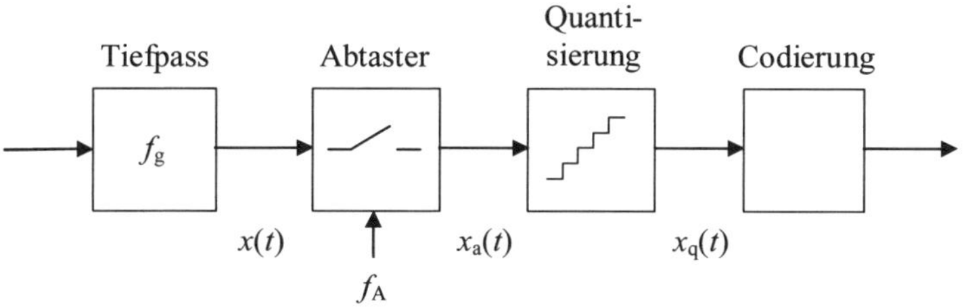

Bild 3-1: Prinzip der Analog-Digital-Wandlung

Die abgetasteten Amplitudenwerte werden auf eine diskrete Anzahl von Werten quantisiert. Aufgabe der Codierung ist es, die quantisierten Amplitudenwerte auf binäre Codeworte abzubilden. Neben der linearen Quantisierung betrachten wir im Folgenden auch die nichtlineare Quantisierung, wie sie im Fernsprechnetz zur Verbesserung des Störabstandes eingesetzt wird. Abschließend gehen wir mit der differenziellen Pulscodemodulation (DPCM) auf ein Verfahren zur Reduktion der Bitrate des codierten Signals ein und geben einen knappen Überblick über gebräuchliche Sprachcodecs.

3.1 Abtasttheorem

Ein analoges Signal $x(t)$ wird im Abstand T_A gleichmäßig abgetastet. T_A ist die Abtastperiode, deren Kehrwert $f_A = 1/T_A$ die Abtastrate (engl.: sampling rate). Das abgetastete Signal besteht aus eine Folge von Impulsen, die mit den Abtastwerten gewichtet sind. Ideale Abtastung entspricht der Abtastung mit Impulsen, deren Breite gegen null geht, also Dirac-Impulsen (Bild 3-2). Wir schreiben daher für das abgetastete Signal

$$x_a(t) = x(t) \sum_{n=-\infty}^{\infty} \delta(t - nT_A) = \sum_{n=-\infty}^{\infty} x(nT_A)\delta(t - nT_A) . \tag{3-1}$$

Die Fourier-Transformation von $x_a(t)$ liefert mit dem Faltungstheorem Gl. 2-22 das zugehörige Fourier-Spektrum:

$$S_a(f) = \Im\{x(t)\} * \Im\left\{ \sum_{n=-\infty}^{\infty} \delta(t - nT_A) \right\} = S_x(f) * S_\delta(f) . \tag{3-2}$$

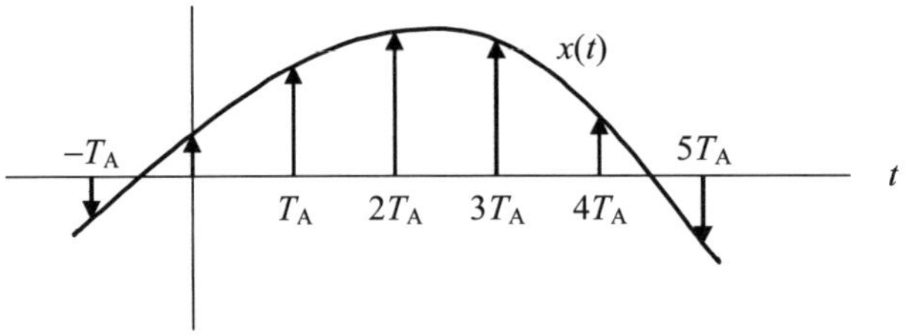

Bild 3-2: Abtastung eines Signals x(t) durch eine Dirac-Impulsfolge

$S_\delta(f)$ ist die Fourier-Transformierte der Dirac-Impulsfolge. Für einen einzelnen Impuls gilt zunächst

$$\Im\{\delta(t - nT_A)\} = \int_{-\infty}^{\infty} \delta(t - nT_A)\, e^{-j2\pi f t}\, dt = e^{-j2\pi n f T_A}$$

und damit für die Fourier-Transformierte der Impulsfolge

$$S_\delta(f) = \sum_{n=-\infty}^{\infty} e^{-j2\pi n f T_A} = \sum_{n=-\infty}^{\infty} \cos(2\pi n f T_A) - j \sum_{n=-\infty}^{\infty} \sin(2\pi n f T_A) . \tag{3-3}$$

Mit $\sin(-x) = -\sin(x)$ (ungerade Funktion) und $\cos(-x) = \cos(x)$ (gerade Funktion) wird daraus

$$S_\delta(f) = 1 + 2\sum_{n=1}^{\infty} \cos(2\pi n f T_A) . \tag{3-4}$$

Bild 3-3 zeigt Teilsummen von Gl. 3-4 unter Berücksichtigung der ersten $N = 4$ bzw. $N = 16$ Summanden. Die Teilsummen ergeben eine Folge von Impulsen, die mit größer werdendem N schmäler und höher werden. Für $N \to \infty$ konvergiert die Summe gegen eine Folge von Dirac-Impulsen im Abstand $f = 1/T_A$ und mit dem Gewicht $1/T_A$. Wir erhalten damit als Fourier-Transformierte der Dirac-Impulsfolge im Zeitbereich wiederum eine Dirac-Impulsfolge im Frequenzbereich:

$$S_\delta(f) = \frac{1}{T_A} \sum_{n=-\infty}^{\infty} \delta(f - \frac{n}{T_A}) . \tag{3-5}$$

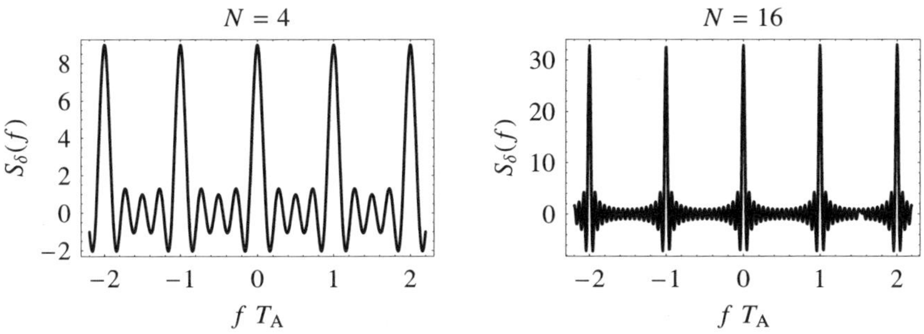

Bild 3-3: Approximation von $S_\delta(f)$ durch eine Teilsumme $1+2\sum_{n=1}^{N}\cos(2\pi n f T_A)$

Kehren wir nun zu Gl. 3-2 zurück. Mit Hilfe von Gl. 3-5 und Gl. 2-9 ist

$$S_a(f)=\frac{1}{T_A}\sum_{n=-\infty}^{\infty} S_x\left(f-\frac{n}{T_A}\right). \tag{3-6}$$

Das Spektrum des abgetasteten Signals besteht also aus der periodischen Wiederholung des mit $1/T_A$ skalierten Signalspektrums $S_x(f)$ im Abstand $f_A = 1/T_A$, der Abtastrate. Bild 3-4 zeigt dazu ein Beispiel. Bei $x(t)$ handelt es sich um ein auf $\pm f_g$ bandbegrenztes Signal, d. h. es ist $S_x(f) = 0$ für $|f| > f_g$. Gezeigt ist zunächst der Fall $f_A > 2f_g$. Die durch die periodische Wiederholung entstehenden Teilspektren überlappen sich in diesem Fall nicht und das ursprüngliche Signal kann aus den Abtastwerten mit Hilfe eines Tiefpassfilters zurückgewonnen werden.

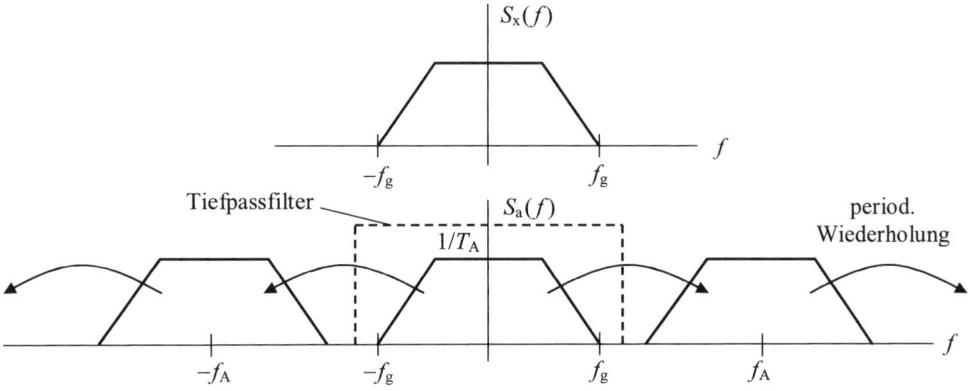

Bild 3-4: Fourier-Spektren des analogen Signals $x(t)$ und des abgetasteten Signals $x_a(t)$ für $f_A > 2f_g$

Bild 3-5 zeigt nun den Fall $f_A < 2f_g$. Die Teilspektren überlappen sich und das ursprüngliche Signal kann nicht mehr unverfälscht zurückgewonnen werden. Das "Erscheinen" von spektralen Komponenten im Bereich $|f| \le f_g$ nennt man auch Aliasing.

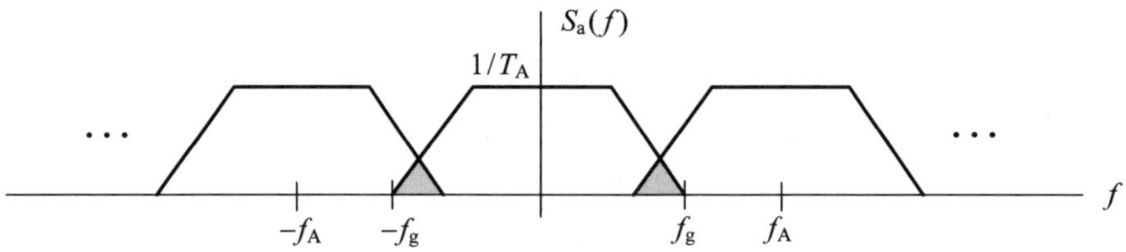

Bild 3-5: Fourier-Spektrum von $x_a(t)$ für $f_A < 2f_g$

Aus diesen Beobachtungen folgt das Abtasttheorem: Für die Abtastrate eines Signals mit der oberen Grenzfrequenz f_g muss

$$f_A = \frac{1}{T_A} \geq 2f_g \tag{3-7}$$

gelten. Im Grenzfall $f_A = 2f_g$ bezeichnet man die Abtastrate als Nyquist-Rate. Im Falle $f_A > 2f_g$ spricht man von Überabtastung (engl.: oversampling), für $f_A < 2f_g$ von Unterabtastung.

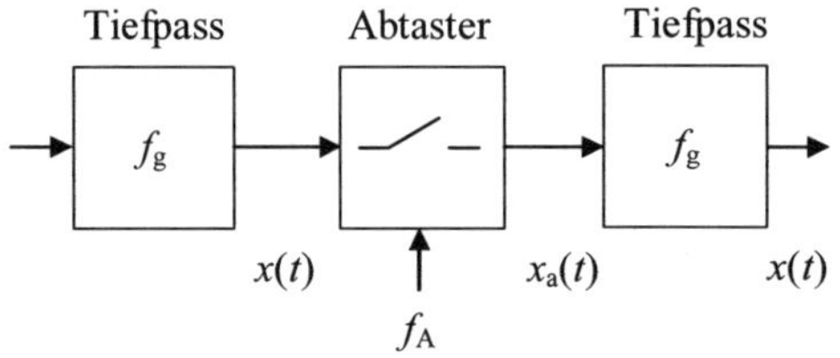

Bild 3-6: Rekonstruktion von $x(t)$ aus $x_a(t)$

Wie bereits in Bild 3-4 angedeutet, kann für $f_A \geq 2f_g$ aus dem abgetasteten Signal mit Hilfe eines Tiefpassfilters wieder das analoge Signal zurückgewonnen werden. Man nennt dieses Filter auch Rekonstruktionsfilter. Wir betrachten dazu ein System wie in Bild 3-6 gezeigt. Bei dem Tiefpass am Ausgang handle es sich um einen idealen Tiefpass wie in Abschnitt 2.1.4 beschrieben mit einer Bandbreite B im Bereich f_g bis $f_A - f_g$. Für das Signal am Ausgang des idealen Rekonstruktionsfilters gilt für $B = f_g$ im Frequenzbereich

$$S_X(f) = S_a(f)\,T_A\,\mathrm{rect}\left(\frac{f}{2f_g}\right),$$

wobei für den Tiefpass $H_0 = T_A$ gesetzt wurde, um den Faktor $1/T_A$ in Gl. 3-6 zu kompensieren. Durch Fourier-Rücktransformation erhalten wir als Ausgangssignal wiederum $x(t)$:

$$x(t) = x_a(t) * h(t)\,.$$

Für die Impulsantwort des Tiefpasses gilt mit Gl. 2-31, $B = f_g$ und $H_0 = T_A$

$$h(t) = 2T_A f_g\,\mathrm{si}(2\pi f_g t)\,.$$

Wir setzen $x_a(t)$ aus Gl. 3-1 und $h(t)$ in das Faltungsintegral Gl. 2-6 ein,

$$x(t) = \int_{-\infty}^{\infty} \sum_{n=-\infty}^{\infty} x(nT_A)\,\delta(\tau - nT_A)\,2T_A f_g \operatorname{si}\big(2\pi f_g(t-\tau)\big)\mathrm{d}\tau$$

$$= 2T_A f_g \sum_{n=-\infty}^{\infty} x(nT_A) \int_{-\infty}^{\infty} \delta(\tau - nT_A) \operatorname{si}\big(2\pi f_g(t-\tau)\big)\mathrm{d}\tau,$$

und erhalten schließlich mit der Siebeigenschaft des Dirac-Impulses (Gl. 2.8)

$$x(t) = 2T_A f_g \sum_{n=-\infty}^{\infty} x(nT_A) \operatorname{si}\big(2\pi f_g(t - nT_A)\big).$$

Im Grenzfall der Abtastung mit der Nyquist-Rate, d. h. $f_g = 1/2T_A$, vereinfacht sich dieser Ausdruck zu

$$x(t) = \sum_{n=-\infty}^{\infty} x(nT_A) \operatorname{si}\left(\pi \frac{t - nT_A}{T_A}\right). \tag{3-8}$$

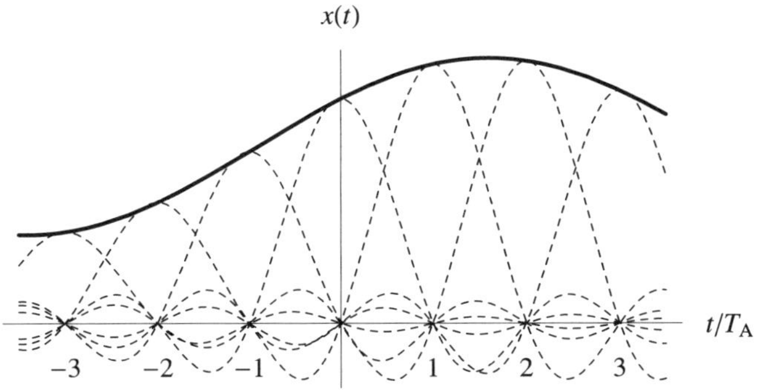

Bild 3-7: Rekonstruktion von x(t) durch Interpolation der Abtastwerte durch ein ideales Tiefpassfilter

Das zeitkontinuierliche Signal ergibt sich also durch eine Folge von si-Impulsen im Abstand T_A, die mit den Abtastwerten gewichtet werden. Bild 3-7 zeigt dazu ein Beispiel. Ist t ein Vielfaches von T_A, d. h. $t = kT_A$, so nimmt die si-Funktion in Gl. 3-8 entweder den Wert 1 oder 0 an:

$$\operatorname{si}\left(\pi \frac{kT_A - nT_A}{T_A}\right) = \begin{cases} \operatorname{si}(0) = 1 & \text{für} \quad k = n, \\ \operatorname{si}\big(\pi(k-n)\big) = 0 & \text{für} \quad k \neq n. \end{cases}$$

Das Ausgangssignal ist also zu den Abtastzeitpunkten gleich den Abtastwerten $x(nT_A)$. Zwischen den Abtastwerten interpoliert das Rekonstruktionsfilter und erzeugt exakt das urprüngliche Signal $x(t)$.

Wie das Abtasttheorem zeigt, kann ein Signal nur dann durch seine Abtastwerte vollständig dargestellt werden, wenn es bandbegrenzt und Gl. 3-7 erfüllt ist. Der Tiefpass vor dem Abtaster in Bild 3-1 begrenzt das Signal auf den Frequenzbereich $\pm f_g$. Man nennt das Filter auch Anti-Aliasing-Filter. Je näher die Abtastrate an der Nyquist-Rate liegt, desto steilflankiger muss das Anti-Aliasing-Filter und auch das Rekonstruktionsfilter sein. Die Anforderungen an diese analogen Filter werden erheblich verringert, wenn man die Abtastrate erhöht, d. h. mit einem gewissen Maß an Überabtastung arbeitet.

Eine Unterabtastung muss in der Regel vermieden werden. Eine Ausnahme bilden Bandpasssignale, auf deren Abtastung im folgenden Abschnitt eingegangen wird. Eine Reihe von Erweiterungen und Anwendungen des Abtasttheorems, z. B. die ungleichförmige Abtastung, bei der die Abstände zwischen den Abstastzeitpunkten nicht konstant sind, wird in [12] betrachtet.

3.2 Abtastung von Bandpasssignalen

Der Begriff des Bandpasses wurde in Kapitel 2.1.6 eingeführt. Ein Bandpass ist dadurch gekennzeichnet, dass seine Übertragungsfunktion aus einem Durchlassbereich endlicher Breite besteht, der die Umgebung um $f = 0$ herum nicht einschließt. Dementsprechend hat ein Bandpasssignal ein Fourier-Spektrum, das durch die gleichen Eigenschaften gekennzeichnet ist. Weitere Eigenschaften von Bandpasssignalen werden in Abschnitt 5.1 diskutiert.

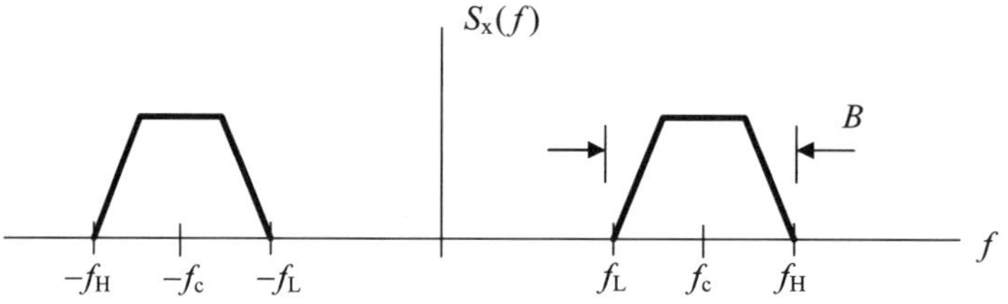

Bild 3-8: Fourier-Spektrum eines Bandpasssignals

Ein Bandpasssignal $x(t)$ habe eine Mittenfrequenz f_c, eine untere Grenzfrequenz f_L und eine obere Grenzfrequenz f_H (Bild 3-8). Für die Bandbreite des Signals folgt $B = f_H - f_L$. Wird dieses Signal abgetastet, so gilt auch hier zunächst Gl. 3-6, d. h. durch die Abtastung wiederholt sich das Signalspektrum periodisch im Abstand $f_A = 1/T_A$. Gemäß Gl. 3-7 muss für die Abtastrate $f_A \geq 2f_H$ gelten. Da das Spektrum $S_x(f)$ von $x(t)$ aber im Bereich $0 \geq f \geq f_L$ verschwindet, gibt es auch niedrigere Abastraten, bei denen kein Aliasing bzw. keine Überlappung der Teilspektren auftritt. Dazu muss die Abtastrate die Bedingung

$$\frac{2f_H}{n} \leq f_A \leq \frac{2f_L}{n-1}, \quad 1 \leq n \leq \left\lfloor \frac{f_H}{B} \right\rfloor \tag{3-9}$$

erfüllen [41]. Dabei ist $\lfloor x \rfloor$ die größte ganze Zahl kleiner oder gleich x. Der Fall $n = 1$ entspricht einer Abtastrate $f_A \geq 2f_H$. Je größer n gewählt wird, umso größer ist die erzielte Reduzierung der Abtastrate. Allerdings wird gleichzeitig der zulässige Bereich für die Abtastrate immer kleiner. Aus dem abgetasteten Signal kann trotz Unterabtastung mit Hilfe eines Filters wieder das ursprüngliche Signal zurückgewonnen werden. Den durch Gl. 3-9 gegebenen Zusammenhang macht man sich am besten anhand eines Beispiels klar.

Beispiel 3-1: Abtastung eines Bandpasssignals

Bild 3-9 oben zeigt das Spektrum eines Bandpasssignals mit $f_c = 4$, $f_L = 3{,}5$, $f_H = 4{,}5$ und der Bandbreite $B = 1$. Die Frequenzangaben sind dimensionslos, da die Einheiten in diesem Beispiel ohne Belang sind. Man denke sich die Frequenzangaben beispielsweise auf eine Referenzfrequenz f_{ref} bezogen. Gemäß Gl. 3-9 muss n im Bereich 1 ... 4 liegen. Für die zulässigen Abtastraten folgt:

$$n = 1: \quad f_A \geq 9$$

$$n = 2: \quad 4{,}50 \leq f_A \leq 7{,}00$$

$$n = 3: \quad 3{,}00 \leq f_A \leq 3{,}50$$

$$n = 4: \quad 2{,}25 \leq f_A \leq 2{,}33$$

Für $n = 3$ und $f_A = 3{,}2$ erhalten wir das Fourier-Spektrum des abgetasteten Signals wie in Bild 3-9 unten gezeigt.

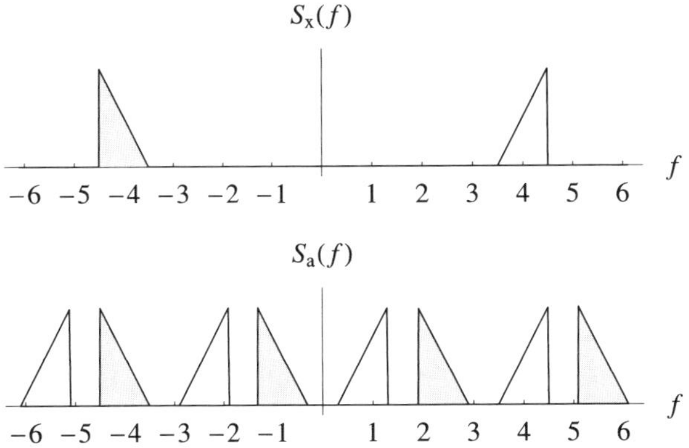

Bild 3-9: Fourier-Spektren eines Bandpasssignals $x(t)$ und des abgetasteten Signals

Aus den Abtastwerten kann beispielsweise mit Hilfe eines Tiefpassfilters, dessen Bandbreite im Bereich 1,3 ... 1,9 liegt, das Bandpasssignal wieder zurückgewonnen werden. Je näher sich die Abtastrate an den zulässigen Grenzen bewegt, umso steilflankiger muss das Filter sein. Das so zurückgewonnene Signal hat eine um f_A verschobene Mittenfrequenz, d. h. $f_c' = f_c - f_A = 0{,}8$.

◀

Wie das obige Beispiel zeigt, kann die Unterabtastung zur Verschiebung der Mittenfrequenz hin zu niedrigeren Frequenzen verwendet werden. Würde man im Beispiel das Bandpasssignal mit Hilfe eines Mischers nach $f_c' = 0{,}8$ verschieben und mit $f_A = 3{,}2$ abtasten, so ergäbe sich für das abgetastete Signal das gleiche Fourier-Spektrum wie in Beispiel

3-1 nach der Tiefpassfilterung. Während aber bei Verwendung eines Mischers das Signal-Rausch-Verhältnis erhalten bleibt, ist dies bei der Unterabtastung nicht der Fall.

Die Rauschleistung im Bereich des Nutzsignals sei N_S und das Signal-Rausch-Verhältnis des Bandpasssignals sei S/N_S. Bei einer Rauschleistungsdichte n_0 des Analog-Digital-Wandlers im Bereich $0 \leq f \leq f_H$ beträgt dessen Rauschleistung $N_W = n_0 B$ innerhalb der Bandbreite B. Bedingt durch die periodische Wiederholung des Spektrums werden neben dem Nutzsignal auch $n-1$ Bänder der Breite B in den gleichen Bereich verschoben. Dies resultiert in einer Verringerung des Signal-Rausch-Verhältnisses von S/N_S auf

$$\frac{S}{N} = \frac{S}{N_S + (n-1)N_W}. \tag{3-10}$$

3.3 Lineare Quantisierung

Wie wir gesehen haben, kann ein Signal abgetastet und aus den Abtastwerten wieder exakt zurückgewonnen werden, sofern die Bedingungen des Abtasttheorems eingehalten werden. Die Abtastwerte enthalten also die vollständige Information des Signals. Allerdings haben wir noch nicht die Quantisierung berücksichtigt, die bei der Analog-Digital-Wandlung erforderlich ist. Durch die Quantisierung geht Information verloren und das Signal kann nicht mehr fehlerfrei zurückgewonnen werden.

Bei der Quantisierung werden die abgetasteten Amplitudenwerte auf $m = 2^n$ diskrete Werte abgebildet. Jedem dieser Werte wird ein Codewort, bestehend aus n bit mit $n = \log_2 m$, zugeordnet. Die Anzahl der diskreten Werte ist eine Potenz von zwei, so dass jedem n-bit-Codewort genau ein Amplitudenwert zugeordnet werden kann. Abtastrate und Quantisierung bestimmen die Bitrate des seriellen digitalen Signals. Im Abstand $T_A = 1/f_A$ wird ein Codewort der Länge n bit erzeugt. Dies entspricht der Bitrate

$$r_b = n f_A. \tag{3-11}$$

Der Quantisierer habe einen Eingangswertebereich von $\pm A$. Bei der linearen Quantisierung wird der Eingangsbereich in m gleich große Intervalle Δs aufgeteilt. Der Begriff linear bezieht sich auf diese Aufteilung; die Quantisierung selbst ist immer eine nichtlineare Operation. Für die Größe der Quantisierungsintervalle folgt

$$\Delta s = \frac{2A}{m}. \tag{3-12}$$

Bild 3-10 zeigt ein einfaches Beispiel mit $m = 8 = 2^3$ Intervallen bzw. $n = 3$ bit. Im Beispiel erfolgt die Codierung (die Zuordnung der Codeworte zu den Intervallen) so, dass am ersten Bit das Vorzeichen zu erkennen ist. Codeworte, die Intervallen im negativen Bereich zugeordnet sind, beginnen mit einer 1. Viele Analog-Digital-Wandler stellen die Abtastwerte im Zweierkomplement dar, da dies Vorteile bei der weiteren Verarbeitung in einem digitalen Signalprozessor bietet [7].

Der Digital-Analog-Wandler empfängt ein Codewort und muss diesem einen Spannungswert zuordnen. Durch die Quantisierung geht die Information, wo genau der Abtastwert innerhalb des Quantisierungsintervalls lag, verloren. Der Empfänger ordnet dem Codewort meist einen Amplitudenwert in der Mitte des Quantisierungsintervalls zu.

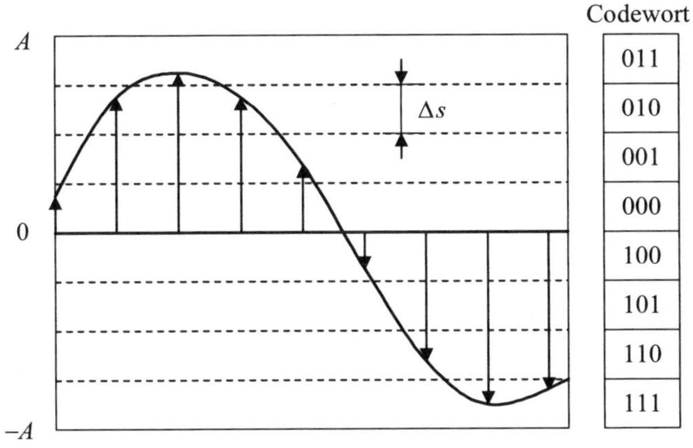

Bild 3-10: Lineare Quantisierung und Codierung mit 3 bit

Den Zusammenhang zwischen ursprünglichem Abtastwert x und decodiertem Abtastwert y beschreibt die Quantisierungskennlinie (Bild 3-11). Die Differenz $y - x$ bezeichnet man als Quantisierungsfehler $f_q(x)$. Der Quantisierungsfehler ist in Bild 3-11 unten dargestellt. Nimmt x einen Wert am unteren Rand des Quantisierungsintervalls an, so beträgt der Fehler $\Delta s/2$. Er fällt bis auf $-\Delta s/2$, wenn x am oberen Rand des Quantisierungsintervalls liegt, und springt wieder auf $\Delta s/2$, wenn x die Intervallgrenze überquert.

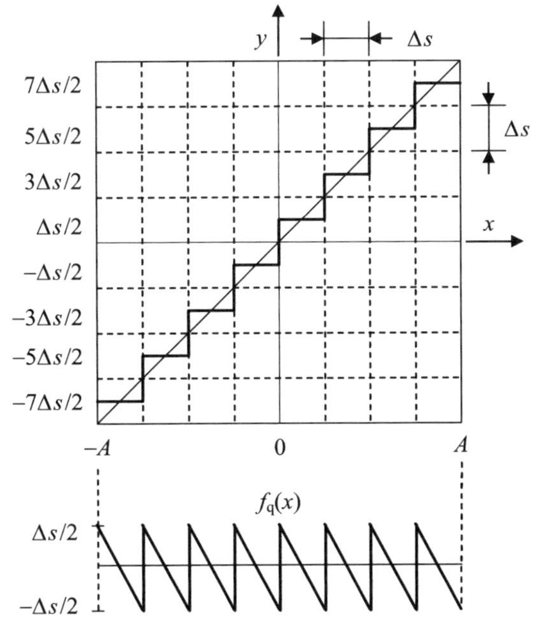

Bild 3-11: Quantisierungskennlinie und Quantisierungsfehler bei linearer Quantisierung mit 3 bit

Bedingt durch die Quantisierung entsteht ein Quantisierungsrauschen, das umso größer ist, je gröber quantisiert wird. Das quantisierte Signal lässt sich als Summe aus Originalsignal und Quantisierungsfehler darstellen, d. h. Nutz- und Störsignal überlagern sich additiv, da $y = x + f_q(x)$. Wir wollen im Folgenden die Quantisierungsrauschleistung N_q und das zugehörige Signal-Rausch-Verhältnis S/N_q als eine wesentliche Eigenschaft eines Analog-Digital-Wandlers bestimmen.

Für ein Zufallssignal am Eingang ist der Quantisierungsfehler $f_q(x)$ ebenfalls ein Zufallssignal. Wir nehmen an, dass $f_q(x)$ gleich verteilt im Intervall $-\Delta s/2$ bis $\Delta s/2$ ist. Diese Annahme ist für praktisch relevante Fälle $n \geq 6$ gerechtfertigt, da dann das Quantisierungsintervall Δs sehr klein bezogen auf den Eingangsbereich $\pm A$ ist. Damit handelt es sich um ein gleich verteiltes Zufallssignal, dessen Leistung durch Gl. 2-53 gegeben ist. Der Mittelwert von $f_q(x)$ ist null (Gl. 2-65). Die Quantisierungsrauschleistung ist somit gleich der Varianz und mit Gl. 2-67 erhalten wir

$$N_q = \overline{f_q^2(x)} = \frac{\Delta s^2}{12} . \tag{3-13}$$

Als Eingangssignal betrachten wir ein ebenfalls gleich verteiltes Zufallssignal. Bei Vollaussteuerung des Quantisierers ist x gleich verteilt im Intervall $-A$ bis A und für dessen Leistung gilt analog zu Gl. 3-13

$$S = \overline{x^2} = \frac{(2A)^2}{12} = \frac{\Delta s^2}{12} m^2 . \tag{3-14}$$

Wir erhalten mit $m = 2^n$ für das Signal-Rausch-Verhältnis

$$\frac{S}{N_q} = m^2 = 2^{2n} \tag{3-15}$$

bzw. für den Störabstand

$$s = 10 \log \frac{S}{N_q} = n \, 10 \log 2^2 = n \, 6{,}02 \text{ dB} . \tag{3-16}$$

Der Störabstand hängt also nur von der Anzahl der Quantisierungsintervalle ab. Diese ist umso größer, je feiner quantisiert wird. Erhöht man n (und damit die Anzahl der Bits eines Codewortes) um eins, so verdoppelt sich die Anzahl der Intervalle und der Störabstand verbessert sich um 6,02 dB. Tabelle 3-1 fasst die gewonnenen Erkenntnisse am Beispiel des Telefonsignals und der Compact Disc zusammen.

Beispiel 3-2: Signal-Rausch-Verhältnis für ein sinusförmiges Signal

Auch wenn es sich bei dem Eingangssignal um ein deterministisches Sinussignal handelt, ist der Quantisierungsfehler näherungsweise gleich verteilt, falls die Abtastrate nicht ein ganzzahliges Vielfaches der Sinusfrequenz ist. Für die Leistung des Quantisierungsrauschens gilt daher Gl. 3-13. Die Leistung eines sinusförmigen Signals wurde in Beispiel 2-9 bestimmt. Bei Vollaussteuerung des Quantisierers mit einem Signal der Amplitude A beträgt dessen Leistung $A^2/2$, und für das Signal-Rausch-Verhältnis bzw. den Störabstand gilt

$$\frac{S}{N_q} = \frac{A^2/2}{\Delta s^2/12} = \frac{3}{2} m^2 ,$$

$$s = 10 \log \frac{3}{2} + n \, 10 \log 2^2 = 1{,}76 \text{ dB} + n \; 6{,}02 \text{ dB} . \qquad (3\text{-}17)$$

Wird der Quantisierer von einem Signal mit der Amplitude $a = A/10$, d. h. nur zu 10 % ausgesteuert, so beträgt dessen Leistung nur noch $a^2/2 = A^2/200$. Die Leistung des Quantisierungsrauschens ist jedoch unabhängig von der Signalamplitude. Dies hat zur Folge, dass sich das Signal-Rausch-Verhältnis um den Faktor 100 und der Störabstand um 20 dB verringert.

◀

Tabelle 3-1: Beispiele zur Quantisierung

	Telefonsignal	**Compact Disc**
Obere Grenzfrequenz f_g	3,4 kHz	20 kHz
Abtastrate f_A	8 kHz	44,1 kHz
Quantisierung n	8 bit [1)]	16 bit
Bitrate r_b	64 kbit/s	705,6 kbit/s [2)]
Störabstand s	48,2 dB	96,3 dB

1) nichtlineare Quantisierung (A- oder μ-Kennlinie nach G.711 [82])

2) Monosignal, Bitrate für ein Stereosignal einschl. Fehlerschutz: ca. 2 Mbit/s

Wie die Überlegungen im Beispiel oben zeigen, ist eine optimale Aussteuerung des Analog-Digital-Wandlers wichtig, da eine zu geringe Signalamplitude das Signal-Rausch-Verhältnis verschlechtert. Auch eine Übersteuerung muss vermieden werden, da dies zu einer Amplitudenbegrenzung (engl.: clipping) führt.

Neben dem Quantisierungsrauschen gibt es weitere Rauschquellen in einem Analog-Digital-Wandler. Der effektive Störabstand s_{eff} wird meist mit Hilfe der Größe *ENOB* (Effective Number Of Bits) angegeben. Zwischen s_{eff} (in Dezibel) und *ENOB* besteht der Zusammenhang

$$ENOB = \frac{s_{\text{eff}} - 1{,}76}{6{,}02} , \qquad (3\text{-}18)$$

wobei Aussteuerung mit einem sinusförmigen Signal zu Grunde gelegt wird, siehe Gl. 3-17. Da s_{eff} geringer ist als der durch Gl. 3-17 gegebene Störabstand (der nur das Quantisierungsrauschen berücksichtigt), gilt $ENOB \leq n$.

3.4 Nichtlineare Quantisierung und PCM

Während die lineare Quantisierung die Regel ist, werden Sprachsignale zur Übertragung im Fernsprechnetz nichtlinear quantisiert. Bild 3-12 zeigt ein Sprachsignal der Länge 2,2 s. Das Signal wurde mit einer Abtastrate von 8 kHz abgetastet; es besteht also aus 17.600 Abtastwerten. Darunter ist die Häufigkeitsverteilung der Amplitudenwerte zu sehen. Typisch für Sprachsignale ist, dass niedrige Amplituden besonders häufig auftreten. Dies hat zur Folge, dass der Quantisierer meist nur zu einem geringen Teil ausgesteuert wird und sich das Signal-Rausch-Verhältnis verschlechtert.

Für die Übertragung von Sprachsignalen im Fernsprechnetz wird daher eine nichtlineare Quantisierung verwendet, bei der kleine Signalamplituden feiner quantisiert werden als große Amplitudenwerte. Diese nichtlineare Quantisierung ist international standardisiert durch die ITU (siehe Anhang 3) in der Empfehlung G.711 (Pulse Code Modulation (PCM) for Voice Frequencies) [82]. Darin sind zwei logarithmische Kennlinien spezifiziert, die A- und die μ-Kennlinie. Erstere wird vorwiegend in Europa und letztere vorwiegend in den USA und Japan verwendet.

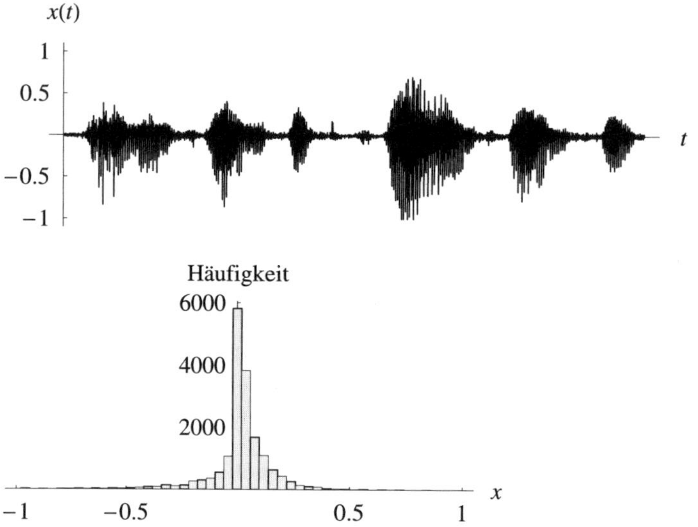

Bild 3-12: Sprachsignal und dessen Häufigkeitsverteilung der Amplitudenwerte

Die A-Kennlinie (Bild 3-13) verläuft linear durch den Ursprung und logarithmisch für große x-Werte:

$$y = \begin{cases} \operatorname{sgn}(x) \dfrac{A|x|}{1+\ln A} & \text{für} \quad 0 \le |x| \le \dfrac{1}{A}, \\[2ex] \operatorname{sgn}(x) \dfrac{1+\ln(A|x|)}{1+\ln A} & \text{für} \quad \dfrac{1}{A} \le |x| \le 1. \end{cases} \tag{3-19}$$

Die Amplituden von x und y sind auf 1 normiert und für den Parameter A gilt $A = 87{,}56$. Die μ-Kennlinie ist durch

$$y = \mathrm{sgn}(x)\frac{\ln(1+\mu|x|)}{\ln(1+\mu)} \tag{3-20}$$

definiert, wobei $\mu = 255$ gilt. Sie weicht nur geringfügig von der A-Kennlinie ab. Die A-Kennlinie hat im linearen Bereich, d. h. im Bereich kleiner Eingangsamplituden, die Steigung $v = 16$. Kleine Eingangssignale werden also um v verstärkt; dies entspricht einer Erhöhung der Signalleistung um v^2. Damit verbessert sich für kleine Signalamplituden der Störabstand um 24 dB.

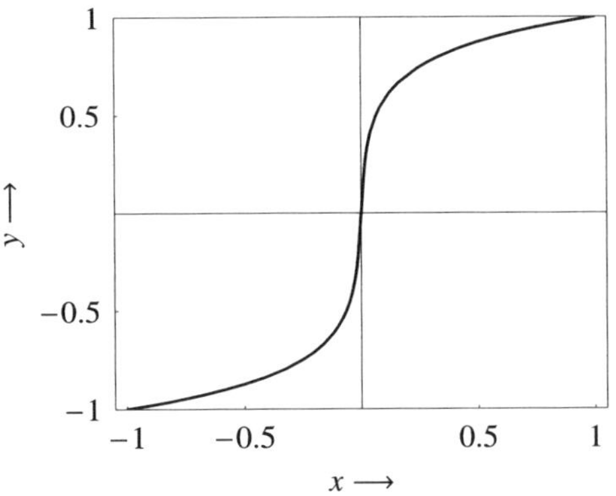

Bild 3-13: A-Kennlinie zur nichtlinearen Quantisierung

Die A-Kennlinie wurde ursprünglich durch einen nichtlinearen Verstärker (Kompander) mit einer Kennlinie gemäß Gl. 3-19 und nachfolgender linearer Quantisierung mit 8 bit realisiert. Im Empfänger wurde das Signal mit Hilfe eines nichtlinearen Verstärkers mit inverser Kennlinie (Expander) wieder rekonstruiert. Die A-Kennlinie wird heute durch 13 lineare Segmente spezifiziert. Diese Kennlinie zeigt Bild 3-14 für den Bereich der positiven x-Werte.

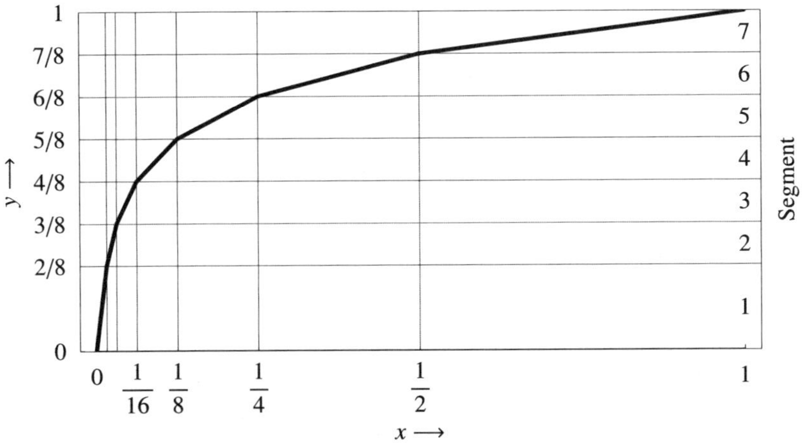

Bild 3-14: 13-Segment-Kennlinie nach G.711 [82]

Segment 1 überdeckt den Bereich $0 \le x \le 1/64$ und hat die Steigung $(2/8)/(1/64) = 16$. Für alle weiteren Segmente halbiert sich die Steigung von Segment zu Segment. Segment 1 wird in 32 Quantisierungsintervalle unterteilt, alle weiteren Segmente in 16 Intervalle. Nimmt man den Bereich für negative x-Werte hinzu, so erhält man eine Kennlinie mit 13 Geradenstücken. Für den gesamten Bereich ergeben sich $2 \cdot (32 + 6 \cdot 16) = 256$ Quantisierungsintervalle, die auf 8-bit-Codeworte abgebildet werden.

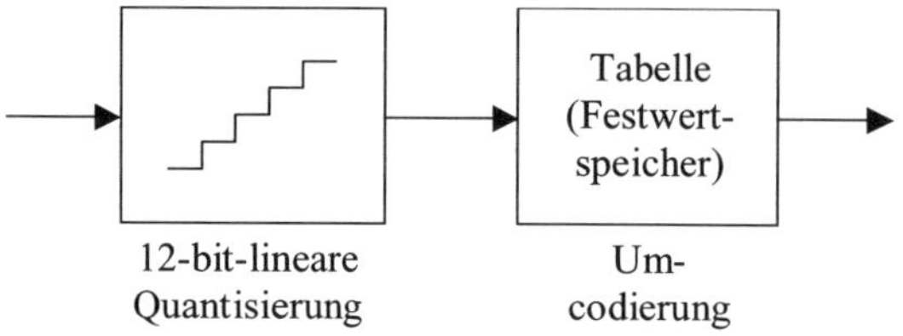

Bild 3-15: Technische Realisierung der nichtlinearen Quantisierung

Die 13-Segment-Kennlinie wird durch lineare Quantisierung und eine nachfolgende Umcodierung realisiert (Bild 3-15). Dazu wird das Signal zunächst mit einer Auflösung entsprechend Segment 1 quantisiert. Diese sieht 32 Intervalle für $1/64$ des positiven Bereichs vor. Man quantisiert den gesamten Bereich $-1 \le x \le 1$ mit gleicher Auflösung, d. h. mit $32 \cdot 64 \cdot 2 = 4096$ Intervallen. Dies entspricht einer linearen 12-bit-Quantisierung. Anschließend erfolgt eine Umcodierung in 8-bit-Codeworte gemäß Tabelle 3-2. Die rechte Spalte enthält die PCM-Codeworte.

Tabelle 3-2: Umcodierung zur Realisierung der 13-Segment-Kennlinie

Segment	Bereich	12-bit-Codeworte	8-bit-Codeworte
1	$0 \le \|x\| < 1/128$	v0000000xxxx	v000xxxx
1	$1/128 \le \|x\| < 1/64$	v0000001xxxx	v001xxxx
2	$1/64 \le \|x\| < 1/32$	v000001xxxxd	v010xxxx
3	$1/32 \le \|x\| < 1/16$	v00001xxxxdd	v011xxxx
4	$1/16 \le \|x\| < 1/8$	v0001xxxxddd	v100xxxx
5	$1/8 \le \|x\| < 1/4$	v001xxxxdddd	v101xxxx
6	$1/4 \le \|x\| < 1/2$	v01xxxxddddd	v110xxxx
7	$1/2 \le \|x\| < 1$	v1xxxxdddddd	v111xxxx

v: Vorzeichenbit d: don't care

Bei einer Abtastrate von 8 kHz benötigt das nichtlinear quantisierte Signal eine Bitrate von 64 kbit/s für die Übertragung. Diese Bitrate bildet die Grundlage eines PCM-Systems. In einem PCM-System werden mehrere digitale 64-kbit/s-Kanäle im Zeitmultiplex übertragen. Weit verbreitet ist die PCM-30-Schnittstelle, die 30 solcher Nutzkanäle zusammenfasst (siehe Kapitel 12). Digitale Vermittlungen im Fernsprechnetz schalten digitale Kanäle mit Bitraten von 64 kbit/s oder Vielfachen hiervon (Kapitel 13).

3.5 Differenzielle PCM und Sprachcodierung

Die differenzielle PCM (DPCM) ist ein Verfahren zur Reduzierung der Bitrate des digitalen Signals. Bei einem Sprachsignal, das mit einer Rate von 8 kHz abgetastet wird, ändern sich die Abtastwerte von Abtastzeitpunkt zu Abtastzeitpunkt, d. h. im Abstand von 125 µs, meist nur wenig. Diese Eigenschaft macht sich die DPCM zu Nutze, um das Signal mit einer Bitrate kleiner 64 kbit/s zu codieren. Dazu wird aus vorangegangenen Abtastwerten ein Prädiktions- oder Vorhersagewert gebildet. Dieser Wert wird vom aktuellen Abtastwert abgezogen. Je besser der Prädiktionswert, umso kleiner ist die Differenz. Dieses Differenzsignal wird nun codiert und übertragen. Da das Differenzsignal einen kleineren Dynamikbereich als das Eingangssignal hat, kann es auf kürzere Codeworte abgebildet werden.

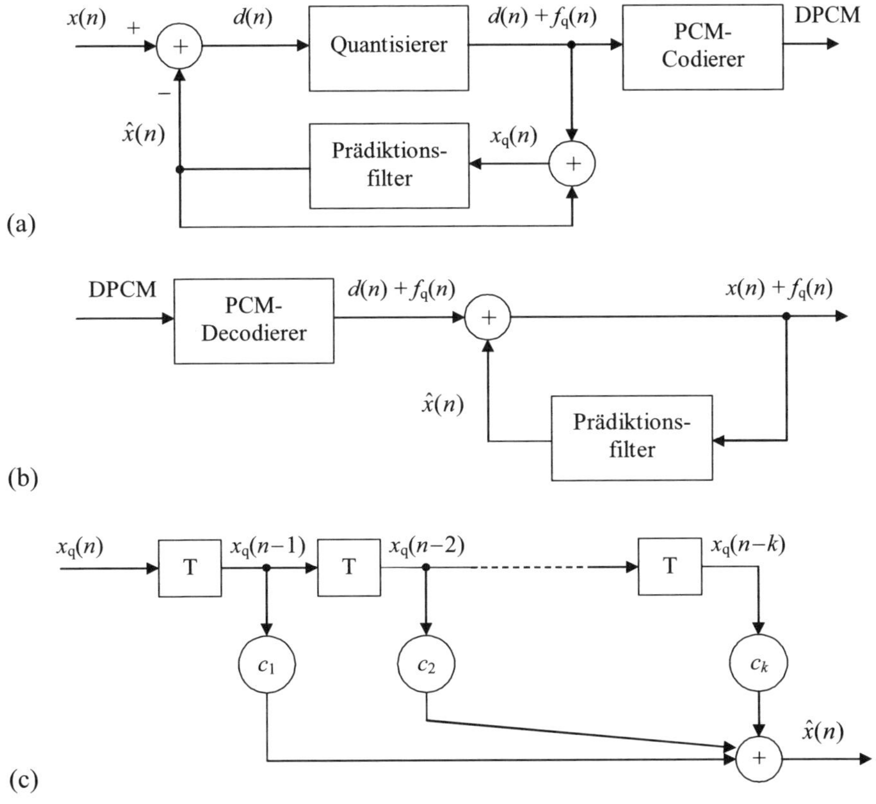

Bild 3-16: Differenzielle Pulscodemodulation (DPCM), (a) Sender, (b) Empfänger, (c) Prädiktionsfilter

Bild 3-16 zeigt das Blockschaltbild eines DPCM-Systems. Im Sender wird mit Hilfe eines Prädiktionsfilters ein Vorhersagewert bestimmt. Die Differenz zwischen Eingangswert und Vorhersagewert,

$$d(n) = x(n) - \hat{x}(n)\,, \tag{3-21}$$

liegt am Eingang des Quantisierers. Dessen Ausgangssignal setzt sich aus dem Differenzsignal und dem Quantisierungsfehler $f_q(n)$ zusammen. Dieses Signal wird codiert und übertragen. Für das Eingangssignal des Prädiktionsfilters im Sender gilt

$$x_q(n) = d(n) + f_q(n) + \hat{x}(n) = x(n) + f_q(n),$$

wobei $\hat{x}(n)$ mit Hilfe von Gl. 3-21 ersetzt wurde. Im Empfänger wird ein identisches Prädiktionsfilter eingesetzt. Für das Ausgangssignal des Empfängers gilt

$$d(n) + f_q(n) + \hat{x}(n) = x(n) + f_q(n).$$

Dies ist gleichzeitig das Eingangssignal des Prädiktionsfilters, so dass im Sender und Empfänger die gleichen Prädiktionswerte zur Verfügung stehen. Am Ausgang des DPCM-Systems erhalten wir also wieder den ursprünglichen Abtastwert plus den Quantisierungsfehler. Dieser bezieht sich jedoch nun auf das kleinere Differenzsignal.

Das Prädiktionsfilter ist in Bild 3-16 (c) gezeigt. Das Filter wichtet die k vorangegangenen Eingangswerte $x_q(n-1)$, ..., $x_q(n-k)$ mit den Filterkoeffizienten c_i. Für den Prädiktionswert gilt

$$\hat{x}(n) = \sum_{i=1}^{k} c_i\, x_q(n-i). \tag{3-22}$$

Je größer ein Filterkoeffizient, desto stärker ist der Einfluss des vorangegangenen Eingangswertes auf den Prädiktionswert. Die Koeffizienten werden so bestimmt, dass die Leistung des Differenzsignals $d(n)$ minimal wird.

Wir betrachten den Fall eines Prädiktionsfilters mit einem Koeffizienten, d. h. für den Vorhersagewert gilt

$$\hat{x}(n) = c_1 x_q(n-1)$$

und für das Differenzsignal

$$d(n) = x(n) - c_1 x_q(n-1).$$

Wir nehmen weiter an, dass der Vorhersagefehler deutlich größer als der Quantisierungsfehler ist. Dann ist $x_q(n) = d(n) + \hat{x}(n) = x(n)$ und

$$d(n) = x(n) - c_1 x(n-1),$$

$$d^2(n) = x^2(n) - 2c_1 x(n)x(n-1) + c_1^2 x^2(n-1).$$

Wir bilden den Erwartungswert und erhalten

$$E\left[d^2(n)\right] = E\left[x^2(n)\right] - 2c_1 E\left[x(n)x(n-1)\right] + c_1^2 E\left[x^2(n-1)\right].$$

Analog zu den Überlegungen in Abschnitt 2.3 ist $E[x(n)x(n+k)] = R_x(k)$ die Autokorrelationsfunktion (AKF) eines stationären, zeitdiskreten Signals $x(n)$ (siehe auch Abschnitt 8.1). Somit können wir für den Erwartungswert des quadratischen Fehlers

$$R_d(0) = R_x(0) - 2c_1 R_x(1) + c_1^2 R_x(0) = R_x(0)\left[1 + c_1^2 - 2c_1 \frac{R_x(1)}{R_x(0)}\right]$$

schreiben. Die AKF an der Stelle 0 ist gleich der Signalleistung. Die Leistung des Differenzsignals wird minimal für

$$\frac{\mathrm{d}\, R_d(0)}{\mathrm{d}\, c_1} = R_x(0)\left[2c_1 - 2\frac{R_x(1)}{R_x(0)}\right] \overset{!}{=} 0 .$$

Daraus erhalten wir für den optimalen Filterkoeffizienten

$$c_{1,\mathrm{opt}} = \frac{R_x(1)}{R_x(0)} . \tag{3-23}$$

Als Gewinn der DPCM ist das Verhältnis der Leistung des Eingangssignals $x(n)$ zur Leistung des Differenzsignals $d(n)$ definiert, und wir erhalten

$$G = \frac{R_x(0)}{R_d(0)} = \left[1 + c_1^2 - 2c_1 \frac{R_x(1)}{R_x(0)}\right]^{-1} \underset{c_1 \to c_{1,\mathrm{opt}}}{=} \left[1 - \left(\frac{R_x(1)}{R_x(0)}\right)^2\right]^{-1} . \tag{3-24}$$

Der Gewinn ist größer als 1, falls die Leistung des Differenzsignals $R_d(0)$ kleiner als die Leistung des Eingangssignals $R_x(0)$ ist. Wird mit der gleichen Auflösung wie bei der PCM quantisiert, so verbessert sich das Signal-Rausch-Verhältnis um den Faktor G. Umgekehrt kann bei gleichem Signal-Rausch-Verhältnis mit einer geringeren Auflösung quantisiert werden, d. h. die Bitrate wird kleiner.

Wie groß ist nun der Gewinn für ein Sprachsignal? In Bild 3-17 ist die AKF des Sprachsignals aus Bild 3-12 dargestellt. Sie ist so normiert, dass $R_x(0) = 1$ ist. Bei einer Abtastrate von 8 kHz beträgt der Abstand zwischen zwei Abtastwerten $T_A = 125$ µs. Korreliert man das Signal mit dem um einen Abtastwert verschobenen Signal, so erhält man $R_x(1) = R_x(\tau = T_A) = 0{,}88$. Bei optimalem Filterkoeffizienten $c_{1,\mathrm{opt}} = 0{,}88$ beträgt der Gewinn $G = 4{,}43$ oder 6,47 dB. Dies entspricht einer Verkürzung der Codewortlänge um etwa 1 bit.

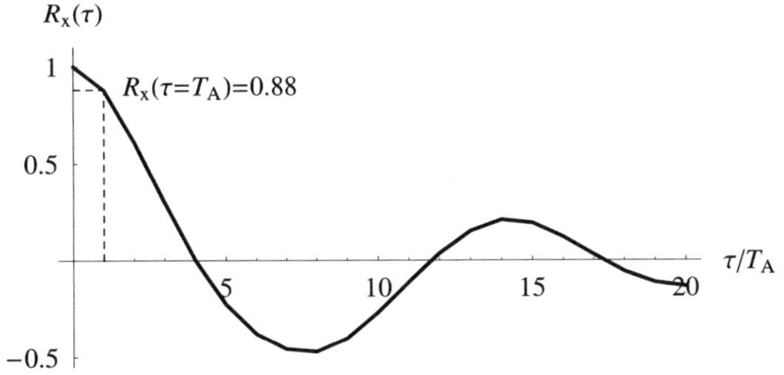

Bild 3-17: Autokorrelationsfunktion des Sprachsignals aus Bild 3-12

Hat das Prädiktionsfilter mehr als einen Koeffizienten, so kann der Gewinn noch verbessert werden. Der erzielbare Gewinn hängt dann vom weiteren Verlauf der AKF $R_x(2) = R_x(\tau = 2T_A)$, $R_x(3) = R_x(\tau = 3T_A)$, ... des Signals ab. Bei mehr als drei oder vier Filterkoeffizienten ist allerdings bei Sprachsignalen keine merkliche Steigerung des Gewinns mehr zu beobachten [34].

Bei der Herleitung des Gewinns in Gl. 3-24 wurde ein stationäres Zufallssignal am Eingang angenommen. Ein Sprachsignal ist jedoch nur über eine Zeitspanne von ca. 20 ms stationär; man spricht auch von einem quasistationären Signal. Für die AKF bedeutet dies, dass sie sich zeitlich verändert und nur in einem Intervall von ca. 20 ms als konstant betrachtet werden kann. Bei der adaptiven DPCM (ADPCM) werden daher die Koeffizienten des Prädiktionsfilters im Abstand von ca. 20 ms neu berechnet. Darüber hinaus wird auch die Quantisierung adaptiv an die Amplitude des Eingangssignals angepasst. Große Signalamplituden resultieren in großen Quantisierungsintervallen und umgekehrt. Informationen über die im ADPCM-Codierer verwendeten Parameter müssen zusätzlich zum Signal zum Decodierer übertragen werden. ADPCM ist von der ITU-T in der Empfehlung G.726 [84] standardisiert und ermöglicht Bitraten von 40 bis 16 kbit/s.

In Tabelle 3-3 sind einige ITU-T-Sprachcodecs (Codec: Codierer-Decodierer) zusammengestellt. Neben den bereits bekannten Codierverfahren G.711 und G.726 sind auch zwei Codecs enthalten, die die Übertragung eines Sprachsignals bei wesentlich geringeren Bitraten ermöglichen (G.729 [85] und G.723.1 [83]). Zunächst fällt auf, dass diese Codecs eine wesentlich größere Verzögerung haben, während bei der PCM und der ADPCM nur eine Verzögerung um einen Abtastwert, also 125 µs, auftritt. Dies liegt daran, dass ein größerer Ausschnitt des Signals analysiert werden muss, um bei akzeptabler Sprachqualität auf Bitraten von 8 kbit/s und darunter zu kommen.

Tabelle 3-3: Typische Werte einiger Sprachcodecs

	Typ	**Bitrate**	**Verzögerung**
G.711	PCM	64 kbit/s	0,125 ms
G.726	ADPCM	16, 24, 32 oder 40 kbit/s	0,125 ms
G.729	LPC	8 kbit/s	15 ms
G.723.1	LPC	5,3, 6,3 kbit/s	37,5 ms

G.729 und G.723.1 gehören zu einer Klasse von Codecs, die auf einem Analyse-Synthese-Verfahren basieren (LPC: Linear Predictive Coding). Diesen Verfahren liegt ein Spracherzeugungsmodell gemäß Bild 3-18 zu Grunde. Es besteht aus einem Synthesefilter, das den Vokaltrakt aus Nasen-, Mund- und Rachenraum nachbildet. Dieses wird durch weißes Rauschen im Falle von stimmlosen Lauten bzw. durch einen Impulsgenerator im Falle von stimmhaften Lauten angeregt.

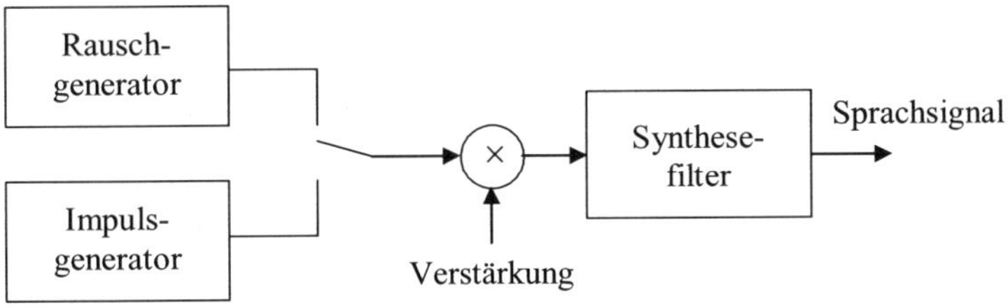

Bild 3-18: Modell der Spracherzeugung bei LPC

Im Codierer werden die Modellparameter so bestimmt, dass der Fehler zwischen Eingangssignal und synthetisch erzeugtem Signal minimal wird. Zum Empfänger werden nur die Modellparameter übertragen und mit deren Kenntnis kann das Sprachsignal wieder synthetisiert werden. Mit LPC kann ein Sprachsignal bis auf 2,4 kbit/s komprimiert werden. Solche niedrigen Bitraten sind jedoch mit großen Signalverzögerungen und mit einer geringeren Sprachqualität verbunden.

4 Digitale Nachrichtenübertragung im Basisband

Wir sprechen von einem Basisband-Übertragungssystem, wenn das Quellensignal in seiner ursprünglichen Frequenzlage übertragen wird. So wird im analogen Fernsprechnetz das Sprachsignal im Basisband, also im Frequenzbereich von 300 Hz bis 3,4 kHz, übertragen. Beispiele für die Übertragung digitaler Signale im Basisband finden sich beim Teilnehmeranschluss des ISDN (siehe Kapitel 13) und bei lokalen Netzen für die Datenübertragung [57]. Die Übertragung im Basisband findet sich also bei leitungsgebundenen Systemen. Im Gegensatz zur Basisband-Übertragung wird bei der Bandpass-Übertragung das zu übertragende Signal auf einen Träger aufmoduliert und so zu höheren Frequenzen hin verschoben. Allerdings erfolgt auch hier die Signalverarbeitung im Wesentlichen im Basisband, so dass die in diesem Kapitel behandelten Konzepte von grundlegender Bedeutung für digitale Übertragungssysteme sind.

Die folgenden Abschnitte verschaffen uns zunächst einen Überblick über die wesentlichen Elemente und deren Aufgabe in einem Basisband-Übertragungssystem. Weitere inhaltliche Schwerpunkte bilden die Intersymbol-Interferenz und deren Vermeidung durch geeignete Pulsformung, die Berechnung der Bitfehlerwahrscheinlichkeit und das signalangepasste Filter als optimales Empfangsfilter.

4.1 Elemente eines digitalen Basisband-Übertragungssystems

Wir gehen von der in Bild 4-1 gezeigten Struktur eines Übertragungssystems aus. Sender (engl.: transmitter) und Empfänger (engl.: receiver) werden häufig mit den Abkürzungen Tx bzw. Rx gekennzeichnet. Zwischen Sender und Empfänger befindet sich der Übertragungskanal. Der Kanal dämpft und verzerrt das Signal. Dies wird durch die Übertragungsfunktion $H_K(f)$ beschrieben. Störungen überlagern sich additiv zum Signal. Handelt es sich um eine Störung durch weißes gaußsches Rauschen, so spricht man von einem AWGN-Kanal (AWGN: Additive White Gaussian Noise, siehe Abschnitt 2.3.6).

Der Sender besteht aus einem optionalen Scrambler zur Verwürflung des Datenstroms. Die Verwürflung dient der Vermeidung langer 0- oder 1-Folgen sowie der Dekorrelation von Signalen. Der Leitungscodierer bildet die zu übertragenden binären Symbole auf eine Pulsfolge ab. Wir werden verschiedene Leitungscodes mit unterschiedlichen Eigenschaften kennenlernen, die jeweils bestimmten Anforderungen gerecht werden. Besteht die Pulsfolge aus rechteckförmigen Grundimpulsen und wird dieses Signal über einen bandbegrenzten Kanal übertragen, so laufen die Grundimpulse auseinander mit der Folge, dass benachbarte Symbole sich gegenseitig beeinflussen. Man nennt dies Impulsnebensprechen oder Intersymbol-Interferenz. Aufgabe des Pulsformfilters ist die Erzeugung von Grundimpulsen, die eine Übertragung ohne Intersymbol-Interferenz ermöglichen. Bei der Pulsformung spielt das Kosinus-roll-off-Filter eine herausragende Rolle.

Am Empfängereingang befindet sich zunächst ein Empfangsfilter zur Unterdrückung der Störungen. Ein im Sinne einer minimalen Bitfehlerwahrscheinlichkeit optimales Filter ist das signalangepasste Filter. Durch den Kanal bedingte Verzerrungen sind eine weitere Ursache von Intersymbol-Interferenz. Verzerrungen werden durch einen Entzerrer kompensiert. Der auf den Entzerrer folgende Abtaster tastet das Signal im Symboltakt ab. Die Abtastwerte setzen sich aus dem Nutzsignal und dem Störsignal des Kanals zusammen. Der Entscheider besteht im einfachsten Fall aus einem Schwellenschalter, der das Nutzsignal extrahiert. Im Falle einer Fehlentscheidung kommt es zu Bitfehlern.

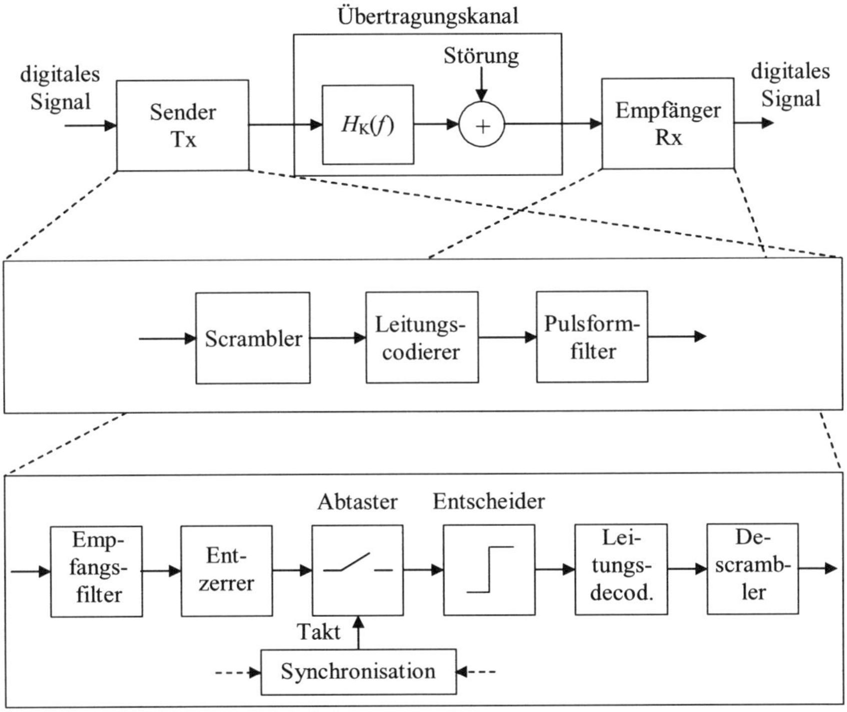

Bild 4-1: Modell eines digitalen Basisband-Übertragungssystems

Es folgen die dem senderseitigen Leitungscodierer und Scrambler entsprechenden Funktionen des Leitungsdecodierers und des Descramblers. Der vom Abtaster benötigte Symboltakt muss in der Regel aus dem Eingangssignal zurückgewonnen werden. Dies ist die Aufgabe des Blocks Synchronisation. Bei vielen Übertragungssystemen ist der Bitstrom in Rahmen strukturiert. Ein Rahmen besteht aus einer festen Anzahl von Bytes, die zusätzlich zur Übertragung der Nutzdaten weiteren Funktionen wie z. B. der Fehlererkennung oder der Flusssteuerung dienen. Neben der Symboltaktsynchronisation ist dann eine Rahmensynchronisation zur Erkennung des Rahmenanfangs erforderlich.

4.2 Leitungscodierung

Ein Leitungscode bildet die zu übertragenden binären Symbole 0 und 1 auf eine Pulsfolge ab. Die Auswahl eines speziellen Leitungscodes hängt von einer oder mehreren der folgenden Anforderungen ab:

- Erzeugung von Signalen ohne Gleichanteil
- Spektrale Formung des Signals
- Verringerung der Störempfindlichkeit
- Vereinfachung der Taktrückgewinnung
- Fehlererkennung

Man unterscheidet zunächst NRZ- und RZ- sowie unipolare und bipolare Basisbandsignale (Bild 4-2). Ein NRZ-Signal (Non Return to Zero) besteht aus Impulsen der Dauer T_b. T_b ist die Bitdauer, der Kehrwert $r_b = 1/T_b$ ist die Bitrate mit der Einheit bit/s. Von einem RZ-Signal (Return to Zero) spricht man, wenn die Impulsdauer T_p kleiner als T_b ist. Ein unipolares Signal hat die Pegel 0 und A, während ein bipolares Signal die Pegel $-A$ und A zur Abbildung der binären Symbolfolge auf ein Signal verwendet.

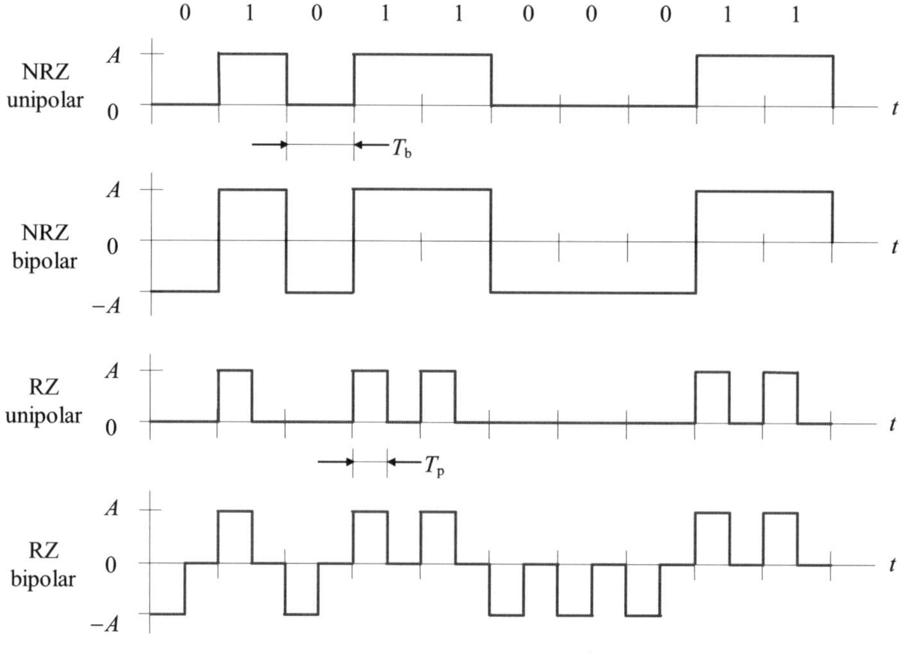

Bild 4-2: Digitale Basisbandsignale

Entsprechend den verschiedenen Anforderungen gibt es eine Vielzahl von Leitungscodes, die auf diesen Basisbandsignalen aufbauen. Bild 4-3 zeigt einige Beispiele. Der NRZI-Code ist dadurch gekennzeichnet, dass für binär 1 ein Polaritätswechsel erfolgt, aber kein Wechsel für binär 0. Dadurch hat eine Polaritätsvertauschung keinen Einfluss auf das decodierte Signal. Beim AMI-Code (Alternate Mark Inversion) wird die binäre 0 in den Pegel 0, die binäre 1 abwechselnd in A und $-A$ codiert. Das codierte Signal ist gleichspannungsfrei. Der AMI-Code wird in etwas modifizierter Form (die Rolle von binär 0 und 1 sind vertauscht) bei der ISDN-S_0-Schnittstelle verwendet (siehe Abschnitt 13).

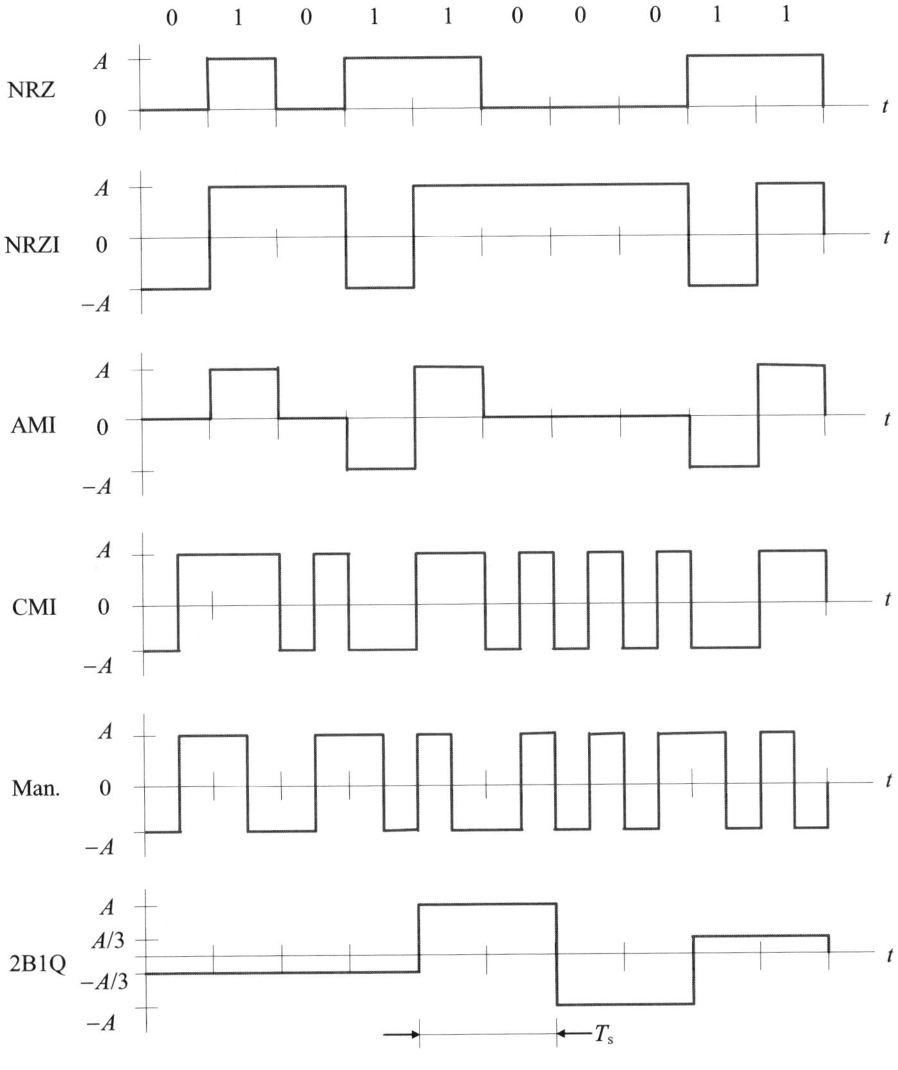

Bild 4-3: Codierbeispiel für einige Leitungscodes

Der CMI-Code (Coded Mark Inversion) codiert die binäre 1 wie der AMI-Code abwechselnd in A und $-A$. Die binäre 0 wird durch einen Signalübergang von $-A$ nach A in der Bitmitte dargestellt. Das codierte Signal ist wiederum gleichstromfrei und häufige Flankenwechsel erleichtern die Taktrückgewinnung. Damit ist allerdings auch eine Verbreiterung des Spektrums verbunden. Der CMI-Code wird z. B. bei der Übertragung von 140-

Mbit/s-Signalen in PCM-Systemen verwendet (siehe Kapitel 12). Beim Manchester-Code wird die binäre 1 durch einen Signalübergang von A nach $-A$ und die binäre 0 durch einen Signalübergang von $-A$ nach A in der Bitmitte codiert. Er ist durch ähnliche Eigenschaften wie der CMI-Code gekennzeichnet und wird beispielsweise in lokalen Datennetzen verwendet [57].

Als letztes Beispiel ist in Bild 4-3 ein Code mit vierwertigen Symbolen gezeigt. Beim 2B1Q-Code wird ein Block von 2 bit in ein vierwertiges (quaternäres) Symbol codiert. Tabelle 4-1 zeigt die entsprechende Zuordnung. Die Zuordnung erfolgt so, dass sich benachbarte 2-bit-Blöcke nur in einem Bit unterscheiden. Man bezeichnet dies als Gray-Codierung. Kommt es im Empfänger auf Grund von Störungen zu einem Symbolfehler, d. h. wird an Stelle des gesendeten Symbols fälschlicherweise ein benachbartes Symbol detektiert, so ist damit auch nur ein Bitfehler verbunden.

Tabelle 4-1: Codierungstabelle des 2B1Q-Codes

2-bit-Block	**Quaternäres Symbol**
10	A
11	$A/3$
01	$-A/3$
00	$-A$

Das 2B1Q-Signal hat quaternäre Symbole der Dauer T_s. Die Symbolrate beträgt $r_s = 1/T_s$ und hat die Einheit baud. Da $T_s = 2\,T_b$ ist, ist die Symbolrate nur halb so groß wie die Bitrate. Allgemein gilt bei m-wertigen Symbolen für den Zusammenhang zwischen Symbol- und Bitrate

$$r_s = \frac{r_b}{\log_2 m}. \tag{4-1}$$

Weitere Leitungscodes sind z. B. der nBmB-Code, bei dem ein Block von n binären Symbolen auf einen Block von $m > n$ binären Symbolen abgebildet wird und der oft bei optischen Übertragungssystemen zu finden ist, beispielsweise als 8B10B-Code. Bei einem 4B3T-Leitungscode werden vier binäre Symbole auf drei ternäre Symbole abgebildet. Dadurch entsteht Redundanz, denn $2^4 = 16$ binäre Symbole stehen $3^3 = 27$ möglichen ternären Symbolen gegenüber. Eine Codierungstabelle legt die Zuordnung von 4-bit-Blöcken zu Blöcken von drei ternären Symbolen fest. Durch Codeverletzungen können Übertragungsfehler erkannt werden. Ein 4B3T-Code wird bei der ISDN-U_{K0}-Schnittstelle verwendet (siehe Abschnitt 13.2.1).

Beim Leistungsdichtespektrum des biplolaren NRZ-Signals können wir auf die Ergebnisse von Beispiel 2-12 zurückgreifen. Es ist durch Gl. 2-85 gegeben und in Bild 4-4 für den Bereich positiver Frequenzen gezeigt. Ebenfalls enthalten sind die Spektren des AMI- und des Manchester-Codes. Auf deren Berechnung wird in Abschnitt 4.3.5 eingegangen. AMI- und Manchester-Code sind gleichstromfrei, d. h. das Leistungsdichtespektrum ist null in der Umgebung von $f = 0$. Auf Grund der RZ-Grundimpulse verschiebt sich der Schwerpunkt des Spektrums des Manchester-Codes (und auch des CMI-Codes) zu höheren Frequenzen im Vergleich zu den anderen Codes. Damit ist eine größere Übertragungsbandbreite verbunden.

Bei gleich wahrscheinlichen binären Symbolen 0 und 1 enthält das NRZI-Signal ebenso viele zufällige Signalübergänge wie das NRZ-Signal. Daher hat es auch das gleiche Leistungsdichtespektrum. Dies gilt auch für den 2B1Q-Code, wobei jedoch T_b durch T_s ersetzt werden muss. Da T_s doppelt so groß wie T_b ist, benötigt ein 2B1Q-codiertes Signal bei gleicher Bitrate nur die halbe Übertragungsbandbreite wie ein NRZ-Signal.

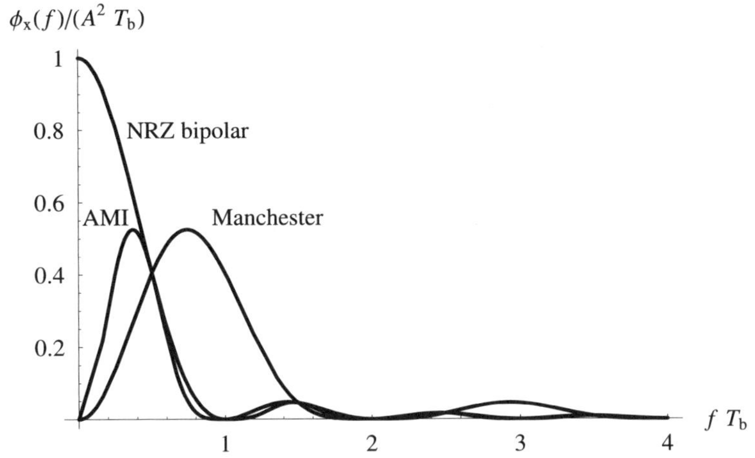

Bild 4-4: Leistungsdichtespektren des bipolaren NRZ-Signals, des AMI- und des Manchester-Codes

4.3 Intersymbol-Interferenz und Nyquist-Pulsformung

4.3.1 Nyquist-Bandbreite

Ein digitales Signal mit rechteckförmigen Grundimpulsen enthält auch bei Frequenzen, die wesentlich höher als die Symbolrate sind, noch beträchtliche Leistungsanteile. Dies zeigt das Leistungsdichtespektrum (Bild 4-4). Wird ein solches Signal über einen bandbegrenzten Kanal übertragen, kommt es zu Verzerrungen, die sich in einem Auseinanderlaufen der Impulse äußern. Man bezeichnet dies als Impulsnebensprechen oder Intersymbol-Interferenz.

Es stellt sich hier die Frage nach der mindestens erforderlichen Übertragungsbandbreite für ein digitales Signal mit der Symbolrate r_s. Wir betrachten dazu eine periodische 1-0-Folge eines NRZ-Signals (Bild 4-5). Die Grundschwingung dieses Signals hat eine Frequenz von $f = 1/2T_s = r_s/2$. Dies bezeichnet man als die Nyquist-Bandbreite des Signals:

$$B_N = \frac{1}{2} r_s . \qquad (4\text{-}2)$$

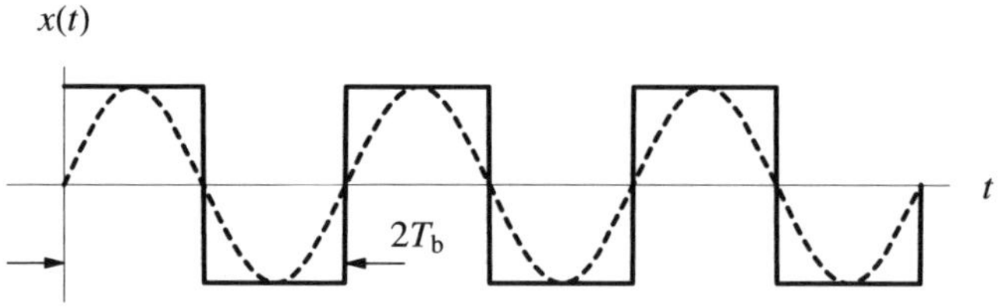

Bild 4-5: Bipolares NRZ-Signal, 1-0-*Folge*

Ein Übertragungskanal muss also mindestens eine Bandbreite $B_K \geq B_N$ haben. Wie bereits oben erwähnt bewirkt eine Bandbegrenzung jedoch ein Auseinanderlaufen der rechteckförmigen Grundimpulse. Bild 4-6 zeigt dazu als Beispiel einen Rechteckimpuls der Breite T_b, der über einen RC-Tiefpasskanal übertragen wird. Der Rechteckimpuls entspricht einem einzelnen binären Symbol; der Übertragungskanal wird in diesem Beispiel durch einen RC-Tiefpass modelliert (vergleiche Beispiel 2-2). Wird dieses Signal im Abstand T_b abgetastet, so erhält man den Hauptwert für $t = T_b$ und Nachläufer für $t = 2\,T_b$, $t = 3\,T_b$ usw., die für die Intersymbol-Interferenz verantwortlich sind.

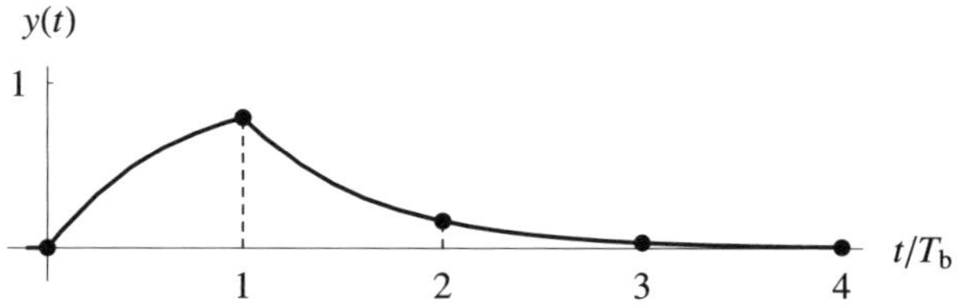

Bild 4-6: Übertragung eines Rechteckimpulses der Dauer T_b über einen RC-Tiefpasskanal

Wird nicht nur ein einzelnes Symbol, sondern eine Symbolfolge im Abstand T_b gesendet, so beeinflussen diese Nachläufer die Abtastwerte der nachfolgenden Symbole. In Bild 4-7 ist ein entsprechendes Signal gezeigt. Ebenfalls enthalten sind die Abtastwerte im Abstand T_b, die das Signal in den Entscheidungszeitpunkten markieren. Diese Werte sind unterschiedlich und hängen von den vorangegangenen Symbolen ab.

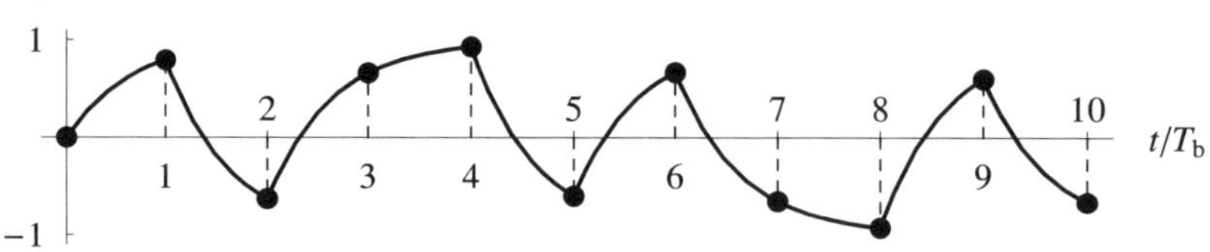

Bild 4-7: Übertragung eines bipolaren NRZ-Signals mit rechteckförmigen Grundimpulsen über einen RC-Tiefpasskanal

Es gibt nun Pulsformen, mit denen trotz einer Bandbegrenzung durch den Übertragungskanal eine Übertragung ohne Intersymbol-Interferenz möglich ist. Das im nächsten Abschnitt behandelte erste Nyquist-Kriterium liefert die Bedingung, die diese Grundimpulse erfüllen müssen.

4.3.2 Das erste Nyquist-Kriterium

Durch eine spektrale Formung des Signals mit Hilfe eines Pulsformfilters können Leistungsanteile bei hohen Frequenzen unterdrückt werden. Bei einem idealen bandbegrenzten Kanal, d. h. einem Kanal mit konstanter Übertragungsfunktion innerhalb der Übertragungsbandbreite B_K, ist dann eine Übertragung ohne Intersymbol-Interferenz möglich.

Bild 4-8 zeigt das Prinzip der Vermeidung von Intersymbol-Interferenz am Beispiel eines unipolaren NRZ-Signals. Eine binäre 1 wird durch einen Impuls $p(t)$, eine binäre 0 durch keinen Impuls repräsentiert. Der Empfänger tastet das Signal zu den Entscheidungszeitpunkten im Abstand T_s ab. Durch die Pulsformung wird erreicht, dass ein Impuls nur im Entscheidungszeitpunkt gleich eins und zu allen anderen Abtastzeitpunkten gleich null ist, d. h. es gilt

$$p(nT_s) = \begin{cases} 1 & \text{für} \quad n = 0 \,, \\ 0 & \text{für} \quad n \neq 0 \,. \end{cases} \qquad (4\text{-}3)$$

Damit entstehen keine Nachläufer und auch keine Intersymbol-Interferenz.

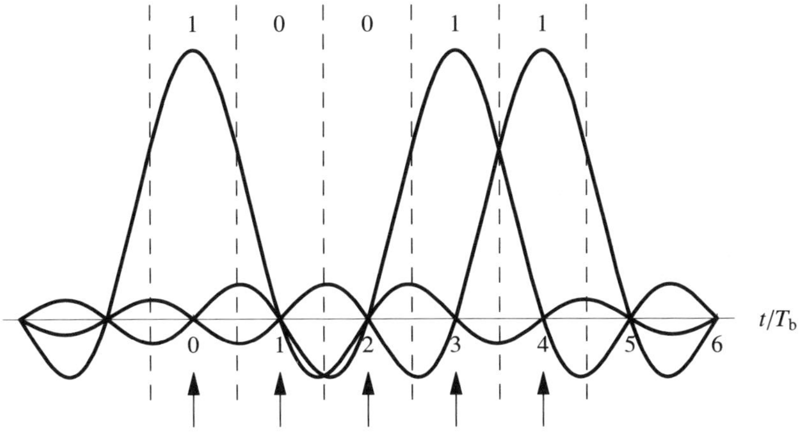

Bild 4-8: Impulsform zur Übertragung ohne Intersymbol-Interferenz (die Pfeile deuten die Entscheidungszeitpunkte an)

Pulsformen, die dieser Bedingung gerecht werden, werden Nyquist-Impulse genannt und erfüllen das erste Nyquist-Kriterium. Dies besagt, dass die periodische Wiederholung der Fourier-Transformierten $P(f)$ des Impulses $p(t)$ im Abstand $1/T_s$ eine Konstante ergeben muss, d. h. es gilt

$$\sum_{n=-\infty}^{\infty} P(f - \frac{n}{T_s}) = T_s = const. \qquad (4\text{-}4)$$

Dieser Zusammenhang ist grafisch in Bild 4-9 dargestellt. Zum Beweis des ersten Nyquist-Kriteriums betrachten wir den zeitkontinuierlichen Grundimpuls $p(t)$, abgetastet im Abstand T_s. Mit Hilfe von Gl. 3-1 können wir dafür

$$p(t) \sum_{n=-\infty}^{\infty} \delta(t - nT_s) = \sum_{n=-\infty}^{\infty} p(nT_s)\delta(t - nT_s)$$

schreiben. Die in Gl. 4-3 formulierte Bedingung ist dann äquivalent zu

$$p(t) \sum_{n=-\infty}^{\infty} \delta(t - nT_s) = \delta(t).$$

Die Fourier-Transformation dieser Beziehung liefert unter Verwendung der Fourier-Transformierten der Dirac-Impulsfolge aus Gl. 3-5

$$\Im\{p(t)\} * \Im\left\{ \sum_{n=-\infty}^{\infty} \delta(t - nT_s) \right\} = \Im\{\delta(t)\}$$

$$P(f) * \frac{1}{T_s} \sum_{n=-\infty}^{\infty} \delta(f - \frac{n}{T_s}) = 1$$

$$\sum_{n=-\infty}^{\infty} P(f - \frac{n}{T_s}) = T_s$$

und damit schließlich das bereits in Gl. 4-4 formulierte erste Nyquist-Kriterium. Die obige Rechnung ist äquivalent zur Rechnung, die uns auf Gl. 3-6 geführt hat.

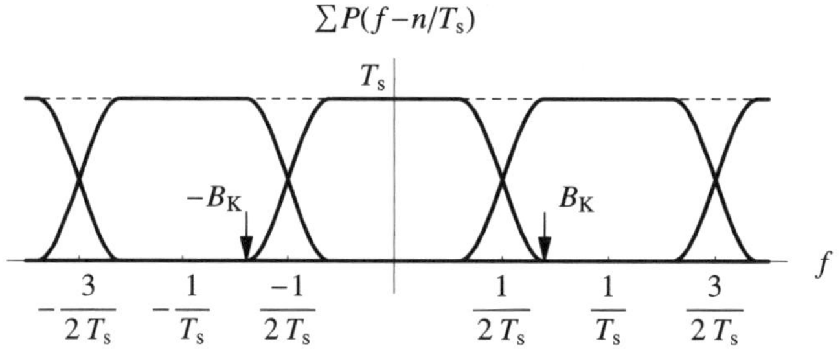

Bild 4-9: Das erste Nyquist-Kriterium

Das Kriterium wird erfüllt durch Impulse, deren Fourier-Spektrum $P(f)$ im Bereich der Flanke schiefsymmetrisch zu $f = 1/2T_s$ ist. Man bezeichnet dies auch als Nyquist-Flanke. $P(f)$ wird null für $|f| \geq B_K$ (siehe Bild 4-9). Überträgt man einen solchen Impuls über einen idealen Tiefpasskanal, der eine Bandbreite größer oder gleich B_K hat, so wird der Impuls nicht verzerrt und die Bedingung Gl. 4-3 ist auch am Empfängereingang erfüllt.

Die minimale Übertragungsbandbreite erhält man im Grenzfall eines rechteckförmigen Spektrums mit $P(f) = \text{const.}$ für $|f| \leq 1/2T_s$ und $P(f) = 0$ für $|f| > 1/2T_s$. Die erforderliche Übertragungsbandbreite beträgt $B_K = 1/2T_s$ und ist gleich der durch Gl. 4-2 gegebenen Nyquist-Bandbreite. Der zugehörige Grundimpuls ist dann ein si-Impuls mit

$p(t) = \mathrm{si}(\pi\, t/T_s)$. Diese Pulsform erfordert jedoch die exakte Einhaltung der idealen Entscheidungszeitpunkte. Ursache dafür ist, dass der si-Impuls proportional zu $1/t$ abklingt. Weicht der Entscheidungszeitpunkt minimal vom idealen Zeitpunkt ab, d. h. werden die Nulldurchgänge der si-Impulse nicht genau getroffen, so entsteht Intersymbol-Interferenz, die auf Grund des langsamen Abklingens unendlich groß werden kann. Der si-Impuls kann daher in praktischen Systemen nicht verwendet werden.

4.3.3 Kosinus-roll-off-Filter

Ein gebräuchliches Pulsformfilter ist das Kosinus-roll-off-Filter. Die Übertragungsfunktion dieses Filters lautet

$$P_{\mathrm{rc}}(f) = \frac{1}{2B_{\mathrm{N}}} \begin{cases} 1, & |f| \leq (1-\alpha)B_{\mathrm{N}} \\ \frac{1}{2}\left\{1+\cos\left[\frac{\pi}{2\alpha}\left(\frac{|f|}{B_{\mathrm{N}}}-(1-\alpha)\right)\right]\right\}, & (1-\alpha)B_{\mathrm{N}} \leq |f| \leq (1+\alpha)B_{\mathrm{N}} \\ 0, & |f| \geq (1+\alpha)B_{\mathrm{N}}\,. \end{cases} \tag{4-5}$$

Sie ist in Bild 4-10 zu sehen. Der Parameter α wird Roll-off-Faktor genannt und liegt im Bereich $0 \leq \alpha \leq 1$. Er bestimmt die Steilheit der Filterflanke, die durch die mittlere Zeile in Gl. 4-5 definiert wird. Es handelt sich um eine um +1 angehobene Kosinusfunktion (engl.: raised cosine), was den Index rc begründet.

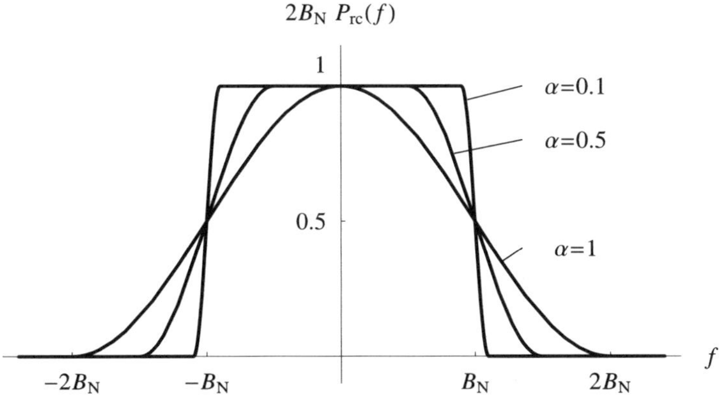

Bild 4-10: Übertragungsfunktion des Kosinus-roll-off-Filters

Die Impulsantwort des Filters (Bild 4-11) lautet

$$p_{\mathrm{rc}}(t) = \mathrm{si}(2\pi B_{\mathrm{N}} t)\frac{\cos(2\pi\alpha B_{\mathrm{N}} t)}{1-(4\alpha B_{\mathrm{N}} t)^2} \tag{4-6}$$

mit $B_{\mathrm{N}} = 1/2T_s$. $p_{\mathrm{rc}}(t)$ hat Nullstellen im Abstand T_s wie in Gl. 4-3 gefordert, und $P_{\mathrm{rc}}(f)$ erfüllt das erste Nyquist-Kriterium (Gl. 4-4). Da $P_{\mathrm{rc}}(f)$ für $|f| > (1+\alpha)B_{\mathrm{N}}$ zu null wird, beträgt die erforderliche Übertragungsbandbreite

$$B_{\mathrm{K}} = (1+\alpha)B_{\mathrm{N}}\,. \tag{4-7}$$

Die Übertragungsbandbreite ist mindestens gleich der Nyquist-Bandbreite für $\alpha = 0$. Allerdings wird für diesen Fall $P_{\mathrm{rc}}(f)$ rechteckförmig und $p_{\mathrm{rc}}(t)$ geht in einen si-Impuls über. In praktischen Systemen liegt α im Bereich 0,1 ... 1, so dass B_{K} gleich dem 1,1- bis 2-fachen der Nyquist-Bandbreite ist. Der Kosinus-roll-off-Impuls klingt proportional zu $1/t^3$ und damit wesentlich schneller als der si-Impuls ab, so dass geringe Abweichungen von den idealen Entscheidungszeitpunkten tolerierbar sind.

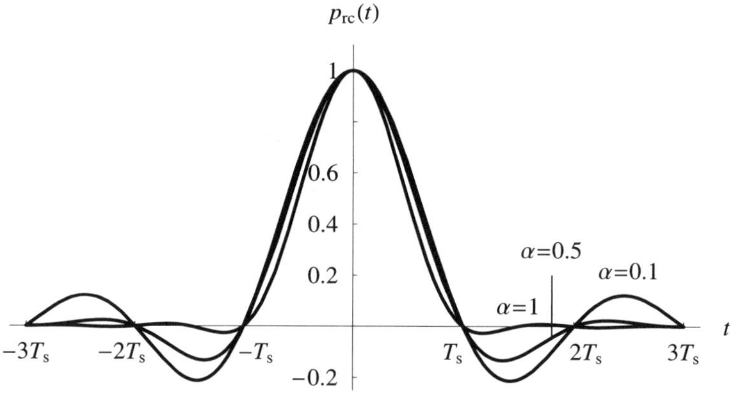

Bild 4-11: Impulsantwort des Kosinus-roll-off-Filters

Ein digitales Basisbandsignal ist nun eine Folge von Grundimpulsen, z. B. von Rechteck- oder Kosinus-roll-off-Impulsen, die mit den zu übertragenden Symbolen gewichtet werden. Wir schreiben daher

$$x(t) = \sum_{k=-\infty}^{\infty} a_k p(t - kT_s), \qquad (4\text{-}8)$$

wobei a_k ein m-wertiges Symbol, $p(t)$ der Grundimpuls und T_s die Symboldauer ist. $p(t - kT_s)$ ist der um kT_s verschobene Grundimpuls, der das k-te Symbol repräsentiert. Im Falle eines bipolaren NRZ-Signals können die zweiwertigen Symbole die Werte A und $-A$ annehmen, d. h. es ist $a_k \in \{-A, A\}$. Im Falle einer binären 1 ist $a_k = A$ und es wird das Signal $Ap(t - kT_s)$ gesendet, für eine binäre 0 gilt $a_k = -A$ und das Signal lautet $-Ap(t - kT_s)$.

Bild 4-12 zeigt ein bipolares NRZ-Signal mit einer auf eins normierten Amplitude, d. h. $a_k \in \{-1, 1\}$, sowie Kosinus-roll-off-Grundimpulsen gemäß Gl. 4-6 mit einem Roll-off-Faktor von 0,5. Ebenfalls in Bild 4-12 sind die Abtastwerte des Signals im Abstand von T_s gezeigt. Da das Signal auf Grund der Nyquist-Pulsformung frei von Intersymbol-Interferenz ist, nimmt es zu den Entscheidungszeitpunkten nur die Werte 1 oder −1 an, unabhängig von der Symbolfolge (vergleiche mit Bild 4-7).

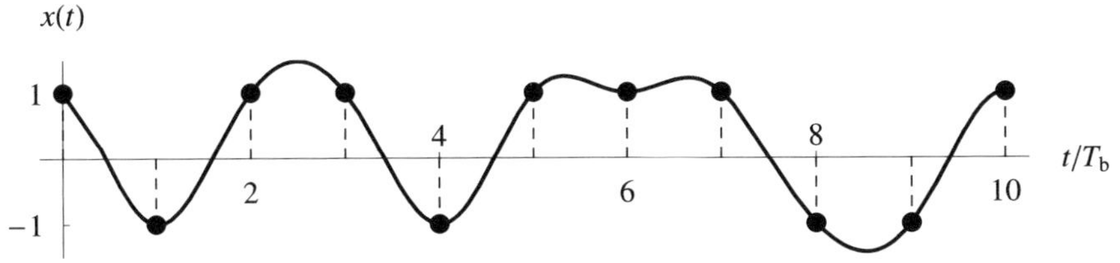

Bild 4-12: Bipolares NRZ-Signal mit Kosinus-roll-off-Pulsformung (α = 0,5) für die Symbolfolge $\{a_k\} = \{1, -1, 1, 1, -1, 1, 1, 1, -1, -1, 1\}$

4.3.4 Das Augendiagramm

Die Auswirkungen der Intersymbol-Interferenz sind besonders gut mit Hilfe eines Augendiagramms zu erkennen. Ein solches Diagramm entsteht, wenn Abschnitte des digitalen Signals entsprechend einigen Symboldauern überlagert werden. Die Messung des Augendiagramms ist ohne großen Aufwand möglich, z. B. mit Hilfe eines Oszilloskops mit Speicherfunktion. Als Triggersignal wird noch der Symboltakt des digitalen Signals benötigt.

Bild 4-13 zeigt das Augendiagramm eines bipolaren NRZ-Signals bei Verwendung von Kosinus-roll-off-Grundimpulsen für die Fälle $\alpha = 1$ und $\alpha = 0{,}5$. Die x-Achse erstreckt sich jeweils über $2T_b$. Das zum Augendiagramm zugehörige Zeitsignal ist für den Fall $\alpha = 0{,}5$ in Bild 4-12 enthalten.

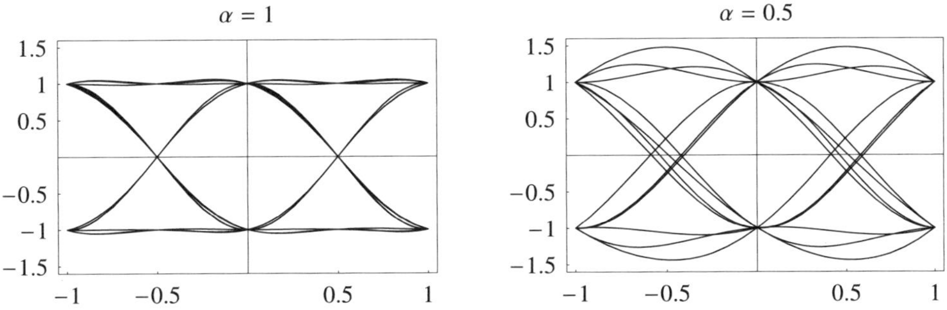

Bild 4-13: Augendiagramm für ein bipolares NRZ-Signal mit Kosinus-roll-off-Pulsformung

Charakteristische Werte eines Augendiagramms sind die vertikale und die horizontale Augenöffnung. Die Stelle, an der die vertikale Augenöffnung maximal wird, markiert den idealen Entscheidungszeitpunkt. Je geringer die vertikale Öffnung, umso größer ist die Wahrscheinlichkeit, dass es auf Grund einer Fehlentscheidung zu Bitfehlern kommt. In Bild 4-13 schneiden sich alle Linien an der Stelle der größten Augenöffnung in einem Punkt. Im Entscheidungszeitpunkt nimmt das Signal nur die Werte 1 oder –1 an (vergleiche Bild 4-12), d. h. man hat keine Intersymbol-Interferenz und das erste Nyquist-Kriterium ist erfüllt.

Eine kleine horizontale Augenöffnung bedeutet, dass der Spielraum für den Entscheidungszeitpunkt geringer ist. In Bild 4-13 ist die horizontale Öffnung maximal für $\alpha = 1$ und deutlich kleiner für $\alpha = 0{,}5$. Je kleiner α, umso kleiner ist auch die horizontale Augenöffnung. Der Fall $\alpha = 1$ ist ein Sonderfall, da am Ende eines Symbols das Signal den Wert $(a_k + a_{k+1})/2$ annimmt, für ein bipolares Signal also den Wert -1, 0 oder 1. Dies wird als zweites Nyquist-Kriterium bezeichnet [24].

Wird bei der Verwendung von Kosinus-roll-off-Grundimpulsen der Roll-off-Faktor α verkleinert, so verringert sich zwar die erforderliche Übertragungsbandbreite, siehe Gl. 4-7, gleichzeitig wird aber die horizontale Augenöffnung kleiner und um die Anforderungen an den Symboltakt nehmen zu. Mit einem kleinen α ist ein weiterer Nachteil verbunden: Das Überschwingen bzw. der maximale Wert des Signals wird größer. Beispielsweise ist in Bild 4-13 für $\alpha = 1$ der Maximalwert nur geringfügig größer als 1, während für $\alpha = 0{,}5$ Spitzenwerte von ca. 1,5 erreicht werden. Je ausgeprägter das Überschwingen, umso größer sind die Anforderungen an die Linearität eines nachfolgenden Leistungsverstärkers.

Abschließend betrachten wir das zu dem Signal von Bild 4-7 zugehörige Augendiagramm. Es ist in Bild 4-14 zu sehen. Bedingt durch die Intersymbol-Interferenz schneiden sich die Linien an der Stelle der größten Augenöffnung nicht mehr in einem Punkt und die vertikale Augenöffnung verringert sich beträchtlich. Dies ist umso ausgeprägter, je kleiner die Bandbreite des Kanals in Relation zur Symbolrate ist.

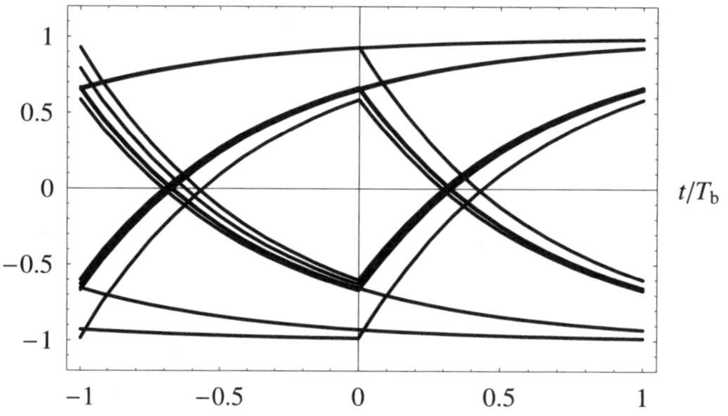

Bild 4-14: Augendiagramm eines NRZ-Signals mit rechteckförmigen Grundimpulsen bei Übertragung über einen RC-Tiefpasskanal

4.3.5 Leistungsdichtespektrum digitaler Basisbandsignale

Wir kennen bereits aus Beispiel 2-12 das Leistungsdichtespektrum eines bipolaren NRZ-Signals mit rechteckförmigen Grundimpulsen. In Abschnitt 4.2 wurde gesagt, dass mit Hilfe eines Leitungscodes das Spektrum des Signals modifiziert werden kann. Schließlich wurde in den vorangegangenen Abschnitten mehrfach auf die Bedeutung des Fourier-Spektrums der Grundimpulse hingewiesen. Wir wollen nun den Einfluss der Leitungscodierung und des Grundimpulses auf das Leistungsdichtespektrum des digitalen Basisbandsignals näher untersuchen.

Das digitale Basisbandsignal ist für eine zufällige Symbolfolge $\{a_k\}$ ein Zufallssignal und wird durch Gl. 4-8 definiert. Wie in Abschnitt 2.3.4 beschrieben können wir bei bekannter Autokorrelationsfunktion durch Fourier-Transformation das Leistungsdichtespektrum berechnen. Allerdings handelt es sich bei $x(t)$ nicht um ein stationäres Signal. Vielmehr sind Mittelwert und Autokorrelationsfunktion periodisch und damit abhängig vom Beobachtungszeitpunkt. Dies wird klar, wenn man $x(t)$ als ein Signal auffasst, das durch Modulation des periodischen Trägersignals $\Sigma p(t-kT_s)$ mit der Symbolfolge $\{a_k\}$ entsteht. Beispielsweise ist der Mittelwert von $x(t)$

$$E[x(t)] = E[a_k] \sum_{k=-\infty}^{\infty} p(t-kT) = m_a \sum_{k=-\infty}^{\infty} p(t-kT)$$

periodisch mit der Periode T (zur Vereinfachung der Schreibweise lassen wir im Folgenden den Index s bei der Symboldauer weg). Man bezeichnet ein solches Signal als zyklostationär. Warum konnten wir dann in Beispiel 2-12 von einem stationären Signal ausgehen? Im Falle von rechteckförmigen Grundimpulsen der Dauer T ist $\Sigma p(t-kT)$ konstant und somit nicht periodisch.

Bei einem zyklostationären Signal muss die Autokorrelationsfunktion über eine Periode gemittelt werden. Dadurch wird die Abhängigkeit vom Beobachtungszeitpunkt t beseitigt:

$$\overline{R}_x(\tau) = \frac{1}{T} \int_{-T/2}^{T/2} R_x(t, t+\tau)\,\mathrm{d}t\,. \tag{4-9}$$

Ist die Symbolfolge $\{a_k\}$ stationär, so ist [29]

$$\overline{R}_x(\tau) = \frac{1}{T} \sum_{n=-\infty}^{\infty} R_a(n) R_p(\tau - nT)\,. \tag{4-10}$$

$R_a(n) = E[a_k a_{k+n}]$ ist die Autokorrelationsfunktion von $\{a_k\}$ und $R_p(\tau)$ ist die Autokorrelationsfunktion des Energiesignals $p(t)$. Ausgehend von Gl. 4-10 können wir nun durch Fourier-Transformation das Leistungsdichtespektrum von $x(t)$ bestimmen:

$$\phi_x(f) = \Im\{\overline{R}_x(\tau)\} = \frac{1}{T} \sum_{n=-\infty}^{\infty} R_a(n) \int_{-\infty}^{\infty} R_p(\tau - nT)\,\mathrm{e}^{-\mathrm{j}2\pi f \tau}\,\mathrm{d}\tau\,.$$

Bei dem Integral in obiger Gleichung handelt es sich um die Fourier-Transformierte der um nT verschobenen Autokorrelationsfunktion des Grundimpulses. Laut Gl. 2-47 ist die Fourier-Transformierte von $R_p(\tau)$ gleich dem Energiedichtespektrum von $p(t)$. Mit Hilfe des Verschiebungssatzes der Fourier-Transformation erhalten wir schließlich

$$\phi_x(f) = \frac{1}{T} |P(f)|^2 \sum_{n=-\infty}^{\infty} R_a(n)\,\mathrm{e}^{-\mathrm{j}2\pi f nT}\,. \tag{4-11}$$

Das Leistungsdichtespektrum $\phi_x(f)$ hängt von der Fourier-Transformierten $P(f)$ des Grundimpulses $p(t)$ ab. Die Leitungscodierung bestimmt die Autokorrelationsfolge $R_a(n)$ der Symbolfolge. Wie bereits eingangs festgestellt wurde, kann also das Leistungsdichtespektrum des Basisbandsignals $x(t)$ durch die Wahl des Grundimpulses und der Leitungscodierung geformt werden.

Häufig ist die Symbolfolge $\{a_k\}$ unkorreliert, d. h. die Wahrscheinlichkeit, dass ein Symbol einen bestimmten Wert annimmt, ist unabhängig von den vorangegangenen Symbolen. Dies gilt beispielsweise für ein NRZ-Signal. Eine Abhängigkeit zwischen den Symbolen wird durch bestimmte Leitungscodes herbeigeführt (siehe Beispiel 4-2). Für eine unkorrelierte Folge $\{a_k\}$ gilt für die Autokorrelationsfunktion

$$R_\mathrm{a}(n) = \begin{cases} \overline{a^2} = \sigma_\mathrm{a}^2 + m_\mathrm{a}^2 & \text{für} \quad n = 0, \\ m_\mathrm{a}^2 & \text{für} \quad n \neq 0, \end{cases}$$

wobei σ_a^2 die Varianz und m_a der Mittelwert der Symbolfolge sind. $R_\mathrm{a}(0)$ ist gleich der Leistung der Folge. Damit erhalten wir ausgehend von Gl. 4-11 zunächst

$$\phi_\mathrm{x}(f) = \frac{1}{T}|P(f)|^2 \left[\sigma_\mathrm{a}^2 + m_\mathrm{a}^2 \sum_{n=-\infty}^{\infty} \mathrm{e}^{-\mathrm{j}2\pi f n T} \right].$$

In der Summe in obiger Gleichung erkennen wir die Fourier-Transformierte der Dirac-Impulsfolge, siehe Gl. 3-3 und Gl. 3-5. Für das Leistungsdichtespektrum eines digitalen Basisbandsignals im Falle unkorrelierter Symbole gilt somit

$$\phi_\mathrm{x}(f) = \frac{\sigma_\mathrm{a}^2}{T}|P(f)|^2 + \frac{m_\mathrm{a}^2}{T^2} \sum_{n=-\infty}^{\infty} \left| P\left(\frac{n}{T}\right) \right|^2 \delta\left(f - \frac{n}{T}\right). \tag{4-12}$$

Wir wollen nun in den folgenden Beispielen für einige Basisbandsignale das Leistungsdichtespektrum berechnen und uns mit der Anwendung der Gleichungen 4-11 und 4-12 vertraut machen.

Beispiel 4-1: Bipolares NRZ-Signal mit Kosinus-roll-off-Grundimpulsen

Für ein bipolares NRZ-Signal ist $a_k \in \{-A, A\}$. Wir setzen voraus, dass beide Symbole mit gleicher Wahrscheinlichkeit $P(A) = P(-A) = 1/2$ auftreten. Für den Mittelwert der Symbolfolge $\{a_k\}$ folgt

$$m_\mathrm{a} = E[a_k] = \tfrac{1}{2}A + \tfrac{1}{2}(-A) = 0\,.$$

Der quadratische Mittelwert ist gleich der Leistung der Folge:

$$\overline{a^2} = E\left[a_k^2\right] = \tfrac{1}{2}A^2 + \tfrac{1}{2}(-A)^2 = A^2 = \sigma_\mathrm{a}^2 + m_\mathrm{a}^2\,.$$

Wegen $m_\mathrm{a} = 0$ ist $\sigma_\mathrm{a}^2 = A^2$ und Gl. 4-12 vereinfacht sich zu

$$\phi_\mathrm{x}(f) = \frac{A^2}{T}|P(f)|^2\,.$$

Bei Kosinus-roll-off-Grundimpulsen ist $P(f)$ durch $P_\mathrm{rc}(f)$ aus Gl. 4-5 gegeben. Bild 4-15 zeigt das resultierende Leistungsdichtespektrum für ein solches Signal für $\alpha = 0{,}5$ und $\alpha = 1$. Zum Vergleich ist das Spektrum für rechteckförmige Grundimpulse gestrichelt dargestellt. Für diesen Fall ist $P(f) = T\mathrm{si}(\pi f T)$ und wir erhalten für das Leistungsdichtespektrum den Ausdruck von Gl. 2-85.

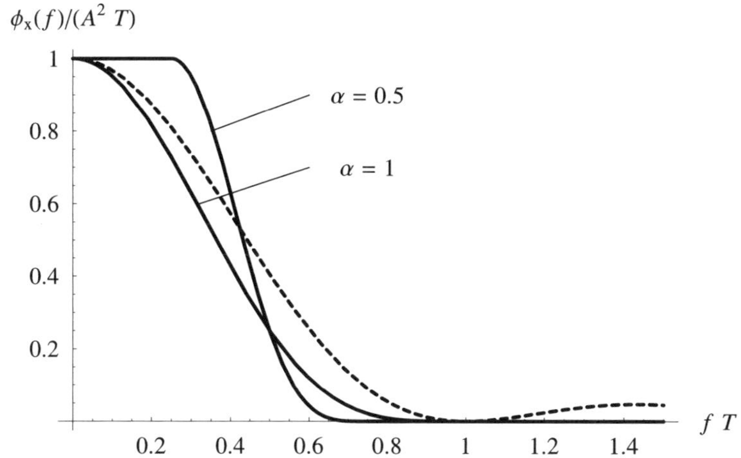

Bild 4-15: Leistungsdichtespektrum eines bipolaren NRZ-Signals mit Kosinus-roll-off-Pulsformung

$P_{\mathrm{rc}}(f)$ und damit auch $\phi_x(f)$ wird zu null für $|f| > (1+\alpha)B_N$. Das Basisbandsignal $x(t)$ enthält also keine Leistungsanteile für $|f| > 0{,}75/T$ ($\alpha = 0{,}5$) bzw. für $|f| > 1/T$ ($\alpha = 1$). Wird $x(t)$ über einen verzerrungsfreien Kanal mit entsprechender Bandbreite übertragen, so gelangt das Signal unverzerrt zum Empfänger und es entsteht keine Intersymbol-Interferenz.

◄

Beispiel 4-2: AMI-codiertes Signal mit rechteckförmigen Grundimpulsen

Für ein AMI-codiertes Signal ist $a_k \in \{-A, 0, A\}$. Da auf Grund der Codiervorschrift niemals ein A auf ein A bzw. ein $-A$ auf ein $-A$ folgen kann, sind die Symbole korreliert und wir müssen zur Bestimmung des Leistungsdichtespektrums auf Gl. 4-11 zurückgreifen. Mit den Auftrittswahrscheinlichkeiten

$$P(a_k = 0) = \frac{1}{2}, \quad P(a_k = A) = P(a_k = -A) = \frac{1}{4}$$

gilt für die Autokorrelationsfunktion der Symbolfolge

$$R_a(n) = E[a_i\, a_{i+n}] = \begin{cases} A^2/2 & \text{für } n = 0, \\ -A^2/4 & \text{für } |n| = 1, \\ 0 & \text{für } |n| \geq 2. \end{cases}$$

Für rechteckförmige Grundimpulse ist $p(t) = \mathrm{rect}(t/T)$ und $P(f) = T\mathrm{si}(\pi f T)$. Dies eingesetzt in Gl. 4-11 ergibt

$$\phi_{\mathrm{x}}(f) = T\,\mathrm{si}^2(\pi f T)\left[\frac{A^2}{2} - \frac{A^2}{4}\left(\mathrm{e}^{\mathrm{j}2\pi f T} + \mathrm{e}^{-\mathrm{j}2\pi f T}\right)\right]$$

$$= A^2 T\,\mathrm{si}^2(\pi f T)\,\sin^2(\pi f T).$$

Das Leistungsdichtespektrum des AMI-Codes wurde bereits in Bild 4-4 gezeigt. Durch die Codierung werden die Leistungsanteile bei niedrigen Frequenzen um $f = 0$ unterdrückt.

◀

Beispiel 4-3: Manchester-codiertes Signal mit rechteckförmigen Grundimpulsen

Bild 4-16 zeigt den Grundimpuls, der dem Manchester-Code zu Grunde liegt. Dessen Fourier-Transformierte lautet

$$P(f) = \frac{T}{2}\mathrm{si}\left(\pi f \frac{T}{2}\right)\left[\mathrm{e}^{\mathrm{j}\pi f T/2} - \mathrm{e}^{-\mathrm{j}\pi f T/2}\right].$$

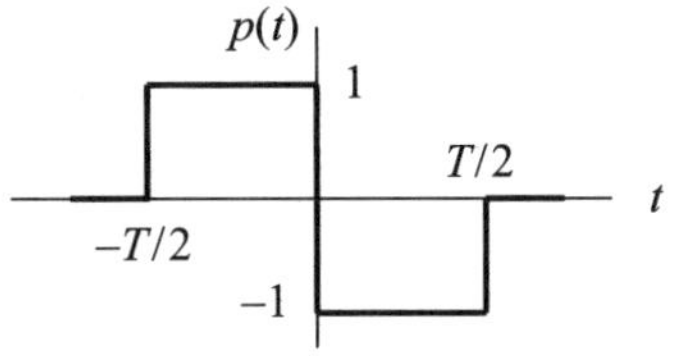

Bild 4-16: Grundimpuls des Manchester-Codes

Mit Gl. 4-12 und $a_k \in \{-A, A\}$ sowie $m_{\mathrm{a}} = 0$ und $\sigma_{\mathrm{a}}^2 = A^2$ ergibt sich für das Leistungsdichtespektrum (Bild 4-4)

$$\phi_{\mathrm{x}}(f) = A^2 T\,\mathrm{si}^2\left(\pi f \frac{T}{2}\right)\sin^2\left(\pi f \frac{T}{2}\right).$$

◀

Bei einem unipolaren Signal ist $m_{\mathrm{a}} \neq 0$ und das Leistungsdichtespektrum kann gemäß Gl. 4-12 spektrale Linien bei ganzzahligen Vielfachen von $1/T$ enthalten. Die Linien treten bei $f = n/T$ auf, wenn gleichzeitig $P(n/T) \neq 0$ ist, wie es beispielsweise bei einem RZ-Signal mit $p(t) = \mathrm{rect}(t/(T/2))$ und $P(f) = (T/2)\,\mathrm{si}(\pi f T/2)$ der Fall ist. Das Vorhandensein einer spektralen Komponente bei der Symboltaktfrequenz oder Vielfachen davon vereinfacht die Symboltaktsynchronisation im Empfänger.

4.3.6 Duobinäre Codierung

Wie wir gesehen haben, ist bei Übertragung ohne Intersymbol-Interferenz mit praktisch realisierbaren Pulsformfiltern die erforderliche Übertragungsbandbreite größer als die theoretisch minimal erforderliche Nyquist-Bandbreite. Mit der duobinären Codierung wird eine

Übertragung mit der Nyquist-Bandbreite möglich, indem eine kontrollierte Intersymbol-Interferenz zugelassen wird.

Bild 4-17 zeigt ein Modell zur Erzeugung eines duobinär codierten Signals. Wird das System mit einem Dirac-Impuls angeregt, so gelangt dieser einmal direkt und ein zweites Mal um T_b verzögert an den Eingang des idealen Tiefpassfilters mit der Impulsantwort $h(t)$. Die Impulsantwort des gesamten Systems lautet also

$$p(t) = h(t) - h(t - T_b) = \mathrm{si}\left(\pi \frac{t}{T_b}\right) + \mathrm{si}\left(\pi \frac{t - T_b}{T_b}\right). \tag{4-13}$$

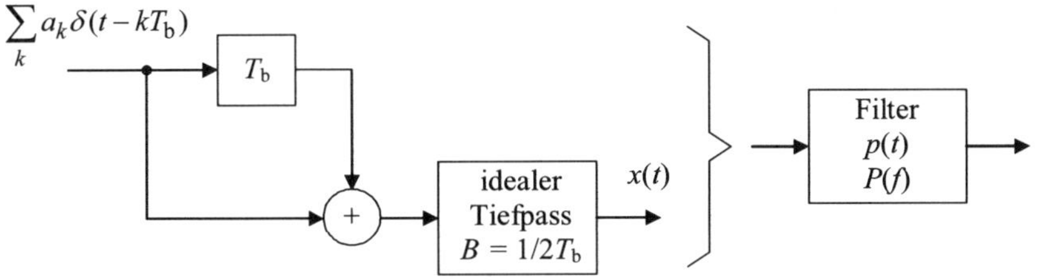

Bild 4-17: Pulsformung für duobinäre Codierung

Durch Fourier-Transformation erhalten wir die Übertragungsfunktion

$$\begin{aligned} P(f) &= T_b\left(1 + e^{-j2\pi f T_b}\right)\mathrm{rect}(f T_b) \\ &= 2T_b \cos(\pi f T_b)\, e^{-j\pi f T_b}\, \mathrm{rect}(f T_b). \end{aligned} \tag{4-14}$$

Die Impulsantwort und der Betrag von $P(f)$ sind in Bild 4-18 gezeigt. Wie in Bild 4-17 rechts angedeutet, wird das Pulsformfilter als ein Filter mit der durch Gl. 4-13 gegebenen Impulsantwort realisiert. Ein solches Filter kann, wie auch das Kosinus-roll-off-Filter, in guter Näherung durch ein digitales Filter (siehe Abschnitt 8.2) approximiert werden, und man vermeidet die Schwierigkeiten bei der Realisierung eines idealen Tiefpassfilters, die bei direkter Umsetzung des Modells (Bild 4-17 links) auftreten würden.

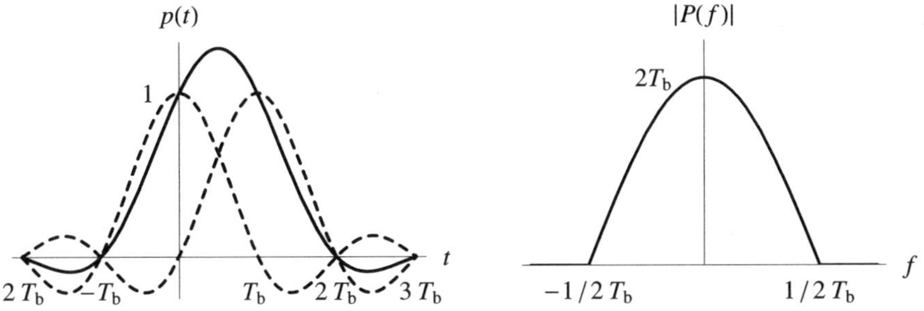

Bild 4-18: Impulsantwort und Übertragungsfunktion des Pulsformfilters für duobinäre Codierung

Die Übertragungsbandbreite ist bei Verwendung des Pulsformfilters aus Gl. 4-14 gleich der Nyquist-Bandbreite $B_N = r_b/2$, während bei Kosinus-roll-off-Pulsformung eine um den Faktor $(1 + \alpha)$ größere Bandbreite benötigt wird. Allerdings handelt es sich bei $p(t)$ nicht um einen Nyquist-Impuls, da das Kriterium Gl. 4-3 nicht erfüllt ist. Vielmehr gilt

$$p(nT_b) = \begin{cases} 1 & \text{für} \quad n = 0, 1, \\ 0 & \text{für} \quad n \neq 0, 1. \end{cases} \tag{4-15}$$

Um die daraus resultierende Intersymbol-Interferenz zu untersuchen, betrachten wir das Ausgangssignal

$$x(t) = \sum_{k=-\infty}^{\infty} a_k \, p(t - kT_b) = \sum_{k=-\infty}^{\infty} (a_k + a_{k-1}) \, h(t - kT_b) = \sum_{k=-\infty}^{\infty} m_k \, h(t - kT_b) \,. \tag{4-16}$$

Aus der Folge zweiwertiger Symbole $\{a_k\}$ entsteht durch die duobinäre Codierung eine Folge dreiwertiger Symbole $\{m_k\}$:

$$m_k = a_k + a_{k-1} \,. \tag{4-17}$$

Das Eingangssymbol a_k kann unipolar oder bipolar sein; wir betrachten hier den bipolaren Fall. Dann ist $a_k \in \{-1, 1\}$ und die Symbole $m_k = a_k + a_{k-1}$ können die Werte 2, 0 oder −2 annehmen. Das Ausgangssignal ist im Entscheidungszeitpunkt also dreiwertig, was mit dem Ausdruck kontrollierte Intersymbol-Interferenz umschrieben wird.

Der Empfänger bestimmt aus m_k und dem zuvor decodierten Symbol a_{k-1} das aktuelle Symbol $a_k = m_k - a_{k-1}$. Nur wenn m_k und a_{k-1} richtig erkannt wurden, erhält man auch das korrekte Symbol a_k. Wenn einmal ein falsches Symbol bestimmt wurde, kann es zu einer Fehlerfortpflanzung kommen. Um dies zu vermeiden wird die duobinäre Codierung mit einer Vorcodierung gemäß Bild 4-19 kombiniert.

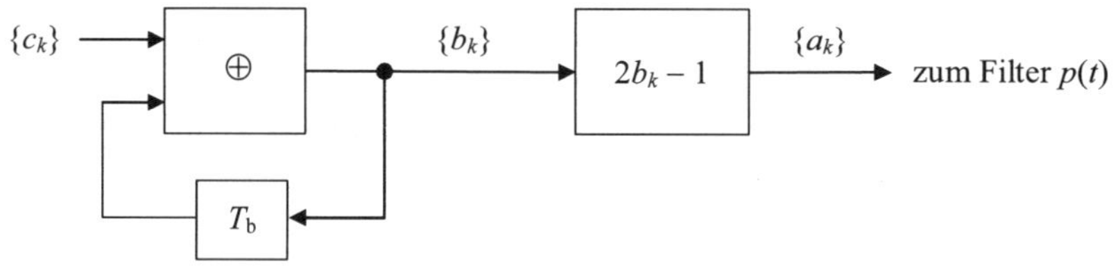

Bild 4-19: Vorcodierung für duobinäre Codierung

Zunächst wird aus der unipolaren Folge $\{c_k\}$, $c_k \in \{0, 1\}$, die ebenfalls unipolare Folge $\{b_k\}$ mit

$$b_k = c_k \oplus b_{k-1} \tag{4-18}$$

gebildet. Das Symbol $\oplus$ bezeichnet die Exklusiv-Oder-Verknüpfung. Daraus erhält man die bipolare Folge $\{a_k\}$, indem 0 auf −1 und 1 auf 1 abgebildet wird. Diese Vorcodierung ist übrigens identisch mit der NRZI-Codierung (vgl. Abschnitt 4.2). Die so codierte Folge $\{a_k\}$ stellt wie bisher die Eingangswerte der Pulsformung entsprechend Bild 4-17 dar, die eine Folge dreiwertiger Symbole gemäß Gl. 4-17 liefert. Die Decodierregel des Empfängers lautet nun

$$m_k = \begin{cases} \pm 2: & c_k = 0, \\ 0: & c_k = 1. \end{cases} \tag{4-19}$$

Durch die Vorcodierung ist also im Empfänger keine Differenzbildung zur Decodierung mehr erforderlich und eine Fehlerfortpflanzung wird vermieden.

Beispiel 4-4: Beispiel zur duobinären Codierung mit Vorcodierung

Ausgehend von der zu übertragenden Folge $\{c_k\}$ wird zunächst mit Hilfe von Gl. 4-18 die Folge $\{b_k\}$ und daraus die bipolare Folge $\{a_k\}$ ermittelt (Tabelle 4-2). Als Startwert für b_k wurde willkürlich eine 0 angenommen (überprüfen Sie, was bei einem Startwert von 1 passiert!). Die Bestimmung von $\{a_k\}$ folgt der Vorcodierung gemäß Bild 4-19. Entsprechend Gl. 4-17 wird bei der nachfolgenden duobinären Codierung die Folge $\{m_k\}$ gebildet; das zugehörige Ausgangssignal ist durch Gl. 4-16 gegeben.

Tabelle 4-2: Beispiel zur duobinären Codierung

$\{c_k\}$		1	1	1	0	1	0	0	1	0	0	0	1
$\{b_k\}$	0	1	0	1	1	0	0	0	1	1	1	1	0
$\{a_k\}$	-1	1	-1	1	1	-1	-1	-1	1	1	1	1	-1
$\{m_k\}$		0	0	0	2	0	-2	-2	0	2	2	2	0

Die Anwendung der Decodierregel Gl. 4-19 ergibt wieder die zu übertragende Folge $\{c_k\}$. Solange der Empfänger die Symbole m_k richtig detektiert, entstehen also keine Bitfehler.

◀

Mit der duobinären Codierung ist also eine Übertragung mit der theoretisch minimalen Übertragungsbandbreite $B_N = r_b/2$ möglich. Dieser Vorteil wird jedoch mit einem Nachteil erkauft: Auf Grund der inhärenten Intersymbol-Interferenz ist im Vergleich zu einem Übertragungssystem, das Nyquist-Grundimpulse verwendet und damit Intersymbol-Interferenz vermeidet, ein um ca. 2,5 dB größeres Signal-Rausch-Verhältnis erforderlich um die gleiche Bitfehlerwahrscheinlichkeit zu erzielen [34].

Da die Amplitudenwerte des Ausgangssignals von vorangegangenen Symbolen abhängen und damit korreliert sind, nennt man das Verfahren auch korrelative Codierung (engl.: correlative coding, auch: partial response signaling). Die duobinäre Codierung mit zweiwertigen Symbolen ist der einfachste Fall der korrelativen Codierung, die auch auf m-wertige Symbole ($m > 2$) anwendbar ist.

4.4 Fehlerwahrscheinlichkeit

Wir bestimmen zunächst die Bitfehlerwahrscheinlichkeit bei binärer Übertragung und werden sehen, dass diese eine Funktion des Signal-Rausch-Verhältnisses am Empfängereingang ist. Darauf aufbauend resultiert das signalangepasste Filter als optimales Empfangsfilter, das das Signal-Rausch-Verhältnis maximiert und die Bitfehlerwahrscheinlichkeit minimiert. Schließlich erweitern wir unsere Betrachtung auf Signale mit mehr als zwei Pegeln und lernen den Unterschied zwischen Symbol- und Bitfehlerwahrscheinlichkeit kennen.

4.4.1 Fehlerwahrscheinlichkeit bei binärer Übertragung

Zur Bestimmung der Bitfehlerwahrscheinlichkeit eines binären Übertragungssystems betrachten wir das Modell in Bild 4-20. Der Sender erzeugt das Signal $x(t)$ in der durch Gl. 4-8 gegebenen Form. Für die zweiwertigen Symbole gelte $a_k \in \{A_0, A_1\}$, d. h. wir lassen noch offen, ob es sich um ein unipolares oder bipolares Signal handelt. Der Empfänger besteht aus einem Abtaster und dem Entscheider.

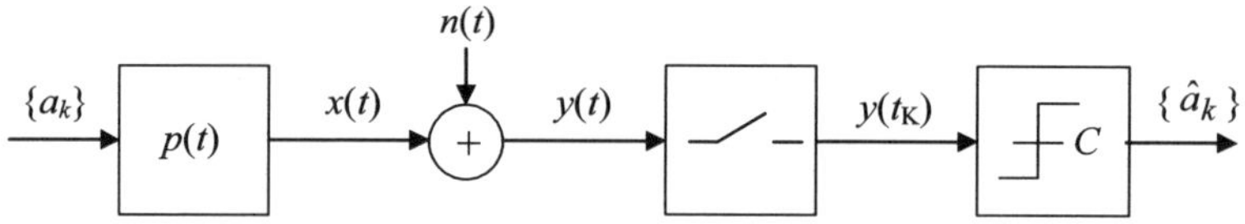

Bild 4-20: Modell eines binären Übertragungssystems

Dem Nutzsignal $x(t)$ überlagert sich additiv das Rauschsignal $n(t)$. Dabei handle es sich um bandbegrenztes gaußsches Rauschen, d. h. die Amplitude von $n(t)$ ist normal verteilt mit dem Mittelwert $\mu_n = 0$ und der Standardabweichung σ_n. Im Empfänger wird $y(t)$ zu den Zeitpunkten $t_K = K \cdot T$ im Abstand der Bitdauer abgetastet:

$$y(t_K) = \sum_{k=-\infty}^{\infty} a_k \, p(KT - kT) + n(t_K) \, . \tag{4-20}$$

Wir gehen davon aus, dass das Nutzsignal $x(t)$ frei von Intersymbol-Interferenz ist, d. h. es gilt Gl. 4-3, und dass die Abtastung zum optimalen Zeitpunkt der größten Augenöffnung erfolgt. Dann gilt

$$p(KT - kT) = \begin{cases} 1 & \text{für} \quad k = K \\ 0 & \text{für} \quad k \neq K \end{cases} \tag{4-21}$$

und damit

$$y(t_K) = a_K + n(t_K) \, . \tag{4-22}$$

Das Signal am Entscheidereingang setzt sich also aus einem Nutzanteil a_K und einem Rauschanteil $n(t_K)$ zusammen. Liegt $y(t_K)$ oberhalb einer Schwelle C, so gibt der Entscheider das Symbol $\hat{a}_K = A_1$ aus. Im Falle $y(t_K) \leq C$ wird auf das Symbol $\hat{a}_K = A_0$ entschieden. Es entsteht nun ein Fehler, d. h. $\hat{a}_K \neq a_K$, wenn $a_K = A_0$ gesendet wurde, das Signal aber größer als C ist. Die Wahrscheinlichkeit dafür sei P_{e0}. Ebenso entsteht für $a_K = A_1$ und $y(t_K) \leq C$ ein Fehler mit der Wahrscheinlichkeit P_{e1}. Wir schreiben dafür

$$\begin{aligned} P_{e0} &= P\big(y(t_K) > C \mid a_K = A_0\big), \\ P_{e1} &= P\big(y(t_K) \leq C \mid a_K = A_1\big). \end{aligned} \tag{4-23}$$

Diese Schreibweise bringt zum Ausdruck, dass es sich bei P_{e0} und P_{e1} um bedingte Wahrscheinlichkeiten handelt, da sie vom gesendeten Symbol abhängen.

Wie bereits oben erwähnt, ist der Rauschanteil $n(t_K)$ ein mittelwertfreies normal verteiltes Zufallssignal mit $\mu_n = 0$ und der Standardabweichung σ_n. Die Summe aus Nutz- und Rauschsignal ist somit ebenfalls normal verteilt mit dem Mittelwert A_0 (für $a_K = A_0$) bzw. A_1 (für $a_K = A_1$) und der Standardabweichung σ_n. Für $a_K = A_0$ bezeichnen wir die bedingte Wahrscheinlichkeitsdichte für $y(t_K)$ mit $f_{y0}(x)$, für $a_K = A_1$ entsprechend mit $f_{y1}(x)$ (Bild 4-21). Die bedingten Fehlerwahrscheinlichkeiten P_{e0} und P_{e1} ergeben sich als die in Bild 4-21 gekennzeichneten Flächen unter $f_{y0}(x)$ bzw. $f_{y1}(x)$. Für sie gilt

$$
\begin{aligned}
P_{e0} &= \int_C^{\infty} f_{y0}(x)\,\mathrm{d}x = 1 - \int_{-\infty}^{C} f_{y0}(x)\,\mathrm{d}x, \\
P_{e1} &= \int_{-\infty}^{C} f_{y1}(x)\,\mathrm{d}x.
\end{aligned}
\tag{4-24}
$$

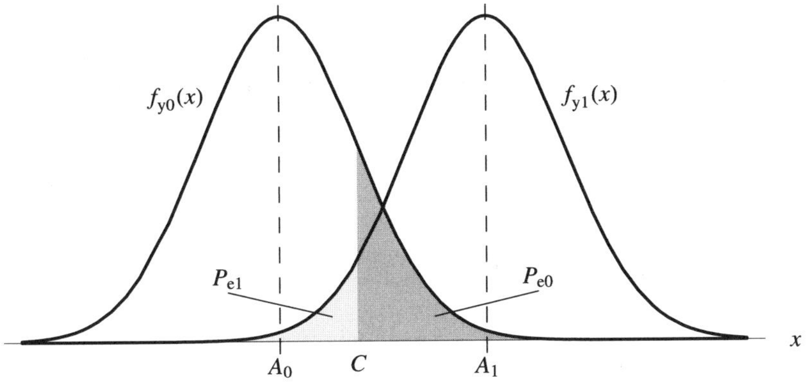

Bild 4-21: Wahrscheinlichkeitsdichtefunktionen $f_{y0}(x)$, $f_{y1}(x)$ und bedingte Fehlerwahrscheinlichkeiten P_{e0}, P_{e1}

Verringert man die Schwelle C, so wird zwar P_{e1} kleiner, gleichzeitig aber P_{e0} größer. Wir suchen daher die optimale Schwelle, bei der die mittlere Fehlerwahrscheinlichkeit

$$P_b = P_0\, P_{e0} + P_1\, P_{e1} \tag{4-25}$$

minimal wird. In Gl. 4-25 bezeichnet P_0 die Wahrscheinlichkeit, dass das Symbol $a_K = A_0$ gesendet wird, während P_1 für die Wahrscheinlichkeit, dass $a_K = A_1$ gesendet wird, steht. P_b wird minimal, wenn C die Bedingung $\partial P_b / \partial C = 0$ erfüllt. Wir setzen Gl. 4-24 in Gl. 4-25 ein, differenzieren nach C und erhalten

$$\frac{\partial P_b}{\partial C} = 0 = -P_0\, f_{y0}(C) + P_1\, f_{y1}(C)\,. \tag{4-26}$$

In den meisten Fällen sind die Symbole $a_K = A_0$ und $a_K = A_1$ gleich wahrscheinlich, d. h. es ist $P_0 = P_1 = 1/2$. Dann folgt aus Gl. 4-26

$$f_{y0}(C) = f_{y1}(C) \tag{4-27}$$

und die optimale Schwelle C, für die die Fehlerwahrscheinlichkeit minimal wird, liegt am Schnittpunkt der Wahrscheinlichkeitsdichten $f_{y0}(x)$ und $f_{y1}(x)$. In Bild 4-21 haben $f_{y0}(x)$ und $f_{y1}(x)$ die gleiche Form und sind symmetrisch bezüglich ihres Mittelwertes, da wir von einem normal verteilten Rauschsignal ausgegangen sind. Dann liegt der Schnittpunkt genau in der Mitte zwischen A_0 und A_1 oder

$$C = \frac{A_0 + A_1}{2}\,. \tag{4-28}$$

In Abschnitt 2.3.3 haben wir die Fläche unter der Normalverteilung mit Hilfe der komplementären Fehlerfunktion erfc(x) ausgedrückt. Mit Hilfe von Gl. 2-72 können wir für P_{e1} aus Gl. 4-24

$$P_{e1} = \frac{1}{2}\operatorname{erfc}\left(-\frac{C - A_1}{\sqrt{2}\sigma_n}\right) = \frac{1}{2}\operatorname{erfc}\left(\frac{A_1 - A_0}{2\sqrt{2}\sigma_n}\right) \tag{4-29}$$

schreiben. Auf Grund der Symmetrie von $f_{y0}(x)$ und $f_{y1}(x)$ gilt darüber hinaus $P_{e0} = P_{e1}$. Mit Gl. 4-25 und $P_0 = P_1 = 1/2$ erhalten wir schließlich für die mittlere Bitfehlerwahrscheinlichkeit

$$P_b = \frac{1}{2}\operatorname{erfc}\left(\frac{A_1 - A_0}{2\sqrt{2}\sigma_n}\right). \tag{4-30}$$

Wir wollen nun auf die zwei wichtigen Fälle bipolare bzw. unipolare binäre Übertragung eingehen. Im Falle einer bipolaren Übertragung ist $A_0 = -A$ und $A_1 = A$. Für die Leistung des Nutzsignals im Abtastzeitpunkt folgt $S = A^2$ und für die Rauschleistung gilt $N = \sigma_n^2$ (Gl. 2-53). Dies in Gl. 4-30 eingesetzt ergibt

$$P_{b,\text{bip.}} = \frac{1}{2}\operatorname{erfc}\left(\frac{A}{\sqrt{2}\sigma_n}\right) = \frac{1}{2}\operatorname{erfc}\sqrt{\frac{S}{2N}}\,. \tag{4-31}$$

Bei einem unipolaren Signal ist $A_0 = 0$ und $A_1 = A$. Für die Signalleistung folgt $S = A^2/2$ und für die Fehlerwahrscheinlichkeit

$$P_{b,\text{uni.}} = \frac{1}{2}\operatorname{erfc}\left(\frac{A}{2\sqrt{2}\sigma_n}\right) = \frac{1}{2}\operatorname{erfc}\sqrt{\frac{S}{4N}}\,. \tag{4-32}$$

Der Verlauf dieser Fehlerwahrscheinlichkeiten ist in Bild 4-22 als Funktion des Störabstandes gezeigt. Durch die doppelt logarithmische Darstellung sind auch kleine Fehlerwahrscheinlichkeiten gut ablesbar. Wird der Störabstand sehr klein, strebt P_b gegen 0,5, während bei großen Störabständen ein starker Abfall zu beobachten ist. Dies ist typisch für alle digitalen Übertragungssysteme. Bei einem großen Störabstand ist die Übertragung praktisch fehlerfrei; unterschreitet der Störabstand eine vom Übertragungsverfahren abhängige

Schwelle, steigt die Fehlerwahrscheinlichkeit stark an. Die unipolare Übertragung benötigt für die gleiche Fehlerwahrscheinlichkeit ein um ca. 3 dB größeres Signal-Rausch-Verhältnis als die bipolare Übertragung.

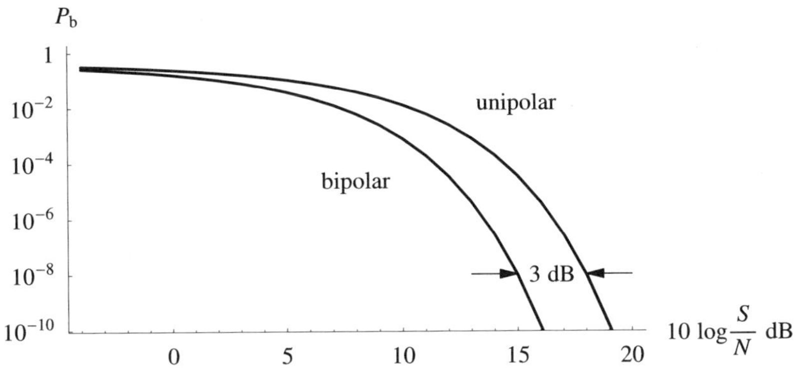

Bild 4-22: Bitfehlerwahrscheinlichkeit bei bipolarer und unipolarer Übertragung

Beispiel 4-5: BER – Rate oder Quote?

Im englischen Sprachgebrauch wird die Bitfehlerwahrscheinlichkeit oft mit BER oder Bit Error Rate bezeichnet. Dies führt dann zu der deutschen Bezeichnung Bitfehlerrate. Tatsächlich ist aber nicht eine Rate, also die Anzahl von Fehlern pro Zeiteinheit, sondern eine relative Häufigkeit gemeint.

Bei Messungen an einem Übertragungssystem oder bei dessen Simulation wird die Bitfehlerhäufigkeit ermittelt, indem eine bekannte Folge von Bits über das System übertragen und die empfangene mit der gesendeten Folge verglichen wird. Die Anzahl der Bitfehler geteilt durch die Anzahl der insgesamt gesendeten Bits ist die Bitfehlerhäufigkeit oder auch Bitfehlerquote. Je größer die Anzahl der gesendeten Bits, umso besser entspricht die so ermittelte Bitfehlerhäufigkeit der zu Grunde liegenden Bitfehlerwahrscheinlichkeit.

Die Bitfehlerhäufigkeit kann typisch im Bereich von 10^{-8} bei optischen Übertragungssystemen über Lichtwellenleiter bis 10^{-2} bei ungünstigen Funkkanälen liegen. Die Fehlerrate hängt auch von der Bitrate des Übertragungssystems ab. Im Mittel tritt ein Bitfehler pro $1/P_b$ bit auf. Die Fehlerrate beträgt $P_b \cdot r_b$ und die mittlere Zeit zwischen zwei Fehlern $(P_b \cdot r_b)^{-1}$. Die folgende Tabelle zeigt die Bitfehlerrate und die mittlere Zeit zwischen zwei Bitfehlern bei $P_b = 10^{-6}$ für zwei Bitraten, die bei Übertragungssystemen oft anzutreffen sind (siehe Kapitel 12):

Tabelle 4-3: Bitfehlerrate und mittlere Zeit zwischen zwei Bitfehlern

r_b	$P_b \cdot r_b$	$(P_b \cdot r_b)^{-1}$
64 kbit/s	$6{,}4 \cdot 10^{-2}$ s^{-1}	15,625 s
155 Mbit/s	155 s^{-1}	6,45 ms

Bei niedrigen Bitraten und niedrigen Fehlerwahrscheinlichkeiten können sehr lange Mess- bzw. Simulationszeiten erforderlich sein, da für eine zuverlässige Ermittlung der Fehlerhäufigkeit mindestens 10 Fehler erfasst werden sollten.

◄

4.4.2 Signalangepasstes Filter

Wie wir im vorangegangenen Abschnitt gesehen haben, hängt die Fehlerwahrscheinlichkeit vom Störabstand am Entscheidereingang im Abtastzeitpunkt ab. Wir erweitern nun unser Modell des Übertragungssystems um ein Filter am Empfängereingang (Bild 4-23). Das Filter hat die Aufgabe, den Einfluss der Störungen des Übertragungskanals zu minimieren. Bei dem additiven Rauschsignal $n(t)$ handelt es sich nun um weißes gaußsches Rauschen mit der Leistungsdichte $n_0/2$. Wir suchen ein Filter, das das Signal-Rausch-Verhältnis am Entscheidereingang im Abtastzeitpunkt maximiert und damit die Fehlerwahrscheinlichkeit minimiert.

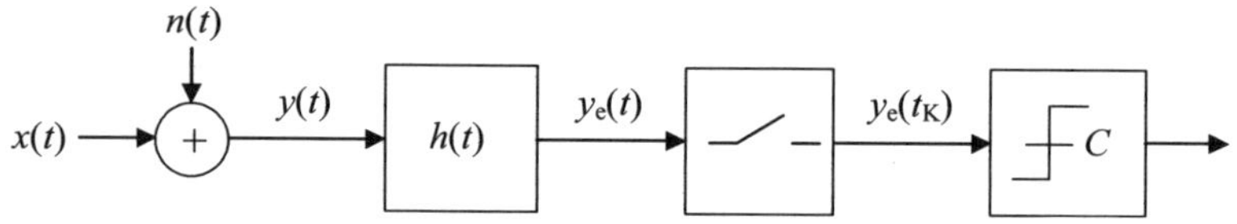

Bild 4-23: Empfängermodell mit Filter am Eingang

Wir betrachten zunächst als Nutzsignal ein einzelnes Symbol $x(t) = a_k p(t)$. Am Eingang des Empfangsfilters mit der Impulsantwort $h(t)$ liegt dann das Signal $y(t) = x(t) + n(t)$. Wir erhalten das Signal am Ausgang des Filters, indem wir $y(t)$ mit $h(t)$ falten:

$$\begin{aligned} y_\mathrm{e}(t) &= \big(x(t) + n(t)\big) * h(t) \\ &= x(t) * h(t) + n(t) * h(t) \\ &= \quad x_\mathrm{e}(t) \quad + \quad n_\mathrm{e}(t) \,. \end{aligned} \tag{4-33}$$

Der erste Summand in Gl. 4-33 stellt das Nutzsignal $x_\mathrm{e}(t)$, der zweite das Störsignal $n_\mathrm{e}(t)$ dar. Im Abtastzeitpunkt $t_\mathrm{K} = T$ gilt für das Signal-Rausch-Verhältnis am Entscheidereingang

$$\frac{S_\mathrm{e}}{N_\mathrm{e}} = \frac{\overline{x_\mathrm{e}^2(T)}}{\overline{n_\mathrm{e}^2(T)}} \,. \tag{4-34}$$

Wir wollen nun das Signal-Rausch-Verhältnis als Funktion von $h(t)$ ausdrücken und $h(t)$ so bestimmen, dass dieser Ausdruck maximal wird. Für die Rauschleistung gilt mit Gl. 2-94 und dem parsevalschen Theorem (Gl. 2-48)

$$N_\mathrm{e} = \frac{n_0}{2} \int_{-\infty}^{\infty} |H(f)|^2 \, \mathrm{d}f = \frac{n_0}{2} \int_{-\infty}^{\infty} h^2(t) \, \mathrm{d}t \,. \tag{4-35}$$

$H(f)$ ist die Übertragungsfunktion des Empfangsfilters. Für das Nutzsignal schreiben wir

$$x_{\mathrm{e}}(T) = x(T) * h(t) = a_k \int_{-\infty}^{\infty} h(\tau) p(T-\tau)\,\mathrm{d}\tau \tag{4-36}$$

und erhalten für die Signalleistung

$$S_{\mathrm{e}} = \overline{a_k^2} \left[\int_{-\infty}^{\infty} h(\tau) p(T-\tau)\,\mathrm{d}\tau \right]^2 . \tag{4-37}$$

Damit gilt für das in Gl. 4-34 gesuchte Signal-Rausch-Verhältnis

$$\frac{S_{\mathrm{e}}}{N_{\mathrm{e}}} = \frac{\overline{a_k^2}}{n_0/2} \frac{\left[\int_{-\infty}^{\infty} h(\tau) p(T-\tau)\,\mathrm{d}\tau \right]^2}{\int_{-\infty}^{\infty} h^2(\tau)\,\mathrm{d}\tau} . \tag{4-38}$$

Das Maximum dieses Ausdrucks können wir mit Hilfe der schwarzschen Ungleichung bestimmen. Diese besagt, dass

$$\left[\int_{-\infty}^{\infty} f(x) g(x)\,\mathrm{d}x \right]^2 \leq \int_{-\infty}^{\infty} f^2(x)\,\mathrm{d}x \int_{-\infty}^{\infty} g^2(x)\,\mathrm{d}x \tag{4-39}$$

für zwei reelle Funktionen $f(x)$ und $g(x)$, wobei die Ausdrücke gleich sind falls $f(x) = K\,g(x)$; K ist eine beliebige Konstante [28]. Um dies auf Gl. 4-38 anwenden zu können, erweitern wir mit der mittleren Energie eines Symbols,

$$E_{\mathrm{s}} = \overline{a_k^2} \int_{-\infty}^{\infty} p^2(\tau)\,\mathrm{d}\tau = \overline{a_k^2} \int_{-\infty}^{\infty} p^2(T-\tau)\,\mathrm{d}\tau , \tag{4-40}$$

und erhalten schließlich für das Signal-Rausch-Verhältnis am Entscheidereingang

$$\frac{S_{\mathrm{e}}}{N_{\mathrm{e}}} = \frac{E_{\mathrm{s}}}{n_0/2} \frac{\left[\int_{-\infty}^{\infty} h(\tau) p(T-\tau)\,\mathrm{d}\tau \right]^2}{\int_{-\infty}^{\infty} h^2(\tau)\,\mathrm{d}\tau \int_{-\infty}^{\infty} p^2(T-\tau)\,\mathrm{d}\tau} . \tag{4-41}$$

Der rechte Bruch in Gl. 4-41 kann gemäß der schwarzschen Ungleichung maximal eins werden. Dies ist der Fall, wenn für die Impulsantwort des Empfangsfilters

$$h(t) = K\,p(T-t) \tag{4-42}$$

gilt. Die Impulsantwort des Filters ist damit gleich dem zeitlich gespiegelten und um T verschobenen Grundimpuls $p(t)$, multipliziert mit einer Filterkonstanten K (Bild 4-24). Da die Impulsantwort an das gesendete Signal "angepasst" ist, bezeichnet man das Filter auch als signalangepasstes Filter (engl.: matched filter). Das Signal-Rausch-Verhältnis am Filterausgang wird für dieses Filter maximal und beträgt

$$\frac{S_e}{N_e} = \frac{E_s}{n_0/2}. \tag{4-43}$$

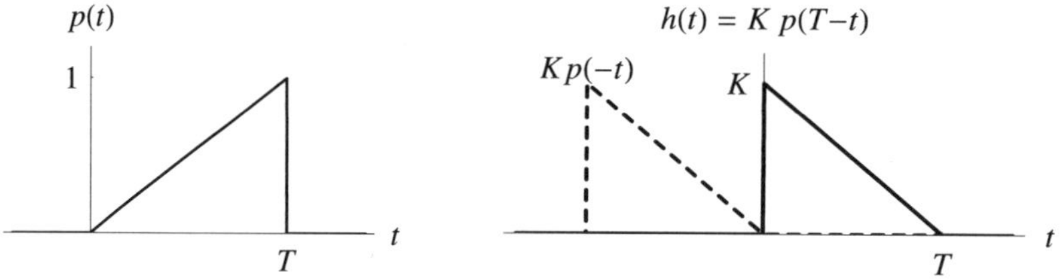

Bild 4-24: Beispiel einer Impulsantwort eines signalangepassten Filters

Wir kehren noch einmal zum Nutzsignal Gl. 4-36 zurück. Wir setzen die Impulsantwort Gl. 4-42 ein und erhalten

$$x_e(T) = K\,a_k \int_{-\infty}^{\infty} p^2(T-\tau)\,\mathrm{d}\tau \cong K\,a_k \int_{-\infty}^{\infty} p^2(t)\,\mathrm{d}t = K\,a_k R_p(0). \tag{4-44}$$

$R_p(0)$ ist die Autokorrelationsfunktion an der Stelle null von $p(t)$ und damit gleich dessen Energie (Gl. 2-43). Das Nutzsignal im Abtastzeitpunkt hängt also nur von der Energie des Grundimpulses ab, unabhängig von dessen Form. Für einen auf das Intervall $(0, T)$ begrenzten Grundimpuls folgt

$$x_e(T) = K\,a_k \int_0^T p^2(t)\,\mathrm{d}t. \tag{4-45}$$

Dem signalangepassten Filter äquivalent ist daher ein Korrelationsfilter, bestehend aus einem Multiplizierer, Integrator und Abtaster (Bild 4-25). Das signalangepasste Filter und das Korrelationsfilter erzeugen zwar unterschiedliche Ausgangssignale $x_e(t)$, liefern aber den gleichen Signalwert im Abtastzeitpunkt.

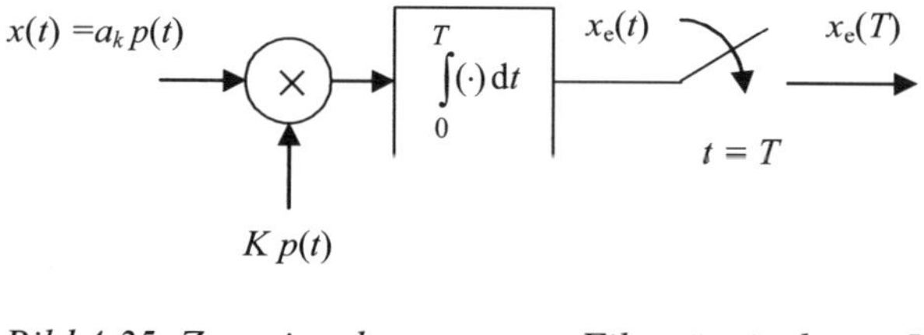

Bild 4-25: Zum signalangepassten Filter äquivalentes Korrelationsfilter

Bei einem binären Signal ist die mittlere Energie pro Symbol identisch mit der mittleren Energie pro Bit. Im Falle des bipolaren NRZ-Signals erhalten wir mit Hilfe von Gl. 4-31 durch Einsetzen des bei Verwendung eines signalangepassten Filters erzielten Signal-Rausch-Verhältnisses gemäß Gl. 4-43 eine Bitfehlerwahrscheinlichkeit von

$$P_{\mathrm{b,bip.}} = \frac{1}{2}\,\mathrm{erfc}\sqrt{\frac{E_{\mathrm{b}}}{n_0}}\;. \qquad (4\text{-}46)$$

Beispiel 4-6: Signalangepasstes Filter bei rechteckförmigem Grundimpuls

Bei einem rechteckförmigen Grundimpuls sind die durch Gl. 4-42 gegebene Impulsantwort des signalangepassten Filters und der Grundimpuls bis auf den Faktor K identisch. Für das Nutzsignal am Ausgang des Filters erhalten wir (Bild 4-26)

$$x_{\mathrm{e}}(t) = a_k\, p(t) * K\,h(t)$$

$$= K\,a_k\,\mathrm{rect}\left(\frac{t}{T}-\frac{1}{2}\right) * \mathrm{rect}\left(\frac{t}{T}-\frac{1}{2}\right) = \begin{cases} K\,a_k\,t & \text{für} \quad 0 \le t \le T \\ K\,a_k\,(2T-t) & \text{für} \quad 0 \le t \le T \end{cases}$$

mit dem Maximalwert bei $t = T$:

$$x_{\mathrm{e}}(T) = K\,a_k\,T\;.$$

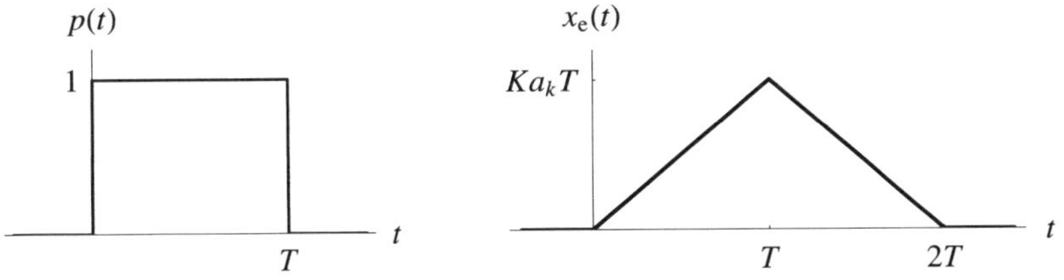

Bild 4-26: Grundimpuls und Ausgangssignal des signalangepassten Filters

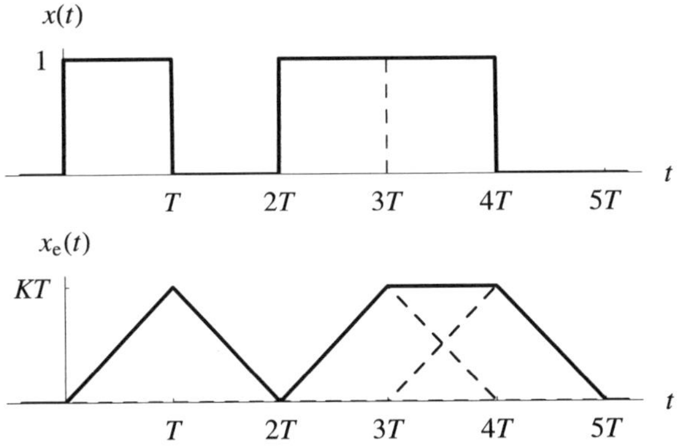

Bild 4-27: Ausgangssignal bei einer Pulsfolge am Eingang

Bild 4-27 zeigt das Ausgangssignal des Filters, wenn das Eingangssignal aus einer Folge von Grundimpulsen im Abstand T besteht, die mit den Symbolen $\{a_k\} = \{1, 0, 1, 1\}$ gewichtet sind. Das Ausgangssignal nimmt zu den Abtastzeitpunkten kT, $k = 1 \ldots 4$, jeweils den Wert Ka_kT an, also je nach Symbol entweder den Wert KT oder den Wert 0.

◀

In Bild 4-24 und Bild 4-26 wurde die Verschiebung T des signalangepassten Filters identisch zur Dauer des Grundimpulses gewählt. Dies ist nicht zwingend notwendig. Für ein kausales Filter muss die Verschiebung aber größer oder mindestens gleich der Pulsdauer sein.

Gemäß Abschnitt 4.3 muss das Signal am Eingang des Abtasters, also $x_e(t)$, für eine Übertragung ohne Intersymbol-Interferenz das erste Nyquist-Kriterium erfüllen. Dies erfordert bei Übertragung über einen bandbegrenzten Kanal die Verwendung von Nyquist-Impulsen. Um gleichzeitig die Forderung nach einem signalangepassten Empfangsfilter zu erfüllen, muss die Übertragungsfunktion $P(f)$ eines Nyquist-Pulsformfilters auf das Sende- und Empfangsfilter "aufgeteilt" werden (Bild 4-28).

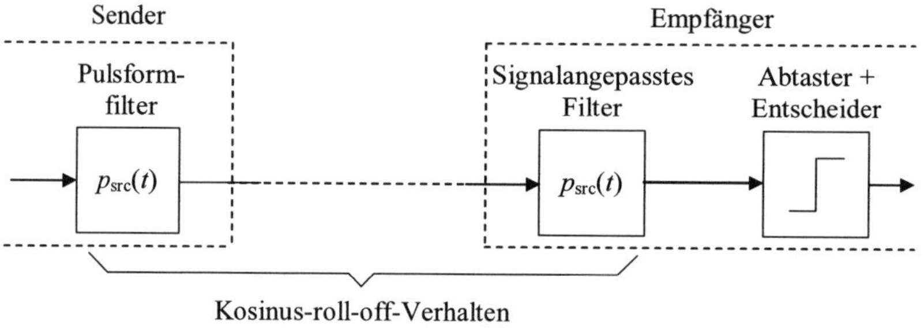

Bild 4-28: Wurzel-Kosinus-roll-off-Filter als Sende- und Empfangsfilter

Wählt man die Übertragungsfunktion beider Filter gleich der Wurzel der Übertragungsfunktion des Kosinus-roll-off-Filters (Gl. 4-5), so gilt für die Gesamtübertragungsfunktion

$$\sqrt{P_{rc}(f)}\sqrt{P_{rc}(f)} = P_{rc}(f)$$

und das erste Nyquist-Kriterium ist erfüllt. Entsprechend bezeichnet man diese Filter als Wurzel-Kosinus-roll-off-Filter (engl.: square-root raised cosine filter). Für die Übertragungsfunktion und die Impulsantwort eines solchen Filters gilt (siehe Bild 4-29)

$$P_{src}(f) = \frac{1}{\sqrt{2B_N}}\begin{cases} 1 & \text{für} \quad |f| \le (1-\alpha)B_N \\ \cos\left[\dfrac{\pi}{4\alpha}\left(\dfrac{|f|}{B_N} - (1-\alpha)\right)\right] & \text{für} \quad (1-\alpha)B_N \le |f| \le (1+\alpha)B_N \\ 0 & \text{für} \quad |f| \ge (1+\alpha)B_N \end{cases} \tag{4-47}$$

$$p_{\mathrm{src}}(t) = \sqrt{T_s}\,\frac{4\alpha\frac{t}{T_s}\cos[\pi(1+\alpha)\frac{t}{T_s}] + \sin[\pi(1-\alpha)\frac{t}{T_s}]}{[1-(4\alpha\frac{t}{T_s})^2]\pi t} \tag{4-48}$$

mit $B_N = 1/2T_s$. Da die Impulsantwort symmetrisch bezüglich $t = 0$ ist, ist das Empfangsfilter gleichzeitig auch das zum gesendeten Grundimpuls signalangepasste Filter. Bei der Verwendung von Wurzel-Kosinus-roll-off-Filtern, wie in Bild 4-28 gezeigt, ist zu beachten, dass das Sendefilter allein kein Nyquist-Filter ist. Man erkennt dies auch daran, dass $p_{\mathrm{src}}(t)$ keine Nullstellen im Abstand T_s hat, wie in Gl. 4-3 gefordert (vergleiche auch mit Bild 4-11). Im Augendiagramm des gesendeten Signals schneiden sich die Linien an der Stelle der größten Augenöffnung nicht in einem Punkt. Dies ist erst wieder hinter dem Empfangsfilter der Fall.

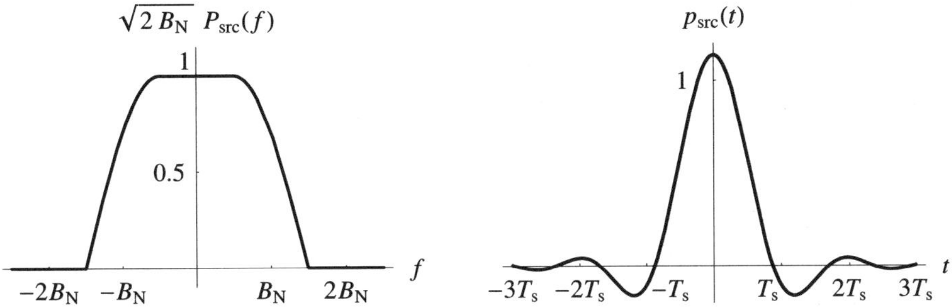

Bild 4-29: Übertragungsfunktion und Impulsantwort des Wurzel-Kosinus-roll-off-Filters ($\alpha = 0{,}5$)

4.4.3 Fehlerwahrscheinlichkeit bei Mehrpegelübertragung

Bisher haben wir uns auf die binäre Übertragung mit zweiwertigen Symbolen beschränkt. Wir wollen nun unsere Betrachtung auf m-wertige Symbole erweitern. Wir gehen von einem Signal mit m Amplitudenstufen im Bereich $\pm A$ aus. Der Abstand zwischen den Stufen beträgt $\Delta A = 2A/(m-1)$ und die Symbole nehmen die Werte

$$a_k \in \left\{\pm\frac{1}{m-1}A, \pm\frac{3}{m-1}A, \ldots, \pm\frac{m-3}{m-1}A, \pm A\right\} \tag{4-49}$$

an. Beispielsweise ist für den 2B1Q-Code in Bild 4-3 $m = 4$ und $a_k \in \{\pm A/3, \pm A\}$. Der Entscheider muss nun zwischen m Symbolen unterscheiden und hat dementsprechend $m - 1$ Entscheiderschwellen, die jeweils in der Mitte zwischen zwei Amplitudenstufen liegen. Der Abstand einer Entscheiderschwelle zu den benachbarten Amplitudenstufen ist also jeweils $\Delta A/2$.

Dem Nutzsignal sei wieder additives gaußsches Rauschen überlagert. Die resultierenden bedingten Wahrscheinlichkeitsdichten für $y(t_K)$ und die bedingten Symbolfehlerwahrscheinlichkeiten $P_{e0}, P_{e1}, \ldots, P_{e(m-1)}$ sind für $m = 4$ in Bild 4-30 dargestellt.

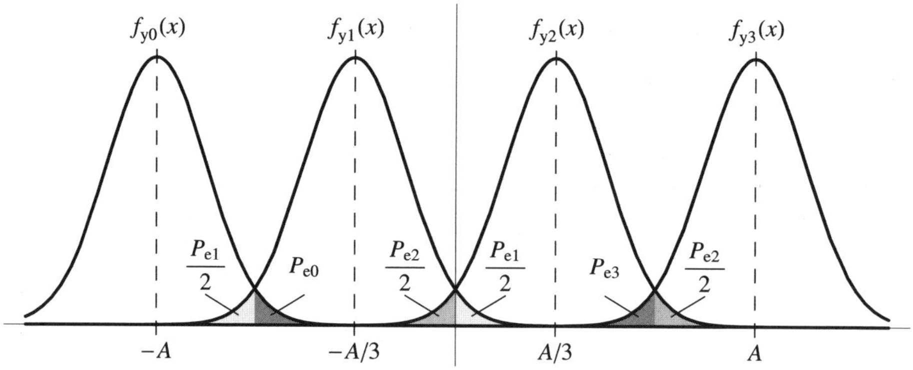

Bild 4-30: Wahrscheinlichkeitsdichtefunktionen und bedingte Fehlerwahrscheinlichkeiten bei Mehrpegelübertragung am Beispiel m = 4

Wie man dem Bild entnehmen kann, sind die Fehlerwahrscheinlichkeiten für die betragsmäßig größten Amplitudenstufen, $a_k = \pm A$, nur halb so groß wie für die inneren Amplitudenstufen. Für Erstere gilt

$$P_{e0} = P_{e(m-1)} = \frac{1}{2}\operatorname{erfc}\left(\frac{\Delta A/2}{\sqrt{2}\,\sigma_n}\right) = \frac{1}{2}\operatorname{erfc}\left(\frac{A}{(m-1)\sqrt{2}\,\sigma_n}\right),$$

während für die verbleibenden $m-2$ inneren Amplitudenstufen die Fehlerwahrscheinlichkeiten

$$P_{e1} = \ldots = P_{e(m-2)} = 2\frac{1}{2}\operatorname{erfc}\left(\frac{\Delta A/2}{\sqrt{2}\,\sigma_n}\right) = \operatorname{erfc}\left(\frac{A}{(m-1)\sqrt{2}\,\sigma_n}\right)$$

betragen. Bei gleich wahrscheinlichen Symbolen tritt jedes der m möglichen Symbole mit der Wahrscheinlichkeit $1/m$ auf. Für die mittlere Symbolfehlerwahrscheinlichkeit folgt

$$\begin{aligned} P_s &= \frac{1}{m}\left(P_{e0} + P_{e1} + \ldots + P_{e(m-1)}\right) \\ &= \frac{1}{m}\left(2\frac{1}{2}\operatorname{erfc}\left(\frac{A}{(m-1)\sqrt{2}\,\sigma_n}\right) + (m-2)\operatorname{erfc}\left(\frac{A}{(m-1)\sqrt{2}\,\sigma_n}\right)\right) \\ &= \frac{m-1}{m}\operatorname{erfc}\left(\frac{A}{(m-1)\sqrt{2}\,\sigma_n}\right). \end{aligned} \tag{4-50}$$

Für $m = 2$ werden aus unseren m-wertigen Symbolen zweiwertige bipolare Symbole und Gl. 4-50 reduziert sich zu Gl. 4-31. Die Leistung des Nutzsignals im Abtastzeitpunkt berechnet sich zu

$$S=\overline{a_k^2}=2\frac{1}{m}\left[\left(\frac{1}{m-1}A\right)^2+\left(\frac{3}{m-1}A\right)^2+\ldots+\left(\frac{m-1}{m-1}A\right)^2\right]$$
$$=\frac{2A^2}{m(m-1)^2}\sum_{i=1}^{m/2}(2i-1)^2=\frac{m^2-1}{3(m-1)^2}A^2. \tag{4-51}$$

Mit der Rauschleistung $N=\sigma_n^2$ folgt für die Symbolfehlerwahrscheinlichkeit als Funktion des Signal-Rausch-Verhältnisses

$$P_s=\frac{m-1}{m}\operatorname{erfc}\sqrt{\frac{3}{2(m^2-1)}\frac{S}{N}}\,. \tag{4-52}$$

Meist ist die Bitfehlerwahrscheinlichkeit und nicht die Symbolfehlerwahrscheinlichkeit die interessantere Größe zur Beschreibung der Übertragungsqualität. Einem m-wertigen Symbol entspricht ein Block von $\log_2 m$ bit. Wir nehmen ferner an, dass eine Gray-Codierung verwendet wird, bei der sich benachbarte $\log_2 m$-bit-Blöcke in nur einem Bit unterscheiden (siehe Tabelle 4-1 für das Beispiel $m = 4$). Im Falle eines Symbolfehlers wird nahezu immer an Stelle des gesendeten Symbols auf ein benachbartes Symbol entschieden und nur extrem selten auf ein "weiter entferntes" Symbol. Daher entspricht ein Symbolfehler einem Bitfehler, und in einem Intervall fester Länge ist die Zahl der Symbol- und der Bitfehler näherungsweise gleich. Die Anzahl der im Intervall übertragenen Bits ist jedoch um den Faktor $\log_2 m$ größer als die Zahl der Symbole, so dass für die Bitfehlerwahrscheinlichkeit

$$P_b\approx\frac{P_s}{\log_2 m} \tag{4-53}$$

folgt. Bei signalangepasster Filterung gilt weiterhin mit Gl. 4-43 für das Signal-Rausch-Verhältnis

$$\frac{S}{N}=\frac{E_s}{n_0/2}=\log_2 m\frac{E_b}{n_0/2}\,. \tag{4-54}$$

Da nach Gl. 4-1 die Symboldauer gleich dem $\log_2 m$-fachen der Bitdauer ist, ist auch die mittlere Symbolenergie gleich dem $\log_2 m$-fachen der mittleren Energie pro Bit. Wir setzen Gl. 4-54 in Gl. 4-50 ein und erhalten mit dem Zusammenhang Gl. 4-53 für die Bitfehlerwahrscheinlichkeit

$$P_b\approx\frac{m-1}{m\log_2 m}\operatorname{erfc}\sqrt{\frac{3\log_2 m}{m^2-1}\frac{E_b}{n_0}}\,. \tag{4-55}$$

Bild 4-31 zeigt den Verlauf der Bitfehlerwahrscheinlichkeit für verschiedene m. Eine Verdopplung von m erfordert bei gleicher Fehlerwahrscheinlichkeit jeweils ein um ca. 4 dB größeres E_b/n_0-Verhältnis. Wie bereits oben festgestellt entspricht der Fall $m = 2$ einem binären bipolaren Signal und Gl. 4-55 vereinfacht sich zu Gl. 4-46. Die Fehlerwahrscheinlichkeit ist für diesen Fall sowohl in Bild 4-22 als auch in Bild 4-31 gezeigt. In Bild 4-22 ist die Fehlerwahrscheinlichkeit jedoch als Funktion von S/N und in Bild 4-31 als Funktion von E_b/n_0 aufgetragen. Da sich S/N und E_b/n_0 für $m = 2$ um den Faktor 2 unterscheiden, ergibt sich eine Abweichung von 3 dB bezüglich der x-Achse. Der Vergleich verschiedener Übertragungsverfahren erfolgt sinnvollerweise immer auf der Basis E_b / n_0, da die Rauschleistung N auch von der Übertragungsbandbreite und damit von der Symbolrate abhängt.

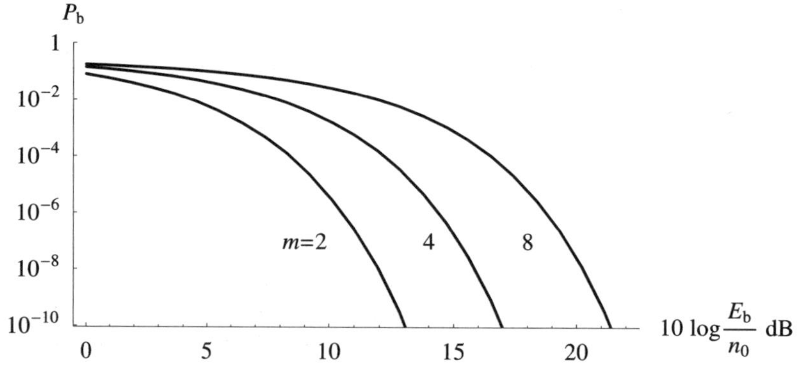

Bild 4-31: Bitfehlerwahrscheinlichkeit bei Mehrpegelübertragung

Beispiel 4-7: Symbol- und Bitfehlerwahrscheinlichkeit

Wir betrachten wieder den Fall quaternärer Symbole, also $m = 4$, mit $A = 1$ V. Die Rauschleistung betrage $\sigma_n^2 = 0{,}01\ \mathrm{V}^2$. Für die Signalleistung und das Signal-Rausch-Verhältnis erhalten wir mit Gl. 4-51

$$S = \frac{5}{9}\,\mathrm{V}^2, \quad \frac{S}{N} = 55{,}56 \cong 17{,}45\ \mathrm{dB}\,.$$

Entsprechend Gl. 4-54 ist E_b / n_0 um den Faktor 4 oder 6,02 dB kleiner als S/N. Mit Gl. 4-52 folgt für die Symbolfehlerwahrscheinlichkeit

$$P_s = \frac{3}{4}\,\mathrm{erfc}(2{,}36) = 6{,}34 \cdot 10^{-4}\,.$$

Die Bitfehlerwahrscheinlichkeit ist nach Gl. 4-53 halb so groß wie die Symbolfehlerwahrscheinlichkeit, also $P_b \approx 3{,}17 \cdot 10^{-4}$. Wir wollen nun die Annahme, dass im Falle eines Symbolfehlers praktisch immer auf ein dem gesendeten Symbol benachbartes Symbol entschieden wird, und die zu Gl. 4-53 führte, an einem Beispiel überprüfen. Die Wahrscheinlichkeit, dass ein Symbolfehler auftritt, falls das Symbol $a_K = A/3$ gesendet wurde, beträgt

$$P_{e2} = \mathrm{erfc}\left(\frac{A}{3\sqrt{2}\,\sigma_n}\right) = \mathrm{erfc}(2{,}36) = 8{,}45 \cdot 10^{-4}\,.$$

Dies ist gleich der Wahrscheinlichkeit, dass auf Grund des Rauschens das Signal am Entscheidereingang größer als $2A/3$ oder kleiner als 0 ist. Ist das Signal kleiner als

$-2A/3$, so gibt der Entscheider das Symbol $\hat{a}_{\mathrm{K}} = -A$ aus. Die Wahrscheinlichkeit dafür beträgt

$$P\left(y(t_{\mathrm{K}}) \le -\frac{2}{3}A \,\middle|\, a_{\mathrm{K}} = \frac{A}{3}\right) = \frac{1}{2}\operatorname{erfc}\left(\frac{\frac{3}{2}\Delta A}{\sqrt{2}\,\sigma_{\mathrm{n}}}\right) = 7{,}47 \cdot 10^{-24},$$

ist also verschwindend gering. Daher wird im Falle eines Symbolfehlers nahezu immer auf ein benachbartes Symbol entschieden.

◀

4.5 Kanalverzerrungen

Bisher sind wir von einem zwar bandbegrenzten, aber innerhalb der Übertragungsbandbreite verzerrungsfreien Kanal ausgegangen. Unserem Kanal lag daher das Modell des idealen Tiefpasses zu Grunde. Dies ist natürlich eine Vereinfachung, die in der Praxis meist nicht zutrifft. Wir hatten in Beispiel 2-7 bereits den Mehrwegekanal betrachtet, der durch die Einbrüche in der Übertragungsfunktion zu gravierenden Verzerrungen führen kann. In Bild 4-32 ist als weiteres Beispiel die Übertragungscharakteristik eines Fernsprechkanals gezeigt [106]. Dies ist der Kanal, der zwei Teilnehmern nach Aufbau einer Verbindung im Fernsprechnetz zur Verfügung steht und der von Modems zur Datenübertragung genutzt wird. Die Übertragungseigenschaften werden im Wesentlichen von der Anschlussleitung (der Abschnitt von der lokalen Vermittlungsstelle bis zum Teilnehmer) und den im Netz verwendeten PCM-Codecs bestimmt.

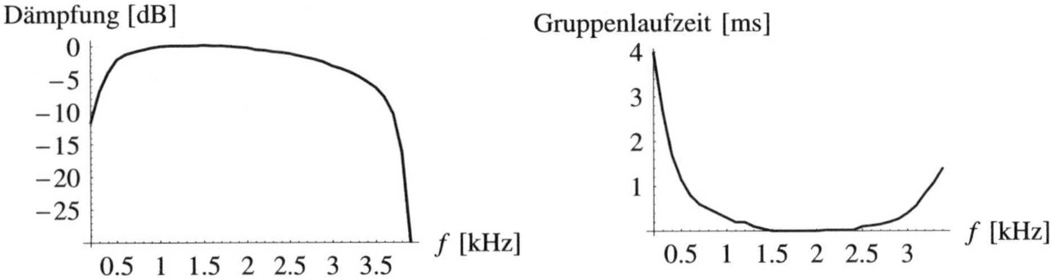

Bild 4-32: Übertragungscharakteristik eines typischen Fernsprechkanals

Obere und untere Grenzfrequenz eines Fernsprechkanals liegen bei ca. 300 Hz und 3,4 kHz, die Bandbreite beträgt also 3,1 kHz. Bild 4-32 zeigt einmal die Dämpfung, d. h. den Betrag der Übertragungsfunktion in dB, und die Gruppenlaufzeit als Funktion der Frequenz. Die Dämpfung ist auf den Referenzwert bei 1000 Hz bezogen, die Gruppenlaufzeit auf den Referenzwert bei 1800 Hz. Durch die frequenzabhängige Dämpfung werden Signalanteile bei unterschiedlichen Frequenzen unterschiedlich stark gedämpft; man spricht von Amplitudenverzerrungen. Die Gruppenlaufzeit ist proportional zur Ableitung der Phase der Übertragungsfunktion:

$$t_g = -\frac{1}{2\pi}\frac{\mathrm{d}\varphi(f)}{\mathrm{d}f}\,. \qquad (4\text{-}56)$$

Wie wir in Abschnitt 2.1.4 gesehen haben, muss für die verzerrungsfreie Übertragung die Phase linear und damit die Gruppenlaufzeit konstant sein. Ist dies nicht der Fall, so werden die Signalanteile bei unterschiedlichen Frequenzen unterschiedlich verzögert, was zu Phasenverzerrungen führt. Bei der Übertragung eines analogen Sprachsignals macht sich die nichtkonstante Gruppenlaufzeit nicht bemerkbar, da das menschliche Ohr unempfindlich gegen Phasenverzerrungen ist. Bei der Datenübertragung führt sie jedoch zu gravierenden Verzerrungen der Grundimpulse.

In unserem bisherigen Modell sind wir der Bandbegrenzung des Kanals durch die Verwendung von Nyquist-Grundimpulsen begegnet. Dadurch hat ein Signal in der Form von Gl. 4-8 eine exakt begrenzte Bandbreite. Solange die Kanalbandbreite mindestens gleich der Signalbandbreite ist, gelangt das Signal unverzerrt zum Empfänger und es entsteht keine Intersymbol-Interferenz. Trotz der Begrenzung der Signalbandbreite verursachen nun die Verzerrungen eines realen Kanals eine Intersymbol-Interferenz, die durch einen Entzerrer im Empfänger kompensiert werden muss (siehe Bild 4-1).

Der Entzerrung eines digitalen Signals liegt nicht das Ziel zu Grunde, die gesendete Signalform zu rekonstruieren, sondern Intersymbol-Interferenz zu vermeiden. Ein Signal $x(t) = a_k p(t)$, das über einen Kanal mit der Impulsantwort $h_K(t)$ übertragen wird, erscheint am Empfängereingang als

$$y(t) = a_k\big(p(t) * h_K(t)\big) = a_k g(t)\,.$$

Der Entzerrer wird in der Regel als digitales Filter realisiert. Dessen Filterkoeffizienten werden so bestimmt, dass der Grundimpuls $g(t)$ nach der Übertragung über das digitale Filter das Kriterium Gl. 4-3 möglichst gut erfüllt. Wir kommen auf Details der Entzerrung eines digitalen Signals mit Hilfe digitaler Filter in Abschnitt 8.3 zurück.

Da die Übertragungscharakteristik des Kanals meist nicht vorab bekannt ist, wird oft ein adaptiver Entzerrer verwendet. Beispielsweise variieren die Eigenschaften eines Fernsprechkanals in Abhängigkeit von der Entfernung der Teilnehmer und der Übertragungstechnik, über die die Verbindung geführt wird. Ein adaptiver Entzerrer, dessen Filterkoeffizienten sich zu Beginn der Verbindung entsprechend einstellen, passt sich bei jeder neuen Verbindung selbsttätig an die Eigenschaften des Kanals an.

Sind Verzerrungen durch den Kanal vorhanden, so ist im Idealfall die Impulsantwort des signalangepassten Filters an $g(t) = p(t) * h_K(t)$ angepasst. Da aber die Impulsantwort des Kanals in der Regel nicht vorab bekannt ist, geht in den Entwurf des Empfangsfilters meist nur der bekannte sendeseitige Grundimpuls $p(t)$ ein.

4.6 Nebensprechen

Eine weitere Ursache für Störungen in leitungsgebundenen Übertragungssystemen ist das Nebensprechen. Dies entsteht, wenn in einem Kabel über mehrere Adernpaare gleichzeitig übertragen wird. Beispielsweise werden für den Anschluss von Arbeitsplatzrechnern Kabel mit typischerweise vier Adernpaaren verwendet, und im Telefonanschlussnetz sind Kabel mit bis zu mehreren hundert Adernpaaren verlegt (siehe Abschnitt 12.3). Durch kapazitive und induktive Kopplungen zwischen den Adernpaaren gelangen Störungen an den Empfängereingang. Man unterscheidet zwischen Nahnebensprechen (Near End Cross Talk, NEXT) und Fernnebensprechen (Far End Cross Talk, FEXT). Nahnebensprechen wird durch den oder die Sender verursacht, die sich am gleichen Ende der Übertragungsstrecke wie der Empfänger befinden. Entsprechend bezeichnet man mit Fernnebensprechen Störungen auf Grund von Sendern am entfernten Ende der Strecke (Bild 4-33).

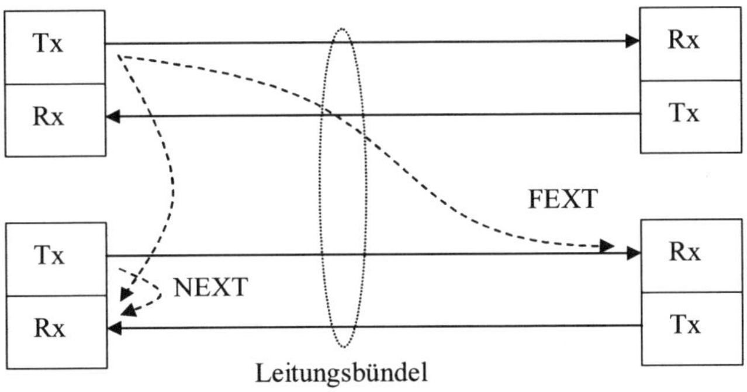

Bild 4-33: Nah- und Fernnebensprechen

Mit zunehmender Frequenz steigen die Leistungsanteile, die als Störung durch Nah- und Fernnebensprechen hervorgerufen werden [10]. Für die Leistungsübertragungsfunktion des Nahnebensprechens gilt näherungsweise

$$\left|H_{\mathrm{NEXT}}(f)\right|^2 \approx K_{\mathrm{NEXT}}\, f^{3/2}. \tag{4-57}$$

Diese ist (in logarithmischem Maßstab) in Bild 4-34 gezeigt. K_{NEXT} ist ein Parameter, der von den Kabeleigenschaften und der Anzahl der Adernpaare abhängt. Die Leistungsdichte der Störung auf Grund des Nahnebensprechens erhält man, indem man die Leistungsdichte des gesendeten Signals gemäß Gl. 2-87 mit der Leistungsübertragungsfunktion Gl. 4-57 multipliziert.

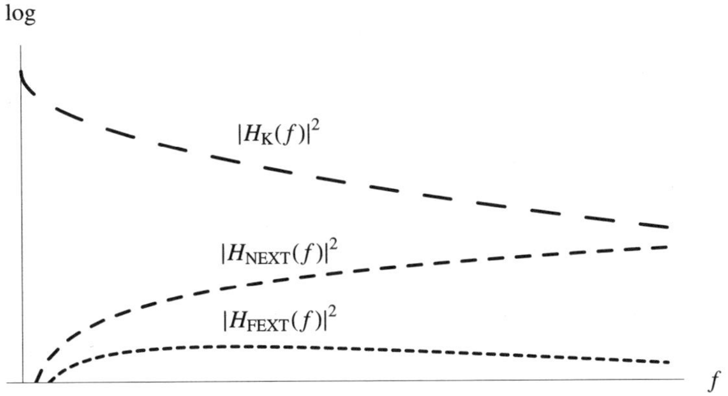

Bild 4-34: Betragsquadrat der für das Nebensprechen maßgeblichen Übertragungsfunktionen

Während das Nahnebensprechen etwa mit $f^{3/2}$ steigt, ist das Fernnebensprechen proportional zu f^2. Da das Fernnebensprechen auch durch das Kabel gedämpft wird, gilt

$$\left|H_{\text{FEXT}}(f)\right|^2 \approx K_{\text{FEXT}}\left|H_K(f)\right|^2 f^2 . \tag{4-58}$$

K_{FEXT} hängt wieder von den Kabeleigenschaften, der Anzahl der Adernpaare und der Kabellänge ab. $H_{\text{K}}(f)$ ist die Übertragungsfunktion des Kabels. Für deren Betragsquadrat gilt bei einer Zweidrahtleitung in einfacher Näherung

$$\left|H_{\text{K}}(f)\right|^2 \approx \mathrm{e}^{-\alpha\sqrt{f}} . \tag{4-59}$$

Der Parameter α ist eine von den Kabeleigenschaften und der Kabellänge abhängige Konstante. Der Anstieg von $|H_{\text{FEXT}}(f)|^2$ proportional zu f^2 wird bei hohen Frequenzen durch die steigende Dämpfung des Kabels kompensiert.

Das durch das Nebensprechen hervorgerufene Störsignal überlagert sich dem Nutzsignal. Für Letzteres ist die Übertragungsfunktion des Kabels maßgebend. Wie man Bild 4-34 entnehmen kann, wird das Nutzsignal mit steigender Frequenz zunehmend abgeschwächt. Gleichzeitig steigt aber die Leistungsdichte der Nebensprechstörung, und zwar besonders beim Nahnebensprechen. Daher müssen Kabel, die für hohe Übertragungsraten geeignet sind, besonders hohen Anforderungen bezüglich der Dämpfung der Nebensprechstörungen genügen.

4.7 Scrambling

Ein Scrambler dient der Verwürflung eines Datensignals. Dadurch werden lange 0- oder 1-Folgen vermieden, die ansonsten zu Problemen bei der Taktrückgewinnung oder der adaptiven Entzerrung führen würden. Scrambling wird auch verwendet, um die statistische Unabhängigkeit von gesendetem und empfangenem Signal zu gewährleisten. Dies ist bei Übertragungssystemen mit Echokompensation erforderlich, beispielsweise bei der ISDN-U_{K0}-Schnittstelle und bei V.34-Modems. Die Verwürflung wird im Empfänger mit Hilfe eines Descramblers rückgängig gemacht.

Beim Scrambling wird zur Datenfolge eine Pseudozufallsfolge addiert. Der Descrambler addiert die gleiche Zufallsfolge nochmals zur gescrambelten Folge. Da die Addition modulo 2 erfolgt, erhält man durch das zweimalige Addieren schließlich wieder die zu übertragende Datenfolge.

Pseudozufallsfolgen oder auch PN-Folgen (Pseudo Noise, PN) werden mit Hilfe rückgekoppelter Schieberegister erzeugt. Bild 4-35 zeigt dazu ein einfaches Beispiel. Ein PN-Generator besteht aus m Registern, die den Wert 0 oder 1 enthalten können. Der Generator kann sich somit in 2^m verschiedenen Zuständen befinden. Allerdings darf der Zustand, in dem alle Register den Wert 0 enthalten, nicht auftreten, da dann am Ausgang konstant 0 erzeugt würde. Bei einer PN-Folge werden alle möglichen Zustände durchlaufen, d. h. es wird eine Folge der Länge $N = 2^m - 1$ erzeugt. Nach N bit wiederholt sich die Folge periodisch.

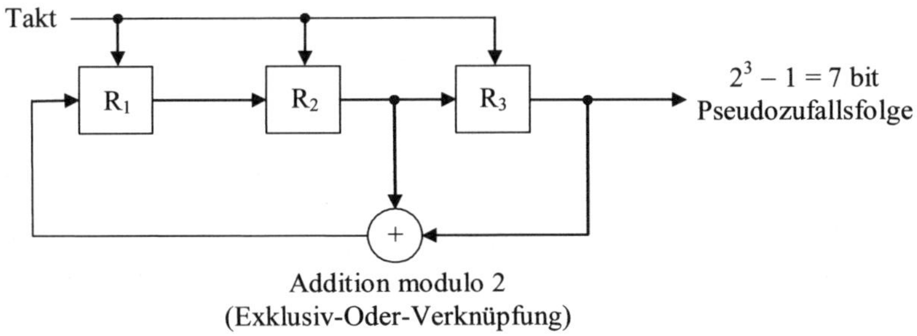

Bild 4-35: Erzeugung einer Pseudozufallsfolge mit rückgekoppelten Schieberegistern

Beispiel 4-8: Erzeugung einer PN-Folge der Länge $N = 7$

Wir bestimmen die PN-Folge des Generators aus Bild 4-35. Die drei Register $R_1 \dots R_3$ werden zu Beginn meist mit 1 1 1 initialisiert. Eine andere Initialisierung ist möglich; lediglich die Werte 0 0 0 sind nicht zulässig. Mit dem Taktimpuls wird der Wert von R_1 in R_2 und der Wert von R_2 in R_3 geschoben. In R_1 gelangt der Wert von $R_2 \oplus R_3$. Die Zustände der Register, die der PN-Generator durchläuft, sind in Tabelle 4-4 angegeben.

Tabelle 4-4: Erzeugung einer PN-Folge mit der Schaltung nach Bild 4-35

n	R_1	R_2	R_3	$R_2 \oplus R_3$
0	1	1	1	0
1	0	1	1	0
2	0	0	1	1
3	1	0	0	0
4	0	1	0	1
5	1	0	1	1
6	1	1	0	1
7	1	1	1	0

Nach $n = 7$ Takten hat der Generator wieder den Zustand bei $n = 0$ erreicht. Die PN-Folge erscheint am Ausgang von R_3, also 1 1 1 0 0 1 0; danach wiederholt sich die Folge periodisch. Da $m = 3$ ist, erzeugt der Generator eine Folge der Länge $N = 2^3 - 1 = 7$.

◀

Da N immer ungerade ist, enthält eine PN-Folge $(N + 1)/2$-mal den Wert 1 und $(N - 1)/2$-mal den Wert 0. Die zum Scrambeln verwendeten PN-Folgen sind natürlich wesentlich länger als die Folge in unserem Beispiel. Typische Werte reichen von $N = 127$ ($m = 7$) bis über 10^{12} ($m = 43$). Die Rückführungen, die nach der Addition modulo 2 wieder in das erste Register eingespeist werden, dürfen nicht beliebig gewählt werden. Nur bei bestimmten Rückführungen werden alle Zustände durchlaufen und eine PN-Folge erzeugt.

Die zum Scrambeln verwendeten PN-Generatoren werden durch ihr Generatorpolynom spezifiziert. Einem m-stufigen Schieberegister entspricht das Polynom

$$G(x) = 1 + \ldots + x^i + \ldots + x^m \tag{4-60}$$

vom Grad m. Die Potenzen x^i entsprechen der Wertigkeit eines Bits, d. h. das Bit hinter dem Register R_1 hat die Wertigkeit x^1, das Bit hinter Register R_m die Wertigkeit x^m. Im Polynom tauchen die Potenzen auf, an denen das Schieberegister Rückführungen enthält (Bild 4-36). Das Generatorpolynom für Bild 4-35 lautet daher $G(x) = 1 + x^2 + x^3$. Auf die Polynomdarstellung kommen wir nochmals im Zusammenhang mit zyklischen Blockcodes zurück (Abschnitt 6.1.4).

Die Generatoren zur Erzeugung der Pseudozufallsfolge im Scrambler und im Descrambler müssen synchronisiert werden, um die ursprüngliche Datenfolge wieder zu erhalten. Beim rahmensynchronisierten Scrambler geschieht dies, indem die Generatoren am Rahmenanfang in den Anfangszustand zurückgesetzt werden (Bild 4-37).

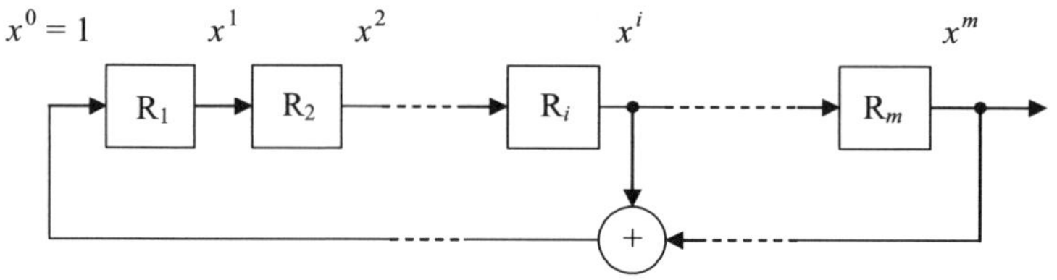

Bild 4-36: Polynomdarstellung eines PN-Generators

Dies setzt eine rahmenstrukturierte Übertragung voraus, d. h. einem Block von Nutzdaten wird ein Rahmenkopf vorangestellt. Ein Beispiel eines solchen Übertragungssystems ist die synchrone digitale Hierarchie (Abschnitt 12.2). Der Rahmenkopf enthält Zusatzinformationen wie z. B. Fehlermeldungen, Informationen über die Nutzlast und ein Rahmenkennungswort, das den Rahmenanfang markiert. Mit Beginn eines neuen Rahmens werden die PN-Generatoren des Scramblers und des Descramblers in einen definierten Zustand gesetzt.

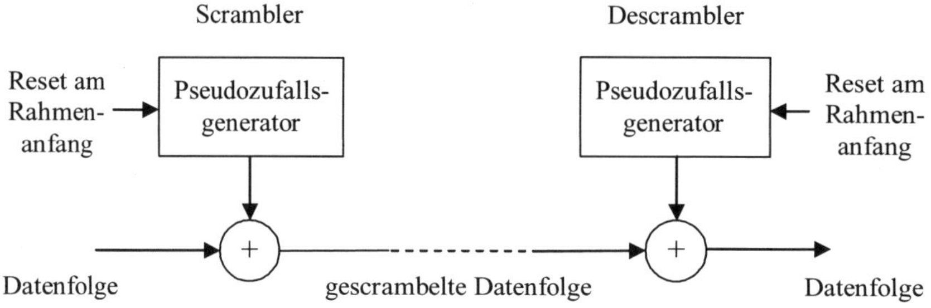

Bild 4-37: Rahmensynchronisierter Scrambler und Descrambler

Das Rahmenkennungswort wird nicht gescrambelt, da die Erkennung des Rahmenanfangs bereits vor dem Descrambeln im Empfänger erfolgen muss. Legt man an den Eingang des Scramblers eine periodische Eingangsfolge, so ist auch die Ausgangsfolge periodisch. Hat die Eingangsfolge die Periode M, so ist die Periode der gescrambelten Folge gleich dem kleinsten gemeinsamen Vielfachen von M und N. Damit diese so groß wie möglich wird, muss N eine Primzahl sein. Ist die Eingangsfolge identisch zur PN-Folge, so ist die gescrambelte Folge konstant 0. Dass dieser Fall zufällig eintritt, ist aber besonders bei längeren PN-Folgen sehr unwahrscheinlich.

Ist eine rahmenstrukturierte Übertragung nicht gegeben, werden selbstsynchronisierende Scrambler verwendet. Bei diesen werden die Schieberegister sowohl auf der Sende- als auch der Empfangsseite mit der gescrambelten Datenfolge gespeist (Bild 4-38). Nach der (fehlerfreien) Übertragung von m bit ist der Inhalt beider Schieberegister identisch und Scrambler und Descrambler sind synchronisiert.

Selbstsynchronisierende Scrambler haben den Nachteil der Fehlermultiplikation. Wird auf der Übertragungsstrecke zwischen Scrambler und Descrambler ein Bit verfälscht, so erzeugt dies zunächst einen Bitfehler am Descrambler-Ausgang. Gleichzeitig gelangt das fehlerhafte Bit aber auch in das Schieberegister und erzeugt pro Rückführung einen weiteren Bitfehler. Daher verwendet man in der Regel PN-Generatoren mit maximal zwei Rückführungen. Eine Fehlermultiplikation tritt beim rahmensynchronisierten Scrambler nicht auf.

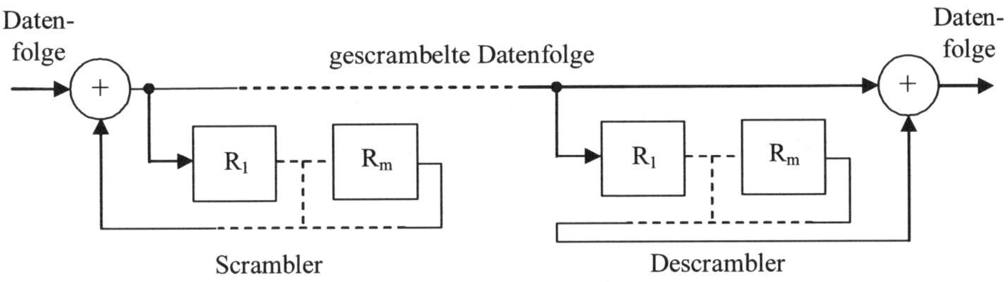

Bild 4-38: Selbstsynchronisierender Scrambler und Descrambler

Beispiel 4-9: Selbstsynchronisierender Scrambler

Bild 4-39 zeigt einen selbstsynchronisierenden Scrambler mit dem Generatorpolynom $G(x) = 1 + x^2 + x^3$. Die Register werden wieder mit 1 1 1 initialisiert. Mit dem Taktimpuls wird der Wert von R_1 in R_2 und der Wert von R_2 in R_3 geschoben. Das Ausgangsbit ergibt sich zu $c_n = b_n \oplus R_2 \oplus R_3$, dieser Wert gelangt gleichzeitig in R_1.

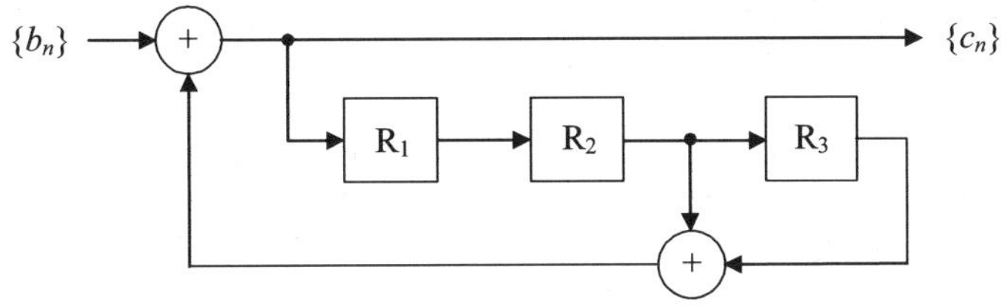

Bild 4-39: Selbstsynchronisierender Scrambler mit $G(x) = 1 + x^2 + x^3$

Das Beispiel in Tabelle 4-5 verdeutlicht die Arbeitsweise des Scramblers. Während die Eingangsfolge sechs aufeinander folgende Nullen enthält, ist dies bei der gescrambelten Folge nicht mehr der Fall.

Tabelle 4-5: Beispiel zur Arbeitsweise des Scramblers nach Bild 4-39

n	R_1	R_2	R_3	$R_2 \oplus R_3$	b_n	c_n
0	1	1	1	0	0	0
1	0	1	1	0	0	0
2	0	0	1	1	0	1
3	1	0	0	0	0	0
4	0	1	0	1	0	1
5	1	0	1	1	0	1
6	1	1	0	1	1	0
7	0	1	1	0	1	1
8	1	0	1	1	1	0

Es lässt sich leicht verifizieren, dass der entsprechende Descrambler wieder aus der Folge $\{c_n\}$ die ursprüngliche Eingangsfolge $\{b_n\}$ reproduziert. Tritt jedoch ein Fehler in $\{c_n\}$ auf, so enthält die Ausgangsfolge des Descramblers auf Grund der oben beschriebenen Fehlermultiplikation drei Fehler.

◀

Im Falle der ISDN-U_{K0}-Schnittstelle (siehe Abschnitt 13.2.1) wird für die Richtung teilnehmerseitiger Netzabschluss zu vermittlungsseitigem Leitungsabschluss das Scrambler-Polynom $G(x) = 1 + x^{18} + x^{23}$ verwendet. In der Gegenrichtung wird das Polynom $G(x) = 1 + x^5 + x^{23}$ verwendet. Durch die unterschiedlichen Scrambler-Polynome wird erreicht, dass die Daten für die beiden Übertragungsrichtungen unkorreliert sind.

4.8 Synchronisation

Wie wir in Abschnitt 4.4 gesehen haben, wird im Empfänger der Symboltakt benötigt. Das Signal wird im Symboltakt abgetastet und der nachfolgende Entscheider liefert die übertragene Symbolfolge. Bei den meisten Übertragungssystemen muss der Takt, der den Abtaster steuert, aus dem Eingangssignal zurückgewonnen werden. Dies ist die Aufgabe der Symboltaktsynchronisation.

Neben der Symboltaktsynchronisation ist bei rahmenstrukturierten Übertragungssystemen eine Rahmensynchronisation erforderlich. Nachdem der Symboltakt zurückgewonnen wurde, steht am Entscheiderausgang die Symbolfolge und ggf. nach der Decodierung die Binärfolge zur Verfügung. In einem zweiten Schritt wird nun mit Hilfe der Rahmensynchronisation der Beginn eines Übertragungsrahmens ermittelt.

Wir wollen uns in den beiden folgenden Abschnitten einen Überblick über die Symboltakt- und die Rahmensynchronisation verschaffen und im Zusammenhang mit der Symboltaktsynchronisation auf die Funktionsweise eines Phasenregelkreises eingehen. Dies ist eine knappe qualitative Behandlung eines umfangreichen Themas. In Referenz [21] findet sich eine ausführliche Darstellung und Analyse von Verfahren und Algorithmen zur Symboltaktsynchronisation mit zahlreichen weiteren Literaturhinweisen.

4.8.1 Symboltaktsynchronisation

Wir unterscheiden zwei Klassen von Verfahren zur Symboltaktsynchronisation. Beim ersten Verfahren wird aus dem Eingangssignal nach einer geeigneten Vorverarbeitung ein Signal mit einer periodischen Komponente extrahiert. Dies entspricht einer spektralen Linie bei der Symboltaktfrequenz $1/T$ (oder auch Vielfachen von $1/T$). Diese Methode wird in Bild 4-40 als Spektralverfahren bezeichnet.

Bei dem zweiten Verfahren handelt es sich um die entscheidungsrückgekoppelte Taktsynchronisation. Dabei wird von den Abtastwerten hinter dem Entscheider und/oder vor dem Entscheider Gebrauch gemacht. Aus diesen Abtastwerten wird ein Signal zur Ansteuerung eines spannungsgesteuerten Oszillators (Voltage-Controlled Oscillator, VCO) gewonnen. Der VCO wird so nachgeregelt, dass der korrekte Abtastzeitpunkt eingehalten wird.

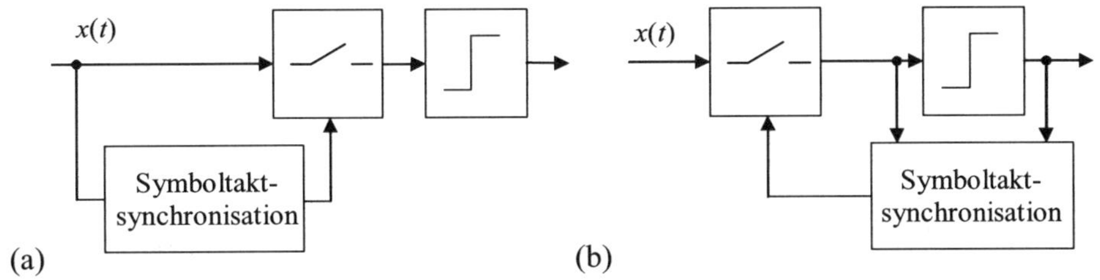

Bild 4-40: Symboltaktsynchronisation durch (a) Spektralverfahren oder (b) entscheidungsrückgekoppeltes Verfahren

In Abschnitt 4.3.5 haben wir das Spektrum digitaler Basisbandsignale untersucht und gesehen, dass das Signal in der Regel keine spektralen Linien bei der Symboltaktfrequenz $1/T$ oder Vielfachen hiervon enthält. Eine Ausnahme bilden lediglich unipolare RZ-Signale. Daher muss das Signal zunächst einer nichtlinearen Operation unterzogen werden, um die gewünschte spektrale Komponente zu erhalten.

Als nichtlineare Operationen kommen beispielsweise die Quadrierung oder die Betragsbildung des Basisbandsignals in Betracht. Bild 4-41 zeigt die resultierenden Signale und deren Spektren für diese beiden Fälle. Bei $x(t)$ handelt es sich um ein bipolares NRZ-Signal mit Kosinus-roll-off-Grundimpulsen und einem Roll-off-Faktor von $\alpha = 0{,}5$. Dessen Leistungsdichtespektrum wurde in Beispiel 4-1 bestimmt. In Bild 4-41 oben rechts ist das numerisch bestimmte Spektrum zu sehen (die numerische Schätzung des Leistungsdichtespektrums erfolgt mit Hilfe der diskreten Fourier-Transformation, siehe Abschnitt 8.1.3). Zur Orientierung ist die durch Gl. 4-7 gegebene Übertragungsbandbreite $B_K = 0{,}75/T$ eingezeichnet.

Durch die Quadrierung von $x(t)$ erhält man das Signal in der Mitte von Bild 4-41. Im Spektrum erkennt man die periodische Komponente bei der Symboltaktfrequenz an der spektralen Linie bei $f = 1/T$. Die gewünschte periodische Komponente erhält man auch, indem man den Betrag des Basisbandsignals bildet. Dies ist in Bild 4-41 unten gezeigt. Neben der Komponente bei $f = 1/T$ entstehen durch die Betragsbildung auch spektrale Linien bei weiteren ganzzahligen Vielfachen von $1/T$.

Längere Folgen ohne Symbolwechsel müssen vermieden werden, da diese auch nach der nichtlinearen Operation zu einem konstanten Signal ohne periodische Komponente führen. Solche Folgen werden durch eine geeignete Leitungscodierung (siehe Abschnitt 4.2) oder durch Scrambling (Abschnitt 4.7) vermieden.

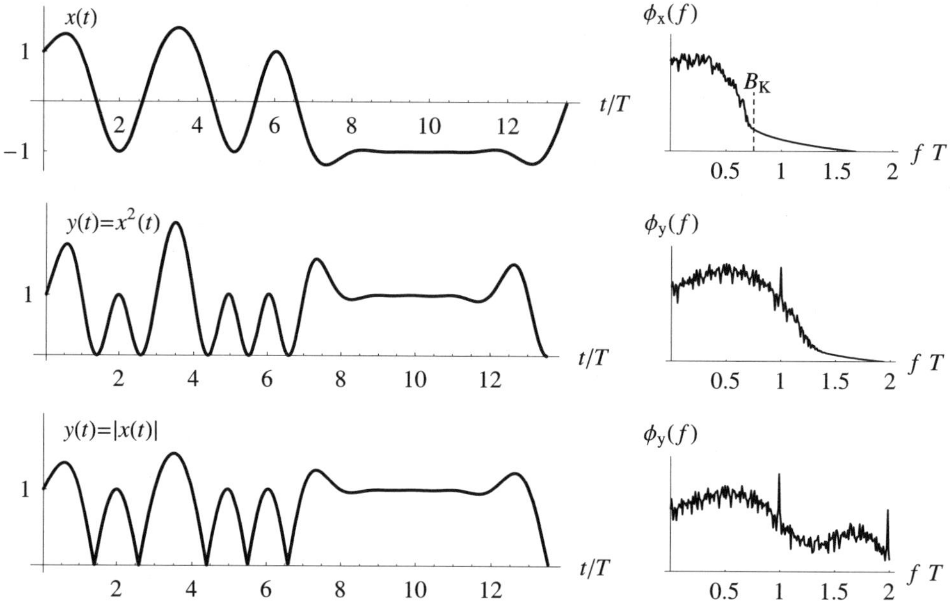

Bild 4-41: Basisbandsignal mit Kosinus-roll-off-Grundimpulsen (α = 0,5), quadriertes Signal, Betrag des Signals und zugehörige Leistungsdichtespektren (in dB)

Während die Betragsbildung einfacher zu realisieren ist, ist die Quadrierung bei der zeitdiskreten Realisierung vorteilhaft. Da die Bandbreite des quadrierten Signals deutlich kleiner ist als die des Betragssignals, kann mit einer kleineren Abtastrate gearbeitet werden, ohne dass es zu Aliasing kommt.

Im Falle eines Signals mit rechteckförmigen Grundimpulsen führen weder die Quadrierung noch die Betragsbildung zum Ziel, da das resultierende Signal einfach konstant ist. Hier kann man das Signal vor der Betragsbildung differenzieren, um die periodische Komponente zu erhalten.

Bild 4-42 zeigt ein Beispiel der Realisierung des Spektralverfahrens, bei der die nichtlineare Operation aus der Quadrierung des Signals besteht. Die spektrale Komponente bei $f = 1/T$ wird durch einen Bandpass oder einen Phasenregelkreis (Phase-Locked Loop, PLL) extrahiert. Mit Hilfe des Verzögerungsgliedes wird durch eine zeitliche Verschiebung des Taktsignals die richtige Abtastphase eingestellt.

Während die Frequenz des Taktsignals durch die Symbolrate $1/T$ gegeben ist, wird die Abtastphase durch den Zeitpunkt der größten Augenöffnung bestimmt. Das Taktsignal muss also zeitlich so justiert werden, dass der Abtastzeitpunkt mit der maximalen Augenöffnung zusammenfällt. In Bild 4-13 ist das Augendiagramm für $\alpha = 1$ und $\alpha = 0,5$ zu sehen. Die maximale vertikale Augenöffnung ist in beiden Fällen gleich groß. Bei einer

Abweichung des realen Abtastzeitpunktes vom optimalen Zeitpunkt verkleinert sich die Augenöffnung. Dies wirkt sich jedoch bei $\alpha = 0{,}5$ wesentlich gravierender als bei $\alpha = 1$ aus, da sich im ersten Fall das Auge schneller schließt. Daher sind die Anforderungen an die Taktqualität umso größer, je kleiner α ist.

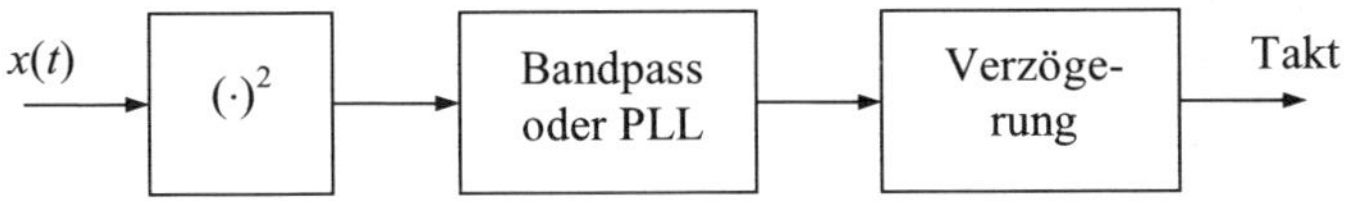

Bild 4-42: Taktableitung durch Quadrieren des Basisbandsignals

Wie bereits in Bild 4-41 zu erkennen ist, besteht das Leistungsdichtespektrum des nichtlinear vorverzerrten Signals aus einer spektralen Linie und einem kontinuierlichen Anteil. Dieser Sachverhalt ist in Bild 4-43 nochmals gezeigt. Die Aufgabe des Bandpassfilters ist es, ein Sinussignal bei der Symboltaktfrequenz herauszufiltern. Der kontinuierliche Anteil des Spektrums wirkt als Störung des Sinussignals. Hinzu kommen weitere Störungen durch dem Basisbandsignal überlagertes Rauschen.

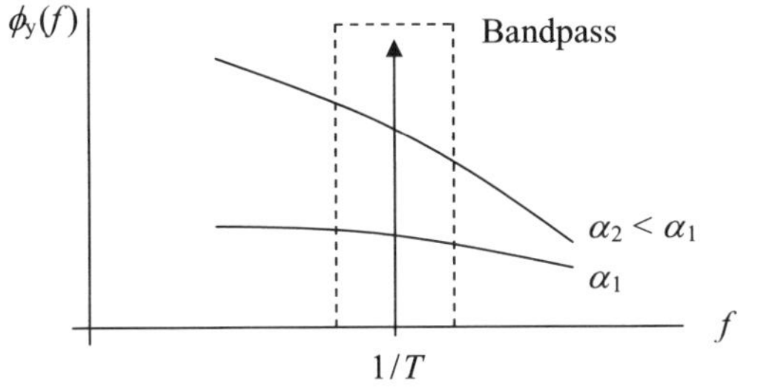

Bild 4-43: Extrahieren der Symboltaktfrequenz durch einen Bandpass

Diese Störungen des Sinussignals bewirken statistische Schwankungen der Nulldurchgänge, die die Abtastzeitpunkte markieren. Dies bezeichnet man als Jitter. In Bild 4-43 ist der prinzipielle Verlauf des kontinuierlichen Anteils des Spektrums für zwei verschiedene Roll-off-Faktoren α_1 und α_2, mit $\alpha_1 > \alpha_2$, angedeutet. Ein kleiner Roll-off-Faktor hat einen größeren Jitter zur Folge, da die Leistung des kontinuierlichen Anteils, der für den Jitter verantwortlich ist, bei gleicher Filterbandbreite steigt. Oben wurde festgestellt, dass die Abtastzeitpunkte umso genauer eingehalten werden müssen, je kleiner α ist. Bei einem kleinen Roll-off-Faktor wird also die Symboltaktsynchronisation schwieriger und gleichzeitig steigen die Anforderungen an die Taktqualität.

Um den Jitter so gering wie möglich zu halten, ist ein sehr schmalbandiges Filter erforderlich. Ein schmalbandiges Filter lässt jedoch nur geringe Abweichungen der Mittenfrequenz von der Taktfrequenz zu. Wird die Abweichung zu groß, liegt die spektrale Linie des Taktsignals nicht mehr im Durchlassbereich des Filters.

Als Alternative zu einem Bandpassfilter ist die Verwendung eines PLLs in Bild 4-42 angedeutet. Ein Phasenregelkreis oder PLL kann als sehr schmalbandiger Bandpass aufgefasst werden, dessen Mittenfrequenz sich adaptiv anpasst. Der Phasenregelkreis spielt sowohl bei der Symboltaktsynchronisation als auch bei der später zu besprechenden

Trägersynchronisation eine wichtige Rolle. Wir wollen uns daher einen Überblick über dessen Funktion verschaffen. Bild 4-44 zeigt das Blockschaltbild eines analogen PLLs. Er besteht aus einem Phasenkomparator, einem Schleifenfilter und einem VCO.

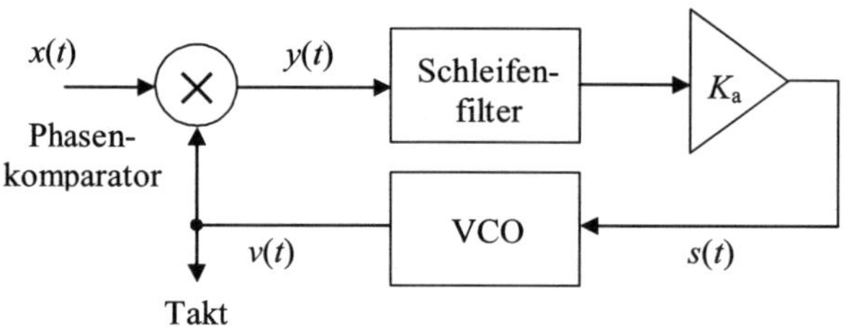

Bild 4-44: Der Phasenregelkreis

Phasenregelkreise finden sich meist in digitaler Form in heutigen Übertragungssystemen. Die Realisierung der wesentlichen Elemente eines digitalen PLLs kann beträchtlich variieren. Dessen ungeachtet kann die prinzipielle Funktionsweise mit dem Modell gemäß Bild 4-44 nachvollzogen werden. Der spannungsgesteuerte Oszillator liefert ein Signal, dessen momentane Frequenz proportional zur Steuerspannung $s(t)$ ist:

$$f_V(t) = f_0 + K_V\, s(t)\,. \tag{4-61}$$

f_0 ist die Ruhefrequenz und die Konstante K_v die Empfindlichkeit des VCOs mit der Einheit Hz/V. Für das Ausgangssignal des VCOs schreiben wir

$$v(t) = \cos\theta_V(t)$$

mit der momentanen Phase

$$\theta_V(t) = 2\pi\int_0^t f_V(\tau)\,d\tau = 2\pi f_0\, t + 2\pi K_V\int_0^t s(\tau)\,d\tau\,. \tag{4-62}$$

Die Ableitung der momentanen Phase nach der Zeit ergibt die momentane Frequenz

$$f_V(t) = \frac{1}{2\pi}\dot{\theta}_V(t) \tag{4-63}$$

in Übereinstimmung mit Gl. 4-61. Am Eingang des PLLs betrachten wir das Signal

$$x(t) = \cos\theta_X(t) = \cos\left(2\pi f_1\, t + \varphi_1\right).$$

f_1 steht für die zu extrahierende Symboltaktfrequenz und φ_1 für eine beliebige Phase des Eingangssignals. Die Differenz zwischen Eingangsfrequenz und Ruhefrequenz des VCOs beträgt $\Delta f = f_1 - f_0$. Für die Differenz der momentanen Phasen folgt

$$\theta_X(t) - \theta_V(t) = 2\pi\Delta f\, t - 2\pi K_V\int_0^t s(\tau)\,d\tau + \varphi_1 = \varepsilon(t) - 90^\circ\,. \tag{4-64}$$

Der aus einem Multiplizierer bestehende Phasenkomparator liefert das Signal

$$y(t) = x(t)\,v(t) = \frac{1}{2}\left[\cos\left(\theta_\mathrm{X}(t) - \theta_\mathrm{V}(t)\right) + \cos\left(\theta_\mathrm{X}(t) + \theta_\mathrm{V}(t)\right)\right]. \qquad (4\text{-}65)$$

Durch das Schleifenfilter mit Tiefpasscharakteristik werde der rechte cos-Term in Gl. 4-65 bei der Summenfrequenz unterdrückt. Damit erhalten wir für die VCO-Steuerspannung

$$s(t) = \frac{K_\mathrm{a}}{2}\cos\left(\theta_\mathrm{X}(t) - \theta_\mathrm{V}(t)\right) = \frac{K_\mathrm{a}}{2}\cos\left(\varepsilon(t) - 90°\right) = \frac{K_\mathrm{a}}{2}\sin\left(\varepsilon(t)\right).$$

$\varepsilon(t)$ ist die Differenz der momentanen Phase des Eingangssignals und des VCOs. Da wir in Gl. 4-64 eine Phasenverschiebung um 90° hinzugefügt haben, ist für $\varepsilon(t) = 0$ auch $s(t) = 0$. Für die zeitliche Ableitung von $\varepsilon(t)$ gilt

$$\dot{\varepsilon}(t) = 2\pi\,\Delta f - 2\pi\,K_\mathrm{V}\,s(t) = 2\pi\,\Delta f - 2\pi\,K\sin\left(\varepsilon(t)\right), \qquad (4\text{-}66)$$

wobei wir die Schleifenverstärkung $K = K_\mathrm{a}K_\mathrm{v}/2$ eingesetzt haben.

Gl. 4-66 ist eine nichtlineare Differenzialgleichung, die das dynamische Verhalten des PLLs beschreibt. Wir betrachten im Folgenden den eingeschwungenen Zustand, in dem $\varepsilon(t) \cong \varepsilon$ und $s(t) \cong s$ konstant sind. Aus $\dot{\varepsilon} = 0$ folgt für ε und s

$$\varepsilon = \arcsin\frac{\Delta f}{K}, \qquad s = \frac{K_\mathrm{a}}{2}\sin\varepsilon = \frac{\Delta f}{K_\mathrm{V}}. \qquad (4\text{-}67)$$

Damit erhalten wir für die Frequenz des VCOs

$$f_\mathrm{V} = f_0 + K_\mathrm{V}\,s = f_1. \qquad (4\text{-}68)$$

Der PLL regelt den VCO also so nach, dass die VCO-Frequenz gleich der Eingangsfrequenz ist. Die Phasendifferenz zwischen Eingangssignal und VCO-Signal beträgt $\varepsilon - 90°$. Wenn dieser Zustand erreicht ist, sagt man, der PLL sei eingerastet. Aus

$$\sin\varepsilon = \frac{\Delta f}{K} \le 1$$

folgt

$$\Delta f \le K. \qquad (4\text{-}69)$$

Dies ist die für das Einrasten maximal zulässige Frequenzabweichung und wird auch als Fangbereich des PLLs bezeichnet.

Unser PLL-Modell mit einem Tiefpass-Schleifenfilter ist im eingerasteten Zustand durch eine durch Gl. 4-67 gegebene statische Phasendifferenz ε gekennzeichnet. Um diese Phasendifferenz klein und den Fangbereich (Gl. 4-69) möglichst groß zu machen, muss die Schleifenverstärkung K groß sein. Dies hat aber zur Folge, dass Störungen des Eingangssignals sich stärker auf die VCO-Steuerspannung auswirken und damit den Jitter des Taktsignals vergrößern. Man bezeichnet einen solchen PLL als PLL 1. Ordnung. Ein PLL 2. Ordnung hat ein integrierendes Schleifenfilter und eine statische Phasendifferenz von null. Der Fangbereich und die Schleifenbandbreite, die den Taktjitter bestimmt, können unabhängig voneinander gewählt werden.

4.8.2 Rahmensynchronisation

Auf rahmenstrukturierte Übertragungssysteme sind wir bereits in Abschnitt 4.7 im Zusammenhang mit dem rahmensynchronisierten Scrambler zu sprechen gekommen. Ein Übertragungsrahmen besteht aus einem Block von Nutzdaten und einem Rahmenkopf. Der Rahmenkopf enthält u. a. ein Rahmenkennungswort, mit dessen Hilfe der Empfänger den Rahmenanfang findet.

Bei der PCM-30-Schnittstelle (siehe Abschnitt 12.1) besteht beispielsweise ein Rahmen aus 32 byte oder 256 bit. Davon sind 31 byte Nutzdaten. Das erste Byte jedes zweiten Rahmens enthält ein 7 bit langes Rahmenkennungswort. Ein Ethernet-Übertragungsrahmen hat eine variable Länge von max. 1526 byte [57]. Der Rahmenkopf besteht aus 22 byte und enthält neben einem 1-byte-Rahmenkennungswort einen Vorspann zur Taktsynchronisation, Ziel- und Quelladresse und eine Längenangabe.

Die Wahrscheinlichkeit, dass ein Rahmenkennungswort der Länge N bit zufällig nochmals in den Nutzdaten vorkommt, beträgt

$$P = \left(\frac{1}{2}\right)^N . \qquad (4\text{-}70)$$

Um die Wahrscheinlichkeit für eine Fehlerkennung des Rahmenanfangs zu reduzieren, kann der Empfänger bei bekannter Rahmenlänge L mehrfach nach dem Rahmenkennungswort suchen. Wurde ein Rahmenkennungswort gefunden, muss nach L (bit oder byte) das nächste Rahmenkennungswort erscheinen. Dies setzt eine kontinuierliche Übertragung wie bei der PCM-30-Schnittstelle voraus. Bei der Übertragung einzelner Rahmen im Burstbetrieb wie im Beispiel des Ethernet ist dies nicht möglich.

Neben der einfachen Suche nach dem bekannten Bitmuster des Rahmenkennungswortes kann der Empfänger auch mit Hilfe eines Korrelationsfilters die Korrelationsfunktion von Eingangsfolge $x(n)$ und Synchronisationsfolge $w(n)$ bestimmen. Die Korrelationsfunktion zweier zeitdiskreter Folgen ist definiert als (siehe auch Gl. 8-4)

$$R_{\text{xw}}(k) = \sum_{n=0}^{N-1} w(n)\, x(n+k) . \qquad (4\text{-}71)$$

Dabei gehen wir von einem Rahmenkennungswort $w(n)$ der Länge N bit, d. h. $n = 0 \ldots N-1$, aus. Die Struktur eines Korrelationsfilters zur Berechnung von $R_{\text{xw}}(k)$ zeigt Bild 4-45. Am Eingang des Filters liegt die Folge $x(n)$, in der $w(n)$ enthalten ist. Wenn $x(k) = w(0), \ldots, x(k+N-1) = w(N-1)$, dann erhalten wir am Ausgang des Filters den Autokorrelationswert von $w(n)$ für die Verschiebung 0, also $R_{\text{xw}}(k) = R_{\text{w}}(0)$. Der Ausgangswert des Filters wird mit einem Schwellenwert C verglichen, der gleich oder geringfügig kleiner als $R_{\text{w}}(0)$ gewählt wird.

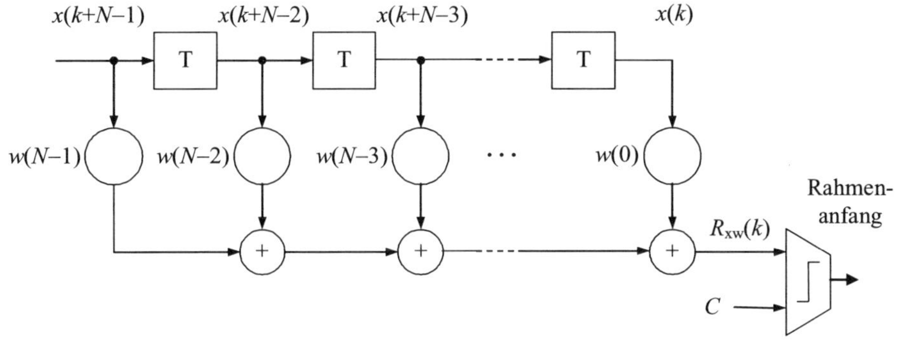

Bild 4-45: Korrelationsfilter zur Rahmensynchronisation

Ein Kriterium für die Wahl der Synchronisationsfolge $w(n)$ ist die Forderung, dass deren Autokorrelationsfunktion keine ausgeprägten Nebenmaxima enthält, die ggf. zu einem Erreichen der Schwelle und damit zu einem Fehlalarm führen könnten. Diese Eigenschaft wird von Barker-Folgen erfüllt. Für eine Barker-Folge der Länge N gilt für die Autokorrelationsfunktion

$$\begin{aligned} R_\text{w}(0) &= N, \\ R_\text{w}(k) &\le 1 \qquad \text{für} \quad k \ne 0. \end{aligned} \tag{4-72}$$

Tabelle 4-6 zeigt alle bekannten Barker-Folgen. Die längste bekannte Folge besteht aus 13 Symbolen. Auch alle Folgen, die man aus den Folgen von Tabelle 4-6 durch Invertieren oder Spiegeln erhält, haben eine Autokorrelationsfunktion mit der durch Gl. 4-72 gegebenen Eigenschaft.

Tabelle 4-6: Barker-Folgen

N	***w*(*n*)**
2	1 -1
3	1 1 -1
4	1 1 -1 1 und 1 1 1 -1
5	1 1 1 -1 1
7	1 1 1 -1 -1 1 -1
11	1 1 1 -1 -1 -1 1 -1 -1 1 -1
13	1 1 1 1 1 -1 -1 1 1 -1 1 -1 1

Beispiel 4-10: Rahmensynchronisation mit Barker-Folge

Die Nutzdaten eines Rahmens bestehen in diesem Beispiel aus 128 bit und der Rahmenkopf aus einem Rahmenkennungswort der Länge $N = 11$ bit. Die Gesamtlänge des Rahmens beträgt also $L = 139$ bit (Bild 4-46). Bei dem Rahmenkennungswort handelt es sich um die Barker-Folge der Länge 11 aus Tabelle 4-6.

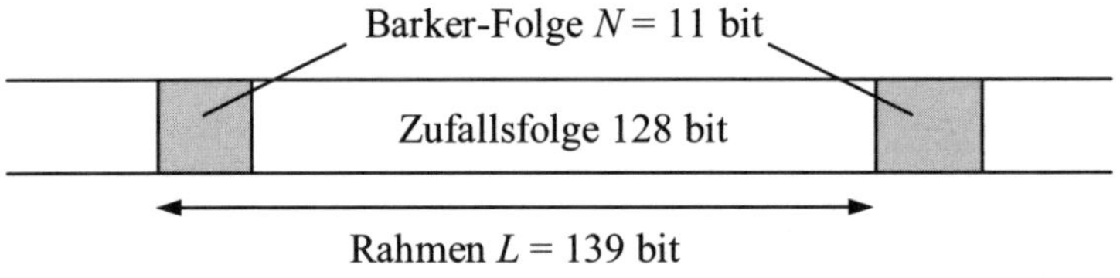

Bild 4-46: Übertragungsrahmen mit Barker-Folge als Rahmenkennungswort

Die Daten vor und hinter den Rahmenkennungswörtern sind binäre Zufallsdaten (1 oder −1 mit einer Auftrittswahrscheinlichkeit von jeweils 1/2). Die Symbolfolge wird mit der Barker-Folge durch ein Korrelationsfilter gemäß Bild 4-45 korreliert und wir erhalten das Ausgangssignal in Bild 4-47. Der Maximalwert des Ausgangssignals ist $R_w(0) = 11$. Diesen Wert erhalten wir, wenn das Rahmenkennungswort am Eingang des Filters erscheint. Die Peaks liegen genau im Abstand der Rahmenlänge L und markieren den Rahmenanfang.

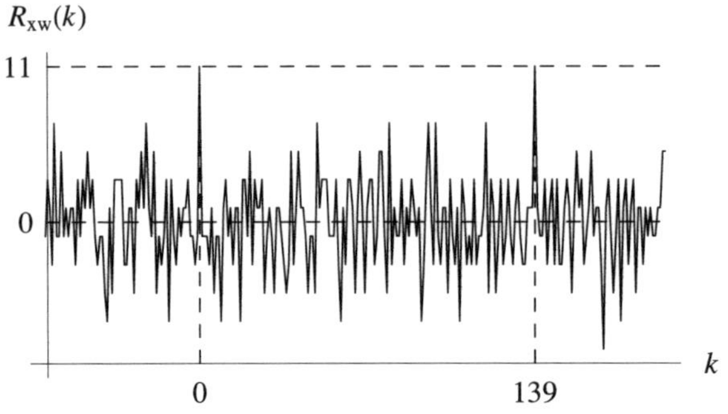

Bild 4-47: Ausgangssignal des Korrelationsfilters

◀

5 Digitale Modulationsverfahren

Bei der Basisbandübertragung wird das digitale Signal in der durch Gl. 4-8 gegebenen Form übertragen. Wie wir gesehen haben, können wir durch Pulsformung und Leitungscodierung das Leistungsdichtespektrum in bestimmten Grenzen formen. Allerdings ist für die Übertragung dieser Signale ein Kanal erforderlich, dessen Durchlassbereich $f = 0$ einschließt oder zumindest bis an $f \approx 0$ heranreicht.

Durch ein Modulationsverfahren wird das Spektrum des Basisbandsignals zu höheren Frequenzen hin verschoben, indem es mit einem sinusförmigen Träger multipliziert wird. Damit kann das Signal über einen Kanal mit Bandpasscharakteristik, beispielsweise einen Funk- oder Satellitenkanal, übertragen werden. Modulationsverfahren dienen auch der Mehrfachausnutzung eines verfügbaren Frequenzbereichs wie in der Rundfunktechnik. Durch die Wahl der Trägerfrequenz und der Bandbreite des Signals kann gezielt ein definiertes Frequenzband belegt werden, ohne benachbarte Frequenzbänder zu stören.

Wir beschäftigen uns zunächst mit den grundlegenden Eigenschaften von Bandpasssignalen. Dies sind Signale, deren Fourier-Spektrum auf einen Bereich endlicher Breite beschränkt ist und im Bereich um $f = 0$ verschwindet. Modulationssignale gehören daher zu den Bandpasssignalen. Zu einem reellen Bandpasssignal gehört ein im Allgemeinen komplexes äquivalentes Tiefpasssignal. Real- und Imaginärteil des komplexen Tiefpasssignals werden als Quadraturkomponenten bezeichnet. Tatsächlich erfolgt in heutigen Sender- und Empfängerkonzepten die (digitale) Signalverarbeitung fast ausschließlich im Tiefpassbereich, da man dann mit geringeren Abtastraten arbeiten kann.

Digitale Modulationsverfahren lassen sich in lineare und nichtlineare Verfahren unterteilen. Von einem linearen Verfahren spricht man, wenn die Quadraturkomponenten linear von der zu übertragenden Symbolfolge abhängen. Zu den linearen Modulationsverfahren zählen die Amplitudenumtastung, die Phasenumtastung und die Quadratur-Amplitudenmodulation. Die Frequenzumtastung zählt zu den nichtlinearen Verfahren. Neben diesen grundlegenden Modulationsarten werden die Prinzipien der kohärenten und der inkohärenten Demodulation behandelt. Wir bestimmen die Fehlerwahrscheinlichkeit exemplarisch für einzelne Verfahren.

Während bei den klassischen Modulationsverfahren ein Trägersignal verwendet wird, wird bei Multiträgersystemen die zu übertragende Symbolfolge auf mehrere Subträger aufgeteilt. Für jeden der Subträger können Leistung und Modulationsformat individuell festgelegt werden und somit lässt sich das Multiträgersignal optimal an den Übertragungskanal angepassen. Wir beschäftigen uns dabei insbesondere mit OFDM (Orthogonal Frequency-Division Multiplexing), das beispielsweise beim digitalen terrestrischen Rundfunk verwendet wird. Abschließend werden grundlegende Empfängerarchitekturen betrachtet. Neben dem klassischen Überlagerungsempfänger, bei dem das Eingangssignal zunächst auf eine Zwischenfrequenz umgesetzt wird, spielen auch zunehmend Empfänger, die das Eingangssignal direkt in das Basisband umsetzen, eine wichtige Rolle.

5.1 Bandpasssignale

5.1.1 Bandpasssignal und äquivalentes Tiefpasssignal

Bild 5-1 unten zeigt das Fourier-Spektrum $S_{TP}(f)$ eines Tiefpasssignals mit der unteren Grenzfrequenz $-f_g$. Offensichtlich erhält man aus dem Tiefpasssignal ein Bandpasssignal mit dem Fourier-Spektrum $S_{BP}(f)$, wenn man $S_{TP}(f)$ um einen Betrag $\pm f_c$ auf der Frequenzachse verschiebt und $f_c > f_g$ gilt.

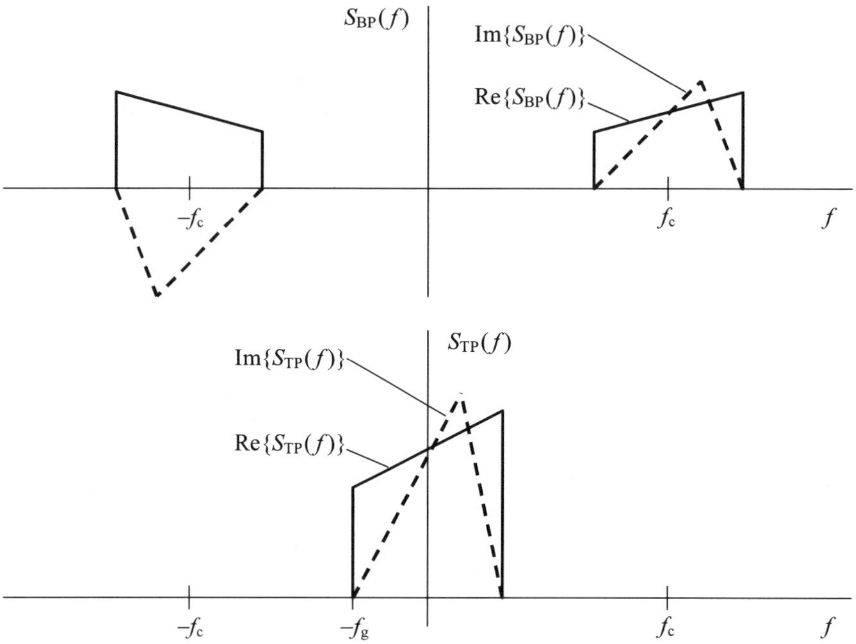

Bild 5-1: Fourier-Spektrum eines Bandpasssignals und des zugehörigen äquivalenten Tiefpasssignals

Gemäß Abschnitt 2.1.2 ist das Fourier-Spektrum eines reellen Signals durch einen geraden Realteil und einen ungeraden Imaginärteil gekennzeichnet. Um durch die Verschiebung von $S_{TP}(f)$ ein reelles Bandpasssignal zu erhalten, müssen für Real- und Imaginärteil von $S_{BP}(f)$ die Beziehungen

$$\begin{aligned} \mathrm{Re}\{S_{BP}(f)\} &= \frac{1}{2}\mathrm{Re}\{S_{TP}(f-f_c)\} + \frac{1}{2}\mathrm{Re}\{S_{TP}(-(f+f_c))\} \\ \mathrm{Im}\{S_{BP}(f)\} &= \frac{1}{2}\mathrm{Im}\{S_{TP}(f-f_c)\} - \frac{1}{2}\mathrm{Im}\{S_{TP}(-(f+f_c))\} \end{aligned} \qquad (5\text{-}1)$$

gelten. Der Realteil von $S_{BP}(f)$ ist also gleich dem um f_c nach rechts verschobenen Realteil von $S_{TP}(f)$ plus dem gespiegelten und um f_c nach links verschobenen Realteil von $S_{TP}(f)$. Der Imaginärteil von $S_{BP}(f)$ wiederum ist gleich dem um f_c nach rechts verschobenen Imaginärteil von $S_{\mathrm{TP}}(f)$ plus dem gespiegelten, um f_c nach links verschobenen und mit −1 multiplizierten Imaginärteil von $S_{\mathrm{TP}}(f)$. Dies ist in Bild 5-1 dargestellt. Fasst man Real- und Imaginärteile in Gl. 5-1 zusammen, erhält man für die Beziehung zwischen $S_{\mathrm{BP}}(f)$ und $S_{\mathrm{TP}}(f)$ den Ausdruck

$$S_{\mathrm{BP}}(f) = \frac{1}{2} S_{\mathrm{TP}}(f - f_c) + \frac{1}{2} S_{\mathrm{TP}}^*\left(-(f + f_c)\right). \tag{5-2}$$

Umgekehrt erhält man das äquivalente Tiefpasssignal mit dem Fourier-Spektrum $S_{\mathrm{TP}}(f)$ aus $S_{\mathrm{BP}}(f)$, indem man $S_{\mathrm{BP}}(f)$ auf den Bereich positiver Frequenzen begrenzt, um f_c in Richtung negativer Frequenzen verschiebt und mit 2 multipliziert. Man bezeichnet die Signale, deren Fourier-Spektren entsprechend Gl. 5-2 verknüpft sind, als Bandpasssignal und äquivalentes Tiefpasssignal.

Gl. 5-2 gilt für beliebige reelle Bandpasssignale, solange $S_{\mathrm{BP}}(f)$ im Bereich um $f = 0$ verschwindet und damit $S_{\mathrm{TP}}(f) = 0$ für $f \leq -f_c$ gilt. f_c muss dabei nicht zwingend in der Mitte des Bereichs von $S_{\mathrm{BP}}(f)$ liegen, der von null verschieden ist. Solange sich f_c überhaupt in diesem Bereich befindet, stellt $S_{\mathrm{TP}}(f)$ ein Tiefpasssignal dar.

Wir wollen nun den entsprechenden Zusammenhang im Zeitbereich zwischen Bandpasssignal $x_{\mathrm{BP}}(t) = \mathfrak{F}^{-1}\{S_{\mathrm{BP}}(f)\}$ und äquivalentem Tiefpasssignal $x_{\mathrm{TP}}(t) = \mathfrak{F}^{-1}\{S_{\mathrm{TP}}(f)\}$ untersuchen. Durch Fourier-Rücktransformation von Gl. 5-2 erhalten wir zunächst

$$x_{\mathrm{BP}}(t) = \frac{1}{2} x_{\mathrm{TP}}(t)\,\mathrm{e}^{\mathrm{j}2\pi f_c t} + \frac{1}{2}\left[x_{\mathrm{TP}}(t)\,\mathrm{e}^{\mathrm{j}2\pi f_c t}\right]^*.$$

Für eine komplexe Zahl $z = a + \mathrm{j}b$ ist $z + z^* = (a + \mathrm{j}b) + (a - \mathrm{j}b) = 2a = 2\,\mathrm{Re}\{z\}$, somit folgt für das Bandpasssignal

$$x_{\mathrm{BP}}(t) = \mathrm{Re}\left\{x_{\mathrm{TP}}(t)\,\mathrm{e}^{\mathrm{j}2\pi f_c t}\right\}. \tag{5-3}$$

Im Beispiel von Bild 5-1 ist weder der Realteil von $S_{\mathrm{TP}}(f)$ gerade noch dessen Imaginärteil ungerade. Zu einem reellen Bandpasssignal gehört daher im Allgemeinen ein komplexes Tiefpasssignal $x_{\mathrm{TP}}(t)$. Die Aufspaltung von $x_{\mathrm{TP}}(t)$ in Real- und Imaginärteil liefert

$$x_{\mathrm{TP}}(t) = x_{\mathrm{i}}(t) + \mathrm{j}\,x_{\mathrm{q}}(t) = \left|x_{\mathrm{TP}}(t)\right|\mathrm{e}^{\mathrm{j}\varphi_{\mathrm{TP}}(t)}. \tag{5-4}$$

Man bezeichnet den Realteil von $x_{\mathrm{TP}}(t)$ als Normal- oder Inphase-Komponente $x_{\mathrm{i}}(t)$ und den Imaginärteil als Quadraturkomponente $x_{\mathrm{q}}(t)$. Stellt man $x_{\mathrm{TP}}(t)$ als Zeiger in der komplexen Ebene dar, so steht $x_{\mathrm{q}}(t)$ senkrecht (in Quadratur) auf $x_{\mathrm{i}}(t)$. Für den Betrag (d. h. die Länge des Zeigers) und die Phase gilt

$$\begin{aligned} \left|x_{\mathrm{TP}}(t)\right| &= \sqrt{x_{\mathrm{i}}^2(t) + x_{\mathrm{q}}^2(t)}\,, \\ \varphi_{\mathrm{TP}}(t) &= \arctan\frac{x_{\mathrm{q}}(t)}{x_{\mathrm{i}}(t)}\,. \end{aligned} \tag{5-5}$$

Setzt man $x_{\mathrm{TP}}(t)$ aus Gl. 5-4 in Gl. 5-3 ein, so erhält man mit Hilfe der eulerschen Beziehung für die Exponentialfunktion

$$x_{BP}(t) = \mathrm{Re}\left\{\left(x_i(t) + j\,x_q(t)\right)\left(\cos(2\pi f_c t) + j\sin(2\pi f_c t)\right)\right\}.$$

Das Bandpasssignal lässt sich damit in der Form

$$x_{BP}(t) = x_i(t)\cos(2\pi f_c t) - x_q(t)\sin(2\pi f_c t) \tag{5-6}$$

darstellen. Ersetzt man $x_{TP}(t)$ durch die Darstellung nach Betrag und Phase, so ergibt sich

$$x_{BP}(t) = \left|x_{TP}(t)\right| \cos\left(2\pi f_c t + \varphi_{TP}(t)\right). \tag{5-7}$$

Das Bandpasssignal ist also ein Kosinussignal der Frequenz f_c, dessen Phase und Amplitude durch die Phase und den Betrag des Tiefpasssignals bestimmt werden. $x_{TP}(t)$ wird auch als komplexe Hüllkurve und dessen Betrag als Einhüllende des Bandpasssignals bezeichnet.

Im Zeitbereich erhält man das zu einem Bandpasssignal äquivalente Tiefpasssignal, indem man $x_{BP}(t)$ mit dem komplexen Signal $\exp[-j\,2\pi f_c t]$ multipliziert:

$$x_{BP}(t)\,e^{-j2\pi f_c t} = x_{BP}(t)\left[\cos(2\pi f_c t) - j\sin(2\pi f_c t)\right]. \tag{5-8}$$

Betrachten wir zunächst den ersten Summanden in Gl. 5-8. Wir setzen $x_{BP}(t)$ aus Gl. 5-6 ein und erhalten

$$x_{BP}(t)\cos(2\pi f_c t) = x_i(t)\frac{1}{2}\left(1 + \cos(4\pi f_c t)\right) - x_q(t)\sin(4\pi f_c t). \tag{5-9}$$

Der Multiplikation von $x_i(t)$ mit $\cos(4\pi f_c t)$ entspricht eine Verschiebung des Spektrums von $x_i(t)$ um $\pm 2f_c$. Gleiches gilt für $x_q(t)$ und $\sin(4\pi f_c t)$. Mit Hilfe eines Tiefpassfilters der Grenzfrequenz f_c, das die Signalanteile um $f = \pm 2f_c$ entfernt, erhalten wir unter der Voraussetzung $S_{TP}(f) = 0$ für $|f| \geq f_c$ aus Gl. 5-9 die Normalkomponente $x_i(t)/2$. Wir verfahren entsprechend mit dem zweiten Summanden aus Gl. 5-8 und erhalten nach einer Tiefpassfilterung die Quadraturkomponente $j\,x_q(t)/2$.

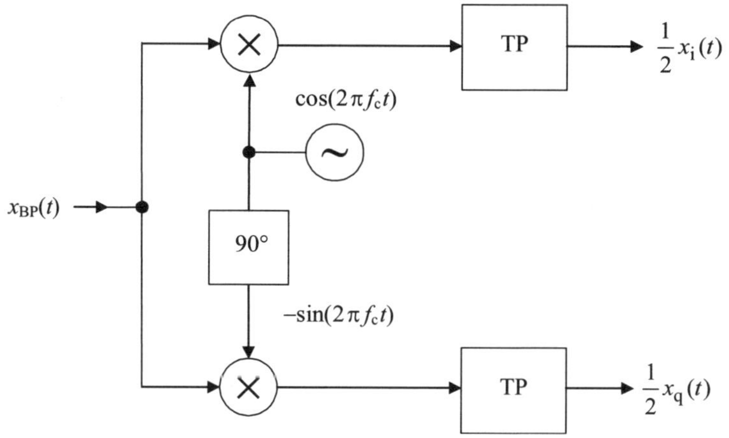

Bild 5-2: Erzeugung des äquivalenten Tiefpasssignals aus dem Bandpasssignal

Aus dieser Überlegung folgt das Blockschaltbild in Bild 5-2 zur Erzeugung von $x_{TP}(t)$ aus $x_{BP}(t)$. Im oberen Zweig der Schaltung wird $x_{BP}(t)$ mit $\cos(2\pi f_c t)$ und im unteren Zweig mit $-\sin(2\pi f_c t)$ multipliziert. Nach der Tiefpassfilterung stehen am Ausgang der Schaltung Real- und Imaginärteil von $x_{TP}(t)/2$ getrennt als jeweils reelle Signale zur Verfügung. Ein entsprechendes Blockschaltbild zur Erzeugung von $x_{BP}(t)$ aus $x_{TP}(t)$ folgt direkt aus Gl. 5-6 und ist in Bild 5-3 dargestellt.

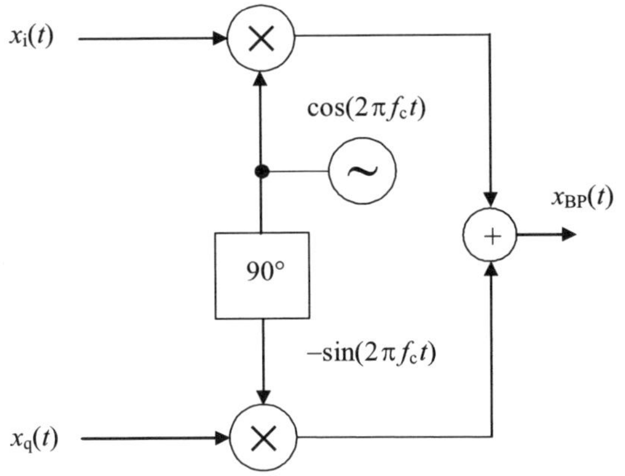

Bild 5-3: Erzeugung des Bandpasssignals aus dem äquivalenten Tiefpasssignal

Beispiel 5-1: Zeitbegrenztes Kosinussignal

Wir betrachten als Tiefpasssignal den Rechteckimpuls mit der Amplitude A und der Länge T,

$$x_{TP}(t) = A\,\mathrm{rect}(t/T).$$

Für das zugehörige Bandpasssignal erhalten wir für $f_c >> 1/T$ mit Gl. 5-3

$$x_{BP}(t) = A\,\mathrm{rect}(t/T)\cos(2\pi f_c t),$$

also eine auf das Intervall T zeitbegrenzte Kosinusschwingung. Das Fourier-Spektrum des Rechteckimpulses ist durch die si-Funktion gegeben (siehe Beispiel 2-3). Durch die Bedingung $f_c >> 1/T$ ist gewährleistet, dass $S_{TP}(f) \approx 0$ für $f \leq -f_c$ gilt. Die Fourier-Transformierte des Bandpasssignals lautet

$$S_{BP}(f) = AT\,\mathrm{si}(\pi T f) * \frac{1}{2}[\delta(f + f_c) + \delta(f - f_c)]$$

$$= A\frac{T}{2}[\mathrm{si}(\pi T(f + f_c)) + \mathrm{si}(\pi T(f - f_c))].$$

$x_{BP}(t)$ und $S_{BP}(f)$ sind in Bild 5-4 gezeigt. Das Fourier-Spektrum des Tiefpasssignals ist reell und gerade, da $x_{TP}(t)$ reell und gerade ist. In diesem Fall müssen wir das Tiefpassspektrum lediglich um $\pm f_c$ verschieben, um das Fourier-Spektrum des Bandpasssignals zu erhalten.

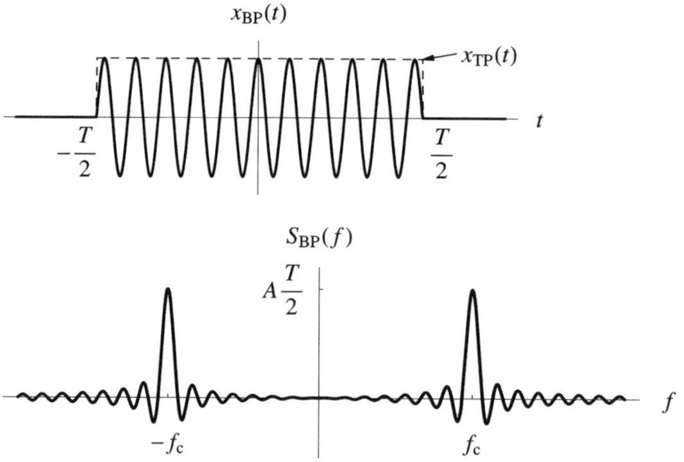

Bild 5-4: Das zeitbegrenzte Kosinussignal und dessen Fourier-Spektrum

◀

5.1.2 Äquivalentes Tiefpasssystem

Der Zusammenhang zwischen Bandpasssignal und äquivalentem Tiefpasssignal (Gl. 5-2) gilt in gleicher Form auch für ein Bandpasssystem mit der Übertragungsfunktion $H_{BP}(f)$. Daher gibt es zu $H_{BP}(f)$ ein äquivalentes Tiefpasssystem mit der Übertragungsfunktion $H_{TP}(f)$ und der Impulsantwort $h_{TP}(t)$:

$$H_{BP}(f) = \frac{1}{2} H_{TP}(f - f_c) + \frac{1}{2} H_{TP}^*\big(-(f + f_c)\big),$$
$$h_{TP}(t) = h_i(t) + j\,h_q(t). \tag{5-10}$$

Am Eingang des Bandpasssystems liege das Signal $x_{BP}(t)$. Für das Ausgangssignal $y_{BP}(t)$ und dessen Fourier-Transformierte $G_{BP}(f)$ gilt zunächst

$$y_{BP}(t) = x_{BP}(t) * h_{BP}(t), \quad G_{BP}(f) = S_{BP}(f)\, H_{BP}(f). \tag{5-11}$$

Nun können wir das Bandpasssystem aber auch im Tiefpassbereich realisieren, indem wir aus dem Eingangssignal das zugehörige äquivalente Tiefpasssignal gewinnen, dies über das äquivalente Tiefpasssystem übertragen und das Ausgangssignal in den Bandpassbereich zurücktransformieren. Für das Ausgangssignal und das zugehörige Tiefpasssignal schreiben wir wieder

$$y_{BP}(t) = \mathrm{Re}\left\{y_{TP}(t)\, e^{j2\pi f_c t}\right\},$$
$$G_{BP}(f) = \frac{1}{2} G_{TP}(f - f_c) + \frac{1}{2} G_{TP}^*\big(-(f + f_c)\big). \tag{5-12}$$

Wir suchen nun noch den Zusammenhang zwischen $x_{TP}(t)$, $h_{TP}(t)$ und $y_{TP}(t)$. Ausgehend von $G_{BP}(f)$ aus Gl. 5-11 setzen wir für die Bandpassspektren bzw. Übertragungsfunktion die entsprechenden Tiefpassausdrücke ein und erhalten

$$\frac{1}{2}G_{TP}(f-f_c)+\frac{1}{2}G_{TP}^{*}(-(f+f_c))$$
$$=\left[\frac{1}{2}S_{TP}(f-f_c)+\frac{1}{2}S_{TP}^{*}(-(f+f_c))\right]\left[\frac{1}{2}H_{TP}(f-f_c)+\frac{1}{2}H_{TP}^{*}(-(f+f_c))\right].$$

Im nächsten Schritt multiplizieren wir die Klammern in obiger Gleichung aus. Dabei ist zu beachten, dass sich die um f_c nach rechts $[S_{TP}(f-f_c), H_{TP}(f-f_c)]$ und nach links $[S_{TP}(-(f+f_c)), H_{TP}(-(f+f_c))]$ verschobenen Teilspektren nicht überlappen, da $S_{TP}(f)=0$ und $H_{TP}(f)=0$ für $f\le -f_c$ gilt. Deren Produkte sind also null und wir erhalten

$$\frac{1}{2}G_{TP}(f-f_c)+\frac{1}{2}G_{TP}^{*}(-(f+f_c))$$
$$=\frac{1}{4}S_{TP}(f-f_c)H_{TP}(f-f_c)+\frac{1}{4}S_{TP}^{*}(-(f+f_c))H_{TP}^{*}(-(f+f_c))$$

oder kurz

$$G_{TP}(f)=\frac{1}{2}S_{TP}(f)H_{TP}(f)\,. \qquad (5\text{-}13)$$

Im Zeitbereich lautet damit der gesuchte Zusammenhang

$$y_{TP}(t)=\frac{1}{2}x_{TP}(t)*h_{TP}(t)\,. \qquad (5\text{-}14)$$

Dabei gelten für den Real- und den Imaginärteil von $y_{TP}(t)$

$$\begin{aligned} y_i(t)&=\frac{1}{2}\left[x_i(t)*h_i(t)-x_q(t)*h_q(t)\right],\\ y_q(t)&=\frac{1}{2}\left[x_i(t)*h_q(t)+x_q(t)*h_i(t)\right]. \end{aligned} \qquad (5\text{-}15)$$

Aus Gl. 5-15 resultiert das Blockschaltbild (Bild 5-5) zur Realisierung eines Bandpasssystems als äquivalentes Tiefpasssystem. Im Falle eines Bandpasssystems mit reeller Impulsantwort vereinfacht sich das Blockschaltbild, da $h_q(t)=0$ ist. Voraussetzung dafür ist eine bezüglich f_c symmetrische Übertragungsfunktion, so dass die äquivalente Tiefpass-Übertragungsfunktion einen geraden Realteil und einen ungeraden Imaginärteil hat.

Ein Beispiel für ein solches System ist der ideale Bandpass. Aus dessen Impulsantwort Gl. 2-33 erhalten wir sofort durch Vergleich mit Gl. 5-6 die Impulsantwort des dazu äquivalenten Tiefpasses,

$$h_{TP}(t)=2H_0B\,\mathrm{si}(\pi Bt)\,.$$

Da $h_{TP}(t)$ reell ist, gilt $h_{TP}(t) = h_i(t)$. $h_{TP}(t)$ ist daher identisch mit der Hüllkurve von $h_{BP}(t) \cong h(t)$ (siehe Bild 2-18). Die Übertragungsfunktion des äquivalenten Tiefpasses lautet $H_{TP}(f) = 2H_0 \,\mathrm{rect}(f/B)$.

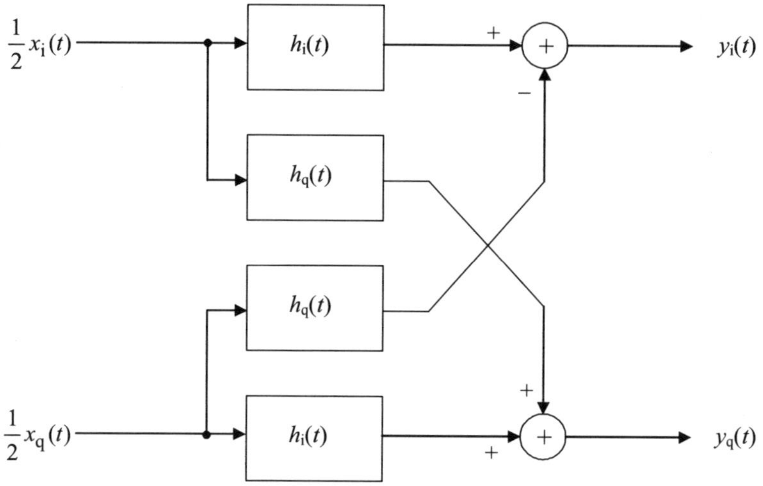

Bild 5-5: Realisierung eines Bandpasssystems im Tiefpassbereich

Beispiel 5-2: Berechnung des Ausgangssignals eines Bandpassfilters mit Hilfe der Bandpass-Tiefpass-Transformation

Das Signal $x(t) = \mathrm{si}(\pi\, t)\cos(2\pi f_c\, t)$ wird über ein Bandpassfilter mit der Impulsantwort $h(t) = \mathrm{si}^2(\pi\, t)\cos(2\pi f_c\, t)$ übertragen. Wir bestimmen das Ausgangssignal $y(t)$ mit Hilfe der Bandpass-Tiefpass-Transformation. Für die Fourier-Transformierten von $x(t)$ und $h(t)$ erhalten wir

$$S(f) = \mathrm{rect}(f) * \frac{1}{2}\left[\delta(f - f_c) + \delta(f + f_c)\right] = \frac{1}{2}\left[\mathrm{rect}(f - f_c) + \mathrm{rect}(f + f_c)\right],$$

$$H(f) = \Lambda(f) * \frac{1}{2}\left[\delta(f - f_c) + \delta(f + f_c)\right] = \frac{1}{2}\left[\Lambda(f - f_c) + \Lambda(f + f_c)\right].$$

$S(f)$ hat die Bandbreite $B = f_c + 1/2 - (f_c - 1/2) = 1$ (dimensionslos) und $H(f)$ hat die Bandbreite $B = f_c + 1 - (f_c - 1) = 2$. Wir bestimmen nun die zugehörigen Tiefpasssignale $S_{TP}(f)$ und $H_{TP}(f)$. Dazu begrenzen wir $S(f)$ und $H(f)$ auf den Bereich positiver Frequenzen, verschieben das Resultat um f_c nach links und multiplizieren mit 2. Das Ergebnis lautet

$$S_{TP}(f) = \mathrm{rect}(f), \qquad H_{TP}(f) = \Lambda(f),$$

siehe Bild 5-6. Für die Fourier-Transformierte des Ausgangssignals gilt nun im Tiefpassbereich:

$$G_{TP}(f) = \frac{1}{2} S_{TP}(f) H_{TP}(f) = \begin{cases} \frac{1}{2}(f+1) & \text{für } -\frac{1}{2} \le f \le 0, \\ \frac{1}{2}(-f+1) & \text{für } 0 \le f \le \frac{1}{2}, \\ 0 & \text{für } |f| < \frac{1}{2}. \end{cases}$$

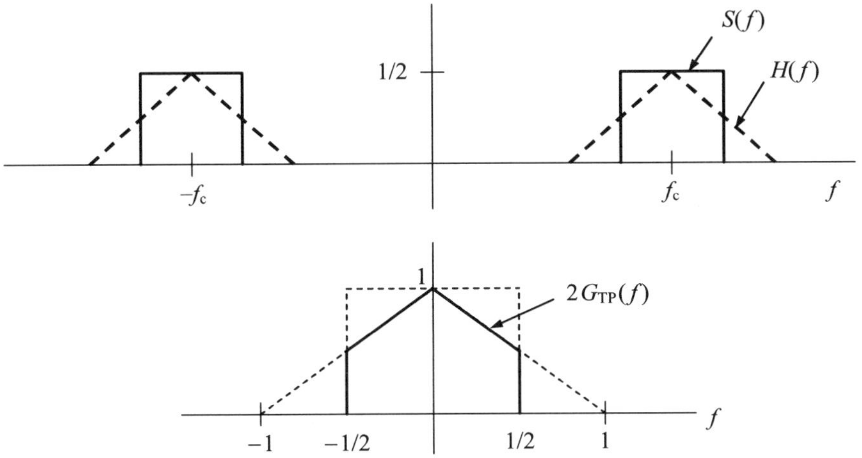

Bild 5-6: Fourier-Spektren der Bandpass- und der äquivalenten Tiefpasssignale

Durch Fourier-Rücktransformation von $G_{TP}(f)$ erhalten wir $y_{TP}(t)$. Wir setzen $G_{TP}(f)$ in das Fourier-Integral ein und integrieren abschnittsweise von – 1/2 bis 0 und von 0 bis 1/2 mit dem Ergebnis

$$y_{TP}(t) = \frac{1}{4\pi t}\left[\sin(\pi t) + \frac{1}{\pi t}\left(1 - \cos(\pi t)\right)\right].$$

Da $y_{TP}(t)$ reell ist, folgt mit Gl. 5-3 für das gesuchte Signal

$$y(t) = y_{TP}(t)\cos(2\pi f_c t) .$$

Eingangssignal $x(t)$ und Ausgangssignal $y(t)$ des Bandpassfilters sind in Bild 5-7 zu sehen. Die Hüllkurven der Signale sind als gestrichelte Linien enthalten. Bei dem Eingangssignal handelt es sich um einen Nyquist-Impuls, der die Bedingung Gl. 4-3 (mit $T_s = 1$) erfüllt, und der ein Trägersignal amplitudenmoduliert. Da das Filter nicht verzerrungsfrei ist, ist die Nyquist-Bedingung hinter dem Filter nicht mehr erfüllt. Dies ist bei der Hüllkurve von $y(t)$ zu sehen, deren Nullstellen nicht mehr exakt im Abstand 1 auftreten.

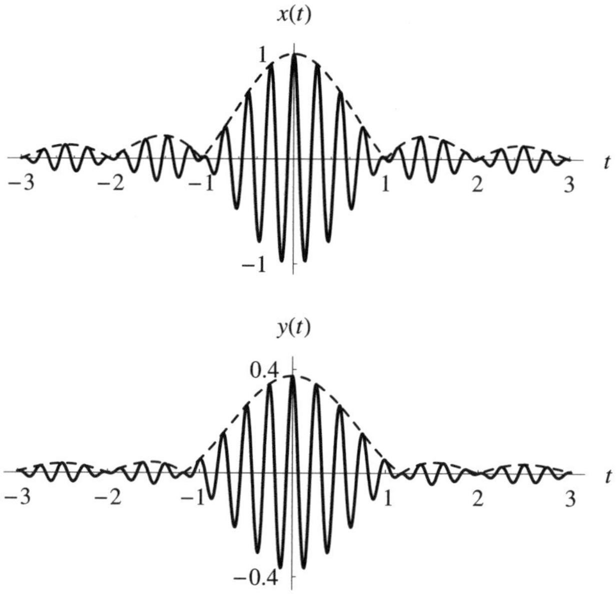

Bild 5-7: Eingangs- und Ausgangssignal des Bandpassfilters

◀

Durch die Zusammenschaltung der Bandpass-Tiefpass-Transformation Bild 5-2, des äquivalenten Tiefpasssystems Bild 5-5 und der Tiefpass-Bandpass-Transformation Bild 5-3 erhalten wir die vollständige Realisierung eines Bandpasssystems im Tiefpassbereich. Eine vereinfachte Darstellung dieser auch Quadraturmischung genannten Schaltung ergibt sich mit komplexen Signalen, wie in Bild 5-8 gezeigt. Die Doppelpfeile repräsentieren dabei die komplexen Signale, wobei in der praktischen Umsetzung Real- und Imaginärteil wie bisher jeweils als getrennte reelle Signale auftreten. Die in Bild 5-2 enthaltenen Tiefpassfilter sind im Blockschaltbild (Bild 5-8) entfallen, da deren Funktion in der Regel von dem äqivalenten Tiefpassfilter mit der Übertragungsfunktion $H_{\mathrm{TP}}(f)$ übernommen wird. Dazu muss $H_{\mathrm{TP}}(f)$ lediglich die Bedingung $H_{\mathrm{TP}}(f) = 0$ für $|f| \geq f_{\mathrm{c}}$ erfüllen.

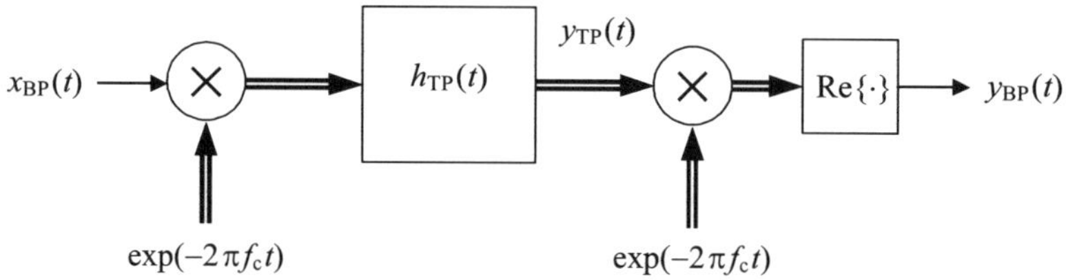

Bild 5-8: Komplexe Darstellung der Quadraturmischung

5.1.3 Hilbert-Transformation

Unter einem Hilbert-Transformator versteht man ein Filter mit der Impulsantwort

$$h_{\mathrm{H}}(t)=\begin{cases}\dfrac{1}{\pi t} & \text{für} \quad t\neq 0\\ 0 & \text{für} \quad t=0\end{cases} \tag{5-16}$$

und der Übertragungsfunktion (siehe Bild 5-9)

$$H_{\mathrm{H}}(f)=-\mathrm{j}\,\mathrm{sgn}(f)\,. \tag{5-17}$$

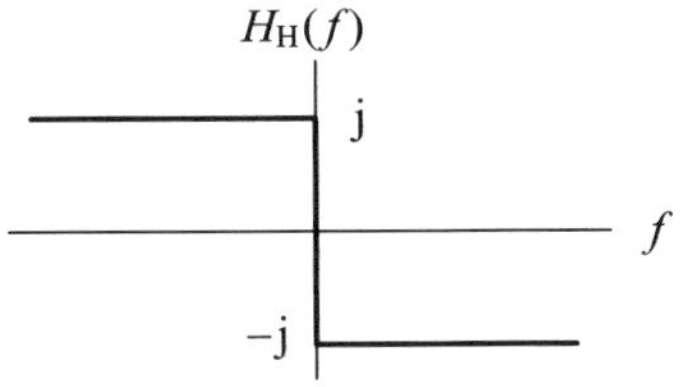

Bild 5-9: Der ideale Hilbert-Transformator

Die Hilbert-Transformation ist also trotz ihres Namens keine Bereichstransformation wie die Fourier-Transformation, die Zeit- und Frequenzbereich miteinander verbindet, sondern eine Filterfunktion. Der Hilbert-Transformator bewirkt eine konstante Phasenverschiebung von $+90°$ im Bereich $f < 0$ und von $-90°$ im Bereich $f > 0$. Die Amplitude bleibt unverändert, da für den Betrag der Übertragungsfunktion $|H_{\mathrm{H}}(f)| = 1$ gilt. Der ideale Hilbert-Transformator hat eine nichtkausale Impulsantwort und ist ähnlich wie der ideale Tiefpass nicht realisierbar, kann aber in einem begrenzten Frequenzbereich durch ein digitales Filter approximiert werden. Für die Hilbert-Transformierte eines Signals schreibt man

$$\hat{x}(t)=x(t)*h_{\mathrm{H}}(t),\quad \hat{S}(f)=S(f)\,H_{\mathrm{H}}(f)\,. \tag{5-18}$$

Die Hilbert-Transformation ist mit der äquivalenten Tiefpassdarstellung eines Bandpasssignals eng verbunden. Wir gehen zunächst von einem Bandpasssignal in der durch Gl. 5-3 gegebenen Form aus. Das komplexe Signal in der geschweiften Klammer bezeichnet man als analytisches Signal:

$$x_{\mathrm{BP}}^{+}(t)=x_{\mathrm{TP}}(t)\,\mathrm{e}^{\mathrm{j}2\pi f_{\mathrm{c}}t}\,. \tag{5-19}$$

Durch Fourier-Transformation von Gl. 5-19 erhalten wir für dessen Fourier-Spektrum

$$S_{\mathrm{BP}}^{+}(f)=S_{\mathrm{TP}}(f)*\delta(f-f_{\mathrm{c}})=S_{\mathrm{TP}}(f-f_{\mathrm{c}})\,. \tag{5-20}$$

Dies ist gleich dem auf positive Frequenzen beschränkten Fourier-Spektrum des Bandpasssignals. Wir können daher auch

$$S_{\mathrm{BP}}^{+}(f)=2u(f)\,S_{\mathrm{BP}}(f)=\begin{cases}2\,S_{\mathrm{BP}}(f) & \text{für} \quad f>0\\ 0 & \text{für} \quad f<0\end{cases} \tag{5-21}$$

schreiben. Durch Fourier-Rücktransformation dieser Beziehung erhalten wir wieder das analytische Signal:

$$\begin{aligned} x_{\mathrm{BP}}^{+}(t) &= 2\,\mathfrak{I}^{-1}\{u(f)\} * x_{\mathrm{BP}}(t) \\ &= 2\left(\frac{1}{2}\delta(t) + \mathrm{j}\frac{1}{2\pi t}\right) * x_{\mathrm{BP}}(t) = x_{\mathrm{BP}}(t) + \mathrm{j}\frac{1}{\pi t} * x_{\mathrm{BP}}(t). \end{aligned} \tag{5-22}$$

Mit Gl. 5-18 erhalten wir daher für das analytische Signal auch

$$x_{\mathrm{BP}}^{+}(t) = x_{\mathrm{BP}}(t) + j\,\hat{x}_{\mathrm{BP}}(t) \tag{5-23}$$

sowie im Frequenzbereich in Übereinstimmung mit Gl. 5-21

$$\begin{aligned} S_{\mathrm{BP}}^{+}(f) &= S_{\mathrm{BP}}(f) + \mathrm{j}\,\hat{S}_{\mathrm{BP}}(f) \\ &= S_{\mathrm{BP}}(f) + \mathrm{sgn}(f)\,S_{\mathrm{BP}}(f) = \begin{cases} 2\,S_{\mathrm{BP}}(f) & \text{für} \quad f > 0, \\ 0 & \text{für} \quad f < 0. \end{cases} \end{aligned} \tag{5-24}$$

Der durch Gl. 5-24 gegebene Zusammenhang zwischen Bandpasssignal, dessen Hilbert-Transformation und analytischem Signal ist in Bild 5-10 grafisch veranschaulicht.

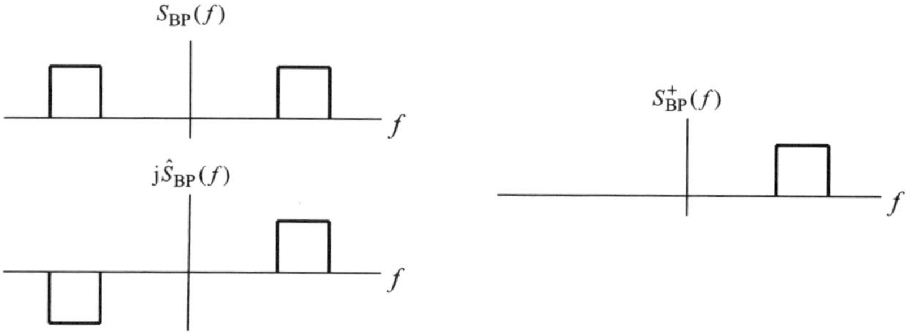

Bild 5-10: Hilbert-Transformation und analytisches Signal im Frequenzbereich

5.1.4 Leistungsdichtespektrum von Bandpasssignalen

Ausgehend von Gl. 5-3 schreiben wir für ein moduliertes Signal

$$\begin{aligned} x_{\mathrm{c}}(t) &= A_{\mathrm{c}}\,\mathrm{Re}\left\{x_{\mathrm{TP}}(t)\,\mathrm{e}^{\mathrm{j}(2\pi f_{\mathrm{c}} t + \theta_{\mathrm{c}})}\right\} \\ &= A_{\mathrm{c}}\left[x_{\mathrm{i}}(t)\cos(2\pi f_{\mathrm{c}} t + \theta_{\mathrm{c}}) - x_{\mathrm{q}}(t)\sin(2\pi f_{\mathrm{c}} t + \theta_{\mathrm{c}})\right]. \end{aligned} \tag{5-25}$$

A_{c} ist die Amplitude, f_{c} die Frequenz und θ_{c} die Phase des Trägersignals. Das Tiefpasssignal $x_{\mathrm{TP}}(t)$ enthält die zu übertragende Information in Form einer Symbolfolge. Im Falle eines linearen Modulationsverfahrens, bei dem die Quadraturkomponenten $x_{\mathrm{i}}(t)$ und $x_{\mathrm{q}}(t)$ des Tiefpasssignals linear von der Symbolfolge abhängen, ergibt sich die Struktur eines Quadratur-Modulators wie in Bild 5-11 gezeigt. Eine Folge von m-wertigen Symbolen $\{a_n\}$ wird in einen Real- und Imaginärteil $\{a_k'\}$ bzw. $\{a_k''\}$ aufgespalten. Nach einem Pulsformfilter mit der (reellen) Impulsantwort $p(t)$ erhält man entsprechend Gl. 4-8 die Quadraturkomponenten

$$x_\mathrm{i}(t) = \sum_{k=-\infty}^{\infty} a_k' \, p(t - kT_\mathrm{s}),$$
$$x_\mathrm{q}(t) = \sum_{k=-\infty}^{\infty} a_k'' \, p(t - kT_\mathrm{s}) \qquad (5\text{-}26)$$

oder in komplexer Schreibweise

$$x_\mathrm{TP}(t) = \sum_{k=-\infty}^{\infty} \left(a_k' + \mathrm{j}\, a_k''\right) p(t - kT_\mathrm{s}) \,. \qquad (5\text{-}27)$$

Die Quadraturkomponenten des Tiefpasssignals stellen also digitale Basisbandsignale dar, die voneinander unabhängige Symbolfolgen enthalten. Durch die den Pulsformfiltern folgenden Mischstufen entsteht auf gleiche Weise wie in Bild 5-3 ein reelles Bandpasssignal. Die komplexe Ebene, die von den Quadraturkomponenten $x_\mathrm{i}(t)$ und $x_\mathrm{q}(t)$ aufgespannt wird, wird auch Signalraum genannt. Entsprechend ist der Block zur Aufspaltung der Symbolfolge in Bild 5-11 mit Signalraumzuordnung bezeichnet. Die obige Darstellung eines Modulationssignals gilt zunächst für alle linearen Modulationsverfahren. Mit der Wertigkeit der Symbole a_k und der Art der Signalraumzuordnung wird ein spezifisches Modulationsverfahren festgelegt.

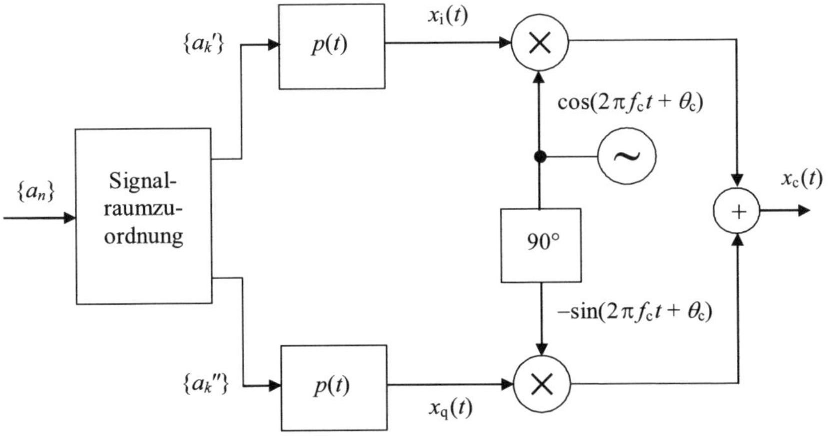

Bild 5-11: Quadratur-Modulator

Das Leistungsdichtespektrum der Basisbandsignale in der Form von Gl. 5-26 ist uns aus Abschnitt 4.3.5 bekannt. Durch die Multiplikation mit dem Trägersignal verschiebt sich das Leistungsdichtespektrum des Basisbandsignals um $\pm f_\mathrm{c}$ [29]. Die Normalkomponente $x_\mathrm{i}(t)$ habe die Autokorrelationsfunktion $R_\mathrm{i}(\tau)$ und das Leistungsdichtespektrum $\phi_\mathrm{i}(f)$,

Entsprechendes gelte für die Quadraturkomponente $x_q(t)$. Unter der Voraussetzung, dass $x_i(t)$ und $x_q(t)$ unkorreliert sind, gilt für die Autokorrelationsfunktion von $x_c(t)$

$$R_c(\tau) = \left[R_i(\tau) + R_q(\tau)\right]\frac{A_c^2}{2}\cos(2\pi f_c \tau)\,. \tag{5-28}$$

Der Ausdruck rechts von der eckigen Klammer in Gl. 5-28 ist die Autokorrelationsfunktion eines Kosinus- oder Sinussignals, siehe Beispiel 2-9. Durch Fourier-Transformation von $R_c(\tau)$ erhalten wir für das Leistungsdichtespektrum des modulierten Signals den Ausdruck

$$\begin{aligned}\phi_c(f) &= \left[\phi_i(f) + \phi_q(f)\right] * \frac{A_c^2}{4}\left[\delta(f - f_c) + \delta(f + f_c)\right]\\ &= \frac{A_c^2}{4}\left[\phi_i(f - f_c) + \phi_i(f + f_c) + \phi_q(f - f_c) + \phi_q(f + f_c)\right].\end{aligned} \tag{5-29}$$

Für $\phi_i(f)$ und $\phi_q(f)$ gilt (unter den dort genannten Voraussetzungen) Gl. 4-11 oder Gl. 4-12. Insbesondere kann wieder eine spektrale Formung des modulierten Signals durch die Pulsformfilter $p(t)$ im Basisband erfolgen.

5.2 Grundlegende Modulationsverfahren

5.2.1 Amplitudenumtastung

Bei einem amplitudengetasteten Signal (Amplitude-Shift Keying, ASK) ändert sich nur die Amplitude, nicht aber die Phase. Damit dies der Fall ist, muss nach Gl. 5-7 $\varphi_{TP}(t)$ und damit auch $x_q(t)$ gleich null sein. Zusätzlich muss $x_i(t)$ unipolar sein, da ein Vorzeichenwechsel eine 180°-Phasenänderung bewirken würde. Damit gilt für die Quadraturkomponenten eines m-stufigen amplitudengetasteten Signals oder kurz eines m-ASK-Signals

$$\begin{aligned}x_i(t) &= \sum_{k=-\infty}^{\infty} a_k\, p(t - kT_s), \quad a_k \in \{0, 1, \ldots, m-1\},\\ x_q(t) &= 0\end{aligned} \tag{5-30}$$

und für das modulierte Signal

$$x_c(t) = A_c\, x_i(t)\cos(2\pi f_c t + \theta_c)\,. \tag{5-31}$$

Bild 5-12 zeigt den Signalverlauf für binäre ASK ($m = 2$). Da das Trägersignal bei diesem Verfahren ein- und ausgeschaltet wird, spricht man auch von On-Off-Keying (OOK). Die zwei Punkte in der Signalraumkonstellation markieren die Spitze des Zeigers, der durch das Tiefpasssignal $x_{TP}(t)$ in der komplexen Ebene aufgespannt wird. Da der Imaginärteil von $x_{TP}(t)$, also $x_q(t)$, gleich null ist, liegt die Spitze des Zeigers immer auf der reellen Achse. Der Betrag $|x_{TP}(t)|$ bestimmt die Länge des Zeigers und ist entsprechend Gl. 5-7 proportional der Amplitude des modulierten Signals. Die zwei Punkte im Signalraum entsprechen daher den zwei Amplitudenstufen des binären ASK-Signals.

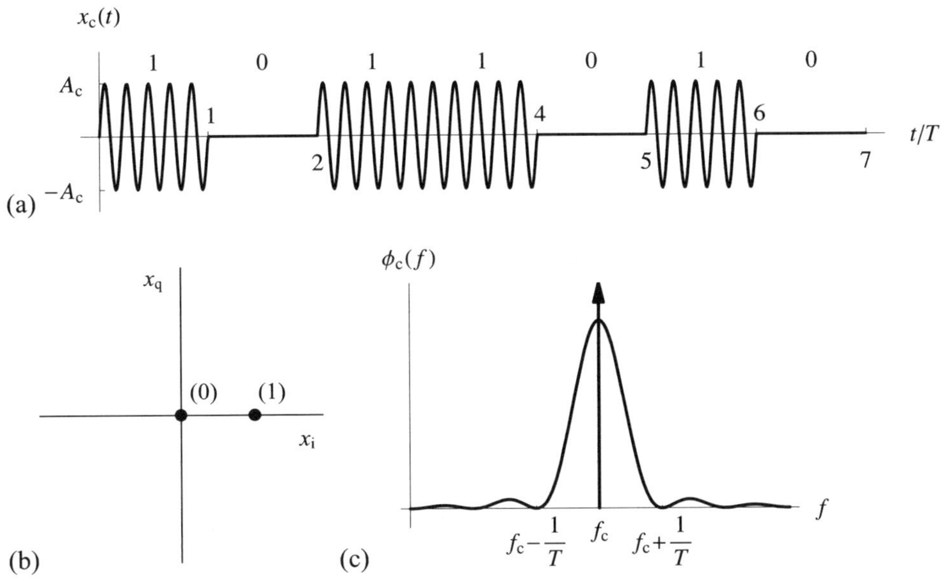

Bild 5-12: ASK (m = 2): (a) Signalverlauf, (b) Signalraumkonstellation und (c) Leistungsdichtespektrum

Ebenfalls in Bild 5-12 zu sehen ist das Leistungsdichtespektrum des ASK-Signals für rechteckförmige Grundimpulse. Da $x_{TP}(t) = 0$, ist auch $\phi_q(f) = 0$ und wir benötigen noch $\phi_i(f)$, um das Leistungsdichtespektrum entsprechend Gl. 5-29 anzugeben. Wenn alle Werte, die a_k annehmen kann (Gl. 5-30), gleich wahrscheinlich sind, gilt für Mittelwert und Varianz der Symbolfolge

$$m_a = \frac{m-1}{2}, \quad \sigma_a^2 = \frac{m^2-1}{12}$$

und wir erhalten mit Hilfe von Gl. 4-12

$$\phi_i(f) = \frac{m^2-1}{12} T \operatorname{si}^2(\pi f t) + \frac{(m-1)^2}{4} \delta(f) . \tag{5-32}$$

Das Spektrum des unipolaren Basisbandsignals enthält eine Linie bei $f = 0$, die mathematisch durch den Dirac-Impuls $\delta(f)$ in Gl. 5-32 beschrieben wird. Diese Linie erscheint im ASK-Spektrum bei $f = f_c$ (Bild 5-12c).

Bild 5-13 zeigt zwei Varianten einer vierstufigen ASK. Bei der Signalraumkonstellation in Bild 5-13a ist $a_k \in \{0, 1, 2, 3\}$ und das Leistungsdichtespektrum ist durch Gl. 5-32 gegeben; insbesondere ist die spektrale Linie bei der Trägerfrequenz enthalten. Bei der Signalraumkonstellation in Bild 5-13b ist $a_k \in \{-3, -1, 1, 3\}$. Auch diese Variante wird zu den ASK-Verfahren gezählt, obwohl es hier zu 180°-Phasenänderungen kommt. Auf Grund dieser zufälligen Phasenwechsel enthält das Spektrum keine Linie bei der Trägerfrequenz. Mathematisch kommt dies mit Hilfe von Gl. 4-12 dadurch zum Ausdruck, dass nun die Symbolfolge mittelwertfrei ist, also $m_a = 0$ gilt.

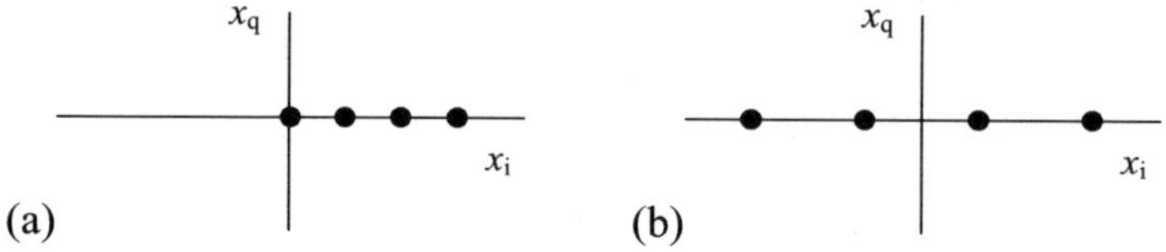

Bild 5-13: ASK (m = 4): (a) mit Träger, (b) ohne Träger

5.2.2 Phasenumtastung

Ein phasenumgetastetes Signal (Phase-Shift Keying, PSK) hat eine konstante Amplitude und die Form

$$x_c(t) = A_c \sum_{k=-\infty}^{\infty} \cos(2\pi f_c t + \theta_c + \varphi_k)\, p(t - kT_s)\,. \tag{5-33}$$

Ein Summand in Gl. 5-33 stellt ein einzelnes Symbol in Form einer durch $p(t)$ zeitlich begrenzten Kosinusschwingung mit der Phase φ_k dar. Die zu übertragende Information ist in φ_k enthalten. Bringt man Gl. 5-33 mit Hilfe der trigonometrischen Beziehungen in die Form von Gl. 5-25, so erhält man für die Quadraturkomponenten

$$\begin{aligned} x_i(t) &= \sum_{k=-\infty}^{\infty} I_k\, p(t - kT_s)\,, \quad I_k = \cos\varphi_k\,, \\ x_q(t) &= \sum_{k=-\infty}^{\infty} Q_k\, p(t - kT_s)\,, \quad Q_k = \sin\varphi_k\,. \end{aligned} \tag{5-34}$$

Der Zusammenhang zwischen φ_k und den Symbolen a_k wird so gewählt, dass sich im Bereich 0 … 2π die maximal mögliche Phasenänderung ergibt:

$$\varphi_k = \frac{2\pi a_k}{m} + \lambda\,, \; a_k \in \{0, 1, \ldots, m-1\}\,, \; \lambda \in \{0, \frac{\pi}{m}\}\,. \tag{5-35}$$

Tabelle 5-1: Wertetabelle für QPSK ($m = 4$, $\lambda = 0$)

a_k	φ_k	I_k	Q_k	**Dibit**
0	0	1	0	00
1	$\pi/2$	0	1	01
2	π	-1	0	11
3	$3\pi/2$	0	-1	10

Im Falle von $m = 2$ bezeichnet man das Modulationsverfahren als BPSK (binäre PSK), für $m = 4$ als QPSK (quaternäre PSK) und für $m \geq 8$ als m-PSK. Für QPSK ist der Zusammenhang zwischen a_k, φ_k, I_k und Q_k in Tabelle 5-1 dargestellt. Den 4-wertigen Symbolen werden jeweils 2 bit, auch Dibit genannt, zugeordnet. Die Zuordnung erfolgt so, dass sich die Dibits benachbarter Konstellationspunkte in nur einem Bit unterscheiden. Dies ist wieder die bereits aus Kapitel 4 bekannte Gray-Codierung.

Bild 5-14 zeigt den zeitlichen Verlauf eines QPSK-Signals. Die Phase kann sich von Symbol zu Symbol um π (180°) oder $\pm\pi/2$ (±90°) ändern. Die Amplitude ist konstant, sofern es sich bei den Grundimpulsen $p(t)$ wie hier um Rechteckimpulse handelt.

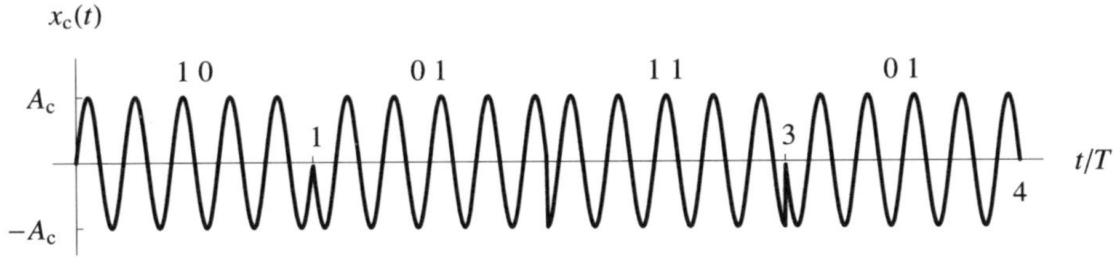

Bild 5-14: Signalverlauf eines QPSK-Signals

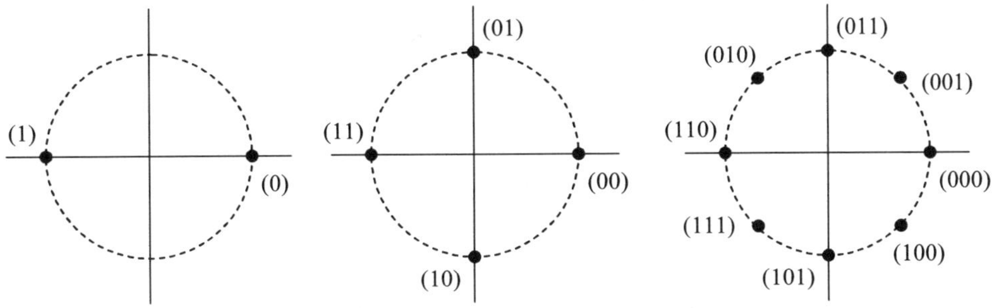

Bild 5-15: Signalraumkonstellation für BPSK (m = 2), QPSK (m = 4) und 8-PSK (m = 8)

Bild 5-15 zeigt in der Bildmitte die Signalraumkonstellation für QPSK und zusätzlich auch die Konstellation für eine zwei- und achtstufige PSK. Den Punkten im Signalraum sind Gray-codierte binäre Codeworte zugeordnet. Wählt man $\lambda \neq 0$ (siehe Gl. 5-35), so resultiert dies in einer Drehung der Signalraumkonstellation um 90° ($m = 2$), 45° ($m = 4$) oder 22,5° ($m = 8$).

Das Leistungsdichtespektrum des PSK-Signals hat die gleiche Form wie das ASK-Spektrum, enthält aber keine spektrale Linie bei $f = f_c$ (Bild 5-16). Der Grund hierfür ist, dass sowohl I_k als auch Q_k mittelwertfrei sind. Mit

$$\overline{I}_k = \overline{Q}_k = 0\,,\ \overline{I_k^2} = \overline{Q_k^2} = 1/2 \qquad (5\text{-}36)$$

folgt für rechteckförmige Grundimpulse

$$\phi_{\mathrm{i}}(f) = \phi_{\mathrm{q}}(f) = \frac{1}{2} T\,\mathrm{si}^2(\pi f T)\,. \qquad (5\text{-}37)$$

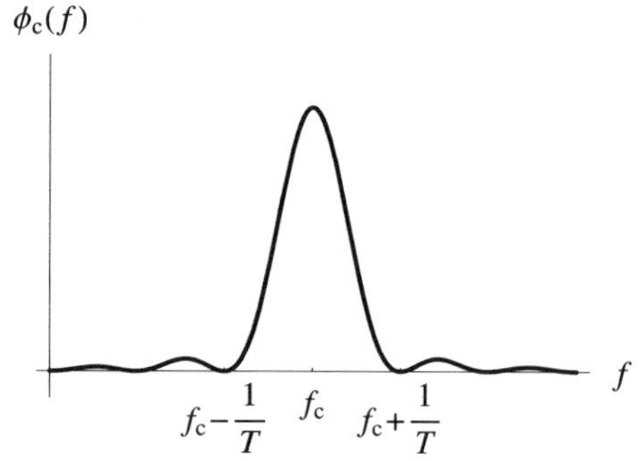

Bild 5-16: Leistungsdichtespektrum eines PSK-Signals

Ein PSK-Signal mit rechteckförmigen Grundimpulsen hat prinzipiell eine unendlich große Bandbreite, auch wenn die Leistungsdichte, wie in Bild 5-16 zu sehen, für $f > f_c + 1/T$ bzw. $f < f_c - 1/T$ schnell abnimmt. Wird nun das Signal bandbegrenzt, so geht der Vorteil einer konstanten Amplitude verloren. Ein Signal mit konstanter Amplitude stellt nur geringe Anforderungen an die Linearität des HF-Leistungsverstärkers. Dadurch kann der Verstärker sehr leistungseffizient realisiert werden. Dies ist wichtig, wenn es auf eine geringe Leistungsaufnahme ankommt, beispielsweise in der Satellitentechnik oder im Mobilfunk, bei denen die Leistungsaufnahme die Betriebsdauer eines mobilen Endgeräts bestimmt.

Eine Bandbegrenzung des PSK-Signals erreicht man entweder durch eine Bandpassfilterung des modulierten Signals oder aber durch spektrale Formung mit Hilfe von Pulsformfiltern im Tiefpassbereich. Bild 5-17a zeigt ein QPSK-Signal bei Verwendung von Kosinus-roll-off-Filtern zur Pulsformung, d. h. bei den Grundimpulsen $p(t)$ in Gl. 5-34 handelt es sich um Nyquist-Impulse in der Form von Gl. 4-6. Die Pulsformung hat zur Folge, dass die Einhüllende des modulierten Signals nicht mehr konstant ist. Besonders starke Amplitudeneinbrüche ergeben sich bei Phasenänderungen um $\pm\pi$. In Bild 5-17a ist dies bei dem Wechsel von Dibit 1 0 auf Dibit 0 1 zu erkennen.

Bild 5-17b zeigt den Verlauf, den der von den Quadraturkomponenten gebildete Zeiger in der x_i-x_q-Ebene beschreibt. Die Länge des Zeigers ist gleich der Amplitude des Bandpasssignals (siehe Gl. 5-7). Eine konstante Amplitude setzt eine konstante Länge voraus, d. h. der Zeiger verläuft auf einem exakten Kreis. Dies ist hier offensichtlich nicht der Fall. Bei Phasenänderungen um $\pm\pi$ verläuft der Zeiger in der Nähe des Ursprungs, was zu den bereits beobachteten Amplitudeneinbrüchen führt.

Auf Grund der Nyquist-Pulsformung ist das QPSK-Signal in Bild 5-17 aber frei von Intersymbol-Interferenz. In der Signalraumdarstellung ist dies daran zu erkennen, dass sich im Bereich der vier Punkte im Signalraum die vom Zeiger beschriebenen Linien exakt in einem Punkt schneiden. Zu jeder der Quadraturkomponenten gehört ein Augendiagramm, wie in Bild 4-13 gezeigt. Der optimale Entscheidungszeitpunkt liegt an der Stelle der größten Augenöffnung. In der Signalraumdarstellung entspricht dies dem Zeitpunkt, an dem der Zeiger genau in einem der vier Punkte liegt.

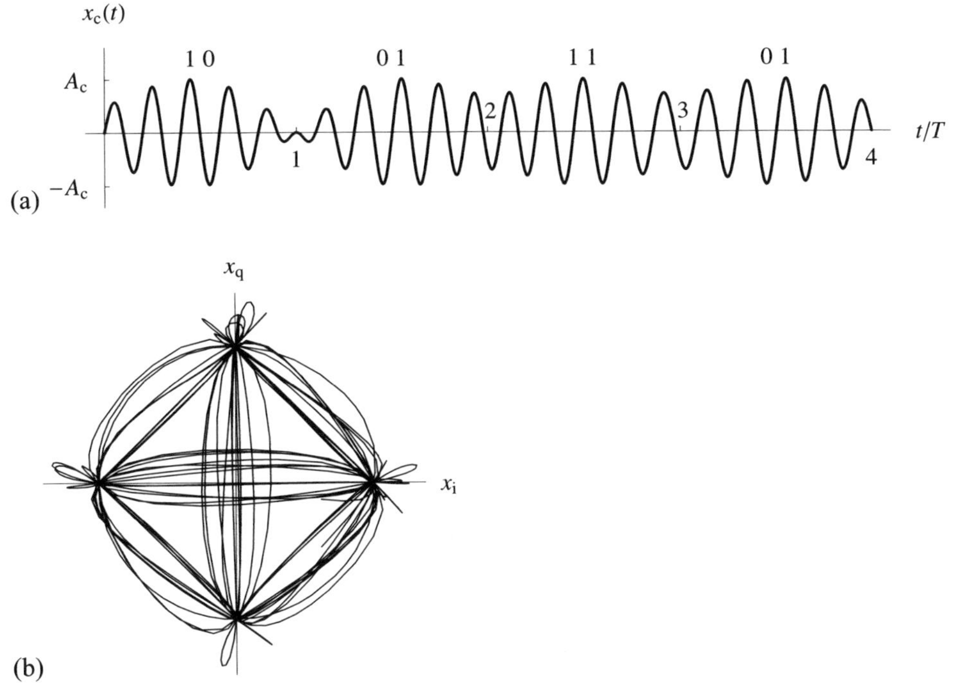

Bild 5-17: QPSK-Signal mit Kosinus-roll-off-Grundimpulsen (α = 0,5): (a) Zeitlicher Verlauf, (b) Signalverlauf in der i-q-Ebene

Dem Problem der Amplitudeneinbrüche wird mit der Offset-QPSK begegnet. Wir betrachten dazu zunächst die Signalraumkonstellation für QPSK ($\lambda = \pi/4$) in Bild 5-18a. Der eingezeichnete Übergang, verbunden mit einer Phasenänderung um $\pm\pi$, entsteht, wenn sich sowohl I_k als auch Q_k gleichzeitig ändern. Diese für die Amplitudeneinbrüche verantwortlichen Phasenänderungen werden vermieden, wenn die Quadraturkomponente relativ zur Normalkomponente um $T/2 = T_b$ verzögert wird (siehe Bild 5-19). Durch diese Verzögerung wird die gleichzeitige Änderung von I_k und Q_k ausgeschlossen, vielmehr ändert sich nun die Phase in zwei Schritten von jeweils $\pi/2$ (Bild 5-18b).

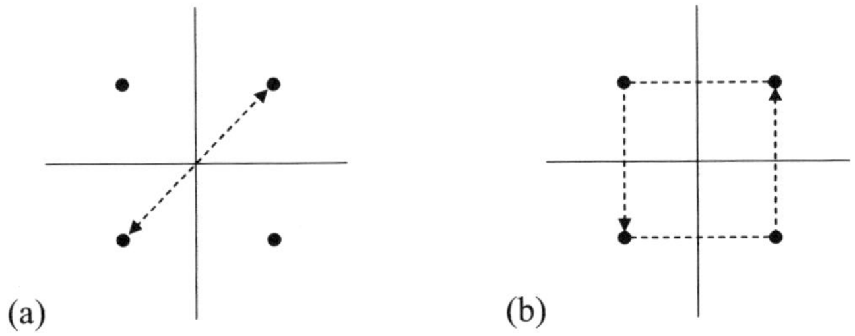

Bild 5-18: 180°*-Phasenübergang bei QPSK (a) und Offset-QPSK (b)*

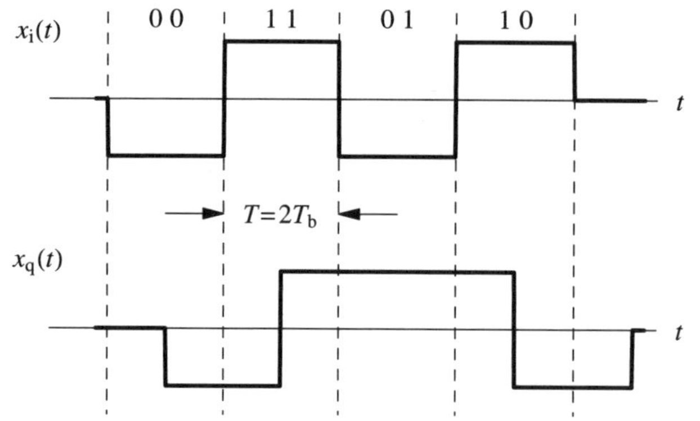

Bild 5-19: Quadraturkomponenten des Offset-QPSK-Signals

Eine besonders einfache Senderstruktur ergibt sich mit der in Bild 5-19 gegebenen Zuordnung der Dibits. Das erste Bit eines Dibits bestimmt I_k, das zweite Bit Q_k:

$$a_n = \begin{cases} 1: & I_k = 1/\sqrt{2} \\ 0: & I_k = -1/\sqrt{2} \end{cases} \qquad a_{n+1} = \begin{cases} 1: & Q_k = 1/\sqrt{2} \\ 0: & Q_k = -1/\sqrt{2} \end{cases}$$

Bild 5-20 zeigt die Signalraumkonstellation mit der entsprechenden Zuordnung der Dibits und das Blockschaltbild des Senders. Die Signalraumzuordnung aus Bild 5-11 vereinfacht sich zu einer Seriell/Parallel-Wandlung. Lässt man das Verzögerungsglied im unteren Zweig weg, so erhält man ein herkömmliches QPSK-Signal.

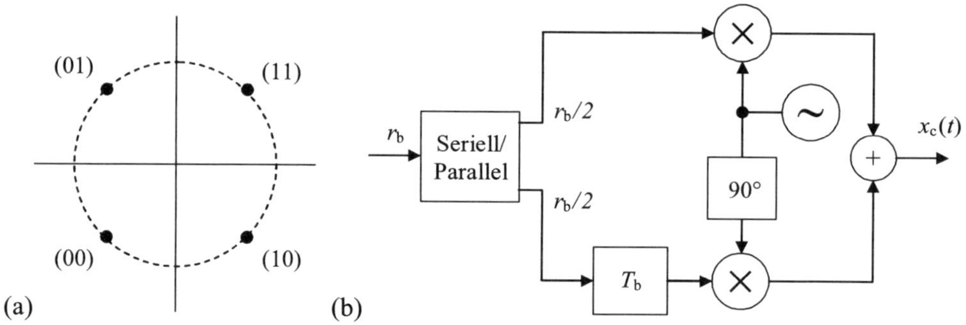

Bild 5-20: Offset-QPSK: (a) Signalraumkonstellation, (b) Sender

Die Demodulation eines PSK-Signals erfordert die Kenntnis der absoluten Phase des Trägers, d. h. die Demodulation muss kohärent erfolgen (vgl. Abschnitt 5.3). Da die Rückgewinnung der Trägerphase aus dem Empfangssignal mit einer Phasenunsicherheit von $\pm\pi/m$ verbunden ist, muss zusätzlich eine bekannte Symbolfolge eingefügt werden, mit deren Hilfe der Empfänger die verbleibende Phasenunsicherheit beseitigen kann. Dieses Problem kann mit der differenziellen PSK (DPSK) umgangen werden, bei der die Information in der Differenz der Phase aufeinander folgender Symbole enthalten ist. Darüber hinaus kann ein DPSK-Signal auch inkohärent demoduliert werden. Für die Phase des DPSK-Signals gilt

$$\varphi_k = \varphi_{k-1} + \Delta\varphi_k \,, \tag{5-38}$$

mit

$$\Delta\varphi_k = \frac{2\pi a_k}{m} + \lambda \,,\; a_k \in \{0,1,\ldots,m-1\} \,,\; \lambda \in \{0, \frac{\pi}{m}\} \,. \tag{5-39}$$

Tabelle 5-2: Phasenänderungen bei DQPSK

a_k	$\Delta\varphi_k\ (\lambda = 0)$	$\Delta\varphi_k\ (\lambda = \pi/4)$
0	0	$\pi/4$
1	$\pi/2$	$3\pi/4$
2	π	$5\pi/4$
3	$3\pi/2$	$7\pi/4$

Die möglichen Phasenänderungen bei differenzieller QPSK (DQPSK, $m = 4$) sind in Tabelle 5-2 zusammengestellt. Die zugehörigen Signalraumkonstellationen zeigt Bild 5-21. Für $\lambda = \pi/4$, man bezeichnet das Verfahren auch als $\pi/4$–DQPSK, ergibt sich die Besonderheit, dass sich die Signalraumkonstellation von Symbol zu Symbol um 90° dreht. Für k gerade liegen die Punkte im Signalraum auf den Diagonalen, für k ungerade auf den Achsen. Auch hier treten keine Phasenänderungen um $\pm\pi$ auf, d. h. wie bei der Offset-QPSK werden die damit verbundenen starken Amplitudeneinbrüche bei einem bandbegrenzten Signal vermieden.

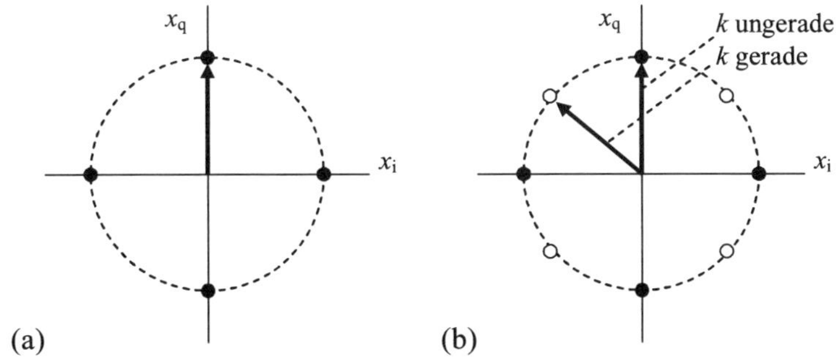

Bild 5-21: Signalraumkonstellation für DQPSK: (a) $\lambda = 0$, (b) $\lambda = \pi/4$

DPSK geht aus PSK mit Hilfe einer differenziellen Vorcodierung hervor. Der Vorcodierer erzeugt aus der Symbolfolge $\{a_k\}$ die Folge $\{d_k\}$ in der Art, dass sich aus der Signalraumzuordnung $\varphi_k = 2\pi\, d_k/m$ der durch Gl. 5-39 gegebene Zusammenhang zwischen a_k und Phasenänderung $\Delta\varphi_k$ ergibt. Der Vorcodierer besteht aus einer Look-up-Tabelle, deren Einträge von a_k und d_{k-1} indiziert werden (Bild 5-22).

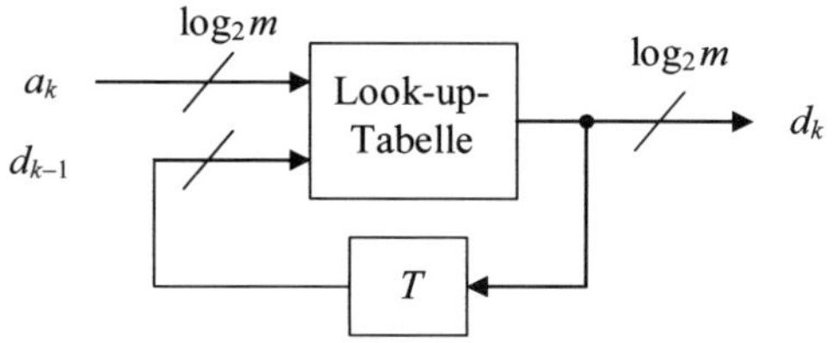

Bild 5-22: Differenzielle Vorcodierung für DPSK

Tabelle 5-3 zeigt die Einträge für differenzielle BPSK (DBPSK). In diesem Fall kann die Funktion der Look-up-Tabelle auch einfach durch ein Exklusiv-Oder-Gatter realisiert werden. Der Vorcodierung folgt die PSK-Modulation, bei der $d_k = 0$ in der Phase $\varphi_k = 0$ und $d_k = 1$ in der Phase $\varphi_k = \pi$ resultiert. Tabelle 5-4 zeigt dazu ein Beispiel.

Tabelle 5-3: Look-up-Tabelle bezüglich d_k für DBPSK

$a_k \rightarrow$ / $d_{k-1} \downarrow$	**0**	**1**
0	0	1
1	1	0

Tabelle 5-4: Beispiel für DBPSK mit Vorcodierung

$\{a_k\}$		1	0	1	1	0	0
$\{d_k\}$	0	1	1	0	1	1	1
$\{\varphi_k\}$	0	π	π	0	π	π	π
$\{\Delta\varphi_k\}$		π	0	π	π	0	0

Die binäre Look-up-Tabelle für DQPSK zeigt Tabelle 5-5 und die Zuordnung der Trägerphase φ_k zu den d_k ist in Tabelle 5-6 zusammengestellt. Schließlich enthält Tabelle 5-7 ein Beispiel, an dem nachvollzogen werden kann, wie die Vorcodierung in der durch Tabelle 5-2 gegebenen Zuordnung zwischen a_k und der Phasendifferenz $\Delta\varphi_k$ (für $\lambda = 0$) resultiert.

Tabelle 5-5: Look-up-Tabelle bezüglich d_k für DQPSK

$a_k \rightarrow$ / $d_{k-1} \downarrow$	**00**	**01**	**11**	**10**
00	00	01	11	10
01	01	11	10	00
11	11	10	00	01
10	10	00	01	11

Tabelle 5-6: DQPSK: Zuordnung der Trägerphase zu den d_k

d_k	Dibit	φ_k
0	00	0
1	01	$\pi/2$
2	11	π
3	10	$3\pi/2$

Tabelle 5-7: Beispiel für DQPSK mit Vorcodierung

$\{a_k\}$		00	01	10	11	01	10
$\{d_k\}$	00	00	01	00	11	10	11
$\{\varphi_k\}$	0	0	$\pi/2$	0	π	$3\pi/2$	π
$\{\Delta\varphi_k\}$		0	$\pi/2$	$3\pi/2$	π	$\pi/2$	$3\pi/2$

Sowohl Offset-QPSK als auch DPSK haben das gleiche Leistungsdichtespektrum wie die herkömmliche Phasenumtastung (siehe Bild 5-16). Während für Offset-QPSK auch die Fehlerwahrscheinlichkeit gleich ist, hat die differenzielle PSK eine etwa doppelt so große Fehlerwahrscheinlichkeit, da auf Grund der Differenzbildung ein Symbolfehler einen weiteren Fehler zur Folge hat.

5.2.3 Quadratur-Amplitudenmodulation

Bei den bisher betrachteten Modulationsverfahren ASK und PSK wurde entweder die Amplitude oder die Phase des Trägersignals in Abhängigkeit von der zu übertragenden Information verändert. Bei der Quadratur-Amplitudenmodulation (QAM) ändern sich nun sowohl die Amplitude als auch die Phase des Trägersignals. Bild 5-23 zeigt als Beispiel die Signalraumkonstellation eines QAM-Signals mit $m = 16$ oder kurz 16-QAM.

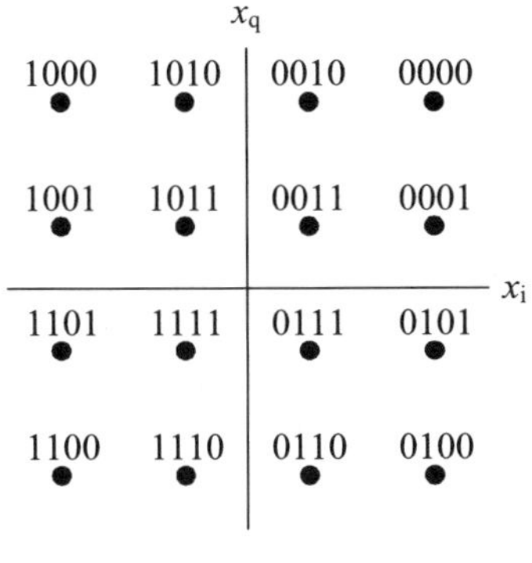

Bild 5-23: Signalraumkonstellation für 16-QAM

Falls m eine Quadratzahl ist, können die m Punkte im Signalraum quadratisch angeordnet werden wie im Beispiel von Bild 5-23. Mit $m = n^2$ gilt dann für die Quadraturkomponenten eines m-QAM-Signals

$$\begin{aligned} x_\mathrm{i}(t) &= \sum_{k=-\infty}^{\infty} a'_k \, p(t - kT_\mathrm{s}), \quad a'_k \in \{\pm 1, \pm 3, \ldots, \pm(n-1)\}, \\ x_\mathrm{q}(t) &= \sum_{k=-\infty}^{\infty} a''_k \, p(t - kT_\mathrm{s}), \quad a''_k \in \{\pm 1, \pm 3, \ldots, \pm(n-1)\}. \end{aligned} \tag{5-40}$$

Für $m = 16$ ist $a_k', a_k'' \in \{\pm 1, \pm 3\}$, a_k' und a_k'' sind also jeweils vierwertig. Der von den Quadraturkomponenten gebildete Zeiger kann drei verschiedene Längen und zwölf verschiedene Winkel annehmen. Entsprechend ist das 16-QAM-Signal durch drei Amplitudenstufen und zwölf Phasenwinkel gekennzeichnet, die in insgesamt sechzehn verschiedenen Kombinationen auftreten.

Bild 5-24 zeigt dazu ein Beispiel mit den Symbolfolgen $\{a_k'\} = \{3, -3, -1, 1\}$ und $\{a_k''\} = \{1, -3, -1, -3\}$. Ein QAM-Symbol enthält die Information von $n = \log_2 m$ bit, also 4 bit im Falle der 16-QAM. Diese 4 bit teilen sich zu je 2 bit auf die beiden Quadraturkomponenten auf. Bild 5-23 zeigt eine Möglichkeit der Zuordnung der 4-bit-Codeworte zu den Punkten des Signalraums. Die ersten 2 bit markieren den Quadranten, die letzten 2 bit einen der vier Punkte eines Quadranten. Alle Punkte sind Gray-codiert, d. h. benachbarten Punkten sind binäre Codeworte zugeordnet, die sich in nur einem Bit unterscheiden. Gleiches gilt auch für die Quadranten selbst. Da die Quadraturkomponenten eines QAM-Signals unkorreliert und mittelwertfrei sind, ist das Leistungsdichtespektrum wie das eines PSK-Signals bei rechteckförmigen Grundimpulsen durch eine si^2-Funktion gegeben (vergleiche Bild 5-16).

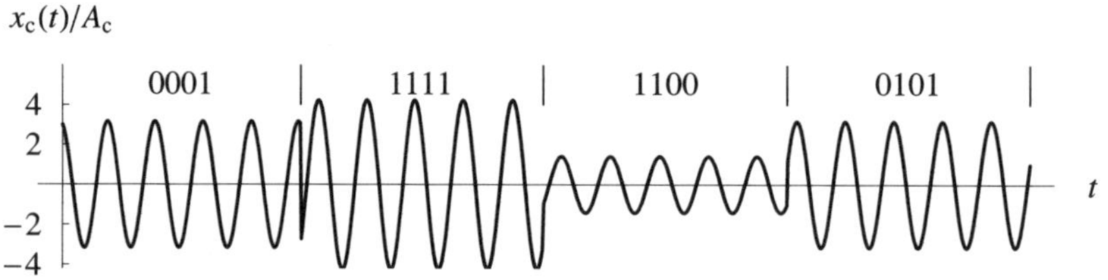

Bild 5-24: Signalverlauf eines 16-QAM-Signals

Mit dem Begriff Quadratur-Amplitudenmodulation sind in der Regel Verfahren gemeint, für die m eine Quadratzahl ist wie bei der 16-QAM, der 64-QAM oder der 256-QAM, und deren Punkte im Signalraum quadratisch angeordnet sind. Bild 5-25a zeigt als Beispiel eine Konstellation für 32-QAM, bei der m keine Quadratzahl und eine quadratische Anordnung daher nicht möglich ist. Bei der gezeigten Anordnung spricht man wegen des kreuzförmigen Umrisses auch von Cross-QAM.

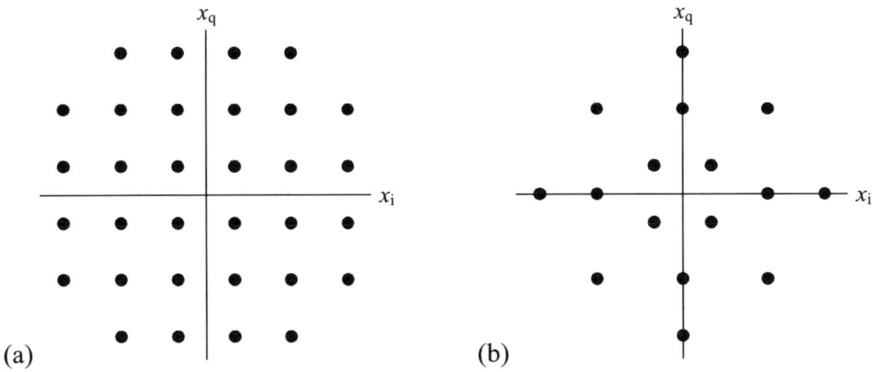

Bild 5-25: Signalraumkonstellationen für (a) 32-QAM und (b) 16-APK

Während eine quadratische Anordnung die Signalraumzuordnung im Sender vereinfacht, sind auch andere Anordnungen möglich, die beispielsweise die Distanz zwischen den Punkten vergrößern und damit die Fehlerwahrscheinlichkeit verringern. Ein anderes Kriterium kann das Verhältnis der Spitzenleistung zu mittlerer Leistung sein, wobei Erstere von der maximalen Länge und Letztere von der mittleren Länge des Zeigers im Signalraum abhängt. Bild 5-25b zeigt eine Anordnung für $m = 16$. Man spricht dann auch allgemein von Amplituden-Phasenumtastung (Amplitude-Phase Keying, APK).

5.2.4 Frequenzumtastung

Die bisher behandelten Modulationsverfahren werden zu den linearen Verfahren gezählt, da die Quadraturkomponenten des modulierten Signals linear von der zu übertragenden Symbolfolge abhängen. Die Frequenzumtastung (Frequency-Shift Keying, FSK) zählt dagegen als nichtlineares Verfahren. Dabei wird die Frequenz des Trägersignals in Abhängigkeit der zu übertragenden Symbolfolge geändert, d. h. zu einem m-wertigen Symbol a_k gehört eine Frequenz $f_0, \ldots, f_{m-1}$.

Ein FSK-Signal kann mit Hilfe von m Oszillatoren erzeugt werden, zwischen denen in Abhängigkeit von der Symbolfolge $\{a_k\}$ umgeschaltet wird. Dies kann jedoch Phasensprünge im Umschaltzeitpunkt zur Folge haben. Solche Phasensprünge wirken sich ungünstig auf das Leistungsdichtespektrum des FSK-Signals aus, da sie zu einer spektralen Aufweitung führen. Günstiger ist die Verwendung von FSK mit kontinuierlicher Phase (Continuous-Phase FSK, CPFSK), auf die wir uns im Folgenden konzentrieren. Ein CPFSK-Signal kann beispielsweise durch die entsprechende Ansteuerung eines spannungsgesteuerten Oszillators gewonnen werden. Es wird durch die komplexe Einhüllende

$$x_{\mathrm{TP}}(t) = \exp\left[\mathrm{j}\,2\pi f_\Delta \int_0^t \sum_{k=0}^{\infty} a_k p(\lambda - kT)\,\mathrm{d}\lambda\right], \quad t \geq 0 \qquad (5\text{-}41)$$

definiert. Darin bezeichnet f_Δ den Frequenzhub, der die Abweichung der Frequenz des FSK-Signals von der Frequenz f_c des unmodulierten Trägers beschreibt. Durch die Integration über das Basisbandsignal ist sichergestellt, dass die Phase kontinuierlich und ohne Sprünge verläuft.

Für die weitere Betrachtung legen wir ein zweistufiges FSK-Signal mit $a_k \in \{-1, 1\}$ und rechteckförmigen Grundimpulsen der Form $p(t) = \mathrm{rect}(t/T - 1/2)$ zu Grunde. Um uns den Verlauf der Phase für diesen Fall deutlich zu machen, betrachten wir zunächst das Integral in Gl. 5-41:

$$\int_0^t \sum_{k=0}^{\infty} a_k p(\lambda - kT)\,\mathrm{d}\lambda = \sum_{k=0}^{\infty} a_k \int_0^t p(\lambda - kT)\,\mathrm{d}\lambda .$$

$p(\lambda - kT)$ ist im Bereich $kT \le \lambda \le (k+1)T$ gleich eins und sonst überall null. Am Ende des ersten Symbolintervalls ($k = 0$, $t = T$) nimmt das Integral den Wert $a_0 T$ an, am Ende des zweiten Intervalls ($k = 1$, $t = 2T$) den Wert $(a_0 + a_1)T$ usw., so dass wir für das k-te Symbolintervall

$$\int_0^t \sum_{k=0}^{\infty} a_k p(\lambda - kT)\,\mathrm{d}\lambda = \sum_{j=0}^{k-1} a_j T + a_k(t - kT), \quad kT \le t \le (k+1)T$$

schreiben können. Wir setzen diesen Ausdruck in Gl. 5-41 ein und erhalten für das Intervall $kT \le t \le (k+1)T$

$$\begin{aligned} x_{\mathrm{TP}}(t) &= \exp\left[\mathrm{j}\left(2\pi f_\Delta \sum_{j=0}^{k-1} a_j T + 2\pi f_\Delta a_k (t - kT)\right)\right] \\ &= \exp\left[\mathrm{j}\left(\varphi(kT) + 2\pi f_\Delta a_k (t - kT)\right)\right]. \end{aligned} \qquad (5\text{-}42)$$

Darin bezeichnet $\varphi(kT)$ die Anfangsphase zu Beginn des Intervalls bei $t = kT$. Am Ende des Intervalls bei $t = (k+1)T$ erreicht die Phase den Wert

$$\varphi(kT) + 2\pi f_\Delta a_k kT .$$

Als Modulationsindex bezeichnet man die Größe

$$\eta = 2 f_\Delta T . \qquad (5\text{-}43)$$

Für unser zweistufiges FSK-Signal ist $a_k \in \{-1, 1\}$ und $T = T_\mathrm{b}$. Die Phasenänderung während einer Symboldauer beträgt dann

$$\Delta\varphi(kT_\mathrm{b}) = \pm 2\pi f_\Delta T_\mathrm{b} = \pm \pi \eta . \qquad (5\text{-}44)$$

Der Verlauf der Phase, ausgehend von $\varphi(0) = 0$, ist in Bild 5-26 dargestellt. Wie das Bild zeigt, hängt die momentane Phase von den vorangegangenen Symbolen ab. CPFSK wird daher auch als gedächtnisbehaftetes Modulationsverfahren bezeichnet. Bild 5-27 zeigt die Signalraumdarstellung für $\eta = 1$ und $\eta = 1/2$. Im ersten Fall ändert sich die Phase während eines Symbolintervalls kontinuierlich um $\pm\pi$ und erreicht am Ende des Intervalls den Wert 0 oder π. Im zweiten Fall beträgt die Phasenänderung $\pm\pi/2$ und am Intervallende erhält man 0, $\pi/2$, π oder $3\pi/2$.

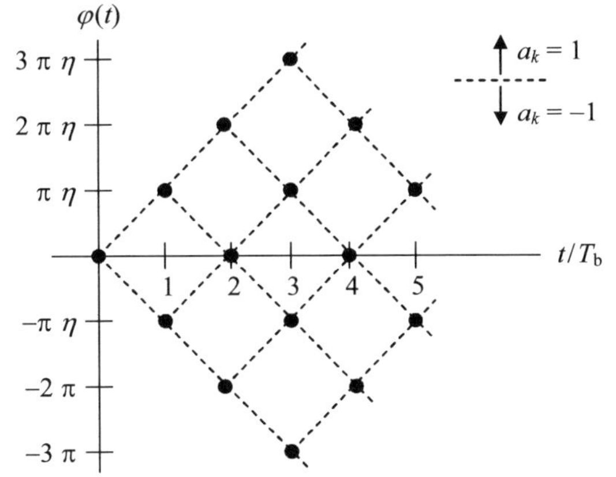

Bild 5-26: Phasenübergänge eines CPFSK-Signals

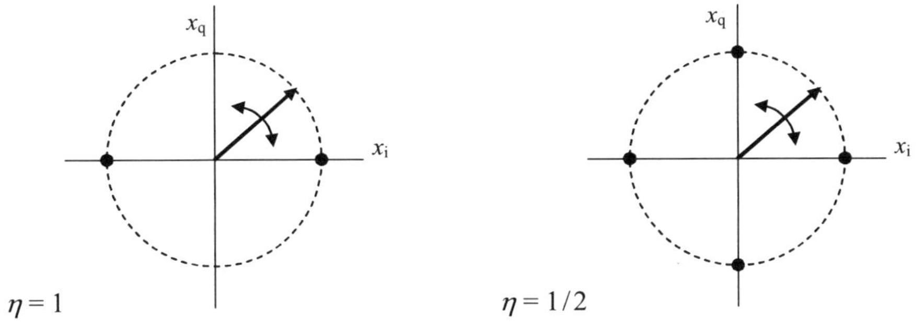

Bild 5-27: Signalraumdarstellung eines CPFSK-Signals

Der Betrag von $x_{TP}(t)$ ist konstant, d. h. $x_{TP}(t)$ und damit auch $x_c(t)$ haben eine konstante Amplitude. Für letzteres erhalten wir mit Gl. 5-25

$$\begin{aligned} x_c(t) &= A_c \cos\left[2\pi f_c t + \theta_c + 2\pi f_\Delta \int_0^t \sum_{k=0}^{\infty} a_k\, p(\lambda - kT)\, \mathrm{d}\lambda\right] \\ &= A_c \cos\left[2\pi f_c t + \theta_c + \varphi(kT) + 2\pi f_\Delta a_k (t - kT)\right] \quad \text{für} \quad kT \le t \le (k+1)T . \end{aligned} \tag{5-45}$$

Die momentane Frequenz des FSK-Signals ist gleich der Ableitung des Arguments der cos-Funktion nach der Zeit, multipliziert mit $1/2\pi$:

$$f(t) = f_c + a_k f_\Delta = \begin{cases} f_c + f_\Delta & \text{für} \quad a_k = 1 , \\ f_c - f_\Delta & \text{für} \quad a_k = -1 . \end{cases} \tag{5-46}$$

Bild 5-28 zeigt den zeitlichen Verlauf eines FSK-Signals mit $\eta = 1$. Aus Gl. 5-43 folgt für den Frequenzhub $f_\Delta = 1/2T_b$. Mit $f_c = 3/T_b$ beträgt die momentane Frequenz des Signals in diesem Beispiel

$$f(t)=\begin{cases}3/T_\mathrm{b}+1/2T_\mathrm{b}=3{,}5/T_\mathrm{b} & \text{für} \quad a_k=1,\\ 3/T_\mathrm{b}-1/2T_\mathrm{b}=2{,}5/T_\mathrm{b} & \text{für} \quad a_k=-1.\end{cases}$$

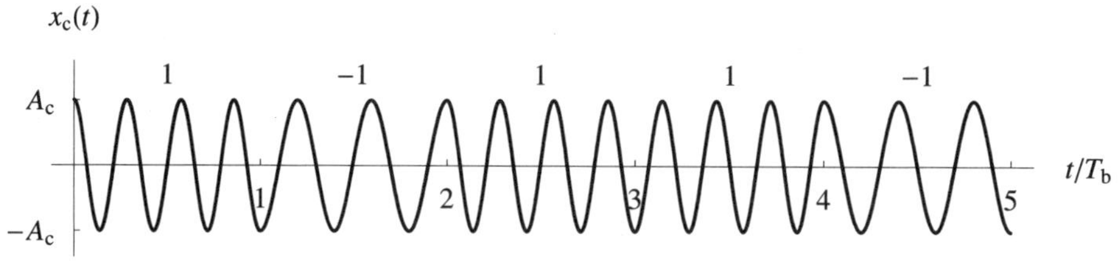

Bild 5-28: Binäres FSK-Signal ($\eta = 1, f_c = 3/T$)

Da CPFSK gedächtnisbehaftetet ist, ist die spektrale Analyse bis auf wenige Sonderfälle sehr aufwändig. Wir betrachten im Folgenden die Fälle $\eta = 1$ und $\eta = 1/2$, bei denen sich CPFSK als lineares Verfahren darstellen lässt. Wir zerlegen dazu das Signal in seine Quadraturkomponenten, die für diese Fälle linear von der zu übertragenden Symbolfolge abhängen. Für den in Bild 5-28 gezeigten Fall eines binären FSK-Signals mit $\eta = 1$ setzt sich das Signal aus zeitlich auf die Symboldauer begrenzten Kosinusschwingungen mit der Frequenz $f_\mathrm{c} + a_k f_\Delta$ zusammen. Wir schreiben daher

$$\begin{aligned} x_\mathrm{c}(t) &= A_\mathrm{c}\sum_k \cos[2\pi(f_\mathrm{c}+a_k f_\Delta)t+\theta_\mathrm{c}]\,p(t-kT_\mathrm{b}) \\ &= A_\mathrm{c}\sum_k \cos\left[2\pi f_\mathrm{c} t+\theta_\mathrm{c}+\pi a_k \frac{t}{T_\mathrm{b}}\right]p(t-kT_\mathrm{b}), \end{aligned} \tag{5-47}$$

wobei $f_\Delta = 1/2T_\mathrm{b}$ eingesetzt wurde. Für $a_k = 1$ gilt für die Frequenz $f_1 = f_\mathrm{c} + f_\Delta$ und für $a_k = -1$ gilt $f_2 = f_\mathrm{c} - f_\Delta$. Da die Frequenzdifferenz $f_1 - f_2 = 2f_\Delta = 1/T_\mathrm{b}$ ein ganzzahliges Vielfaches der Symboldauer T_b ist, entstehen keine Phasendiskontinuitäten am Ende eines Symbolintervalls bei $t = kT_\mathrm{b}$.

Mit Hilfe der trigonometrischen Beziehung für $\cos(x+y)$ mit $x = \pi a_k t/T_\mathrm{b}$ und $y = 2\pi f_\mathrm{c} t + \theta_\mathrm{c}$ bringen wir Gl. 5-47 in die Form von Gl. 5-25 und erhalten für die Quadraturkomponenten

$$x_\mathrm{i}(t) = \sum_k \cos\left[\pi a_k \frac{t}{T_\mathrm{b}}\right]p(t-kT_\mathrm{b}),$$

$$x_\mathrm{q}(t) = \sum_k \sin\left[\pi a_k \frac{t}{T_\mathrm{b}}\right]p(t-kT_\mathrm{b}).$$

Da $a_k = \pm 1$, ist $\cos\left(\pi a_k \dfrac{t}{T_\mathrm{b}}\right) = \cos\left(\pi \dfrac{t}{T_\mathrm{b}}\right)$ und für die Normalkomponente gilt

$$x_\mathrm{i}(t) = \cos\left[\pi \frac{t}{T_\mathrm{b}}\right]. \tag{5-48}$$

Ferner ist $\sin\left(\pi\, a_k \dfrac{t}{T_\text{b}}\right) = a_k \sin\left(\pi \dfrac{t}{T_\text{b}}\right) = a_k\,(-1)^k \sin\left(\pi \dfrac{t-kT_b}{T_\text{b}}\right)$ und wir erhalten

$$x_\text{q}(t) = \sum_k (-1)^k a_k \sin\left[\pi \frac{t-kT_\text{b}}{T_\text{b}}\right] p(t-kT_\text{b}) = \sum_k \tilde{a}_k\, \tilde{p}(t-kT_\text{b})\,. \tag{5-49}$$

Die Quadraturkomponente lässt sich also in der Form von Gl. 4-8 mit der Symbolfolge bzw. dem Grundimpuls

$$\tilde{a}_k = (-1)^k a_k\,, \quad \tilde{p}(t) = \sin\left(\pi \frac{t}{T_\text{b}}\right) p(t) \tag{5-50}$$

darstellen. Da $p(t)$ ein auf $0 \le t \le T_\text{b}$ begrenzter Rechteckimpuls ist, handelt es sich bei dem modifizierten Grundimpuls $\tilde{p}(t)$ um die positive Halbwelle einer Sinusschwingung. Ferner sind $x_\text{i}(t)$ und $x_\text{q}(t)$ unabhängig voneinander, so dass sich das Leistungsdichtespektrum des FSK-Signals gemäß Gl. 5-29 aus den Spektren $\phi_\text{i}(f)$ und $\phi_\text{q}(f)$ der Quadraturkomponenten ergibt. Bei der Normalkomponente (Gl. 5-48) handelt es sich um ein Kosinussignal mit der Leistungsdichte (siehe Beispiel 2-9)

$$\phi_\text{i}(f) = \frac{1}{4}\left[\delta\left(f - \frac{1}{2T_\text{b}}\right) + \delta\left(f + \frac{1}{2T_\text{b}}\right)\right]. \tag{5-51}$$

Da es sich bei $\tilde{a}_k$ um eine bipolare Datenfolge handelt, gilt für deren Mittelwert $m_\text{a} = 0$ und für die Varianz $\sigma_\text{a}^2 = 1$. Mit der Fourier-Transformierten $\tilde{P}(f)$ des Grundimpulses $\tilde{p}(t)$ aus Gl. 5-50,

$$\left|\tilde{P}(f)\right|^2 = \frac{T_\text{b}^2}{4}\left[\text{si}\left(\pi\, T_\text{b}\left(f + \frac{1}{2T_\text{b}}\right)\right) + \text{si}\left(\pi T_\text{b}\left(f - \frac{1}{2T_\text{b}}\right)\right)\right]^2$$
$$= \frac{4T_\text{b}^2}{\pi^2}\left[\frac{\cos(\pi T_\text{b} f)}{(2T_\text{b} f)^2 - 1}\right]^2,$$

und mit Hilfe von Gl. 4-12 erhalten wir für die Leistungsdichte der Quadraturkomponente

$$\phi_\text{q}(f) = \frac{\sigma_\text{a}^2}{T_\text{b}}\left|\tilde{P}(f)\right|^2 = \frac{4T_\text{b}}{\pi^2}\left[\frac{\cos(\pi T_\text{b} f)}{(2T_\text{b} f)^2 - 1}\right]^2. \tag{5-52}$$

Gemäß Gl. 5-29 ergibt sich das Spektrum des modulierten Signals durch Verschiebung von $\phi_\text{i}(f)$ und $\phi_\text{q}(f)$ um $\pm f_\text{c}$. Bild 5-29 zeigt das Resultat. Das Spektrum besteht aus zwei spektralen Linien bei $f_\text{c} \pm f_\Delta = f_\text{c} \pm 1/2T_\text{b}$, die auf $\phi_\text{i}(f)$ (Gl. 5-51) zurückgehen. Der kontinuierliche Teil des Spektrums wird durch $\phi_\text{q}(f)$ (Gl. 5-52) beschrieben, wobei noch der Faktor $A_\text{c}^2/4$ aus Gl. 5-29 zu berücksichtigen ist. Die Nullstellen liegen bei $f_\text{c} \pm n/2T_\text{b}$, $n = 3, 5, 7, \ldots$, und $\phi_\text{q}(f)$ fällt proportional zu f^{-4} ab, also deutlich stärker als z. B. das Spektrum in Bild 5-16.

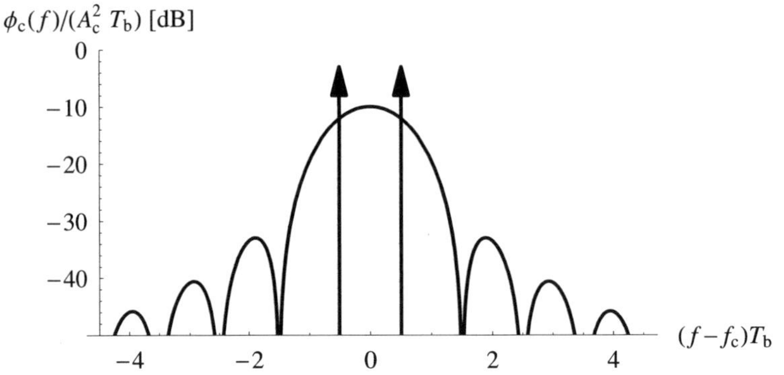

Bild 5-29: Leistungsdichtespektrum des binären FSK-Signals (η =1)

Beispiele für numerisch berechnete Spektren von FSK-Signalen für $\eta \neq 1$ finden sich in [13] und [29]. Für $\eta > 1$ weitet sich das Spektrum, und an Stelle der spektralen Linien erscheint eine Erhöhung, die umso ausgeprägter ist, je näher η bei 1 liegt. FSK mit $\eta > 1$ erfordert also bei gleicher Bitrate eine größere Bandbreite. Für $\eta < 1$ verringert sich der Bandbreitebedarf.

Im Falle von $\eta = 1/2$ spricht man von Minimum-Shift Keying (MSK). $\eta = 1/2$ ist der minimale Modulationsindex, für den die Signale, die für $a_k = 1$ bzw. $a_k = -1$ gesendet werden, orthogonal zueinander sind. Bei diesen Signalen handelt es sich um zeitlich auf die Symboldauer begrenzte Kosinusschwingungen mit der Frequenz $f_c \pm f_\Delta = f_c \pm 1/4T_b$, deren Kreuzkorrelationsfunktion für $\tau = 0$ gleich null ist (siehe auch Beispiel 2-8). Wie im Falle $\eta = 1$ lässt sich ein MSK-Signal durch linear von den zu übertragenden Symbolen abhängige Quadraturkomponenten darstellen. Aus Gl. 5-42 folgt mit $T = T_b$ und $f_\Delta = 1/4T_b$

$$x_i(t) = \cos\left[\varphi(kT_b) + \frac{\pi}{2} a_k \frac{t-kT_b}{T_b}\right],$$

$$x_q(t) = \sin\left[\varphi(kT_b) + \frac{\pi}{2} a_k \frac{t-kT_b}{T_b}\right]$$

für die Dauer eines Symbolintervalls im Bereich $kT_b \leq t \leq (k+1)T_b$. Wie bisher gilt $a_k \in \{-1, 1\}$ und $\varphi(kT_b)$ ist die Anfangsphase zum Zeitpunkt $t = kT_b$. Für die Phasenänderung gilt

$$\Delta\varphi(kT_b) = \varphi\big((k+1)T_b\big) - \varphi(kT_b) = a_k \frac{\pi}{2}.$$

Für k gerade ist daher $\varphi(kT_b) = 0, \pm\pi, \pm 2\pi, ...$, während für k ungerade $\varphi(kT_b) = \pm\pi/2, \pm 3\pi/2, ...$ gilt.

Wir betrachten nun ein Intervall der Länge $2T_b$ mit $(k-1)T_b \leq t \leq (k+1)T_b$ und k gerade. Dieses Intervall setzt sich aus den zwei Symbolintervallen $(k-1)T_b \leq t \leq kT_b$ und $kT_b \leq t \leq (k+1)T_b$ zusammen. Im ersten Teilintervall schreiben wir für die Normalkomponente

$$\cos\left[\varphi((k-1)T_\mathrm{b}) + \frac{\pi}{2} a_{k-1} \frac{t-(k-1)T_\mathrm{b}}{T_\mathrm{b}}\right].$$

Wir formen diesen Ausdruck mit Hilfe der trigonometrischen Beziehung für $\cos(x+y)$ um. Für k gerade und damit $k-1$ ungerade ist $\cos[\varphi((k-1)T_\mathrm{b})] = 0$ und wir erhalten

$$\begin{aligned}
&\cos\left[\varphi((k-1)T_\mathrm{b}) + \frac{\pi}{2} a_{k-1} \frac{t-(k-1)T_\mathrm{b}}{T_\mathrm{b}}\right] \\
&= -\sin[\varphi((k-1)T_\mathrm{b})] \sin\left[\frac{\pi}{2} a_{k-1} \frac{t-(k-1)T_\mathrm{b}}{T_\mathrm{b}}\right] \\
&= -\sin[\varphi(kT_\mathrm{b}) - \Delta\varphi((k-1)T_\mathrm{b})]\, a_{k-1} \sin\left[\frac{\pi}{2} \frac{t-kT_\mathrm{b}}{T_\mathrm{b}} + \frac{\pi}{2}\right] \\
&= -\sin\left[\varphi(kT_\mathrm{b}) - a_{k-1}\frac{\pi}{2}\right] a_{k-1} \cos\left[\frac{\pi}{2} \frac{t-kT_\mathrm{b}}{T_\mathrm{b}}\right].
\end{aligned}$$

Weiter ist mit $\sin[\varphi(k\,T_\mathrm{b})] = 0$

$$\sin\left[\varphi(kT_\mathrm{b}) - a_{k-1}\frac{\pi}{2}\right] = -\cos[\varphi(kT_\mathrm{b})] \sin\left[a_{k-1}\frac{\pi}{2}\right] = -a_{k-1}\cos[\varphi(kT_\mathrm{b})]$$

und mit $a_{k-1}^2 = 1$ erhält man schließlich

$$\cos\left[\varphi((k-1)T_\mathrm{b}) + \frac{\pi}{2} a_{k-1} \frac{t-(k-1)T_\mathrm{b}}{T_\mathrm{b}}\right] = \cos[\varphi(kT)] \cos\left[\frac{\pi}{2}\frac{t-kT}{T}\right].$$

Im zweiten Teilintervall $kT_\mathrm{b} \le t \le (k+1)T_\mathrm{b}$ erhalten wir mit $\sin[\varphi(k\,T_\mathrm{b})] = 0$ den identischen Ausdruck

$$\begin{aligned}
\cos\left[\varphi(kT_\mathrm{b}) + \frac{\pi}{2} a_k \frac{t-kT_\mathrm{b}}{T_\mathrm{b}}\right] &= \cos[\varphi(kT_\mathrm{b})] \cos\left[\frac{\pi}{2} a_k \frac{t-kT_\mathrm{b}}{T_\mathrm{b}}\right] \\
&= \cos[\varphi(kT_\mathrm{b})] \cos\left[\frac{\pi}{2} \frac{t-kT_\mathrm{b}}{T_\mathrm{b}}\right].
\end{aligned}$$

Mit Hilfe des Rechteckimpulses $p(t) = \mathrm{rect}(t/T_\mathrm{b} - 1/2)$ schreiben wir für $x_\mathrm{i}(t)$ im gesamten Intervall der Länge $2T_\mathrm{b}$ mit $(k-1)T_\mathrm{b} \le t \le (k+1)T_\mathrm{b}$, k gerade:

$$\begin{aligned}
x_\mathrm{i}(t) &= \cos[\varphi(kT_\mathrm{b})] \cos\left[\frac{\pi}{2}\frac{t-kT_\mathrm{b}}{T_\mathrm{b}}\right] p(t-(k-1)T_\mathrm{b}) + \cos[\varphi(kT_\mathrm{b})] \cos\left[\frac{\pi}{2}\frac{t-kT_\mathrm{b}}{T_\mathrm{b}}\right] p(t-kT_\mathrm{b}) \\
&= \cos[\varphi(kT_\mathrm{b})] \cos\left[\frac{\pi}{2}\frac{t-kT_\mathrm{b}}{T_\mathrm{b}}\right] \mathrm{rect}\left[\frac{t-kT_\mathrm{b}}{2T_\mathrm{b}}\right] = I_k\, \tilde{p}(t-kT_\mathrm{b}).
\end{aligned}$$

Für die Symbole I_k gilt $I_k = \cos[\varphi(k\,T_\mathrm{b})] = \pm 1$. Die zweite Kosinusfunktion und die rect-Funktion werden zu einem neuen Grundimpuls $\widetilde{p}(t)$ der Länge $2\,T_\mathrm{b}$ zusammengefasst:

$$\widetilde{p}(t) = \cos\left(\pi \frac{t}{2T_\mathrm{b}}\right) \mathrm{rect}\left(\frac{t}{2T_\mathrm{b}}\right). \tag{5-53}$$

Eine entsprechende Rechnung liefert für die Quadraturkomponente für k ungerade im Intervall $(k-1)T_\mathrm{b} \le t \le (k+1)T_\mathrm{b}$ die Beziehung

$$x_\mathrm{q}(t) = \sin[\varphi(kT_\mathrm{b})]\cos\left[\frac{\pi}{2}\frac{t-kT_\mathrm{b}}{T_\mathrm{b}}\right]\mathrm{rect}\left[\frac{t-kT_\mathrm{b}}{2T_\mathrm{b}}\right] = Q_k\, \widetilde{p}(t-kT_\mathrm{b})$$

mit $Q_k = \sin[\varphi(k\,T_b)] = \pm 1$. Zusammenfassend schreiben wir für die Quadraturkomponenten des MSK-Signals

$$\begin{aligned} x_\mathrm{i}(t) &= \sum_{k \text{ gerade}} I_k\, \widetilde{p}(t-kT_\mathrm{b}), \qquad I_k = \cos[\varphi(kT_\mathrm{b})], \\ x_\mathrm{q}(t) &= \sum_{k \text{ ungerade}} Q_k\, \widetilde{p}(t-kT_\mathrm{b}), \qquad Q_k = \sin[\varphi(kT_\mathrm{b})]. \end{aligned} \tag{5-54}$$

Bild 5-30 zeigt ein Beispiel für den Verlauf der Phase und der Quadraturkomponenten. Die Phase $\varphi(k\,T_\mathrm{b})$ bestimmt gemäß Gl. 5-54 die Wertigkeit der Symbole I_k und Q_k. Der Grundimpuls $\widetilde{p}(t)$ besteht, ähnlich wie im Fall $\eta = 1$, aus der positiven Halbwelle einer Kosinusschwingung, hat aber die Länge $2\,T_\mathrm{b}$ (Gl. 5-53). Die Quadraturkomponente $x_q(t)$ ist wie bei der Offset-QPSK relativ zur Normalkomponente $x_\mathrm{i}(t)$ um T_b zeitlich versetzt. Damit kann ein MSK-Signal mit einer Struktur ähnlich Bild 5-20b mit der entsprechenden Signalraumzuordnung und Pulsformfiltern zur Erzeugung der Grundimpulse $\widetilde{p}(t)$ generiert werden.

Da die Datensymbole a_k abwechselnd I_k (k gerade) und Q_k (k ungerade) bestimmen, sind $x_\mathrm{i}(t)$ und $x_\mathrm{q}(t)$ unabhängig voneinander, so dass sich das Leistungsdichtespektrum des MSK-Signals wiederum aus den Spektren $\phi_\mathrm{i}(f)$ und $\phi_\mathrm{q}(f)$ ergibt (Gl. 5-29). Ferner ist $I_k, Q_k \in \{-1, 1\}$ und deren Mittelwert null bzw. die Varianz $\sigma^2 = 1$. Mit Hilfe von Gl. 4-12 erhalten wir für die Leistungsdichte der Quadraturkomponenten

$$\phi_\mathrm{i}(f) = \phi_\mathrm{q}(f) = \frac{\sigma^2}{T_\mathrm{b}}\left|\widetilde{P}(f)\right|^2 = \frac{16T_\mathrm{b}}{\pi^2}\left[\frac{\cos(2\pi T_\mathrm{b} f)}{(4T_\mathrm{b} f)^2 - 1}\right]^2. \tag{5-55}$$

Das Spektrum des modulierten Signals, Bild 5-31, resultiert aus der Verschiebung von $\phi_\mathrm{i}(f)$ und $\phi_\mathrm{q}(f)$ um $\pm f_\mathrm{c}$. Da $\phi_\mathrm{i}(f) = \phi_\mathrm{q}(f)$ ist $\phi_\mathrm{i}(f \pm f_\mathrm{c}) + \phi_\mathrm{q}(f \pm f_\mathrm{c}) = 2\,\phi_\mathrm{i}(f \pm f_\mathrm{c})$ und entsprechend Gl. 5-29 ist noch der Faktor $A_\mathrm{c}^2/4$ zu berücksichtigen. Das Spektrum ist ähnlich dem Spektrum des FSK-Signals für $\eta = 1$ (Bild 5-29), enthält aber keine diskreten Linien und hat auf Grund des geringeren Frequenzhubs nur etwa die halbe Breite. Die Nullstellen liegen bei $f_\mathrm{c} \pm n/4T_\mathrm{b}$ ($n = 3, 5, 7, \ldots$). Bei gegebener Bitrate benötigt das MSK-Signal also nur die halbe Übertragungsbandbreite im Vergleich zu FSK mit $\eta = 1$.

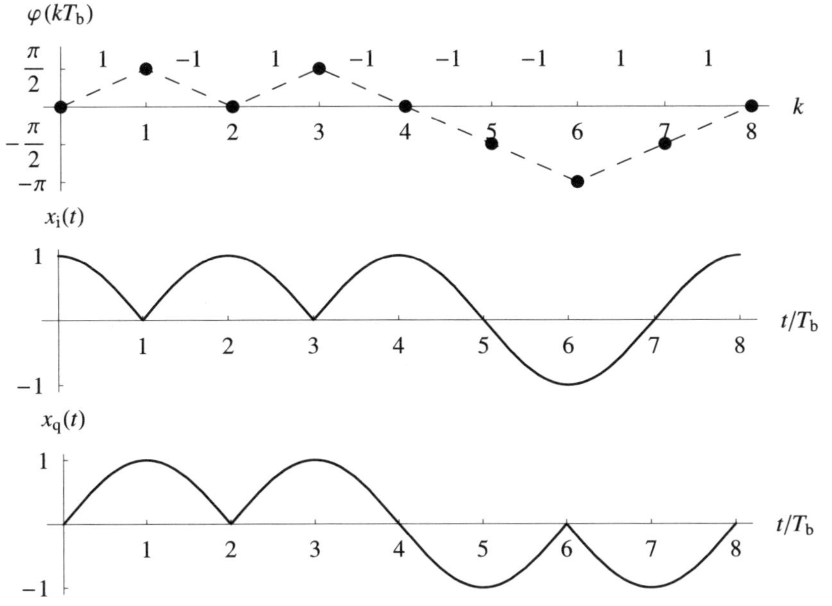

Bild 5-30: Phasenübergänge und Quadraturkomponenten eines MSK-Signals

In Bild 5-31 ist ebenfalls das Spektrum eines QPSK-Signals enthalten. Die erste Nullstelle des QPSK-Spektrums liegt bei $f_c \pm 1/T_s = f_c \pm 1/2T_b$. Der Vergleich zeigt, dass die Hauptkeule des MSK-Signals zwar breiter als die des QPSK-Signals ist, aber dass dessen Nebenmaxima wesentlich schneller abfallen.

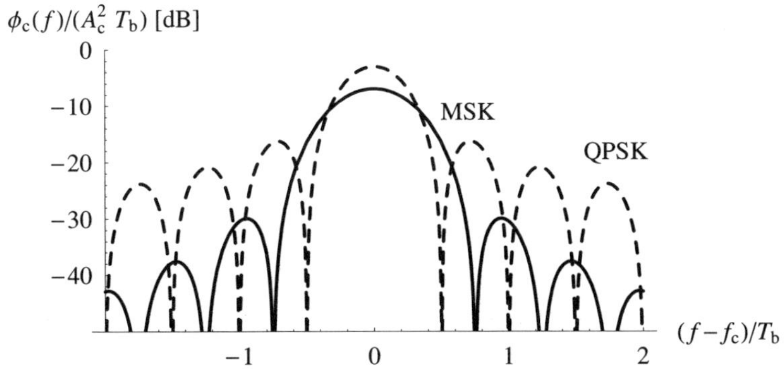

Bild 5-31: Leistungsdichtespektren für MSK und QPSK

Die Kombination von MSK mit einem Gauß-Filter wird als gaußsches Minimum-Shift Keying (GMSK) bezeichnet [13]. Ein Gauß-Filter hat die Impulsantwort

$$h_G(t) = \sqrt{\frac{2\pi}{\ln 2}} B \exp\left(-\frac{2\pi^2}{\ln 2} B^2 t^2\right) \tag{5-56}$$

und die Übertragungsfunktion

$$H_G(f) = \exp\left(-\frac{\ln 2}{2}\left(\frac{f}{B}\right)^2\right). \tag{5-57}$$

B ist die –3-dB-Bandbreite des Filters. Am Eingang des Filters liegt ein bipolares NRZ-Signal mit rechteckförmigen Grundimpulsen. Das Ausgangssignal steuert einen FSK-Modulator an. Der Grundimpuls hinter dem Gauß-Filter hat die Form

$$\begin{aligned} p(t) &= \mathrm{rect}\left(\frac{t}{T_b}\right) * h_G(t) \\ &= \frac{1}{2}\left[\mathrm{erfc}\left(\pi B T_b \sqrt{\frac{2}{\ln 2}}\left(\frac{t}{T_b} - \frac{1}{2}\right)\right) - \mathrm{erfc}\left(\pi B T_b \sqrt{\frac{2}{\ln 2}}\left(\frac{t}{T_b} + \frac{1}{2}\right)\right)\right]. \end{aligned} \tag{5-58}$$

Je kleiner das Bandbreite-Bitdauer-Produkt BT_b, umso langsamer klingt der Grundimpuls ab (Bild 5-32). Geht BT_b gegen unendlich, so erhalten wir wieder das ursprüngliche MSK-Signal.

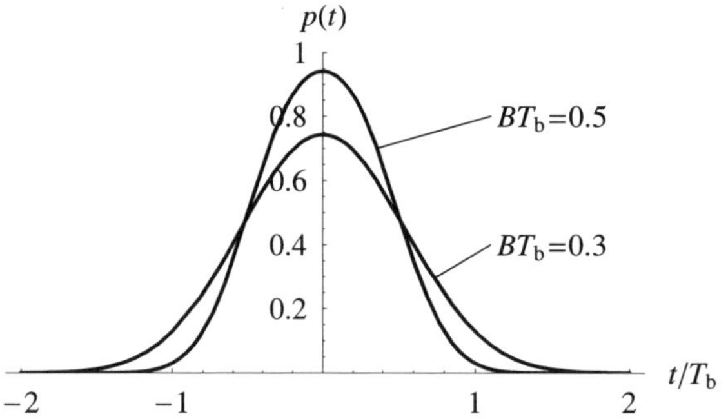

Bild 5-32: Grundimpuls bei GMSK

Durch die Verwendung des Gauß-Filters werden sprunghafte Änderungen der Frequenz des MSK-Signals vermieden und die Leistungsdichte fällt sehr schnell ab. Beispiele für numerisch berechnete Spektren von GMSK-Signalen finden sich in [13]. Je kleiner das Produkt BT_b, umso schneller fällt die Leistungsdichte ab. Allerdings ist der Grundimpuls nicht mehr auf die Bitdauer beschränkt, wodurch Intersymbol-Interferenz entsteht. Um die gleiche Bitfehlerwahrscheinlichkeit zu erzielen benötigt daher GMSK ein geringfügig höheres Signal-Rausch-Verhältnis im Vergleich zu MSK. Da die Intersymbol-Interferenz steigt, wenn BT_b kleiner wird, muss bei der Wahl von BT_b zwischen Bandbreitebedarf und erforderlichem Signal-Rausch-Verhältnis abgewogen werden.

GMSK wird als Modulationsverfahren bei GSM (Global System for Mobile communication) im Bereich des Mobilfunks mit einem Bandbreite-Bitdauer-Produkt von $BT_b = 0{,}3$

verwendet. Eine weitere Anwendung mit ähnlichem Anforderungsprofil findet sich im Bereich der Funkübertragung bei digitalen schnurlosen Telefonen. Hier kommt GMSK bei DECT (Digital European Cordless Telephone) mit $BT_b = 0{,}5$ zur Anwendung.

Beispiel 5-3: Modulationsverfahren bei der digitalen Fernsehübertragung

Beim digitalen Fernsehen oder DVB (Digital Video Broadcasting) werden die Video- und Audiosignale MPEG-codiert. Ein Fernsehkanal, der bei der analogen terrestrischen Ausstrahlung eine Bandbreite von 7 MHz belegt, resultiert in einer Datenrate von ca. 4 Mbit/s. Bei der Übertragungstechnik werden die Übertragungswege Satellit, Kabel und terrestrische Funkübertragung unterschieden. Die entsprechenden Verfahren werden mit DVB-S, DVB-C und DVB-T bezeichnet.

Bei DVB-S wird als Modulationsverfahren QPSK verwendet [50]. Zur Pulsformung wird sendeseitig ein Wurzel-Kosinus-roll-off-Filter mit einem Roll-off-Faktor $\alpha = 0{,}35$ eingesetzt. Auf der Empfängerseite wird ein identisches Filter als signalangepasstes Filter verwendet (vgl. Bild 4-28). Das Basisbandsignal hat gemäß Gl. 4-7 und Gl. 4-2 die Bandbreite $(1 + \alpha)r_s/2$. Durch die Modulation des Basisbandsignals auf einen Träger wird das Spektrum des Signals nach Gl. 5-29 um $\pm f_c$ verschoben. Die Bandbreite des modulierten Signals ist daher doppelt so groß wie die Bandbreite des Basisbandsignals und wir erhalten

$$B_K = (1+\alpha)\,r_s\,. \tag{5-59}$$

Bei gegebener Kanalbandbreite beträgt mit Gl. 4-1 die maximale Bitrate

$$r_b = \log_2 m \,\frac{B_K}{1+\alpha}\,. \tag{5-60}$$

Die Bandbreite eines TV-Satellitentransponders liegt typisch im Bereich 26 MHz bis 36 MHz. Für $B_K = 33$ MHz beträgt die Symbolrate $r_s = 24{,}44$ Mbaud und mit $m = 4$ beträgt die Bitrate $r_b = 48{,}89$ Mbit/s. Dies stellt eine Bruttobitrate dar. Für den Fehlerschutz wird eine Kombination von Faltungscode und Reed-Solomon-Blockcode verwendet (siehe Kapitel 6). Die Nettobitrate abzüglich des Fehlerschutzes beträgt ca. 30 Mbit/s. Damit können über einen Satellitentransponder sieben bis acht digitale Fernsehprogramme übertragen werden. Um neue Dienste wie hochauflösendes Fernsehen (High Definition Television, HDTV) mit größeren Übertragungsraten zu unterstützen, werden in der zweiten Generation von DVB-S (DVB-S.2, [54]) auch komplexere Modulationsverfahren wie 8-PSK, 16-APK und 32-APK verwendet.

Für die Übertragung über Kabelfernsehnetze legt der DVB-C-Standard QAM als Modulationsverfahren fest [51]. Als Sende- und Empfangsfilter dienen wie bei DVB-S Wurzel-Kosinus-roll-off-Filter, allerdings beträgt hier der Roll-off-Faktor $\alpha = 0{,}15$. Die Übertragung erfolgt in der Regel im erweiterten Sonderkanalbereich der Kabelnetze von 302 MHz bis 446 MHz mit 18 Kanälen mit einer Bandbreite von jeweils 8 MHz [9]. Bei der meist verwendeten 64-QAM ist $m = 64$, $\log_2 m = 6$ und die Symbolrate beträgt $r_s = 6{,}96$ Mbaud, während für die Bitrate $r_b = 41{,}74$ Mbit/s gilt. Die Nettobitrate abzüglich des Fehlerschutzes beträgt 38,46 Mbit/s.

Bei DVB-T wird zur Modulation OFDM (Orthogonal Frequency-Division Multiplex) verwendet [52]. OFDM wird in Abschnitt 5.4 betrachtet und in Beispiel 5-5 wird auf DVB-T näher eingegangen. Eine Erweiterung von DVB-T stellt DVB-H dar [53]. Dabei steht H für Handheld, d. h. DVB-H ist für die Übertragung zu mobilen Endgeräten gedacht. Bei diesen Geräten ist einerseits eine geringe Leistungsaufnahme wichtig, andererseits kann wegen der geringen Displaygröße das Videosignal mit einer geringeren Auflösung codiert werden.

◀

5.3 Demodulation und Fehlerwahrscheinlichkeit

Ein Demodulator extrahiert aus dem Modulationssignal die übertragene Symbolfolge. Man unterscheidet zwischen zwei grundlegenden Prinzipien: der kohärenten Demodulation und der inkohärenten Demodulation. Bei der kohärenten Demodulation wird das Eingangssignal mit einem zum Träger kohärenten Signal eines lokalen Oszillators multipliziert. Unter einem kohärenten Signal versteht man ein bezüglich Frequenz und Phase synchrones Signal. Dazu muss aus dem Eingangssignal eine Information über Frequenz und Phase des Trägers gewonnen und der lokale Oszillator mit Hilfe dieser Information synchronisiert werden. Dies bezeichnet man auch als Trägersynchronisation, die mit erheblichem technischem Aufwand verbunden sein kann. Da bei der Phasenumtastung und bei der Quadratur-Amplitudenmodulation die zu übertragende Information in der Phase des Trägers enthalten ist, können diese Signale nur kohärent demoduliert werden.

Bei der inkohärenten Demodulation ist keine Trägersynchronisation erforderlich. Allerdings benötigt ein inkohärentes Demodulationsverfahren ein größeres Signal-Rausch-Verhältnis als ein kohärentes Verfahren, um die gleiche Fehlerwahrscheinlichkeit zu erzielen.

In den folgenden Abschnitten bestimmen wir die Fehlerwahrscheinlichkeit exemplarisch für die binäre Phasenumtastung bei kohärenter Demodulation und für die binäre Amplitudenumtastung bei inkohärenter Demodulation. Anhand der zwei Beispiele werden die grundlegenden Unterschiede dieser Demodulationsverfahren deutlich. Die in Abschnitt 5.2 behandelten Modulationsverfahren werden auf der Grundlage ihrer Fehlerwahrscheinlichkeit verglichen.

Ein vollständiger Vergleich der Verfahren muss auch deren spektrale Effizienz berücksichtigen. Die spektrale Effizienz ist das Verhältnis von Bitrate zu erforderlicher Übertragungsbandbreite, ausgedrückt in bit/s pro Hz. Auf diesen Aspekt kommen wir in Abschnitt 7.4 zurück. Neben der Demodulation erfolgt im Empfänger auch eine Vorverarbeitung des Eingangssignals. Daraus ergibt sich eine Reihe von möglichen Empfängerarchitekturen, auf die in Abschnitt 5.5 eingegangen wird.

5.3.1 Kohärente Demodulation

Für lineare Modulationsverfahren hatten wir, ausgehend von Bild 5-3, den Quadratur-Modulator in Bild 5-11 hergeleitet. Dabei wird das Bandpasssignal $x_c(t)$ aus den Quadraturkomponenten in Form der digitalen Basisbandsignale Gl. 5-26 erzeugt. Analog dazu ergibt sich aus Bild 5-2 die Struktur des Quadratur-Demodulators (Bild 5-33). Durch Multiplikation des Eingangssignals mit dem zum Träger phasen- und frequenzsynchronen Signal $\cos(2\pi f_c t + \theta_c)$ bzw. $-\sin(2\pi f_c t + \theta_c)$ des lokalen Oszillators erhalten wir wieder die Quadraturkomponenten. Auf die bei der kohärenten Demodulation erforderliche Trägersynchronisation wird am Ende dieses Abschnitts eingegangen. Die Funktion der Tiefpässe in

Bild 5-2 wird von den Empfangsfiltern mit übernommen. In Umkehrung der Signalraumzuordnung in Bild 5-11 erfolgt im Empfänger eine Bitzuordnung, d. h. einem Punkt im Signalraum wird das entsprechende binäre Codewort zugeordnet.

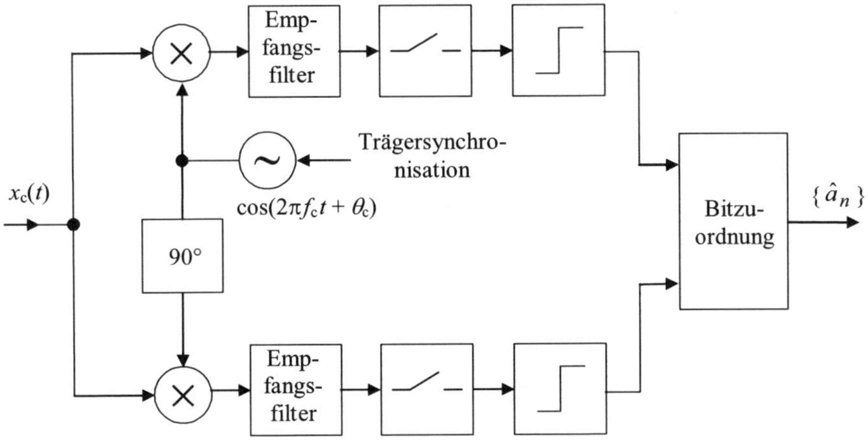

Bild 5-33: Quadratur-Demodulator

Die Signalverarbeitung der Quadraturkomponenten entspricht der empfängerseitigen Verarbeitung eines Basisbandsignals, wie in Bild 4-1 gezeigt, wobei die Verarbeitung getrennt für die Normal- und die Quadraturkomponente erfolgen muss. Das im Sinne einer minimalen Fehlerwahrscheinlichkeit optimale Empfangsfilter ist das in Abschnitt 4.4.2 hergeleitete signalangepasste Filter, dessen Impulsantwort gleich dem zeitlich gespiegelten Grundimpuls ist. Dem Empfangsfilter folgen der Abtaster, der das Signal im Symboltakt im Zeitpunkt der größten Augenöffnung abtastet, und der Entscheider. Ist ein Entzerrer erforderlich, so wird dieser in der Regel im Tiefpassbereich entsprechend Bild 5-5 realisiert.

Wir bestimmen nun die Fehlerwahrscheinlichkeit für binäre Phasenumtastung (BPSK) bei kohärenter Demodulation. Dabei wird das Modell von Bild 5-34 zu Grunde gelegt. Wir nehmen an, dass der Kanal innerhalb der Übertragungsbandbreite B verzerrungsfrei ist, d. h. es entsteht keine Intersymbol-Interferenz. Das Störsignal $n(t)$ überlagert sich dem Nutzsignal additiv. Es handelt sich dabei um weißes gaußsches Rauschen mit der Leistungsdichte $n_0/2$. Das Bandpassfilter mit der Bandbreite B am Empfängereingang lässt das Nutzsignal unverändert durch und unterdrückt Störungen, die außerhalb der Übertragungsbandbreite liegen.

Zur Vereinfachung setzen wir bei $x_c(t)$ und bei dem Signal des lokalen Oszillators $\theta_c = 0$. Für binäre Phasenumtastung ist $I_k = \pm 1$ und $Q_k = 0$, d. h. für die Quadraturkomponente gilt gemäß Gl. 5-34 $x_q(t) = 0$. Dies ist auch aus der Signalraumkonstellation Bild 5-15 ersichtlich und damit entfällt der untere Zweig in Bild 5-33 zur Verarbeitung der Quadraturkomponente. Für das BPSK-Signal erhalten wir

$$x_c(t) = x_i(t)\cos(2\pi f_c t) = \sum_{k=-\infty}^{\infty} I_k p(t - kT_b)\cos(2\pi f_c t)\,. \tag{5-61}$$

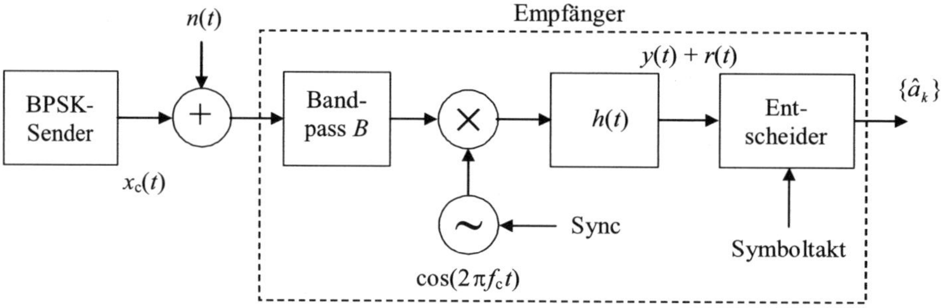

Bild 5-34: Kohärenter Empfänger für BPSK

Wir betrachten ein einzelnes Symbol der Form

$$s(t) = I_k\, p(t) \cos(2\pi f_\mathrm{c} t)\,. \tag{5-62}$$

Am Eingang des Empfangsfilters mit der Impulsantwort $h(t)$ liegt das Signal

$$\frac{1}{2}\big(s_\mathrm{i}(t) + n_\mathrm{i}(t)\big) \tag{5-63}$$

an. Darin sind $s_\mathrm{i}(t) = I_k p(t)$ und $n_\mathrm{i}(t)$ die Normalkomponenten des Nutzsignals $s(t)$ bzw. des Rauschsignals $n(t)$. Der Faktor 1/2 resultiert aus Gl. 5-9. Für ein signalangepasstes Filter (siehe Abschnitt 4.4.2) mit der Impulsantwort

$$h(t) = K\, p(T_\mathrm{b} - t)$$

erhalten wir am Ausgang des Filters für den Nutzsignalanteil

$$y(t) = \frac{1}{2} s_\mathrm{i}(t) * h(t) = \frac{1}{2} I_k K \int_{-\infty}^{\infty} p(\tau) p(T_\mathrm{b} - t + \tau)\, \mathrm{d}\tau\,.$$

Das Ausgangssignal wird maximal im Entscheidungszeitpunkt $t = T_\mathrm{b}$:

$$y(T_\mathrm{b}) = \frac{1}{2} I_k K \int_{-\infty}^{\infty} p^2(\tau)\, \mathrm{d}\tau\,.$$

Die mittlere Energie eines Symbols (bzw. eines Bits, denn für binäre Übertragung sind Symbol und Bit identisch) beträgt

$$E_\mathrm{b} = \int_{-\infty}^{\infty} s^2(t)\, \mathrm{d}t = \frac{1}{2} \int_{-\infty}^{\infty} p^2(t)\, \mathrm{d}t\,. \tag{5-64}$$

Das Integral über $p^2(t)$ ist gleich der Energie des Grundimpulses; der Faktor 1/2 resultiert aus der Multiplikation von $p(t)$ mit der Trägerschwingung $\cos(2\pi f_\mathrm{c} t)$. Damit erhalten wir für das Nutzsignal im Entscheidungszeitpunkt

$$y(T_\mathrm{b}) = I_k K E_\mathrm{b} = \pm K E_\mathrm{b}\,. \tag{5-65}$$

In Gl. 5-63 wurde formal die Normalkomponente $n_i(t)$ des Rauschsignals $n(t)$ eingeführt. Dazu bedarf es noch einiger Erläuterungen. Für einen idealen Bandpass der Bandbreite B am Empfängereingang zeigt Bild 5-35 die Leistungsdichte $\phi_n(f)$ des Rauschens am Filterausgang. Bei diesem Bandpassrauschen handelt es sich um ein Bandpasssignal, das sich gemäß Gl. 5-6 in der Form

$$n_{BP}(t) = n_i(t)\cos(2\pi f_c t) - n_q(t)\sin(2\pi f_c t) \tag{5-66}$$

darstellen lässt. $n_i(t)$ und $n_q(t)$ sind die Quadraturkomponenten des Bandpassrauschens. Diese sind mittelwertfrei und unkorreliert [29]. Für die Leistungsdichten des Bandpassrauschens und dessen Quadraturkomponenten gilt daher der Zusammenhang nach Gl. 5-29, und wir erhalten (mit $A_c = 1$)

$$\phi_n(f) = \frac{n_0}{2}, \quad \phi_{ni}(f) = \phi_{nq}(f) = n_0 \,. \tag{5-67}$$

Für die Leistungen der Rauschsignale, die gleich den Flächen unter deren Leistungsdichten sind (Bild 5-35), gilt weiter

$$N = n_0 B = \overline{n_{BP}^2(t)} = \overline{n_i^2(t)} = \overline{n_q^2(t)} \,. \tag{5-68}$$

Etwas überraschend ist das Ergebnis, dass jede der Quadraturkomponenten von $n_{BP}(t)$ die gleiche Leistung hat wie $n_{BP}(t)$ selbst. Eine intuitive Erklärung ergibt sich aus Gl. 5-66. Durch Bilden des quadratischen Mittelwertes erhält man

$$\overline{n_{BP}^2(t)} = \frac{1}{2}\overline{n_i^2(t)} + \frac{1}{2}\overline{n_q^2(t)} \,,$$

wobei der Faktor 1/2 aus der Multiplikation mit der Trägerschwingung resultiert. Bei gleichen Leistungen der Quadraturkomponenten, d. h. gleichen quadratischen Mittelwerten, folgt daraus Gl. 5-68.

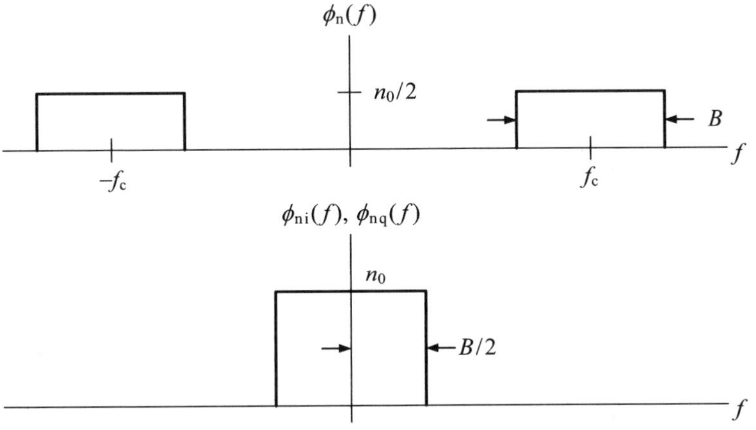

Bild 5-35: Leistungsdichtespektrum von Bandpassrauschen und dessen Quadraturkomponenten

Am Eingang des signalangepassten Filters liegt das Rauschsignal $n_\mathrm{i}(t)/2$ (Gl. 5-63). Wegen des Faktors $1/2$ beträgt dessen Leistungsdichte $n_0/4$. Mit Hilfe von Gl. 2-87 erhalten wir für die Leistungsdichte des Rauschsignals $r(t)$ am Filterausgang

$$\phi_\mathrm{r}(f) = \frac{1}{4} n_0 \left| H(f) \right|^2 .$$

Die Leistung von $r(t)$ ist gleich der Fläche unter $\phi_\mathrm{r}(f)$ und beträgt

$$N_\mathrm{r} = \int_{-\infty}^{\infty} \phi_\mathrm{r}(f)\,\mathrm{d}f = \frac{1}{4} n_0 K^2 \int_{-\infty}^{\infty} p^2(t)\,\mathrm{d}t = \frac{1}{2} n_0 K^2 E_\mathrm{b} . \tag{5-69}$$

Dabei haben wir vom parsevalschen Theorem (Gl. 2-48) Gebrauch gemacht sowie das Integral über $p^2(t)$ mit Hilfe der mittleren Energie pro Bit (Gl. 5-64) ausgedrückt.

Ein normal verteiltes Zufallssignal bleibt auch nach der Übertragung über ein LTI-System normal verteilt [25]. Bei dem Rauschsignal $r(t)$ am Entscheidereingang handelt es sich also um gaußsches Rauschen mit der Leistung N_r. Die Amplitude von $r(t)$ ist daher normal verteilt mit dem Mittelwert 0 und der Varianz $\sigma_\mathrm{r}^2 = N_\mathrm{r}$. Die Summe aus Nutzsignal und Rauschsignal ist somit ebenfalls normal verteilt, wobei sich durch die Addition des Nutzsignals der Mittelwert um $\pm K E_\mathrm{b}$ (Gl. 5-65) verschiebt. Die zugehörigen Wahrscheinlichkeitsdichten sind in Bild 5-36 gezeigt (vergleiche auch mit Bild 4-21).

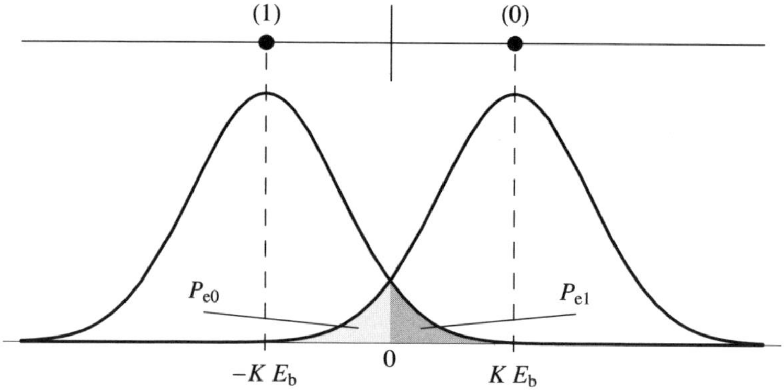

Bild 5-36: Wahrscheinlichkeitsdichtefunktionen der Signale am Entscheidereingang für binäre Phasenumtastung

Die weitere Bestimmung der Fehlerwahrscheinlichkeit erfolgt analog zu Abschnitt 4.4.1. Im Sender wird das binäre Symbol $a_k = 0$ ($a_k = 1$) auf $I_k = 1$ ($I_k = -1$) abgebildet. Der Empfänger entscheidet auf $\hat{a}_k = 0$ ($\hat{a}_k = 1$), falls das Signal am Entscheidereingang größer (kleiner) als null ist. Für $a_k = 0$ kommt es zu einer Fehlentscheidung, falls das Signal kleiner als null ist; die Wahrscheinlichkeit dafür ist $P_{\mathrm{e}0}$. Entsprechend beträgt im Falle $a_k = 1$ die Wahrscheinlichkeit für eine Fehlentscheidung $P_{\mathrm{e}1}$ (Bild 5-36). Bei gleich wahrscheinlichen Symbolen erhalten wir analog zu Gl. 4-30 für die mittlere Bitfehlerwahrscheinlichkeit

$$P_b = \frac{1}{2}\,\mathrm{erfc}\left(\frac{2KE_b}{2\sqrt{2}\sigma_r}\right).$$

Mit $\sigma_r^2 = n_0 K^2 E_b/2$ lautet schließlich unser Ergebnis für die Bitfehlerwahrscheinlichkeit für BPSK (Bild 5-37)

$$P_b = \frac{1}{2}\,\mathrm{erfc}\sqrt{\frac{E_b}{n_0}}\,. \tag{5-70}$$

Wie aus Bild 5-36 ersichtlich ist, hängt die Fehlerwahrscheinlichkeit von der euklidischen Distanz der Punkte im Signalraum ab. Bei höherstufiger Phasenumtastung ($m > 2$) liegen die Punkte dichter zusammen (Bild 5-15) und wir erwarten eine größere Fehlerwahrscheinlichkeit. Die exakte Bestimmung der Fehlerwahrscheinlichkeit ist recht aufwändig. Eine gute Näherung für die Symbolfehlerwahrscheinlichkeit für m-PSK, $m > 4$ und $E_s/n_0 >> 1$, lautet [29]

$$P_s \approx \mathrm{erfc}\left(\sqrt{\frac{E_s}{n_0}}\sin\frac{\pi}{m}\right). \tag{5-71}$$

Legen wir bei der Zuordnung von binären Codeworten zu den Symbolen eine Gray-Codierung zu Grunde, so resultiert ein Symbolfehler in einem Bitfehler und für den Zusammenhang zwischen Symbol- und Bitfehlerwahrscheinlichkeit gilt Gl. 4-53,

$$P_b \approx \frac{P_s}{\log_2 m}.$$

Da die Symboldauer um den Faktor $\log_2 m$ größer ist als die Bitdauer, gilt für die mittlere Energie pro Symbol

$$E_s = \log_2 m\, E_b\,, \tag{5-72}$$

so dass wir für die Bitfehlerwahrscheinlichkeit

$$P_b \approx \frac{1}{\log_2 m}\,\mathrm{erfc}\left(\sqrt{\log_2 m\frac{E_b}{n_0}}\sin\frac{\pi}{m}\right) \tag{5-73}$$

erhalten. Diese ist in Bild 5-37 für $m = 8$ gezeigt.

Eine Sonderstellung nimmt die quaternäre Phasenumtastung (QPSK) ein. Wir betrachten dazu die Signalraumkonstellation in Bild 5-20a. Diese gilt für Offset-QPSK, aber auch für QPSK mit $\lambda = \pi/4$. Auch die Konstellation aus Bild 5-15 (Mitte) geht im Empfänger in diese über, wenn der lokale Oszillator des Empfängers eine Phasendifferenz von $\pi/4$ relativ zum Träger aufweist. Ein kohärenter QPSK-Empfänger ist analog zum Empfänger in Bild 5-34 aufgebaut, ergänzt um den Zweig zur Verarbeitung der Quadraturkomponente (siehe Bild 5-33). Der Entscheider im Zweig der Normalkomponente liefert das erste Bit eines Dibits; der Entscheider im Zweig der Quadraturkomponente liefert das zweite Bit. Für jeden Zweig ist die Bitfehlerwahrscheinlichkeit durch Gl. 5-70 gegeben. Daher beträgt die Bitfehlerwahrscheinlichkeit für QPSK (Bild 5-37)

$$P_b = \frac{1}{2}\operatorname{erfc}\sqrt{\frac{E_b}{n_0}}\ . \tag{5-74}$$

QPSK hat also die gleiche Bitfehlerwahrscheinlichkeit wie BPSK, benötigt aber bei gleicher Bitrate nur die halbe Übertragungsbandbreite. Dies geht aus dem Spektrum Bild 5-16 hervor. Für BPSK ist $T = T_b$, während für QPSK $T = T_s = 2\,T_b$ gilt.

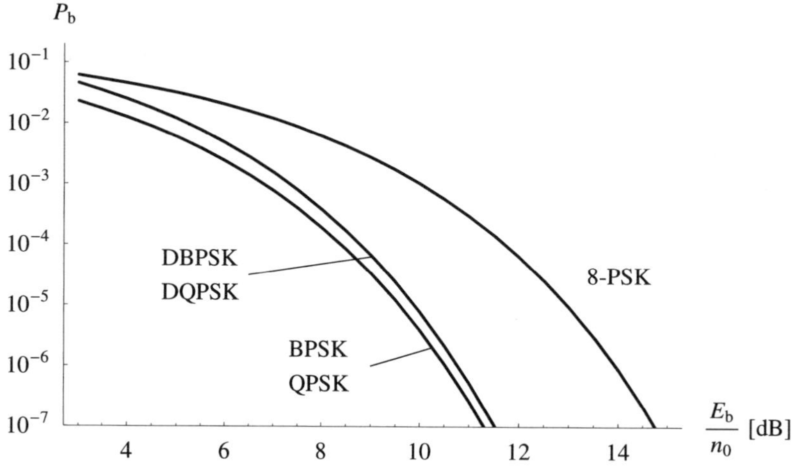

Bild 5-37: Bitfehlerwahrscheinlichkeit für Phasenumtastung

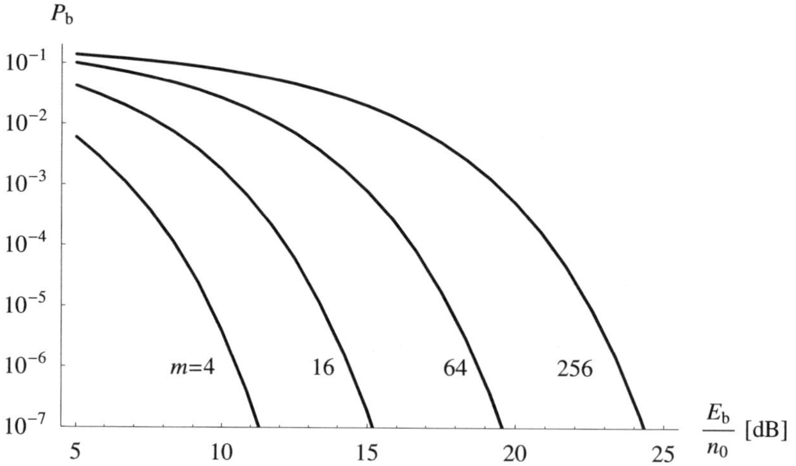

Bild 5-38: Bitfehlerwahrscheinlichkeit für QAM

Auch für Offset-QPSK ist die Bitfehlerwahrscheinlichkeit durch Gl. 5-74 gegeben, denn die Verzögerung der Quadraturkomponente relativ zur Normalkomponente hat darauf keinen Einfluss. Setzen wir wieder eine Gray-Codierung voraus und nehmen an, dass ein Symbolfehler in einem Bitfehler resultiert, so gilt für die QPSK-Symbolfehlerwahrscheinlichkeit

$$P_\mathrm{s} \approx 2P_\mathrm{b} \,. \tag{5-75}$$

Tatsächlich ist die Symbolfehlerwahrscheinlichkeit geringfügig kleiner als in Gl. 5-75 angegeben, da der Fall, dass in der Normal- und der Quadraturkomponente gleichzeitig ein Fehler eintritt, vernachlässigt wird.

Während phasenumgetastete Signale nur kohärent demoduliert werden können, kann bei differenzieller Vorcodierung, also bei DPSK, sowohl kohärent als auch inkohärent demoduliert werden. Auf die inkohärente Demodulation von DPSK-Signalen kommen wir im folgenden Abschnitt zurück. Ein kohärenter DPSK-Demodulator ist identisch zu einem kohärenten PSK-Demodulator aufgebaut und liefert die differenzcodierte Folge $\{\hat{d}_k\}$. Da zur Decodierung das vorangegangene Symbol benötigt wird, ist ein Symbolfehler immer mit einem Folgefehler verbunden. Bei kohärenter Demodulation ist die Symbol- und die Bitfehlerwahrscheinlichkeit daher etwa doppelt so groß wie für PSK:

$$P_\mathrm{b,DPSK} \approx 2P_\mathrm{b,PSK} \,. \tag{5-76}$$

Die Bitfehlerwahrscheinlichkeit für $m = 2$ (DBPSK) und $m = 4$ (DQPSK) ist wie zuvor identisch und ebenfalls in Bild 5-37 gezeigt. Aus Bild 5-37 ist ersichtlich, dass sich der Faktor 2 bei der Bitfehlerwahrscheinlichkeit nur geringfügig bezüglich des erforderlichen Störabstandes auswirkt.

Die Bitfehlerwahrscheinlichkeit für Quadratur-Amplitudenmodulation mit quadratischer Signalraumkonstellation zeigt Bild 5-38. Sie ist durch

$$P_\mathrm{b} \approx \frac{2}{\log_2 m}\left(1-\frac{1}{\sqrt{m}}\right)\mathrm{erfc}\sqrt{\frac{3}{2(m-1)}\log_2 m\frac{E_\mathrm{b}}{n_0}} \tag{5-77}$$

gegeben [29]. Der Fall $m = 4$ ist identisch mit QPSK. Je größer m, umso geringer ist die euklidische Distanz der Punkte im Signalraum und der erforderliche Störabstand steigt. Da gleichzeitig die Übertragungsbandbreite sinkt, kann mit QAM bei gegebener Bandbreite die Bitrate gesteigert werden, wenn der Störabstand und die geforderte Fehlerwahrscheinlichkeit dies zulassen. Dies ist natürlich auch mit PSK möglich. Da die Leistungsdichtespektren von PSK und QAM identisch sind, ist auch die Übertragungsbandbreite gleich. Allerdings benötigt m-PSK für $m > 4$ einen größeren Störabstand als m-QAM. Beispielsweise ist für $P_\mathrm{b} = 10^{-6}$ bei 16-PSK ein Störabstand von $10\log(E_\mathrm{b}/n_0) = 18{,}4$ dB erforderlich, während 16-QAM nur 14,4 dB, also 4 dB weniger, benötigt.

Für binäre Amplitudenumtastung und binäre Frequenzumtastung mit einem Modulationsindex von $\eta = 1$ ergibt sich bei kohärenter Demodulation eine Bitfehlerwahrscheinlichkeit von [34]

$$P_\mathrm{b} = \frac{1}{2}\mathrm{erfc}\sqrt{\frac{E_\mathrm{b}}{2n_0}} \,. \tag{5-78}$$

Beide Verfahren benötigen einen um 3 dB größeren Störabstand als BPSK. Die Bitfehlerwahrscheinlichkeit für MSK beträgt [13]

$$P_\mathrm{b} = \operatorname{erfc}\sqrt{\frac{E_\mathrm{b}}{n_0}}\,, \tag{5-79}$$

ist also lediglich um den Faktor 2 größer als die Fehlerwahrscheinlichkeit der bezüglich der spektralen Effizienz vergleichbaren QPSK. Gl. 5-78 und Gl. 5-79 sind in Bild 5-39 gegenübergestellt. GMSK benötigt für $BT_\mathrm{b} = 0{,}3$ einen um ca. 1 dB größeren Störabstand als MSK [13]. Dies ist auf die durch das Gauß-Filter bedingte Intersymbol-Interferenz zurückzuführen.

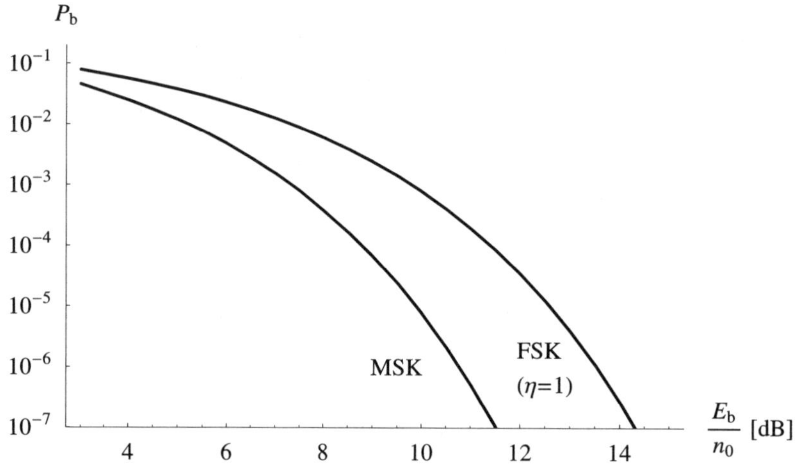

Bild 5-39: Bitfehlerwahrscheinlichkeit für binäre FSK und MSK

Wir wollen die Betrachtung der kohärenten Demodulation mit einigen Überlegungen zur Trägersynchronisation abschließen. In Bild 5-33 wurde angenommen, dass der lokale Oszillator des Demodulators zum Träger des Modulationssignals synchronisiert ist. Zur Synchronisation des lokalen Oszillators müssen Phase und Frequenz des Trägers aus dem Eingangssignal ermittelt werden. Wir betrachten dazu als Beispiel ein phasenumgetastetes Signal. Für ein m-PSK-Signal mit rechteckförmigen Grundimpulsen gilt in einem Symbolintervall $kT_\mathrm{s} \le t \le (k+1)T_\mathrm{s}$ gemäß Gl. 5-33 und Gl. 5-35

$$x_\mathrm{c}(t) = A_\mathrm{c}\cos(2\pi f_\mathrm{c} t + \theta_\mathrm{c} + \varphi_k)\,,\ \varphi_k = \frac{2\pi a_k}{m} + \lambda\,.$$

Eine Möglichkeit zur Erzeugung eines Referenzträgers aus dem Eingangssignal besteht darin, $x_\mathrm{c}(t)$ zur m-ten Potenz zu erheben, wodurch ein Ausdruck der Form

$$[x_\mathrm{c}(t)]^m = \frac{A_\mathrm{c}^m}{2^{m-1}}\cos\big(m(2\pi f_\mathrm{c} t + \theta_\mathrm{c} + \varphi_k)\big) \ \text{+ weitere Terme}$$

entsteht. Da $m\varphi_k$ ein ganzzahliges Vielfaches von 2π ist, vereinfacht sich dieser Ausdruck zu

$$[x_c(t)]^m = \frac{A_c^m}{2^{m-1}} \cos(2\pi m f_c t + m\theta_c) \quad + \text{weitere Terme}\,.$$

Damit enthält das potenzierte Signal eine Komponente, die keine Phasenänderungen mehr beinhaltet und somit unabhängig von den übertragenen Symbolen ist. Der cos-Term wird mit Hilfe eines Bandpassfilters extrahiert und mit einem Phasenregelkreis (Phase-Locked Loop oder PLL, siehe Abschnitt 4.8.1) zur besseren Störunterdrückung nachgeführt. Nach der Division durch m steht der Referenzträger zur Verfügung. Ein entsprechendes Blockschaltbild zeigt Bild 5-40.

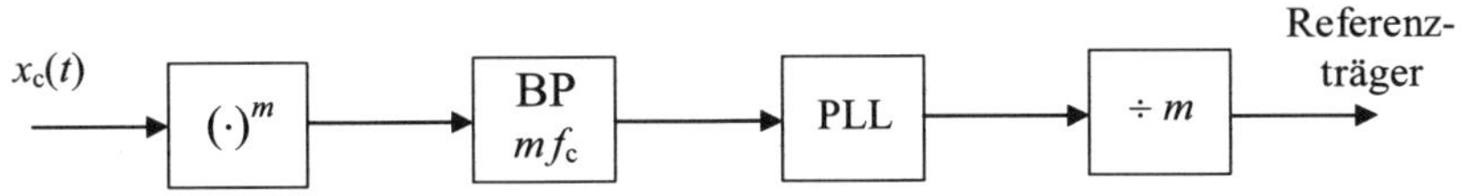

Bild 5-40: Trägersynchronisation durch Potenzieren des Modulationssignals

Der Referenzträger weist allerdings eine Phasenunsicherheit von $\pm n(2\pi/m)$ relativ zum Träger des Modulationssignals auf, denn es ist

$$2\pi m f_c = m(2\pi f_c + \Delta\theta)\,, \ \Delta\theta = \pm n \frac{2\pi}{m}\,.$$

Im Falle von QPSK ($m = 4$) besteht also eine Phasenunsicherheit von $+\pi/2$, $-\pi/2$ oder π. Dies entspricht einer Drehung der Signalraumkonstellation um +90°, −90° oder 180°. Zur Beseitigung dieser Phasenunsicherheit muss ein dem Empfänger bekanntes Synchronwort eingefügt werden. Ein Phasenfehler von 90° (−90°) wird dadurch korrigiert, dass die *I*- und *Q*-Komponenten vertauscht und die *I*-(*Q*-)Komponente invertiert wird. Ein Phasenfehler von 180° wird durch die Invertierung der Bitfolge korrigiert. Das Problem der Phasenunsicherheit wird bei differenzieller Vorcodierung (DPSK) umgangen, da hier die Information in der Phasenänderung enthalten ist und die absolute Phase im Empfänger nicht bekannt sein muss.

Ein weiteres Verfahren zur Gewinnung eines Referenzträgers aus dem Eingangssignal ist die entscheidungsrückgekoppelte Trägersynchronisation (Bild 5-41a). Aus dem Vergleich der Daten vor und hinter dem Entscheider ergibt sich die Abweichung der Punkte im Signalraum von den idealen Positionen (Bild 5-41b). Eine Phasendifferenz des lokal erzeugten Referenzträgers zum Träger des Eingangssignals hat eine Verdrehung der Signalraumkonstellation zur Folge. Eine Frequenzdifferenz bewirkt ein Rotieren der Konstellation während eines Symbolintervalls um $\Delta\varphi = 2\pi\Delta f T$. Sofern diese Drehung kleiner als $2\pi/m$ ist, kann mit Hilfe der Abweichung die korrekte Frequenz bzw. Phase des Referenzträgers ermittelt werden. Allerdings bleibt auch hier das oben beschriebene Problem der Phasenunsicherheit bestehen, da eine Drehung um $\pm n(2\pi/m)$ nicht erkannt wird. Eine ausführliche Darstellung und Analyse von Verfahren und Algorithmen zur Trägersynchronisation findet sich in [21].

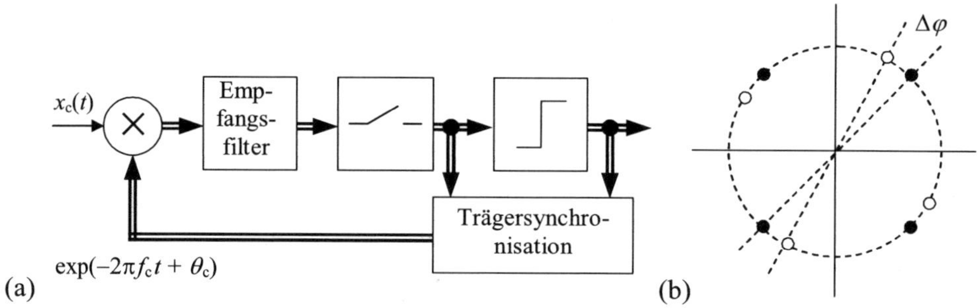

Bild 5-41: Entscheidungsrückgekoppelte Trägersynchronisation, (a) Blockschaltbild, (b) Signalraumdarstellung für QPSK

Beispiel 5-4: Bestimmung der Referenzphase bei DVB-S

Bei der digitalen Fernsehübertragung über Satellit (DVB-S, siehe Beispiel 5-3) wird als Modulationsverfahren QPSK verwendet. Zum Multiplexen der verschiedenen Audio- und Videodaten sowie von Zusatzinformationen dient der MPEG Transport Stream (MPEG-TS). Ein MPEG-TS-Paket besteht aus 188 byte; davon sind 4 byte Header und 184 byte Nutzdaten (engl.: payload), siehe Bild 5-42. Das erste Byte des Headers ist das Sync-Byte mit dem festen Wert 47 (hex) = 0100 0111 (bin). Das Sync-Byte jedes achten Pakets wird im Sender invertiert [50].

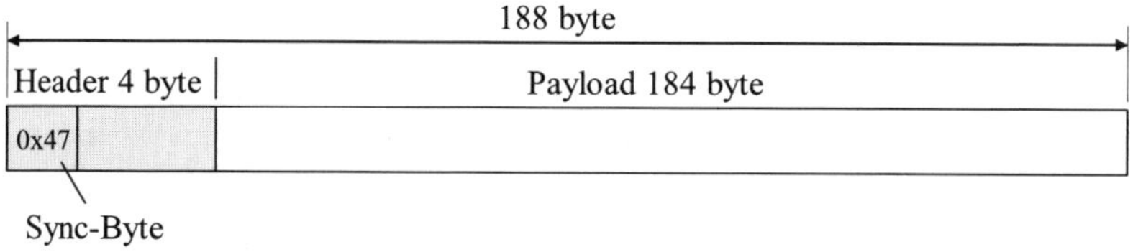

Bild 5-42: MPEG-TS-Paket

Die Bestimmung der Referenzphase erfolgt in zwei Stufen: Zunächst wird eine Phasendifferenz von ±90° mit Hilfe des Viterbi-Decoders ermittelt. Der Viterbi-Decoder decodiert den Faltungscode (siehe Abschnitt 6.2), der zum Schutz gegen Bitfehler bei DVB-S verwendet wird. Er ist in der Lage, Bitfehler zu erkennen und zu korrigieren. Eine Phasendifferenz von ±90° resultiert in einer großen Bitfehlerhäufigkeit und kann korrigiert werden. Eine verbleibende Phasendifferenz von 180° resultiert nun in einer Invertierung des Bitstroms. Dies kann in einem zweiten Schritt mit Hilfe des Sync-Bytes erkannt werden, denn in diesem Fall treten nach einem nicht invertierten Sync-Byte sieben invertierte Bytes auf. Darüber hinaus dienen die Sync-Bytes auch der Synchronisation des Descramblers.

◀

5.3.2 Inkohärente Demodulation

Die inkohärente Demodulation benötigt keine Trägersynchronisation und vermeidet den damit verbundenen Aufwand. Allerdings erfordert sie ein größeres Signal-Rausch-Verhältnis, um die gleiche Fehlerwahrscheinlichkeit zu erzielen wie die kohärente Demodulation. Das Prinzip der inkohärenten Demodulation soll am Beispiel eines Empfängers für binäre Amplitudenumtastung (2-ASK) erläutert werden. Bild 5-43 zeigt das Blockschaltbild eines solchen Empfängers.

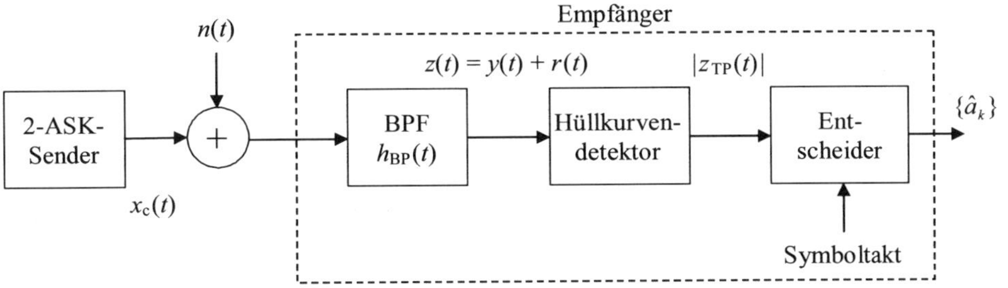

Bild 5-43: Blockschaltbild eines inkohärenten ASK-Empfängers (Hüllkurvenempfänger)

Am Eingang befindet sich ein Bandpassfilter mit der Impulsantwort $h_{BP}(t)$; es folgen ein Hüllkurvendetektor und der Entscheider. Wir betrachten wieder ein einzelnes Symbol. Mit Hilfe von Gl. 5-30 und Gl. 5-31 sowie $a_k \in \{0, 1\}$ erhalten wir

$$\begin{aligned} a_k &= 0: \quad s_0(t) = 0, \\ a_k &= 1: \quad s_1(t) = p(t)\cos(2\pi f_c t + \theta_c). \end{aligned} \tag{5-80}$$

Im Falle rechteckförmiger Grundimpulse ist $p(t) = \mathrm{rect}(t/T_b - 1/2)$ und für die Energie der Signale folgt weiter

$$a_k = 0: \quad E_0 = 0,$$

$$a_k = 1: \quad E_1 = \frac{1}{2}\int_{-\infty}^{\infty} p^2(t)\,\mathrm{d}t = \frac{T_b}{2}$$

und die mittlere Energie eines Symbols beträgt

$$E_b = \frac{1}{2}(E_0 + E_1) = \frac{T_b}{4}. \tag{5-81}$$

Das Filter am Empfängereingang ist ein signalangepasstes Filter mit der Impulsantwort

$$h_{BP}(t) = K\, s_1(T_b - t) = K\, p(t)\cos(2\pi f_c t). \tag{5-82}$$

Für das Nutzsignal am Filterausgang gilt

$$y(t) = s_1(t) * h_{BP}(t).$$

Mit Hilfe der äquivalenten Tiefpasssignale schreiben wir

$$y_{TP}(t) = \frac{1}{2} s_{TP}(t) * h_{TP}(t) = \frac{1}{2} p(t) e^{j\theta_c} * K\, p(t) = \frac{K T_b}{2} \Lambda\left(\frac{t - T_b}{T_b}\right) e^{j\theta_c} \tag{5-83}$$

und erhalten

$$y(t) = \frac{K T_b}{2} \Lambda\left(\frac{t - T_b}{T_b}\right) \cos(2\pi f_c t + \theta_c)\,. \tag{5-84}$$

Das Signal ist in Bild 5-44 für $\theta_c = 0$ gezeigt. Für diesen Fall nimmt das Signal im Entscheidungszeitpunkt $t = T_b$ den Maximalwert $y(T_b) = K T_b/2$ an. Für $\theta_c \neq 0$ verschiebt sich jedoch die Trägerschwingung und für $\theta_c = \pm\pi/2$ wird $y(T_b)$ sogar null. Daher wird im Entscheider nicht $y(t)$, sondern die Hüllkurve $|y_{TP}(t)|$ abgetastet. Mit den Quadraturkomponenten von $y(t)$,

$$y_i(t) = \frac{K T_b}{2} \Lambda\left(\frac{t - T_b}{T_b}\right) \cos\theta_c\,, \quad y_q(t) = \frac{K T_b}{2} \Lambda\left(\frac{t - T_b}{T_b}\right) \sin\theta_c\,, \tag{5-85}$$

folgt für die Hüllkurve

$$|y_{TP}(t)| = \sqrt{y_i^2(t) + y_q^2(t)} = \frac{K T_b}{2} \Lambda\left(\frac{t - T_b}{T_b}\right). \tag{5-86}$$

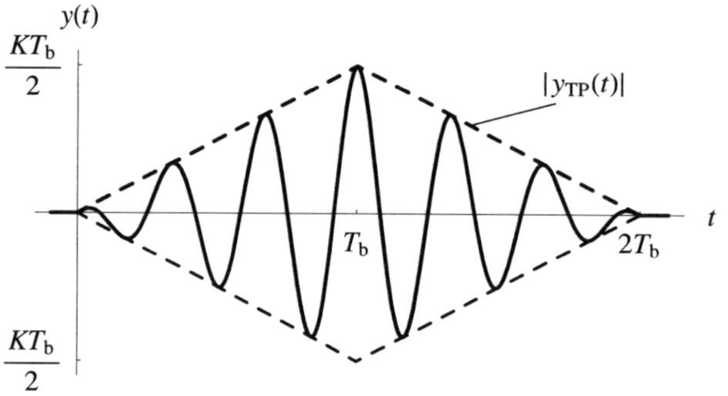

Bild 5-44: Nutzsignal am Ausgang des signalangepassten Filters

Im Entscheidungszeitpunkt gilt mit Gl. 5-81

$$|y_{TP}(T_b)| = \frac{K T_b}{2} = 2 K E_b\,. \tag{5-87}$$

Durch den Hüllkurvendetektor wird das Signal am Entscheidereingang also unabhängig von einer Phasendifferenz θ_c.

Dem Nutzsignal überlagert sich das Störsignal $r(t)$, das aus der Filterung des weißen gaußschen Rauschens am Empfängereingang mit der Leistungsdichte $n_0/2$ hervorgeht. Die Rauschleistung beträgt mit Gl. 2-94, Gl. 2-48 und Gl. 5-82

$$N_{\mathrm{r}} = \frac{n_0}{2} \int_{-\infty}^{\infty} h_{\mathrm{BP}}^2(t)\,\mathrm{d}t = n_0 K^2 E_{\mathrm{b}}\,. \tag{5-88}$$

Bei $r(t)$ handelt es sich um gaußsches Rauschen mit der Leistung N_{r}; für die Varianz der Gauß-Verteilung gilt daher $\sigma_{\mathrm{r}}^2 = N_{\mathrm{r}}$. Wie wir in Abschnitt 5.3.1 gesehen haben, sind die Quadraturkomponenten von $r(t)$, $r_{\mathrm{i}}(t)$ und $r_{\mathrm{q}}(t)$, ebenfalls Gauß-verteilt mit der Varianz σ_{r}^2. Für die Hüllkurve der Summe von Nutz- und Rauschsignal, $z(t) = y(t) + r(t)$, gilt mit Gl. 5-85 nun im Entscheidungszeitpunkt

$$\begin{aligned} |z_{\mathrm{TP}}(T_{\mathrm{b}})| &= \sqrt{\left(y_{\mathrm{i}}(T_{\mathrm{b}}) + r_{\mathrm{i}}(T_{\mathrm{b}})\right)^2 + \left(y_{\mathrm{q}}(T_{\mathrm{b}}) + r_{\mathrm{q}}(T_{\mathrm{b}})\right)^2} \\ &= \sqrt{\left(\frac{KT_{\mathrm{b}}}{2}\cos\theta_{\mathrm{c}} + r_{\mathrm{i}}(T_{\mathrm{b}})\right)^2 + \left(\frac{KT_{\mathrm{b}}}{2}\sin\theta_{\mathrm{c}} + r_{\mathrm{q}}(T_{\mathrm{b}})\right)^2}\,. \end{aligned} \tag{5-89}$$

Da $r_{\mathrm{i}}(T_{\mathrm{b}})$ und $r_{\mathrm{q}}(T_{\mathrm{b}})$ Zufallsgrößen sind, ist auch $|z_{\mathrm{TP}}(T_{\mathrm{b}})|$ eine Zufallsgröße. Allerdings ist die Bildung der Hüllkurve eine nichtlineare Operation und $|z_{\mathrm{TP}}(T_{\mathrm{b}})|$ ist daher nicht normal verteilt, sondern nach Abschnitt 2.3.3 Rice-verteilt (Gl. 2-74) mit $c = KT_{\mathrm{b}}/2$ und $\sigma = \sigma_{\mathrm{r}}$. Die zugehörige Wahrscheinlichkeitsdichte $f_{z1}(x)$ zeigt Bild 5-45. Für $a_k = 0$ ist das Nutzsignal am Filterausgang ebenfalls null und es ist $c = 0$. Die Rice-Verteilung geht dann in die Rayleigh-Verteilung über; die zugehörige Wahrscheinlichkeitsdichte ist in Bild 5-45 mit $f_{z0}(x)$ gekennzeichnet. Beide Wahrscheinlichkeitsdichten $f_{z0}(x)$ und $f_{z1}(x)$ sind null für $x < 0$, da die Hüllkurve $|z_{\mathrm{TP}}(T_{\mathrm{b}})|$ nicht negativ werden kann.

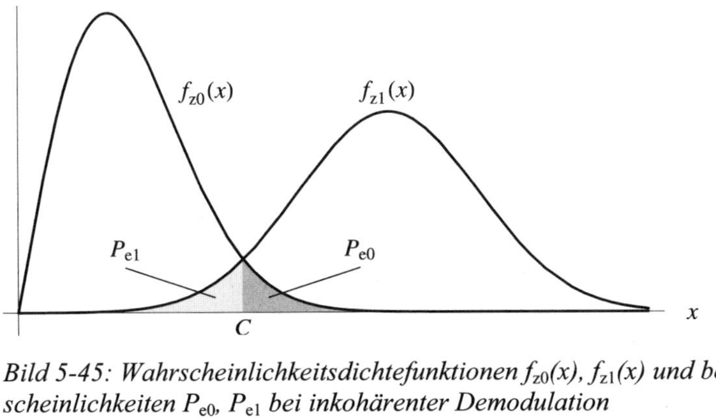

Bild 5-45: Wahrscheinlichkeitsdichtefunktionen $f_{z0}(x)$, $f_{z1}(x)$ und bedingte Fehlerwahrscheinlichkeiten P_{e0}, P_{e1} bei inkohärenter Demodulation

Der dem Hüllkurvendetektor nachfolgende Entscheider entscheidet auf $\hat{a}_k = 0$ ($\hat{a}_k = 1$), falls das Signal kleiner (größer) als die Schwelle C ist. Die mittlere Bitfehlerwahrscheinlichkeit ergibt sich wie gewohnt aus den bedingten Fehlerwahrscheinlichkeiten P_{e1} und P_{e0}, die gleich den in Bild 5-45 gekennzeichneten Flächen unter den Wahrscheinlichkeitsdichtefunktionen sind. Die optimale Schwelle, für die die Fehlerwahrscheinlichkeit minimal wird, liegt am Schnittpunkt der beiden Wahrscheinlichkeitsdichtefunktionen. Für $E_{\mathrm{b}}/n_0 >> 1$ erhält man für die Bitfehlerwahrscheinlichkeit [34]

$$P_\mathrm{b} \approx \frac{1}{2} \mathrm{e}^{-\frac{E_\mathrm{b}}{2n_0}} . \tag{5-90}$$

Die Fehlerwahrscheinlichkeit für binäre ASK bei inkohärenter Demodulation nach Gl. 5-90 ist in Bild 5-46 gezeigt. Der Vergleich mit Gl. 5-78 zeigt, dass die inkohärente Demodulation einen um ca. 1 dB größeren Störabstand als die kohärente Demodulation erfordert. Dies gilt für alle Modulationsverfahren, die inkohärent demoduliert werden können. Je nach Verfahren ergibt sich ein Unterschied von ca. 1 ... 3 dB zu Ungunsten der inkohärenten Demodulation.

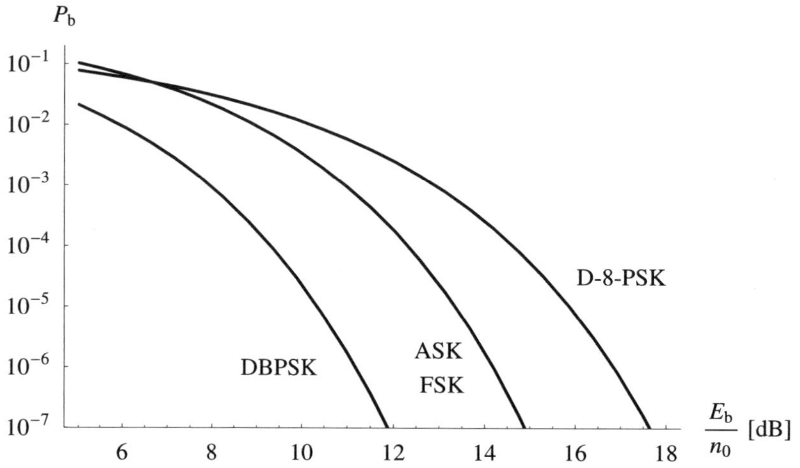

Bild 5-46: Bitfehlerwahrscheinlichkeit bei inkohärenter Demodulation

Der Hüllkurvendetektor in Bild 5-43 kann technisch durch einen Gleichrichter und ein nachfolgendes Tiefpassfilter realisiert werden. Der Gleichrichter bildet den Betrag des Eingangssignals und der Tiefpass glättet die Trägerschwingung. Eine Realisierung des Empfängers im Tiefpassbereich, die besser für die digitale Signalverarbeitung geeignet ist, zeigt Bild 5-47. Mit Hilfe der bekannten Quadraturschaltung werden aus dem Eingangssignal die Quadraturkomponenten erzeugt und die Hüllkurve gemäß Gl. 5-89 gebildet. Im Unterschied zum kohärenten Demodulator in Bild 5-33 weicht die Phase des lokalen Oszillators jedoch um θ_c von der Phase des Trägers ab. Besteht auch eine Frequenzdifferenz, d. h. ist $f_\mathrm{L} \neq f_\mathrm{c}$, so verringert sich der Wert des Nutzsignals und die Fehlerwahrscheinlichkeit steigt.

Bild 5-48 zeigt einen inkohärenten Empfänger für binäre differenzielle Phasenumtastung (DBPSK). Das Eingangssignal gelangt einmal direkt und einmal um T_b verzögert und mit zwei multipliziert zu dem Multiplizierer. Im Unterschied zum kohärenten Demodulator von Bild 5-34 dient also nicht ein lokal erzeugter Träger, sondern das verzögerte Eingangssignal als Referenzträger. Das Signal nach dem Tiefpassfilter hängt von der Phasendifferenz $\Delta\varphi_k = \varphi_k - \varphi_{k-1}$ ab, woraus der Entscheider a_k ermittelt (siehe Gl. 5-38 und Gl. 5-39). Das Verfahren wird auch als differenziell kohärente DPSK-Demodulation bezeichnet.

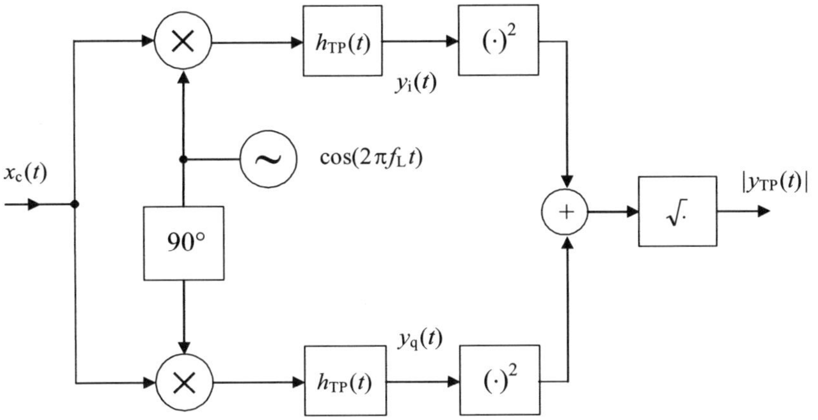

Bild 5-47: Äquivalente Realisierung des ASK-Empfängers im Tiefpassbereich

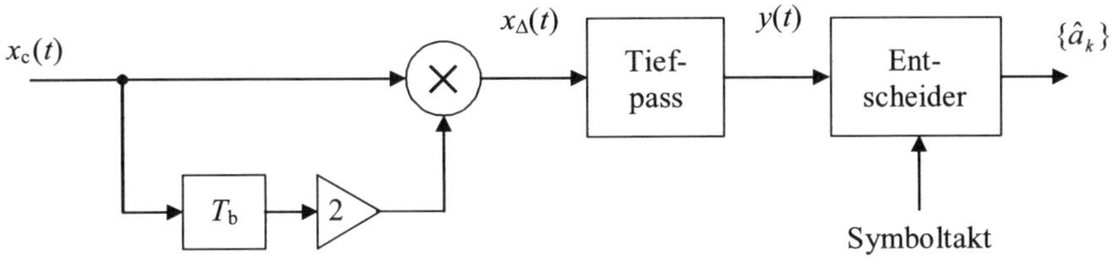

Bild 5-48: Inkohärenter Empfänger für binäre DPSK (differenziell kohärente Demodulation)

Wir schreiben für das Eingangssignal im Intervall $kT_b \le t \le (k+1)T_b$

$$s(t) = A_c\, p(t - kT_b)\cos(2\pi f_c t + \theta_c + \varphi_k)\,.$$

Am Eingang des Tiefpassfilters erhalten wir das Signal

$$\begin{aligned} x_\Delta(t) &= s(t)\,2s(t - T_b) \\ &= 2A_c^2\, p^2(t - kT_b)\cos(2\pi f_c t + \theta_c + \varphi_k)\cos(2\pi f_c (t - T_b) + \theta_c + \varphi_{k-1})\,. \end{aligned}$$

Für $f_c T_b$ ganzzahlig ist

$$x_\Delta(t) = A_c^2\, p^2(t - kT_b)\left[\cos(\Delta\varphi_k) + \cos(4\pi f_c t + 2\theta_c + \varphi_k + \varphi_{k-1})\right].$$

Der auf den Multiplizierer folgende Tiefpass trennt das Signal bei der zweifachen Trägerfrequenz ab und wir erhalten im Abtastzeitpunkt $t = T_k$

$$y(T_k) = A_c^2 \cos(\Delta\varphi_k) = \begin{cases} A_c^2 & \text{für} \quad \Delta\varphi_k = 0\,, \\ -A_c^2 & \text{für} \quad \Delta\varphi_k = \pi\,. \end{cases} \tag{5-91}$$

Für binäre DPSK ist $a_k \in \{0, 1\}$ und gemäß Gl. 5-39 folgt $a_k = 0$ aus $\Delta\varphi_k = 0$ bzw. $a_k = 1$ aus $\Delta\varphi_k = \pi$. Der Entscheider liefert daher $\hat{a}_k = 0$ für $y(T_k) > 0$ und $\hat{a}_k = 1$ für $y(T_k) < 0$. Die differenziell kohärente Demodulation ordnet sich bezüglich des erforderlichen Störabstandes zwischen der kohärenten Demodulation und der Hüllkurvendemodulation ein. Die Bitfehlerwahrscheinlichkeit für DBPSK beträgt [29]

$$P_{\mathrm{b}} \approx \frac{1}{2} e^{-\frac{E_{\mathrm{b}}}{n_0}} . \tag{5-92}$$

Für D-m-PSK, $m \geq 4$ und $E_{\mathrm{b}}/n_0 >> 1$ gilt für die Bitfehlerwahrscheinlichkeit [34]

$$P_{\mathrm{b}} \approx \frac{1}{\log_2 m} \operatorname{erfc}\left(\sqrt{\log_2 m \frac{E_{\mathrm{b}}}{n_0}} \sin \frac{\pi}{\sqrt{2}\, m} \right) . \tag{5-93}$$

Gl. 5-92 für binäre DPSK und Gl. 5-93 für $m = 8$ sind in Bild 5-46 enthalten. Tabelle 5-8 stellt den für eine Fehlerwahrscheinlichkeit von $P_{\mathrm{b}} = 10^{-5}$ erforderlichen Störabstand $10 \log(E_{\mathrm{b}}/n_0)$ bei PSK kohärent demoduliert und DPSK inkohärent demoduliert gegenüber. Für binäre Übertragung ($m = 2$) ergibt sich nur ein geringer Nachteil von weniger als einem dB für DPSK. Für $m \geq 8$ erfordert DPSK einen um ca. 3 dB höheren Störabstand.

Tabelle 5-8: Vergleich m-PSK bei kohärenter Demodulation und D-m-PSK bei inkohärenter Demodulation

m	***m*-PSK (koh.)**	**D-*m*-PSK (inkoh.)**
2	9,59 dB	10,34 dB
4	9,59 dB	12,14 dB
8	12,97 dB	15,87 dB

Bild 5-49 zeigt einen inkohärenten Empfänger für binäre Frequenzumtastung. Die Bandpassfilter am Eingang sind auf die Frequenzen $f_1 = f_{\mathrm{c}} + f_\Delta$ bzw. $f_2 = f_{\mathrm{c}} - f_\Delta$ abgestimmt (Gl. 5-46). Analog zu Gl. 5-82 gilt im Falle signalangepasster Filter für die Impulsantwort

$$h_1(t) = K\, p(t) \cos(2\pi f_1 t), \quad h_2(t) = K\, p(t) \cos(2\pi f_2 t) . \tag{5-94}$$

Für $\eta = 1$ ist $f_\Delta = 1/2T_{\mathrm{b}}$ und für die Bitfehlerwahrscheinlichkeit für $E_{\mathrm{b}}/n_0 >> 1$ gilt [34]

$$P_{\mathrm{b}} \approx \frac{1}{2} e^{-\frac{E_{\mathrm{b}}}{2n_0}} . \tag{5-95}$$

Die Bitfehlerwahrscheinlichkeit für binäre FSK inkohärent demoduliert ist also identisch zur Bitfehlerwahrscheinlichkeit für binäre ASK (Gl. 5-90). Auch bei kohärenter Demodulation ergab sich für beide Modulationsverfahren die gleiche Fehlerwahrscheinlichkeit (Gl. 5-78). Der Vorteil der kohärenten Demodulation bezüglich des erforderlichen Störabstandes ist mit weniger als einem dB jedoch nur gering.

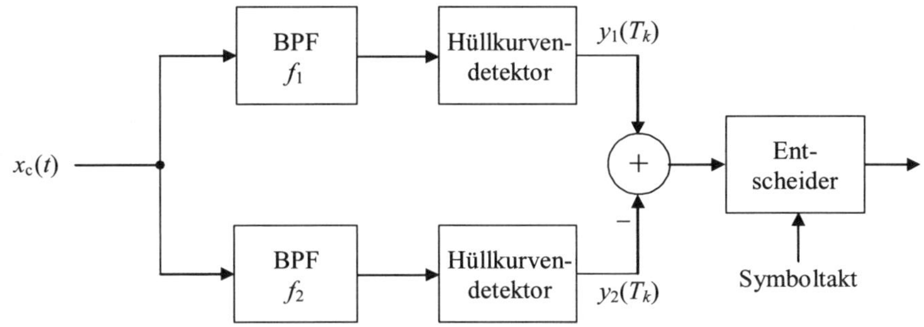

Bild 5-49: Inkohärenter Demodulator für binäre FSK

5.4 Multiträgersysteme

Die bisher betrachteten Modulationsarten gehören zu den Einträgerverfahren. Dabei wird durch die Modulation eines einzelnen Trägers mit der zu übertragenden Symbolfolge ein Signal mit der Bandbreite B erzeugt. B hängt von der Symbolrate $r_s = 1/T_s$ und dem Grundimpuls $p(t)$ ab. Bei Nyquist-Grundimpulsen beträgt die minimale Bandbreite $B = 1/T_s$ (siehe Abschnitt 4.3.2). Multiträgersysteme teilen die verfügbare Bandbreite in eine Anzahl von Teilbändern auf. Innerhalb der Teilbänder werden Subträger schmalbandig digital moduliert. Bild 5-50 zeigt ein Beispiel mit K Subträgern. Bei einer Bandbreite $B = 1/T_s$ pro Subträger beträgt die Bandbreite des Multiträgersystems K/T_s. Ebenso ist die Symbolrate pro Subträger r_s und die Gesamtrate Kr_s.

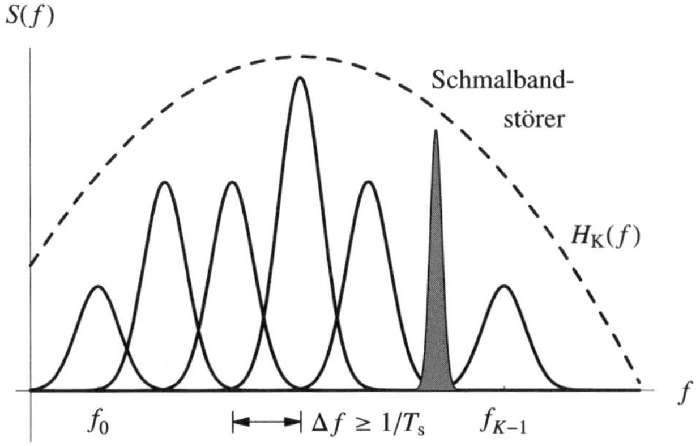

Bild 5-50: Spektrum eines Multiträgersystems

Ein Vorteil eines Multiträgersystems besteht darin, dass die Leistung und das Modulationsverfahren eines Subträgers an das Signal-Rausch-Verhältnis innerhalb des Teilbandes angepasst werden können. Stark gestörte Teilbänder können von der Übertragung ausgeschlossen werden, indem der entsprechende Subträger unterdrückt wird. Ein weiterer Vorteil liegt darin, dass keine Entzerrung des Signals erforderlich ist, wenn die Zahl der Subträger so groß gewählt wird, dass innerhalb der Bandbreite eines Subträgers der Übertragungskanal $H_K(f)$ als verzerrungsfrei angenommen werden kann [13].

Prinzipiell besteht ein Multiträgersystem mit K Subträgern aus K Modulatoren und Demodulatoren. Bild 5-51 zeigt den Aufbau des Senders, wobei jeder der K Modulatoren nach dem Prinzip des Quadratur-Modulators (Bild 5-11) aufgebaut ist. Die zu übertragende Bitfolge $\{b_i\}$ wird durch einen Seriell/Parallel-Wandler (S/P) und die Signalraumzuordnung (SRZ) in K Folgen $\{d_0(i)\}$, ..., $\{d_{K-1}(i)\}$ aufgespalten. Jede dieser Folgen moduliert einen Subträger bei der Frequenz f_0, ..., f_{K-1}. Für BPSK sind $d_0(i)$, ..., $d_{K-1}(i)$ reell, für QPSK und QAM sind sie komplex.

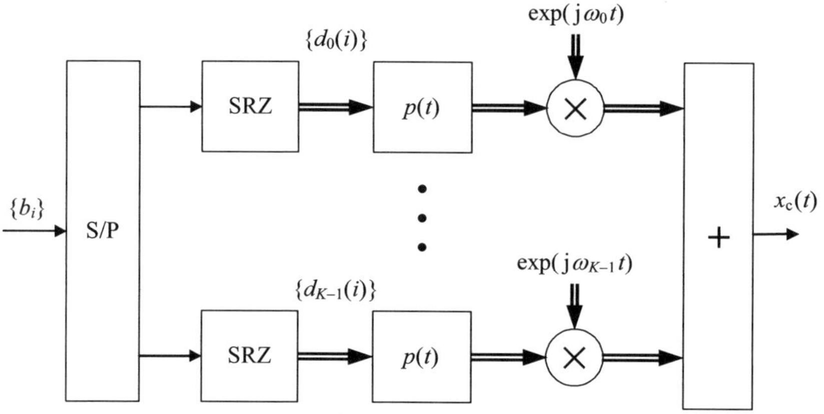

Bild 5-51: Blockschaltbild des Senders eines Multiträgersystems

Für ein einzelnes Symbol eines Subträgers im Intervall $iT_s \le t \le (i+1)T_s$ schreiben wir

$$s_k^{(i)}(t) = \mathrm{Re}\left\{d_k(i)\, p(t - iT_s)\, \mathrm{e}^{\mathrm{j}\omega_k t}\right\}, \quad 0 \le k \le K-1 . \tag{5-96}$$

Das Multiträgersignal ergibt sich aus der Summe aller Subträger:

$$s^{(i)}(t) = \sum_{k=0}^{K-1} s_k^{(i)}(t) = \mathrm{Re}\left\{\sum_{k=0}^{K-1} d_k(i)\, p(t - iT_s)\, \mathrm{e}^{\mathrm{j}\omega_k t}\right\}. \tag{5-97}$$

Da pro Subträger ein Modulator und ein Demodulator benötigt wird, ist bei einer großen Zahl von Subträgern ein beträchtlicher Aufwand erforderlich. Eine elegante Vereinfachung ergibt sich, wenn die Subträger orthogonal zueinander sind, da dann das Multiträgersignal mit Hilfe der inversen diskreten Fourier-Transformation (IDFT, siehe Abschnitt 8.1.3) erzeugt werden kann. Dieses Verfahren bezeichnet man als OFDM (Orthogonal Frequency-Division Multiplexing). Die Subträger liegen bei $f_k = k\Delta f$ im Abstand $\Delta f = 1/T_s$. Für rechteckförmige Grundimpulse $p(t) = \mathrm{rect}(t/T_s - 1/2)$ sind dann die Signale $s_j^{(i)}(t)$ und $s_k^{(i)}(t)$ für $j \ne k$ orthogonal zueinander (siehe Beispiel 2-8). Für ein einzelnes OFDM-Symbol erhalten wir aus Gl. 5-97

$$s^{(i)}(t) = \mathrm{Re}\left\{\sum_{k=0}^{K-1} d_k(i)\, \mathrm{e}^{\mathrm{j}2\pi k t/T_s}\right\}, \quad iT_s \le t \le (i+1)T_s. \tag{5-98}$$

Für ein auf die Dauer T_s zeitbeschränktes Trägersignal bei der Frequenz f_k lautet das Fourier-Spektrum (siehe Beispiel 5-1)

$$S_k(f) \cong \mathrm{si}\left[\pi(f \pm f_k)T_s\right]. \tag{5-99}$$

Bild 5-52 zeigt die Fourier-Spektren der Subträger eines OFDM-Signals. Die Orthogonalität der Subträger kommt dadurch zum Ausdruck, dass das Maximum eines Subträgers mit den Nullstellen der anderen Subträger zusammenfällt. Die Summe des Betragsquadrats der Spektren der Subträger ergibt das Leistungsdichtespektrum des OFDM-Signals. Es ist in Bild 5-52 für ein Signal mit 21 Subträgern dargestellt. Bei gleicher Leistung aller Subträger ergibt sich eine konstante Leistungsdichte innerhalb der Bandbreite $B = K\Delta f = K/T_s$.

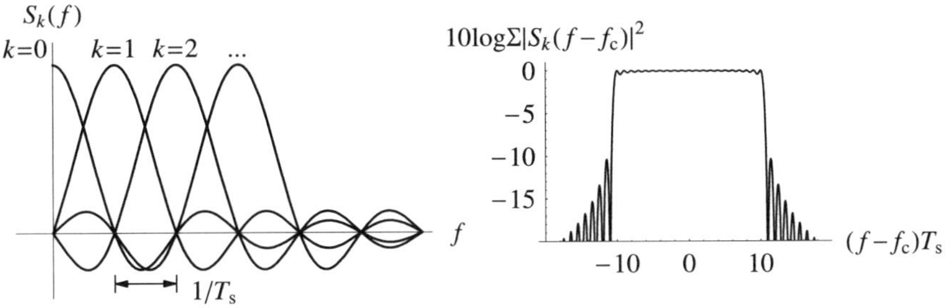

Bild 5-52: Fourier-Spektrum der OFDM-Subträger

Mit Hilfe der IDFT werden aus den $d_k(i)$ zunächst Abtastwerte von $s^{(i)}(t)$ im Abstand $T_A = 1/f_A$ berechnet. Die IDFT liefert also das zeitdiskrete Signal $s^{(i)}(n)$, aus dem mit Hilfe eines Digital-Analog-Wandlers $s^{(i)}(t)$ generiert wird. Durch einen Mischer (siehe Abschnitt 5.5) wird das OFDM-Signal auf die gewünschte Trägerfrequenz f_c umgesetzt. Bild 5-53 zeigt das entsprechende Blockschaltbild eines OFDM-Senders und des zugehörigen Empfängers. Im Empfänger wird mit Hilfe der zur IDFT inversen Funktion der DFT (diskrete Fourier-Transformation, siehe Abschnitt 8.1.3) das OFDM-Signal demoduliert. IDFT und DFT können sehr effizient mit Hilfe der schnellen Fourier-Transformation (Fast Fourier Transform, FFT) berechnet werden, und es lassen sich Systeme mit mehreren hundert oder tausend Subträgern realisieren.

Eine Möglichkeit zur Erzeugung von $s^{(i)}(n)$ besteht darin, aus K Eingangswerten $d_0(i), ..., d_{K-1}(i)$ mit der IDFT K komplexe Ausgangswerte pro OFDM-Symbol zu berechnen. Die Abtastperiode beträgt $T_A = T_s/K$. Real- und Imaginärteil der komplexen Ausgangswerte sind die Quadraturkomponenten von $s^{(i)}(t)$. Daraus wird mit Hilfe einer Quadraturschaltung nach Bild 5-3 das zugehörige reelle Signal erzeugt.

Eine weitere Möglichkeit besteht darin, mit der IDFT direkt das reelle zeitdiskrete Signal $s^{(i)}(n)$ zu erzeugen [29]. Dazu wird aus einem Block von K Eingangswerten ein Block der Länge $2K$ gebildet:

$$\begin{aligned} &g_0(i), \ldots, g_{2K-1}(i) = \\ &\mathrm{Re}\{d_0(i)\}, d_1(i), \ldots, d_{K-1}(i), \mathrm{Im}\{d_0(i)\}, d_{K-1}^*(i), \ldots, d_1^*(i). \end{aligned} \tag{5-100}$$

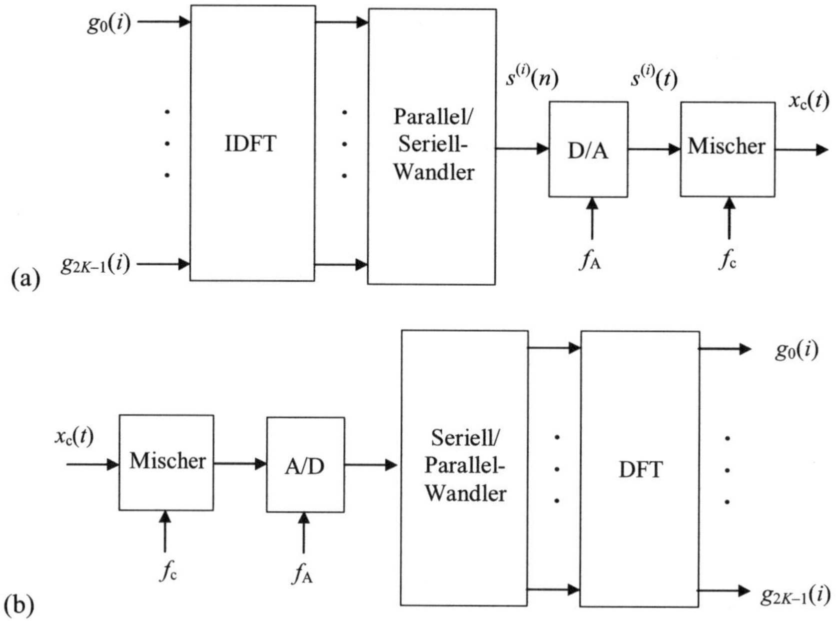

Bild 5-53: Blockschaltbild eines (a) OFDM-Senders und (b) Empfängers

Darin ist $d^*_k(i)$ der konjugiertkomplexe Wert von $d_k(i)$. Auf Grund der Symmetrie in Gl. 5-100 erhält man aus den $2K$ Eingangswerten $g_0(i), ..., g_{2K-1}(i)$ mittels der IDFT $2K$ reelle Ausgangswerte pro OFDM-Symbol. Dies sind die Abtastwerte von $s^{(i)}(n)$ zu den Zeitpunkten $t = nT_A$ im Abstand $T_A = T_s/2K$. Mit $t/T_s = n/2K$ erhalten wir aus Gl. 5-98

$$s^{(i)}(n) = \frac{1}{2}\sum_{k=0}^{2K-1} g_k(i)\exp\left(\mathrm{j}2\pi k\frac{n}{2K}\right), \quad n = 0, ..., 2K-1. \tag{5-101}$$

Dies entspricht bis auf einen Skalierungsfaktor der Berechnungsvorschrift der IDFT (Gl. 8-21). Um die Vorteile der effizienten Berechnung der IDFT bzw. der DFT durch die FFT zu nutzen, muss die Anzahl der Abtastwerte und damit K eine Potenz von 2 sein.

Wir wollen uns die Erzeugung eines OFDM-Signals anhand eines Beispiels verdeutlichen. Wir betrachten ein OFDM-Signal mit $K = 8$ Subträgern (Bild 5-54). Allerdings können nicht alle Subträger für die Datenübertragung genutzt werden. Da das Spektrum des abgetasteten Signals $s^{(i)}(n)$ aus der periodischen Wiederholung des Spektrums von $s^{(i)}(t)$ besteht, werden die Subträger an den Rändern nicht verwendet um Aliasing zu vermeiden (siehe Abschnitt 3.1).

In unserem Beispiel werden jeweils zwei Subträger am unteren und am oberen Rand unterdrückt. Von den acht Subträgern stehen also vier für die Datenübertragung zur Verfügung. Als Modulationsverfahren dieser Subträger wird BPSK verwendet. Damit sind die $d_k(i)$ reell und es gilt $d_k(i) \in \{-1, 1\}$. Die Subträger $k = 0, 1, 6$ und 7 werden unterdrückt, indem die Symbole $d_0(i)$, $d_1(i)$, $d_6(i)$ und $d_7(i)$ gleich null gesetzt werden. Die binären Eingangsdaten werden in Blöcke von 4 bit unterteilt und den Symbolen $d_2(i)$ … $d_5(i)$ zugeordnet. Daraus ergeben sich gemäß Gl. 5-100 die sechzehn Eingangswerte $g_0(i), ..., g_{15}(i)$ der

IDFT. Diese wiederum liefert sechzehn reelle Abtastwerte pro OFDM-Symbol (Gl. 5-101) entsprechend der Abtastperiode $T_A = T_s/16$. Tabelle 5-9 zeigt anhand dieses Beispiels die Berechnung der Abtastwerte für zwei Symbole $s^{(i)}(n)$, $i = 0, 1$. Bild 5-55 zeigt den zeitlichen Verlauf des resultierenden OFDM-Signals. Das erste Symbol erstreckt sich von $0 \le t/T_s \le 1$ und das zweite Symbol liegt im Intervall $1 \le t/T_s \le 2$.

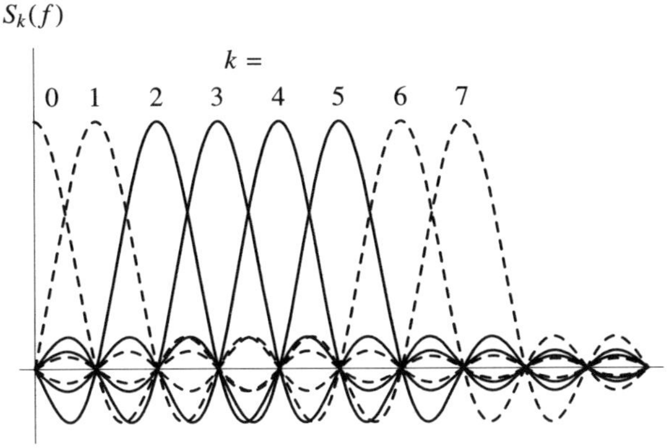

Bild 5-54: Fourier-Spektrum der OFDM-Subträger für K = 8 (Subträger k = 0, 1, 6 und 7 werden unterdrückt)

Tabelle 5-9: Abtastwerte des OFDM-Signals für die ersten zwei Symbole

k, n	$d_k(0)$	$g_k(0)$	$s^{(0)}(n)$	$d_k(1)$	$g_k(1)$	$s^{(1)}(n)$
0	0	0	0	0	0	−2
1	0	0	−0,7071	0	0	−1,4725
2	−1	−1	−0,4142	−1	−1	1
3	1	1	0,7071	−1	−1	2,5549
4	−1	−1	0	−1	−1	0
5	1	1	0,7071	1	1	−1,1407
6	0	0	2,4142	0	0	1
7	0	0	−0,7071	0	0	0,0583
8		0	−4		0	−2
9		0	−0,7071		0	0,0583
10		0	2,4142		0	1
11		1	0,7071		1	−1,1407
12		−1	0		−1	0
13		1	0,7071		−1	2,5549
14		−1	−0,4142		−1	1
15		0	−0,7071		0	−1,4725

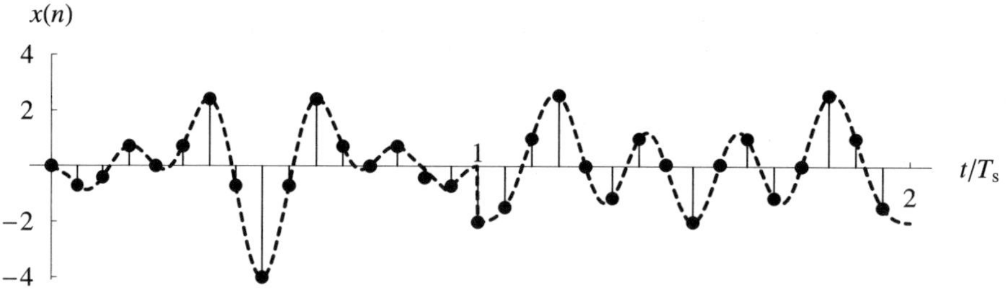

Bild 5-55: OFDM-Signal und dessen mittels der IDFT berechnete Abtastwerte

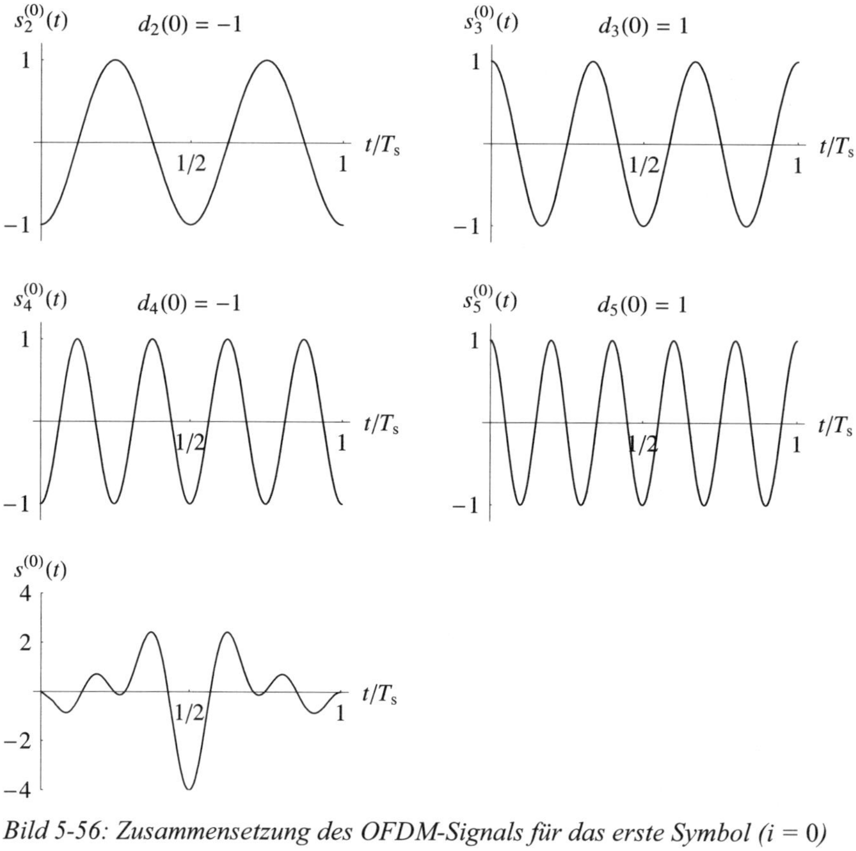

Bild 5-56: Zusammensetzung des OFDM-Signals für das erste Symbol (i = 0)

In Bild 5-56 wird für das erste OFDM-Symbol im Bereich $0 \le t/T_s \le 1$ verdeutlicht, wie dieses Signal aus der additiven Überlagerung der Subträger entsteht. Aus Gl. 5-96 folgt für BPSK, rechteckförmige Grundimpulse $p(t)$ und $f_k = k/T_s$ im Intervall $0 \le t \le T_s$

$$s_k^{(0)}(t) = d_k(0)\cos(\mathrm{j}2\pi kt/T_s), \quad 0 \le k \le 7 .$$

Wegen $d_k(0) = 0$ für $k = 0, 1, 6, 7$ tragen die entsprechenden $s_k^{(0)}(t)$ nicht zum OFDM-Symbol bei und sind daher nicht in Bild 5-56 enthalten. Gemäß Gl. 5-97 ergibt die Summe der Subträger das OFDM-Symbol $s^{(0)}(t)$.

Schließlich zeigt Bild 5-57 das Leistungsdichtespektrum des OFDM-Signals aus unserem Beispiel. Die Berechnung erfolgte mittels der diskreten Fourier-Transformation (siehe Abschnitt 8.1.3) über insgesamt 512 OFDM-Symbole. Zur Glättung des numerisch berechneten Spektrums wurden 8 Intervalle zu jeweils 64 Symbolen gebildet und der Mittelwert der Teilspektren gebildet. Im Bereich der Subträger $k = 2 - 5$ ergibt sich eine näherungsweise konstante Leistungsdichte. Die Bandbreite ist $B \approx 4/T_s$, sie hängt also von der Zahl der verwendeten Subträger ab.

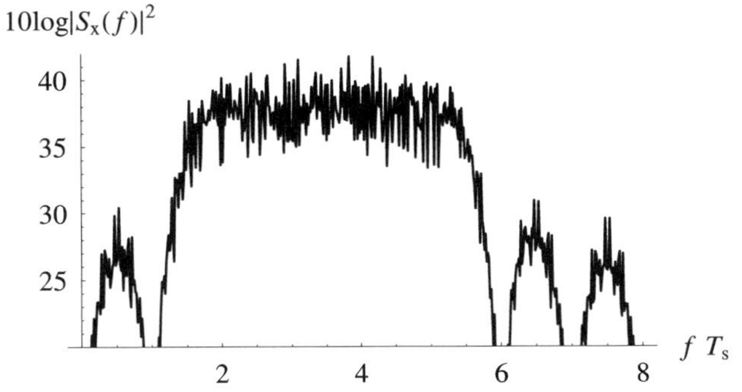

Bild 5-57: Leistungsdichtespektrum des OFDM-Signals

Beispiel 5-5: OFDM-Parameter bei DVB-T

OFDM wird als Modulationsverfahren beim digitalen terrestrischen Fernsehen (DVB-T, siehe auch Beispiel 5-3) eingesetzt [52]. Tabelle 5-10 zeigt die dort verwendeten Parameter für eine Übertragungsbandbreite von 8 MHz. Bei dem 8k-Mode werden von $2^{13} = 8192$ möglichen Subträgern $K = 6817$ genutzt. Bei einer Dauer des OFDM-Symbols von $T_s = 896$ µs beträgt der Abstand der Subträger 1116 Hz und die Bandbreite des OFDM-Signals ergibt sich zu 7,61 MHz.

Tabelle 5-10: OFDM-Parameter bei DVB-T für 8-MHz-Kanäle

Parameter	**8k-Mode**	**4k-Mode**	**2k-Mode**
K	6817	3409	1705
T_s	896 µs	448 µs	224 µs
$\Delta f = 1/T_s$	1116 Hz	2232 Hz	4464 Hz
$B = K/T_s$	7,61 MHz		
T_G/T_s	1/4, 1/8, 1/16, 1/32		
Modulation	QPSK, 16-QAM, 64-QAM		

Die Modulation der Subträger erfolgt wahlweise mit QPSK, 16-QAM oder 64-QAM. Dadurch kann das OFDM-System an die Übertragungsbedingungen angepasst werden. Für die Bitrate des Systems gilt zunächst

$$r_\mathrm{b} = K\frac{\log_2 m}{T_\mathrm{s}}\,.$$

Die maximale Bitrate von 45,65 Mbit/s wird mit 64-QAM ($\log_2 m = 6$) erzielt. Da die verfügbaren Frequenzen für die Ausstrahlung von DVB-T begrenzt sind, wurde das System für Gleichwellennetze konzipiert. Dabei wird das Signal von verschiedenen Sendern zeitlich synchronisiert auf der gleichen Sendefrequenz abgestrahlt [56]. Durch den mehrfachen Empfang des gleichen Signals bei unterschiedlichen Laufzeiten entsteht Intersymbol-Interferenz. Dies ist vergleichbar mit der Mehrwegeausbreitung in einem Übertragungskanal (Beispiel 2-7). Zur Vermeidung der Intersymbol-Interferenz wird jedem OFDM-Symbol ein Schutzintervall der Dauer T_G vorangestellt. Das Schutzintervall wird mit den letzten Abtastwerten des OFDM-Symbols gefüllt. T_G kann im Bereich von 1/32 bis 1/4 der Symboldauer liegen; der größtmögliche Wert ist also 224 µs. Dies ist gleich der maximal zulässigen Laufzeitdifferenz bei Mehrwegeempfang und entspricht einem Senderabstand von ca. 67 km. Durch das Schutzintervall vergrößert sich die OFDM-Symboldauer auf $T_\mathrm{s} + T_\mathrm{G}$. Da der Subträgerabstand und damit die Bandbreite des OFDM-Signals gleich bleibt, verringert sich die Bitrate auf

$$r_\mathrm{b} = K\frac{\log_2 m}{T_\mathrm{s} + T_\mathrm{G}}\,.$$

Für $T_\mathrm{G}/T_\mathrm{s} = 1/4$ und 64-QAM ergibt sich eine Bitrate von 36,52 Mbit/s. Bei einem kürzeren Schutzintervall steigt die Bitrate, gleichzeitig verringert sich aber die zulässige Laufzeitdifferenz. Da einige der Subträger für die Synchronisation und die Signalisierung der OFDM-Parameter verwendet werden und ein Teil der Übertragungskapazität für den Fehlerschutz benötigt wird, ist die Nutzbitrate des Systems deutlich kleiner. Je nach Wahl der Systemparameter werden Nettobitraten im Bereich von 4,98 Mbit/s bis 31,67 Mbit/s erzielt.

Der 8k-Mode ermöglicht bei Gleichwellennetzen den größten Senderabstand, während der 2k-Mode bei mobilem Empfang die größte Geschwindigkeit des Empfängers erlaubt. Der 4k-Mode wurde im Rahmen von DVB-H (Handheld) eingeführt [53]. DVB-H wurde für die Übertragung von Video-Diensten zu mobilen Endgeräten konzipiert. Weitere Optionen existieren für Übertragungskanäle mit einer Bandbreite von 7 MHz, 6 MHz und 5 MHz. Eine geringere Bandbreite wird mit einer größeren Symboldauer erzielt.

◄

Weitere Anwendungen von OFDM finden sich beim digitalen Hörrundfunk DAB (Digital Audio Broadcasting) und DRM (Digital Radio Mondiale) sowie im Bereich der drahtlosen lokalen Rechnernetze (Wireless Local Area Network, WLAN).

5.5 Empfängerarchitekturen

In der klassischen Empfängerarchitektur wird das Eingangssignal zunächst mit Hilfe einer Mischstufe auf eine feste Zwischenfrequenz (Intermediate Frequency, IF) umgesetzt (Bild 5-58). Ein Zwischenfrequenzfilter hoher Selektivität filtert das gewünschte Signal heraus. Anschließend erfolgt die Umsetzung in das äquivalente Tiefpasssignal. Die Quadraturkomponenten werden mit Hilfe zweier Analog-Digital-Wandler digitalisiert, so dass die weitere Signalverarbeitung im digitalen Bereich erfolgen kann.

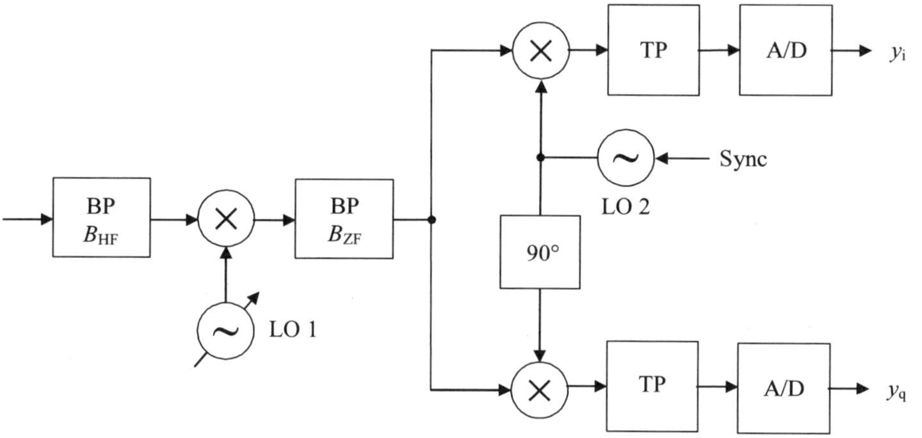

Bild 5-58: Empfänger mit Zwischenfrequenzstufe

Das Eingangssignal $x_c(t)$ ist ein Bandpasssignal mit dem Fourier-Spektrum $S_c(f)$ und der Mittenfrequenz f_c. In der Mischstufe am Empfängereingang wird $x_c(t)$ mit dem Signal $\cos(2\pi f_1 t)$ eines lokalen Oszillators (LO 1) multipliziert. Für das Fourier-Spektrum des Produkts gilt

$$\begin{aligned} \Im\{x_c(t)\cos(2\pi f_1 t)\} &= S_c(f) * \frac{1}{2}\left[\delta(f+f_1)+\delta(f-f_1)\right] \\ &= \frac{1}{2}S_c(f+f_1)+\frac{1}{2}S_c(f-f_1). \end{aligned} \tag{5-102}$$

Bild 5-59 zeigt die Umsetzung des Eingangssignals $x_c(t)$ bei der Frequenz f_c auf die Zwischenfrequenz f_{ZF} für den Fall $f_1 < f_c$. Es entstehen Mischprodukte bei den Frequenzen $f_{ZF} = f_c - f_1$ und $f_c + f_1$. Durch das dem Multiplizierer folgende Filter wird das Signal bei f_{ZF} ausgewählt; man spricht in diesem Fall von einer Abwärtsmischung. Bei einer Aufwärtsmischung, mit der beispielsweise in einem Sender das vom Modulator erzeugte Signal auf eine höhere Trägerfrequenz umgesetzt wird, würde das Signal bei $f_c + f_1$ ausgewählt.

Im Empfänger nach Bild 5-58 wird die Frequenz f_1 des lokalen Oszillators so eingestellt, dass das gewünschte Signal bei f_c auf die feste Zwischenfrequenz f_{ZF} heruntergemischt wird. Dazu muss $f_1 = f_c - f_{ZF}$ gelten. Das Zwischenfrequenzfilter mit der Bandbreite B_{ZF} lässt nur das gewünschte Signal durch und unterdrückt benachbarte Signale.

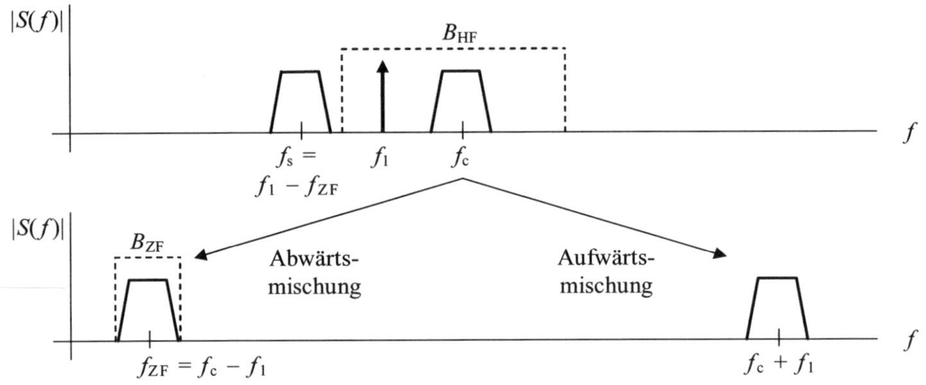

Bild 5-59: Fourier-Spektren am Eingang und Ausgang der Mischstufe

Das Filter mit der Bandbreite B_{HF} am Eingang der Mischstufe dient neben der Verringerung der Störungen auch der Unterdrückung von Spiegelfrequenzen. Als Spiegelfrequenz bezeichnet man die Frequenz $f_s = f_l - f_{ZF}$, die durch den Mischvorgang ebenfalls auf die Zwischenfrequenz heruntergemischt wird. Dabei ist zu beachten, dass in Bild 5-59 nur der Bereich positiver Frequenzen dargestellt ist. Reelle Bandpasssignale haben ein gerades Betragsspektrum (siehe Abschnitt 5.1.1). Für den in Bild 5-59 gezeigten Fall $f_l > f_s$ wird nach Gl. 5-102 der Anteil bei $-f_s$ nach f_{ZF} verschoben, d. h. es gilt $f_{ZF} = |f_s - f_l| = -f_s + f_l$ oder $f_s = f_l - f_{ZF}$. Da der Abstand zwischen f_c und f_s gleich dem Zweifachen der Zwischenfrequenz ist, ist eine hohe Zwischenfrequenz günstig hinsichtlich der Unterdrückung des Spiegelfrequenzsignals durch das Bandpassfilter am Empfängereingang.

Der Vorteil eines Empfängers nach Bild 5-58 liegt neben der guten Selektivität darin, dass die Analog-Digital-Wandlung im Basisband erfolgt und die A/D-Wandler mit einer geringen Abtastrate arbeiten können, die von der Symbolrate des Signals abhängt. Nachteilig ist die Verwendung vieler analoger Schaltungskomponenten. Deren Zahl kann verringert werden, wenn die Analog-Digital-Wandlung hinter dem Zwischenfrequenzfilter erfolgt (Bild 5-60). Um die erforderliche Abtastrate zu verringern, kann mit einer sehr niedrigen Zwischenfrequenz oder mit einer Unterabtastung, wie in Abschnitt 3.2 erläutert, gearbeitet werden. Ein weiterer Vorteil eines Empfängers mit Digitalisierung des Zwischenfrequenzsignals ist die Quadratur-Demodulation im digitalen Bereich. Da bei der Quadratur-Demodulation hohe Anforderungen an die Amplituden- und Phasengenauigkeit gestellt werden, lassen sich die mit einer analogen Realisierung verbundenen Probleme umgehen.

Die Zwischenfrequenzstufe wird nicht benötigt, wenn mit der Quadraturschaltung nach Bild 5-2 das Eingangssignal direkt in das Basisband umgesetzt wird. Bild 5-61 zeigt einen solchen Empfänger, bei dem die Quadraturkomponenten nach der A/D-Wandlung digital weiterverarbeitet werden. Das Problem der Spiegelfrequenz existiert bei diesem Empfängertyp nicht, da nur für das Eingangssignal bei f_c das zugehörige äquivalente Tiefpasssignal gebildet wird. Ein solcher Empfänger kann mit weniger Bauelementen und geringerem Stromverbrauch realisiert werden.

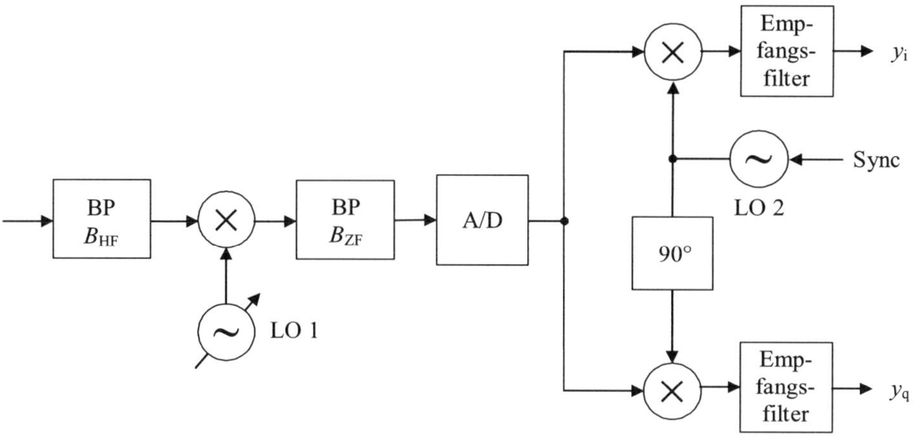

Bild 5-60: Empfänger mit Digitalisierung der Zwischenfrequenz

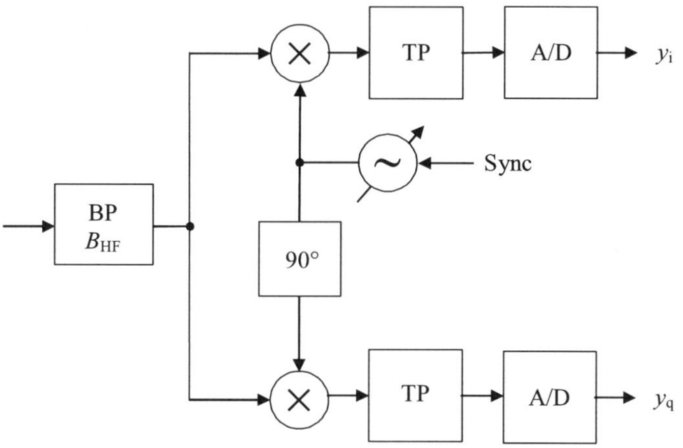

Bild 5-61: Empfänger mit direkter Umsetzung in das Basisband

Problematisch können dagegen Gleichanteile der Signale an den Ausgängen der Multiplizierer sein. Gleichanteile entstehen dadurch, dass durch kapazitive Kopplung und über das Substrat das Oszillatorsignal auch am Eingang mit dem Nutzsignal erscheint. Durch die Multiplikation des Oszillatorsignals mit sich selbst entsteht nun ein Gleichanteil, der, sofern er an den Eingang des A/D-Wandlers gelangt, den Dynamikbereich des Nutzsignals einschränkt. Bei dem Empfänger nach Bild 5-60 wird ein Gleichanteil durch das dem Multiplizierer folgende Bandpassfilter (Zwischenfrequenzfilter) unterdrückt. Bei der Quadraturschaltung nach Bild 5-61 ist dies nicht möglich, da das Leistungsdichtespektrum der Quadraturkomponenten bis $f = 0$ reicht. Ein Bandpassfilter zur Unterdrückung des Gleichanteils würde Verzerrungen zur Folge haben. Daher wird oft durch eine zusätzliche Schaltung in Form einer Regelschleife der Gleichanteil kompensiert. Einen Überblick über verschiedene Empfängerarchitekturen und deren Vor- und Nachteile sowie die mit der direkten Umsetzung verbundenen Probleme gibt [22].

6 Kanalcodierung

Wie wir in den beiden vorangegangenen Kapiteln gesehen haben, ist bei den bisher betrachteten Übertragungsverfahren über einen durch weißes Rauschen gestörten Übertragungskanal keine fehlerfreie Übertragung möglich. Die Kanalcodierung dient nun dem Erkennen oder Korrigieren von Bitfehlern, die auf der Übertragungsstrecke entstehen. Dazu fügt der Codierer im Sender der zu übertragenden Bitfolge Zusatzinformation in Form von Redundanzbits hinzu. Mit deren Hilfe wird der Decodierer im Empfänger in die Lage versetzt, Bitfehler zu erkennen bzw. zu korrigieren.

Im Falle der Fehlererkennung veranlasst der Empfänger den Sender, die fehlerhafte Bitfolge erneut zu senden. Solche Verfahren erfordern eine bidirektionale Verbindung, d. h. es muss ein Übertragungsweg vom Empfänger zurück zum Sender existieren. Sie werden häufig bei der Übertragung von Datenpaketen in Kommunikationsnetzen verwendet und in Abschnitt 9.4 behandelt. Kann der Decodierer Fehler korrigieren, so spricht man von Vorwärtsfehlerkorrektur (Forward Error Correction, FEC). Ein fehlerkorrigierendes Verfahren ist erforderlich, wenn

- nur eine unidirektionale Verbindung vom Sender zum Empfänger vorhanden ist,
- Daten in Echtzeit übertragen werden müssen und das wiederholte Senden eine zu große Verzögerung zur Folge hat, oder
- die Fehlerhäufigkeit so groß ist, dass auch bei mehrfacher Wiederholung eine fehlerfreie Übertragung unwahrscheinlich ist.

Ein Übertragungssystem mit Kanalcodierung ist in Bild 6-1 gezeigt. Am Eingang des Systems liegt die zu übertragende Bitfolge oder Informationssequenz $\mathbf{u}$ an. Die codierte Folge oder Codesequenz $\mathbf{v}$ am Ausgang des Codierers wird über den Kanal zum Empfänger übertragen. Die Empfangsfolge $\mathbf{r}$ enthält auf Grund von Störungen im Kanal Bitfehler. Der Decodierer gibt die decodierte Folge $\hat{\mathbf{u}}$ aus. Konnten alle Fehler korrigiert werden, so ist $\hat{\mathbf{u}} = \mathbf{u}$, andernfalls kommt es zu Decodierfehlern.

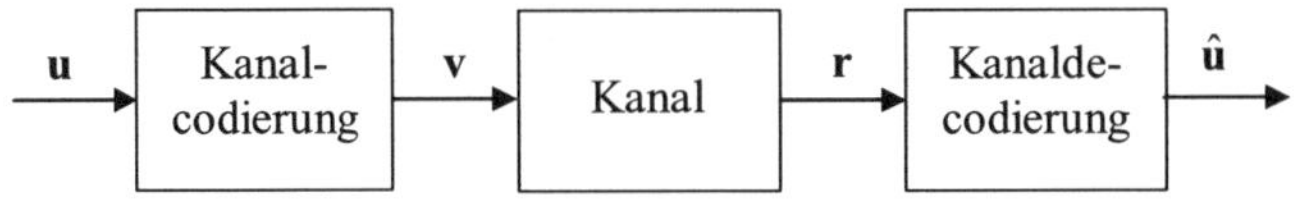

Bild 6-1: Modell eines Übertragungssystems mit Kanalcodierung

Es gibt zwei Klassen von Codes, die Blockcodes (Abschnitt 6.1) und die Faltungscodes (Abschnitt 6.2). Bei Blockcodes wird ein Block von Datenbits fester Größe codiert und decodiert, während Faltungscodes mit einer kontinuierlichen Bitfolge arbeiten. Oft findet man eine Verkettung von Codes, wobei es sich meist bei dem inneren Code um einen Faltungscode und bei dem äußeren Code um einen Blockcode handelt. Um die Korrekturfähigkeit im Falle von Fehlerbursts zu verbessern, wird die Kanalcodierung häufig mit

Interleaving kombiniert (Abschnitt 6.3). In Kapitel 7 wird die Rolle der Kanalcodierung im Zusammenhang mit der Quellencodierung und der Kanalkapazität betrachtet.

6.1 Blockcodes

6.1.1 Eigenschaften von Blockcodes

Ein Codewort eines Blockcodes besteht aus n bit. Diese n bit setzen sich aus k Datenbits und $n - k$ Redundanzbits zusammen, und man bezeichnet den Code als (n, k)-Blockcode. Bild 6-2 zeigt den Aufbau eines Codewortes eines systematischen Blockcodes. Bei einem systematischen Code ist das Datenwort Teil des Codeworts, d. h. Daten- und Redundanzbits sind getrennt.

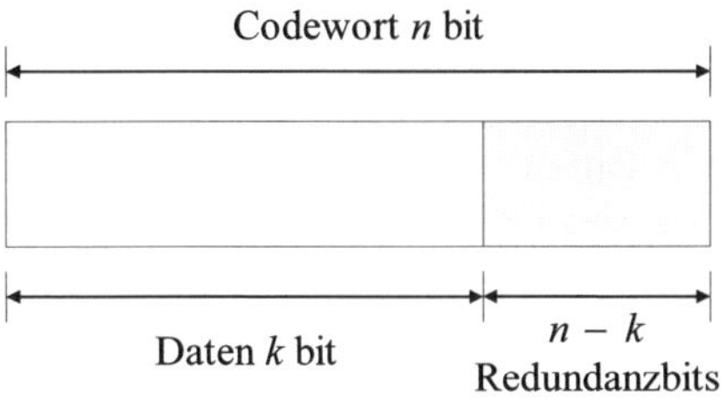

Bild 6-2: Codewort eines systematischen (n, k)-Blockcodes

Mit Hilfe der Redundanzbits kann der Empfänger Bitfehler erkennen und ggf. korrigieren. Um die gleiche Datenmenge in der gleichen Zeit zu übertragen, ist nun jedoch eine höhere Übertragungsrate erforderlich. Ein Maß für die Effizienz eines Codes in dieser Hinsicht ist die Coderate:

$$R_c = \frac{k}{n}. \tag{6-1}$$

Es ist $0 \le R_c \le 1$. Je kleiner die Coderate, umso mehr Redundanz enthält das Codewort und wir erwarten eine bessere Korrekturfähigkeit. Allerdings steigt mit einer kleinen Coderate auch der Übertragungsaufwand. Ein Maß für die Korrekturfähigkeit eines Codes ist dessen minimale Hamming-Distanz. Die Hamming-Distanz zwischen zwei Codeworten ist gleich der Anzahl der unterschiedlichen Bits dieser Codeworte. Die minimale Hamming-Distanz $d_{\min}$ ist die kleinste Hamming-Distanz aller gültigen Codeworte. Ein Code kann bis zu

$$x = d_{\min} - 1 \tag{6-2}$$

Bitfehler erkennen und bis zu

$$y = \left\lfloor \frac{d_{\min} - 1}{2} \right\rfloor \tag{6-3}$$

Bitfehler korrigieren. $\lfloor y \rfloor$ ist die größte ganze Zahl kleiner oder gleich y. Das folgende Beispiel soll diese Zusammenhänge verdeutlichen.

Beispiel 6-1: Minimale Hamming-Distanz, Fehlererkennung und Fehlerkorrektur

In diesem Beispiel betrachten wir zwei einfache Codes mit $n = 3$: einen Wiederholungscode mit dreifacher Wiederholung und einen Paritätscode (Tabelle 6-1).

Tabelle 6-1: Wiederholungscode und Paritätscode

Datenwort	Codewort
0	000
1	111

Datenwort	Codewort
00	000
01	011
10	101
11	110

Der Wiederholungscode hat zwei gültige Codeworte. Diese unterscheiden sich in drei Stellen, also ist die minimale Hamming-Distanz $d_{\min} = 3$, und der Code kann bis zu $x = 2$ Bitfehler erkennen und bis zu $y = 1$ Bitfehler korrigieren. Empfängt der Decoder das Wort (0 0 1), so erkennt er das Auftreten von Bitfehlern daran, dass das Empfangswort kein gültiges Codewort ist. Wenn der Decoder Fehler korrigiert, entscheidet er sich für das hinsichtlich der Hamming-Distanz nächstgelegene gültige Codewort, also (0 0 0). War das gesendete Codewort (0 0 0), so konnte ein Fehler (im dritten Bit) korrigiert werden. War das gesendete Codewort jedoch (1 1 1) und sind bei der Übertragung zwei Fehler (im ersten und zweiten Bit) aufgetreten, so kommt es zu einer Fehlentscheidung des Decoders.

Der Paritätscode mit $k = 2$ Datenbits besteht aus vier gültigen Codeworten. Das dritte Bit ist das Paritätsbit, das so gewählt wird, dass die Anzahl der 1-Elemente gerade ist (gerade Parität). Die minimale Hamming-Distanz für diesen Code beträgt $d_{\min} = 2$, d. h. es kann ein Bitfehler erkannt, aber kein Fehler korrigiert werden. Denn empfängt der Decoder das Wort (0 0 1), so haben zwei gültige Codeworte, nämlich (1 0 1) und (0 1 1), die Hamming-Distanz 1 zum Empfangswort.

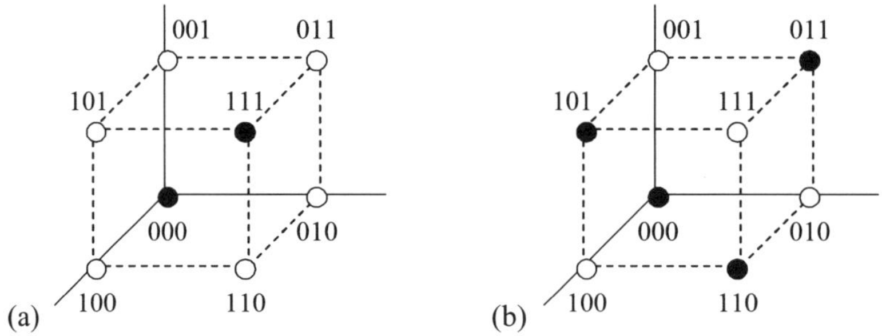

Bild 6-3: Dreidimensionale Darstellung (a) eines Wiederholungscodes und (b) eines Paritätscodes

Bild 6-3 zeigt eine dreidimensionale Darstellung dieser Codes. Gültige Codeworte sind durch die dunklen Punkte gekennzeichnet. Die hellen Punkte sind die restlichen 3-bit-Worte, die nicht zum Code gehören. Die Coderate für den Code mit dreifacher Wiederholung ist $R_c = 1/3$, während für den Paritätscode $R_c = 2/3$ gilt.

◀

Ein Code sollte also eine möglichst große Coderate und Mindestdistanz haben, gleichzeitig aber auch mit vertretbarem Aufwand zu erzeugen und zu decodieren sein. Die meisten Codes gehören zur Klasse der linearen Blockcodes, auf die wir uns im Folgenden konzentrieren [19], [43]. Ein Codewort wird als ein Vektor **v** aufgefasst, dessen Elemente die n Codebits sind:

$$\mathbf{v} = (v_0, v_1, \ldots, v_{n-1}), \quad v_i \in \{0, 1\}. \tag{6-4}$$

C ist die Menge aller gültigen Codeworte. Bei einem linearen Code ergibt die Summe zweier Codeworte wieder ein Codewort. Die Addition erfolgt immer modulo 2; dies entspricht der bitweisen Exklusiv-Oder-Verknüpfung (Tabelle 6-2). Auch die Codes in Beispiel 6-1 sind lineare Codes. Bei einem linearen Code ist der Nullvektor ein gültiges Codewort, da $\mathbf{v} + \mathbf{v} = \mathbf{0} = (0 \ldots 0) \in C$.

Tabelle 6-2: Addition modulo 2

+	0	1
0	0	1
1	1	0

Das Hamming-Gewicht $w(\mathbf{v})$ eines Codewortes ist die Anzahl der von 0 verschiedenen Elemente eines Codewortes. Damit gilt für die Hamming-Distanz zweier Codeworte **v** und **w**:

$$d(\mathbf{v}, \mathbf{w}) = w(\mathbf{v} + \mathbf{w}). \tag{6-5}$$

Tabelle 6-3 zeigt dazu ein Beispiel. Die Codeworte **v** und **w** unterscheiden sich in drei Stellen, d. h. die Hamming-Distanz ist drei. Dies ist gleich dem Gewicht von **v** + **w**.

Tabelle 6-3: Beispiel zum Gewicht eines Codewortes

Codewort	**Gewicht**
$\mathbf{v} =$ (0 0 0 1 0 1 1)	3
$\mathbf{w} =$ (1 0 0 1 1 1 0)	4
$\mathbf{v} + \mathbf{w} =$ (1 0 0 0 1 0 1)	3

Die minimale Hamming-Distanz ist die kleinste Hamming-Distanz zweier verschiedener gültiger Codeworte eines Codes, also

$$d_{\min} = \min_{\mathbf{v} \neq \mathbf{w}} \{ d(\mathbf{v}, \mathbf{w}) \}. \tag{6-6}$$

Wegen Gl. 6-5 ist die minimale Hamming-Distanz gleich dem minimalen Gewicht der Summe zweier verschiedener gültiger Codeworte. Da bei einem linearen Code der Nullvektor ein gültiges Codewort ist, folgt weiter

$$d_{\min} = \min_{\mathbf{v}\neq\mathbf{w}}\{\,w(\mathbf{v}+\mathbf{w})\,\} = \min_{\mathbf{v}\neq\mathbf{0}}\{\,w(\mathbf{v})\,\}. \qquad (6\text{-}7)$$

Die minimale Hamming-Distanz ist also gleich dem minimalen Gewicht der Codeworte (ohne den Nullvektor). So hat der Wiederholungscode aus Beispiel 6-1 das minimale Gewicht drei, während der Paritätscode das minimale Gewicht zwei hat.

Für eine gegebene Codewortlänge und Coderate zeichnet sich ein guter Code durch gute Korrekturfähigkeit, d. h. eine größtmögliche minimale Hamming-Distanz aus. Eine obere Schranke für die Korrekturfähigkeit ist die Hamming-Schranke. Bild 6-4 ist eine zweidimensionale Darstellung des Raumes, der durch die Codevektoren aufgespannt wird. Die Spitzen der Vektoren sind als Punkte dargestellt; die Hamming-Distanz soll durch den Abstand der Punkte angedeutet werden.

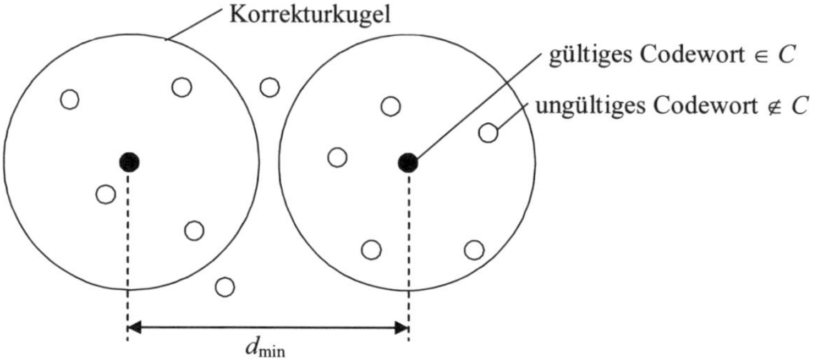

Bild 6-4: Vektorraum mit Codeworten

Bei einem (n, k)-Blockcode gibt es insgesamt 2^n mögliche n-bit-Worte, davon sind 2^k gültige Codeworte. Der Code habe die minimale Hamming-Distanz $d_{\min}$, kann also bis zu y Bitfehler pro Codewort korrigieren. Alle n-bit-Worte, die sich in bis zu y bit von einem gültigen Codewort unterscheiden, werden korrekt decodiert. Sie liegen innerhalb der Korrekturkugel dieses Codewortes. In einer Korrekturkugel befinden sich also

$\binom{n}{1}$ Worte mit einem Bitfehler,

$\binom{n}{2}$ Worte mit zwei Bitfehlern usw.,

wobei $\binom{n}{i}$ der Binomialkoeffizient (Gl. 2-76) ist. Bei insgesamt 2^k gültigen Codeworten bzw. Korrekturkugeln muss daher gelten

$$2^k\left(1+\binom{n}{1}+\ldots+\binom{n}{y}\right)\leq 2^n\,. \qquad (6\text{-}8)$$

Dies ist die Hamming-Schranke, die die Korrekturfähigkeit eines Codes mit n und k verknüpft. Ist die linke Seite von Gl. 6-8 gleich 2^n, so spricht man von einem perfekten Code. Dies bedeutet, dass alle möglichen n-bit-Worte in einer Korrekturkugel liegen. Für den Wiederholungscode aus Beispiel 6-1 ist $n = 3$, $k = 1$ und $y = 1$ und es gilt

$$2^1\left(1+\binom{3}{1}\right) = 2(1+3) = 8 = 2^3,$$

d. h. es handelt sich um einen perfekten Code. Für den Paritätscode gilt dagegen mit $n = 3$, $k = 1$ und $y = 0$

$$2^2(1) = 4 < 2^3,$$

d. h. der Code ist nicht perfekt.

6.1.2 Hamming-Codes

Hamming-Codes gehören zu den wenigen bekannten perfekten Codes. Ein (n, k)-Hamming-Code ist durch folgende Eigenschaften gekennzeichnet [19]:

- Redundanzbits: $m \geq 3$
- Codewortlänge: $n = 2^m - 1$
- Datenwortlänge: $k = n - m$
- minimale Hamming-Distanz: $d_{\min} = 3$

Ein Codewort eines linearen Codes wird berechnet, indem das Datenwort mit einer Generatormatrix **G** multipliziert wird. Die Generatormatrix eines (n, k)-Blockcodes ist eine $k \times n$-Matrix mit k Zeilen und n Spalten

$$\mathbf{G} = \begin{bmatrix} g_{00} & g_{01} & \cdots & g_{0(n-1)} \\ g_{10} & g_{11} & \cdots & g_{1(n-1)} \\ \vdots & \vdots & & \vdots \\ g_{(k-1)0} & g_{(k-1)1} & \cdots & g_{(k-1)(n-1)} \end{bmatrix} \tag{6-9}$$

mit den Elementen $g_{ij} \in \{0, 1\}$. Mit dem Datenwort $\mathbf{u} = (u_0, u_1, \ldots, u_{k-1})$ der Länge k bit erhalten wir das Codewort **v** durch

$$\mathbf{v} = \mathbf{u} \cdot \mathbf{G} \tag{6-10}$$

mit den Elementen von **v**,

$$\begin{aligned} v_0 &= u_0\, g_{00} + u_1\, g_{10} + \ldots + u_{k-1}\, g_{(k-1)0}, \\ v_1 &= u_0\, g_{01} + u_1\, g_{11} + \ldots + u_{k-1}\, g_{(k-1)1}, \\ &\vdots \\ v_{n-1} &= u_0\, g_{0(n-1)} + u_1\, g_{1(n-1)} + \ldots + u_{k-1}\, g_{(k-1)(n-1)}, \end{aligned} \tag{6-11}$$

wobei die Addition wieder modulo 2 erfolgt. Für einen systematischen Code hat die Generatormatrix die Struktur

$$\mathbf{G} = \left(\mathbf{I}_k \mid \mathbf{P}\right) = \left[\begin{array}{cccc|cccc} 1 & 0 & \cdots & 0 & p_{00} & p_{01} & \cdots & p_{0(n-k-1)} \\ 0 & 1 & \cdots & 0 & p_{10} & p_{11} & \cdots & p_{1(n-k-1)} \\ \vdots & \vdots & & \vdots & \vdots & \vdots & & \vdots \\ 0 & 0 & \cdots & 1 & p_{(k-1)0} & p_{(k-1)1} & \cdots & p_{(k-1)(n-k-1)} \end{array}\right]. \tag{6-12}$$

Dabei ist $\mathbf{I}_k$ die $k \times k$-Einheitsmatrix und $\mathbf{P}$ eine $k \times (n-k)$-Matrix. Durch die Multiplikation mit der Einheitsmatrix sind die ersten k Elemente des Codewortes das Datenwort selbst. Die restlichen $n-k$ Elemente sind die Redundanzbits (vgl. Bild 6-2).

Beispiel 6-2: (7, 4)-Hamming-Code

Die Generatormatrix eines (7, 4)-Hamming-Codes lautet

$$\mathbf{G} = \left[\begin{array}{cccc|ccc} 1 & 0 & 0 & 0 & 1 & 0 & 1 \\ 0 & 1 & 0 & 0 & 1 & 1 & 1 \\ 0 & 0 & 1 & 0 & 1 & 1 & 0 \\ 0 & 0 & 0 & 1 & 0 & 1 & 1 \end{array}\right]. \tag{6-13}$$

Sie besteht aus einer 4×4-Einheitsmatrix und der 4×3-Matrix $\mathbf{P}$. Die Zeilen von $\mathbf{P}$ bestehen aus $m = n - k = 3$ Elementen. $\mathbf{P}$ besteht aus allen Zeilen, die zwei oder mehr 1-Elemente enthalten. Die Reihenfolge der Zeilen hat auf die minimale Hamming-Distanz (und damit auf die Korrekturfähigkeit) keinen Einfluss. Für das Datenwort $\mathbf{u} = (0\ 0\ 0\ 1)$ erhält man das Codewort

$$\mathbf{v} = \mathbf{u} \cdot \mathbf{G} = (0\ 0\ 0\ 1) \cdot \left[\begin{array}{cccc|ccc} 1 & 0 & 0 & 0 & 1 & 0 & 1 \\ 0 & 1 & 0 & 0 & 1 & 1 & 1 \\ 0 & 0 & 1 & 0 & 1 & 1 & 0 \\ 0 & 0 & 0 & 1 & 0 & 1 & 1 \end{array}\right] = (0\ 0\ 0\ 1\ 0\ 1\ 1).$$

Die ersten vier Elemente des Codewortes sind das Datenwort selbst. Es gibt insgesamt $2^k = 2^4 = 16$ Codeworte (siehe Tabelle 6-4). Da es sich um einen linearen Code handelt, ergibt die Summe zweier Codeworte wieder ein Codewort und der Nullvektor ist ein gültiges Codewort. Die minimale Hamming-Distanz von drei ergibt sich nach Gl. 6-7 aus dem minimalen Gewicht der Codeworte.

◀

Zur Decodierung wird das empfangene Codewort $\mathbf{r}$ mit einer Prüfmatrix $\mathbf{H}$ multipliziert. Das Ergebnis dieser Multiplikation wird als Syndrom $\mathbf{s}$ bezeichnet. Handelt es sich bei dem Empfangswort um ein gültiges Codewort, so ist das Syndrom null. Enthält das Empfangswort Bitfehler, so ist das Syndrom ungleich null und anhand dessen Wert kann der Fehler korrigiert werden.

Tabelle 6-4: Codetabelle des (7, 4)-Hamming-Codes (Beispiel 6-2)

Datenwort u	Codewort v
0000	0000 000
0001	0001 011
0010	0010 110
0011	0011 101
0100	0100 111
0101	0101 100
0110	0110 001
0111	0111 010
1000	1000 101
1001	1001 110
1010	1010 011
1011	1011 000
1100	1100 010
1101	1101 001
1110	1110 100
1111	1111 111

Für die Prüfmatrix gilt

$$\mathbf{H} = \left(\mathbf{P}^{\mathrm{T}} \mid \mathbf{I}_{n-k}\right) = \left[\begin{array}{cccc|cccc} p_{00} & p_{10} & \cdots & p_{(k-1)0} & 1 & 0 & \cdots & 0 \\ p_{01} & p_{11} & \cdots & p_{(k-1)1} & 0 & 1 & \cdots & 0 \\ \vdots & \vdots & & \vdots & \vdots & \vdots & & \vdots \\ p_{0(n-k-1)} & p_{1(n-k-1)} & \cdots & p_{(k-1)(n-k-1)} & 0 & 0 & \cdots & 1 \end{array}\right]. \tag{6-14}$$

$\mathbf{P}^{\mathrm{T}}$ ist die Transponierte von $\mathbf{P}$. Man erhält $\mathbf{P}^{\mathrm{T}}$, indem die Zeilen und Spalten von $\mathbf{P}$ vertauscht werden. Für die Berechnung des Syndroms gilt

$$\mathbf{s} = \mathbf{r} \cdot \mathbf{H}^{\mathrm{T}}. \tag{6-15}$$

Für $\mathbf{r} = \mathbf{v}$ (gültiges Codewort) ist $\mathbf{s} = \mathbf{0} = (0 \ldots 0)$. Enthält $\mathbf{r}$ Bitfehler, so kann dies mit Hilfe eines Fehlervektors $\mathbf{e} = (e_0, e_1, \ldots, e_{n-1})$ dargestellt werden:

$$\mathbf{r} = \mathbf{v} + \mathbf{e}. \tag{6-16}$$

Das Empfangswort $\mathbf{r}$ enthält an den Stellen einen Bitfehler, für die $e_i = 1$ gilt. Aus Gl. 6-15 und Gl. 6-16 folgt weiter

$$\mathbf{s} = (\mathbf{v} + \mathbf{e}) \cdot \mathbf{H}^{\mathrm{T}} = \underbrace{\mathbf{v} \cdot \mathbf{H}^{\mathrm{T}}}_{=\mathbf{0}} + \mathbf{e} \cdot \mathbf{H}^{\mathrm{T}} = \mathbf{e} \cdot \mathbf{H}^{\mathrm{T}}. \tag{6-17}$$

Für einen Code, der bis zu y Bitfehler korrigieren kann, können für jeden Fehlervektor mit bis zu y 1-Elementen anhand des Syndroms die Fehlerstellen bestimmt und korrigiert werden. Bei mehr als y Bitfehlern kommt es zu einer Fehlkorrektur. Wenn der Fehlervektor identisch zu einem Codewort ist, ist auf Grund der Linearität des Codes die Summe $\mathbf{v} + \mathbf{e}$ ebenfalls ein Codewort und das Syndrom gleich null.

Beispiel 6-3: Syndrom-Decodierung eines (7, 4)-Hamming-Codes

Für die Prüfmatrix des (7, 4)-Hamming-Codes aus Beispiel 6-2 folgt

$$\mathbf{H} = \left[\begin{array}{cccc|ccc} 1 & 1 & 1 & 0 & 1 & 0 & 0 \\ 0 & 1 & 1 & 1 & 0 & 1 & 0 \\ 1 & 1 & 0 & 1 & 0 & 0 & 1 \end{array}\right]. \tag{6-18}$$

Für $\mathbf{r} = \mathbf{v} = (0\ 0\ 0\ 1\ 0\ 1\ 1)$ erhält man das Syndrom

$$\mathbf{s} = (0\ \ 0\ \ 0\ 1\ 0\ 1\ 1) \cdot \left[\begin{array}{ccc} 1 & 0 & 1 \\ 1 & 1 & 1 \\ 1 & 1 & 0 \\ 0 & 1 & 1 \\ \hdashline 1 & 0 & 0 \\ 0 & 1 & 0 \\ 0 & 0 & 1 \end{array}\right] = (0\ \ 0\ \ 0)\,.$$

Im Falle eines Bitfehlers an der ersten Stelle des Codewortes gilt für den Fehlervektor $\mathbf{e} = (1\ 0\ 0\ 0\ 0\ 0\ 0)$. Für das Empfangswort folgt $\mathbf{r} = \mathbf{v} + \mathbf{e} = (1\ 0\ 0\ 1\ 0\ 1\ 1)$ und man erhält das Syndrom

$$\mathbf{s} = (1\ \ 0\ \ 0\ 1\ 0\ 1\ 1) \cdot \left[\begin{array}{ccc} 1 & 0 & 1 \\ 1 & 1 & 1 \\ 1 & 1 & 0 \\ 0 & 1 & 1 \\ \hdashline 1 & 0 & 0 \\ 0 & 1 & 0 \\ 0 & 0 & 1 \end{array}\right] = (1\ \ 0\ \ 1)\,.$$

Für jeden Fehlervektor mit einem Bitfehler ergibt sich gemäß Gl. 6-17 ein bestimmtes Syndrom. Anhand der Syndrom-Tabelle (Tabelle 6-5) kann der Decodierer die Fehlerposition bestimmen und den Fehler korrigieren.

Tabelle 6-5: Syndrom-Tabelle des (7, 4)-Hamming-Codes (Beispiel 6-3)

Syndrom s	Fehlervektor e
000	0000000
101	1000000
111	0100000
110	0010000
011	0001000
100	0000100
010	0000010
001	0000001

◄

6.1.3 Codiergewinn

Durch die Kanalcodierung erhöht sich zunächst die Übertragungsrate, da zusätzlich zur Nutzinformation die Redundanzinformation übertragen werden muss. Bei konstanter Signalleistung verringert sich damit die mittlere Energie pro Bit. Trotzdem ist auf Grund der Fehlerkorrektur ein geringerer Signal-Rausch-Abstand ausreichend, um die gleiche Fehlerwahrscheinlichkeit wie im uncodierten Fall zu erzielen. Dies bezeichnet man als Codiergewinn.

Am Beispiel der QPSK-Modulation in Verbindung mit dem (7, 4)-Hamming-Code aus dem vorangehenden Abschnitt sollen die Zusammenhänge erläutert werden. Die Fehlerwahrscheinlichkeit für QPSK wurde in Abschnitt 5.3.1 bestimmt. Im uncodierten Fall ist nach Gl. 5-74 für eine Bitfehlerwahrscheinlichkeit von $P_u = 10^{-6}$ ein Signal-Rausch-Abstand pro Bit von $10 \log(E_b / n_0) = 10{,}53$ dB erforderlich.

Für den (7, 4)-Hamming-Code beträgt die Coderate $R_c = 4/7$, die minimale Hamming-Distanz $d_{\min} = 3$ und der Code kann bis zu $y = 1$ Bitfehler pro Codewort korrigieren. Durch die Codierung erhöht sich die Übertragungsrate auf $r_c = r_b / R_c$. Die Signalleistung ist gleich der mittleren Energie pro Bit geteilt durch die Bitdauer, also $S = E_b / T_b = E_b r_b$. Die mittlere Energie pro Bit nach der Codierung sei E_c. Bei konstanter Signalleistung vor bzw. nach der Codierung ist $S = E_b r_b = E_c r_c$ und damit $E_c = R_c E_b$. Für die Fehlerwahrscheinlichkeit am Ausgang des Demodulators bzw. am Eingang des Decodierers folgt aus Gl. 5-74

$$P_c = \frac{1}{2} \operatorname{erfc} \sqrt{R_c \frac{E_b}{n_0}} \,. \tag{6-19}$$

Für $P_c = 10^{-6}$ ist nun ein Signal-Rausch-Abstand pro Bit von 12,96 dB erforderlich. Die Fehlerwahrscheinlichkeit steigt, da noch keine Decodierung erfolgt und die zusätzlich übertragene Redundanzinformation nicht genutzt wird. Die Wahrscheinlichkeit, dass ein Codewort der Länge n bit genau i Bitfehler enthält, ist bei zufällig und unabhängig voneinander verteilten Bitfehlern durch die Binomialverteilung gegeben (Gl. 2-75):

$$P(i) = \binom{n}{i} P_c^{\,i} \left(1 - P_c\right)^{n-i} \,. \tag{6-20}$$

Der Decodierer kann alle Codeworte mit bis zu y Bitfehlern korrigieren, während Codeworte mit mehr als y Bitfehlern zu einem fehlerhaften Codewort am Decoderausgang führen. Es kommt also mit der Wahrscheinlichkeit

$$P_\mathrm{w} = \sum_{i=y+1}^{n} P(i) = \sum_{i=y+1}^{n} \binom{n}{i} P_\mathrm{c}^{\,i} \left(1 - P_\mathrm{c}\right)^{n-i} \tag{6-21}$$

zu einem fehlerhaften Codewort. Die Bitfehlerwahrscheinlichkeit nach der Decodierung beträgt etwa

$$P_\mathrm{b} \approx \frac{1}{n} \sum_{i=y+1}^{n} i\,P(i) = \frac{1}{n} \sum_{i=y+1}^{n} i \binom{n}{i} P_\mathrm{c}^{\,i} \left(1 - P_\mathrm{c}\right)^{n-i} . \tag{6-22}$$

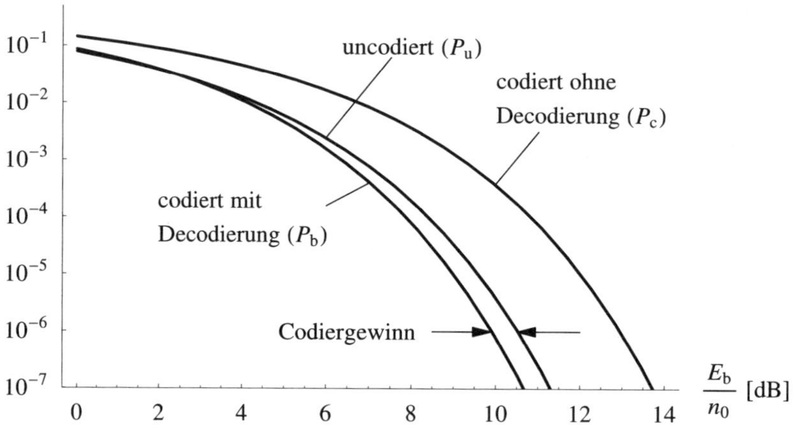

Bild 6-5: Codiergewinn am Beispiel von QPSK und des (7, 4)-Hamming-Codes

P_w und P_b werden auch als Restfehlerwahrscheinlichkeit und Restbitfehlerwahrscheinlichkeit bezeichnet. Für $n = 7$ und $y = 1$ ist für $P_\mathrm{b} = 10^{-6}$ ein Signal-Rausch-Abstand pro Bit von 9,91 dB erforderlich. Der Verlauf von P_u, P_c und P_b als Funktion von E_b/n_0 ist in Bild 6-5 gezeigt. Für $E_\mathrm{b}/n_0 \cong 9{,}91$ dB ist $P_\mathrm{c} = 4{,}1 \cdot 10^{-4}$ und $P_\mathrm{w} = 3{,}53 \cdot 10^{-6}$. Als Codiergewinn bezeichnet man die Differenz des erforderlichen Störabstandes bei uncodierter bzw. codierter Übertragung:

$$G = 10 \log\left(\frac{E_\mathrm{b}}{n_0}\right)_{\mathrm{uncodiert}} - 10 \log\left(\frac{E_\mathrm{b}}{n_0}\right)_{\mathrm{codiert}} . \tag{6-23}$$

In unserem Beispiel des (7, 4)-Hamming-Codes in Verbindung mit QPSK beträgt der Codiergewinn also 0,62 dB bei einer Bitfehlerwahrscheinlichkeit von 10^{-6}.

6.1.4 Zyklische Codes

Wie wir im vorangegangenen Abschnitt gesehen haben, beträgt der Codiergewinn für den (7, 4)-Hamming-Code nur 0,62 dB. Auch die Coderate $R_c = 4/7$ ist gering, d. h. der Übertragungsaufwand verdoppelt sich für diesen Code nahezu. Für effiziente Codes mit guten Korrektureigenschaften und mit einer Coderate nicht wesentlich kleiner als eins muss $n >> 1$ und $k >> 1$ gelten. Dadurch entstehen sehr lange Codeworte und sehr große Generator- und Prüfmatrizen. Die Codierung und Decodierung langer Codeworte wird durch zyklische Codes, eine Unterklasse der linearen Blockcodes, stark vereinfacht [19].

Bei einem zyklischen Code ergibt die zyklische Verschiebung eines Codewortes um ein Bit wieder ein gültiges Codewort. Aus

$$\mathbf{v} = (v_0, v_1, v_2, \ldots, v_{n-1}), \quad \mathbf{v} \in C$$

folgt daher bei einer Linksverschiebung

$$\mathbf{v}' = (v_1, v_2 \ldots, v_{n-1}, v_0), \quad \mathbf{v}' \in C,$$

$$\mathbf{v}'' = (v_2, \ldots, v_{n-1}, v_0, v_1), \quad \mathbf{v}'' \in C \text{ usw.}$$

Zur Beschreibung zyklischer Codes verwenden wir die bereits aus Abschnitt 4.7 bekannte Polynomschreibweise, d. h. die Elemente von **v** sind die Koeffizienten des Polynoms

$$\mathbf{v}(x) = v_0 + v_1 x + v_2 x^2 + \ldots + v_{n-1} x^{n-1}$$

vom Grad $n-1$. Beispielsweise entspricht das Codewort $\mathbf{v} = (1\ 0\ 0\ 1\ 1)$ dem Polynom $1 + x^3 + x^4$. Das Datenwortpolynom

$$\mathbf{u}(x) = u_0 + u_1 x + u_2 x^2 + \ldots + u_{k-1} x^{k-1}$$

ist ein Polynom vom Grad $k-1$. Ein zyklischer (n, k)-Blockcode wird ferner durch sein Generatorpolynom

$$\mathbf{g}(x) = 1 + g_1 x + g_2 x^2 + \ldots + g_{m-1} x^{m-1} + x^m \tag{6-24}$$

spezifiziert. Dies ist ein Polynom vom Grad $m = n - k$; es gilt $g_0 = g_m = 1$. Die Codeworte berechnen sich durch Multiplikation des Datenwortpolynoms mit dem Generatorpolynom:

$$\mathbf{v}(x) = \mathbf{u}(x) \cdot \mathbf{g}(x)\,. \tag{6-25}$$

Beispiel 6-4: Codewortberechnung eines zyklischen (7, 4)-Codes

Das Generatorpolynom eines zyklischen (7, 4)-Codes lautet

$$\mathbf{g}(x) = 1 + x + x^3\,.$$

Die Koeffizienten des Generatorpolynoms sind (1 1 0 1). Für das Datenwort $\mathbf{u} = (1\ 0\ 1\ 0)$ erhalten wir das Polynom $\mathbf{u}(x) = 1 + x^2$ und für das Codewortpolynom folgt

$$\mathbf{v}(x) = (1 + x^2)\,(1 + x + x^3) = 1 + x + x^2 + x^5\,.$$

Man beachte, dass nach den Rechenregeln der Addition modulo 2 der Koeffizient vor x^3 nach dem Ausmultiplizieren null ist. Das Codewort lautet also $\mathbf{v} = (1\ 1\ 1\ 0\ 0\ 1\ 0)$.

◀

Durch Gl. 6-25 erhalten wir einen nichtsystematischen Code, denn wie das obige Beispiel zeigt, ist das Datenwort nicht im Codewort enthalten. Ein systematischer zyklischer Code wird gebildet, indem zunächst $\mathbf{u}(x)$ mit x^{n-k} multipliziert wird. Zu $x^{n-k}\,\mathbf{u}(x)$ gehören die n Koeffizienten $(0, \ldots, 0, u_0, u_1, \ldots, u_{k-1})$. Durch die Multiplikation werden links $m = n - k$ Nullen eingefügt. Diese Nullen werden durch m Redundanzbits in Form des Polynoms $\mathbf{b}(x)$ ersetzt, und wir erhalten das Codewort

$$\mathbf{v}(x) = x^{n-k}\mathbf{u}(x) + \mathbf{b}(x)\,. \tag{6-26}$$

Dabei ist $\mathbf{b}(x)$ der Divisionsrest, der durch Teilen von $x^{n-k}\,\mathbf{u}(x)$ durch das Generatorpolynom $\mathbf{g}(x)$ entsteht:

$$\frac{x^{n-k}\mathbf{u}(x)}{\mathbf{g}(x)} = \mathbf{z}(x) + \frac{\mathbf{b}(x)}{\mathbf{g}(x)}\,. \tag{6-27}$$

Der Divisionsrest $\mathbf{b}(x)$ ist ein Polynom mit einem Grad kleiner oder gleich $m - 1 = n - k - 1$. Dessen m Koeffizienten sind die Redundanzbits. Schreiben wir Gl. 6-26 mit Hilfe der Koeffizienten von $\mathbf{b}(x)$ und $\mathbf{u}(x)$ aus, so erhalten wir

$$\mathbf{b}(x) + x^{n-k}\mathbf{u}(x)$$

$$= b_0 + b_1\,x + \ldots + b_{n-k-1}\,x^{n-k-1} + u_0\,x^{n-k} + u_1\,x^{n-k+1} + \ldots + u_{k-1}\,x^{n-1}\,.$$

Ein Codewort $\mathbf{v} = (b_0, b_1, \ldots, b_{n-k-1}, u_0, u_1, \ldots, u_{k-1})$ setzt sich also aus den Redundanzbits $b_0 \ldots b_{n-k-1}$ und dem Datenwort $u_0 \ldots u_{k-1}$ zusammen, so dass ein systematischer Code entsteht.

Beispiel 6-5: Codewortberechnung eines systematischen zyklischen (7, 4)-Codes

Wir betrachten wieder den zyklischen (7, 4)-Code aus Beispiel 6-4 mit dem Generatorpolynom $\mathbf{g}(x) = 1 + x + x^3$. Für das Datenwort $\mathbf{u} = (1\ 0\ 1\ 0)$ ist $\mathbf{u}(x) = 1 + x^2$ und es gilt $m = n - k = 3$. Damit ist zunächst

$$x^3\mathbf{u}(x) = x^3(1 + x^2) = x^3 + x^5\,.$$

Wir bestimmen mit Hilfe von Gl. 6-27 den Divisionsrest $\mathbf{b}(x)$, indem wir $x^3\,\mathbf{u}(x)$ durch Polynomdivision durch $\mathbf{g}(x)$ teilen:

$$\begin{array}{lll} x^5 + x^3 & : x^3 + x + 1 & = x^2\ (= \mathbf{z}(x)) \\ \underline{x^5 + x^3 + x^2} & & \\ \qquad\quad x^2 & (= \mathbf{b}(x)) & \end{array}$$

Durch Umstellen von Gl. 6-27 können wir $x^3\,\mathbf{u}(x)$ durch $\mathbf{z}(x)$, $\mathbf{g}(x)$ und $\mathbf{b}(x)$ ausdrücken als

$$x^3\mathbf{u}(x) = \mathbf{z}(x)\,\mathbf{g}(x) + \mathbf{b}(x),$$

$$x^3 + x^5 = x^2(1 + x + x^3) + x^2.$$

Das Codewortpolynom lautet gemäß Gl. 6-26 also

$$\mathbf{v}(x) = x^2 + x^3 + x^5$$

und für das Codewort erhalten wir $\mathbf{v} = (0\ 0\ 1\ 1\ 0\ 1\ 0)$.

◀

Im Decodierer wird das empfangene Codewort **r** durch das Generatorpolynom geteilt; der Divisionsrest ist das Syndrom. Falls keine Bitfehler aufgetreten sind, so ist $\mathbf{r} = \mathbf{v}$ ein gültiges Codewort und der Divisionsrest ist null. Dies folgt sofort aus Gl. 6-25, und aus Gl. 6-26 folgt ebenfalls

$$\frac{\mathbf{v}(x)}{\mathbf{g}(x)} = \frac{x^{n-k}\mathbf{u}(x) + \mathbf{b}(x)}{\mathbf{g}(x)} = \mathbf{z}(x) + \frac{\mathbf{b}(x)}{\mathbf{g}(x)} + \frac{\mathbf{b}(x)}{\mathbf{g}(x)} = \mathbf{z}(x)\,, \tag{6-28}$$

wobei auf Grund der modulo-2-Arithmetik die zweimalige Addition von $\mathbf{b}(x)/\mathbf{g}(x)$ null ergibt. Enthält **r** Bitfehler, so wird dies wie in Gl. 6-16 durch den Fehlervektor **e** mit dem zugehörigen Polynom $\mathbf{e}(x)$ ausgedrückt. Nach Division durch das Generatorpolynom erhalten wir nun

$$\frac{\mathbf{r}(x)}{\mathbf{g}(x)} = \frac{\mathbf{v}(x) + \mathbf{e}(x)}{\mathbf{g}(x)} = \mathbf{z}(x) + \frac{\mathbf{e}(x)}{\mathbf{g}(x)} \tag{6-29}$$

mit dem Divisionsrest $\mathbf{e}(x)/\mathbf{g}(x)$. Somit werden alle Bitfehler erkannt, für die $\mathbf{e}(x)/\mathbf{g}(x) \neq 0$ ist.

Auf Grund ihrer zyklischen Struktur können die Codes mit Hilfe einfacher Schaltungen codiert und decodiert werden. Dadurch lassen sich auch zyklische Codes mit sehr langen Codewörtern verwenden. Bild 6-6 zeigt eine Schaltung zur Berechnung des Divisionsrestes $\mathbf{b}(x)$ mit Hilfe rückgekoppelter Schieberegister.

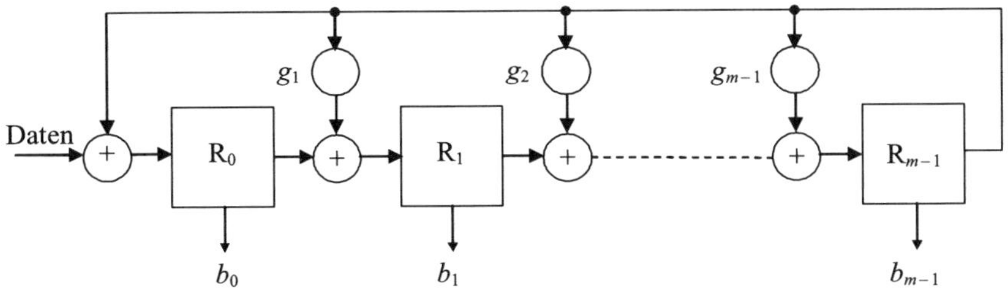

Bild 6-6: Schaltung zur Berechnung des Divisionsrestes zur Erzeugung eines zyklischen Codes

Für die Codierung mit einem Generatorpolynom vom Grad $m = n - k$ werden m Schieberegister $R_0 \ldots R_{m-1}$ benötigt. Die Koeffizienten $g_1 \ldots g_{m-1}$ des Generatorpolynoms $\mathbf{g}(x)$ bestimmen die Rückführungen. Für $g_i = 1$ ist eine Rückführung vorhanden; für $g_i = 0$ ist das nicht der Fall. Zu Beginn werden die Register mit null initialisiert. Am Dateneingang liegt das Datenwort mit m hinzugefügten Nullen $(0, \ldots, 0, u_0, u_1, \ldots, u_{k-1})$ an. Nach n Schiebeoperationen enthalten die Register den Divisionsrest.

Der Decodierer besteht aus einer identischen Schaltung. Nachdem das empfangene Codewort in das Schieberegister eingelesen wurde, enthalten die Register das Syndrom, d. h. den Divisionsrest nach Gl. 6-29.

Beispiel 6-6: Codewort- und Syndrom-Berechnung mit rückgekoppelten Schieberegistern

Anhand des systematischen zyklischen Codes aus Beispiel 6-5 wollen wir die Arbeitsweise der Schaltung aus Bild 6-6 nachvollziehen. Für das Generatorpolynom $\mathbf{g}(x) = 1 + x + x^3$ mit den Koeffizienten $g_1 = 1$ und $g_2 = 0$ erhalten wir die Schaltung in Bild 6-7.

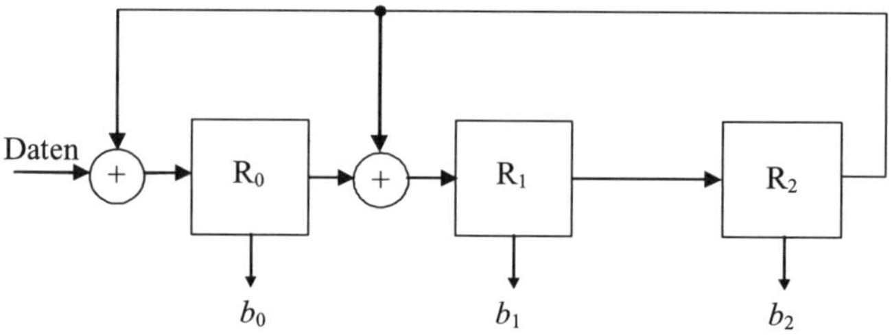

Bild 6-7: Berechnung des Divisionsrestes für das Generatorpolynom $\mathbf{g}(x) = 1 + x + x^3$

Für $\mathbf{u} = (1\ 0\ 1\ 0)$ liegt am Eingang das um $m = 3$ Nullen erweiterte Datenwort $(0\ 0\ 0\ 1\ 0\ 1\ 0)$ und die Register durchlaufen die folgenden Zustände:

$x^3\,\mathbf{u}(x)$	$\mathbf{R_0}$	$\mathbf{R_1}$	$\mathbf{R_2}$
0	0	0	0
1	0	0	0
0	1	0	0
1	0	1	0
0	1	0	1
0	1	0	0
0	0	1	0
	0	0	1

Nach $n = 7$ Schritten enthalten die Register den Divisionsrest $(0\ 0\ 1)$ bzw. $\mathbf{b}(x) = x^2$ und durch serielle Ausgabe von Datenwort und Divisionsrest erhalten wir das Codewort $\mathbf{v} = (0\ 0\ 1\ 1\ 0\ 1\ 0)$. Liegt beim Decodieren ein gültiges Codewort am Eingang, so enthalten die Register nach dem Einlesen aller Codebits das Syndrom $\mathbf{s} = (0\ 0\ 0)$:

v(x)	R_0	R_1	R_2
0	0	0	0
1	0	0	0
0	1	0	0
1	0	1	0
1	1	0	1
0	0	0	0
0	0	0	0
	0	0	0

◄

Da zyklische Codes auch lineare Codes sind, können diese außer durch ihr Generatorpolynom auch mit Hilfe einer Generator- und Prüfmatrix (vgl. Abschnitt 6.1.2) beschrieben werden. Nur bestimmte Generatorpolynome ergeben Codes mit guten Fehlererkennungs- bzw. Korrektureigenschaften. Einige der bekannten Codes sind in Tabelle 6-6 zusammengestellt. Das Generatorpolynom des zyklischen (7, 4)-Hamming-Codes wurde in den Beispielen 6-4 bis 6-6 verwendet. BCH-Codes sind leistungsfähige Codes, die Mehrfachfehler ($y \geq 2$) korrigieren können. Ausführliche Tabellen findet man in [19], [29] und [34].

Tabelle 6-6: Einige zyklische Codes

Code	n	k	R_c	d_{min}	**Generatorpolynom**
Hamming	7	4	0,57	3	$1+x+x^3$
	15	11	0,73	3	$1+x+x^4$
	31	26	0,84	3	$1+x^2+x^5$
BCH[1)]	15	7	0,46	5	$1+x^4+x^6+x^7+x^8$
	31	21	0,68	5	$1+x^3+x^5+x^6+x^8+x^9+x^{10}$
	63	45	0,71	7	$1+x+x^2+x^3+x^6+x^7+x^9$ $+x^{15}+x^{16}+x^{17}+x^{18}$

[1)] BCH: Bose-Chaudhuri-Hocquenghem

Ebenfalls zu den zyklischen Codes gehören die CRC-Codes (Cyclic Redundancy Check). Auf Grund ihrer sehr guten Fehlererkennungseigenschaften werden sie häufig bei der Übertragung von Datenpaketen verwendet. Zum Beispiel finden sich CRC-Codes bei der PCM-30-Schnittstelle (siehe Abschnitt 12.1) und beim LAPD-Protokoll (siehe Abschnitt 13.4). Tabelle 6-7 zeigt einige standardisierte CRC-Generatorpolynome. Der CRC-32-Code erzeugt 32 Redundanzbits. Mit Hilfe dieses Codes werden beispielsweise bei Ethernet-Datenpaketen Bitfehler erkannt [57]. Bei dieser Anwendung besteht ein Datenpaket aus bis zu 1514 byte, d. h. es gibt die enorme Zahl von $2^{(8\cdot 1514)}$ Codeworten. Dies macht deutlich, warum bei großen Codewortlängen effiziente Verfahren zur Codierung und Decodierung erforderlich sind.

Tabelle 6-7: Generatorpolynome für CRC-Codes

Code	Generatorpolynom
CRC-4	$1 + x + x^4$
CRC-12	$1 + x + x^2 + x^3 + x^{11} + x^{12}$
CRC-16	$1 + x^2 + x^{15} + x^{16}$ $1 + x^5 + x^{12} + x^{16}$
CRC-32	$1 + x + x^2 + x^4 + x^5 + x^7 + x^8 + x^{10} + x^{11}$ $+ x^{12} + x^{16} + x^{22} + x^{23} + x^{26} + x^{32}$

Ein weiteres Mitglied der Familie der zyklischen Codes sind die nichtbinären Reed-Solomon-Codes. Nichtbinäre Codes arbeiten nicht bit-, sondern symbolweise, wobei in der Regel ein Symbol einem Byte oder einem Vielfachen eines Bytes entspricht. Die minimale Hamming-Distanz eines Reed-Solomon-Codes beträgt $d_{min} = n - k + 1$. Ein RS(255, 239)-Code beispielsweise bezeichnet einen Reed-Solomon-Code, dessen Codewort aus 239 Datenbytes und 16 Redundanzbytes besteht. Die minimale Hamming-Distanz beträgt $d_{min} = 17$ und es können gemäß Gl. 6-3 bis zu $y = 8$ Symbolfehler korrigiert werden. Dieser Code wird in verkürzter Form bei DVB (siehe Beispiel 6-7) verwendet. Bei einem verkürzten Code wird die Anzahl der Datenbytes verringert, um die Größe des Codewortes an das Übertragungssystem anzupassen. Die Anzahl der Redundanzbytes bleibt gleich, so dass sich die Korrekturfähigkeit des Codes nicht verschlechtert. RS-Codes werden auch bei der Compact Disc (CD) als Fehlerschutz eingesetzt [34].

6.2 Faltungscodes

6.2.1 Codierung

Faltungscodes arbeiten im Gegensatz zu Blockcodes nicht mit einem Block von Daten, sondern mit einem kontinuierlichen Bitstrom. Ein Faltungscodierer besteht aus einem oder mehreren Schieberegistern, in die die Informationssequenz **u** eingetaktet wird, und einer Anzahl von modulo-2-Addierern. Die Ausgangsbits der Addierer bilden, zyklisch aneinander gefügt, die Codesequenz **v**. Bild 6-8 zeigt einen Faltungscodierer, der pro Informationsbit zwei Codebits erzeugt; die Coderate beträgt dementsprechend $R_c = k/n = 1/2$. Der Codierer enthält $m = 2$ Register und hat somit die Gedächtnisordnung (engl.: memory order) $m = 2$. Man bezeichnet den Codierer als (n, k, m)-Faltungscodierer. In Bild 6-8 handelt es sich um einen (2, 1, 2)-Faltungscodierer. Neben dem Verhältnis von Redundanz- zu Informationsbits bestimmt bei einem Faltungscode die Gedächtnisordnung die Korrektureigenschaften des Codes. Je größer die Gedächtnisordnung, desto mehr Codebits werden von einem Eingangsbit beeinflusst und desto größer ist der erzielbare Codiergewinn.

Anhand Tabelle 6-8 kann die Entstehung einer Codesequenz aus der Informationssequenz $\mathbf{u} = (u_0, u_1, u_2, \ldots)$ für den Codierer aus Bild 6-8 verfolgt werden. Die zwei Teilsequenzen $\mathbf{v}^1 = (v_0^1, v_1^1, v_2^1, \ldots)$ und $\mathbf{v}^2 = (v_0^2, v_1^2, v_2^2, \ldots)$ ergeben die Codesequenz $\mathbf{v} = (v_0^1, v_0^2, v_1^1, v_1^2, v_2^1, v_2^2, \ldots)$. Im Beispiel erhalten wir für $\mathbf{u} = (1\ 0\ 1\ 0\ 0\ 0)$ die Codefolge $\mathbf{v} = (1\ 1\ \ 1\ 0\ \ 0\ 0\ \ 1\ 0\ \ 1\ 1\ \ 0\ 0)$. Da der Codierer $m = 2$ Register enthält, kann er sich in

$2^m = 4$ verschiedenen Zuständen befinden. Diese Zustände werden mit a, b, c und d bezeichnet und sind ebenfalls in Tabelle 6-8 enthalten. Zustand a entspricht den Registerinhalten (0 0) von R_1 und R_0, d. h. a = (0 0), b = (0 1), c = (1 0) und d = (1 1).

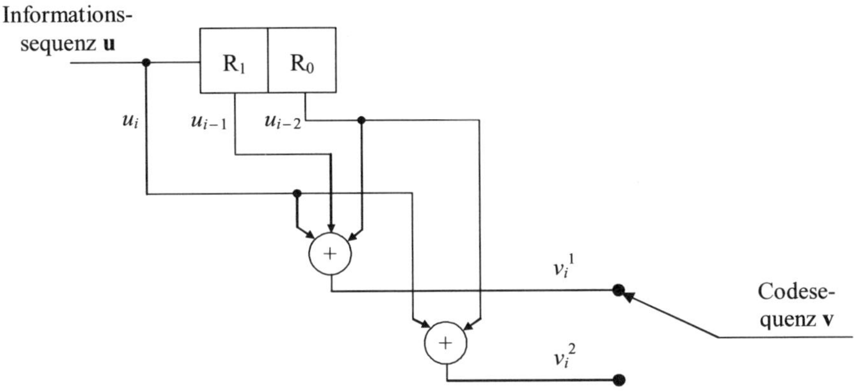

Bild 6-8: Ein (2, 1, 2)-Faltungscodierer

Tabelle 6-8: Beispiel einer Codesequenz des (2, 1, 2)-Faltungscodierers

i	u_i	u_{i-1}	u_{i-2}	v_i^1	v_i^2	**Zustand**
0	1	0	0	1	1	a
1	0	1	0	1	0	c
2	1	0	1	0	0	b
3	0	1	0	1	0	c
4	0	0	1	1	1	b
5	0	0	0	0	0	a

Der Name Faltungscode rührt daher, dass die Codierung durch die zeitdiskrete Faltung (siehe Abschnitt 8.1) der Eingangsfolge mit den Impulsantworten der Ausgänge beschrieben werden kann. Die Impulsantworten erhalten wir für die Eingangsfolge $\mathbf{u} = (1, 0, 0, \ldots)$. Für einen Codierer der Gedächtnisordnung m haben die Impulsantworten die Länge m. Der (2, 1, 2)-Faltungscodierer aus Bild 6-8 hat zwei Ausgänge und dementsprechend zwei Impulsantworten $\mathbf{g}^1$ und $\mathbf{g}^2$ der Länge 3:

$$\mathbf{g}^1 = (1\,1\,1)\,,$$
$$\mathbf{g}^2 = (1\,0\,1)\,. \tag{6-30}$$

Für eine beliebige Eingangsfolge erhalten wir die zwei Teilfolgen $\mathbf{v}^1$ und $\mathbf{v}^2$ durch Faltung der Eingangsfolge mit den Impulsantworten,

$$\mathbf{v}^j = \mathbf{u} * \mathbf{g}^j\,, \quad j = 0, 1\,, \tag{6-31}$$

wobei der Faltungsoperator für die Faltungssumme

$$v_k^j = \sum_{i=0}^{m} u_{k-i}\, g_i^j \tag{6-32}$$

steht und die Addition modulo 2 erfolgt. Im Beispiel oben erhalten wir also die erste Teilfolge durch

$$\mathbf{v}^1 = (1\,0\,1\,0\,0) * (1\,1\,1) = (1\,1\,0\,1\,1\,0)\,.$$

Bild 6-9 zeigt das Baumdiagramm für den (2, 1, 2)-Faltungscodierer aus Bild 6-8. Die Knoten entsprechen den Zuständen a … d. Ist das Informationsbit gleich 0, so bewegt man sich auf dem oberen Zweig zum nächsten Knoten, ansonsten auf dem unteren Zweig.

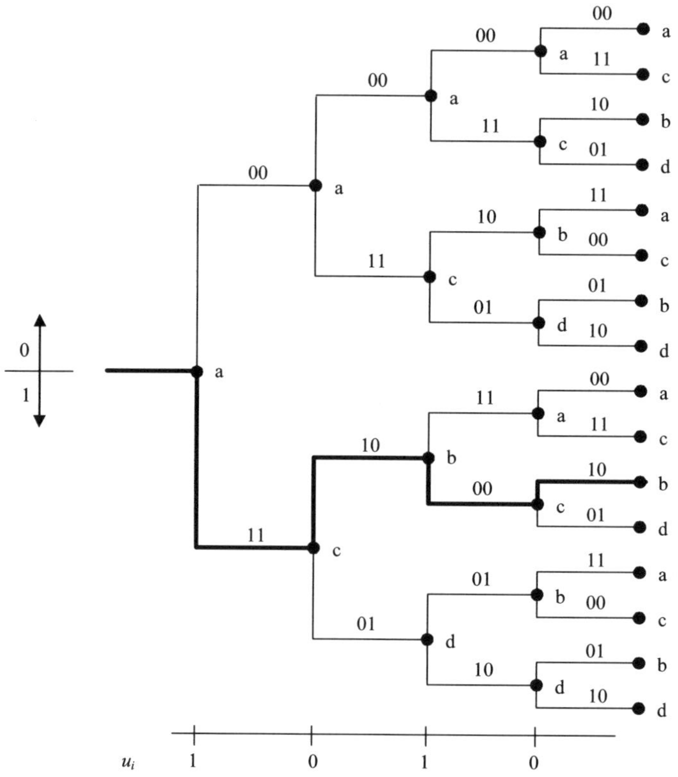

Bild 6-9: Codebaum des (2, 1, 2)-Faltungscodes

Die Zweige sind mit den Codebits beschriftet, die der Faltungscodierer erzeugt. Ausgehend vom Zustand a bleibt man für das Informationsbit $u_i = 0$ im Zustand a und der Codierer gibt die Codebits $(v_i^1\, v_i^2) = (0\ 0)$ aus. Für das Informationsbit $u_i = 1$ gelangt man in den Zustand c und es werden die Codebits $(v_i^1\, v_i^2) = (1\ 1)$ ausgegeben. Entsprechendes gilt für die anderen Zustände. In Bild 6-9 ist der zur Informations- und Codesequenz aus Tabelle 6-8 gehörige Pfad markiert.

Nach $m + 1 = 3$ Verzweigungen sind alle möglichen Zustände im Codebaum enthalten und die Struktur beginnt sich zu wiederholen. Fasst man die Knoten gleicher Zustände für ein bestimmtes Informationsbit zusammen, so erhält man das Netzdiagramm in Bild 6-10. Man bezeichnet ein solches Diagramm auch als Trellisdiagramm (engl. trellis: Spalier). Für $u_i = 0$ folgt man der gestrichelten Linie und für $u_i = 1$ der durchgezogenen Linie. Die Knoten sind mit den Codebits beschriftet. Erreicht man einen Knoten über den oberen Zweig, so gibt der Codierer die oberhalb des Knotens stehenden Codebits aus. Erreicht man den Knoten über den unteren Zweig, werden entsprechend die unterhalb stehenden Codebits generiert. In Bild 6-10 ist wiederum der zur Informations- und Codesequenz aus Tabelle 6-8 gehörige Pfad im Trellisdiagramm markiert.

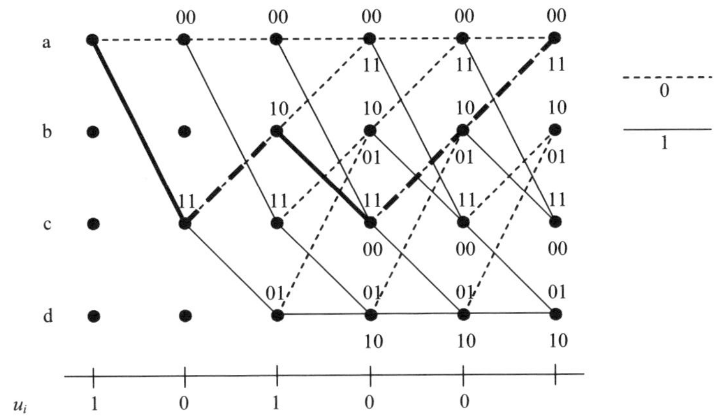

Bild 6-10: Netzdiagramm des (2, 1, 2)-Faltungscodes

Die kompakteste Form der Beschreibung eines Faltungscodes ist schließlich das Zustandsdiagramm in Bild 6-11. Hier sind die Übergänge zwischen den Zuständen mit $u_i / v_i^1 v_i^2$ beschriftet.

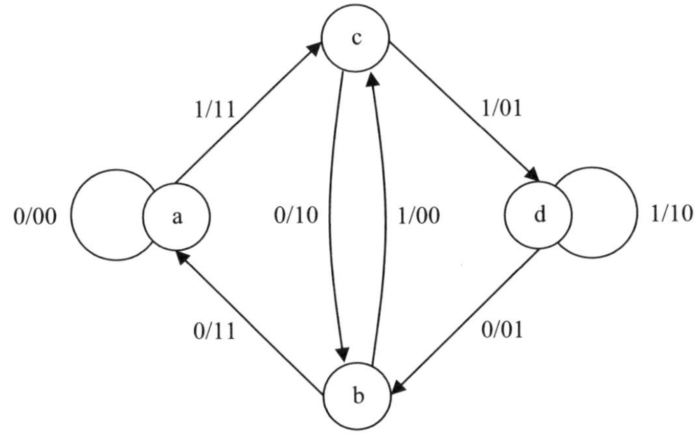

Bild 6-11: Zustandsdiagramm des (2, 1, 2)-Faltungscodes

Faltungscodes mit $k = 1$ und Coderaten $R_c = 1/n$, $n > 2$, werden erzeugt, indem man weitere Addierer hinzufügt und das Schieberegister gegebenenfalls verlängert. Bild 6-12 zeigt das Beispiel eines (3, 1, 2)-Faltungscodierers mit der Gedächtnisordnung $m = 2$. Pro Eingangsbit werden drei Codebits generiert und die Coderate beträgt $R_c = 1/3$. Coderaten mit $k > 1$ erhält man, wenn die Informationssequenz in mehrere Schieberegisterstufen parallel eingelesen wird. Bild 6-13 zeigt das Beispiel eines (3, 2, 1)-Faltungscodierers mit der Gedächtnisordnung $m = 1$ und der Coderate $R_c = 2/3$.

Weitere Coderaten lassen sich durch Punktierung erzeugen. Dabei werden bestimmte Codebits nach einem Punktierungsschema unterdrückt. Beispielsweise entsteht aus einem Code der Rate 1/2 durch periodische Löschung von zwei aus sechs Codebits ein Code mit der Rate 3/4 [19].

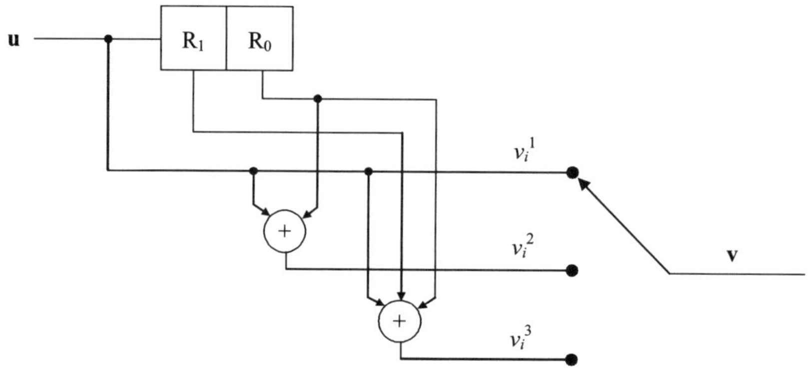

Bild 6-12: Ein (3, 1, 2)-Faltungscodierer

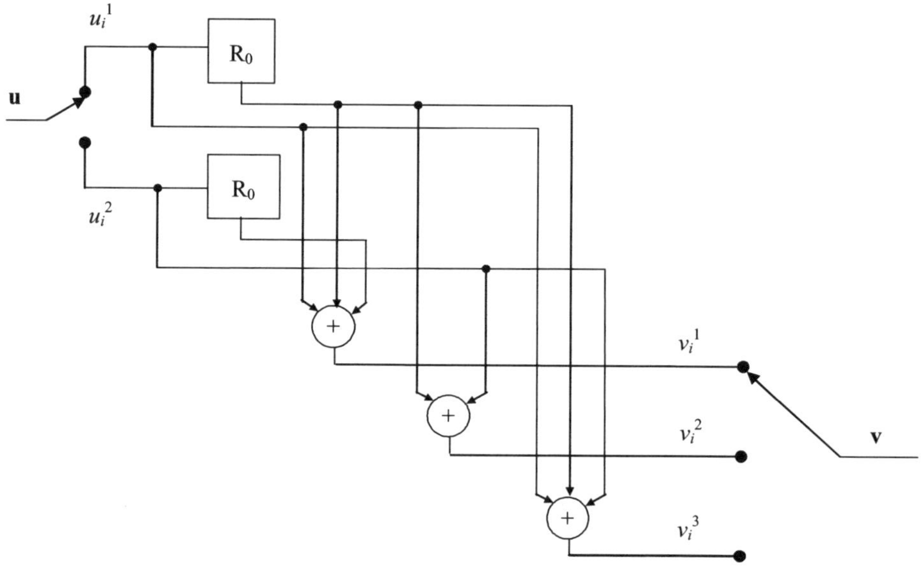

Bild 6-13: Ein (3, 2, 1)-Faltungscodierer

Nur bestimmte Verknüpfungen der Schieberegisterausgänge zur Bildung der Codebits ergeben Codes mit guten Fehlererkennungs- bzw. Korrektureigenschaften. Gute Faltungscodes werden in der Regel durch Computersimulationen gefunden. Durch die Angabe der Impulsantworten (siehe z. B. Gl. 6-30) sind die Verknüpfungen eindeutig festgelegt.

Einige Codes sind in Tabelle 6-9 zusammengestellt. Die Impulsantworten werden durch die aus Abschnitt 6.1.4 bekannte Polynomdarstellung in Form der Generatorpolynome angegeben. Die Koeffizienten der Generatorpolynome sind die Elemente g_i^j der Impulsantworten $\mathbf{g}^j$. Diese werden als Oktalzahl angegeben, d. h. für die Impulsantworten aus Gl. 6-30 erhalten wir $\mathbf{g}^1 \cong 7$ und $\mathbf{g}^2 \cong 5$. Ausführliche Tabellen findet man in [19] und [34]. Auf die Korrektureigenschaften und den Codiergewinn dieser Codes kommen wir in Abschnitt 6.2.3 zurück.

Tabelle 6-9: Parameter einiger Faltungscodes

R_c	n	k	m	**Generatorpolynome (oktal)**			
1/4	4	1	3	13	13	15	17
1/3	3	1	3	13	15	17	
1/2	2	1	2	5	7		
1/2	2	1	3	13	17		
1/2	2	1	9	1131	1537		

6.2.2 Viterbi-Decodierung

Der Decodierer hat die Aufgabe, aus der Empfangsfolge $\mathbf{r}$ die vermutlich gesendete Codefolge $\hat{\mathbf{v}}$ zu bestimmen. Ist $\hat{\mathbf{v}}$ gleich der tatsächlich gesendeten Folge $\mathbf{v}$, so gilt auch für die decodierte Folge $\hat{\mathbf{u}} = \mathbf{u}$, siehe Bild 6-1. Ein Maximum-Likelihood(ML)-Decodierer wählt aus allen möglichen Codefolgen $\mathbf{v}$ diejenige Folge aus, für die die bedingte Wahrscheinlichkeit $P(\mathbf{r}|\mathbf{v})$ maximal wird. Dies ist die Wahrscheinlichkeit, dass $\mathbf{r}$ empfangen wird, unter der Bedingung, dass $\mathbf{v}$ gesendet wurde.

Die Folge $\mathbf{r}$ der Länge L unterscheide sich in i Stellen von einer Codefolge $\mathbf{v}$, d. h. i ist gleich der Hamming-Distanz von $\mathbf{r}$ und $\mathbf{v}$ oder $i = d(\mathbf{r}, \mathbf{v})$. Die Bitfehlerwahrscheinlichkeit des Übertragungskanals betrage ρ, und Bitfehler treten unabhängig voneinander auf. Dann gilt für die bedingte Wahrscheinlichkeit

$$P(\mathbf{r} \mid \mathbf{v}) = \rho^i \, (1-\rho)^{L-i} \, .$$

Die Maximierung von x ist äquivalent zur Maximierung von $\log x$, da die Logarithmusfunktion monoton steigt. Damit erhalten wir die Log-Likelihood-Funktion

$$\begin{aligned} \log P(\mathbf{r} \mid \mathbf{v}) &= \log \rho^i + \log (1-\rho)^{L-i} = i \log \rho + (L-i) \log (1-\rho) \\ &= i \log \frac{\rho}{1-\rho} + L \log (1-\rho) = d(\mathbf{r}, \mathbf{v}) \log \frac{\rho}{1-\rho} + L \log (1-\rho) \, . \end{aligned} \qquad (6\text{-}33)$$

Da $L \log(1-\rho)$ konstant ist und $\log \rho/(1-\rho) < 0$ für $\rho < 1/2$ ist, wird $\log P(\mathbf{r}|\mathbf{v})$ maximal, wenn $d(\mathbf{r}, \mathbf{v})$ minimal wird. Ein ML-Decodierer wählt also diejenige Codefolge $\hat{\mathbf{v}}$ aus, die die kleinste Hamming-Distanz zur Empfangsfolge **r** hat.

Bild 6-14 zeigt ein Beispiel zur Bestimmung der wahrscheinlichsten Codefolge. Im oberen Teil ist die empfangene Codefolge **r** enthalten, die sich von der Codesequenz aus dem Beispiel Tabelle 6-8 durch einen Bitfehler in der 6. Stelle unterscheidet. In den Netzdiagrammen sind zwei mögliche Codefolgen und die zugehörige Hamming-Distanz dargestellt. Die Hamming-Distanz ergibt sich aus der Anzahl der unterschiedlichen Bits der getesteten Codefolge und **r**. Die obere Codefolge mit der Hamming-Distanz 1 hat die minimale Hamming-Distanz und wird vom Decodierer ausgewählt. Anhand des Netzdiagramms kann der Decodierer nun die zugehörige Informationssequenz $\hat{\mathbf{u}}$ bestimmen und den Bitfehler korrigieren.

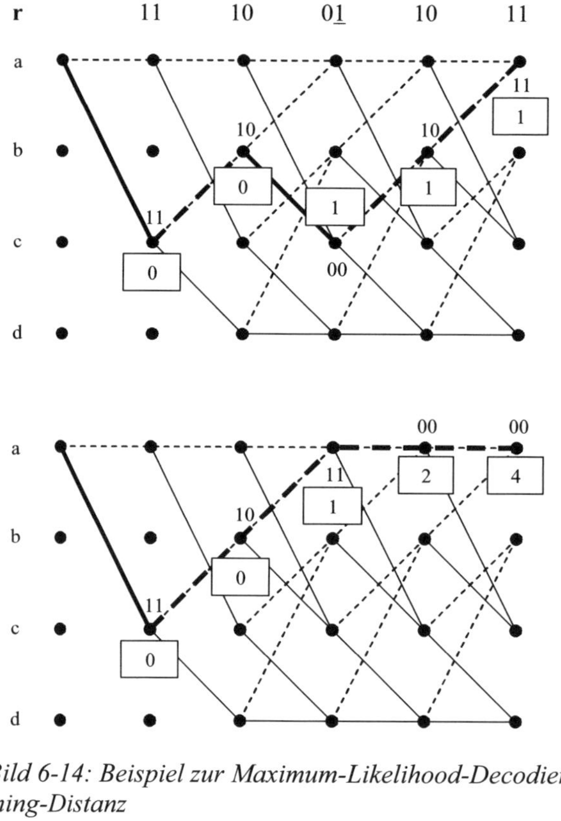

Bild 6-14: Beispiel zur Maximum-Likelihood-Decodierung unter Verwendung der Hamming-Distanz

Für eine Codefolge der Länge L müssen bei der ML-Decodierung im Prinzip für 2^L mögliche Codefolgen die Hamming-Distanzen berechnet werden. Dieser Aufwand wird durch den Viterbi-Algorithmus wesentlich reduziert. Im Zusammenhang mit dem Viterbi-Algorithmus bezeichnet man die Hamming-Distanzen zwischen den möglichen Codefolgen und der empfangenen Codefolge auch als Metrik. Die entscheidende Vereinfachung ergibt sich dadurch, dass die Metrik für jeden Schritt durch das Netzdiagramm bestimmt wird, wie es auch in Bild 6-14 gezeigt wurde. Ab dem dritten Schritt laufen verschiedene Pfade in einem Zustand zusammen. Von zwei Pfaden, die in einem Zustand zusammentreffen, wird derjenige mit der besseren Metrik (d. h. mit der geringeren Hamming-Distanz) ausgewählt. Dieser Pfad wird als Survivor bezeichnet, während der andere Pfad nicht weiterverfolgt wird. Dies ist möglich, da der nicht verfolgte Pfad beim weiteren Weg durch das Netzdiagramm immer die schlechtere Metrik (d. h. die größere Hamming-Distanz) als der Survivor haben würde.

Es kann vorkommen, dass zwei Pfade mit gleicher Metrik in einem Zustand zusammentreffen. Die Auswahl des Survivors erfolgt dann zufällig und hat keinen Einfluss auf die Restfehlerwahrscheinlichkeit.

Bild 6-15 zeigt ein Beispiel zur Anwendung des Viterbi-Algorithmus. Wir verwenden den (2, 1, 2)-Faltungscode; die Empfangsfolge sei $\mathbf{r} = (1\ 1\ \ 1\ \underline{1}\ \ 0\ 0\ \ \underline{0}\ 0\ \ 1\ 1\ \ 0\ 0)$. Dies entspricht der Codefolge aus Tabelle 6-8 mit Bitfehlern in der 4. und 7. Stelle. Am Ende eines Schrittes steht hinter jedem Zustand die kleinste Hamming-Distanz der in diesem Zustand zusammenlaufenden Pfade. Der Pfad mit der kleineren Hamming-Distanz wird weiterverfolgt und ist durch eine durchgezogene Linie gekennzeichnet. Die auf Grund ihrer größeren Hamming-Distanz wegfallenden Pfade sind durch strichpunktierte Linien dargestellt. Im 5. Schritt laufen in den Zuständen b und d jeweils zwei Pfade mit der Hamming-Distanz 3 zusammen. In Beispiel wird jeweils der obere Pfad ausgewählt.

Wird der Algorithmus nach dem 6. Schritt abgebrochen, so existiert ein Pfad mit der kleinsten Hamming-Distanz 2. Dieser Pfad ist besonders hervorgehoben und gehört zu der vom Decodierer bestimmten Codefolge $\hat{\mathbf{v}}$. Tatsächlich entspricht der Pfad der gesendeten Codefolge, so dass die zwei Bitfehler in der Empfangsfolge korrigiert werden konnten. Man beachte auch, dass die durch den Viterbi-Algorithmus bestimmte Hamming-Distanz die Zahl der Bitfehler angibt. Diese Information kann als Qualitätsparameter des Übertragungssystems verwendet werden.

Prinzipiell erzeugt ein Faltungscode eine unendlich lange Codefolge. Aus praktischen Gesichtspunkten heraus wird die Länge der Codefolge begrenzt, indem an das Ende der Informationssequenz $k{\cdot}m$ Nullen angefügt werden. Dies bezeichnet man als Terminierung. Durch die Terminierung sind die Schieberegister des Codierers am Ende der Informationssequenz alle mit null belegt und der Codierer befindet sich wieder im Anfangszustand. Für den Viterbi-Algorithmus in unserem Beispiel bedeutet dies, dass am Ende nur einer von zwei Pfaden, die im Zustand a zusammentreffen, ausgewählt werden muss. Dies hat den Vorteil, dass auch die letzten Bits der Informationsfolge gut geschützt sind.

Wir hatten eingangs erwähnt, dass die Korrekturfähigkeit eines Faltungscodes mit der Gedächtnisordnung m steigt. Allerdings steigt mit m auch die Komplexität des Viterbi-Algorithmus. Da 2^m Zustände existieren, müssen in jedem Schritt $2{\cdot}2^m$ Metriken bestimmt und verglichen werden.

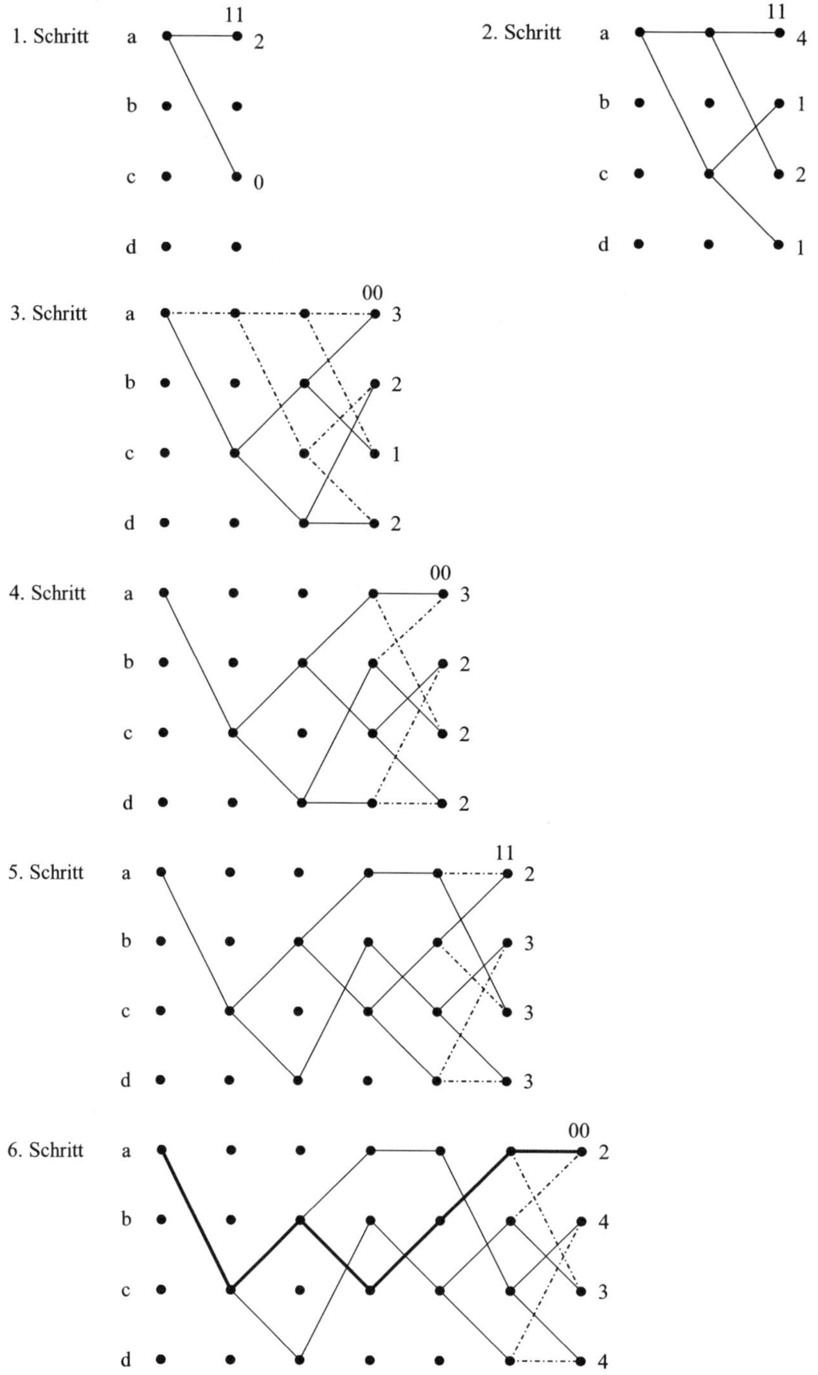

Bild 6-15: Beispiel zum Viterbi-Algorithmus

6.2.3 Decodierung mit/ohne Zuverlässigkeitsinformation

Für die Korrekturfähigkeit eines Faltungscodes ist die freie Distanz ein entscheidendes Maß. Die freie Distanz d_{free} ist die kleinste Hamming-Distanz zweier verschiedener gültiger Codefolgen **v** und **w**, also

$$d_{\text{free}} = \min_{\mathbf{v}\neq\mathbf{w}}\{\, d(\mathbf{v},\mathbf{w})\,\}. \tag{6-34}$$

Da ein Faltungscode linear und die Nullfolge eine gültige Codefolge ist, folgt analog zu Gl. 6-7

$$d_{\text{free}} = \min_{\mathbf{v}\neq\mathbf{w}}\{\, w(\mathbf{v}+\mathbf{w})\,\} = \min_{\mathbf{v}\neq\mathbf{0}}\{\, w(\mathbf{v})\,\}. \tag{6-35}$$

Die freie Distanz ist also gleich dem minimalen Gewicht einer Codefolge ungleich der Nullfolge. Für den (2, 1, 2)-Faltungscodierer erhalten wir beispielsweise für die Eingangsfolge $\mathbf{u} = (\ldots\ 0\ 0\ 1\ 0\ 0\ 0\ \ldots)$ aus dem Trellisdiagrammm Bild 6-10 die Codefolge $\mathbf{v} = (\ldots\ 0\,0\ \ 0\,0\ \ 1\,1\ \ 1\,0\ \ 1\,1\ \ 0\,0\ \ldots)$ mit dem Gewicht $w(\mathbf{v}) = 5$. Es gibt keine Codefolge mit einem geringeren Gewicht, d. h. für die freie Distanz dieses Codes gilt $d_{\text{free}} = 5$.

Der Codiergewinn eines Faltungscodes hängt von der freien Distanz und der Coderate ab [19]. Liefert der Entscheider des Übertragungssystems binäre Symbole, so trifft er eine "harte" Entscheidung (engl.: hard decision). In diesem Fall beträgt der Codiergewinn (in dB)

$$G = 10\log\left(\frac{R_c\, d_{\text{free}}}{2}\right). \tag{6-36}$$

Dies wird auch als asymptotischer Gewinn bezeichnet, der unter der Voraussetzung eines sehr großen Signal-Rausch-Verhältnisses erreicht wird. Der real erzielbare Codiergewinn ist in der Regel etwas geringer als der durch Gl. 6-36 gegebene Wert.

Bild 6-16 zeigt die bedingten Wahrscheinlichkeitsdichtefunktionen am Entscheidereingang bei binärer Übertragung und additivem gaußschen Rauschen. Dies entspricht Bild 4-21 im Falle der Basisbandübertragung und Bild 5-36 im Falle der binären Phasenumtastung. Im oben betrachteten Fall einer harten Entscheidung liefert der Entscheider den Wert 0 oder 1. In Bild 6-16 ist nun der Fall einer "weichen" Entscheidung (engl.: soft decision) gezeigt. Der Entscheider liefert je nach Wert des Eingangssignals im Abtastzeitpunkt einen Wert zwischen –4 und 4. Dabei entspricht ein Wert von 4 einer zuverlässigen "1" und ein Wert von 1 einer unsicheren "1". Der Entscheider liefert also eine Zuverlässigkeitsinformation. Diese Zuverlässigkeitsinformation kann durch den Viterbi-Decodierer durch Verwendung einer geeigneten Metrik ausgewertet werden und es ist ein größerer Codiergewinn möglich. Er beträgt im Grenzfall

$$G = 10\log\left(R_c\, d_{\text{free}}\right), \tag{6-37}$$

ist also um bis zu 3 dB größer als bei der Decodierung ohne Zuverlässigkeitsinformation.

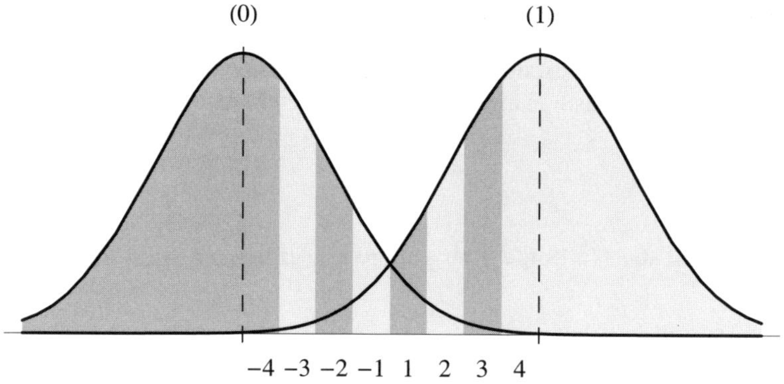

Bild 6-16: Wahrscheinlichkeitsdichtefunktionen am Entscheidereingang und Ausgangswerte des Entscheiders mit Zuverlässigkeitsinformation

Real ist eine Verbesserung des Codiergewinns von ca. 2,5 dB möglich. Die in Bild 6-16 gezeigte Quantisierung des Entscheiderausgangs in 8 Stufen erlaubt eine Codierung mit 3 bit. Eine feinere Quantisierung bringt eine nur minimale Verbesserung des Codiergewinns. Tabelle 6-10 gibt die freie Distanz und den asymptotischen Codiergewinn für einige Faltungscodes an [19].

Tabelle 6-10: Freie Distanz und Codiergewinn für einige Faltungscodes

R_c	n	k	m	d_{free}	$R\,d_{free}$
1/4	4	1	3	13	3,25 (5,12 dB)
1/3	3	1	3	10	3,33 (5,23 dB)
1/2	2	1	2	5	2,50 (3,98 dB)
1/2	2	1	3	6	3,00 (4,77 dB)
1/2	2	1	9	12	6,00 (7,78 dB)
2/3	3	2	3	7	4,67 (6,69 dB)
3/4	4	3	3	8	6,00 (7,78 dB)

Die Restfehlerwahrscheinlichkeit eines Faltungscodes hängt außer von der freien Distanz von weiteren Eigenschaften des Codes und vom Decodierverfahren ab. Für die Korrekturfähigkeit wichtige Eigenschaften und Abschätzungen der Restfehlerwahrscheinlichkeit werden in [19] und [42] beschrieben.

6.3 Interleaving

Bestimmte Fehlerursachen, wie z. B. Impulsstörungen oder kurzzeitige Signaleinbrüche, führen zu Fehlerbursts, die aus mehreren dicht aufeinander folgenden Bitfehlern bestehen. Solche Fehlerbursts können unter Umständen nicht mehr von der Kanalcodierung korrigiert werden. Durch Verschachteln oder Interleaving der Codeworte bzw. der Codefolge werden

Fehlerbursts über einen größeren Bereich verteilt und somit die Korrekturfähigkeit verbessert.

Ein Blockinterleaver (Bild 6-17) besteht aus einer Interleavermatrix mit *N* Spalten und *M* Zeilen. Das Interleaving erfolgt in der Regel byteweise, d. h. ein Feld der Matrix entspricht einem Byte. Der Deinterleaver besteht entsprechend aus einer Matrix mit *M* Spalten und *N* Zeilen.

Schreiben	→	A1	A2	A3	A4
	→	B1	B2	B3	B4
	→	C1	C2	C3	C4
	→	D1	D2	D3	D4
		↓	↓	↓	↓
			Lesen		

Bild 6-17: Prinzip des Blockinterleavers

Bild 6-18 zeigt in der Mitte die gesendete Folge für den Interleaver aus Bild 6-17. Durch den Interleaver liegen zuvor benachbarte Bytes um die Zahl der Zeilen, also *M*, auseinander. Diese Zahl bezeichnet man auch als Interleavingtiefe *I*. Werden auf Grund eines Fehlerbursts mehrere benachbarte Bytes gestört, so verteilen sich diese nach dem Deinterleaver über eine größere Anzahl von Bytes (Bild 6-18 unten). Die Interleavingtiefe muss in Abhängigkeit von der zu erwartenden Länge eines Fehlerbursts und der Codewortlänge so gewählt werden, dass die Fehler weit genug auseinander liegen und korrigiert werden können. Ein Nachteil des Interleavings ist die damit verbundene Verzögerung. Sie beträgt mit der Bytedauer *T* etwa $2 \cdot M \cdot N \cdot T$ einschließlich des Deinterleaving.

Zu übertragende Folge:

A1	A2	A3	A4	B1	B2	B3	B4	C1	C2	C3	C4	D1	D2	D3	D4

Gesendete Folge:

A1	B1	C1	D1	A2	B2	C2	D2	A3	B3	C3	D3	A4	B4	C4	D4

Empfangene Folge nach dem Deinterleaver:

A1	A2	A3	A4	B1	B2	B3	B4	C1	C2	C3	C4	D1	D2	D3	D4

Bild 6-18: Verteilung eines Fehlerbursts (graue Felder) durch Interleaving

Der Blockinterleaver hat den Nachteil eines hohen Speicherbedarfs und er erfordert Maßnahmen zur Synchronisation des Interleavers und des Deinterleavers. Diese Nachteile werden durch den in Bild 6-19 gezeigten Faltungsinterleaver umgangen. Ein Faltungsinterleaver der Tiefe *I* besitzt *I* Eingänge, auf die die Eingangsfolge aufgeteilt wird, und besteht aus Schieberegistern der Länge 1, 2, …, $I - 1$. Mit jedem Eingangsbyte werden die Schalter auf den nächsten Ein- bzw. Ausgang umgestellt. Nach Erreichen des untersten Zweiges wird der Vorgang beim obersten Zweig wieder fortgesetzt.

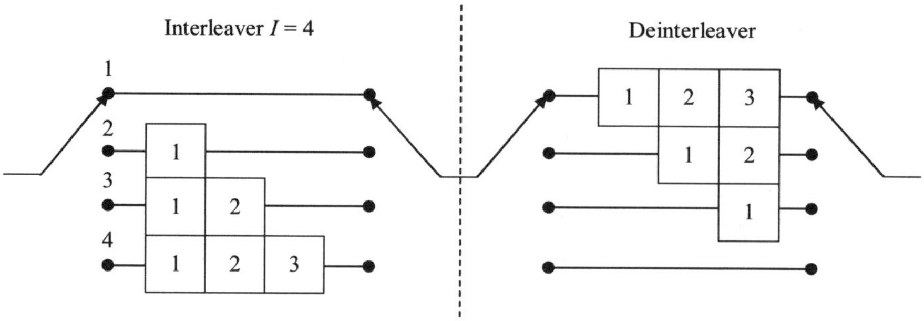

Bild 6-19: Prinzip des Faltungsinterleavers

Die Arbeitsweise macht man sich am besten klar, indem man in Bild 6-20 die Sendefolge am Ausgang des Interleavers betrachtet, die für die Eingangsfolge in Bild 6-18 oben erzeugt wird. Dabei wurde angenommen, dass zu Beginn alle Register mit 0 initialisiert wurden und dass die nach D4 folgenden Bytes ebenfalls 0 sind. Nach dem Interleaving liegen zwischen zuvor benachbarten Bytes I weitere Bytes. Die Verzögerung durch den Faltungsinterleaver (einschließlich des Deinterleavers) beträgt $I \cdot (I-1) \cdot T$.

A1	0	0	0	B1	A2	0	0	C1	B2	A3	0	D1	C2	B3	A4

0	D2	C3	B4	0	0	D3	C4	0	0	0	0

Bild 6-20: Gesendete Folge des Faltungsinterleavers

Zum Abschluss dieses Kapitels betrachten wir die Kanalcodierung beim digitalen Fernsehen über Satellit (DVB-S, siehe auch Beispiel 5-3). Bei diesem Übertragungssystem kommen alle hier besprochenen Verfahren in Form eines Blockcodes, eines Faltungscodes und eines Interleavers zum Einsatz.

Beispiel 6-7: Fehlerschutz bei DVB-S

Bild 6-21 zeigt die für den Fehlerschutz relevanten Teile eines DVB-S-Übertragungssystems [50]. Da es sich bei der Satellitenstrecke um einen stark gestörten Kanal handelt, werden sowohl ein Blockcode als auch ein Faltungscode eingesetzt. Man spricht von verketteten Codes und (vom Kanal aus gesehen) von einem inneren und einem äußeren Code. Der innere Code ist ein Faltungscode mit der Coderate 1/2 und der äußere Code ist ein Reed-Solomon-Blockcode. Zwischen den Codes befindet sich ein Faltungsinterleaver.

Bei dem Reed-Solomon-Code handelt es sich um einen RS(204, 188)-Code, der durch Verkürzen aus dem RS(255, 239)-Code hervorgeht. Ein Codewort besteht aus 188 Datenbytes und 16 Redundanzbytes und enthält damit genau ein MPEG-TS-Paket (siehe Bild 5-42). Der Code kann bis zu 8 fehlerhafte Bytes pro Codewort korrigieren.

Der Interleaver ist ein Faltungsinterleaver der Tiefe $I = 12$. Er arbeitet mit Symbolen von 17 byte, d. h. in die Schieberegister werden jeweils Blöcke von 17 byte ein- und ausgelesen. Durch das Interleaving werden zwischen zuvor benachbarten Blöcken $17 \cdot 12 = 204$ byte eingefügt, so dass ein Fehlerburst auf verschiedene RS-Codewörter verteilt wird.

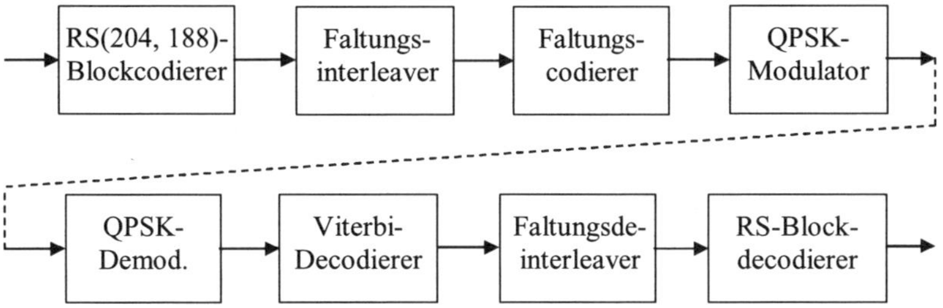

Bild 6-21: Blockschaltbild des DVB-S-Übertragungssystems

Der Faltungscode ist ein Code mit der Gedächtnisordnung $m = 6$ und den Generatorpolynomen 171 und 133 (oktal). Aus der Basisrate $R_c = 1/2$ können durch Punktierung Codes mit den Raten $2/3$, $3/4$, $5/6$ und $7/8$ erzeugt werden.

Der DVB-Standard [50] fordert eine Bitfehlerwahrscheinlichkeit kleiner 10^{-11} nach dem RS-Decodierer. Dies wird als quasifehlerfrei bezeichnet und entspricht bei einer Nutzbitrate von 30 Mbit/s etwa einem Bitfehler pro Stunde. Dafür ist nach dem Viterbi-Decodierer eine Bitfehlerwahrscheinlichkeit kleiner als $2 \cdot 10^{-4}$ erforderlich. Bei uncodierter Übertragung mit QPSK-Modulation würde dafür ein Signal-Rausch-Abstand pro Bit ($10 \log(E_b/n_0)$) von ca. 8 dB benötigt. Durch den Faltungscode wird diese Fehlerwahrscheinlichkeit bei ca. 3,3 dB erreicht, entsprechend einem Codiergewinn von 4,7 dB. Mit der Coderate $R_c = 1/2$ und der freien Distanz $d_{free} = 10$ ergibt sich für den Faltungscode nach Gl. 6-37 ein asymptotischer Codiergewinn von 6,99 dB.

Bei DVB-S beträgt gemäß Beispiel 5-3 die Bruttobitrate 48,89 Mbit/s bei einer Kanalbandbreite von 33 MHz. Die Nettobitrate erhält man durch Multiplikation mit den Coderaten des RS-Codes und des Faltungscodes. Je nach Coderate liegt die Nettobitrate im Bereich

$$48{,}89\ \text{Mbit/s}\ \frac{188}{204}\frac{1}{2} \le r_b \le 48{,}89\ \text{Mbit/s}\ \frac{188}{204}\frac{7}{8},$$

also zwischen 22,53 Mbit/s und 39,42 Mbit/s.

◀

7 Grundlagen der Informationstheorie

Die Informationstheorie, die auf die grundlegenden Arbeiten von C. Shannon von 1948 zurückgeht [32], bildet sicherlich einen Grundpfeiler der Übertragungstechnik, auch wenn sie häufig eher im Hintergrund bleibt. Sie führt jegliche Art der Informationsübertragung auf die digitale Übertragung zurück. Grundlage dafür bildet das in Abschnitt 3.1 behandelte Abtasttheorem, welches besagt, dass ein zeitkontinuierliches Signal endlicher Bandbreite durch seine Abtastwerte vollständig beschrieben wird. Shannon zeigte, dass das Problem der Informationsübertragung in das Problem der Darstellung der Information durch eine Binärfolge und das Problem der Übertragung einer zufälligen Binärfolge zerlegt werden kann. Ersteres führt zur Quellencodierung, Letzteres zur Kanalcodierung. Ein überraschendes Ergebnis seiner Arbeiten war die Erkenntnis, dass ein Übertragungskanal eine Kanalkapazität C hat, bis zu der bei geeigneter Codierung eine fehlerfreie Übertragung möglich ist. Die Bedeutung der Informationstheorie und der Arbeit von Shannon sowie der historische Kontext wird in [20] aufgezeigt. Die Weiterentwicklung informationstheoretischer Konzepte in Richtung der Kommunikationsnetze und verkehrstheoretischer Fragestellungen wird in [6] diskutiert.

Wir wollen uns in diesem Kapitel einen knappen Überblick über die grundlegenden Begriffe und Konzepte der Informationstheorie verschaffen. Dies sind zunächst die Definitionen der Information und der Entropie, auf denen das Quellen- und das Kanalcodierungstheorem aufbauen. Abschließend vergleichen wir die in Kapitel 5 betrachteten Modulationsverfahren hinsichtlich der durch Shannon aufgezeigten Grenze der Übertragungsrate in Form der Kanalkapazität.

7.1 Information und Entropie

Wir betrachten eine Quelle, die aus einem endlichen Zeichenvorrat X zufällig eine Nachricht auswählt und sendet. Eine solche Quelle bezeichnet man als diskrete Quelle. Die Quelle wählt die Nachricht $x_i \in X$ mit der Wahrscheinlichkeit p_i aus. Diesem Ereignis wird der Informationsgehalt

$$I_i = \log_b \frac{1}{p_i} = -\log_b p_i \tag{7-1}$$

zugeordnet. Durch diese Definition mit Hilfe der Logarithmusfunktion zur Basis b ergibt sich eine Reihe wichtiger Eigenschaften des Informationsgehaltes:

(1) Der Informationsgehalt einer Nachricht ist umso größer, je geringer die Auftrittswahrscheinlichkeit ist:

$$I_i > I_j \quad \text{für} \quad p_i < p_j . \tag{7-2}$$

(2) Der Informationsgehalt einer Nachricht, die mit der Wahrscheinlichkeit 1 auftritt, ist null:

$$I_i = 0 \quad \text{für} \quad p_i = 1 . \tag{7-3}$$

(3) Der Informationsgehalt ist nicht negativ:

$$I_i \geq 0 \quad \text{für} \quad 0 \leq p_i \leq 1 . \tag{7-4}$$

(4) Der Informationsgehalt zweier unabhängiger Nachrichten, die mit der Verbundwahrscheinlichkeit $p_{ij} = p_i p_j$ auftreten, addiert sich:

$$I_{ij} = \log_b \frac{1}{p_i p_j} = \log_b \frac{1}{p_i} + \log_b \frac{1}{p_j} = I_i + I_j . \tag{7-5}$$

Unwahrscheinliche Nachrichten haben also einen größeren Informationsgehalt als wahrscheinliche Nachrichten. Diese Definition des Informationsgehaltes nach Shannon ist eine technische Definition, die nicht der Bedeutung des Begriffs Information im normalen Sprachgebrauch entspricht. Ob eine Information wichtig oder unwichtig ist, ergibt sich im täglichen Leben erst aus deren Deutung durch den Empfänger.

Durch die Wahl der Basis der Logarithmusfunktion ergibt sich die Einheit des Informationsgehaltes. Für $b = 2$ erhält man die Pseudoeinheit bit für eine Binärziffer (engl.: binary digit). Eine Binärziffer nimmt die Werte 0 oder 1 mit der Wahrscheinlichkeit $1/2$ an, so dass für den Informationsgehalt

$$I = -\log_2 \frac{1}{2} = 1 \text{ bit}$$

folgt. Für eine Dezimalziffer, die einen der Werte 0, 1, …, 9 mit der Wahrscheinlichkeit $1/10$ annimmt, erhält man

$$I = -\log_2 \frac{1}{10} = 3{,}32 \text{ bit} .$$

Die Berechnung von $\log_2 x$ kann mit Hilfe des Logarithmus zur Basis 10, $\log x$, erfolgen:

$$\log_2 x = \frac{\log x}{\log 2} .$$

Wir betrachten nun eine diskrete gedächtnislose Quelle mit einem Zeichenvorrat (auch Alphabet genannt) von n Zeichen, $X = \{x_1, x_2, \ldots, x_n\}$. Die Quelle sendet das Zeichen x_i mit der Wahrscheinlichkeit $P(x_i) = p_i$, $i = 1, \ldots, n$. Da die Wahrscheinlichkeit, dass ein bestimmtes Zeichen ausgewählt wird, unabhängig von bereits gesendeten Zeichen ist, bezeichnet man die Quelle als gedächtnislos. Der mittlere Informationsgehalt pro Zeichen,

$$H(X) = \sum_{i=1}^{n} p_i I_i = -\sum_{i=1}^{n} p_i \log_2 p_i \quad \text{bit/Zeichen} , \tag{7-6}$$

wird Entropie der Quelle genannt. $H(X)$ hängt von den Auftrittswahrscheinlichkeiten p_i und der Anzahl n der verschiedenen Zeichen ab. Es gilt

$$0 \leq H(X) \leq \log_2 n\,. \tag{7-7}$$

Den maximalen Wert von $\log_2 n$ erhält man, wenn alle Zeichen gleich wahrscheinlich sind. Bei n Zeichen gilt dann für die Einzelwahrscheinlichkeiten $p_i = 1/n$ und für die Entropie folgt

$$H(X) = \sum_{i=1}^{n} \frac{1}{n} \log_2 n = \log_2 n\,. \tag{7-8}$$

Nach dieser knappen Einführung wollen wir uns die Bedeutung der Entropie einer Quelle am einfachen, aber wichtigen Beispiel der Binärquelle klarmachen. Eine ausführlichere Darstellung zu diesem Themenbereich findet sich beispielsweise in [43].

Beispiel 7-1: Entropie der Binärquelle

Der Zeichenvorrat einer Binärquelle besteht aus den zwei Zeichen 0 oder 1, d. h. es ist $X = \{0, 1\}$. Diese Zeichen treten mit den Wahrscheinlichkeiten

$$P(0) = p_1 = p, \quad P(1) = p_2 = 1 - p \tag{7-9}$$

auf. Haben beide Zeichen die gleiche Auftrittswahrscheinlichkeit, so ist $P(0) = P(1) = 1/2$. Für die Entropie der Quelle folgt aus Gl. 7-6

$$H(X) = -\sum_{i=1}^{2} p_i \log_2 p_i = -p \log_2 p - (1-p)\log_2(1-p)\,. \tag{7-10}$$

Gl. 7-10 wird auch als Shannon-Funktion bezeichnet und ist in Bild 7-1 dargestellt. Wie man sieht, wird $H(X)$ maximal für gleich wahrscheinliche Zeichen, d. h. $p = 1/2$. Für diesen Fall folgt aus Gl. 7-10 erwartungsgemäß ein mittlerer Informationsgehalt von $H(X) = 1$ bit/Zeichen.

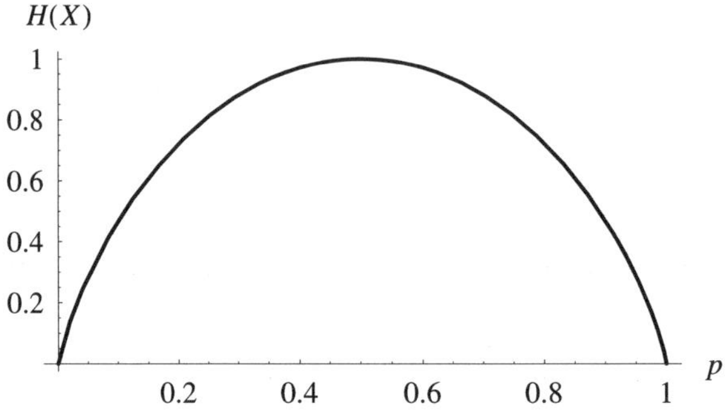

Bild 7-1: Entropie der Binärquelle

Für $p \to 0$ oder $p \to 1$ geht dagegen die Entropie gegen null. Für $p = 0$ sendet die Quelle immer das Zeichen 1, während für $p = 1$ immer das Zeichen 0 gesendet wird. In beiden Fällen ist der mittlere Informationsgehalt pro Zeichen null.

◀

7.2 Quellencodierung

Eine diskrete Quelle sende Zeichen im Abstand T bzw. mit der Rate $r = 1/T$ Zeichen/s. Der Informationsfluss der Quelle beträgt

$$R = r\,H(X) \quad \text{bit/s}\,. \tag{7-11}$$

Die Quellencodierung weist jedem Zeichen der Quelle ein binäres Codewort zu. Dabei stellt sich die Frage, wie viele Bits pro Zeichen im Mittel benötigt werden, um die von der Quelle gesendete Information eindeutig darzustellen.

Um uns die Zusammenhänge klarzumachen, betrachten wir eine diskrete Quelle mit einem Zeichenvorrat von vier Zeichen $X = \{\text{A, B, C, D}\}$. Die Quelle sendet mit der Rate $r = 1$ Zeichen/s. Die Auftrittswahrscheinlichkeiten p_i und der Informationsgehalt I_i der vier Zeichen sind in Tabelle 7-1 angegeben. Für die Entropie und den Informationsfluss der Quelle erhalten wir mit Gl. 7-6 und Gl. 7-11

$$H(X) = 1{,}75 \text{ bit/Zeichen}, \quad R = 1{,}75 \text{ bit/s}.$$

Wir betrachten zwei mögliche binäre Codes, Code I und Code II. Code I verwendet Codeworte konstanter Länge. Bei n Zeichen muss die Länge der Codeworte mindestens $\log_2 n$ betragen; für unsere Quelle sind also Codeworte der Länge 2 bit erforderlich. Daraus resultiert eine mittlere Codewortlänge von 2 bit und eine Bitrate von 2 bit/s.

Tabelle 7-1: Codierung für eine diskrete Quelle mit vier Zeichen

Zeichen	p_i	I_i **in bit**	**Code I**	**Code II**
A	1/2	1	00	0
B	1/4	2	01	10
C	1/8	3	10	110
D	1/8	3	11	111

Bei Code II handelt es sich um einen Code variabler Länge. Die mittlere Codewortlänge beträgt

$$\overline{N} = \frac{1}{2}1 \text{ bit} + \frac{1}{4}2 \text{ bit} + \frac{1}{8}3 \text{ bit} + \frac{1}{8}3 \text{ bit} = 1{,}75 \text{ bit}$$

und die mittlere Bitrate 1,75 bit/s. Mit Code II wird also eine niedrigere Bitrate als mit Code I erzielt. Das Prinzip einer effizienten Quellencodierung wird am Beispiel der obigen Quelle deutlich: Häufig vorkommende Zeichen werden mit kurzen Codeworten codiert, während Zeichen mit einer kleinen Auftrittswahrscheinlichkeit mit längeren Codeworten codiert werden. Wichtig ist aber nicht nur die Codewortlänge, sondern auch die Decodierbarkeit des Codes. Bei Code II handelt es sich um einen so genannten Präfixcode, bei dem kein Codewort Anfang eines anderen Codewortes ist. So ergibt die Decodierung der Bitfolge 101110110 eindeutig die Zeichenfolge BDAC.

Bei Code II ist die mittlere Codewortlänge gleich der Entropie der Quelle, d. h. $\overline{N} = H(X)$. Es existiert kein eindeutig decodierbarer Code mit $\overline{N} < H(X)$ [43]. Dass ein Code mit $\overline{N} = H(X)$ existiert, setzt voraus, dass die Auftrittswahrscheinlichkeiten p_i ganzzahlige Potenzen von 1/2 sind. Dann ist der Informationsgehalt der einzelnen Zeichen $I_i = -\log_2 p_i$ ganzzahlig und jedem Zeichen kann ein Codewort der Länge I_i bit zugeordnet werden.

Diese Voraussetzung wird im Allgemeinen jedoch nicht erfüllt sein. Dann ist es erforderlich, nicht einzelne Zeichen, sondern Zeichenfolgen bei der Codierung zu betrachten. Den Zusammenhang zwischen mittlerer Codewortlänge und Entropie der Quelle formulierte Shannon im Quellencodierungstheorem:

> Für eine Quelle mit der Entropie $H(X)$ und dem Informationsfluss R existiert ein binärer Code, so dass die mittlere Codewortlänge gegen $H(X)$ und die mittlere Bitrate gegen R strebt.

Um eine kleine mittlere Codewortlänge zu erzielen, die gleich oder nur geringfügig größer als die Entropie der Quelle ist, müssen unter Umständen sehr lange Zeichenfolgen betrachtet werden. Dies ist jedoch auch mit einer entsprechenden Verzögerung bei der Codierung verbunden.

Ein praktisches Verfahren für die Quellencodierung diskreter gedächtnisloser Quellen ist die Huffman-Codierung. Diese setzt die Kenntnis der Auftrittswahrscheinlichkeiten der Zeichen voraus und liefert einen Präfixcode variabler Länge. Die Konstruktion eines Huffman-Codes besteht aus vier Schritten:

1. Ordne die Zeichen der Quelle nach fallenden Wahrscheinlichkeiten.
2. Fasse die beiden kleinsten Wahrscheinlichkeiten paarweise zusammen und bilde deren Summe. Ordne dem oberen Zweig eine "0" und dem unteren Zweig eine "1" zu.
3. Fahre fort, bis nur noch zwei Wahrscheinlichkeiten übrig bleiben.
4. Lese die Codeworte von rechts nach links aus den zugeordneten Bits ab.

Das folgende Beispiel macht die Vorgehensweise bei der Huffman-Codierung deutlich.

Beispiel 7-2: Huffman-Quellencodierung

Gegeben ist eine Quelle mit einem Zeichenvorrat von sechs Zeichen $X = \{x_1, \ldots, x_6\}$. Die Auftrittswahrscheinlichkeit p_i und der Informationsgehalt I_i der Zeichen sind in Tabelle 7-2 angegeben. Mit Hilfe von Gl. 7-6 errechnet sich eine Entropie von $H(X) = 2{,}17$ bit/Zeichen.

Tabelle 7-2: Diskrete Quelle mit sechs Zeichen

Zeichen	p_i	I_i in bit	Codewort
x_1	0,44	1,18	0
x_2	0,20	2,32	100
x_3	0,15	2,74	101
x_4	0,11	3,18	110
x_5	0,06	4,06	1110
x_6	0,04	4,64	1111

Bild 7-2 veranschaulicht grafisch den Codiervorgang zur Erzeugung eines Huffman-Codes. Zunächst werden die zu den Zeichen x_5 und x_6 gehörigen kleinsten Wahrscheinlichkeiten zusammengefasst. Die Summe von 0,1 steht an dem entsprechenden Zweig. Diese und die zum Zeichen x_4 gehörige Wahrscheinlichkeit sind nun die kleinsten Wahrscheinlichkeiten und werden als Nächste zusammengefasst. Dies wird so lange fortgesetzt, bis im letzten Schritt die Wahrscheinlichkeiten 0,56 und 0,44 zusammengefasst werden. Als Summe im letzten Schritt muss sich 1 ergeben. Die Zweige, die jeweils zusammengefasst werden, sind mit 0 (oberer Zweig) und 1 (unterer Zweig) beschriftet. Durch Ablesen der Bits von rechts nach links erhalten wir die den Zeichen in Tabelle 7-2 zugeordneten Codeworte.

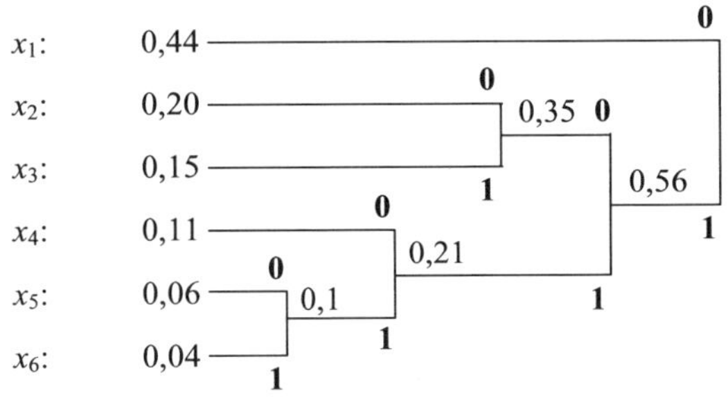

Bild 7-2: Huffman-Codierung für die Quelle aus Tabelle 7-2

Die mittlere Codewortlänge beträgt für den Huffman-Code $\overline{N} = 2{,}22$ bit und kommt damit der Entropie der Quelle recht nahe. Eine weitere Verbesserung ist möglich, wenn nicht einzelne Zeichen, sondern Blöcke von Zeichen codiert werden. Die Vorgehensweise bei der Huffman-Codierung ist die gleiche wie im Falle von Einzelzeichen. Fasst man beispielsweise zwei Zeichen zu einem Block zusammen, so gibt es $6^2 = 36$ verschiedene Blöcke. Die Auftrittswahrscheinlichkeit eines Blocks ist gleich dem Produkt der Auftrittswahrscheinlichkeiten der Einzelzeichen.

◀

Bei diskreten Quellen mit Gedächtnis sind die Auftrittswahrscheinlichkeiten der Zeichen nicht unabhängig voneinander; vielmehr sind bestimmte Zeichenfolgen wahrscheinlicher als andere. Betrachtet man beispielsweise einen Text in deutscher Sprache, so ergibt sich auf Grund der Auftrittswahrscheinlichkeit der einzelnen Buchstaben eine Entropie von ca. 4,7 bit/Zeichen. Allerdings treten bestimmte Buchstabengruppen häufiger auf als andere. Berücksichtigt man diese Verbundwahrscheinlichkeiten, so erhält man eine Entropie von ca. 1,6 bit/Zeichen [43].

Ein Nachteil der Huffman-Codierung ist die Voraussetzung, dass die Auftrittswahrscheinlichkeiten der Zeichen bekannt sein müssen. Diese lassen sich zwar aus der relativen Häufigkeit einer längeren Zeichenfolge abschätzen, jedoch wird die Ermittlung der Verbundwahrscheinlichkeiten schnell sehr aufwändig. Die Lempel-Ziv-Codierung basiert nicht auf der Kenntnis der Auftrittswahrscheinlichkeiten, sondern auf einem Wörterbuch, das dynamisch an die zu codierende Zeichenfolge angepasst wird [43]. Der Lempel-Ziv-

Algorithmus ist die Grundlage zahlreicher Softwareprogramme zur Komprimierung von Dateien.

7.3 Kanalkapazität

Die Kapazität C eines Übertragungskanals ist eine theoretische Obergrenze für die Übertragungsrate, bis zu der eine fehlerfreie Übertragung möglich ist. Dies ist die Aussage des Kanalcodierungstheorems:

> Für einen gestörten Übertragungskanal mit der Kanalkapazität C existiert ein Kanalcodierungsverfahren, so dass für eine Übertragungsrate $R \leq C$ die Fehlerwahrscheinlichkeit beliebig klein gemacht werden kann. Für $R > C$ ist keine fehlerfreie Übertragung möglich.

Wir unterscheiden zwischen diskreten und kontinuierlichen Kanälen. Über einen diskreten Kanal werden diskrete Symbole mit einer bestimmten Fehlerwahrscheinlichkeit übertragen. Die Fehler werden durch Störungen im Kanal verursacht und mit Hilfe der Kanalcodierung korrigiert. Die Übertragungskapazität ist umso größer, je kleiner die Fehlerwahrscheinlichkeit ist. Ein diskreter Kanal ist ein Modell für eine Übertragungsstrecke bestehend aus einem Modulator, dem Übertragungskanal, dem Demodulator und dem Entscheider. Diskrete Symbole am Eingang des Modulators werden zum Empfänger übertragen, der am Entscheiderausgang wiederum diskrete Symbole liefert.

Der kontinuierliche Kanal ist ein Modell für einen Übertragungskanal mit zeitkontinuierlichen Eingangs-/Ausgangssignalen. Im Kanal überlagert sich dem Nutzsignal ein Störsignal. Die Übertragungskapazität ist umso größer, je größer das Signal-Rausch-Verhältnis ist.

7.3.1 Diskreter Kanal

Ein- und Ausgangssignale des diskreten Kanals sind diskrete Symbole. Wir betrachten zunächst den allgemeinen Fall m-wertiger Symbole x_i am Eingang und M-wertiger Symbole y_i am Ausgang. Für $m = M$ trifft der Entscheider eine harte Entscheidung, d. h. er entscheidet auf eines der m Symbole der Quelle. Für $m < M$ liefert der Entscheider eine Zuverlässigkeitsinformation (vgl. hard decision/soft decision, Abschnitt 6.2.3). Der einfachste Fall eines diskreten Kanals ist der symmetrische Binärkanal (Binary Symmetric Channel, BSC) mit binären Eingangs- und Ausgangssignalen, d. h. es gilt

$$m = M = 2,\ x_i \in \{0,1\},\ y_i \in \{0,1\}\,. \tag{7-12}$$

Im Kanal kommt es auf Grund von Störungen zu Bitfehlern. Bitfehler treten unabhängig voneinander auf und die Fehlerwahrscheinlichkeit ρ sei für beide Symbole gleich. Für die Übergangswahrscheinlichkeiten, d. h. die Wahrscheinlichkeit, dass Symbol y_i detektiert wird, unter der Bedingung, dass x_i gesendet wurde, gilt

$$\begin{aligned} P(0\,|\,1) &= P(1\,|\,0) = \rho\,, \\ P(0\,|\,0) &= P(1\,|\,1) = 1-\rho\,. \end{aligned} \tag{7-13}$$

Ein Symbol ist also nach der Übertragung über den BSC mit der Wahrscheinlichkeit ρ fehlerhaft und mit der Wahrscheinlichkeit $1 - \rho$ richtig. Bild 7-3 zeigt das enstprechende

Modell des BSC. Der mittlere Informationsgehalt pro Zeichen x_i ist durch die Entropie $H(X)$ der Quelle mit dem Zeichenvorrat X gegeben. Für die Binärquelle gilt Gl. 7-10. Entsprechend ist der mittlere Informationsgehalt pro Zeichen y_i am Kanalausgang durch die Entropie $H(Y)$ gegeben. Auf Grund der Bitfehler kommt es im Kanal zu einem Informationsverlust. Die über den Kanal übertragene Information wird als Transinformation $I(X;Y)$ bezeichnet.

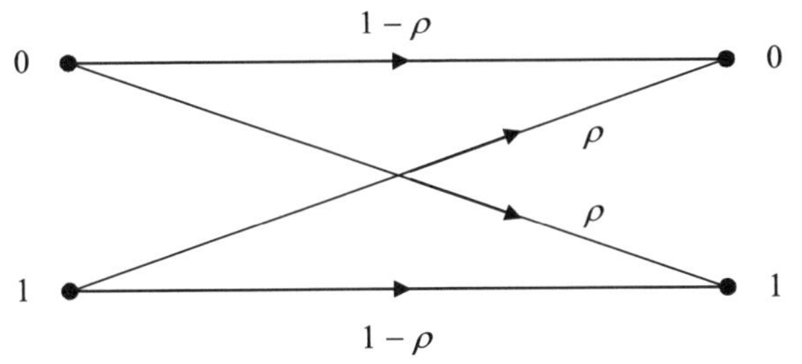

Bild 7-3: Modell des symmetrischen Binärkanals

Die Transinformation ist der mittlere Informationsgehalt pro übertragenem Symbol und es gilt

$$I(X;Y) = H(X) - H(X \mid Y). \tag{7-14}$$

Die bedingte Entropie

$$H(X \mid Y) = -\sum_i \sum_j P(x_i, y_i) \log_2 P(x_i \mid y_i) \tag{7-15}$$

wird als Äquivokation (Vieldeutigkeit) bezeichnet und beschreibt den Informationsverlust im Kanal [43]. $P(x_i \mid y_i)$ ist die Übergangswahrscheinlichkeit (Gl. 7-13). $P(x_i, y_i)$ ist die Verbundwahrscheinlichkeit, d. h. die Wahrscheinlichkeit, dass Symbol y_i detektiert wird und dass x_i gesendet wurde. Im Falle gleich wahrscheinlicher Zeichen ist $P(0) = P(1) = 1/2$ und für die Verbundwahrscheinlichkeiten gilt

$$\begin{aligned} P(0,1) &= P(1,0) = \frac{1}{2}\rho, \\ P(0,0) &= P(1,1) = \frac{1}{2}(1-\rho). \end{aligned} \tag{7-16}$$

Damit erhalten wir für die Äquivokation den Ausdruck

$$H(X \mid Y) = -\rho \log_2 \rho - (1-\rho)\log_2(1-\rho). \tag{7-17}$$

Dies ist wiederum die Shannon-Funktion (Gl. 7-10, Bild 7-1), allerdings mit der Bitfehlerwahrscheinlichkeit ρ als Parameter. Der Informationsverlust wird also maximal für $\rho = 1/2$. Die Entropie der Binärquelle ist $H(X) = 1$ bit/Zeichen für gleich wahrscheinliche Zeichen, d. h. für $P(0) = P(1) = 1/2$. Aus Gl. 7-14 und Gl. 7-17 folgt für die Transinformation des BSC

$$I(X;Y) = 1 + \rho \log_2 \rho + (1-\rho)\log_2(1-\rho)\,.$$

Die Binärquelle sende Zeichen mit der Rate $r \cong r_\mathrm{b} = 1/T$ Zeichen/s. Damit erhalten wir für die Kapazität des BSC

$$C = r_\mathrm{b}\big(1 + \rho \log_2 \rho + (1-\rho)\log_2(1-\rho)\big) \quad \text{bit/s}\,. \tag{7-18}$$

Diese ist in Bild 7-4 gezeigt. Die Kapazität wird maximal für $\rho = 0$, aber auch für $\rho = 1$. In beiden Fällen ist der Informationsverlust gleich null und es ist $C = r_\mathrm{b}$. Für $\rho = 1$ liefert der Kanal für $x_i = 0$ ($x_i = 1$) mit der Wahrscheinlichkeit 1 das Symbol $y_i = 1$ ($y_i = 0$), was durch eine Vertauschung der Ausgangssymbole korrigiert werden kann. Für $\rho = 1/2$ liefert der Kanal für $x_i = 0$ und $x_i = 1$ jeweils mit der Wahrscheinlichkeit $1/2$ entweder das Symbol $y_i = 0$ oder das Symbol $y_i = 1$ und es ist keine Informationsübertragung möglich, d. h. es ist $C = 0$.

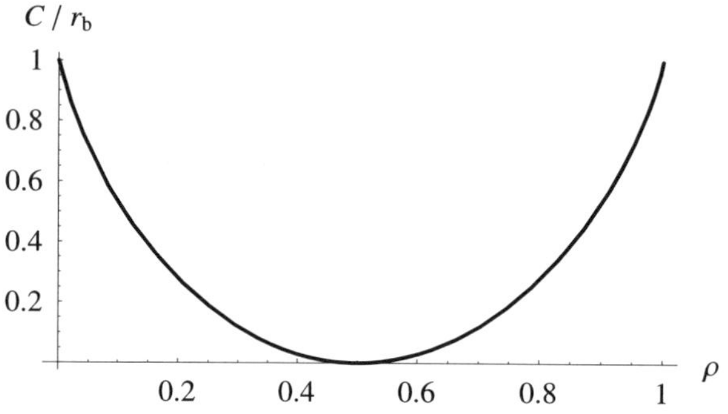

Bild 7-4: Kapazität des symmetrischen Binärkanals

Die Kapazität eines diskreten Kanals hängt von der Fehlerwahrscheinlichkeit im Kanal, aber auch von der Entropie der Quelle und damit von den Auftrittswahrscheinlichkeiten $P(x_i)$ der Zeichen ab, wie Gl. 7-14 und Gl. 7-15 zeigen. Für den BSC wird die Kapazität maximal für gleich wahrscheinliche Zeichen wie oben angenommen. Im allgemeinen Fall einer Quelle, die mit der Rate r sendet, ist die Kanalkapazität gleich dem Maximum der Transinformation mal r:

$$C = r \max_{P(x_i)} \big\{ I(X;Y) \big\}. \tag{7-19}$$

Die Auftrittswahrscheinlichkeiten werden so bestimmt, dass die Transinformation maximal wird, und damit hängt die Kanalkapazität nur von der Fehlerwahrscheinlichkeit im Kanal ab, wie durch das Beispiel des BSC (Gl. 7-18) bestätigt wurde.

Das vollständige Übertragungssystem, bestehend aus Quellen- und Kanalcodierung und dem symmetrischen Binärkanal mit der Kapazität C und der Symbolrate r ist in Bild 7-5 skizziert. Die Quellencodierung erzeugt einen binären Code mit der Rate R und gleich wahrscheinlichen Zeichen 0 und 1. Die Kanalcodierung erzeugt einen binären Code mit der Rate r und korrigiert durch den BSC bedingte Fehler. Für $R \to C$ geht die Länge der Codeworte und damit auch die Verzögerung durch die Kanalcodierung gegen unendlich. Für Codeworte endlicher Länge ist $R < C$; für $R > C$ ist keine fehlerfreie Übertragung möglich.

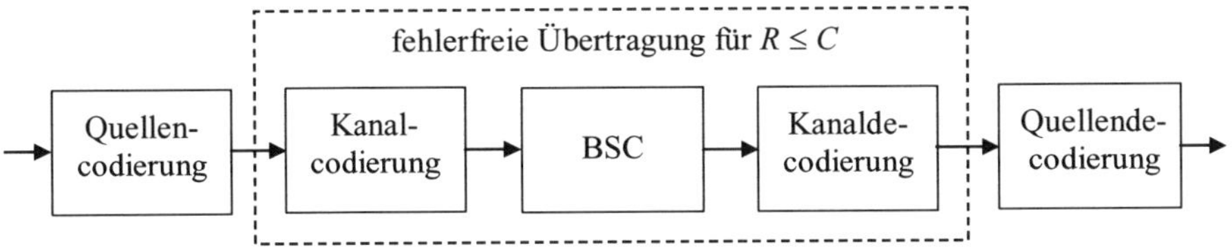

Bild 7-5: Quellen- und Kanalcodierung für den BSC

7.3.2 Kontinuierlicher Kanal

Wir betrachten nun einen zeitkontinuierlichen gestörten Übertragungskanal mit der Bandbreite B. Der Kanal ist verzerrungsfrei und bei der Störung handelt es sich um weißes gaußsches Rauschen mit der Leistungsdichte $n_0/2$ und der Rauschleistung $N = n_0 B$. Die Signalleistung S am Kanalausgang sei endlich. Signal und Rauschen überlagern sich additiv, d. h. Signal- und Rauschleistung addieren sich (vgl. Abschnitt 2.3.6). Man bezeichnet dieses Modell eines Übertragungskanals auch als AWGN-Kanal (Additive White Gaussian Noise). Die Kapazität des Kanals ist umso größer, je größer das Signal-Rausch-Verhältnis S/N und die Bandbreite B ist. Sie ist durch die Beziehung

$$C = B \log_2\left(1 + \frac{S}{N}\right) \tag{7-20}$$

gegeben. Gl. 7-20 folgt aus der Maximierung der Transinformation ähnlich wie im Fall des diskreten Kanals (Gl. 7-19), wobei die Definition der Entropie auf zeitkontinuierliche Quellen erweitert wird. Der Beweis mit Hilfe einer geometrischen Darstellung des Übertragungssystems wurde von Shannon in [33] geführt.

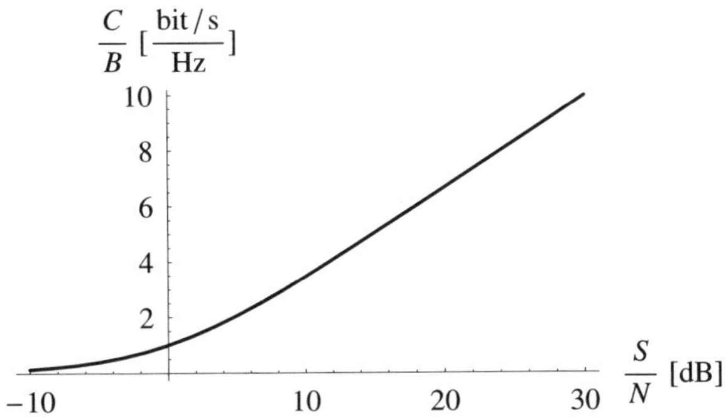

Bild 7-6: Kapazität des kontinuierlichen bandbegrenzten Kanals

Der Verlauf von C/B als Funktion von S/N (in dB) ist in Bild 7-6 gezeigt. Die Kapazität kann durch Erhöhung der Signalleistung S (bei konstanter Rauschleistung N) vergrößert werden. Auch eine größere Bandbreite des Kanals hat eine größere Kapazität zur Folge. Allerdings hängt auch die Rauschleistung von der Bandbreite ab mit der Folge, dass für den AWGN-Kanal mit endlicher Signalleistung für $B \to \infty$ die Kanalkapazität endlich bleibt.

Wir betrachten ein ideales Übertragungssystem mit der Bitrate $r_b = C$. Das Verhältnis von Bitrate zu Übertragungsbandbreite r_b/B mit der Einheit bit/s pro Hz wird als spektrale Effizienz bezeichnet. Die Signalleistung ist gleich der mittleren Energie pro Bit geteilt durch die Bitdauer, also $S = E_b/T_b = E_b r_b$. Mit $N = n_0 B$ erhalten wir aus Gl. 7-20

$$\frac{r_b}{B} = \log_2\left(1 + \frac{r_b}{B}\frac{E_b}{n_0}\right). \tag{7-21}$$

Durch numerische Lösung dieser Gleichung erhalten wir die spektrale Effizienz r_b/B als Funktion von E_b/n_0, die in Bild 7-7 doppeltlogarithmisch aufgetragen ist. Unterhalb dieser auch Shannon-Grenze genannten Kurve ist der zulässige Bereich mit $r_b < C$. Oberhalb der Kurve ist $r_b > C$ und es ist keine fehlerfreie Übertragung möglich.

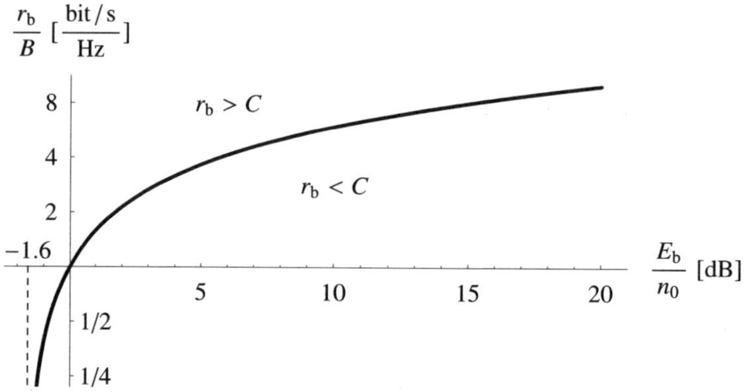

Bild 7-7: Spektrale Effizienz und Kanalkapazität

Wir stellen Gl. 7-21 nach E_b/n_0 um und erhalten

$$\frac{E_b}{n_0} = \frac{2^{r_b/B} - 1}{r_b/B}.$$

Für $B \to \infty$ bzw. $r_b/B \to 0$ erhalten wir mit Hilfe der Regel von l'Hospital das minimal erforderliche E_b/n_0-Verhältnis:

$$\lim_{r_b/B \to 0} \frac{E_b}{n_0} = \lim_{r_b/B \to 0} \frac{\ln 2 \, 2^{r_b/B}}{1} = \ln 2 \cong -1{,}6 \text{ dB}. \tag{7-22}$$

Es ist also mindestens ein Verhältnis von $E_b/n_0 = \ln 2$ entsprechend $-1{,}6$ dB für eine fehlerfreie Übertragung erforderlich (Bild 7-7). Unterhalb dieser Grenze ist auch für $B \to \infty$ keine fehlerfreie Übertragung möglich. Aus $S = E_b r_b$ folgt nach Erweitern mit n_0 für die Kanalkapazität $r_b \to (\ln 2)^{-1} S/n_0 \approx 1{,}44\, S/n_0$.

Beispiel 7-3: Kapazität eines Fernsprechkanals

Einige Eigenschaften des Fernsprechkanals, der zwei Teilnehmern nach Aufbau einer Verbindung über das Telefonnetz zur Verfügung steht, wurden bereits in Abschnitt 4.5 diskutiert. Der Kanal hat eine Bandbreite von $B = 3{,}1$ kHz. Der Störabstand variiert je nach Entfernung und Qualität der Übertragungsstrecken. Für einen guten Wert von 35 dB ist $S/N = 3162$ und wir erhalten für die Kapazität

$$C = 3100 \log_2 3163 \text{ bit/s} = 3100 \frac{\log 3163}{\log 2} \text{ bit/s} = 36{,}04 \text{ kbit/s} .$$

Dieser Wert wird von heutigen Modems nahezu erreicht [105], wobei neben dem Signal-Rausch-Verhältnis auch andere Kanaleinflüsse wie z. B. Verzerrungen berücksichtigt werden müssen. Der Fernsprechkanal ist nicht zu verwechseln mit der Anschlussleitung, die bei ADSL-Systemen verwendet wird (siehe Abschnitt 12.3). Diese Systeme können weit höhere Bandbreiten nutzen und erzielen entsprechend größere Bitraten.

◄

Wir schließen diesen knappen Überblick über die wichtigsten Begriffe der Informationstheorie mit einem Vergleich der in Kapitel 5 behandelten digitalen Modulationsverfahren bezüglich der Shannon-Grenze.

7.4 Spektrale Effizienz digitaler Modulationsverfahren

Die spektrale Effizienz wurde im vorangegangenen Abschnitt als das Verhältnis von Bitrate zu Übertragungsbandbreite r_b/B definiert. Bei den in Kapitel 5 behandelten linearen Modulationsverfahren ergab sich die Leistungsdichte aus der Leistungsdichte der Quadraturkomponenten. Die Quadraturkomponenten sind digitale Basisbandsignale, deren Nyquist-Bandbreite (Gl. 4-2) die minimal erforderliche Übertragungsbandbreite bestimmt und die wir hier für die spektrale Effizienz zu Grunde legen. Durch die Modulation der Basisbandsignale auf einen Träger entsteht ein Bandpasssignal, dessen minimale Bandbreite gleich der Symbolrate ist:

$$B = r_s . \tag{7-23}$$

Bit- und Symbolrate sind durch Gl. 4-1 verknüpft, so dass wir für die spektrale Effizienz

$$\frac{r_b}{B} = \log_2 m \tag{7-24}$$

erhalten. Somit ergibt sich für BPSK ($m = 2$) eine spektrale Effizienz von 1 (bit/s)/Hz, für QPSK ($m = 4$) 2 (bit/s)/Hz und für 16-QAM ($m = 16$) 4 (bit/s)/Hz. In Bild 7-8 werden PSK und QAM hinsichtlich ihrer spektralen Effizienz verglichen. Neben der spektralen Effizienz ist der für eine gegebene Fehlerwahrscheinlichkeit erforderliche Störabstand ein wesentliches Vergleichskriterium. Dargestellt ist das erforderliche Verhältnis E_b/n_0 (in dB) für eine Bitfehlerwahrscheinlichkeit von $P_b = 10^{-5}$. Bei gleicher Bitrate benötigen höherstufige Modulationsverfahren eine geringere Bandbreite, aber auch einen größeren Störabstand.

Dieser Sachverhalt ergab sich auch aus Bild 5-37 und Bild 5-38 (mit der Ausnahme von QPSK).

Ebenfalls in Bild 7-8 enthalten ist die Shannon-Grenze (Gl. 7-21). Im Unterschied zu Bild 7-7 handelt es sich bei Bild 7-8 um eine halblogarithmische Darstellung. QPSK hat eine spektrale Effizienz von $r_b/B = 2$ (bit/s)/Hz und benötigt für $P_b = 10^{-5}$ einen Störabstand von $10\log(E_b/n_0) = 9{,}59$ dB. Der Vergleich mit der Shannon-Grenze zeigt, dass ein ideales System bei gleicher spektraler Effizienz einen Störabstand von nur 1,76 dB benötigt, d. h. der Abstand zur Shannon-Grenze beträgt 7,83 dB. Bei gleichem Störabstand erzielt das ideale System eine spektrale Effizienz von 5,73 (bit/s)/Hz entsprechend einem Abstand von 3,73 (bit/s)/Hz.

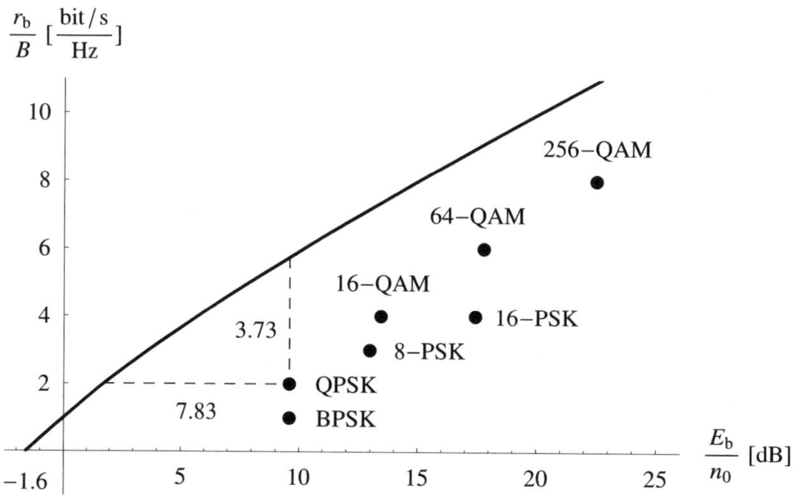

Bild 7-8: Spektrale Effizienz über E_b/n_0 für verschiedene Modulationsverfahren. Die Linie gibt die Shannon-Grenze an

Die in Bild 7-8 gezeigten Modulationsverfahren werden auch als bandbreiteneffiziente Verfahren bezeichnet, da durch Wahl des Verfahrens die spektrale Effizienz auf Kosten der Signalleistung erhöht werden kann. Umgekehrt ist bei der zu Grunde liegenden Fehlerwahrscheinlichkeit mindestens ein Störabstand von 9,59 dB erforderlich.

Modulationsverfahren, die bei einer spektralen Effizienz kleiner 1 (bit/s)/Hz einen geringeren Störabstand benötigen, zählen zu den leistungseffizienten Verfahren. Ein leistungseffizientes Verfahren ist die Frequenzumtastung. Bei FSK mit einem Modulationsindex von $\eta = 1$ beträgt der Frequenzhub $f_\Delta = 1/2T_s$ (siehe Abschnitt 5.2.4). Ein m-FSK-Signal besteht aus m verschiedenen Signalen $s_i(t)$, $i = 0, \ldots, m-1$, der Dauer T_s. Die den m verschiedenen Symbolen zugeordneten Signale $s_i(t)$ unterscheiden sich in der Frequenz um $2f_\Delta = 1/T_s$. Eine einfache Abschätzung der Übertragungsbandbreite ist daher

$$B = m\,2f_\Delta = \frac{m}{T_s} = m\,\frac{r_b}{\log_2 m}$$

und für die spektrale Effizienz folgt

$$\frac{r_\text{b}}{B} = \frac{\log_2 m}{m} \,.$$

Für $m = 2$ und $m = 4$ ergibt sich damit eine spektrale Effizienz von 1/2 (bit/s)/Hz, für $m = 8$ erhält man 3/8 (bit/s)/Hz. Die spektrale Effizienz sinkt also mit steigendem m und gleichzeitig verringert sich der erforderliche Störabstand [34].

Neben der spektralen Effizienz und dem erforderlichen Störabstand spielen aber noch weitere Faktoren eine Rolle bei der Auswahl eines Modulationsverfahrens. Dies können z. B. Empfindlichkeit gegen Schmalband- oder Impulsstörungen sowie Kanalverzerrungen, Anforderungen an die Synchronisation oder die Forderung nach einer konstanten Amplitude sein.

8 Digitale Signalverarbeitung

Viele der bisher angesprochenen Funktionen im Bereich der Modulation/Demodulation und der Codierung/Decodierung werden mit Hilfe der digitalen Signalverarbeitung, z. B. mit einem digitalen Signalprozessor, realisiert. Man spricht dann von zeitdiskreten Signalen und Systemen. In einem digitalen Kommunikationssystem liegen entweder zeitdiskrete Signale vor, oder sie entstehen durch Abtastung analoger Signale. Beispielsweise ist die Symbolfolge am Eingang des Quadratur-Modulators Bild 5-11 ein zeitdiskretes Signal. In einem Empfänger wird das analoge Eingangssignal durch einen Analog-Digital-Wandler in ein zeitdiskretes Signal überführt (vgl. Abschnitt 5.5). Ebenso wie zeitkontinuierliche Systeme werden zeitdiskrete Systeme im Zeitbereich durch ihre Impulsantwort und im Frequenzbereich durch ihre Übertragungsfunktion beschrieben. Wir erweitern daher zunächst unsere Betrachtungen von Kapitel 2 auf zeitdiskrete Signale und Systeme.

Zeitdiskrete Systeme in der Form von digitalen Filtern spielen in Anwendungen eine wichtige Rolle. Man unterscheidet zwei Klassen: Filter mit endlicher Impulsantwort oder FIR-Filter (Finite Impulse Response) und Filter mit unendlicher Impulsantwort oder IIR-Filter (Infinite Impulse Response). Neben den grundlegenden Entwurfsprinzipien für digitale Filter betrachten wir die Verwendung von FIR-Filtern zur Entzerrung digitaler Signale.

8.1 Zeitdiskrete Signale und Systeme

Ein zeitdiskretes Signal ist eine Folge von reellen oder komplexen Zahlen, für die wir

$$\{x(n)\} = \{\ldots, x(-2), x(-1), x(0), x(1), x(2), \ldots\}, \quad -\infty \le n \le \infty \tag{8-1}$$

schreiben. $x(n)$ bezeichnet also den n-ten Wert der Folge, wird aber auch zur Vereinfachung der Schreibweise für das ganze zeitdiskrete Signal verwendet. Dies ist vergleichbar der Verwendung von $x(t)$ für den Wert eines zeitkontinuierlichen Signals zum Zeitpunkt t oder für das Signal selbst. Erhalten wir das zeitdiskrete Signal durch Abtasten eines zeitkontinuierlichen Signals, so repräsentiert $x(n)$ die Folge der Abtastwerte. In Abschnitt 3.1 hatten wir den Ausdruck Gl. 3-1

$$x_a(t) = \sum_{n=-\infty}^{\infty} x(nT_A)\delta(t - nT_A)$$

für ein abgetastetes Signal gefunden. T_A ist die Abtastperiode und $f_A = 1/T_A$ die Abtastrate, und $x(nT_A) \cong x(n)$ ist die Folge der Abtastwerte. Das zeitdiskrete Signal $x(n)$ ist nur für ganzzahlige Werte von n definiert. Im Gegensatz dazu ist das abgetastete Signal $x_a(t)$ zwischen den Abtastwerten null und daher für jeden beliebigen Zeitpunkt t definiert. Die Abtastrate tritt beim zeitdiskreten Signal $x(n)$ nicht in Erscheinung. Sie ist für ein zeitdiskretes System nur in der Hinsicht von Bedeutung, dass sie die verfügbare Zeit für die Berechnung eines Ausgangswertes vorgibt (siehe Abschnitt 1.2).

Wichtige zeitdiskrete Elementarsignale sind der Einheitsimpuls und der Einheitssprung (Bild 8-1). Der Einheitsimpuls $\delta(n)$ ist das zeitdiskrete Äquivalent des Dirac-Impulses. Er ist durch

$$\delta(n) = \begin{cases} 1 & \text{für} \quad n = 0, \\ 0 & \text{für} \quad n \neq 0 \end{cases} \tag{8-2}$$

definiert. Für den Einheitssprung gilt

$$u(n) = \begin{cases} 1 & \text{für} \quad n \geq 0, \\ 0 & \text{für} \quad n < 0. \end{cases} \tag{8-3}$$

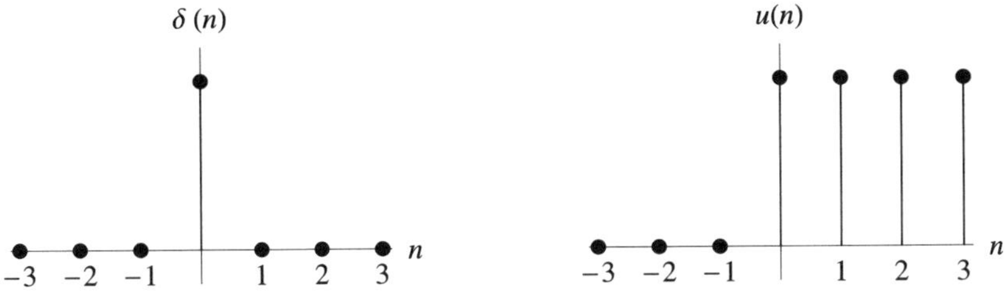

Bild 8-1: Einheitsimpuls und zeitdiskreter Einheitssprung

Die Korrelationsfunktion zeitdiskreter Signale ist analog zu Gl. 2-39 im Falle der Energiesignale oder zu Gl. 2-44 im Falle der Leistungssignale definiert. An Stelle der Verschiebung um τ tritt die Verschiebung um k Abtastwerte. Die Korrelationsfunktion für reelle Energiesignale lautet somit

$$R_{xy}(k) = \sum_{n=-\infty}^{\infty} x(n) y(n+k) . \tag{8-4}$$

Die Energie eines Signals erhält man aus der Autokorrelationsfunktion (AKF) an der Stelle $k = 0$,

$$E = R_x(0) = \sum_{n=-\infty}^{\infty} x^2(n) . \tag{8-5}$$

Für reelle Leistungssignale gilt entsprechend

$$R_{xy}(k) = \lim_{N\to\infty} \frac{1}{2N+1} \sum_{n=-N}^{N} x(n) y(n+k) \tag{8-6}$$

und für die Leistung

$$P = R_x(0) = \lim_{N\to\infty} \frac{1}{2N+1} \sum_{n=-N}^{N} x^2(n) . \tag{8-7}$$

Der Einheitsimpuls ist ein Energiesignal, da er eine endliche Energie hat. Sie ergibt sich mit Hilfe von Gl. 8-2 und Gl. 8-5 zu $E = 1$. Der Einheitssprung (Gl. 8-3) ist dagegen ein Leistungssignal mit der Leistung $P = 1/2$. Gl. 8-6 und Gl. 8-7 gelten auch für zeitdiskrete stationäre ergodische Zufallssignale. Insbesondere folgt mit dem Mittelwert

$$m_{\mathrm{X}} = E\left[x(n)\right] = \lim_{N\to\infty} \frac{1}{2N+1} \sum_{n=-N}^{N} x(n) \tag{8-8}$$

und der Varianz

$$\sigma_{\mathrm{X}}^2 = E\left[\left(x(n) - m_{\mathrm{X}}\right)^2\right] = \lim_{N\to\infty} \frac{1}{2N+1} \sum_{n=-N}^{N} \left(x(n) - m_{\mathrm{X}}\right)^2 \tag{8-9}$$

wieder für die Leistung (vgl. Gl. 2-53)

$$P = E\left[x^2(n)\right] = \sigma_{\mathrm{X}}^2 + m_{\mathrm{X}}^2 . \tag{8-10}$$

Für diese Erwartungswerte können leicht Schätzwerte bestimmt werden, wenn eine endliche Zahl von Abtastwerten des Signals vorliegt. Für Mittelwert, Varianz und AKF erhält man aus M Abtastwerten die Schätzwerte

$$\hat{m}_{\mathrm{X}} = \frac{1}{M} \sum_{n=0}^{M-1} x(n) , \tag{8-11}$$

$$\hat{\sigma}_{\mathrm{X}}^2 = \frac{1}{M} \sum_{n=0}^{M-1} \left(x(n) - \hat{m}_{\mathrm{X}}\right)^2 , \tag{8-12}$$

$$\hat{R}_{\mathrm{X}}(k) = \frac{1}{M} \sum_{n=0}^{M-|k|-1} x(n)x(n+k) . \tag{8-13}$$

Oft wird in Gl. 8-13 als Normierungsfaktor auch $1/(M-|k|)$ an Stelle von $1/M$ verwendet, da die Summe in Gl. 8-13 $M-|k|$ Summanden enthält. Dadurch ergibt sich ein erwartungstreuer Schätzwert der AKF, d. h. für $M \to \infty$ geht der Schätzwert $\hat{R}_{\mathrm{X}}(k)$ der AKF gegen den wahren Wert $R_{\mathrm{X}}(k)$. Aus dem gleichen Grund verwendet man in Gl. 8-12 oft den Faktor $1/(M-1)$ an Stelle von $1/M$. Allerdings gilt dann nur näherungsweise $\hat{\sigma}_{\mathrm{X}}^2 + \hat{m}_{\mathrm{X}}^2 \approx \hat{R}_{\mathrm{X}}(0)$.

Beispiel 8-1: Leistung und Autokorrelationsfunktion eines zeitdiskreten Zufallssignals

In den Abschnitten 3.4 und 3.5 wurden ein Sprachsignal und dessen Autokorrelationsfunktion (Bild 3-12 und Bild 3-17) betrachtet. Das Signal besteht aus $M = 17.600$ Abtastwerten. Bei einer Abtastrate von $f_{\mathrm{A}} = 8$ kHz entspricht dies einer Abtastperiode von $T_{\mathrm{A}} = 125$ µs und einer Signaldauer von 2,2 s. Die Abtastwerte wurden mit 8 bit linear quantisiert. Damit liegen die Werte im Bereich $-128 \le x(n) \le 128$ (für Bild 3-12 wurde die Amplitude auf 1 normiert). Mittelwert und Varianz berechnen sich nach Gl. 8-11 und Gl. 8-12 zu

$$\hat{m}_{\mathrm{x}} = -0{,}451, \quad \hat{\sigma}_{\mathrm{x}}^2 = 321{,}205\,,$$

und die Leistung beträgt mit Gl. 8-10 $\hat{P} = 321{,}408$. Für die AKF erhält man aus den Abtastwerten mit Gl. 8-13 im Bereich $-2 \le k \le 2$

$$\hat{R}_{\mathrm{x}}(0) = 321{,}408\,,$$

$$\hat{R}_{\mathrm{x}}(1) = \hat{R}_{\mathrm{x}}(-1) = 282{,}120\,,$$

$$\hat{R}_{\mathrm{x}}(2) = \hat{R}_{\mathrm{x}}(-2) = 195{,}774\,.$$

Die absoluten Werte haben keine physikalische Bedeutung, da sie vom verwendeten Zahlenbereich abhängen. Beispielsweise ergäben sich bei einer Quantisierung mit 16 bit ein Wertebereich $-32768 \le x(n) \le 32768$ und entsprechend größere Werte für Mittelwert, Varianz und AKF. Normiert man die AKF so, dass der Maximalwert gleich eins ist, so erhält man (vgl. Bild 3-17)

$$\hat{R}_{\mathrm{x}}(0) / \hat{R}_{\mathrm{x}}(0) = 1\,,$$

$$\hat{R}_{\mathrm{x}}(1) / \hat{R}_{\mathrm{x}}(0) = 0{,}8778\,,$$

$$\hat{R}_{\mathrm{x}}(2) / \hat{R}_{\mathrm{x}}(0) = 0{,}6091\,.$$

◀

8.1.1 Diskrete Faltung

Die Beschreibung zeitdiskreter Systeme erfolgt analog der Beschreibung zeitkontinuierlicher Systeme (Kapitel 2). Das Verhalten eines linearen zeitinvarianten Systems wird im Zeitbereich durch dessen Impulsantwort und im Frequenzbereich durch dessen Übertragungsfunktion bestimmt. Dies gilt genauso für zeitdiskrete Systeme. Ein zeitdiskretes System reagiert auf ein Eingangssignal $x(n)$ mit dem Ausgangssignal $y(n)$. Der funktionale Zusammenhang zwischen Eingang und Ausgang wird zunächst wieder formal durch $y(n) = F\{x(n)\}$ beschrieben (Bild 8-2).

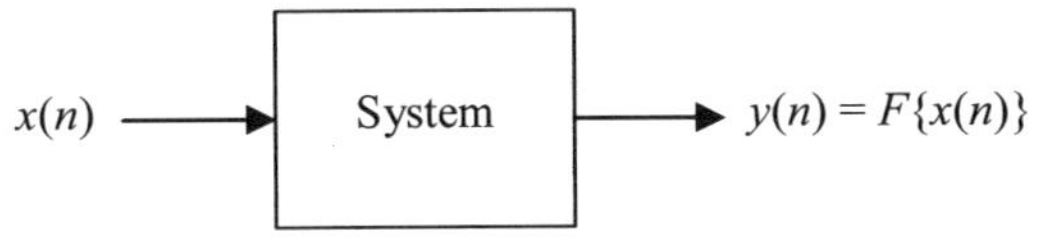

Bild 8-2: Ein zeitdiskretes System

Das zeitdiskrete System heißt linear, wenn für eine Linearkombination von Eingangssignalen $x_i(n)$ die Linearkombination der entsprechenden Ausgangssignale $y_i(n)$ zu beobachten ist. Dann gilt

$$\begin{aligned} x(n) &= a_1 x_1(n) + a_2 x_2(n) + \ldots = \sum_i a_i x_i(n), \\ y(n) &= a_1 F\{x_1(n)\} + a_2 F\{x_2(n)\} + \ldots \sum_i a_i F\{x_i(n)\}. \end{aligned} \tag{8-14}$$

Die Zeitinvarianz eines zeitdiskreten Systems drückt sich dadurch aus, dass dessen Eigenschaften unabhängig von einer Verschiebung um k Abtastwerte sind. Für eine Verschiebung des Eingangssignals um k Abtastwerte erhält man dann

$$F\{x(n-k)\} = y(n-k). \tag{8-15}$$

Ein System, das die Eigenschaften nach Gl. 8-14 und 8-15 erfüllt, nennt man ein zeitdiskretes, lineares zeit- bzw. verschiebungsinvariantes System oder kurz zeitdiskretes LTI-System (Linear Time-Invariant).

Die diskrete Faltung ist das Gegenstück zu Gl. 2-6 für zwei zeitdiskrete Signale $x(n)$ und $y(n)$ sowie ein LTI-System mit der Impulsantwort $h(n)$. Die Impulsantwort $h(n) = F\{\delta(n)\}$ eines zeitdiskreten Systems ist dessen Reaktion auf den Einheitsimpuls $\delta(n)$. Für ein beliebiges Signal $x(n)$ schreiben wir zunächst mit Hilfe des Einheitsimpulses

$$x(n) = \sum_{k=-\infty}^{\infty} x(k)\delta(n-k) = x(n) * \delta(n),$$

da $\delta(n-k) = 0$ für alle $k \neq n$ und somit alle Summanden mit dem Index $k \neq n$ gleich null sind. Die Summe in obiger Gleichung bezeichnet man als Faltungssumme; man verwendet dafür den gleichen Operator wie im zeitkontinuierlichen Fall. Mit den Eigenschaften der Linearität (Gl. 8-14) und der Zeitinvarianz (Gl. 8-15) erhalten wir für ein zeitdiskretes LTI-System

$$\begin{aligned} y(n) = F\{x(n)\} &= F\left\{ \sum_{k=-\infty}^{\infty} x(k)\delta(n-k) \right\} \\ &= \sum_{k=-\infty}^{\infty} x(k) F\{\delta(n-k)\} \qquad \text{(Linearität)} \\ &= \sum_{k=-\infty}^{\infty} x(k) h(n-k) \qquad \text{(Zeitinvarianz)}. \end{aligned}$$

Für ein beliebiges Eingangssignal $x(n)$ erhält man das Ausgangssignal $y(n)$ eines zeitdiskreten LTI-Systems also durch Faltung von $x(n)$ mit der Impulsantwort $h(n)$, d. h.

$$y(n) = x(n) * h(n) = \sum_{k=-\infty}^{\infty} x(k) h(n-k). \tag{8-16}$$

Wie im zeitkontinuierlichen Fall gelten für die diskrete Faltung das Kommutativ-, Assoziativ- und das Distributivgesetz.

Beispiel 8-2: Reaktion eines zeitdiskreten Systems auf einen Einheitssprung

Wir betrachten ein zeitdiskretes System mit der Impulsantwort

$$h(n) = \begin{cases} \frac{1}{2}\mathrm{si}\left(\frac{\pi}{2}(n-5)\right) & \text{für} \quad 0 \le n \le 10, \\ 0 & \text{sonst.} \end{cases}$$

Wie wir an der si-Funktion erkennen, handelt es sich um einen Tiefpass (vgl. mit der Impulsantwort eines idealen Tiefpasses, Gl. 2-31). Die Impulsantwort hat eine endliche Länge, da sie nur im Bereich $0 \le n \le 10$ von null verschieden ist, und sie ist kausal, da $h(n) = 0$ für $n < 0$ ist. Wir wollen mit Hilfe der zeitdiskreten Faltung die Reaktion des Systems auf einen Einheitssprung $u(n)$ bestimmen, d. h. wir suchen das Ausgangssignal

$$y(n) = h(n) * u(n) = \sum_{k=-\infty}^{\infty} h(k)u(n-k)$$

(dieser Zusammenhang ergibt sich aus Gl. 8-16 für $x(n) = u(n)$ und unter Anwendung des Kommutativgesetzes). Bild 8-3 zeigt $h(k)$ und $u(n-k)$ für verschiedene n. Für $n < 0$ ist $y(n) = 0$, da alle Summanden der Faltungssumme null sind. Mit Bezug auf Bild 8-3 gilt

$$y(0) = h(0) = 0{,}0673,$$

$$y(1) = h(0) + h(1) = 0{,}0673,$$

$$\vdots$$

$$y(10) = h(0) + h(1) + \ldots + h(10) = 1{,}0517$$

oder allgemein (siehe Bild 8-4)

$$y(n) = \begin{cases} 0 & \text{für} \quad n < 0, \\ \sum_{k=0}^{n} h(k) & \text{für} \quad 0 \le n \le 10, \\ \sum_{k=0}^{10} h(k) & \text{für} \quad n > 10. \end{cases}$$

Die zeitdiskrete Faltung ist also direkt vergleichbar mit der zeitkontinuierlichen Faltung, wobei an die Stelle der Integrationsvariablen τ der Summationsindex k tritt. Neben der konzeptionellen hat die diskrete Faltung auch eine große praktische Bedeutung, da in den meisten Fällen die Berechnung der Ausgangswerte eines zeitdiskreten LTI-Systems durch Auswertung der Faltungssumme erfolgt.

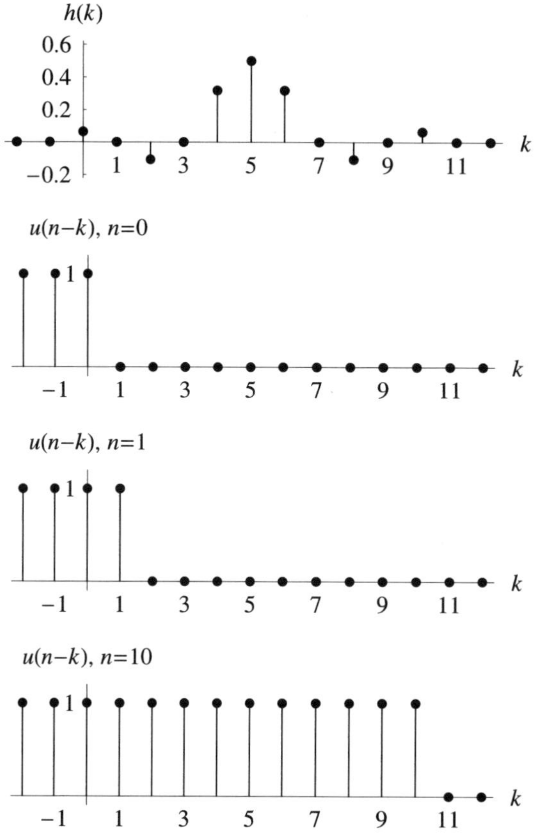

Bild 8-3: Zur Auswertung der Faltungssumme

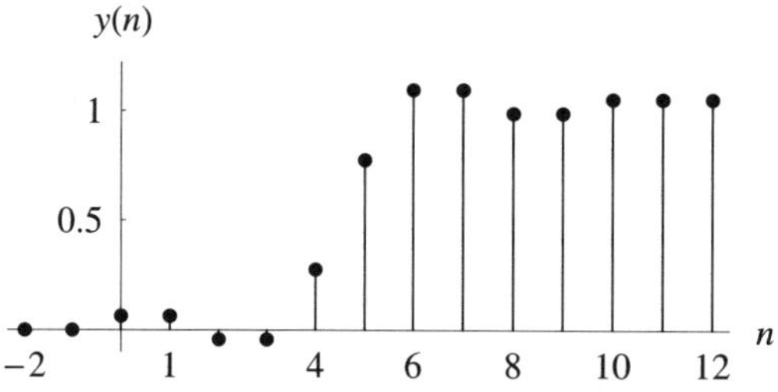

Bild 8-4: Ausgangssignal

◀

8.1.2 Fourier-Transformation zeitdiskreter Signale

Wir hatten in Abschnitt 3.1 die Fourier-Transformierte eines abgetasteten Signals $x_a(t)$ bestimmt und mit Gl. 3-6

$$S_a(f) = \frac{1}{T_A} \sum_{n=-\infty}^{\infty} S_x\left(f - \frac{n}{T_A}\right)$$

erhalten, also die periodische Wiederholung des Signalspektrums $S_x(f)$ im Abstand $f_A = 1/T_A$. Um einen Ausdruck zu bekommen, der nur von den Abtastwerten abhängt, setzen wir $x_a(t)$ in das Fourier-Integral (Gl. 2-14) ein und erhalten

$$\begin{aligned} S_a(f) &= \int_{-\infty}^{\infty} \sum_{n=-\infty}^{\infty} x(nT_A)\,\delta(t - nT_A)\,e^{j2\pi f t}\,dt \\ &= \sum_{n=-\infty}^{\infty} \left[x(nT_A) \int_{-\infty}^{\infty} \delta(t - nT_A)\,e^{j2\pi f t}\,dt \right] \\ &= \sum_{n=-\infty}^{\infty} x(nT_A)\,e^{j2\pi f n T_A}\,, \end{aligned}$$

wobei im letzten Schritt von der Siebeigenschaft des Dirac-Impulses, Gl. 2-8, Gebrauch gemacht wurde. Der obige Ausdruck hängt tatsächlich nur von den Abtastwerten ab. Mit $T_A = 1$ lautet nun die Fourier-Transformierte eines zeitdiskreten Signals

$$S_a(f) = \Im\{x(n)\} = \sum_{n=-\infty}^{\infty} x(n)\,e^{-j2\pi n f}\,. \qquad (8\text{-}17)$$

$S_a(f)$ ist eine kontinuierliche, periodische Funktion mit der Periode eins, denn

$$S_a(f+1) = \sum_{n=-\infty}^{\infty} x(n)\,e^{-j2\pi n(f+1)} = \sum_{n=-\infty}^{\infty} x(n)\,e^{-j2\pi n f}\,e^{-j2\pi n}\,.$$

Da $e^{-j2\pi n} = 1$ für ganzzahlige n ist, folgt $S_a(f+1) = S_a(f)$ und allgemein $S_a(f+m) = S_a(f)$ für ein beliebiges ganzzahliges m. Daher genügt es, $S_a(f)$ im Bereich $-1/2 \le f \le 1/2$ einer Periode zu betrachten. Üblich sind auch Definitionen der Fourier-Transformierten zeitdiskreter Signale als Funktion von $\Omega = 2\pi f$. $S_a(\Omega)$ ist dann periodisch mit der Periode 2π, und der Bereich einer Periode erstreckt sich über $-\pi \le f \le \pi$. Durch die Normierung mit $T_A = 1/f_A = 1$ geht der Bezug zur tatsächlichen Frequenz verloren. Die normierte Frequenz $f = 1$ entspricht der Abtastrate f_A, und der Bereich $-1/2 \le f \le 1/2$ einer Periode entspricht dem Frequenzbereich $-f_A/2 \le f \le f_A/2$.

Die Periodizität ist identisch mit der periodischen Wiederholung des Signalspektrums $S_x(f)$, wenn das zeitdiskrete Signal $x(n)$ aus der Abtastung des analogen Signals $x(t)$ mit der Rate f_A hervorgeht. Insbesondere muss das in Abschnitt 3.1 gefundene Abtasttheorem eingehalten werden, damit die Abtastwerte das analoge Signal exakt repräsentieren. Wir betrachten dazu in Bild 8-5 oben ein Signal $x(t)$ und dessen Fourier-Transformierte $S_x(f)$. $x(t)$ ist ein bandbegrenztes Signal, d. h. es ist $S_x(f) = 0$ für $|f| > f_g$ (tatsächlich handelt es sich um einen bandbegrenzten Kosinus-roll-off-Impuls nach Gl. 4-6 mit einem Roll-off-Faktor von $\alpha = 1$). Durch Abtastung von $x(t)$ mit der Rate f_A erhalten wir das zeitdiskrete Signal $x(n)$ (Bild 8-5 unten).

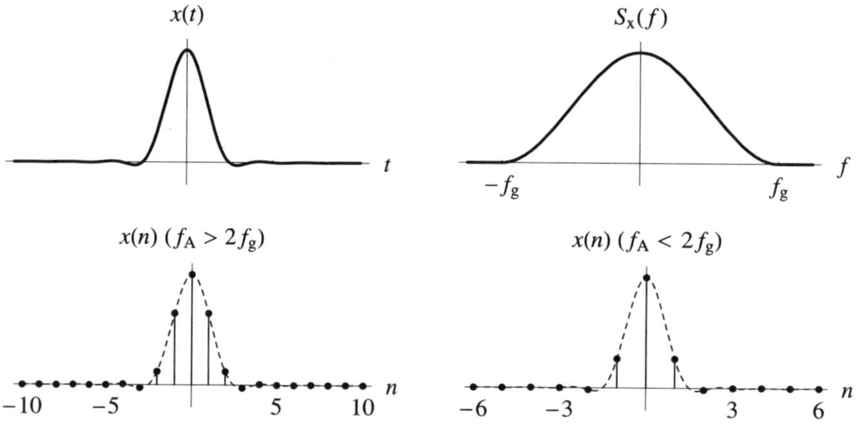

Bild 8-5: Zeitkontinuierliches bandbegrenztes Signal und dessen Fourier-Transformierte sowie zugehörige zeitdiskrete Signale für zwei Abtastraten $f_A > 2f_g$ und $f_A < 2f_g$

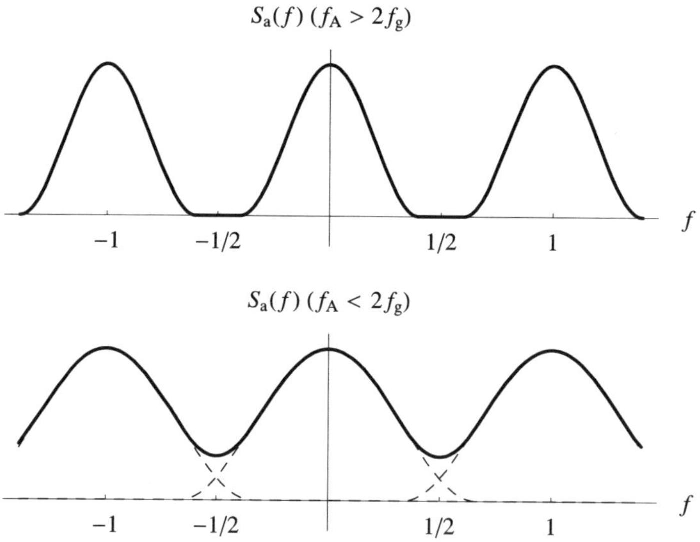

Bild 8-6: Fourier-Transformierte der zeitdiskreten Signale aus Bild 8-5

Die Fourier-Transformierte $S_a(f)$ von $x(n)$ besteht aus der periodischen Wiederholung von $S_x(f)$. Für $f_A > 2f_g$ ist das Abtasttheorem erfüllt und $S_a(f)$ ist im Bereich $-1/2 \le f \le 1/2$ identisch mit $S_x(f)$ (Bild 8-6 oben). Für $f_A < 2f_g$ kommt es zu Aliasing, d. h.

zur Überlagerung der durch die periodische Wiederholung entstehenden Teilspektren (Bild 8-6 unten).

Aus $S_a(f)$ erhält man mit der inversen Fourier-Transformation

$$x(n) = \Im^{-1}\{S_a(f)\} = \int_{-1/2}^{1/2} S_a(f)\,e^{j2\pi nf}\,df \tag{8-18}$$

wieder das zeitdiskrete Signal $x(n)$. Da $S_a(f)$ periodisch ist, erfolgt die Integration über eine Periode im Bereich $-1/2 \leq f \leq 1/2$.

Die Fourier-Transformierte der Impulsantwort $h(n)$ eines zeitdiskreten LTI-Systems bezeichnet man wie im zeitkontinuierlichen Fall als Übertragungsfunktion $H(f)$. Durch die Transformation der Beziehung Gl. 8-16 erhält man mit den Bezeichnungen $S_x(f) = \Im\{x(n)\}$ und $S_y(f) = \Im\{y(n)\}$

$$S_y(f) = \Im\{x(n) * h(n)\} = S_x(f)\,H(f)\,. \tag{8-19}$$

Durch Multiplikation der Fourier-Transformierten des Eingangssignals mit der Übertragungsfunktion des zeitdiskreten LTI-Systems erhält man also die Fourier-Transformierte des Ausgangssignals. Gl. 8-19 ist formal identisch zu Gl. 2-26, wobei es sich in Gl. 2-26 bei $S_x(f)$, $S_y(f)$ und $H(f)$ um die Fourier-Transformierten zeitkontinuierlicher Signale handelt. Für die Übertragungsfunktion des zeitdiskreten Systems aus Beispiel 8-2 gilt

$$H(f) = \sum_{n=0}^{10} \frac{1}{2}\,\mathrm{si}\left(\frac{\pi}{2}(n-5)\right) e^{-j2\pi nf}\,.$$

Bild 8-7 zeigt den Betrag dieser Übertragungsfunktion. Wie bereits in Beispiel 8-2 erwähnt, handelt es sich um ein Tiefpassfilter mit einem Durchlassbereich von ca. $0 \leq f \leq 1/4$ und einem Sperrbereich von ca. $1/4 \leq f \leq 1/2$. Auch die Übertragungsfunktion ist periodisch mit der Periode $f = 1$.

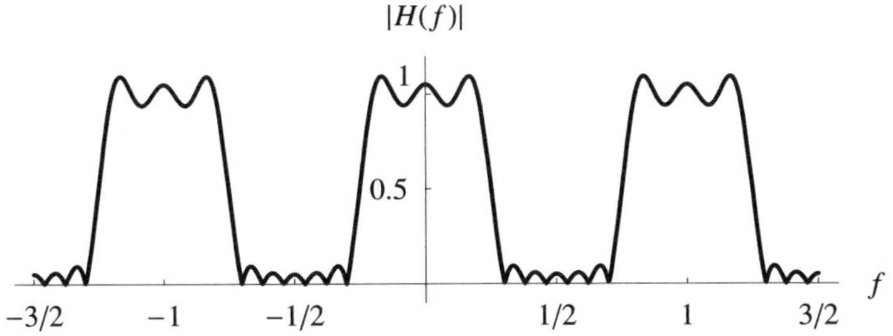

Bild 8-7: Betrag der Übertragungsfunktion des zeitdiskreten Systems aus Beispiel 8-2

8.1.3 Diskrete Fourier-Transformation

Wenn man die Fourier-Transformierte eines zeitdiskreten Signals aus einer endlichen Zahl von Abtastwerten berechnen will, muss die Summe in Gl. 8-17 auf eine endliche Anzahl von Summanden beschränkt werden. Liegen N Abtastwerte von $x(n)$ vor, also für $n = 0, 1, \ldots, N-1$, so erhält man

$$S_a(f) = \sum_{n=0}^{N-1} x(n)\,e^{-j2\pi n f}.$$

Als Nächstes stellt sich die Frage, für welche f man die Fourier-Transformierte berechnet. Prinzipiell ist dies für beliebige f möglich, allerdings erhält man bei N Abtastwerten auch nur N unabhängige Frequenzwerte im Bereich einer Periode. Für $f = k/N$, $k = 0, 1, \ldots, N-1$, erhält man die diskrete Fourier-Transformation (DFT):

$$S_{DFT}(k) = \sum_{n=0}^{N-1} x(n)\,e^{-j2\pi nk/N}, \quad k = 0, 1, \ldots, N-1. \tag{8-20}$$

Die inverse DFT (IDFT) ist durch

$$x(n) = \frac{1}{N}\sum_{n=0}^{N-1} S_{DFT}(k)\,e^{j2\pi nk/N}, \quad n = 0, 1, \ldots, N-1 \tag{8-21}$$

gegeben [26]. Die DFT nach Gl. 8-20 liefert N Werte im Bereich einer Periode von $0 \le f \le 1$. Um den Bezug zur absoluten Frequenz herzustellen, müssen wir beachten, dass die normierte Frequenz $f = 1$ der Abtastrate f_A entspricht. Der k-te Wert entspricht also der Frequenz

$$f_k = \frac{k}{N} f_A, \quad k = 0, 1, \ldots, N-1, \tag{8-22}$$

und der Abstand zwischen zwei Werten ist gleich

$$\Delta f = \frac{1}{N} f_A. \tag{8-23}$$

Die Abtastrate bestimmt also den Frequenzbereich der DFT, während durch die Anzahl der Abtastwerte die spektrale Auflösung festgelegt wird.

Wir betrachten im Folgenden die Abtastung eines Kosinussignals, um uns die Möglichkeiten und Einschränkungen der DFT klarzumachen. Wie wir aus Beispiel 2-4 wissen, besteht das Fourier-Spektrum der Kosinusschwingung aus zwei spektralen Linien bei $\pm f_0$. Durch die Abtastung wiederholt sich das Spektrum periodisch im Abstand f_A. In Bild 8-8 besteht das zeitdiskrete Signal $x(n)$ aus $N = 16$ Abtastwerten einer Kosinusschwingung der Frequenz $f_0 = 1$ kHz. Die Abtastrate beträgt $f_A = 8$ kHz entsprechend 8 Abtastwerten pro Periode. Man beachte, dass die absoluten Werte von f_0 und f_A keine Rolle spielen; solange sich das Verhältnis f_0/f_A nicht ändert, erhält man die in Bild 8-8 gezeigten Abtastwerte.

Bild 8-8 unten zeigt den Betrag der DFT nach Gl. 8-20. Der spektralen Linie bei $k = 2$ ist nach Gl. 8-22 die Frequenz $f_k = 1$ kHz zugeordnet. Bei $f_A/2$ oder $k = N/2 = 8$ beginnt die periodische Wiederholung des Spektrums, vgl. Bild 8-6. Um aus der DFT das zweiseitige Spektrum im Bereich $-f_A/2 \le f \le f_A/2$ zu erhalten, müssen die Werte im Bereich $N/2 \le k \le N-1$ links wieder angefügt werden. Da das Betragsspektrum stets eine gerade Funktion ist, genügt es auch, den Bereich $0 \le f \le f_A/2$ bzw. $0 \le k \le N/2 - 1$ darzustellen.

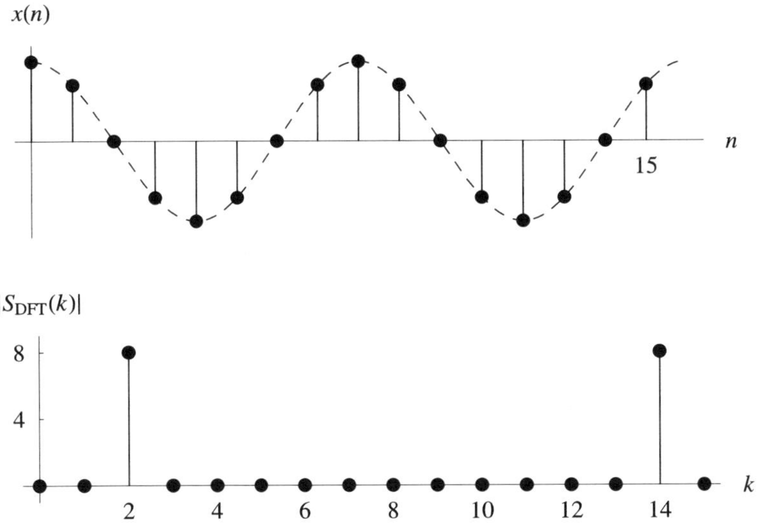

Bild 8-8: DFT einer abgetasteten Kosinusschwingung für $f_0/f_A = 1/8$

Die diskreten Werte der DFT in Bild 8-8 repräsentieren also genau das erwartete Linienspektrum des Kosinussignals. Bild 8-9 zeigt nun das Resultat, wenn die Abtastrate $f_A = 6{,}4$ kHz beträgt. Die spektralen Linien laufen auseinander, man bezeichnet dies als Leckeffekt (engl.: leakage).

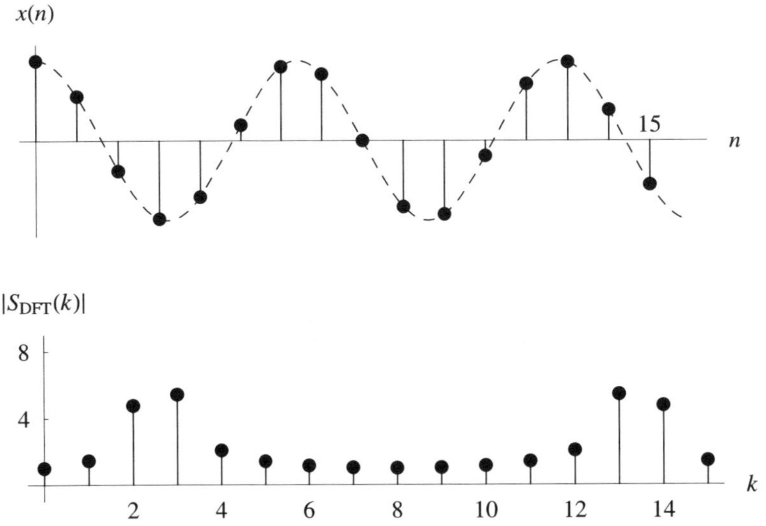

Bild 8-9: DFT einer abgetasteten Kosinusschwingung für $f_0/f_A = 1/6{,}4$

Zwar erkennt man an der DFT in Bild 8-9 unten das Vorhandensein spektraler Komponenten im Bereich $k = 2 \ldots 3$ entsprechend einem Frequenzbereich von 0,8 … 1,2 kHz, weitere Schlüsse auf das Signal können jedoch kaum gezogen werden. Der Leckeffekt hat seine Ursache darin, dass das zu Gl. 8-21 gehörige zeitdiskrete Signal periodisch mit der Periode N ist, d. h. es ist $x(n \pm N) = x(n)$. Dies folgt aus Gl. 8-21 und

$$e^{j2\pi(n\pm N)k/N} = e^{j2\pi nk/N} \underbrace{e^{\pm j2\pi k}}_{=1 \text{ für } k \text{ ganzzahlig}} = e^{j2\pi nk/N}.$$

Die DFT eines auf N Abtastwerte begrenzten Signals $x(n)$ ist also identisch zu der DFT des periodisch fortgesetzten Signals $x_p(n)$. Bild 8-10 zeigt die periodische Fortsetzung von $x(n)$ aus Bild 8-9. Am Ende einer Periode kommt es zu einer Unstetigkeit im Signalverlauf. Diese Unstetigkeit verursacht den Leckeffekt. Dagegen ist $N T_A$ in Bild 8-8 ein ganzzahliges Vielfaches der Periodendauer der Kosinusschwingung, so dass bei der periodischen Fortsetzung keine Unstetigkeiten entstehen und der Leckeffekt nicht in Erscheinung tritt.

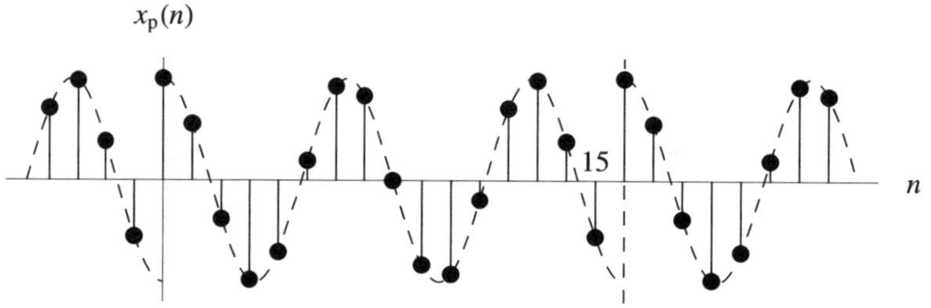

Bild 8-10: $x_p(n)$ entsteht aus der periodischen Fortsetzung des Signals $x(n)$ aus Bild 8-9

Der Leckeffekt kann reduziert werden, wenn $x(n)$ mit einer Funktion $w(n)$ gewichtet wird, die die Amplitude zu den Intervallgrenzen hin absenkt. Dies bezeichnet man als Fensterung (engl.: windowing). Eine gebräuchliche Funktion hierfür ist das Hanning-Fenster. Es ist durch

$$w(n) = \frac{1}{2}\left(1 - \cos\left(\frac{2\pi n}{N-1}\right)\right) \tag{8-24}$$

definiert. Bild 8-11 zeigt das gewichtete (d. h. mit $w(n)$ multiplizierte) zeitdiskrete Signal und dessen DFT. Weitere Fensterfunktionen und Erläuterungen zu deren Einfluss auf die spektrale Auflösung und den Leckeffekt findet man in [7] und [26].

Auf der Grundlage von Gl. 2-83 dient die DFT auch der Schätzung des Leistungsdichtespektrums eines zeitdiskreten Zufallssignals. Man bezeichnet den Schätzwert

$$\hat{\phi}_x(k) = \frac{T_A}{N}\left|S_{DFT}(k)\right|^2 \tag{8-25}$$

auch als Periodogramm [26]. Es ist $T_A = 1/f_A$, und mit der obigen Skalierung geben die diskreten Werte des Periodogramms die Leistungsdichte innerhalb der Bandbreite $\Delta f = f_A/N$ (Gl. 8-23) an. Die mittlere Leistung des Signals $x(n)$ ergibt sich aus dem Periodogramm zu

$$\hat{P}_{\mathrm{X}} = \Delta f \sum_{k=0}^{N-1} \hat{\phi}_{\mathrm{X}}(k) = \frac{1}{N^2} \sum_{k=0}^{N-1} \left| S_{\mathrm{DFT}}(k) \right|^2 . \tag{8-26}$$

Das Periodogramm ist jedoch nicht erwartungstreu und hat die Eigenschaft, dass dessen Varianz auch für beliebig große Werte von N nicht verschwindet. Dies macht sich dadurch bemerkbar, dass das Periodogramm stark um den Erwartungswert streut, und diese Streuung auch bei Vergrößern von N nicht abnimmt. Eine Möglichkeit zur Reduzierung der Varianz besteht darin, $x(n)$ in mehrere Abschnitte zu unterteilen, für jeden der Abschnitte das Periodogramm zu berechnen und anschließend den Mittelwert über diese Periodogramme zu bilden. Auf diese Weise wurde das Leistungsdichtespektrum der Signale in Bild 4-41 und des OFDM-Signals in Bild 5-57 geschätzt.

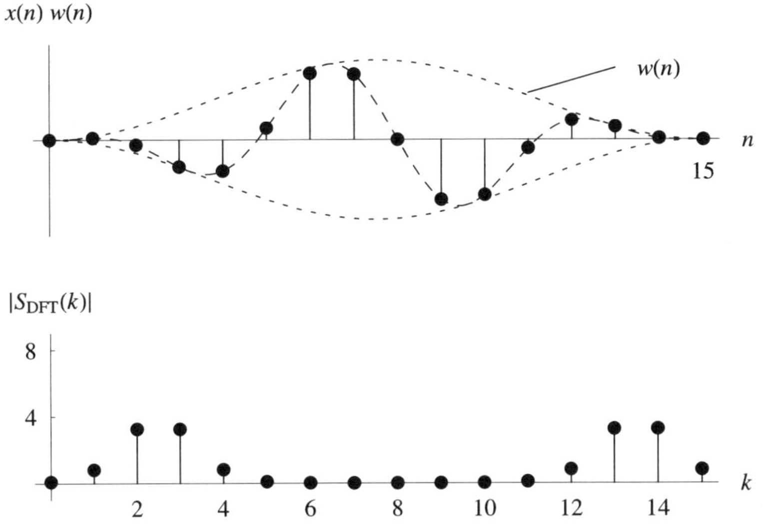

Bild 8-11: DFT einer abgetasteten Kosinusschwingung für f_0/f_A = 1/6,4 bei Bewertung mit einem Hanning-Fenster

Die DFT wird auch deshalb als vielseitiges Werkzeug in der digitalen Signalverarbeitung eingesetzt, weil für sie in der Form der schnellen Fourier-Transformation (Fast Fourier Transform, FFT) sehr effiziente Berechnungsverfahren existieren [7]. Die FFT reduziert die Anzahl der erforderlichen Multiplikationen und Additionen drastisch und kann daher auch für große N in verhältnismäßig kurzer Zeit ausgeführt werden. Die Anwendung der FFT setzt voraus, dass N eine Potenz von 2 ist.

Das Ausgangssignal eines zeitdiskreten LTI-Systems wird üblicherweise durch die Auswertung von Gl. 8-16 berechnet, also durch diskrete Faltung der Impulsantwort mit der Eingangsfolge. Alternativ dazu kann das Ausgangssignal nach Gl. 8-19 bestimmt werden. Dazu wird die DFT der Eingangsfolge berechnet, mit der Übertragungsfunktion multipliziert und das Ergebnis mit der IDFT zurücktransformiert. Dieses Verfahren bezeichnet man als schnelle Faltung [26]. Die schnelle Faltung erfordert bei langen Impulsantworten weniger Aufwand, ist jedoch in der Anwendung nicht so einfach wie die diskrete Faltung und empfindlicher gegen Quantisierungs- und Rundungsfehler. Weitere Anwendungen der DFT finden sich bei der Signalanalyse und bei OFDM (Abschnitt 5.4).

8.1.4 Die *z*-Transformation

Die durch Gl. 8-17 gegebene Fourier-Transformierte eines zeitdiskreten Signals existiert nur, wenn das Signal absolut summierbar ist, d. h. wenn die Summe

$$\sum_{n=-\infty}^{\infty} |x(n)|$$

endlich ist. Die z-Transformierte eines zeitdiskreten Signals ist durch

$$S(z) = Z\{x(n)\} = \sum_{n=-\infty}^{\infty} x(n)\, z^{-n} \qquad (8\text{-}27)$$

definiert mit der komplexen Zahl $z = r\,\mathrm{e}^{\mathrm{j}2\pi f}$. Durch eine geeignete Wahl von r kann man erreichen, dass diese Summe auch für Signale konvergiert, für die die Fourier-Transformierte nicht existiert. Die z-Transformation spielt daher für zeitdiskrete Signale die gleiche Rolle wie die Laplace-Transformation für zeitkontinuierliche Signale.

In der komplexen z-Ebene erhält man für $|z| = 1$, also für $z = \mathrm{e}^{\mathrm{j}2\pi f}$, den Einheitskreis (Bild 8-12). Ersetzt man z in Gl. 8-27 durch $z = \mathrm{e}^{\mathrm{j}2\pi f}$, so geht die z-Transformierte $S(z)$ in die Fourier-Transformierte $S_\mathrm{a}(f)$ (Gl. 8-17) über. Für $f = 0$ erhält man $z = 1$ und für $f = \pm 1/2$ erhält man $z = -1$, d. h. es wird genau eine Periode von $S_\mathrm{a}(f)$ im Bereich $-1/2 \le f \le 1/2$ auf den Einheitskreis abgebildet. Der Bereich, in dem die Summe aus Gl. 8-27 konvergiert, heißt Konvergenzbereich. Er ist ring- oder kreisförmig. Wenn der Konvergenzbereich den Einheitskreis umfasst, dann existiert auch die Fourier-Transformierte von $x(n)$.

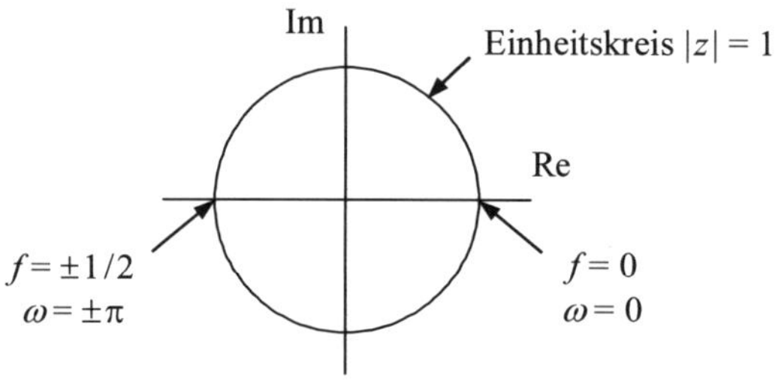

Bild 8-12: Einheitskreis in der komplexen z-Ebene

Beispiel 8-3: *z*-Transformierte der kausalen Exponentialfolge

Die kausale Exponentialfolge

$$x(n) = u(n)\, a^n \qquad (8\text{-}28)$$

mit dem Einheitssprung $u(n)$ (Gl. 8-3) ist in Bild 8-13 für den Fall $a < 1$ gezeigt.

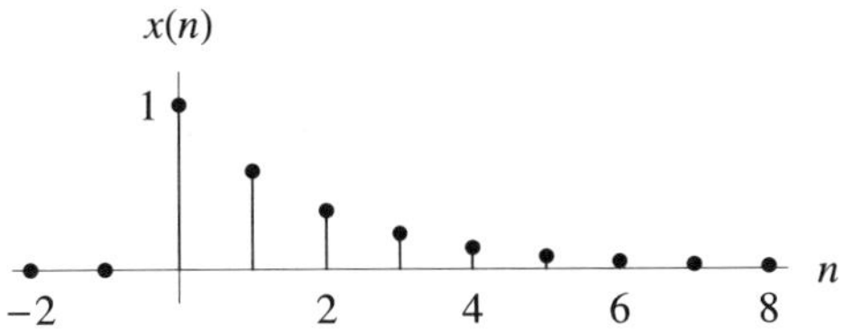

Bild 8-13: Die kausale Exponentialfolge

Wir setzen $x(n)$ in Gl. 8-27 ein und erhalten

$$S(z) = \sum_{n=-\infty}^{\infty} u(n)\, a^n\, z^{-n} = \sum_{n=0}^{\infty} \left(a\, z^{-1}\right)^n .$$

Die geometrische Reihe $\sum_{n=0}^{\infty} q^n$ konvergiert für $|q| < 1$ gegen $1/(1-q)$. Damit erhalten wir für die z-Transformierte von $x(n)$

$$S(z) = \frac{1}{1 - a\, z^{-1}} = \frac{z}{z-a} \quad \text{für} \quad |z| > a . \tag{8-29}$$

Der Konvergenzbereich ist daher durch $|z| > a$ gegeben. $S(z)$ enthält eine Nullstelle bei $z = 0$ und einen Pol bei $z = a$ (Bild 8-14).

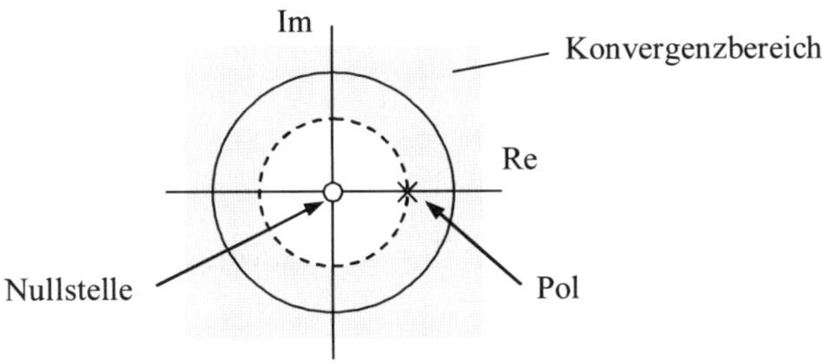

Bild 8-14: Pol-Nullstellen-Diagramm der kausalen Exponentialfolge ($a < 1$)

Für $a = 1$ wird $x(n)$ zum Einheitssprung und wir erhalten für dessen z-Transformierte

$$S(z) = \frac{1}{1 - z^{-1}} \quad \text{für} \quad |z| > 1 . \tag{8-30}$$

◀

In der Regel bestimmt man die z-Transformierte nicht wie im Beispiel oben über Gl. 8-27, sondern mit Hilfe von Tabellen [26]. Einige wichtige Beziehungen sind in Tabelle 8-1 zusammengestellt. Auch die Rücktransformation erfolgt mit Hilfe der Tabellen, indem die z-Transformierte z. B. durch Partialbruchzerlegung in bekannte Korrespondenzen umgeformt wird.

Tabelle 8-1: Beispiele zur z-Transformation

x(n)	**S(z)**	**Konvergenzbereich**
$\delta(n)$	1	z beliebig
$u(n)$	$\dfrac{1}{1-z^{-1}}$	$\lvert z\rvert > 1$
$a^n\, u(n)$	$\dfrac{1}{1-a\,z^{-1}}$	$\lvert z\rvert > a$
$\cos(2\pi f_0 n)\, u(n)$	$\dfrac{1-\cos(2\pi f_0)\,z^{-1}}{1-2\cos(2\pi f_0)\,z^{-1}+z^{-2}}$	$\lvert z\rvert > 1$
$\sin(2\pi f_0 n)\, u(n)$	$\dfrac{\sin(2\pi f_0)\,z^{-1}}{1-2\cos(2\pi f_0)\,z^{-1}+z^{-2}}$	$\lvert z\rvert > 1$

Die z-Transformation ist linear, und für ein zeitverschobenes Signal gilt

$$Z\{x(n-m)\} = z^{-m}\, Z\{x(n)\}\,. \tag{8-31}$$

Einer Verschiebung um m Abtastwerte entspricht also die Multiplikation der z-Transformierten mit z^{-m}. Dies folgt aus

$$Z\{x(n-m)\} = \sum_{n=-\infty}^{\infty} x(n-m)\, z^{-n}$$

und der Substitution $k = n - m$:

$$Z\{x(n-m)\} = \sum_{k=-\infty}^{\infty} x(k)\, z^{-(k+m)} = z^{-m} \sum_{k=-\infty}^{\infty} x(k)\, z^{-k} = z^{-m}\, Z\{x(n)\}\,.$$

Der Faltung zweier Signale entspricht die Multiplikation der z-Transformierten, d. h. es gilt

$$Z\{x(n) * y(n)\} = Z\{x(n)\}\, Z\{y(n)\}\,. \tag{8-32}$$

Gl. 8-32 erhält man aus

$$Z\{x(n) * y(n)\} = Z\left\{ \sum_{k=-\infty}^{\infty} x(k)\, y(n-k) \right\} = \sum_{n=-\infty}^{\infty} \left(\sum_{k=-\infty}^{\infty} x(k)\, y(n-k) \right) z^{-n}$$

$$= \sum_{k=-\infty}^{\infty} x(k) \sum_{n=-\infty}^{\infty} y(n-k)\, z^{-n} = \sum_{k=-\infty}^{\infty} x(k)\, z^{-k} Z\{y(n)\} = Z\{x(n)\}\, Z\{y(n)\}.$$

Die z-Transformierte der Impulsantwort $h(n)$ eines zeitdiskreten LTI-Systems bezeichnet man als z-Übertragungsfunktion oder Systemfunktion $H(z)$. Durch z-Transformation der Beziehung Gl. 8-16, $y(n) = x(n) * h(n)$, folgt mit den Bezeichnungen $Z\{x(n)\} = S_x(z)$ und $Z\{y(n)\} = S_y(z)$ für die Beschreibung im z-Bereich

$$S_y(z) = S_x(z) H(z) \tag{8-33}$$

und

$$H(z) = \frac{S_y(z)}{S_x(z)} . \tag{8-34}$$

In Bild 8-15 wird die Beschreibung eines zeitdiskreten LTI-Systems durch dessen Impulsantwort in Verbindung mit Gl. 8-16 und dessen z-Übertragungsfunktion in Verbindung mit Gl. 8-33 nochmals grafisch veranschaulicht.

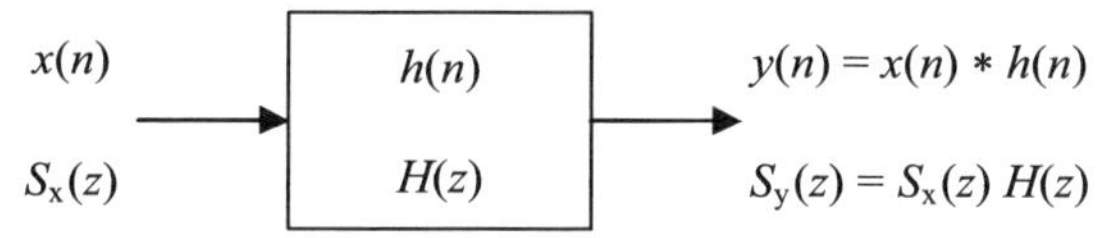

Bild 8-15: Beschreibung eines zeitdiskreten LTI-Systems durch Impulsantwort und z-Übertragungsfunktion

Für ein kausales und stabiles System ist die z-Übertragungsfunktion auf dem Einheitskreis gleich der Fourier-Transformierten $H(f)$ der Impulsantwort $h(n)$, d. h. aus $H(z)$ erhalten wir durch die Substitution $z = e^{j2\pi f}$ die Übertragungsfunktion

$$H(f) = H(z)\big|_{z=e^{j2\pi f}} . \tag{8-35}$$

Beispiel 8-4: *z*-Übertragungsfunktion eines rekursiven zeitdiskreten LTI-Systems

Wir betrachten das zeitdiskrete LTI-System in Bild 8-16a. Zu den Eingangswerten werden die um einen Abtastwert verzögerten und mit dem Faktor a multiplizierten Ausgangswerte addiert. Auf Grund der Rückführung der Ausgangswerte bezeichnet man das System als rekursiv. Für das Ausgangssignal erhalten wir aus Bild 8-16a

$$y(n) = x(n) + a\, y(n-1).$$

Die z-Transformation dieser Beziehung liefert mit Gl. 8-31

$$S_y(z) = S_x(z) + a\, z^{-1} S_y(z) ,$$

und wir erhalten daraus nach Gl. 8-34 die z-Übertragungsfunktion

$$H(z) = \frac{S_y(z)}{S_x(z)} = \frac{1}{1 - a\, z^{-1}} . \tag{8-36}$$

Bild 8-16b zeigt die Struktur des Systems im z-Bereich. Wie wir in Beispiel 8-3 gesehen haben, gehört zu Gl. 8-36 die Impulsantwort

$$h(n) = u(n)\, a^n .$$

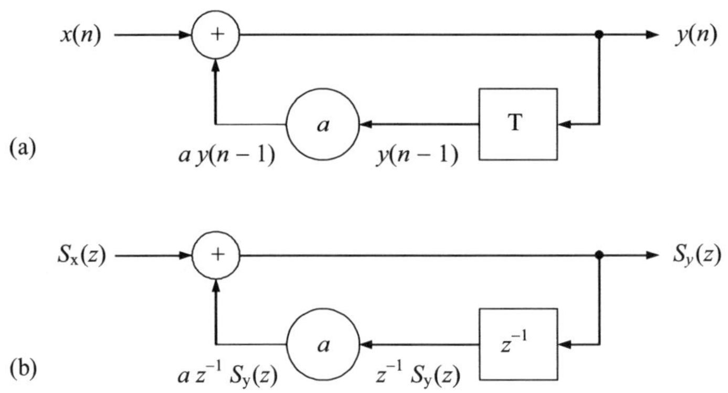

Bild 8-16: Rekursives zeitdiskretes LTI-System (a) im Zeitbereich und (b) im z-Bereich

Die Übertragungsfunktion lautet für $a < 1$

$$H(f) = \left. \frac{1}{1 - a z^{-1}} \right|_{z = e^{j2\pi f}} = \frac{1}{1 - a e^{-j2\pi f}} . \tag{8-37}$$

Der Betrag von $H(f)$ ist in Bild 8-17 gezeigt. $H(f)$ ist wieder periodisch mit der Periode $f = 1$ (vgl. auch Bild 8-7), und wir erkennen ein Tiefpassverhalten.

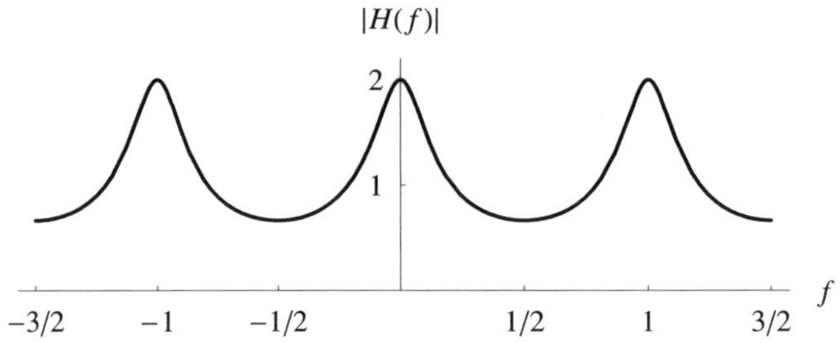

Bild 8-17: Betrag der Übertragungsfunktion des rekursiven zeitdiskreten Systems

◀

8.2 Digitale Filter

Ein kausales zeitdiskretes Filter wird durch die lineare Differenzengleichung

$$y(n) = \sum_{i=0}^{N} b_i \, x(n-i) + \sum_{i=1}^{M} a_i \, y(n-i) \tag{8-38}$$

beschrieben. Die Koeffizienten b_i und a_i bestimmen die Übertragungscharakteristik; man bezeichnet sie als Filterkoeffizienten. Die Umsetzung von Gl. 8-38 in ein Blockschaltbild zeigt Bild 8-18. Das Filter besteht im linken Teil aus N Verzögerungsgliedern oder Speicherelementen, die die Eingangswerte $x(n)$, …, $x(n-N)$ enthalten. Diese Werte werden mit den Koeffizienten b_0, …, b_N multipliziert. Der rechte Teil besteht aus M Verzögerungsgliedern, die die vorangegangenen Ausgangswerte $y(n-1)$, …, $y(n-M)$ enthalten und die mit den Koeffizienten a_1, …, a_M multipliziert werden.

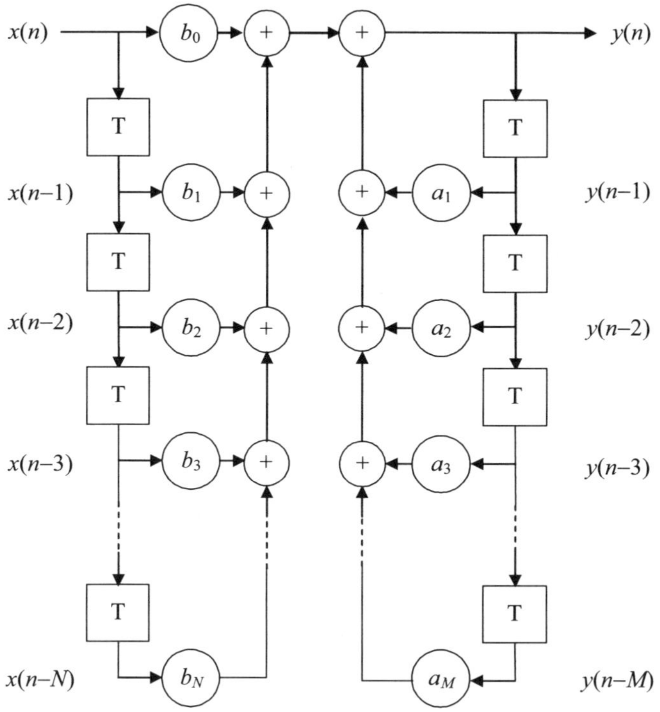

Bild 8-18: Allgemeine Struktur eines digitalen Filters

Durch die Transformation der Beziehung Gl. 8-38 erhalten wir

$$S_{\mathrm{y}}(z) = S_{\mathrm{x}}(z)\sum_{i=0}^{N} b_i\, z^{-i} + S_{\mathrm{y}}(z)\sum_{i=1}^{M} a_i\, z^{-i}$$

und durch Umstellen nach Gl. 8-34 die z-Übertragungsfunktion des Filters

$$H(z) = \frac{\sum_{i=0}^{N} b_i\, z^{-i}}{1-\sum_{i=1}^{M} a_i\, z^{-i}} = \frac{b_0 + b_1\, z^{-1} + \cdots + b_N\, z^{-N}}{1 - a_1\, z^{-1} - \cdots - a_M\, z^{-M}}\,. \qquad (8\text{-}39)$$

Das Zählerpolynom vom Grad N und das Nennerpolynom vom Grad M in Gl. 8-39 lassen sich in Produkte der Form

$$H(z) = b_0 \frac{z^{-N}}{z^{-M}} \frac{z^N + \frac{b_1}{b_0} z^{N-1} + \cdots + \frac{b_N}{b_0}}{z^M - a_1 z^{M-1} - \cdots - a_M} \tag{8-40}$$
$$= b_0 \, z^{M-N} \frac{(z - z_1)(z - z_2) \cdots (z - z_N)}{(z - p_1)(z - p_2) \cdots (z - p_M)}$$

bringen, d. h. die Koeffizienten b_i bestimmen die N Nullstellen $z_1, \ldots, z_N$ und die Koeffizienten a_i bestimmen die M Pole $p_1, \ldots, p_M$ der z-Übertragungsfunktion.

Ein Filter mit endlicher Impulsantwort oder ein FIR-Filter (Finite Impulse Response) erhalten wir, wenn $a_i = 0$ für alle i gilt. Ein FIR-Filter besteht also nur aus dem linken Teil des Blockschaltbildes Bild 8-18 und die z-Übertragungsfunktion enthält keine Pole. Für $a_i \neq 0$ für einige oder alle i erhalten wir ein Filter mit einer unendlich langen Impulsantwort oder ein IIR-Filter (Infinite Impulse Response). Bei dem rekursiven System aus Beispiel 8-4 handelt es sich um ein solches Filter. Da die z-Übertragungsfunktion eines IIR-Filters Pole enthält, kann ein IIR-Filter instabil sein. Ein System wird als stabil bezeichnet, wenn es auf ein beschränktes Eingangssignal mit einem beschränkten Ausgangssignal reagiert. Für ein kausales stabiles System muss die z-Übertragungsfunktion folgende Eigenschaften besitzen [26]:

- Das Konvergenzgebiet umfasst den Einheitskreis,
- alle Pole liegen innerhalb des Einheitskreises.

Die Realisierung digitaler Filter erfolgt meist durch Umsetzung von Gl. 8-38 in ein Programm, das beispielsweise auf einem digitalen Signalprozessor abläuft. Eine Alternative dazu ist die in Abschnitt 8.1.3 kurz angesprochene schnelle Faltung mit Hilfe der diskreten Fourier-Transformation. Bei besonders hohen Anforderungen an die Geschwindigkeit ist eine schaltungstechnische Realisierung mit Schieberegistern, Multiplizierern und Addierern entsprechend Bild 8-18 möglich. Erfolgt die Zahlendarstellung im Festkommaformat, so führt der begrenzte Wertebereich zu Rundungsfehlern bei den Filterkoeffizienten und den Zwischenergebnissen [7]. Zwar treten auch bei Gleitkommazahlen Rundungsfehler auf, auf Grund des wesentlich größeren Wertebereichs spielen diese jedoch in der Regel keine Rolle.

8.2.1 FIR-Filter

Bild 8-19 zeigt das Blockschaltbild eines FIR-Filters mit $N + 1$ Filterkoeffizienten. Es geht aus Bild 8-18 für $a_i = 0$ hervor. Legt man einen Einheitsimpuls (Gl. 8-2) an den Eingang des Filters, so "erscheinen" nacheinander die Filterkoeffizienten am Ausgang. Die Impulsantwort lautet daher

$$h(n) = b_0 \, \delta(n) + b_1 \, \delta(n-1) + \cdots + b_N \, \delta(n-N) \tag{8-41}$$

und es ist $h(0) = b_0$, $h(1) = b_1$, …, $h(N) = b_N$. Die Impulsantwort ist endlich, da sie maximal $N + 1$ von null verschiedene Werte enthalten kann. Mit Gl. 8-16 folgt bei Anwendung des Kommutativgesetzes der Faltung

$$y(n) = h(n) * x(n) = \sum_{k=0}^{N} h(k) \, x(n-k) = \sum_{i=0}^{N} b_i \, x(n-i) \, , \tag{8-42}$$

also Gl. 8-38 mit $a_i = 0$. Für die Übertragungsfunktion des FIR-Filters gilt mit Gl. 8-39

$$H(z) = \sum_{i=0}^{N} b_i\, z^{-i} \tag{8-43}$$

und mit Gl. 8-35

$$H(f) = \sum_{i=0}^{N} b_i\, \mathrm{e}^{-\mathrm{j}2\pi i f} \;. \tag{8-44}$$

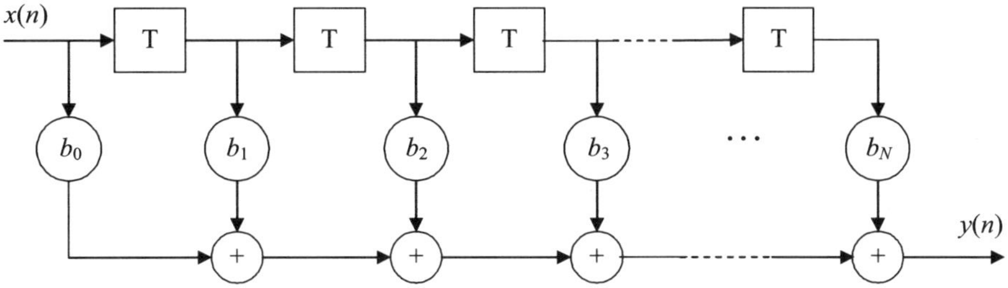

Bild 8-19: FIR-Filter

Zur Bestimmung der Filterkoeffizienten geht man von einem idealen System in Form eines Tiefpass-, Hochpass- oder Bandpassfilters, Differenzierers oder Hilbert-Transformators aus. Aus der idealen Übertragungsfunktion $H_{\mathrm{id}}(f)$ erhalten wir die Impulsantwort durch Fourier-Rücktransformation (Gl. 8-18):

$$h(n) = \int_{-1/2}^{1/2} H_{\mathrm{id}}(f)\mathrm{e}^{\mathrm{j}2\pi n f}\, \mathrm{d}f \;. \tag{8-45}$$

Die Impulsantwort eines idealen Systems nach Gl. 8-45 ist nicht kausal und unendlich lang. Damit ein zeitdiskretes System kausal ist, muss

$$h(n) = 0 \quad \text{für} \quad n < 0$$

gelten. Um ein kausales Filter mit einer endlichen Impulsantwort zu erhalten, müssen wir $h(n)$ auf den Bereich $-L \le n \le L$ beschränken und die Impulsantwort um L Werte nach rechts verschieben. Damit erhalten wir für die Filterkoeffizienten

$$\begin{aligned} b_0 &= h(-L), \\ &\vdots \\ b_N &= h(L), \end{aligned} \tag{8-46}$$

also insgesamt $N + 1 = 2L + 1$ Koeffizienten.

Wir wollen uns die Vorgehensweise am Beispiel eines Tiefpassfilters veranschaulichen. Bild 8-20 zeigt die Übertragungsfunktion $H_{\mathrm{id}}(f)$ eines idealen Tiefpasses mit der Bandbreite B (vgl. auch Bild 2-17). Da es sich um ein zeitdiskretes LTI-System handelt, ist die Übertragungsfunktion periodisch mit der Periode f_A und es muss $B < f_A/2$ gelten. Mit $f_A = 1$ und $B = f_A/4 = 1/4$ folgt

$$H_{id}(f) = \text{rect}\left(\frac{f}{2B}\right) = \text{rect}(2f). \tag{8-47}$$

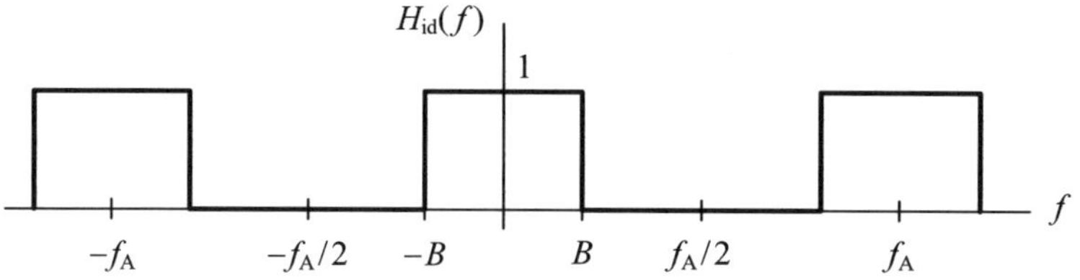

Bild 8-20: Übertragungsfunktion des idealen zeitdiskreten Tiefpasses

Für die Impulsantwort erhalten wir mit Gl. 8-45

$$h(n) = \int_{-1/4}^{1/4} e^{j2\pi n f}\, df = \frac{1}{2}\text{si}\left(\frac{\pi n}{2}\right) \tag{8-48}$$

und durch Begrenzen und Verschieben schließlich die Filterkoeffizienten nach Gl. 8-46. Für $L = 5$ ist $N = 10$ und wir haben ein FIR-Filter mit 11 Koeffizienten:

$$b_i = \begin{cases} \frac{1}{2}\text{si}\left(\frac{\pi}{2}(i-5)\right) & \text{für} \quad 0 \le i \le 10, \\ 0 & \text{sonst}. \end{cases}$$

Bild 8-21 zeigt die Impulsantwort und die Übertragungsfunktion nach Gl. 8-44 dieses Filters. Dabei handelt es sich um die gleiche Impulsantwort, die in Beispiel 8-2 verwendet wurde. Die zugehörige Übertragungsfunktion wurde bereits in Bild 8-7 dargestellt. Die in Bild 8-21 gezeigte Übertragungsfunktion ist identisch zu Bild 8-7, wobei hier nur der interessante Bereich $0 \le f \le 1/2$ und die Bedeutung der Abtastrate bei der Beschriftung der x-Achse herausgestellt wurde.

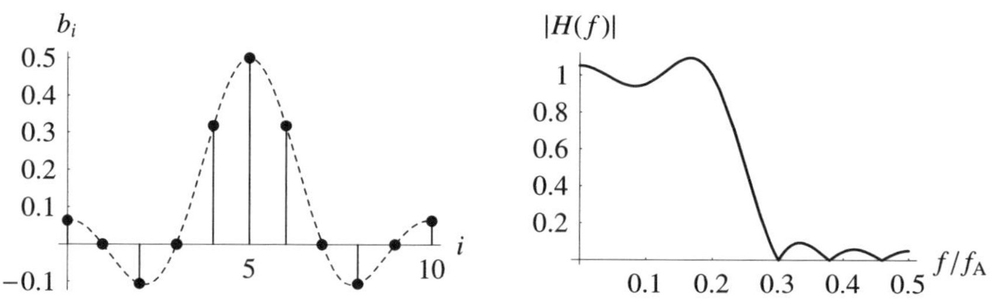

Bild 8-21: Impulsantwort und Übertragungsfunktion des FIR-Tiefpassfilters (N = 10)

Das Filter in diesem Beispiel hat die interessante Eigenschaft, dass es einen linearen Phasenverlauf hat. Ausgehend von der Übertragungsfunktion nach Gl. 8-44 erhalten wir für ein beliebiges L

$$H(f)=\sum_{i=0}^{N}\frac{1}{2}\mathrm{si}\left(\frac{\pi(i-L)}{2}\right)\mathrm{e}^{-\mathrm{j}2\pi i f}=\left[\sum_{n=-L}^{L}\frac{1}{2}\mathrm{si}\left(\frac{\pi n}{2}\right)\mathrm{e}^{-\mathrm{j}2\pi n f}\right]\mathrm{e}^{-\mathrm{j}2\pi L f}$$

$$=\left[\frac{1}{2}+\sum_{n=1}^{L}\mathrm{si}\left(\frac{\pi n}{2}\right)\cos(2\pi n f)\right]\mathrm{e}^{-\mathrm{j}2\pi L f}\,.$$

Der Ausdruck in der eckigen Klammer ist der Betrag von $H(f)$, und für die Phase bzw. die Gruppenlaufzeit (Gl. 4-56) von $H(f)$ erhalten wir

$$\varphi(f)=-2\pi L f\,,$$

$$t_{\mathrm{g}}=-\frac{1}{2\pi}\frac{\mathrm{d}\varphi(f)}{\mathrm{d}f}=L\,. \tag{8-49}$$

Die Phase ist also linear und die Gruppenlaufzeit konstant. Letztere stellt die Verzögerung durch das Filter dar; sie ist gleich $L = N/2$ und steigt mit der Anzahl der Filterkoeffizienten. Es kommt auf Grund der Welligkeit des Betrags von $H(f)$ also nur zu Amplitudenverzerrungen, aber nicht zu Phasenverzerrungen (siehe auch Abschnitt 2.1.4). Um ein linearphasiges Filter zu erhalten, muss die Impulsantwort symmetrisch bezüglich ihres Maximalwertes sein. Bild 8-22 zeigt die vier Typen linearphasiger FIR-Filter.

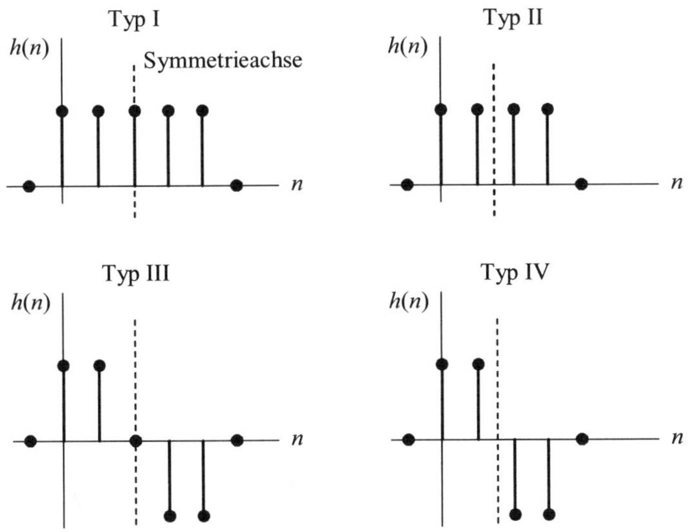

Bild 8-22: Linearphasige FIR-Filter

Wie man Bild 8-22 entnehmen kann, erhält man ein FIR-Filter mit linearer Phase und damit konstanter Gruppenlaufzeit, wenn die Impulsantwort eine der folgenden Symmetriebedingungen erfüllt [7]:

Typ I: N gerade, spiegelsymmetrische Impulsantwort

Typ II: N ungerade, spiegelsymmetrische Impulsantwort

Typ III: N gerade, punktsymmetrische Impulsantwort

Typ IV: N ungerade, punktsymmetrische Impulsantwort

Der Betrag der Übertragungsfunktion des Filters aus Bild 8-21 ist in Bild 8-23 nochmals in Dezibel (d. h. $20 \log |H(f)|$) dargestellt. Man erkennt das gewünschte Tiefpassverhalten mit $B = 1/4$, allerdings beträgt die minimale Dämpfung im Sperrbereich nur ca. 20 dB und im Bereich der Filterflanke ist der Verlauf nicht besonders steil. Hier liegt die Vermutung nahe, dass durch eine Erhöhung der Anzahl der Filterkoeffizienten die tatsächliche Übertragungsfunktion der idealen Übertragungsfunktion besser angenähert werden kann.

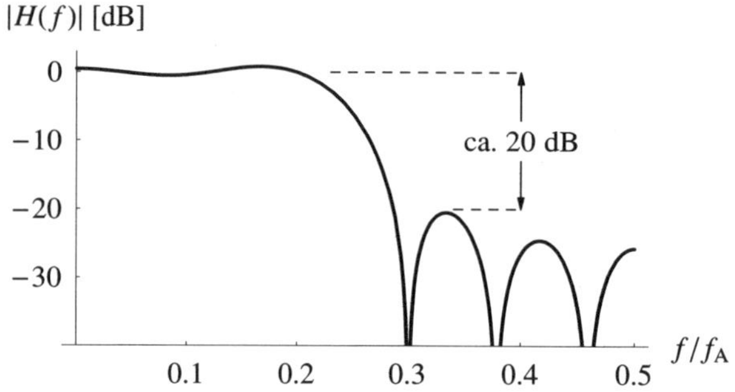

Bild 8-23: Übertragungsfunktion aus Bild 8-21 im logarithmischen Maßstab

Bild 8-24 zeigt die Impulsantwort und die Übertragungsfunktion eines Filters mit $N = 32$, d. h. 33 Koeffizienten, die durch

$$b_i = \begin{cases} \frac{1}{2} \operatorname{si}\left(\frac{\pi}{2}(i-16)\right) & \text{für} \quad 0 \le i \le 32, \\ 0 & \text{sonst} \end{cases}$$

gegeben sind. Durch die Erhöhung der Anzahl der Koeffizienten haben wir zwar einen steileren Verlauf der Filterflanke erreicht, die minimale Dämpfung im Sperrbereich beträgt weiterhin jedoch nur 20 dB. Auch durch eine weitere Erhöhung von N ändert sich dies nicht. Dieses Verhalten ist auch als gibbssches Phänomen bekannt [26].

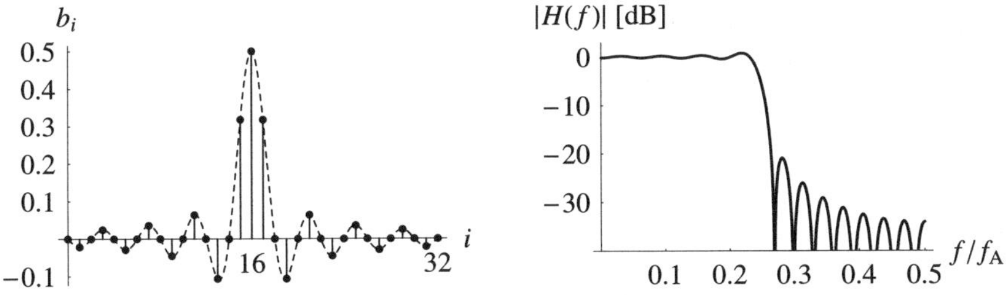

Bild 8-24: Impulsantwort und Übertragungsfunktion des FIR-Tiefpassfilters (N = 32)

Um die Dämpfung im Sperrbereich zu vergrößern, muss die Impulsantwort mit einer Fensterfunktion bewertet werden. Das Prinzip der Fensterung ist uns bereits im Zusammenhang mit der diskreten Fourier-Transformation in Abschnitt 8.1.3 begegnet. Tatsächlich werden sowohl für die Spektralanalyse als auch den Filterentwurf die gleichen Fensterfunktionen verwendet. Bild 8-25 zeigt einige gebräuchliche Funktionen:

Bartlett: $$w(i) = \begin{cases} 2i/M, & 0 \le i \le N/2 \\ 2 - 2i/M, & N/2 \le i \le N \end{cases}, \tag{8-50}$$

Hanning: $$w(i) = \frac{1}{2}\left(1 - \cos\left(\frac{2\pi i}{N}\right)\right), \quad 0 \le i \le N, \tag{8-51}$$

Hamming: $$w(i) = 0{,}54 - 0{,}46\cos\left(\frac{2\pi i}{N}\right), \quad 0 \le i \le N, \tag{8-52}$$

Blackman: $$w(i) = 0{,}42 - 0{,}5\cos\left(\frac{2\pi i}{N}\right) + 0{,}08\cos\left(\frac{4\pi i}{N}\right), \quad 0 \le i \le N. \tag{8-53}$$

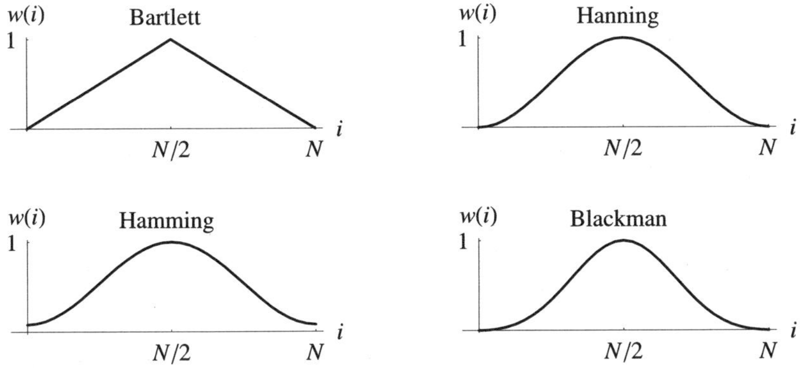

Bild 8-25: Fensterfunktionen

Wird wie zuvor die Impulsantwort einfach abgeschnitten, so kann dies als Multiplikation mit einem Rechteckfenster der Form

$$w(i) = \begin{cases} 1, & 0 \le i \le N \\ 0, & \text{sonst} \end{cases} \tag{8-54}$$

gedeutet werden. Durch die Gewichtung oder Multiplikation der Impulsantwort mit einer Fensterfunktion nach Bild 8-25 werden die ersten und letzten Werte der Impulsantwort abgesenkt. Der Multiplikation entspricht im Frequenzbereich die Faltung der Übertragungsfunktion mit der Fourier-Transformierten der Fensterfunktion (die Faltungstheoreme Gl. 2-22 gelten auch für zeitdiskrete Signale).

Bei der Auswahl der Fensterfunktion muss ein Kompromiss zwischen Dämpfung im Sperrbereich und Steilheit der Filterflanke gefunden werden. Bild 8-26 zeigt die Übertragungsfunktion des Filters aus Bild 8-24 bei Bewertung mit den Funktionen aus Bild 8-25. Zum Vergleich ist jeweils der Verlauf ohne Fensterung entsprechend Bild 8-24 gestrichelt eingezeichnet.

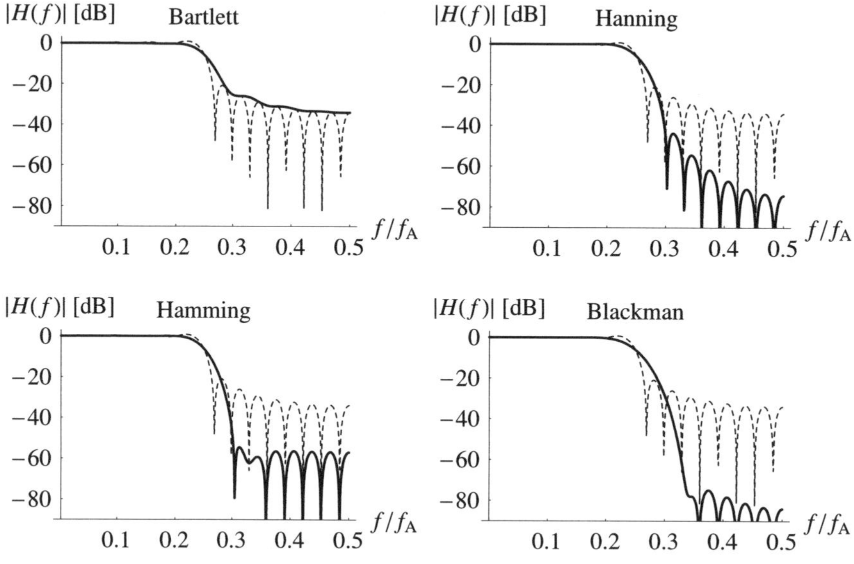

Bild 8-26: Übertragungsfunktion des FIR-Tiefpassfilters (N = 32) bei Bewertung der Impulsantwort mit verschiedenen Fensterfunktionen

Wie Bild 8-26 zeigt, kann mit dem Fensterentwurf die Dämpfung beträchtlich gesteigert werden, allerdings nimmt sie zu höheren Frequenzen hin zu. Oft ist jedoch über den gesamten Sperrbereich eine gleichmäßig hohe Dämpfung erwünscht. Dann ist ein Entwurf optimal, mit dem eine gleichmäßige Welligkeit bei größtmöglicher Dämpfung erzielt wird. Man bezeichnet ein solches Filter auch als Equiripple-Filter. Bild 8-27 zeigt die Spezifikation der Übertragungsfunktion eines Equiripple-Filters in Form eines Toleranzschemas.

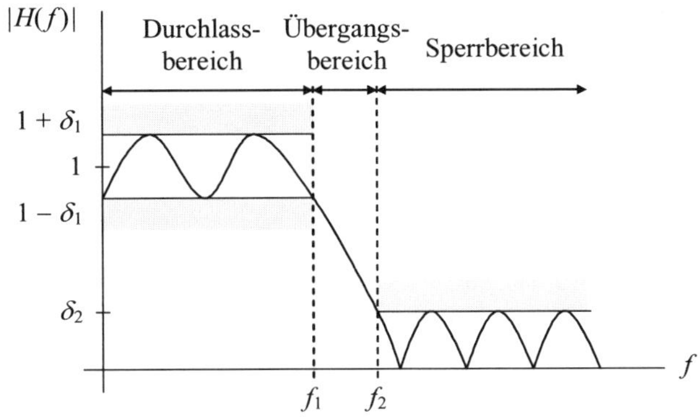

Bild 8-27: Toleranzschema eines Equiripple-Filters

Die Eckfrequenzen f_1 und f_2 bestimmen die Breite des Übergangsbereichs und damit die Steilheit der Filterflanke. Die Parameter δ_1 und δ_2 legen die Welligkeit im Durchlassbereich bzw. die Dämpfung im Sperrbereich fest. Anhand dieser Spezifikation werden die Filterkoeffizienten numerisch berechnet. Als Standard-Verfahren für die Berechnung liegt den meisten Entwurfsprogrammen der Remez-Algorithmus zu Grunde [26].

Bild 8-28 zeigt die Übertragungsfunktion eines Equiripple-Filters mit 33 Koeffizienten. Die Koeffizienten und damit die Impulsantwort unterscheidet sich nur geringfügig von der Impulsantwort in Bild 8-24. Bei gegebener Filterordnung N kann die Dämpfung im Sperrbereich auf Kosten der Breite des Übergangsbereichs oder der Welligkeit des Durchlassbereichs erhöht werden. Auch umgekehrt lässt sich einer dieser Parameter auf Kosten der anderen Parameter verbessern. Soll dagegen die Dämpfung im Sperrbereich erhöht werden, ohne dass die Breite des Übergangsbereichs oder die Welligkeit des Durchlassbereichs steigen, so muss man die Filterordnung vergrößern.

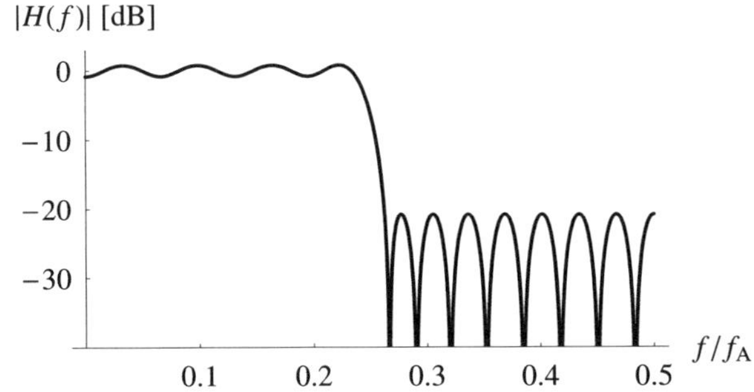

Bild 8-28: Übertragungsfunktion des Equiripple-Tiefpassfilters (N = 32)

8.2.2 IIR-Filter

Für die Realisierung von IIR-Filtern kann die Struktur des Filters in Bild 8-18 vereinfacht werden, so dass nur die Hälfte der Verzögerungsglieder benötigt wird. Dazu vertauscht man das linke und das rechte Teilsystem. Bild 8-29 zeigt das Resultat für den Fall $M = N = 4$. Das System in Bild 8-29 wird durch die Differenzengleichungen

$$w(n) = x(n) + \sum_{i=1}^{M} a_i \, w(n-i),$$
$$y(n) = \sum_{i=0}^{N} b_i \, w(n-i) \tag{8-55}$$

beschrieben. Es ist äquivalent zu dem System in Bild 8-18, denn durch z-Transformation von Gl. 8-55 erhalten wir

$$W(z) = \frac{S_\mathrm{x}(z)}{1 - \sum_{i=1}^{M} a_i \, z^{-i}}$$

und

$$S_\mathrm{y}(z) = \left(\sum_{i=0}^{N} b_i \, z^{-i} \right) W(z) = \frac{\sum_{i=0}^{N} b_i \, z^{-i}}{1 - \sum_{i=1}^{M} a_i \, z^{-i}} S_\mathrm{x}(z),$$

also die z-Übertragungsfunktion nach Gl. 8-39. Man bezeichnet die Struktur in Bild 8-18 als Direktform I und die Struktur in Bild 8-29 als Direktform II.

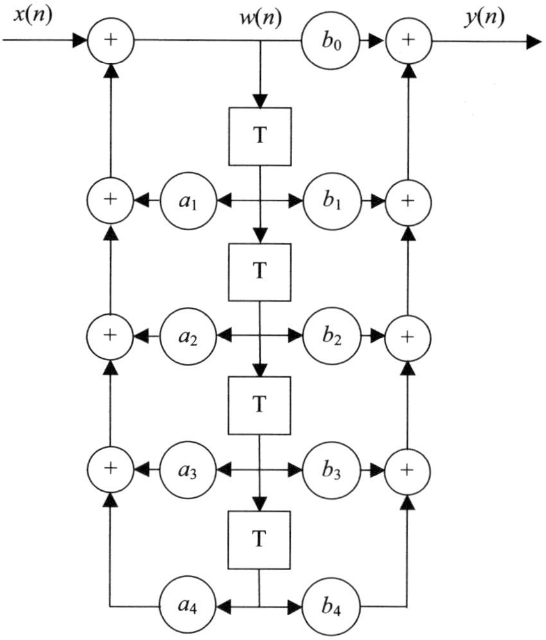

Bild 8-29: IIR-Filter, Direktform II ($M = N = 4$)

Es wurde bereits angesprochen, dass bei der praktischen Umsetzung Rundungsfehler entstehen. IIR-Filter können sehr empfindlich auf Rundungsfehler reagieren, daher zerlegt man die Übertragungsfunktion

$$H(z) = H_1(z) H_2(z) \cdots H_K(z) = \prod_{j=1}^{K} H_j(z) \tag{8-56}$$

in Teilsysteme 2. Ordnung mit

$$H_j(z) = \frac{b_{0j} + b_{1j}\, z^{-1} + b_{2j}\, z^{-2}}{1 - a_{1j}\, z^{-1} - a_{2j}\, z^{-2}}\,. \tag{8-57}$$

Bild 8-30 zeigt die Zerlegung des Systems aus Bild 8-29 in zwei Teilsysteme 2. Ordnung. Durch die Kaskadenstruktur können durch Rundungsfehler hervorgerufene Effekte durch eine geeignete Zerlegung minimiert werden. Programme zum Entwurf von IIR-Filtern berechnen die Filterkoeffizienten in der Regel für die Struktur von Bild 8-30.

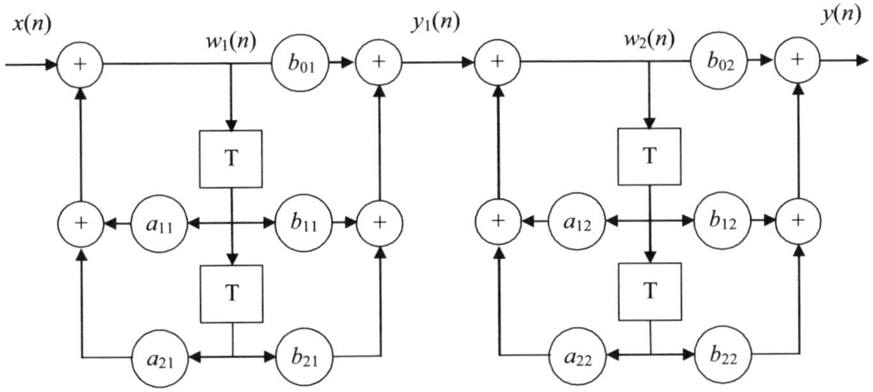

Bild 8-30: Kaskadenstruktur mit Teilsystemen 2. Ordnung in Direktform II

Der Entwurf eines IIR-Filters geht von einem analogen Filter, beispielsweise einem Butterworth-, Chebyshev- oder elliptischen Filter, aus. Die meisten Entwurfsprogramme arbeiten mit der bilinearen Transformation, um aus der Übertragungsfunktion des analogen Filters die Übertragungsfunktion des zeitdiskreten Filters zu ermitteln [26]. Beispielsweise wird ein Butterworth-Tiefpass 1. Ordnung durch die zeitdiskrete Übertragungsfunktion

$$H(z) = \frac{b_0 + b_1\, z^{-1}}{1 - a_1\, z^{-1}}\,, \tag{8-58}$$

also durch ein Teilsystem 2. Ordnung in Direktform II mit $a_2 = b_2 = 0$, realisiert. Das System besitzt eine Nullstelle bei $z = -b_1 / b_0$ und einen Pol bei $z = a_1$. Bild 8-31 zeigt Betrag und Phase der Übertragungsfunktion für eine –3-dB-Grenzfrequenz von $0{,}125\, f_A$. In diesem Fall ergeben sich die Filterkoeffizienten zu $a_1 = 0{,}4142$ und $b_0 = b_1 = 0{,}2929$.

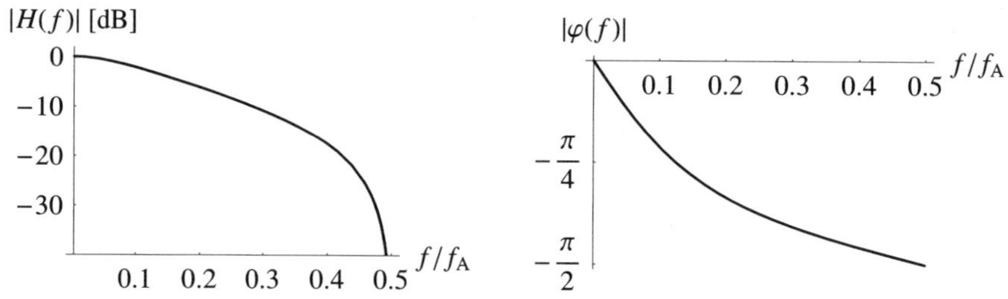

Bild 8-31: Übertragungsfunktion eines zeitdiskreten Butterworth-Tiefpasses 1. Ordnung, $f_{-3\,\mathrm{dB}} = 0{,}125\,f_A$

Wenn wir die Übertragungsfunktion Gl. 8-58 in zwei Brüche zerlegen, so erhalten wir mit der Korrespondenz für $a^n\,u(n)$ aus Tabelle 8-1 und Gl. 8-31 für die Impulsantwort (Bild 8-32)

$$h(n) = b_0\, a_1^n\, u(n) + b_1\, a_1^{n-1}\, u(n-1)\,. \tag{8-59}$$

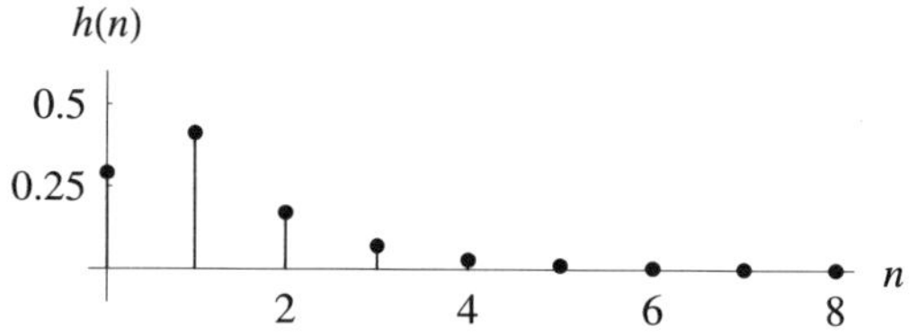

Bild 8-32: Impulsantwort des Butterworth-Tiefpasses aus Bild 8-31

Ein IIR-Filter hat weniger Koeffizienten und erfordert daher weniger Rechenoperationen als ein vergleichbares FIR-Filter. IIR-Filter haben jedoch einen nichtlinearen Phasenverlauf und können auf Grund der Pole instabil werden. FIR-Filter sind dagegen immer stabil. Allgemein erfordert der Entwurf von IIR-Filtern größere Sorgfalt, da diese empfindlicher auf Rundungsfehler reagieren. Bei einigen Entwurfsprogrammen kann daher der Einfluss der Quantisierung der Koeffizienten auf die Filtereigenschaften untersucht werden.

8.3 Entzerrer und adaptive Filter

In Kapitel 4 wurde gezeigt, dass durch geeignete Impulsformung eine Übertragung über einen idealen bandbegrenzten Kanal ohne Intersymbol-Interferenz möglich ist. Reale Übertragungskanäle sind jedoch nicht ideal, d. h. die Übertragungsfunktion ist nicht konstant innerhalb der Übertragungsbandbreite. Der Einfluss von Verzerrungen wurde in Abschnitt 4.5 diskutiert. Die Verzerrungen verursachen Intersymbol-Interferenz, die im Empfänger mit einem Entzerrer kompensiert werden muss. In diesem Abschnitt wird nun die lineare Entzerrung digitaler Basisbandsignale mit Hilfe von digitalen Filtern behandelt.

8.3.1 Lineare Entzerrung

Ein linearer Entzerrer besteht aus einem FIR-Filter nach Bild 8-19. Bisher sind wir beim Filterentwurf von einer gewünschten Übertragungsfunktion ausgegangen. Bei einem Entzerrer werden die Filterkoeffizienten dagegen so bestimmt, dass die Intersymbol-Interferenz minimal wird.

Am Eingang des Entzerrers liege der zu entzerrende Impuls $g(n)$. $g(n)$ entsteht durch Abtastung eines Grundimpulses $g(t)$, der aus der Übertragung eines Grundimpulses $p(t)$ über den Kanal hervorgeht (vgl. Abschnitt 4.5). Um die Verwendung des FIR-Filters als Entzerrer hervorzuheben, bezeichnen wir die $N+1$ Filterkoeffizienten mit $e_0, e_1, \ldots, e_N$. Die Koeffizienten e_i bilden nach Gl. 8-41 die Impulsantwort $e(n)$ des Entzerrerfilters. Für das Ausgangssignal des Filters gilt dann nach Gl. 8-42

$$y(n) = g(n) * e(n) = \sum_{k=0}^{N} e_k \, g(n-k) . \tag{8-60}$$

Im Idealfall sollte das Ausgangssignal frei von Intersymbol-Interferenz sein. Bei Abtastung mit der Symbolrate, d. h. im Abstand T_s, gilt dann entsprechend Gl. 4-3

$$y(n) = \begin{cases} 1 & \text{für} \quad n = k, \\ 0 & \text{für} \quad n \neq k. \end{cases} \tag{8-61}$$

Der Hauptwert liegt im Gegensatz zu Gl. 4-3 bei $n = k$ und nicht bei $n = 0$, da die Signallaufzeit durch das Entzerrerfilter berücksichtigt werden muss.

Der Eingangsimpuls habe eine endliche Länge, d. h. es ist $g(n) = 0$ für $n < 0$ und $n > m$. Wenn wir das Eingangssignal $g(n)$ mit $m + 1$ Elementen mit der Impulsantwort $e(n)$ mit $N + 1$ Elementen falten, so entsteht das Ausgangssignal $y(n)$ mit maximal $m + N + 1$ von null verschiedenen Elementen. Die Elemente von $y(n)$ können also nur für $0 \leq n \leq m + N$ ungleich null sein. Bei idealer Entzerrung erfüllt $y(n)$ die Bedingung Gl. 8-61 und es gilt $y(n) = \{\ldots, 0, 1, 0, \ldots\}$. Wir definieren die Vektoren

$$\mathbf{e} = [e_0, e_1, \ldots, e_N]^{\mathrm{T}} , \tag{8-62}$$

$$\mathbf{y} = [y(0), \ldots, y(m+N)]^{\mathrm{T}} = [0, \ldots, 0, 1, 0, \ldots, 0]^{\mathrm{T}} . \tag{8-63}$$

Mit Hilfe dieser Vektoren schreiben wir für das durch Gl. 8-60 gegebene Gleichungssystem

$$\begin{bmatrix} g_0 & 0 & \cdots & \cdots & 0 \\ g_1 & g_0 & 0 & \cdots & 0 \\ \vdots & & & & \\ g_m & g_{m-1} & \cdots & \cdots & g_{m-N} \\ 0 & g_m & \cdots & \cdots & g_{m-N+1} \\ \vdots & & & & \\ 0 & 0 & \cdots & \cdots & g_m \end{bmatrix} \cdot \begin{bmatrix} e_0 \\ e_1 \\ \vdots \\ e_N \end{bmatrix} = \begin{bmatrix} 0 \\ 0 \\ \vdots \\ 0 \\ 1 \\ 0 \\ \vdots \\ 0 \end{bmatrix} . \tag{8-64}$$

Die Matrix in Gl. 8-64 besteht aus $m + N + 1$ Zeilen und $N + 1$ Spalten und wird als Faltungsmatrix **F** bezeichnet. Damit können wir für das Gleichungssystem in kompakter Form

$$\mathbf{F} \cdot \mathbf{e} = \mathbf{y} \tag{8-65}$$

schreiben. Gl. 8-65 beschreibt ein System mit $m + N + 1$ Gleichungen. Da aber nur $N + 1$ Filterkoeffizienten zur Verfügung stehen, kann das Gleichungssystem nicht gelöst werden. Bei Abtastung mit der Symbolrate ist also eine exakte Entzerrung in dem Sinn, dass der Ausgangsvektor **y** Gl. 8-63 erfüllt, nicht möglich. Wir betrachten im Folgenden drei Lösungen für dieses Problem: den Zero-Forcing-Entzerrer, den Mean-Square-Error- oder MSE-Entzerrer und den Entzerrer mit Doppelabtastung.

Beim Zero-Forcing-Entzerrer werden die Filterkoeffizienten so bestimmt, dass nur N Elemente von $y(n)$ gleich null sind [34]. Die restlichen Elemente der Ausgangsfolge sind ungleich null und bilden die verbleibende Intersymbol-Interferenz. Dazu wird das Gleichungssystem auf $N + 1$ Gleichungen reduziert, d. h. die Faltungsmatrix **F** besteht aus $N + 1$ Zeilen und der Ergebnisvektor **y** aus $N + 1$ Elementen. Wir betrachten als Beispiel den Eingangsimpuls $g(n)$ aus Bild 8-33. Es ist $m = 4$ und $g(n) = 0$ für $n < 0$ und $n > 4$. Für einen Entzerrer mit 5 Koeffizienten ist $N = 4$ und wir erhalten das Gleichungssystem

$$\begin{bmatrix} 1.0 & 0.2 & 0.0 & 0.0 & 0.0 \\ -0.3 & 1.0 & 0.2 & 0.0 & 0.0 \\ 0.15 & -0.3 & 1.0 & 0.2 & 0.0 \\ 0.01 & 0.15 & -0.3 & 1.0 & 0.2 \\ 0.0 & 0.01 & 0.15 & -0.3 & 1.0 \end{bmatrix} \cdot \begin{bmatrix} e_0 \\ e_1 \\ e_2 \\ e_3 \\ e_4 \end{bmatrix} = \begin{bmatrix} 0 \\ 0 \\ 1 \\ 0 \\ 0 \end{bmatrix}. \tag{8-66}$$

Im Vergleich zu Gl. 8-64 wurden die erste und die drei letzten Zeilen von **F** gestrichen, so dass der Maximalwert von $g(n)$ in der Diagonalen von **F** liegt. Der Ergebnisvektor **y** wurde so bestimmt, dass jeweils zwei Werte vor und nach dem Hauptwert gleich null sind.

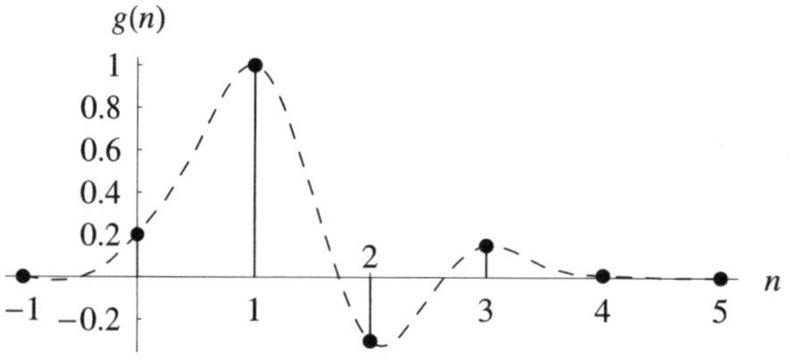

Bild 8-33: Zu entzerrender Eingangsimpuls (m = 4)

Die Lösung des Gleichungssystems ergibt sich mit der invertierten Faltungsmatrix gemäß

$$\mathbf{e} = \mathbf{F}^{-1}\, \mathbf{y}\,, \tag{8-67}$$

und wir erhalten für das Beispiel aus Gl. 8-66 die Entzerrerkoeffizienten

$$\mathbf{e} = [0.0334, -0.1670, 0.8852, 0.2986, -0.0415]^{\mathrm{T}} \tag{8-68}$$

und nach Gl. 8-60 das in Bild 8-34 gezeigte Ausgangssignal. Neben dem Hauptwert bei $n = 3$ haben wir wie erwartet jeweils links und rechts zwei Werte mit null. Die restlichen Werte von $y(n)$ stellen die verbleibende Intersymbol-Interferenz dar, die durch den Zero-Forcing-Entzerrer nicht kompensiert werden kann.

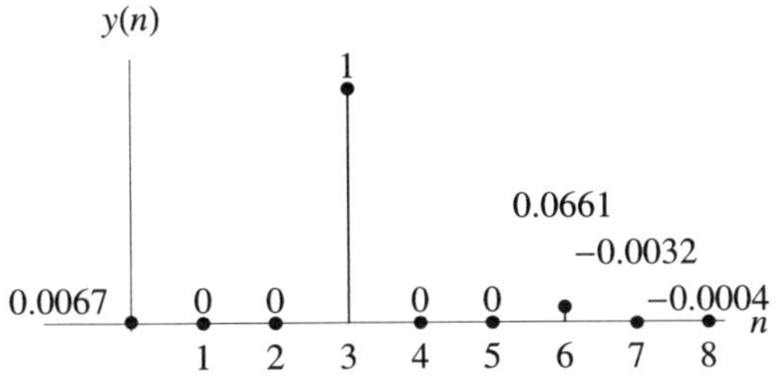

Bild 8-34: Ausgangssignal des Zero-Forcing-Entzerrers (N = 4)

Beim MSE-Entzerrer fordert man nicht die exakte Einhaltung von Gl. 8-63, sondern man lässt eine geringe Abweichung δ_i, $0 \le i \le m + N$, vom Idealwert zu. Für den Eingangsimpuls aus Bild 8-33 erhalten wir das Gleichungssystem

$$\begin{bmatrix} 0.2 & 0.0 & 0.0 & 0.0 & 0.0 \\ 1.0 & 0.2 & 0.0 & 0.0 & 0.0 \\ -0.3 & 1.0 & 0.2 & 0.0 & 0.0 \\ 0.15 & -0.3 & 1.0 & 0.2 & 0.0 \\ 0.01 & 0.15 & -0.3 & 1.0 & 0.2 \\ 0.0 & 0.01 & 0.15 & -0.3 & 1.0 \\ 0.0 & 0.0 & 0.01 & 0.15 & -0.3 \\ 0.0 & 0.0 & 0.0 & 0.01 & 0.15 \\ 0.0 & 0.0 & 0.0 & 0.0 & 0.01 \end{bmatrix} \cdot \begin{bmatrix} e_0 \\ e_1 \\ e_2 \\ e_3 \\ e_4 \end{bmatrix} = \begin{bmatrix} 0 \\ 0 \\ 0 \\ 1 \\ 0 \\ 0 \\ 0 \\ 0 \\ 0 \end{bmatrix} + \begin{bmatrix} \delta_0 \\ \delta_1 \\ \delta_2 \\ \delta_3 \\ \delta_4 \\ \delta_5 \\ \delta_6 \\ \delta_7 \\ \delta_8 \end{bmatrix}. \tag{8-69}$$

Die Entzerrerkoeffizienten werden nun so bestimmt, dass die Summe der Fehlerquadrate

$$\sum_{i=0}^{m+N} \delta_i^2 \tag{8-70}$$

minimal wird. Dies führt zu der Lösung [13], [34]

$$\mathbf{e} = (\mathbf{F}^T\ \mathbf{F})^{-1}\ \mathbf{F}^T\ \mathbf{y}\ . \tag{8-71}$$

Für das Beispiel aus Gl. 8-69 erhalten wir die Entzerrerkoeffizienten

$$\mathbf{e} = [0.0326, -0.1675, 0.8825, 0.2919, -0.0245]^{\mathrm{T}} \tag{8-72}$$

und das in Bild 8-35 gezeigte Ausgangssignal. Der MSE-Entzerrer wird meist gegenüber dem Zero-Forcing-Entzerrer bevorzugt, da er sich robuster gegenüber Störungen in Form von Rauschen und starker Intersymbol-Interferenz verhält.

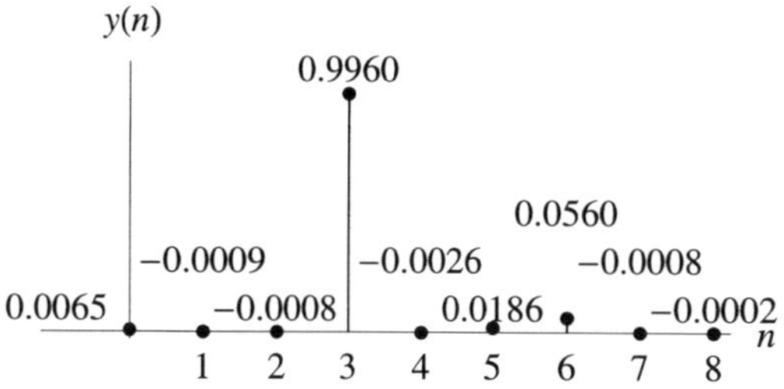

Bild 8-35: Ausgangssignal des MSE-Entzerrers (N = 4)

Eine exakte Entzerrung des Signals wird möglich, wenn der Entzerrer mit einer Abtastrate arbeitet, die größer als die Symbolrate ist. Bei einem Entzerrer mit Doppelabtastung, der auch als T/2-Entzerrer bezeichnet wird, beträgt die Abtastrate das Doppelte der Symbolrate [13], [29]. Bild 8-36 zeigt den Eingangsimpuls aus Bild 8-33 bei Doppelabtastung. In diesem Fall ist $m = 8$ und $g(n) = 0$ für $n < 0$ und $n > 8$.

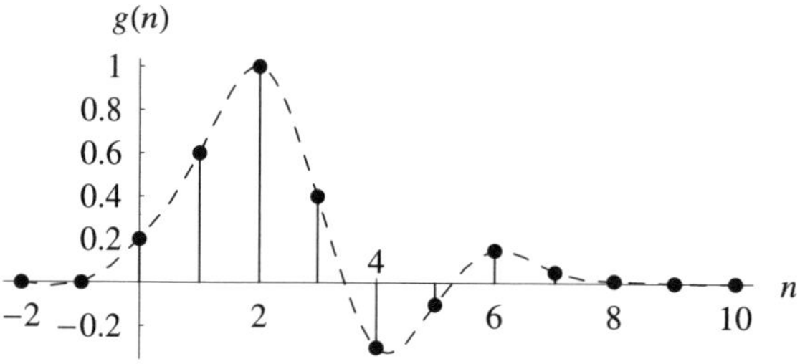

Bild 8-36: Zu entzerrender Eingangsimpuls bei Doppelabtastung (m = 8)

Die Ausgangsfolge enthält wieder $m + N + 1$ von null verschiedene Elemente, von denen aber nur jedes zweite Element die Bedingung entsprechend Gl. 8-61 erfüllen muss. Indem nur jede zweite Gleichung des Systems von Gl. 8-64 berücksichtigt wird, ist eine Lösung für $N = m$ möglich. Für einen Entzerrer mit 9 Koeffizienten ($N = 8$) erhalten wir das Gleichungssystem

$$\begin{bmatrix} 0.2 & 0.0 & 0.0 & 0.0 & 0.0 & 0.0 & 0.0 & 0.0 & 0.0 \\ 1.0 & 0.6 & 0.2 & 0.0 & 0.0 & 0.0 & 0.0 & 0.0 & 0.0 \\ -0.3 & 0.4 & 1.0 & 0.6 & 0.2 & 0.0 & 0.0 & 0.0 & 0.0 \\ 0.15 & -0.1 & -0.3 & 0.4 & 1.0 & 0.6 & 0.2 & 0.0 & 0.0 \\ 0.01 & 0.05 & 0.15 & -0.1 & -0.3 & 0.4 & 1.0 & 0.6 & 0.2 \\ 0.0 & 0.0 & 0.01 & 0.05 & 0.15 & -0.1 & -0.3 & 0.4 & 1.0 \\ 0.0 & 0.0 & 0.0 & 0.0 & 0.01 & 0.05 & 0.15 & -0.1 & -0.3 \\ 0.0 & 0.0 & 0.0 & 0.0 & 0.0 & 0.0 & 0.01 & 0.05 & 0.15 \\ 0.0 & 0.0 & 0.0 & 0.0 & 0.0 & 0.0 & 0.0 & 0.0 & 0.01 \end{bmatrix} \cdot \begin{bmatrix} e_0 \\ e_1 \\ e_2 \\ e_3 \\ e_4 \\ e_5 \\ e_6 \\ e_7 \\ e_8 \end{bmatrix} = \begin{bmatrix} 0 \\ 0 \\ 0 \\ 0 \\ 1 \\ 0 \\ 0 \\ 0 \\ 0 \end{bmatrix} \qquad (8\text{-}73)$$

mit der Lösung $\mathbf{e} = \mathbf{F}^{-1}\,\mathbf{y}$. Für das Beispiel aus Gl. 8-73 erhalten wir

$$\mathbf{e} = [0, -1.0262, -3.0785, -4.7750, 0.9849, 3.2477, -1.0132, 0.2026, 0]^{\mathrm{T}}\,. \tag{8-74}$$

Das resultierende Ausgangssignal zeigt Bild 8-37. Jedes zweite Element der Ausgangsfolge bis auf den Hauptwert ist null und wird dem Entscheider zugeführt. Die dazwischen liegenden Elemente können beliebige Werte annehmen und werden nicht weiter verarbeitet.

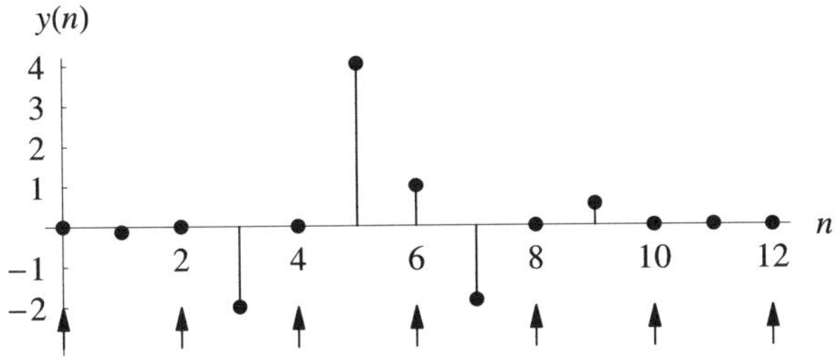

Bild 8-37: Ausgangssignal des T/2-Entzerrers (N = 4)

8.3.2 Adaptive Entzerrung

Die Bestimmung der Filterkoeffizienten im vorangehenden Abschnitt erfordert die Kenntnis der Impulsantwort oder der Übertragungsfunktion des Kanals. Diese sind aber oft nicht bekannt, und in diesem Fall muss die Einstellung der Koeffizienten adaptiv erfolgen. Bild 8-38 zeigt die Struktur eines adaptiven Entzerrers. Als iteratives Verfahren zur Koeffizientenadaption betrachten wir den LMS(Least-Mean-Square)-Algorithmus [13].

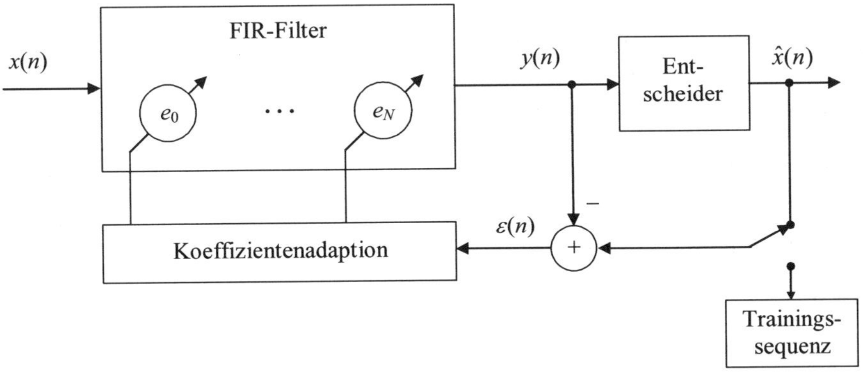

Bild 8-38: Aufbau eines adaptiven Entzerrers

Die Einstellung der Filterkoeffizienten erfolgt anhand des Differenzsignals $\varepsilon(n) = \hat{x}(n) - y(n)$. $\varepsilon(n)$ ist ein Maß für die Intersymbol-Interferenz; bei idealer Entzerrung wäre $\varepsilon(n) = 0$. Wir wissen jedoch aus dem vorangegangenen Abschnitt, dass bei Abtastung mit der Symbolrate keine exakte Entzerrung möglich ist. Beim LMS-Algorithmus wird der quadratische Fehler

$$Q = \left(\hat{x}(n) - y(n)\right)^2 \tag{8-75}$$

minimiert. Q wird auch als Zielfunktion bezeichnet. Wir nehmen an, dass $\hat{x}(n)$ unabhängig von den Entzerrerkoeffizienten ist. Dies setzt voraus, dass der Entzerrer bereits richtig eingestellt oder die gesendete Datenfolge im Empfänger bekannt ist. Da $y(n)$ eine lineare Funktion der Filterkoeffizienten e_k ist, hängt Q quadratisch von e_k ab (Bild 8-39). Der optimale Koeffizient ist durch das Minimum der Zielfunktion gegeben.

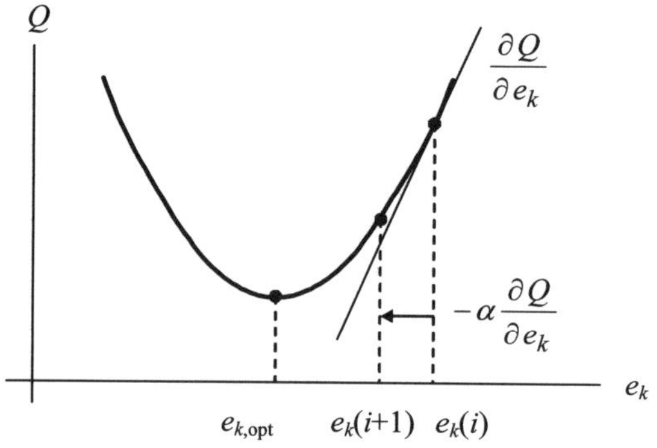

Bild 8-39: Prinzip der Koeffizientenadaption

Die Adaption der Koeffizienten erfolgt proportional zum Gradienten bzw. der Steigung $\partial Q / \partial b_k$ der Zielfunktion:

$$e_k(i+1) = e_k(i) - \alpha \frac{\partial Q}{\partial e_k} \quad (k = 0, \dots, N). \tag{8-76}$$

Im Minimum der Zielfunktion ist die Steigung null und der Algorithmus ist zum optimalen Wert $e_{k,\text{opt}}$ konvergiert. Für den Gradienten gilt mit Gl. 8-75 unter der Voraussetzung, dass $\hat{x}(n)$ unabhängig von den Entzerrerkoeffizienten ist,

$$\frac{\partial Q}{\partial e_k} = -2\left(\hat{x}(n) - y(n)\right)\frac{\partial y(n)}{\partial e_k}. \tag{8-77}$$

Nach Gl. 8-60 ist für ein Eingangssignal $x(n)$

$$y(n) = e_0\, x(n) + \cdots + e_k\, x(n-k) + \cdots + e_N\, x(n-N)$$

und damit

$$\frac{\partial y(n)}{\partial e_k} = x(n-k).$$

Dies eingesetzt in Gl. 8-77 und Gl. 8-76 ergibt

$$e_k(i+1) = e_k(i) + \alpha\left(\hat{x}(n) - y(n)\right)x(n-k) \qquad (k = 0, \dots, N), \tag{8-78}$$

wobei der Faktor 2 aus Gl. 8-77 nun in α enthalten ist. Gl. 8-78 stellt die Vorschrift zur Koeffizientenadaption dar, wie sie in Bild 8-38 enthalten ist. Die verzögerten Eingangswerte $x(n-k)$ können den Speicherelementen des FIR-Filters entnommen werden. Mit jedem neuen Eingangswert $x(n)$ müssen alle $N+1$ Entzerrerkoeffizienten neu berechnet werden.

Der LMS-Algorithmus konvergiert zur MSE-Lösung (siehe Abschnitt 8.3.1), falls die Datenfolge unkorreliert ist und dem Nutzsignal keine Störungen überlagert sind. Der Parameter α bestimmt dabei die Konvergenzgeschwindigkeit. Ein kleines α bedeutet langsame Konvergenz bei geringem Restfehler. Umgekehrt resultiert ein großes α in schneller Konvergenz bei großem Restfehler. Wird α zu groß gewählt, konvergiert der Algorithmus nicht mehr.

Zu Beginn der Übertragung wird zunächst eine dem Empfänger bekannte Trainingssequenz gesendet. Dadurch wird erreicht, dass $\hat{x}(n)$ unabhängig von den Entzerrerkoeffizienten ist, auch wenn diese noch weit von der optimalen Einstellung entfernt sind. Nachdem der Adaptionsalgorithmus konvergiert ist, wird von der Trainingssequenz auf die empfangene Datenfolge umgeschaltet.

9 Funktions- und Entwurfsprinzipien von Kommunikationsnetzen

Ein Kommunikationsnetz besteht nach Bild 1-7 aus Übertragungssystemen, Vermittlungseinrichtungen und Endgeräten. Die in den vorangegangenen Kapiteln behandelte Übertragungstechnik ist die Grundlage eines Netzes, indem sie die Funktionen zur Bitübertragung bereitstellt. In diesem und dem folgenden Kapitel wollen wir die wesentlichen Verfahren betrachten, die darüber hinaus für die Funktion und den Entwurf eines Netzes von grundlegender Bedeutung sind.

9.1 OSI-Referenzmodell

Das OSI(Open System Interconnection)-Modell beschreibt ein offenes Kommunikationssystem für den Datenaustausch zwischen Computern. Es wurde von der ISO (International Standards Organisation) entwickelt und stammt aus dem Jahr 1984. Kern des OSI-Modells ist die Gliederung eines Kommunikationssystems in sieben Schichten. Tabelle 9-1 zählt diese Schichten auf und enthält eine kurze Funktionsbeschreibung.

Tabelle 9-1: Die sieben Schichten des OSI-Referenzmodells

Schicht	Bezeichnung	Funktion
7	Anwendungsschicht (Application Layer)	Anwendung, Quelle und Senke für Datentransfer
6	Darstellungsschicht (Presentation Layer)	Übersetzung in ein Standardformat (z. B. Konvertierung eines Zeichensatzes)
5	Steuerungsschicht (Session Layer)	Steuerung der Kommunikation (z. B. Beginn/Ende, Dialog-Synchronisation)
4	Transportschicht (Transport Layer)	Auf- und Abbau logischer Verbindungen, Flusskontrolle, Ende-zu-Ende-Fehlerbehandlung
3	Netzwerkschicht (Network Layer)	Vermittlungsfunktionen, Routing
2	Sicherungsschicht (Data Link Layer)	Flusskontrolle, Fehlerbehandlung für eine Übertragungsstrecke
1	Bitübertragung (Physical Layer)	Anpassung an das physikalische Medium (z. B. Modulation, elektrisch/optische Wandlung)

Obwohl heutige Netze sich nicht exakt am OSI-Modell orientieren und OSI-Protokolle keine weite Verbreitung gefunden haben, stellen die Unterteilung in Schichten und die damit verbundenen Begriffe und Definitionen eine gemeinsame Basis für alle Netze dar. Eine ausführliche Beschreibung der einzelnen Schichten und eine Diskussion der Bedeutung des OSI-Modells findet sich beispielsweise in [38].

Bild 9-1 zeigt zwei Endgeräte, die über einen Vermittlungsknoten bzw. einen Router verbunden sind. Im sendenden System erfolgt der Informationsfluss von oben nach unten, d. h. von Schicht n zur darunter liegenden Schicht $n - 1$ bis zur physikalischen Schicht. Die physikalische Schicht sorgt für die Bitübertragung zum empfangenden System. Dort geht der Informationsfluss von unten nach oben, d. h. von Schicht n zur nächsthöheren Schicht $n + 1$ bis zur Anwendung. Im Netz in den Vermittlungsknoten sind die Schichten 1 … 3 implementiert, während in den Endgeräten die Schichten 1 … 7 zu finden sind. Die den Schichten 4 … 7 zugeordneten Protokolle bezeichnet man auch als Ende-zu-Ende-Protokolle, da sie an den Endpunkten der Verbindung implementiert sind und für die Verarbeitung im Netz keine Rolle spielen.

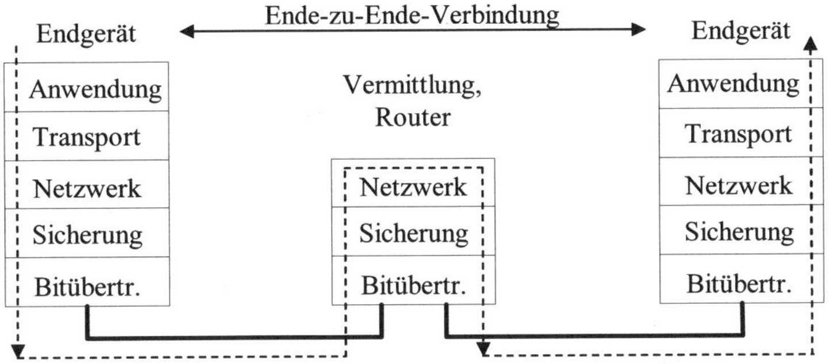

Bild 9-1: Informationsfluss in einem Kommunikationsnetz

Die Schichten eines Kommunikationssystems bilden den Rahmen für die Definition von Protokollen, mit denen die Funktionen der Schichten realisiert werden. Man spricht in diesem Zusammenhang auch allgemein von einem Protokollreferenzmodell. Vergleicht man Bild 9-1 mit Tabelle 9-1, so stellt man fest, dass die Funktionen der Endgeräte in nur fünf Schichten unterteilt sind. Die Schichten 5 und 6 sind in Bild 9-1 nicht enthalten. Diese Schichten werden meist nicht separat realisiert, sondern deren Funktionen werden oft in Schicht 7 integriert. Dabei orientiert sich Bild 9-1 an der Internet- oder TCP/IP-Protokollarchitektur. Dort finden wir das Internet Protocol (IP) in Schicht 3 und das Transmission Control Protocol (TCP) in Schicht 4. Auf der Schicht 4 sitzen direkt die Anwendungen auf, beispielsweise das Hypertext Transfer Protocol (HTTP) als Grundlage des World Wide Web (WWW).

Bild 9-2 zeigt ein detaillierteres Modell der Kommunikation zwischen den Schichten eines Protokollreferenzmodells. Die einzelnen Schichten sind über einen Service Access Point (SAP) verbunden. Die Informationseinheit, die eine Schicht mit der darunter bzw. darüber liegenden Schicht austauscht, wird Service Data Unit (SDU) genannt. Als Protocol Data Unit (PDU) bezeichnet man die Daten, die Schichten der gleichen Ebene untereinander austauschen. In der Internet-Protokollarchitektur ist beispielsweise eine Schicht-3-PDU ein IP-Paket.

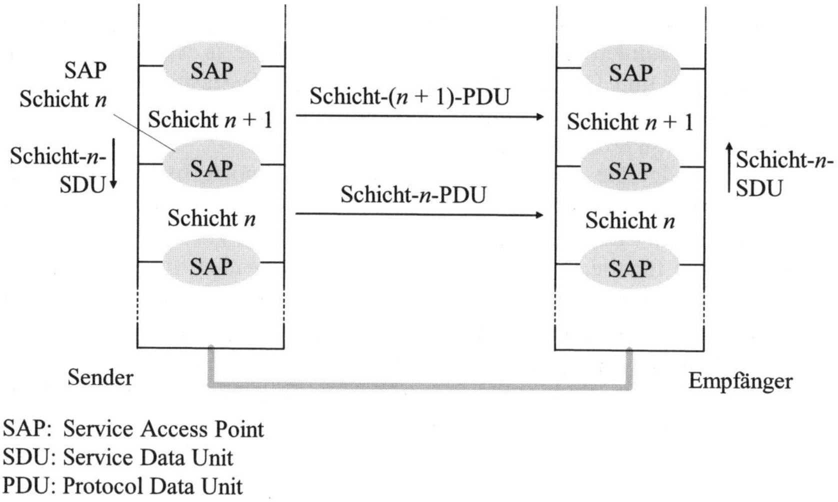

Bild 9-2: Kommunikation im Protokollreferenzmodell

Der prinzipielle Aufbau einer PDU ist in Bild 9-3 gezeigt. Eine Schicht empfängt von der darüber liegenden Schicht eine SDU. Sie fügt der SDU weitere Daten, die zur Erbringung ihres Dienstes erforderlich sind, hinzu. Dabei kann es sich z. B. um eine Adresse, eine Sequenznummer oder einen fehlererkennenden Code handeln. Werden die zusätzlichen Daten der SDU vorangestellt, so spricht man von einem Header, werden sie hinten angefügt, von einem Trailer. Neben dem Header und dem Trailer besteht die PDU aus dem Nutzdatenfeld (engl.: payload), in dem die SDU transportiert wird. Im Empfänger werden Header und Trailer ausgewertet und entfernt, so dass die Nutzdaten als SDU an die nächsthöhere Schicht weitergegeben werden können.

Wie in Bild 9-3 dargestellt, kann eine SDU auf mehrere PDUs aufgeteilt werden. Man bezeichnet dies als Segmentieren oder auch Fragmentieren. Eine Segmentierung wird erforderlich, wenn die zu übertragende SDU die maximal zulässige Größe der PDU übersteigt. Eine segmentierte SDU muss im Empfänger wieder zusammengesetzt werden, bevor sie an die nächsthöhere Schicht weitergegeben werden kann.

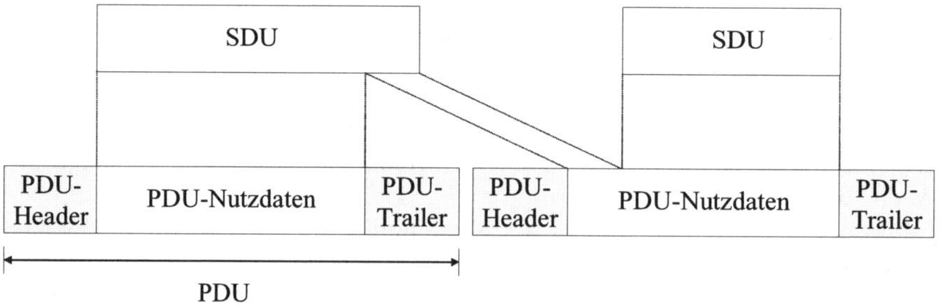

Bild 9-3: Prinzipielle Struktur einer PDU

Die Gliederung eines Kommunikationssystems in Schichten bietet eine Reihe von Vorteilen. Zunächst wird ein sehr komplexes System in mehrere Teilsysteme unterteilt, indem ein Protokoll der Schicht n unabhängig von den Protokollen der Schichten $n + 1$ und $n - 1$ arbeitet. Da die Kommunikation der Schichten untereinander über die SAPs definiert ist, kann ein Schicht-n-Protokoll auf vielen verschiedenen Schicht-($n - 1$)-Protokollen aufsetzen. So ist es beispielsweise möglich, IP-Pakete der Schicht 3 über die verschiedensten Systeme der Schichten 1 und 2 (z. B. Modem, Ethernet, Satellit) zu übertragen. Durch die Unabhängigkeit der Schichten kann die Protokollarchitektur nach Bedarf ergänzt werden, ohne dass bestehende Protokolle anderer Schichten geändert werden müssen.

9.2 Netztopologien

Stellt man die Netzelemente (Vermittlungseinrichtungen, Endgeräte usw.) als Knoten und die Übertragungseinrichtungen als Linien dar, so erhält man eine abstrahierte Darstellung eines Netzes wie in Bild 9-4. Eine charakteristische Verbindung der Netzelemente wird als Topologie bezeichnet. Typische Netztopologien sind das Stern-, das Baum-, das Bus-, das Ring- und das Maschennetz.

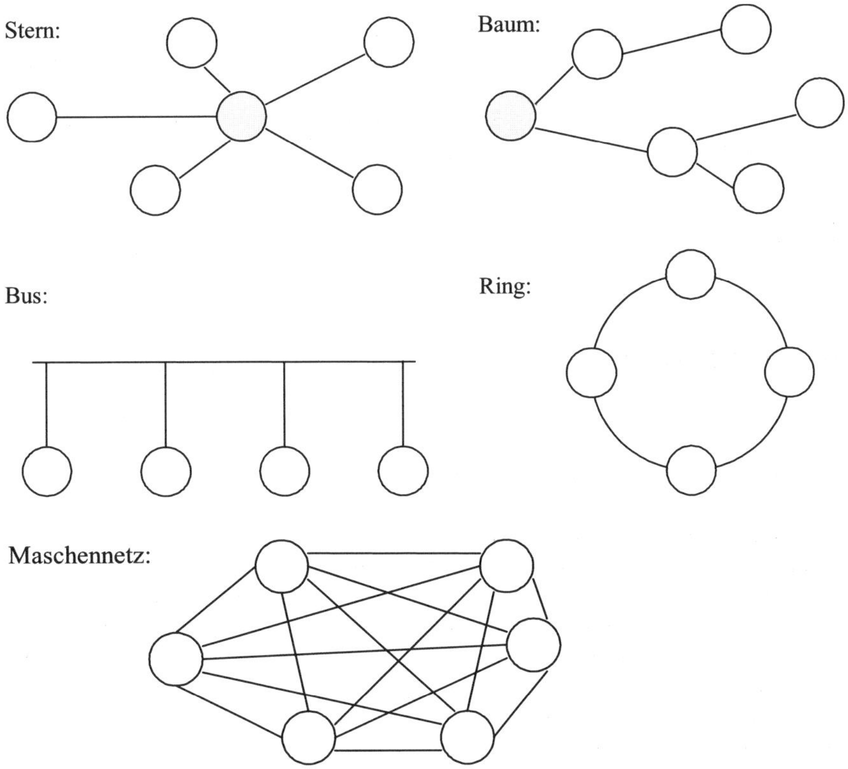

Bild 9-4: Verschiedene Netztopologien

Ein Sternnetz besteht aus einer zentralen Vermittlungseinrichtung und sternförmig angeschlossenen weiteren Netzelementen. Ein Nachteil dieser Topologie ist, dass bei Ausfall des zentralen Knotens die gesamte Kommunikation im Netz zusammenbricht. Ein Baumnetz verzweigt sich baumförmig von einem zentralen Knoten ausgehend. Bei Ausfall eines Knotens sind alle weiter abwärts liegenden Knoten betroffen. Baumnetze eignen sich besonders für Verteildienste, bei denen Daten von einer Zentrale zu sehr vielen Teilnehmern übertragen werden müssen. Daher haben Kabelfernsehnetze eine Baumtopologie (siehe Abschnitt 12.3.2).

Netze mit Bustopologie findet man vorwiegend im lokalen Bereich bei geringen Entfernungen und einer begrenzten Anzahl von Netzknoten, beispielsweise innerhalb eines Fahrzeugs oder eines Gebäudes. Lokalen Rechnernetzen nach dem IEEE-802.3-Standard [57] liegt eine Busstruktur zu Grunde, auch wenn diese Netze heute sternförmig verkabelt werden. Ringförmige Netze haben den Vorteil, dass auch bei Ausfall einer Verbindung alle Knoten erreichbar bleiben. Sie sind oft im Bereich der Metropolitan Area Networks (MAN) zu finden. MANs liegen in der geographischen Ausdehnung zwischen lokalen Netzen (Local Area Network, LAN) und Weitverkehrsnetzen (Wide Area Network, WAN).

Bei einem voll vermaschten Netz ist jeder Knoten mit jedem anderen Knoten verbunden. Dies bedeutet, dass bei N Knoten von jedem Knoten $N-1$ Verbindungsleitungen ausgehen. Insgesamt sind also $N(N-1)/2$ Verbindungsleitungen erforderlich. Da aber nicht jeder Knoten mit jedem anderen Knoten gleichzeitig kommuniziert, werden die Verbindungsleitungen nur zu einem geringen Grad ausgelastet. Durch Einführung von Vermittlungsknoten kann die Zahl der Verbindungsleitungen verringert und deren Auslastung erhöht werden.

Sehr große Netze mit sehr vielen Teilnehmern haben meist eine hierarchische Struktur, z. B. in Form eines Mehrfach-Sterns oder eines Stern/Maschennetzes. Von passiven Netzen spricht man, wenn sich in den Knotenpunkten nur passive Komponenten befinden. Dies können z. B. passive Koppler oder optische Splitter sein, die ein elektrisches oder optisches Signal auf zwei oder mehrere Ausgänge aufteilen, aber keinerlei Vermittlungsfunktionen enthalten.

9.3 Leitungsvermittlung und Paketvermittlung

Kommunikationsnetze arbeiten entweder leitungsvermittelt (engl.: circuit switched) oder paketvermittelt (engl.: packet switched). Bild 9-5 zeigt das Prinzip der Leitungsvermittlung, bei der zwischen zwei Teilnehmern über eine Vermittlungseinrichtung ein Übertragungskanal mit einer festen Kapazität eingerichtet wird. Dieser Kanal besteht für die Dauer der Verbindung und steht ausschließlich den Teilnehmern A und B zur Verfügung. Unsere Telefonnetze arbeiten nach dem Prinzip der Leitungsvermittlung. Während im analogen Telefonnetz über elektromechanische Vermittlungsstellen tatsächlich Leitungen durchgeschaltet wurden, ist im heutigen digitalen Telefonnetz an die Stelle der Leitung eine digitale Übertragungsstrecke getreten. Die Übertragungskapazität zwischen zwei Teilnehmern beträgt für eine Standardverbindung 64 kbit/s (siehe Kapitel 13).

Bei der Paketvermittlung wird die zu übertragende Information in Pakete variabler oder fester Länge segmentiert. Diese Pakete werden über Router zum gewünschten Teilnehmer übertragen (Bild 9-6). Ein Paket besteht aus einem Nutzdatenfeld und einem Paketkopf. Das Nutzdatenfeld enthält die zu übertragende Information und der Paketkopf enthält die Zieladresse. Anhand dieser Adresse wird im Router mit Hilfe einer Routingtabelle der Ausgang festgelegt, über den das Paket weitergleitet werden muss. Bei der Paketvermittlung wird nur für die Dauer der Übermittlung eines Pakets Übertragungskapazität belegt, während freie Übertragungskapazität von anderen Quellen genutzt werden kann.

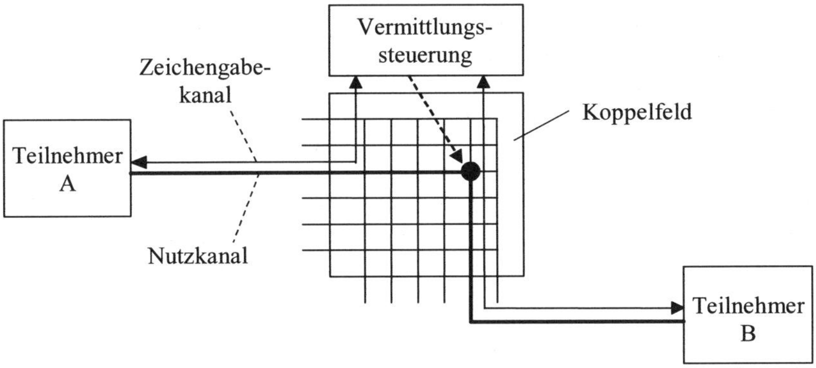

Bild 9-5: Prinzip eines leitungsvermittelten Kommunikationsnetzes

Man unterscheidet weiter verbindungsorientierte und verbindungslose Netze. Bei einem verbindungsorientierten Netz wird eine Verbindung mit Hilfe eines Signalisierungsprotokolls auf- und abgebaut. Während des Verbindungsaufbaus wird der Weg durch das Netz festgelegt und Übertragungskapazität reserviert. In einem verbindungslosen Netz kann dagegen eine Quelle jederzeit, d. h. ohne vorherigen Verbindungsaufbau, Daten senden. Anhand der beigefügten Adresse übermittelt das Netz die Information zur Senke.

Leitungsvermittelte Netze sind immer verbindungsorientiert. Die Nachrichten des Signalisierungsprotokolls werden über den Signalisierungs- oder Zeichengabekanal zur Vermittlungseinrichtung übertragen (siehe Bild 9-5). Zur Abgrenzung gegen den Zeichengabekanal wird der Kanal zur Übertragung der Nutzdaten (z. B. das digitalisierte Sprachsignal) auch als Nutzkanal bezeichnet. In der Vermittlungseinrichtung sorgt die Vermittlungssteuerung dafür, dass über ein Koppelnetz der Nutzkanal zum gewünschten Teilnehmer durchgeschaltet wird.

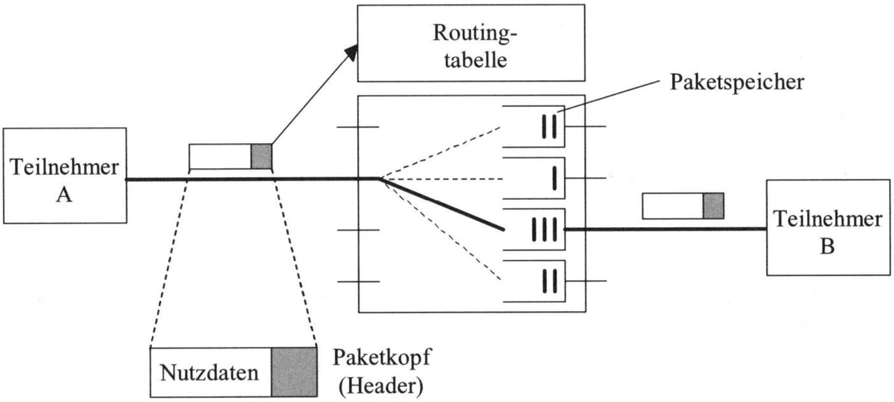

Bild 9-6: Prinzip eines paketvermittelten Kommunikationsnetzes

Paketvermittelte Netze können verbindungslos oder verbindungsorientiert arbeiten. Bei der verbindungslosen Paketvermittlung sendet eine Quelle ohne vorherigen Verbindungsaufbau ein Paket und anhand der Adresse im Paketkopf übermittelt das Netz das Paket zur

Senke. Die Adresse muss dazu innerhalb des Netzes eindeutig sein. Das Internet auf der Basis von IP (Internet Protocol, siehe Kapitel 15) ist ein paketvermitteltes, verbindungsloses Netz mit Paketen variabler Länge, die eine weltweit eindeutige Adresse enthalten.

Bei der verbindungsorientierten Paketvermittlung wird vor Beginn der Paketübertragung zwischen den Teilnehmern eine virtuelle Verbindung über ein Signalisierungsprotokoll aufgebaut und abschließend wieder abgebaut. Eine virtuelle Verbindung kann, einmal eingerichtet, jederzeit genutzt werden, belegt andernfalls aber keine Kapazität. Die Pakete enthalten eine logische Adresse zur Kennzeichnung der virtuellen Verbindung. ATM-Netze sind paketvermittelte, verbindungsorientierte Netze mit Paketen fester Länge, den so genannten ATM-Zellen (siehe Kapitel 14).

Die Paketvermittlung hat den Vorteil, dass eine Quelle kurzzeitig mit einer sehr hohen Rate senden kann. Sie ist daher besonders für die Datenübertragung geeignet. Wenn mehrere Quellen gleichzeitig aktiv sind, kann die Rate der Pakete, die über eine Leitung übertragen werden müssen, kurzzeitig die Übertragungskapazität der Leitung übersteigen. Man bezeichnet dies als statistisches Multiplexen. Damit im Falle einer kurzzeitigen Überlast keine Pakete verloren gehen, enthält ein Router wie in Bild 9-6 angedeutet Paketspeicher für die Zwischenspeicherung der Pakete. Auf Grund der Wartezeiten in diesen Paketspeichern kommt es zu lastabhängigen Paketlaufzeiten und im Falle eines Speicherüberlaufs zu Paketverlusten.

9.4 Zuverlässige Datenübertragung

Digitale Übertragungssysteme arbeiten nicht fehlerfrei. Durch Störungen in Form von thermischem Rauschen, Einstrahlungen von Rundfunksendern usw. kommt es zu Bitfehlern bei der Übertragung. In Kapitel 4 wurde die Bitfehlerwahrscheinlichkeit für Basisbandübertragungssysteme in Abhängigkeit vom Signal-Rausch-Verhältnis bestimmt, und in Kapitel 5 wurden auch die wichtigsten Modulationsverfahren hinsichtlich ihrer Bitfehlerwahrscheinlichkeit untersucht. Dabei konnten wir feststellen, dass die Fehlerwahrscheinlichkeit zwar sehr klein werden kann, aber nicht null wird. Weitere Fehlerursachen können die Fehlermultiplikation durch einen selbstsynchronisierenden Scrambler (Abschnitt 4.7) oder der kurzzeitige Verlust der Synchronisation (Abschnitt 4.8) sein. Je nach Fehlerursache kommt es zu Einzelbitfehlern oder Fehlerbursts.

Die Anforderungen an die Zuverlässigkeit der Datenübertragung sind je nach Dienst unterschiedlich. Bei der digitalen Sprachübertragung wirken sich einzelne Bitfehler kaum auf die Qualität des Sprachsignals aus und können daher toleriert werden. Bei der Übertragung digitaler Daten (z. B. Dateien oder E-Mails) dürfen dagegen keinerlei Fehler auftreten.

Neben den Bitfehlern unterscheidet man bei der Paketvermittlung noch eine Reihe weiterer Fehlerarten:

- Paketverluste,
- Paketfehler,
- Paketvertauschungen,
- Paketduplizierungen,
- Paketfehleinfügungen.

Hauptursache für Paketverluste ist der Überlauf der Paketspeicher in Vermittlungsknoten auf Grund einer Überlast im Netz. Auch das automatische Umschalten auf Ersatzverbindungen bei einem Leitungsausfall kann Paketverluste zur Folge haben. Eine weitere Ursache können nicht korrigierbare Bitfehler im Paketkopf sein, die zu einem Löschen des Pakets oder zu einer fehlerhaften Adresse führen.

Von einem Paketfehler spricht man, wenn das Paket Bitfehler im Nutzdatenfeld enthält. Ursache hierfür sind Bitfehler der Übertragungsstrecke. Eine Paketvertauschung tritt auf, wenn Pakete in einer anderen Reihenfolge als gesendet beim Empfänger eintreffen. Dies kann dadurch bedingt sein, dass Pakete über verschiedene Wege im Netz geroutet werden und sich auf Grund unterschiedlicher Laufzeiten die Reihenfolge verändert.

Bei einer Paketduplizierung trifft ein Paket mehrfach beim Empfänger ein. Zu einer Duplizierung kommt es beispielsweise, wenn der Empfänger Pakete mittels einer Empfangsbestätigung quittiert und die Empfangsbestätigung verloren geht. Dann wird der Sender das Paket auf Grund des Ausbleibens der Empfangsbestätigung erneut senden, so dass es zweimal zum Empfänger gelangt. Ein fehleingefügtes Paket ist ein Paket mit einer zwar gültigen, aber falschen Adresse. Ursache hierfür können nicht erkannte Bitfehler im Adressfeld sein.

Für die fehlerfreie, zuverlässige Datenübertragung kommen nun zwei Ansätze in Betracht:

- die Vorwärtsfehlerkorrektur oder
- die Fehlererkennung kombiniert mit Wiederholung der fehlerhaften Daten.

Bei der Vorwärtsfehlerkorrektur (Forward Error Correction, FEC) wird der Empfänger durch Verwendung eines fehlerkorrigierenden Codes in die Lage versetzt, selbstständig Fehler korrigieren zu können. Fehlerkorrigierende Codes wurden in Kapitel 6 betrachtet. Eine Vorwärtsfehlerkorrektur ist erforderlich, wenn nur eine unidirektionale Verbindung vom Sender zum Empfänger vorhanden ist, oder wenn Daten in Echtzeit übertragen werden müssen und die Verzögerung durch wiederholtes Senden nicht tolerierbar ist.

Bei der Übertragung von Datenpaketen ist in der Regel das zweite Verfahren effizienter. Für die Erkennung von Paketfehlern, d. h. von Paketen mit Bitfehlern im Nutzdatenfeld, wird meist ein CRC-Code verwendet (siehe Abschnitt 6.1.4). Paketverluste werden mit Hilfe einer geeigneten Kombination von Timern, Empfangsbestätigungen und Sequenznummern erkannt. Verlorene und fehlerhafte Pakete werden dem Sender gemeldet und erneut übertragen. Diese Verfahren sind unter dem Begriff ARQ (Automatic Repeat Request) zusammengefasst. Wir werden in diesem Abschnitt folgende ARQ-Verfahren analysieren:

- Stop-and-Wait ARQ,
- Go-Back-*n* ARQ,
- Selective Repeat ARQ.

Beim Stop-and-Wait-Verfahren schickt der Sender ein Paket und wartet auf die Empfangsbestätigung (Acknowledgement, ACK) durch den Empfänger. Erst wenn er diese erhalten hat, sendet er das nächste Paket. Ein Paketverlust wird mit Hilfe eines Timers erkannt (Bild 9-7). Der Sender schickt ein Paket mit der Sequenznummer *SN* und startet gleichzeitig einen Timer *T*. Das Paket erreicht fehlerfrei den Empfänger, der daraufhin eine Empfangsbestätigung zurücksendet. Die Empfangsbestätigung gelangt vor Ablauf des Timers zum Sender, der daraufhin das nächste Paket mit der Sequenznummer ($SN + 1$) sendet. Im Beispiel von Bild 9-7 geht dieses Paket verloren. Da nach Ablauf des Timers, d. h. nach Erreichen des Wertes T_{max}, der Empfang des Pakets nicht bestätigt wurde, geht der Sender von einem Paketverlust aus und sendet das Paket erneut.

Die Empfangsbestätigung wird in der Regel in einem dafür vorgesehenen Feld eines Datenpakets übertragen. Dazu muss unter Umständen die Empfangsbestätigung verzögert werden, bis der Empfänger ein Datenpaket bereit hat, oder es wird ein Paket mit einem Nutzdatenfeld der Länge null gesendet. Der Verlust einer Empfangsbestätigung führt dazu, dass ein Paket wiederholt wird, obwohl es bereits erfolgreich zum Empfänger übertragen wurde.

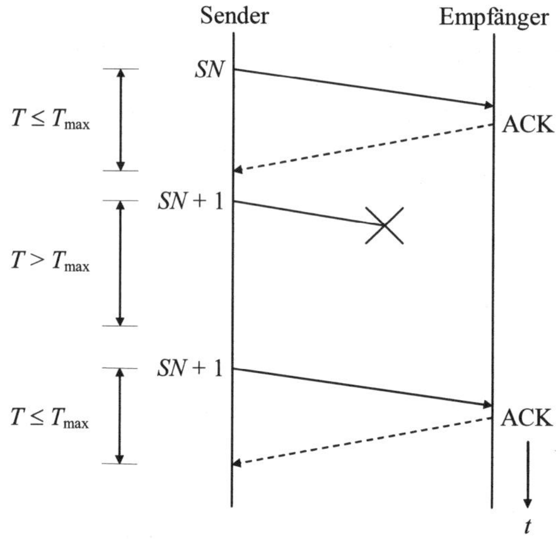

Bild 9-7: Stop-and-Wait ARQ

Bei der timergesteuerten Erkennung von Paketverlusten ist die Wahl des Timerwertes T_{max} kritisch. Wird T_{max} zu klein gewählt, so werden Pakete unnötig wiederholt, da die Empfangsbestätigung noch eintreffen kann. Wird T_{max} dagegen zu groß gewählt, werden die erforderlichen Paketwiederholungen zu stark verzögert. Je nach Entfernung zwischen Sender und Empfänger kann die Laufzeit eines Pakets einige zehn Mikrosekunden bis zu einige hundert Millisekunden betragen. In diesem Fall ist es sinnvoll, den Wert für T_{max} variabel an die Paketlaufzeit anzupassen.

Ein offensichtlicher Nachteil des Stop-and-Wait-Verfahrens ist, dass die verfügbare Übertragungskapazität der Verbindung nur zu einem Bruchteil genutzt wird, da der Sender nach dem Senden eines Pakets auf das Eintreffen der Empfangsbestätigung warten muss, bis er das nächste Paket senden kann. Je größer die Zeitspanne ist, die vom Senden bis zum Empfang der Bestätigung vergeht, desto uneffektiver ist das Verfahren. Daher dürfen in der Regel mehrere Pakete gesendet werden, ohne dass jedes Mal auf die Empfangsbestätigung gewartet wird. Die Anzahl der Pakete, die unquittiert gesendet werden dürfen, wird durch einen Fenstermechanismus (engl.: sliding window) festgelegt.

Die Fenstergröße w bestimmt die Anzahl der Pakete, die unquittiert gesendet werden dürfen. Im Beispiel von Bild 9-8 oben hat der Sender für alle Pakete bis zur Sequenznummer 3 eine Empfangsbestätigung erhalten. Darüber hinaus hat er die Pakete 4 bis 10 entsprechend einer Fenstergröße $w = 7$ gesendet. Weitere Pakete dürfen nicht gesendet werden, bevor eine Empfangsbestätigung eintrifft.

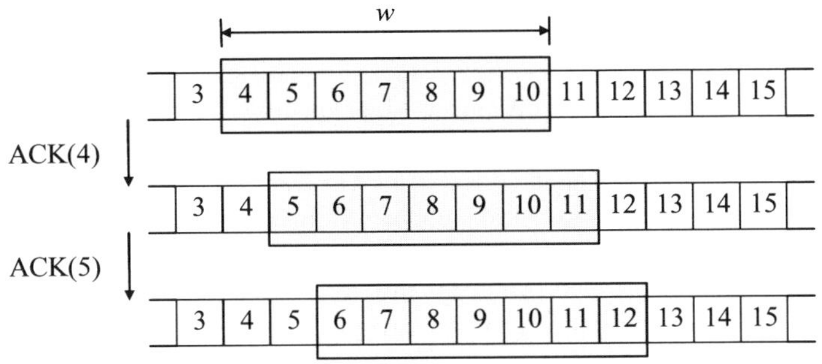

Bild 9-8: Sliding Window

Erhält der Sender die Empfangsbestätigung für das Paket mit der Sequenznummer 4 (ACK(4)), so verschiebt sich das Fenster und es kann ein weiteres Paket gesendet werden. Wird w geeignet gewählt, so kann der Sender ohne Unterbrechung senden und die verfügbare Übertragungskapazität wird optimal genutzt. Das folgende Beispiel zeigt, wie die optimale Fenstergröße von der Bitrate der Verbindung und der Paketlaufzeit abhängt.

Beispiel 9-1: Optimale Fenstergröße und Bitraten-Laufzeit-Produkt

Die Fenstergröße sei w Pakete, und die verfügbare Übertragungskapazität sei μ Pakete/s. Die Zeit, die vom Senden des Pakets bis zum Empfang des Acknowledgements vergeht, bezeichnen wir als Antwortzeit T_A. Sie setzt sich aus der Übertragungszeit T_P für das Paket, der Laufzeit D vom Sender zum Empfänger und zurück sowie der Verarbeitungszeit T_E im Empfänger zusammen, d. h. es ist $T_A = T_P + 2D + T_E$.

Die Quelle kann maximal w Pakete in der Zeit T_A senden; dies entspricht der Paketrate w/T_A. Ist $w/T_A = \mu$, so sendet die Quelle mit der verfügbaren Übertragungskapazität. Die optimale Fenstergröße beträgt daher

$$w = \mu\, T_A\,. \tag{9-1}$$

Damit die Quelle kontinuierlich senden kann, ohne auf Empfangsbestätigungen zu warten, muss nach Gl. 9-1 also die Fenstergröße gleich dem Produkt aus Paketrate mal Antwortzeit sein. Dieses Produkt ist charakteristisch für eine Übertragungsstrecke. Da die Paketrate von der Bitrate der Strecke abhängt, spricht man in diesem Zusammenhang vom Bitraten-Laufzeit-Produkt $r_b D$. Es ist gleich der Anzahl der Bits, die unterwegs vom Sender zum Empfänger sind, sich also "in der Leitung" befinden.

Bei einer Paketlänge von $n = 1500$ byte und einer Bitrate von $r_b = 10$ Mbit/s beträgt die Paketübertragungszeit bzw. die Paketrate

$$T_P = \frac{n \cdot 8}{r_b} = \frac{1500 \cdot 8\ \text{bit}}{10 \cdot 10^6\ \text{bit/s}} = 1{,}2\ \text{ms}\,, \qquad \mu = \frac{1}{T_P} = 833{,}33\ \text{Pakete/s}\,.$$

Für $T_A = 10$ ms muss die Fenstergröße dann mindestens $w = 9$ betragen. Für eine Bitrate von 2,5 Gbit/s (alle anderen Parameter bleiben unverändert) erhalten wir

$\mu = 208\,333{,}33$ Pakete/s, $w = 2084$.

Die gleiche Fenstergröße ergibt sich bei einer Bitrate von 10 Mbit/s und einer Antwortzeit von 2,5 s, da dies dem gleichen Bitraten-Laufzeit-Produkt entspricht.

◀

Wird das ARQ-Verfahren mit dem Sliding-Window-Mechanismus kombiniert, so erhält man je nach Strategie, nach der fehlerhafte oder verloren gegangene Pakete wiederholt werden, Go-Back-*n* ARQ oder Selective Repeat ARQ. Bei Go-Back-*n* werden im Falle eines Paketverlustes das betroffene Paket und auch alle nachfolgend gesendeten Pakete wiederholt. Im Beispiel Bild 9-9 wird nach dem Paket mit der Sequenznummer ($SN + 1$) an Stelle des erwarteten Pakets ($SN + 2$) das Paket ($SN + 3$) empfangen. Der Empfänger löscht daraufhin alle Pakete mit einer Sequenznummer größer oder gleich ($SN + 3$). Nach Ablauf des Timers für das Paket ($SN + 2$) setzt der Sender die Übertragung mit der Sequenznummer ($SN + 2$) fort, d. h. alle Pakete ab ($SN + 2$) werden wiederholt.

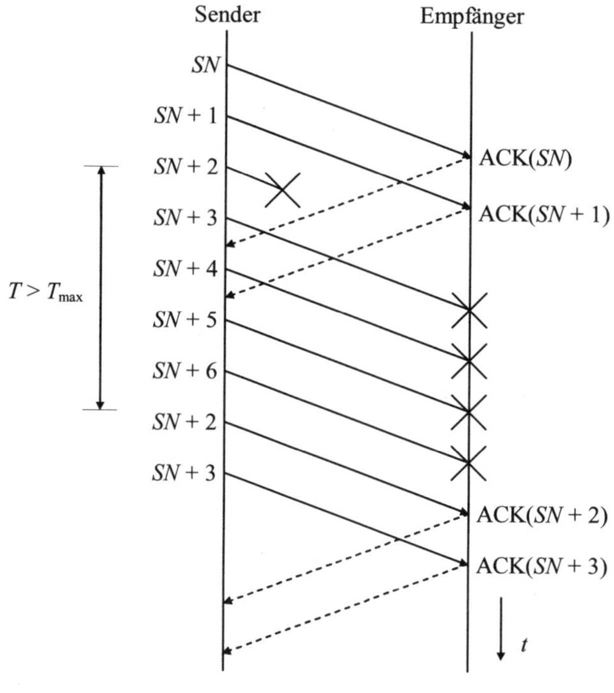

Bild 9-9: Go-Back-n ARQ

Das Go-Back-*n*-Verfahren ist robust und einfach; insbesondere bleibt die Reihenfolge der Pakete erhalten. Der Sender benötigt einen Paketspeicher der Tiefe w, so dass er gegebenenfalls bereits gesendete Pakete bei Ausbleiben der Empfangsbestätigung erneut senden kann. Ein Nachteil des Verfahrens ist, dass mehr Pakete als nötig wiederholt werden. Dabei ist n die Zahl der insgesamt wiederholten Pakete. Mit den Definitionen aus Beispiel 9-1 ist $n = \mu\, T_A$ für $w \geq \mu\, T_A$, und $n = w$ für $w < \mu\, T_A$.

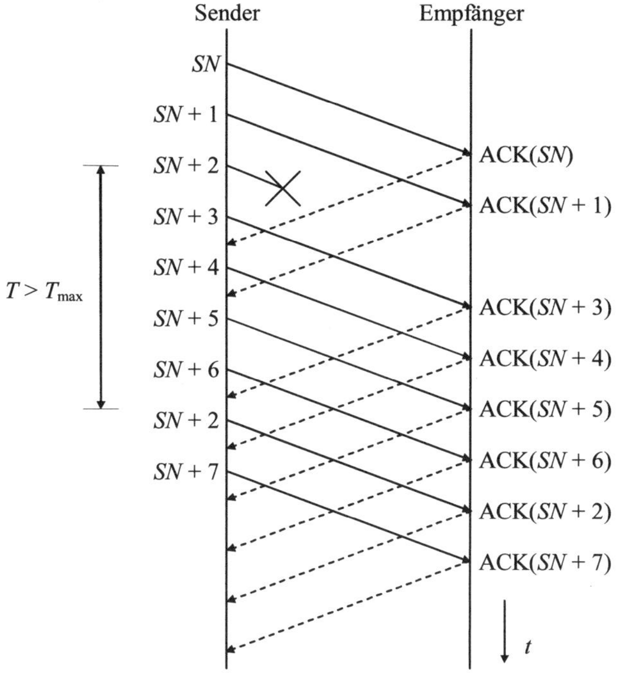

Bild 9-10: Selective Repeat ARQ

Bei Selective Repeat ARQ werden nur die fehlerhaften bzw. verlorenen Pakete wiederholt. Im Beispiel Bild 9-10 geht wieder das Paket mit der Sequenznummer ($SN + 2$) verloren. Der Empfänger speichert jedoch danach eintreffende Pakete und quittiert deren korrekten Empfang. Nach Ablauf des Timers für Paket ($SN + 2$) wiederholt der Sender nur dieses Paket und setzt die Übertragung fort. Im Empfänger muss jedoch die Reihenfolge der Pakete wiederhergestellt werden. Daher wird beim Selective-Repeat-Verfahren sowohl im Sender als auch im Empfänger ein Paketspeicher der Tiefe w benötigt. Man beachte, dass sowohl Go-Back-n als auch Selective Repeat für eine Fenstergröße von $w = 1$ auf das Stop-and-Wait-Verfahren reduziert werden.

Beispiel 9-2: Effizienz von Go-Back-*n* und Selective Repeat ARQ

Wir nehmen an, dass das Fenster w groß genug ist, so dass der Sender kontinuierlich senden kann (vgl. Beispiel 9-1). Als Maß für die Effizienz η des ARQ-Verfahrens definieren wir das Verhältnis der Anzahl der erfolgreich übertragenen Pakete zur Anzahl der gesendeten Pakete (einschließlich der Wiederholungen). Bezeichnen wir mit N_r die mittlere Anzahl der Sendeversuche pro Paket, so ist

$$\eta = \frac{1}{N_r} . \tag{9-2}$$

Die Wahrscheinlichkeit, dass ein Paket fehlerhaft ist oder verloren geht, sei p. Dann ist die Wahrscheinlichkeit, dass die Übertragung nach dem i-ten Versuch erfolgreich ist, durch

$$P(i=1) = 1-p\,,$$
$$P(i=2) = p\,(1-p)\,,$$
$$P(i=3) = p^2(1-p)\ldots$$

gegeben. Für Selective Repeat gilt somit für die mittlere Anzahl der Sendeversuche

$$N_\mathrm{r} = 1\cdot P(i=1) + 2\cdot P(i=2) + 3\cdot P(i=3) + \cdots$$
$$= (1-p)\,(1+2p+3p^2+\cdots) = (1-p)\sum_{i=1}^{\infty} i\,p^{i-1}\,.$$

Für den Summenausdruck erhalten wir durch Differenzieren der geometrischen Reihe $\sum_{i=0}^{\infty} p^i = 1/(1-p)$ die Identität

$$\frac{\mathrm{d}}{\mathrm{d}\,p}\sum_{i=0}^{\infty} p^i = \sum_{i=1}^{\infty} i\,p^{i-1} = \frac{1}{(1-p)^2}\,, \quad |p|<1\,.$$

Damit folgt für die mittlere Anzahl der Sendeversuche bei Selective Repeat

$$N_\mathrm{r} = \frac{1}{1-p}$$

und für die Effizienz

$$\eta_\mathrm{SR} = 1-p\,. \tag{9-3}$$

Bei Go-Back-n werden ein Paket beim ersten Versuch und n Pakete bei allen weiteren Versuchen übertragen, und wir erhalten für die mittlere Anzahl der gesendeten Pakete

$$N_\mathrm{r} = 1\cdot P(i=1) + (1+n)\cdot P(i=2) + (1+2n)\cdot P(i=3) + \cdots$$
$$= (1-p)\left(1+(1+n)p+(1+2n)p^2+\cdots\right)$$
$$= (1-p)\left(\frac{1}{1-p} + \frac{n\,p}{(1-p)^2}\right) = \frac{1-p+n\,p}{1-p}$$

und für die Effizienz

$$\eta_\mathrm{GBN} = \frac{1-p}{1-p+n\,p}\,. \tag{9-4}$$

Bild 9-11 zeigt die Effizienz nach Gl. 9-3 und Gl. 9-4 als Funktion von p. Für Go-Back-n ist die Effizienz für zwei Fenstergrößen $w = n = 7$ und $n = 127$ dargestellt. Wie erwartet erweist sich Selective Repeat als das effizientere Verfahren, insbesondere bei einem großen Wert für n. Bei kleinem n und kleinem p ist der Unterschied dagegen gering.

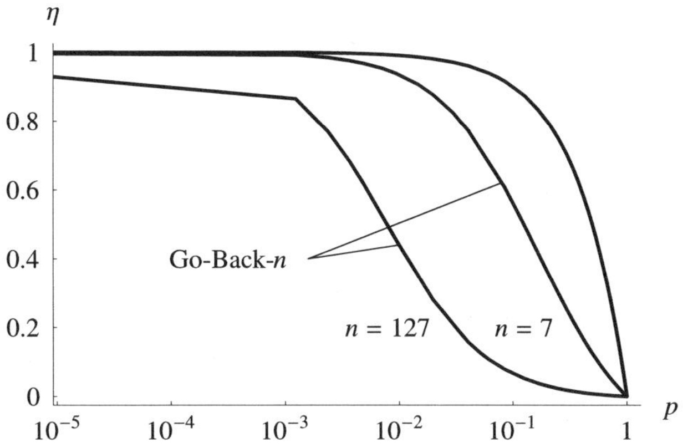

Bild 9-11: Effizienz von Selective Repeat und Go-Back-n ARQ

◀

ARQ-Verfahren werden für eine Übertragungsstrecke oder für eine Ende-zu-Ende-Verbindung angewendet, um eine zuverlässige Datenübertragung zu gewährleisten. Im ersten Fall handelt es sich um ein Schicht-2-Protokoll und im zweiten Fall um ein Schicht-4-Protokoll. Ein Beispiel für die Anwendung in der Schicht 2 ist das HDLC(High Level Data Link Control)-Protokoll [38]. Ein Beispiel für die Anwendung in der Schicht 4 ist TCP (Transmission Control Protocol, siehe Abschnitt 15.4.1).

9.5 Dimensionierung

Ein Kommunikationsnetz sollte so dimensioniert sein, dass es mit großer Wahrscheinlichkeit den Anforderungen der Teilnehmer gerecht wird. Auch hier müssen wir zwischen paketvermittelten und leitungsvermittelten Netzen unterscheiden. Bei der Paketvermittlung besteht die wesentliche Anforderung darin, Pakete zuverlässig und mit möglichst geringer Verzögerung zu übermitteln. In der physikalischen Schicht kommt es durch Bitfehler zu Paketverlusten und die Signallaufzeit ist ein Teil der Paketlaufzeit. Darüber hinaus ergeben sich in den Routern durch die Paketspeicher Verzögerungen und im Falle eines Speicherüberlaufs auch Paketverluste. Durch die richtige Dimensionierung der Übertragungskapazität und der Paketspeicher in Abhängigkeit von der erwarteten Verkehrslast werden Verluste und Verzögerungen in akzeptablen Grenzen gehalten.

Die wesentliche Anforderung an ein leitungsvermitteltes Netz besteht darin, eine Verbindung zum gewünschten Teilnehmer durchzuschalten. Gelingt dies nicht, so wird der Verbindungswunsch abgewiesen. Die Wahrscheinlichkeit, mit der dies geschieht, bezeichnet man als Blockierwahrscheinlichkeit.

Bei der Dimensionierung wird oft auf Erfahrungs- und Messwerte zurückgegriffen. Auch durch Simulation kann das Verhalten eines Kommunikationsnetzes unter verschiedenen Lastbedingungen analysiert werden. Eine mathematische Analyse ist schwierig, da insbesondere im Bereich der Paketvermittlung keine akkuraten Verkehrsmodelle existieren [16]. Trifft man einige vereinfachende Annahmen über den Verkehr in einem Kommunikationssystem, so lassen sich mit Hilfe der Theorie der Bediensysteme einige elementare

Zusammenhänge verstehen. Wir wollen in den folgenden Abschnitten die für die Paket- und Leitungsvermittlung wesentlichen Ergebnisse diskutieren.

9.5.1 Bediensysteme

Ein Bediensystem (engl.: queueing system) besteht aus einer oder mehreren Warteschlangen und einer oder mehreren Bedieneinheiten oder Servern (Bild 9-12). In das System gelangen Anforderungen, die in der Warteschlange warten, bis sie durch die Bedieneinheit abgefertigt werden. Der zeitliche Ablauf, in dem Anforderungen eintreffen bzw. abgefertigt werden, wird durch den Ankunfts- und den Bedienprozess beschrieben. Bediensysteme dienen als Modell für eine Vielzahl von Systemen vom Fahrkartenschalter am Bahnhof bis zum Multitasking-Betriebssystem. Im Zusammenhang mit der Paketvermittlung ist eine Anforderung ein Paket, und die Bedieneinheit hat die Aufgabe, das Paket über eine bestimmte Ausgangsleitung des Routers zu übertragen.

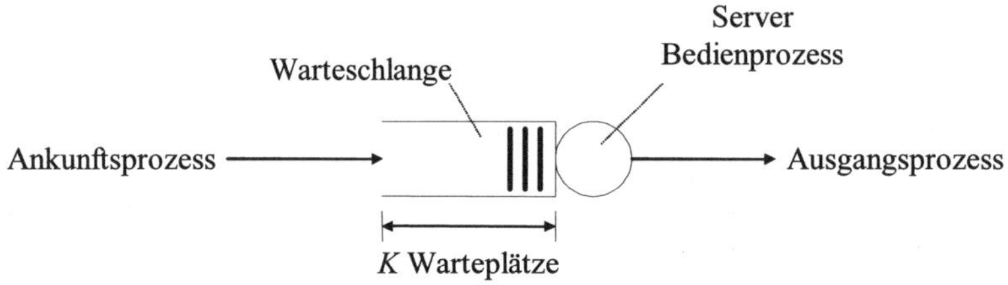

Bild 9-12: Modell eines Bediensystems

Bild 9-13 veranschaulicht den Ankunfts- und den Bedienprozess grafisch. Eine eintreffende Anforderung wird durch einen senkrechten Pfeil auf der Zeitachse des Ankunftsprozesses dargestellt. Entsprechende Pfeile auf der Zeitachse des Bedienprozesses markieren abgefertigte Anforderungen, die das System verlassen. Anforderung A_n treffe zum Zeitpunkt t_n ein. Als Zwischenankunftszeit (engl.: interarrival time)

$$\tau_n = t_n - t_{n-1}$$

ist die Differenz zwischen der Ankunftszeit von Anforderung A_n und A_{n-1} definiert. Der Kehrwert des Mittelwertes der Zwischenankunftszeit ist die Ankunftsrate:

$$\lambda = \frac{1}{\overline{\tau}}. \tag{9-5}$$

Im Beispiel von Bild 9-13 ist die Bedieneinheit bei Ankunft von A_n mit der Abfertigung von A_{n-1} beschäftigt und A_n gelangt zunächst in die Warteschlange. Wenn A_{n-1} das System verlässt, gelangt A_n in die Bedieneinheit. Die Zeit bis dahin ist die Wartezeit w_n für Anforderung A_n. Die Bedienzeit beträgt x_n und die gesamte Zeit, die A_n im System verbringt, ist die Verweilzeit

$$s_n = w_n + x_n.$$

Der Kehrwert des Mittelwertes der Bedienzeit ist die Bedienrate,

$$\mu = \frac{1}{\bar{x}}, \tag{9-6}$$

und das Verhältnis von Ankunftsrate zu Bedienrate,

$$\rho = \frac{\lambda}{\mu}, \tag{9-7}$$

ist die Auslastung. Nach Bild 9-13 ist das System leer, wenn A_n das System verlässt. Die Anforderung A_{n+1} gelangt daher sofort in die Bedieneinheit, nachdem sie eingetroffen ist, d. h. für die Wartezeit gilt $w_{n+1} = 0$.

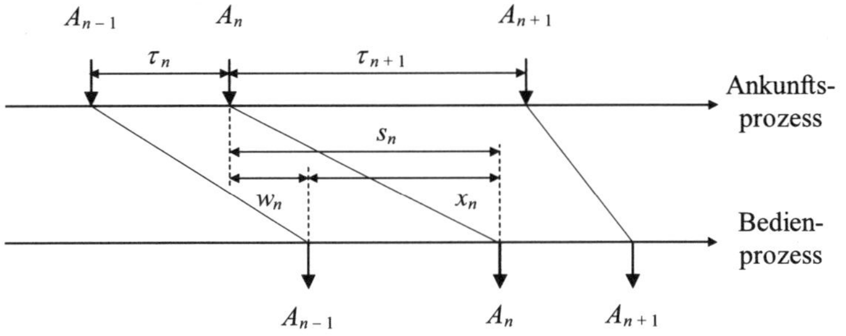

Bild 9-13: Ankunfts- und Bedienprozess

Das Gesetz von Little verknüpft die mittlere Anzahl von Anforderungen im System mit der mittleren Verweilzeit:

$$\overline{N} = \lambda \cdot \bar{s}. \tag{9-8}$$

Dieses Gesetz bestätigt unsere Erwartung, dass sich bei einer großen mittleren Verweilzeit im Mittel mehr Anforderungen im System aufhalten als bei einer kleinen mittleren Verweilzeit; für einen Beweis siehe [1]. Das Gesetz gilt für beliebige Ankunfts- und Bedienprozesse, für eine beliebige Anzahl von Bedieneinheiten und für eine beliebige Warteschlangenorganisation. Unter der Warteschlangenorganisation versteht man die Strategie, nach welcher Reihenfolge die Anforderungen in der Warteschlange abgearbeitet werden. Meist erfolgt die Bearbeitung in der Reihenfolge des Eintreffens (First-Come First-Serve, FCFS).

Bediensysteme werden mit Hilfe der kendallschen Notation gekennzeichnet. Bei einem A/B/*m*/*K*-System bezeichnet A den Ankunftsprozess, B den Bedienprozess, *m* die Anzahl der Bedieneinheiten und *K* die Anzahl der Warteplätze. Zur weiteren Kennzeichnung der Ankunfts- und Bedienprozesse werden die folgenden Buchstaben verwendet:

M: Gedächtnisloser (engl.: memoryless) Prozess, d. h. exponentialverteilte Zwischenankunfts- und Bedienzeiten

D: Deterministischer Prozess, d. h. konstante Zwischenankunfts- und Bedienzeiten

G: Beliebiger (engl.: general) Prozess, d. h. beliebige Verteilung der Zwischenankunfts- und Bedienzeiten

Beispielsweise handelt es sich bei einem M/M/1-Bediensystem um ein System mit exponentialverteilten Zwischenankunfts- und Bedienzeiten, einer Bedieneinheit und einer unendlich großen Warteschlange. Ein M/D/2/10-Bediensystem ist ein System mit exponentialverteilten Zwischenankunftszeiten, konstanten Bedienzeiten, zwei Bedieneinheiten und einer Warteschlange mit 10 Warteplätzen. Oft bezeichnet K auch die Anzahl der Plätze im gesamten System, also die Warteplätze in der Warteschlange plus die Plätze in den Bedieneinheiten, in denen sich Anforderungen während der Abfertigung aufhalten.

9.5.2 Paketvermittelte Netze

Ein einfaches Modell für den Paketspeicher eines Routers ist das M/M/1-Bediensystem. Pakete treffen mit der Rate λ ein und die Zwischenankunftszeiten sind exponentialverteilt. Die Exponentialverteilung wurde in Abschnitt 2.3.3 betrachtet. Die Wahrscheinlichkeit, dass die Zwischenankunftszeit τ_n kleiner oder gleich der Zeit t ist, ist durch die Verteilungsfunktion Gl. 2-68

$$P(\tau_n \leq t) = 1 - \mathrm{e}^{-\lambda t} \tag{9-9}$$

gegeben. Der Mittelwert der Zwischenankunftszeit ist nach Gl. 2-69 gleich $1/\lambda$ in Übereinstimmung mit Gl. 9-5. Ein Prozess mit exponentialverteilten Zwischenankunftszeiten ist gedächtnislos, da die Wahrscheinlichkeit, dass ein Paket im Intervall (t_0, t) eintrifft, immer durch Gl. 9-9 gegeben ist, unabhängig davon, wie viel Zeit seit dem letzten Eintreffen eines Pakets vergangen ist. Die Zahl der in einem Intervall der Dauer T eintreffenden Pakete ist durch die Poisson-Verteilung Gl. 2-79 gegeben. Man bezeichnet den Ankunftsprozess daher auch als Poisson-Prozess. Die Annahme exponentialverteilter Zwischenankunftszeiten stellt eine gute Näherung für einen Paketstrom dar, der sich aus einer großen Anzahl unabhängiger Quellen zusammensetzt.

Die Bedienzeit eines Routers ist gleich der Zeit, die benötigt wird, um ein Paket über die Ausgangsleitung zu übertragen. Ist die Übertragung eines Pakets abgeschlossen, so wird das nächste Paket aus dem Paketspeicher geholt und übertragen. Die Bedienzeit hängt von der Paketgröße und der Bitrate r_b der Ausgangsleitung ab. Für ein Paket der Länge n byte gilt

$$T_\mathrm{P} \cong x_n = \frac{n \cdot 8}{r_\mathrm{b}}. \tag{9-10}$$

Die mittlere Bedienzeit ist proportional der mittleren Paketgröße. Der Kehrwert der mittleren Bedienzeit ist nach Gl. 9-6 die Bedienrate μ. Dies ist die mittlere Rate, mit der die Pakete den Router verlassen. Nimmt man an, dass die Paketgröße exponentialverteilt ist, so gilt dies auch für die Bedienzeiten und es ist

$$P(x_n \leq t) = 1 - \mathrm{e}^{-\mu t}. \tag{9-11}$$

Mit der Auslastung $\rho = \lambda / \mu$ gilt für die mittlere Anzahl von Paketen im M/M/1-System (für eine Herleitung siehe [1])

$$\overline{N} = \frac{\rho}{1-\rho}, \tag{9-12}$$

und mit dem Gesetz von Little, Gl. 9-8, erhalten wir für die mittlere Verweilzeit

$$\bar{s} = \frac{1/\mu}{1-\rho}. \tag{9-13}$$

Bild 9-14 zeigt den Verlauf von $\overline{N}$ und $\bar{s}$. Der starke Anstieg für $\rho \to 1$ ist typisch für ein Bediensystem. Geht die Auslastung gegen eins, so baut sich eine immer größere Warteschlange auf und die Zeit, die die Pakete in der Warteschlange verbringen, steigt. Ist die Auslastung dagegen sehr gering, so ist der Paketspeicher bei Eintreffen eines neuen Pakets meist leer und die mittlere Verweilzeit ist gleich der mittleren Bedienzeit $1/\mu$.

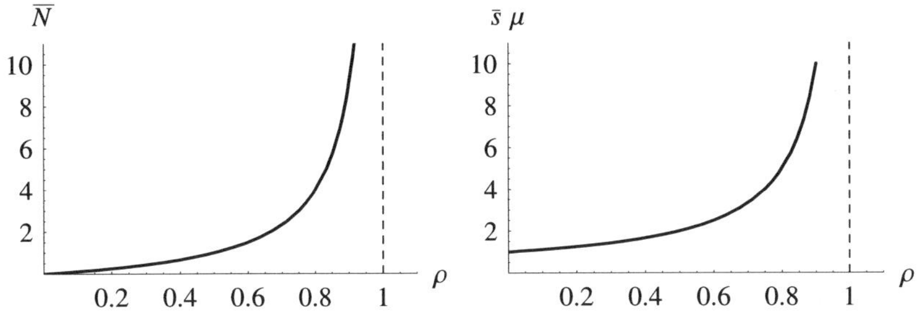

Bild 9-14: Mittlere Zahl von Paketen im System und mittlere Verweilzeit eines M/M/1-Systems

Das M/M/1-System ist ein einfaches Modell, das auf Grund der unendlich großen Warteschlange verlustfrei ist, d. h. es geht kein Paket verloren. In der Realität wird der Paketspeicher eines Routers jedoch immer eine endliche Größe haben. Die endliche Größe der Warteschlange wird beim M/M/1/*K*-System berücksichtigt. Ein Paket geht verloren, wenn bei dessen Eintreffen alle *K* Plätze des Paketspeichers belegt sind. Die Verlustwahrscheinlichkeit beträgt

$$P_L = \rho^{K+1} \frac{1-\rho}{1-\rho^{K+2}}. \tag{9-14}$$

Für die mittlere Anzahl von Paketen im System gilt

$$\overline{N} = \frac{\rho + \left((K+1)\rho - (K+2)\right)\rho^{K+2}}{(1-\rho)\left(1-\rho^{K+2}\right)}. \tag{9-15}$$

Die mittlere Verweilzeit erhalten wir wiederum mit dem Gesetz von Little, wobei jedoch nur der Teil $(1 - P_L)$ der Pakete, die in den Paketspeicher gelangen, berücksichtigt werden darf:

$$\bar{s} = \frac{\overline{N}}{\lambda\left(1-P_L\right)}. \tag{9-16}$$

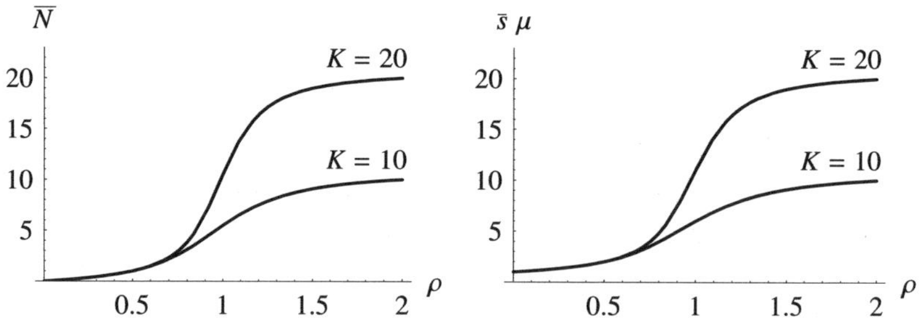

Bild 9-15: Mittlere Zahl von Paketen im System und mittlere Verweilzeit eines M/M/1/K-Systems

Die mittlere Zahl von Paketen im M/M/1/*K*-System und deren mittlere Verweilzeit ist in Bild 9-15 gezeigt. Mit steigender Auslastung sind alle *K* Warteplätze und die Bedieneinheit praktisch immer besetzt, und $\overline{N}$ geht gegen $K + 1$. Bild 9-16 zeigt die Verlustwahrscheinlichkeit nach Gl. 9-14.

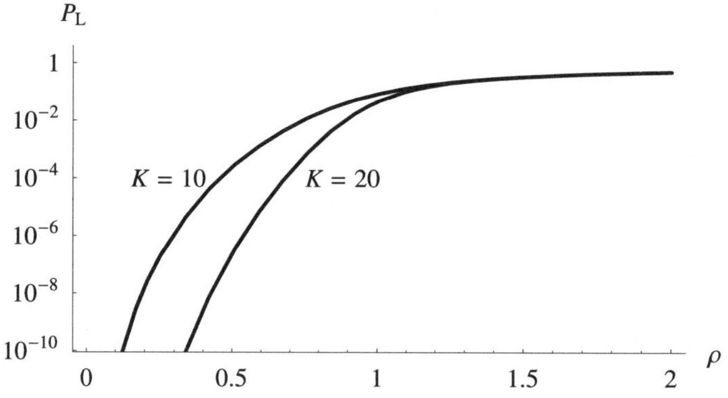

Bild 9-16: Verlustwahrscheinlichkeit des M/M/1/K-Systems

Beispiel 9-3: Dimensionierungsbeispiel Paketvermittlung

Ein LAN (Local Area Network) ist über einen Router mittels einer Leitung der Bitrate $r_b = 2$ Mbit/s an ein Weitverkehrsnetz angeschlossen. Vom LAN treffen bei dem Router Pakete mit der mittleren Rate $\lambda = 400\ \text{s}^{-1}$ und exponentialverteilten Zwischenankunftszeiten ein. Die Paketlänge ist ebenfalls exponentialverteilt und die mittlere Länge beträgt 500 byte. Für die mittlere Paketübertragungszeit, die mittlere Bedienrate und die Auslastung folgt

$$T_P = 2\ \text{ms}\ , \quad \mu = 1/T_P = 500\ \text{s}^{-1}\ , \quad \rho = \lambda/\mu = 0{,}8\ .$$

Es wird nun gefordert, dass die Paketverlustwahrscheinlichkeit den Wert 10^{-6} nicht übersteigt. Mit Hilfe von Gl. 9-14 kann die erforderliche Größe des Paketspeichers bestimmt werden. Durch Umstellen nach *K* erhalten wir

$$K \geq \frac{1}{\log \rho} \log\left(\frac{P_L}{(1-\rho)\rho + \rho^2 P_L} \right) = 53{,}7\,,$$

d. h. der Paketspeicher muss mindestens 54 Pakete aufnehmen können. Für $K = 54$ beträgt die mittlere Anzahl von Paketen im System und deren mittlere Verweilzeit

$$\overline{N} = 4\,, \quad \overline{s} = 10 \text{ ms}\,,$$

d. h. der Paketspeicher ist im Mittel nur zu einem geringen Teil besetzt.

◀

9.5.3 Leitungsvermittelte Netze

Ein Modell für eine Vermittlungsstelle im Fernsprechnetz ist das M/M/m/0-Bediensystem. An der Vermittlungsstelle treffen Verbindungswünsche mit der Rate λ und exponentialverteilten Zwischenankunftszeiten ein. Die Vermittlungsstelle kann eine Verbindung durchschalten, wenn eine der m Verbindungsleitungen frei ist. Im Kontext der Bediensysteme ist m also die Zahl der Bedieneinheiten. Kommt eine Verbindung zu Stande, so ist eine Leitung für die Dauer der Verbindung belegt. Die Verbindungsdauer ist exponentialverteilt und die mittlere Verbindungsdauer ist gleich der mittleren Bedienzeit $\overline{x}$, d. h. für die Bedienrate gilt $\mu = 1/\overline{x}$.

Sind alle Verbindungsleitungen belegt, so wird der Verbindungswunsch abgelehnt. Die Wahrscheinlichkeit, mit der dies geschieht, bezeichnet man als Blockierwahrscheinlichkeit. Abgelehnte Verbindungswünsche gelangen nicht in eine Warteschlange, d. h. es ist $K = 0$. Im Zusammenhang mit dem Fernsprechnetz bezeichnet man das Verhältnis $\rho = \lambda/\mu$ als Verkehrsangebot und gibt ihm die Pseudoeinheit Erlang. Die Blockierwahrscheinlichkeit ist durch die Erlang-B-Formel gegeben [1]:

$$P_B = \frac{\rho^m / m!}{\sum_{i=0}^{m} \frac{\rho^i}{i!}}\,. \tag{9-17}$$

Bild 9-17 zeigt P_B als Funktion von ρ für verschiedene m. Auf Grund von Messungen im Fernsprechnetz beträgt die mittlere Verbindungsdauer ca. 100 s [14]. Die Rate der Verbindungswünsche hängt stark vom Beobachtungszeitraum ab, d. h. sie schwankt stark je nach Wochentag und Tageszeit. Zur Dimensionierung dient die Anzahl der Verbindungswünsche in der Hauptverkehrsstunde (Busy Hour Call Attempts, BHCA). Sie beträgt ca. 3,6 pro Teilnehmeranschluss. Damit ist die Anrufrate λ typisch

$$\lambda = \frac{3{,}6}{3600 \text{ s}} = 10^{-3} \text{ s}^{-1} \tag{9-18}$$

und das Verkehrsangebot pro Teilnehmer

$$\rho = \lambda\, \overline{x} = 10^{-3} \text{ s}^{-1} \cdot 100 \text{ s} = 0{,}1 \text{ Erlang}\,. \tag{9-19}$$

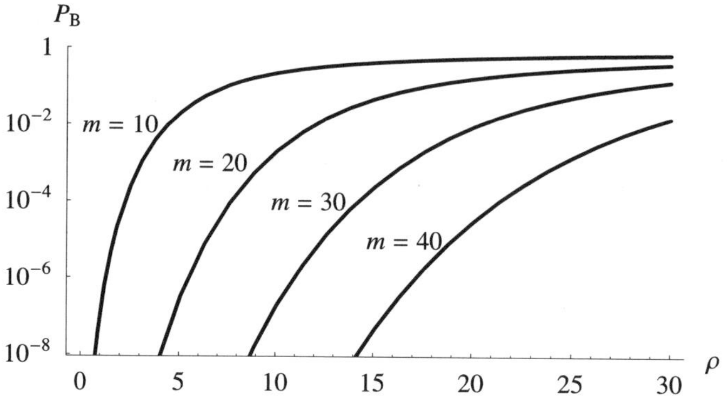

Bild 9-17: Blockierwahrscheinlichkeit des M/M/m/0-Systems

Bei der Dimensionierung besteht die Aufgabe oft darin, für ein gegebenes Verkehrsangebot und eine gegebene Blockierwahrscheinlichkeit die erforderliche Anzahl der Verbindungsleitungen zu ermitteln. Dazu muss m numerisch aus Gl. 9-17 berechnet werden.

Beispiel 9-4: Dimensionierungsbeispiel Mobilfunknetz

Wir nehmen an, dass eine Funkzelle eines Mobilfunknetzes über eine PCM-30-Schnittstelle an das Festnetz angeschlossen ist. Über eine PCM-30-Schnittstelle (siehe Abschnitt 12.1) können gleichzeitig 30 Gespräche digital codiert mit einer Bitrate von jeweils 64 kbit/s übertragen werden. Dies entspricht daher $m = 30$ Verbindungsleitungen. Die Blockierwahrscheinlichkeit soll den Wert 10^{-2} nicht überschreiten. Aus Gl. 9-17 folgt

$$\frac{\rho^{30} / 30!}{\sum_{i=0}^{30} \frac{\rho^i}{i!}} \leq 10^{-2}.$$

Durch numerische Lösung oder mit Hilfe von Bild 9-17 erhalten wir $\rho \leq 20{,}34$ Erlang für das zulässige Verkehrsangebot in der Funkzelle. Bei 3,6 Verbindungswünschen pro Teilnehmer in der Hauptverkehrsstunde und einer mittleren Gesprächsdauer von 100 s beträgt das Verkehrsangebot pro Teilnehmer 0,1 Erlang (Gl. 9-19). Die Teilnehmerdichte im Bereich der Funkzelle sei 100 Teilnehmer/km². Damit muss für die Fläche der Funkzelle

$$F \leq \frac{20{,}34}{0{,}1 \cdot 100/\mathrm{km}^2} = 2{,}034\ \mathrm{km}^2$$

gelten, damit die Bedingung $P_B \leq 10^{-2}$ eingehalten wird.

◄

10 Dienstgüte und Verkehrsmanagement

Unter dem Begriff der Dienstgüte (Quality of Service, QoS) werden allgemein alle Qualitätsmerkmale eines Telekommunikationsdienstes, die die Zufriedenheit des Anwenders bestimmen, zusammengefasst. In der ITU-T-Empfehlung I.350 [91] wird der Begriff etwas enger gefasst und auf messbare Qualitätsparameter beschränkt, während vom Anwender abhängige subjektive Aspekte ausgeschlossen werden.

In der physikalischen Schicht werden Bitfehler und Signallaufzeiten von der übertragungstechnischen Infrastruktur eines Netzes bestimmt und sind unabhängig von der Verkehrslast. Wie wir in Abschnitt 9.5 gesehen haben, kommt es in einem paketvermittelten Netz bedingt durch die Paketspeicher der Router zu lastabhängigen Verzögerungen und Paketverlusten, die sich je nach Dienst mehr oder weniger stark auf die Dienstgüte auswirken. Es ist nun die Aufgabe des Verkehrsmanagements, die Anforderungen der verschiedenen Dienste hinsichtlich der Übertragungsrate, der Laufzeit und der Fehlerhäufigkeit zu erfüllen und dafür zu sorgen, dass sich Verkehre unterschiedlicher Charakteristik nicht gegenseitig beeinflussen.

Dieses Kapitel soll uns einen Überblick über die relevanten Definitionen und Verfahren im Bereich der Dienstgüte und des Verkehrsmanagements geben, wobei sich die Diskussion im Wesentlichen auf paketvermittelte Netze konzentriert. Das Thema Dienstgüte gewann hier vor allem mit der Einführung von Echtzeitdiensten (z. B. der Sprach- oder Videoübertragung) an Bedeutung. Auf dieser Basis von Qualitätsparametern und Verfahren des Verkehrsmanagements kommen wir in den Kapiteln 14 und 15 auf spezifische Realisierungen im Bereich der ATM- und der IP-Netze zurück.

10.1 Qualitätsparameter

Qualitätsparameter sind in der Regel schichtenabhängig definiert. Da eine Schicht n einen Dienst für die darüber liegende Schicht $n + 1$ erbringt, beeinflussen die Qualitätsparameter einer Schicht die Qualitätsparameter aller darüber liegenden Schichten. Für den Nutzer eines Dienstes ist letztendlich die Qualität in der Anwendungsschicht (Schicht 7) entscheidend.

Beispielsweise gibt es im Bereich der Sprachübertragung eine Reihe von Verfahren, die vom Nutzer empfundene Sprachqualität zu erfassen [37]. Traditionell wird mit Hilfe von Testpersonen ein MOS-Wert (Mean Opinion Score) ermittelt. Dieses Verfahren ist in der ITU-T-Empfehlung P.800 [100] definiert. Ein MOS-Wert von 5 steht für eine ausgezeichnete Sprachqualität und ein MOS-Wert von 1 für eine schlechte Sprachqualität. Der G.711-Sprachcodec (Abschnitt 3.4) entspricht einem MOS-Wert von 4,1, wenn keine weiteren Beeinträchtigungen des Signals in Form von Verzögerungen oder Übertragungsfehlern hinzukommen. Die Ermittlung des MOS-Wertes ist ein von den Testpersonen und der Testumgebung abhängiges subjektives Verfahren, das zudem aufwändig und langwierig ist. Eine objektive Messung der Sprachqualität erlaubt das in der Empfehlung G.107 [78] spezifizierte E-Modell. Mit Hilfe dieses Modells kann aus 20 Eingangsparametern ein Wert für die Sprachqualität vergleichbar dem MOS-Wert berechnet werden.

Wir konzentrieren uns im Folgenden auf die Qualitätsparameter der Schicht 3, also der Netzwerkschicht. Die wesentlichen Parameter in einem paketvermittelten Netz sind:

- Paketverlusthäufigkeit
- Paketfehlerhäufigkeit
- Paketfehleinfügungsrate
- Paketlaufzeit
- Paketlaufzeitschwankungen

In der ITU-T-Empfehlung I.350 wird eine 3 × 3-Matrix zur Einordnung von Qualitätsparametern definiert [91]. Man unterscheidet zwischen den Funktionen des Verbindungsauf- und -abbaus und der dazwischen liegenden Phase der Informationsübermittlung (Bild 10-1). Qualitätsparameter werden klassifiziert nach den Kriterien Geschwindigkeit, Genauigkeit und Zuverlässigkeit. Bild 10-1 zeigt die Einordnung der oben angeführten Parameter nach diesen Kriterien. In einem verbindungsorientierten Netz sind auch Parameter wie die Geschwindigkeit des Verbindungsauf- und abbaus oder die Häufigkeit einer Fehlverbindung von Bedeutung. In einem verbindungslosen Netz gibt es die Phasen des Verbindungsauf- und -abbaus nicht.

Kriterium / Funktion	Geschwindigkeit	Genauigkeit	Zuverlässigkeit
Verbindungsaufbau			
Informationsübermittlung	Paketlaufzeit Paketlaufzeitschwankungen	Paketfehlerhäufigkeit Paketfehleinfügungsrate	Paketverlusthäufigkeit
Verbindungsabbau			

Bild 10-1: Matrix zur Einordnung von Dienstgüteparametern

Im Zusammenhang mit der zuverlässigen Datenübertragung wurden in Abschnitt 9.4 bereits Paketverluste und Paketfehler sowie deren Ursachen beschrieben. Paketverluste entstehen hauptsächlich durch den Überlauf der Paketspeicher in den Vermittlungsknoten. Die Wahrscheinlichkeit, mit der es zu einem Überlauf kommt, hängt von der Verkehrslast ab und kann durch das Verkehrsmanagement beeinflusst werden. Eine weitere Ursache können Bitfehler im Paketkopf sein, die zum Löschen des Pakets oder zu einer fehlerhaften Adresse führen. Bitfehler im Nutzdatenfeld eines Pakets führen dagegen zu Paketfehlern. Qualitätsparameter, die die Fehlerhäufigkeit der Übertragungssysteme unterhalb der Schicht 3 erfassen, werden in der ITU-T-Empfehlung G.826 [86] definiert. Paketfehleinfügungen entstehen durch ein fehlerhaftes Routing oder durch nicht erkannte Bitfehler im Adressfeld. Paketfehleinfügungen werden als Rate, also Anzahl der Ereignisse pro Zeiteinheit, angegeben und nicht als Häufigkeit, da eine Fehleinfügung unabhängig von der Zahl der übertragenen Pakete ist.

Die Paketlaufzeit D zwischen zwei Messpunkten MP_1 und MP_2 ist definiert als die Zeit zwischen dem Zeitpunkt t_1, wenn das erste Bit des Pakets MP_1 verlassen hat, und dem Zeitpunkt t_2, wenn das letzte Bit des Pakets MP_2 überquert hat (Bild 10-2). Die Paketlaufzeit setzt sich aus mehreren Komponenten zusammen. Zunächst können wir Bild 10-2 entnehmen, dass die Paketübertragungszeit in der Paketlaufzeit enthalten ist. Die Paketübertragungszeit hängt von der Paketlänge und der Bitrate der Übertragungsstrecke ab (Gl. 9-10).

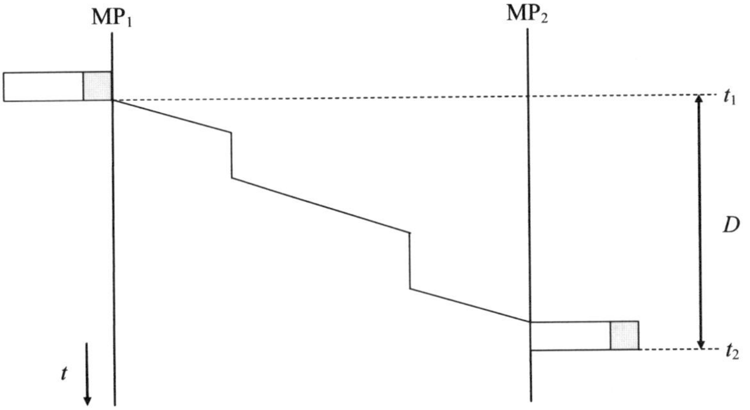

Bild 10-2: Definition der Paketlaufzeit

Eine weitere Komponente ist die Signallaufzeit zwischen den Messpunkten. In Glasfaser- und Kupferkabeln breitet sich das Signal deutlich langsamer als mit der Vakuum-Lichtgeschwindigkeit aus. In einer Glasfaser beträgt die Lichtgeschwindigkeit c_0/n, wobei c_0 die Lichtgeschwindigkeit im Vakuum (ca. $3 \cdot 10^5$ km/s) und n die Brechzahl der Glasfaser (ca. 1,48 für Quarzglas) ist. Daraus ergibt sich eine Signallaufzeit von etwa 5 µs/km. Einschließlich der Verzögerung in den übertragungstechnischen Einrichtungen kann mit einem Wert von 6,25 µs/km gerechnet werden [79]. Ist ein geostationärer Satellit Teil der Übertragungsstrecke, so trägt dieser mit ca. 290 ms zur Signallaufzeit bei.

Die Paketübertragungszeit und die Signallaufzeit bilden die minimale Laufzeit D_{min} eines Pakets. Hinzu kommen die Wartezeiten in den Paketspeichern der Vermittlungsknoten. Dieser Anteil ist variabel, da die Wartezeiten lastabhängig sind. Bild 10-3 zeigt einen typischen Verlauf der Wahrscheinlichkeitsdichte der Paketlaufzeit. Danach haben viele Pakete eine Laufzeit, die nur wenig größer als die minimale Laufzeit ist. Bedingt durch die Wartezeiten in den Paketspeichern haben einige Pakete jedoch eine beträchtlich größere Laufzeit.

Für die Dienstgüte sind insbesondere zwei Parameter von besonderer Bedeutung: die maximale Paketlaufzeit und die Laufzeitschwankungen. Die maximale Paketlaufzeit D_{max} wird als das $(1 - \alpha)$-Quantil der zu Grunde liegenden Verteilung definiert, d. h. die Fläche unter der Wahrscheinlichkeitsdichte im Bereich $0 \leq D \leq D_{max}$ ist gleich $1 - \alpha$ und die Fläche im Bereich $D > D_{max}$ ist gleich α (Bild 10-3). Die Wahrscheinlichkeit, dass die Laufzeit eines Pakets den Wert D_{max} überschreitet, beträgt also α. Die Laufzeitschwankungen sind durch die Differenz von maximaler und minimaler Laufzeit $D_{max} - D_{min}$ gegeben.

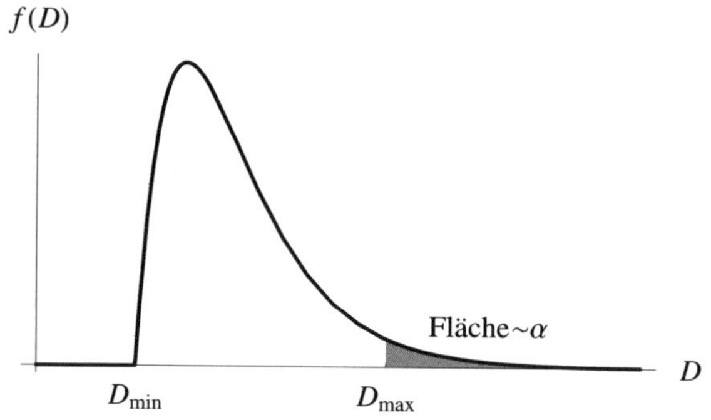

Bild 10-3: Typische Wahrscheinlichkeitsdichte der Paketlaufzeit

Oberhalb der Schicht 3 kommen in den Endgeräten noch weitere Komponenten zur Gesamtlaufzeit hinzu. Bei der Sprachübertragung sind dies beispielsweise Verzögerungen durch den Sprachcodec. Einige typische Werte sind in Tabelle 3-3 enthalten. Laufzeitschwankungen müssen im Endgerät durch einen Pufferspeicher (engl.: playout buffer) ausgeglichen werden. Je größer die Laufzeitschwankungen, desto größer der erforderliche Pufferspeicher und die damit verbundene Verzögerung.

Bild 10-4 zeigt dazu ein Beispiel. Bei der PCM-Codierung eines Sprachsignals mit einer konstanten Bitrate von 64 kbit/s und Paketen mit einem Nutzdatenfeld von 64 byte generiert der Sender regelmäßig im Abstand $T_Z = (64 \cdot 8 \text{ bit})/(64 \cdot 10^3 \text{ bit/s}) = 8$ ms ein Paket. Das erste Paket trifft nach der Laufzeit D_0 am Empfänger ein und gelangt in einen Pufferspeicher. Aus dem Pufferspeicher müssen in regelmäßigen Abständen $T_Z = 8$ ms 64 byte ausgelesen werden, um wieder einen kontinuierlichen Bitstrom der Rate 64 kbit/s zurückzugewinnen. Das Auslesen beginnt erst nach der Verzögerung T_V. T_V wird gleich der erwarteten maximalen Laufzeitschwankung gewählt. Ist T_V zu groß, so wird das Sprachsignal unnötig verzögert. Ist T_V zu klein, so kommt es bei der Wiederherstellung des kontinuierlichen Bitstroms zu Unterbrechungen. Im Beispiel von Bild 10-4 ist dies bei dem dritten Paket der Fall.

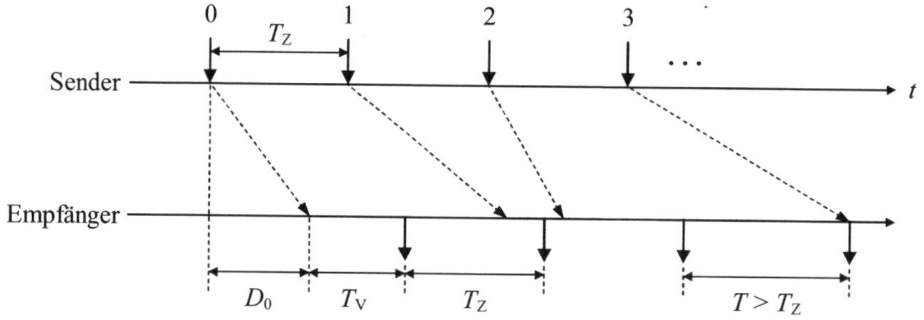

Bild 10-4: Kompensation von Laufzeitschwankungen im Endgerät

Die Gesamtlaufzeit ist insbesondere für interaktive Dienste ein wichtiger Qualitätsparameter. Bei der Sprachübertragung sollte nach der ITU-T-Empfehlung G.114 [79] die Gesamtlaufzeit 150 ms nicht überschreiten, da größere Werte beim interaktiven Sprechen als störend empfunden werden. Allgemein wird eine Verzögerung des Sprachsignals von bis zu 300 ms für akzeptabel gehalten.

Beispiel 10-1: Round-Trip Delay und One-Way Delay

Ein einfaches Werkzeug, Paketlaufzeiten von einem mit dem Internet verbundenen Rechner aus zu ermitteln, ist das Programm Ping. Ping arbeitet mit Hilfe der Echo-Request/Echo-Reply-Nachrichten des Internet Control Message Protocols (ICMP) [60]. Der Rechner sendet dazu ein Paket mit einer Echo-Request-Nachricht an die gewünschte Adresse. Der Zielrechner oder -router antwortet mit einem Paket mit einer Echo-Reply-Nachricht. Aus der Zeit, die vom Senden der Echo-Request-Nachricht bis zum Empfang der Echo-Reply-Nachricht vergeht, kann der Rechner die Paketlaufzeit ermitteln. Betrachten wir das folgende Beispiel der Ausgabe von Ping:

```
PING www.ietf.org (132.151.6.75) 56(84) bytes of data.
64 bytes from www.ietf.org (132.151.6.75): icmp_seq=1 ttl=52 time=107 ms
64 bytes from www.ietf.org (132.151.6.75): icmp_seq=2 ttl=52 time=107 ms
64 bytes from www.ietf.org (132.151.6.75): icmp_seq=3 ttl=52 time=107 ms
64 bytes from www.ietf.org (132.151.6.75): icmp_seq=4 ttl=52 time=109 ms
64 bytes from www.ietf.org (132.151.6.75): icmp_seq=5 ttl=52 time=107 ms
64 bytes from www.ietf.org (132.151.6.75): icmp_seq=6 ttl=52 time=180 ms
64 bytes from www.ietf.org (132.151.6.75): icmp_seq=7 ttl=52 time=195 ms
64 bytes from www.ietf.org (132.151.6.75): icmp_seq=8 ttl=52 time=216 ms
64 bytes from www.ietf.org (132.151.6.75): icmp_seq=9 ttl=52 time=140 ms
64 bytes from www.ietf.org (132.151.6.75): icmp_seq=10 ttl=52 time=195 ms
--- www.ietf.org ping statistics ---
10 packets transmitted, 10 received, 0% packet loss, time 9004ms
rtt min/avg/max/mdev = 107.040/146.701/216.789/42.890 ms
```

Bei dieser Stichprobe beträgt die minimale Laufzeit 107 ms und die maximale Laufzeit 216 ms. Wir können vermuten, dass der Wert von 107 ms nahe bei der tatsächlichen minimalen Laufzeit liegt, und dass größere Werte auf Wartezeiten in den Paketspeichern der Router zurückzuführen sind.

Allerdings geht bei Ping die Laufzeit von der Quelle zum Ziel und zurück ein. Man bezeichnet dies als Round-Trip Delay. Man kann also nicht erkennen, ob größere Laufzeiten in der Richtung von der Quelle zum Ziel oder in der Gegenrichtung auftreten. Darüber hinaus gehen vom Betriebssystem und der Hardware abhängige interne Verarbeitungszeiten in die Messung ein. Ping kann daher nur einen groben Anhaltspunkt für die Paketlaufzeiten liefern.

Die Paketlaufzeit, wie in Bild 10-2 definiert, bezieht sich nur auf eine Richtung und wird auch als One-Way Delay bezeichnet. Messverfahren zur Ermittlung des One-Way Delays werden in [30] und [31] beschrieben. Der Sender am Messpunkt 1 fügt dazu eine Zeitmarke, die den Sendezeitpunkt angibt, in ein Testpaket ein und sendet dies zum Empfänger am Messpunkt 2. Der Empfänger bestimmt die Laufzeit, indem er die Differenz zwischen Empfangs- und Sendezeitpunkt ermittelt. Dazu ist es erforderlich, dass die Uhren in Sender und Empfänger synchronisiert sind. Die Genauigkeit der Synchronisation bestimmt dabei die Messgenauigkeit. Exakte Messungen mit einer Genauigkeit im Mikrosekundenbereich erfordern die Synchronisation der Uhren mit Hilfe von GPS(Global Positioning System)-Empfängern.

◀

10.2 Verkehrsmanagement

Das Verkehrsmanagement hat die Aufgabe, dienstespezifische Anforderungen hinsichtlich der Paketlaufzeit, der Laufzeitschwankungen und der Paketverluste zu erfüllen. Neben den Qualitätsparametern müssen dazu Verkehrsparameter definiert werden, die den von der Quelle erzeugten Verkehr charakterisieren. Dienste mit ähnlichen Eigenschaften werden dabei zu Diensteklassen zusammengefasst. Auf der Basis der Verkehrs- und der Qualitätsparameter können nun Mechanismen der Verkehrssteuerung im Netz dafür sorgen, dass die geforderte Dienstgüte eingehalten wird. Man unterscheidet dabei präventive und reaktive Verfahren (Bild 10-5).

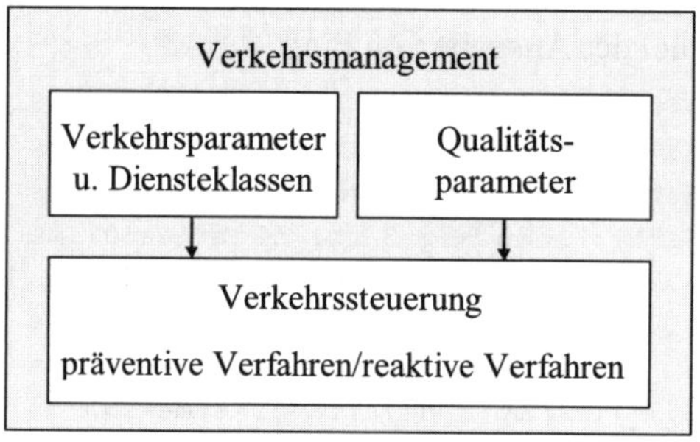

Bild 10-5: Funktionen des Verkehrsmanagements

Präventive Verfahren setzen ein, bevor es zu einer Überlast im Netz und damit zu einem Anstieg der Paketlaufzeiten und der Paketverluste kommt. Dazu gehören die Rufannahmesteuerung und die Scheduling-Verfahren. Reaktive Verfahren reagieren auf eine Überlastsituation, wenn diese bereits eingetreten ist. Zu den reaktiven Verfahren gehören die Flusskontrolle und das Paketspeicher-Management.

10.2.1 Verkehrsparameter

Verkehrsparameter sind ein Satz von Parametern zur Beschreibung des Quellenverkehrs. Die Quelle führt falls erforderlich eine Verkehrsformung (engl.: traffic shaping) durch, so dass der von der Quelle in das Netz eingespeiste Verkehr die vereinbarten Parameter einhält (Bild 10-6). Im Gegenzug garantiert das Netz das Einhalten bestimmter Qualitätsparameter, solange sich die Quelle an die vereinbarten Verkehrsparameter hält. Mit Hilfe der Verkehrsüberwachung (engl.: policing) prüft das Netz, ob der Quellenverkehr innerhalb der vereinbarten Kriterien bleibt.

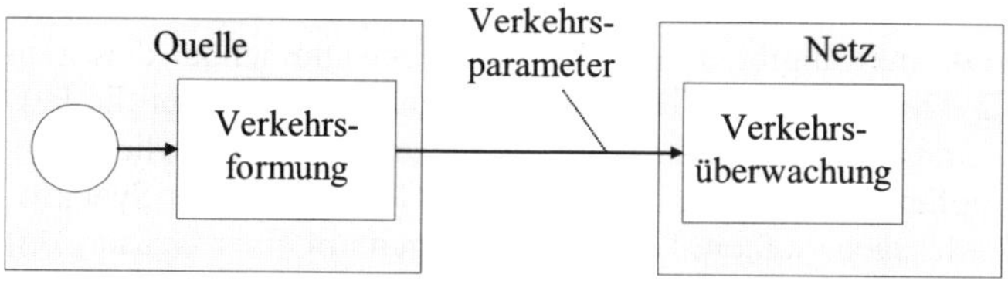

Bild 10-6: Verkehrsbeziehung zwischen Quelle und Netz

Die meistverwendeten Verkehrsparameter sind die Spitzenrate (engl.: peak rate) und die durchsetzbare Rate (engl.: sustainable rate). Die Spitzenrate ist bei Paketen konstanter Länge gleich dem Kehrwert der minimalen Paketabstandszeit. Sie wird durch den Leaky Bucket, also einen "undichten Eimer", definiert und überwacht (Bild 10-7). Der Leaky Bucket ist ein Paketspeicher, aus dem Pakete im Abstand $T_{P,out}$ ausgelesen werden. Dadurch wird die Spitzenrate auf $r_{P,out} = 1/T_{P,out}$ (mit der Einheit Pakete/s) begrenzt. Pakete, die mit einem größeren Abstand als $T_{P,out}$ in den Leaky Bucket gelangen, verlassen ihn ohne weitere Verzögerung. Pakete mit einem kleineren Abstand werden im Speicher verzögert, so dass am Ausgang des Leaky Bucket der Abstand mindestens $T_{P,out}$ beträgt. Bei Paketen variabler Länge darf in der Zeit $T_{P,out}$ eine bestimmte Anzahl von Bytes gesendet werden. Dürfen L byte gesendet werden, so beträgt die Spitzenrate $L/T_{P,out}$ (mit der Einheit byte/s). Ein Paket kann erst gesendet werden, wenn die Anzahl der verfügbaren Bytes größer oder gleich der Paketlänge ist.

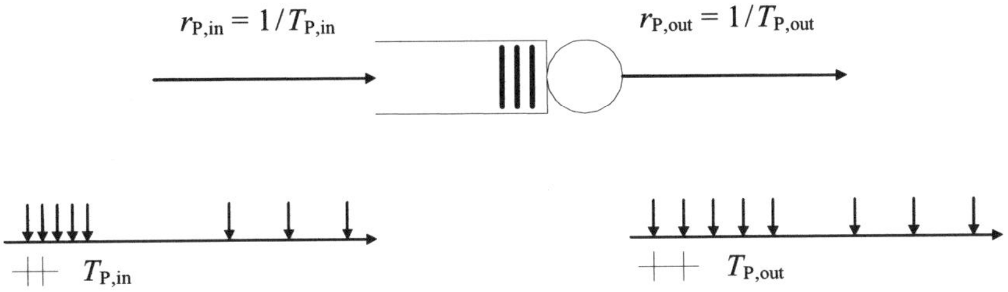

Bild 10-7: Der Leaky Bucket

Die durchsetzbare Rate stellt eine Obergrenze für die mittlere Rate einer Quelle dar. Kurzzeitig darf die Quelle mit einer höheren Rate senden. Die durchsetzbare Rate wird durch den Token Bucket definiert und überwacht (Bild 10-8). Der Token Bucket besitzt im Vergleich zum Leaky Bucket zusätzlich einen Token-Speicher der Tiefe k. Die Token stellen eine Berechtigung zum Senden eines Pakets dar. Gelangt ein Paket in den Token Bucket, so wird es sofort weitergeleitet, wenn eine Berechtigung in Form eines Tokens im Token-Speicher vorhanden ist. Andernfalls muss es im Paketspeicher warten, bis wieder ein Token verfügbar ist. Für jedes gesendete Paket wird die Anzahl der Token um eins verringert. Neue Token werden mit der konstanten Rate r_T generiert und im Token-Speicher abgelegt. Bei Paketen variabler Länge entspricht ein Token der Berechtigung, eine bestimmte Anzahl von Bytes zu senden.

Wenn die Quelle für einige Zeit inaktiv war, so füllt sich der Token-Speicher. Wird die Quelle wieder aktiv, so kann sie kurzzeitig mit ihrer Spitzenrate $r_{P,in}$ senden, bis der Token-Vorrat aufgebraucht ist. Danach wird die Rate am Ausgang auf die Token-Rate bzw. die durchsetzbare Rate r_T begrenzt. Die Anzahl der Pakete, die mit minimalem Abstand gesendet werden können, wird maximale Burstgröße genannt. Sie ist durch die Tiefe k des Token-Speichers und die Anzahl der Token, die während des Bursts generiert werden, begrenzt.

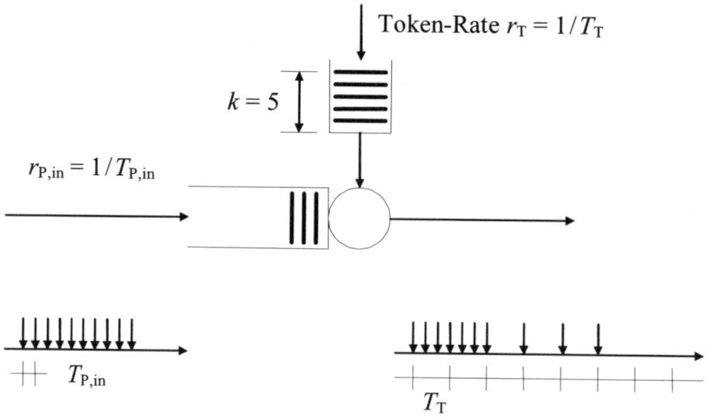

Bild 10-8: Der Token Bucket

Ein Burst maximaler Größe bestehe aus Z Paketen und habe die zeitliche Dauer t_Z, d. h. es ist $t_Z = Z/r_{P,in}$. Zu Beginn des Bursts ist der Token-Speicher mit k Token gefüllt, und während der Burstdauer t_Z werden $r_T\, t_Z$ Token generiert. Für die maximale Burstgröße folgt also

$$Z \le k + r_T\, t_Z = k + r_T \frac{Z}{r_{P,in}} .$$

Nach Z aufgelöst erhalten wir

$$Z \le \frac{k}{1 - r_T / r_{P,in}} = \frac{k}{1 - T_{P,in} / T_T} . \qquad (10\text{-}1)$$

Im Beispiel von Bild 10-8 ist $k = 5$ und $T_T = 3\ T_{P,in}$, so dass die maximale Burstgröße $Z = 7$ beträgt.

Neben der durchsetzbaren Rate r_T muss also entweder die Tiefe k des Token-Speichers oder die maximale Burstgröße als weiterer Parameter angegeben werden. Für $r_T = r_{P,out}$ und $k = 1$ ist die Funktion des Token Bucket gleich der des Leaky Bucket. Für ein bestimmtes Verkehrsmuster existiert kein eindeutiger Satz von Parametern (r_T, k), da eine kleinere Token-Speichertiefe k durch eine größere Rate r_T kompensiert werden kann, wie das folgende Beispiel zeigt.

Beispiel 10-2: Regelmäßige On-Off-Quelle

Eine On-Off-Quelle sendet während der Zeit T_{ON} Pakete mit der Rate r_P und keine Pakete während der Zeit T_{OFF}. Bild 10-9 zeigt eine regelmäßige On-Off-Quelle mit konstanten Zeiten $T_{ON} = 10$ s und $T_{OFF} = 90$ s.

Während der On-Phase ist der minimale Paketabstand $T_P = 1$ s und die Spitzenrate beträgt $r_P = 1$ Paket/s. Die Quelle generiert während der On-Phase 10 Pakete und im zeitlichen Mittel 10 Pakete in 100 s oder 0,1 Pakete/s. Der minimale Wert für die durchsetzbare Rate ist daher

$$r_T = \frac{10 \text{ Pakete}}{100 \text{ s}} = 0{,}1 \text{ Pakete/s}.$$

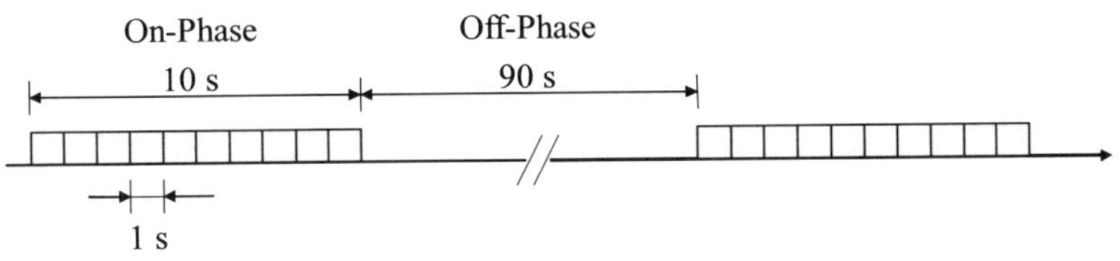

Bild 10-9: On-Off-Quelle

Ein Burst besteht aus $Z = 10$ Paketen. Für $r_T = 0{,}1$ Pakete/s ist nach Gl. 10-1 ein Token-Speicher der Größe $k = 9$ Pakete erforderlich. Die Quelle ist aber ebenfalls konform zu einem Token Bucket mit den Parametern $r_T = 0{,}5$ Pakete/s und $k = 5$ Pakete, da auch in diesem Fall nach Gl. 10-1 die maximale Burstgröße $Z = 10$ beträgt.

◀

Sollen gleichzeitig Spitzenrate und durchsetzbare Rate kontrolliert werden, so können ein Leaky Bucket und ein Token Bucket hintereinander geschaltet werden. In Bild 10-7 und Bild 10-8 enthalten der Leaky Bucket und der Token Bucket Paketspeicher, in denen Pakete, die nicht konform zu den vereinbarten Verkehrsparametern sind, so lange verzögert werden, bis die erforderliche Paketabstandszeit erreicht ist. Soll lediglich eine Verkehrsüberwachung und keine Verkehrsformung erfolgen, so werden die Paketspeicher nicht benötigt. Pakete, die zu früh eintreffen, die also nicht konform zu den vereinbarten Verkehrsparametern sind und daher verzögert werden müssten, werden gelöscht. Alternativ dazu können nichtkonforme Pakete auch als Pakete niedriger Priorität gekennzeichnet werden. Die so gekennzeichneten Pakete werden dann im Überlastfall vorrangig gelöscht.

10.2.2 Verkehrssteuerung

Mit Hilfe der Verkehrssteuerung versucht das Netz, die von einer Quelle geforderte Dienstgüte einzuhalten. Dazu muss im Netz dafür gesorgt werden, dass der Verkehr anderer Quellen die Dienstgüte nicht nachteilig beeinflusst. Wir unterscheiden bei der Verkehrssteuerung präventive und reaktive Verfahren. Präventive Verfahren versuchen, Überlastsituationen und den damit verbundenen Anstieg der Paketlaufzeit und der Paketverluste bereits im Vorfeld zu vermeiden. Zu den präventiven Verfahren zählen:

- Rufannahmesteuerung
- Scheduling-Verfahren

Reaktive Verfahren versuchen, eine bestehende Überlast abzubauen. Bei den reaktiven Verfahren betrachten wir:

- Flusssteuerung
- Paketspeicher-Management

Die Rufannahmesteuerung (Connection Admission Control, CAC) entscheidet darüber, ob ein Verbindungswunsch akzeptiert oder auf Grund mangelnder Ressourcen abgewiesen wird. Damit eine solche Entscheidung getroffen werden kann, muss die Quelle ihre Anforderungen mit Hilfe der Verkehrs- und Qualitätsparameter spezifizieren. Im Prinzip läuft die Rufannahmesteuerung darauf hinaus, zu entscheiden, ob bei einer verfügbaren Übertragungskapazität C neben den bestehenden Verbindungen mit den Raten r_i eine weitere Verbindung mit der Rate r_{i+1} angenommen werden kann. Dies ist möglich, wenn die Summe aller Raten kleiner als C ist, wenn also $r_{i+1} + \Sigma\, r_i \leq C$ gilt.

Als Rate wird ein Wert zwischen der Spitzenrate und der durchsetzbaren Rate verwendet, der auch als äquivalente Rate bezeichnet wird. Je näher dieser Wert bei der durchsetzbaren Rate liegt, umso mehr Verbindungen können angenommen werden, aber umso größer ist auch der erforderliche Paketspeicher bzw. die Verzögerung der Pakete im Speicher. Dieser Zusammenhang kann am folgenden einfachen Beispiel nachvollzogen werden.

Beispiel 10-3: Rufannahmesteuerung

In einem Vermittlungsknoten wird der Verkehr mehrerer Quellen auf eine Ausgangsleitung mit der verfügbaren Übertragungskapazität $C = 10$ Pakete/s gemultiplext (Bild 10-10). Bei den Quellen handle es sich um identische On-Off-Quellen aus Beispiel 10-2 mit der Spitzenrate $r_P = 1$ Paket/s und der durchsetzbaren Rate $r_T = 0{,}1$ Pakete/s.

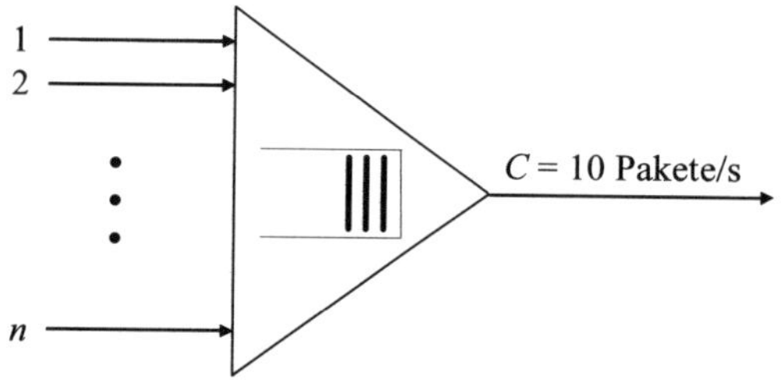

Bild 10-10: Multiplex von n Quellen

Reserviert man für jede Quelle die Spitzenrate, so können $C/r_P = 10$ Verbindungen angenommen werden. Geht man davon aus, dass alle 10 Quellen gleichzeitig aktiv sind, d. h. dass die On-Phasen gleichzeitig beginnen, so müssen 9 Pakete zwischengespeichert werden (ein Paket kann sofort übertragen werden) und die maximale Verzögerung eines Pakets beträgt 9 s.

Reserviert man für jede Quelle die durchsetzbare Rate, so können $C/r_T = 100$ Verbindungen angenommen werden. Unter der Voraussetzung, dass alle 100 Quellen gleichzeitig aktiv sind, treffen in 10 s 1000 Pakete ein. In diesen 10 s werden 10 Pakete gesendet und 990 Pakete müssen zwischengespeichert werden. Damit beträgt die Verzögerung eines Pakets bis zu 990 s.

◄

Wir kommen nun zu den Scheduling-Verfahren. Ein Scheduling-Verfahren ist ein Algorithmus, der festlegt, in welcher Reihenfolge ein Server die Pakete aus dem Paketspeicher ausliest. Bei unseren bisherigen Betrachtungen in Abschnitt 9.5 und auch im obigen Beispiel haben wir immer vorausgesetzt, dass Pakete in der Reihenfolge ihres Eintreffens zwischengespeichert und auch wieder ausgelesen werden. Trifft nun ein Paket auf einen vollen oder nahezu vollen Paketspeicher, so geht es verloren oder es wird eine entsprechend große Verzögerung erfahren. Dies wiederum kann bedeuten, dass die zulässige Paketverlusthäufigkeit oder die Paketlaufzeit überschritten wird, ohne dass das Netz darauf Einfluss nehmen kann.

Beim Prioritätenscheduling wird der eingehende Verkehr nach Priorität unterteilt und gelangt in getrennte Paketspeicher. Bild 10-11 zeigt ein Beispiel mit drei Prioritätsstufen. Solange sich Pakete im Speicher mit der Priorität 1 befinden, werden diese vom Scheduler ausgelesen. Ein Paket aus einem Speicher niedrigerer Priorität wird nur dann ausgelesen, wenn kein Paket in einem Speicher höherer Priorität wartet. Denkbar ist beispielsweise eine Aufteilung des Verkehrs in Echtzeitdienste mit der höchsten Priorität, Datenverkehr mittlerer Priorität und Datenverkehr niedriger Priorität. Die Pakete der Echtzeitdienste tolerieren keine langen Wartezeiten und werden bevorzugt übertragen. Ist der Paketspeicher der Priorität 1 leer, wird der Datenverkehr mittlerer Priorität übertragen. Ist auch der Paketspeicher der Priorität 2 leer, wird der Datenverkehr niedriger Priorität übertragen. Dieser Verkehr erhält keinerlei Qualitätsgarantien und wird auch als Best-Effort-Verkehr bezeichnet.

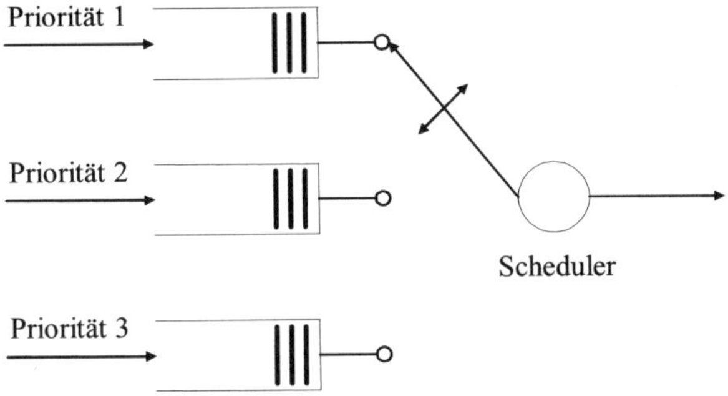

Bild 10-11: Beispiel für das Prioritätenscheduling

Mit dem Prioritätenscheduling kann zwar der Verkehr in verschiedene Klassen eingeteilt werden, allerdings ist innerhalb einer Klasse keine weitere Abstufung möglich. Beim Weighted Fair Queueing (WFQ) existiert ein eigener Paketspeicher pro Verbindung, so dass jede einzelne Verbindung entsprechend ihren Verkehrsparametern durch den Scheduler behandelt werden kann (Bild 10-12).

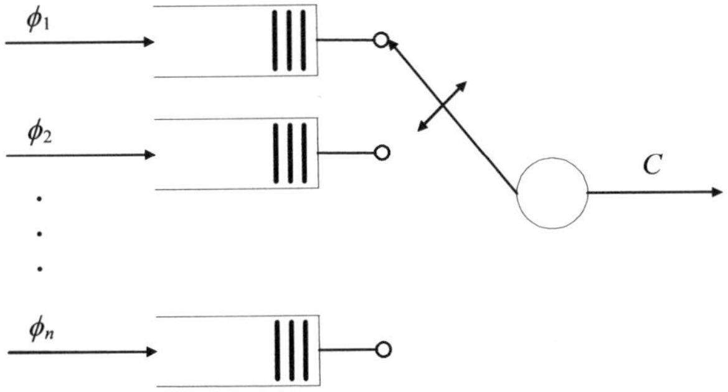

Bild 10-12: Weighted Fair Queueing

Jede Verbindung ist durch ein Gewicht ϕ_i gekennzeichnet. WFQ teilt die verfügbare Übertragungskapazität C proportional dem Gewicht der Verbindungen auf. Eine Verbindung wird als aktiv bezeichnet, wenn Pakete im Speicher warten, andernfalls gilt die Verbindung als inaktiv. Sind alle n Verbindungen aktiv, so wird der Verbindung i mit dem Gewicht ϕ_i die Rate

$$r_i = \frac{\phi_i}{\sum_{j=1}^{n} \phi_j} C \tag{10-2}$$

zugeteilt. Ist nur die Menge B der Verbindungen aktiv, so wird die verfügbare Kapazität auf die aktiven Verbindungen proportional zu deren Gewicht verteilt, d. h. für Verbindung i folgt

$$r_i = \frac{\phi_i}{\sum_{j \in B} \phi_j} C\,. \tag{10-3}$$

Mit WFQ kann jede Verbindung individuell im Router behandelt werden, allerdings ist es auch mit einer erheblichen Komplexität verbunden. Eine detaillierte Beschreibung von WFQ und weiterer Scheduling-Verfahren mit zum Teil geringerer Komplexität findet sich in [44].

Wir kommen nun zu den reaktiven Verfahren der Verkehrssteuerung, der Flusssteuerung und dem Paketspeicher-Management. Unter Flusssteuerung (engl.: flow control) versteht man ein Bündel von Maßnahmen, um die Rate r einer Quelle an die maximal vom Empfänger oder vom Netz verarbeitbare Rate anzupassen. Die Steuerung der Quelle erfolgt also entweder durch den Empfänger (Senke) oder das Netz wie in Bild 10-13 angedeutet. Erfolgt die Steuerung durch die Senke, so spricht man auch von einer Ende-zu-Ende-Flusssteuerung. Generell ist zu beachten, dass die Quelle erst nach der Antwortzeit T_A reagieren kann.

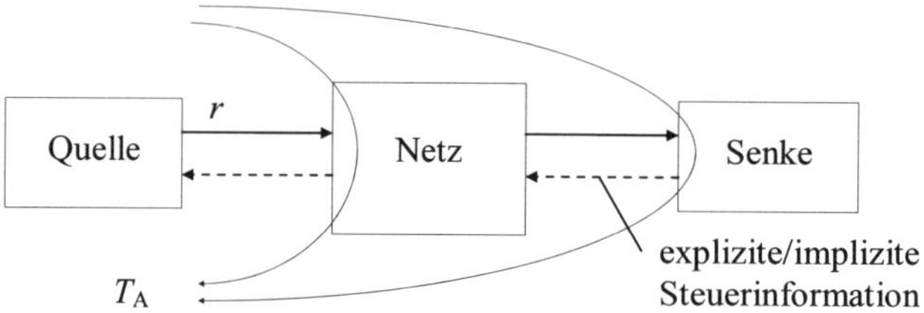

Bild 10-13: Modell zur Flusssteuerung

Die Steuerung der Quelle kann explizit oder implizit erfolgen. Bei der expliziten Steuerung generiert die Senke oder ein Netzelement die Steuerinformation und sendet sie in speziell dafür vorgesehenen Paketen oder Feldern eines Datenpakets zur Quelle. Die Steuerinformation selbst kann aus nur einem Bit bestehen, das eine Überlast im Netz anzeigt und die Quelle veranlasst, ihre Senderate zu reduzieren. Die Steuerinformation kann sich aber auch aus der spezifischen Angabe einer Senderate oder eines Multiplikationsfaktors zusammensetzen. Bei der impliziten Steuerung leitet die Quelle aus bestimmten Parametern, z. B. der Häufigkeit von Paketwiederholungen oder der Antwortzeit, selbst die Senderate ab. Dahinter steckt die Annahme, dass häufige Paketwiederholungen und eine lange Antwortzeit auf volle Paketspeicher zurückzuführen sind und die Quelle ihre Senderate verringern muss, um die Last im Netz zu reduzieren. Verfahren mit expliziter Steuerinformation sind aufwändiger, erlauben aber eine genauere Steuerung der Quelle.

Die Flusssteuerung kann auch danach unterschieden werden, ob die Steuerung der Quelle ratenbasiert oder fensterbasiert erfolgt. Bei der ratenbasierten Steuerung wird der Quelle direkt die Rate übermittelt, mit der gesendet werden darf. Dies setzt eine explizite Steuerinformation voraus. Bei der fensterbasierten Steuerung wird die Rate über die Anzahl der Pakete, die unquittiert gesendet werden darf, geregelt. Dies ist uns als Sliding Window im Zusammenhang mit den ARQ-Verfahren bekannt (siehe Bild 9-8 und Beispiel 9-1). Die Rate, mit der die Quelle sendet, wird über die Fenstergröße dynamisch angepasst. Ein Beispiel für die fensterbasierte Flusssteuerung mit impliziter Steuerinformation ist TCP (Abschnitt 15.4.1). Ein Beispiel für eine ratenbasierte Flusssteuerung mit expliziter Steuerinformation ist die ABR-Diensteklasse bei ATM (Abschnitt 14.4).

Unter Paketspeicher-Management versteht man das selektive Löschen von Paketen aus dem Paketspeicher, wenn dieser überzulaufen droht. Werden lediglich neu eintreffende Pakete gelöscht, wenn der Speicher voll ist, kann dies zur Bevorzugung einzelner Quellen führen. Sendet beispielsweise eine Quelle mit einer sehr hohen Rate und sorgt dafür, dass der Speicher immer gefüllt ist, so werden Pakete dieser Quelle bevorzugt, da die Pakete anderer Quellen gar nicht in den Speicher gelangen. Enthalten Pakete eine Prioritätsangabe, so können im Falle einer Überlast zunächst Pakete mit niedriger Priorität aus dem Speicher gelöscht werden. Bei Random Early Detection (RED) wird ein mittlerer Füllstand des Speichers mit Hilfe eines gleitenden Mittelwertes berechnet [16]. Erreicht der mittlere Füllstand einen oberen Schwellenwert, so werden alle neu eintreffenden Pakete gelöscht. Liegt der mittlere Füllstand zwischen einem unteren und dem oberen Schwellenwert, so werden neu eintreffende Pakete mit einer Wahrscheinlichkeit gelöscht, die linear mit dem Füllstand ansteigt.

11 Mehrfachzugriffsverfahren

11.1 Prinzipien des Mehrfachzugriffs

Ein Mehrfachzugriffsverfahren regelt den Zugriff mehrerer Sender auf ein gemeinsam genutztes Übertragungsmedium (engl.: shared medium). Bei dem Übertragungsmedium kann es sich beispielsweise um ein passives Netz mit Bus- oder Baumtopologie (siehe Abschnitt 9.2) oder um den Funkkanal eines Mobilfunknetzes handeln. In jedem Fall greifen mehrere Sender auf das Medium zu (Bild 11-1). Damit die Signale der Sender sich nicht gegenseitig stören, muss der Zugriff auf das Medium geregelt werden (Medium Access Control, MAC). Dazu ist eine Koordination der räumlich getrennten Sender erforderlich. In dieser Hinsicht grenzt sich ein Mehrfachzugriffsverfahren von einem Multiplexverfahren (z. B. Zeit- oder Frequenzmultiplex) ab, das keine solche Koordination erfordert.

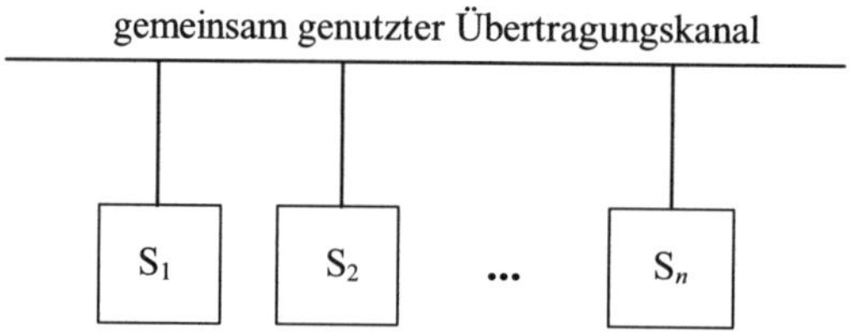

Bild 11-1: Mehrfachzugriff durch Sender S_1 bis S_n auf einen gemeinsamen Kanal

Wir unterscheiden drei prinzipielle Verfahren, nach denen die verfügbare Übertragungskapazität des Mediums unter den Sendern aufgeteilt wird:

- Zeitvielfach (Time-Division Multiple Access, TDMA)
- Frequenzvielfach (Frequency-Division Multiple Access, FDMA)
- Codevielfach (Code-Division Multiple Access, CDMA)

Bei FDMA wird der verfügbare Frequenzbereich in eine Anzahl schmaler Frequenzbänder unterteilt (Bild 11-2). Einem Sender wird permanent oder bei Bedarf eines dieser Bänder zugeteilt. Ein Band hat die Bandbreite Δf und wie in Bild 11-2 angedeutet ist ein Schutzabstand zwischen den Bändern erforderlich, damit sich die Signale frequenzmäßig benachbarter Sender nicht gegenseitig stören. Durch ein geeignetes Modulationsverfahren (siehe Kapitel 5) erzeugt der Sender ein Signal bei der ihm zugewiesenen Frequenz mit der entsprechenden Bandbreite.

Bei N Frequenzbändern gleicher Breite steht einer Station $1/N$ der gesamten Übertragungskapazität zur Verfügung. Damit ist ein FDMA-System unflexibel und für die Datenübertragung nicht besonders gut geeignet, denn hier besteht in der Regel die Forderung nach einer kurzzeitig hohen Übertragungskapazität. Andererseits hat FDMA den Vorteil, dass Verzerrungen des Mediums, die Intersymbol-Interferenz verursachen, sich innerhalb der geringen Bandbreite eines Teilbandes weniger auswirken und die Entzerrung vereinfacht wird.

Bild 11-2: FDMA (Frequency-Division Multiple Access)

Bei einem TDMA-System wird die Übertragungskapazität in Zeitschlitze unterteilt (Bild 11-3). Ein Sender darf das Übertragungsmedium für die Dauer eines Zeitschlitzes belegen. Neben der eigentlichen Datenübertragung ist ein Vorspann erforderlich, der der Pegelanpassung und der Bit- und Rahmensynchronisation im Empfänger dient. Ein Schutzintervall (engl.: gap) zwischen den Zeitschlitzen sorgt dafür, dass sich benachbarte Datenpakete trotz geringer Unterschiede der Signallaufzeiten nicht überlappen.

Da bei TDMA einer Station kurzzeitig die gesamte Übertragungskapazität zur Verfügung gestellt werden kann, ist dieses Verfahren besser als FDMA für die Datenübertragung geeignet. Häufig werden FDMA und TDMA in einem System kombiniert, indem die Kapazität eines FDMA-Frequenzbandes mittels TDMA weiter unterteilt wird.

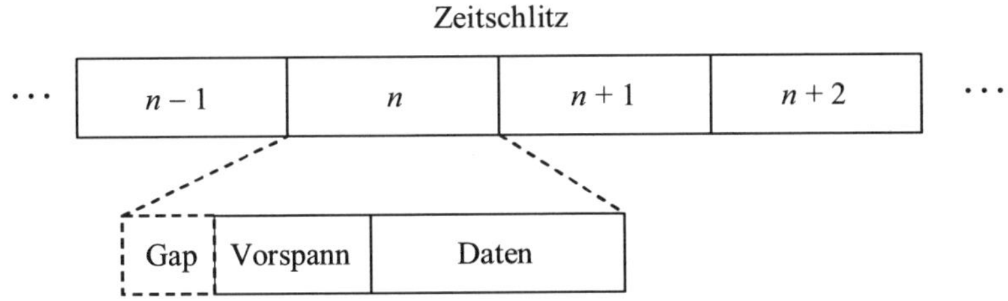

Bild 11-3: TDMA (Time-Division Multiple Access)

Im Gegensatz zu den beiden bisher genannten Verfahren dürfen bei CDMA alle Sender gleichzeitig im gleichen Frequenzband senden. Die Unterscheidung der Sender erfolgt mit Hilfe orthogonaler Codes. Dazu wird im Sender das binäre bipolare Signal $x(t)$ mit der Bitdauer T_b mit einem Code $c(t)$ multipliziert (Bild 11-4). Das Produkt $s(t)$ bildet das Sendesignal, das noch auf einen Träger moduliert wird. Der Code $c(t)$ hat die Chip-Rate T_c und wiederholt sich im Abstand T_b. Ist $x(t) = 1$, so wird die Codefolge gesendet und für $x(t) = -1$ entsprechend die invertierte Codefolge.

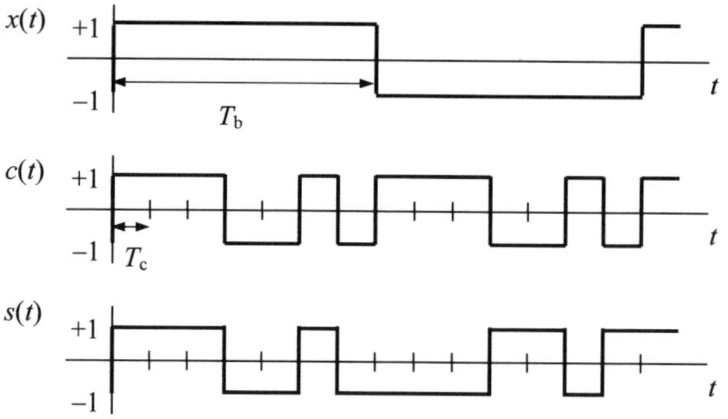

Bild 11-4: Erzeugung eines CDMA-Signals

Das Leistungsdichtespektrum von $x(t)$ ist durch Gl. 2-85 mit der Amplitude $A = 1$ gegeben:

$$\phi_x(f) = T_b \, \mathrm{si}^2(\pi f T_b) \,. \tag{11-1}$$

Betrachtet man vereinfachend auch $s(t)$ als ein Zufallssignal, so gilt für dessen Leistungsdichtespektrum ebenfalls Gl. 11-1, wenn T_b durch T_c ersetzt wird. Bild 11-5 zeigt die Spektren von $x(t)$ und $s(t)$ für $T_b / T_c = 10$. Wie man erkennt, wird die Bandbreite des Signals durch die Multiplikation mit dem Code gespreizt. Der Faktor T_b / T_c wird daher auch als Spreizfaktor bezeichnet und beträgt in realen Systemen mindestens 64 oder 128. Im Empfänger wird $s(t)$ wieder mit $c(t)$ multipliziert und man erhält $x(t)$. Dadurch wird das Signal auf die ursprüngliche Bandbreite zurücktransformiert.

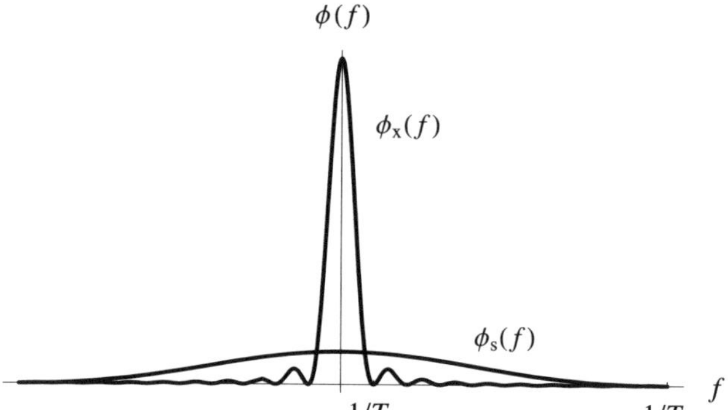

Bild 11-5: Leistungsdichtespektren des ungespreizten Signals x(t) und des gespreizten Signals s(t)

In einem CDMA-System werden den verschiedenen Stationen orthogonale Codes zugewiesen, d. h. die Kreuzkorrelationsfunktion der Codes ist gleich null bzw. möglichst klein. Man verwendet die uns aus Abschnitt 4.7 bekannten PN-Folgen, Walsh-Folgen oder Gold-Folgen [25]. Im Empfänger wird nach der Multiplikation mit $c(t)$ nur das mit dem gleichen Code gespreizte Signal zurücktransformiert. Die Signale aller anderen Stationen erscheinen als Störung, wobei jede Station mit der Leistungsdichte des gespreizten Signals zur Störleistung beiträgt (Bild 11-6). Bei einem CDMA-System gibt es daher auch keine feste Obergrenze für die Anzahl der Stationen. Kommt eine weitere Station hinzu, so verringert sich dadurch das Signal-Rausch-Verhältnis in entsprechendem Maße und die Übertragungsqualität hängt von der Anzahl der aktiven Stationen ab.

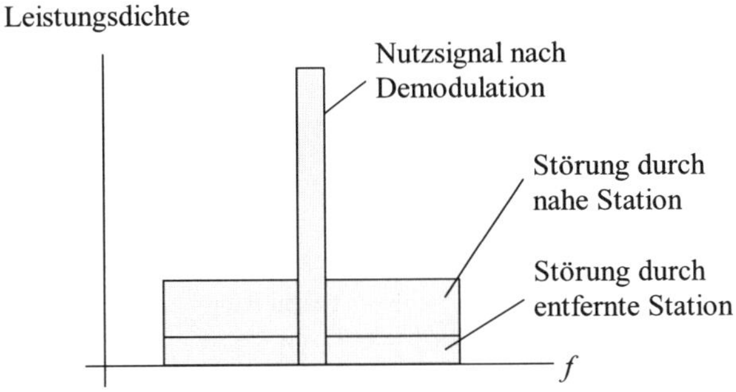

Bild 11-6: Schematische Darstellung der Leistungsdichten bei CDMA

In Bild 11-6 wird angedeutet, dass eine Station, die sich in der Nähe des Empfängers befindet, eine größere Leistungsdichte hat als eine weiter entfernte Station (eine entfernungsabhängige Signaldämpfung und gleiche Sendeleistung vorausgesetzt). Durch eine nahe Station verringert sich also das Signal-Rausch-Verhältnis wesentlich stärker als durch eine entfernte Station. Als Gegenmaßnahme zu diesem "Near-Far"-Problem ist eine entfernungsabhängige Leistungsregelung der Stationen erforderlich.

Das oben beschriebene Verfahren wird als Direct Sequence CDMA (DS-CDMA) bezeichnet. Eine andere Variante ist Frequency Hopping CDMA (FH-CDMA). Dabei wird die verfügbare Bandbreite in schmale Frequenzbänder und diese wiederum in Zeitschlitze unterteilt. Die Belegung der Zeitschlitze durch die Stationen wird durch den zugewiesenen Code gesteuert [25], [34].

Neben der physikalischen Steuerung des Mehrfachzugriffs ist bei FDMA- und TDMA-Systemen ein Zugriffsprotokoll zur Zuteilung der Ressourcen auf die Stationen erforderlich. Durch das Zugriffsprotokoll wird geregelt, welche Station zu welcher Zeit einen Zeitschlitz oder ein Frequenzband belegen darf. Bild 11-7 zeigt eine grobe Klassifizierung dieser Protokolle.

Bei der statischen Zuteilung wird einer Station permanent oder für die Dauer einer Verbindung Übertragungskapazität in Form eines Frequenzbandes oder von Zeitschlitzen fest zugewiesen. Eine dynamische Aufteilung der Übertragungskapazität, die sich nach dem momentanen Bedarf der Stationen richtet, ist in Systemen mit dezentraler oder zentraler Steuerung möglich. Bei der zentralen Steuerung fordert eine Zentrale die Stationen zum Senden auf. Dies bezeichnet man im Englischen als Polling. Bei dezentraler Steuerung mit wahlfreiem Zugriff kommt es zu Kollisionen, falls mehrere Stationen zufällig den gleichen Zeitschlitz belegen. Eine Kollisionsauflösungsstrategie sorgt dafür, dass schließlich eine der Stationen erfolgreich senden kann. Bei einem Reservierungsverfahren können die Stationen vorab Zeitschlitze je nach Bedarf reservieren, so dass Kollisionen vermieden werden.

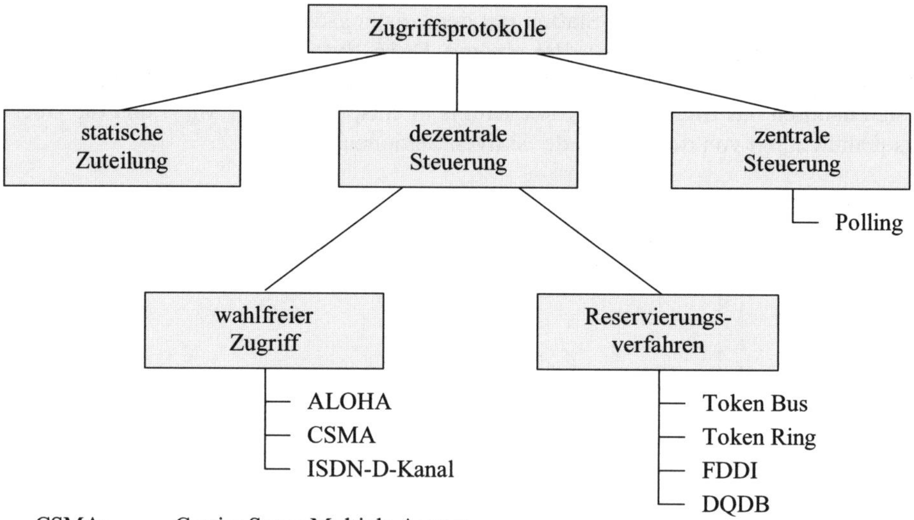

CSMA: Carrier Sense Multiple Access
FDDI: Fiber Distributed Data Interface
DQDB: Distributed Queue Dual Bus

Bild 11-7: Übersicht Zugriffsprotokolle

Wir betrachten im nächsten Abschnitt ALOHA und CSMA aus dem Bereich der dezentralen Steuerung sowie in Abschnitt 11.3 das Polling-Verfahren aus dem Bereich der zentralen Steuerung. Auf das Zugriffsverfahren im ISDN-D-Kanal, das auch unter der dezentralen Steuerung einzuordnen ist, kommen wir in Abschnitt 13.2.1 zurück. Bei den unter Reservierungsverfahren aufgezählten Systemen handelt es sich um LANs (Token Bus, Token Ring, FDDI) bzw. MANs (DQDB) mit eingeschränkter Verbreitung. Eine Beschreibung dieser Protokolle findet sich z. B. in [38].

11.2 Dezentrale Zugriffssteuerung

11.2.1 ALOHA

Das ALOHA-Protokoll wurde Ende der Sechzigerjahre an der Universität von Hawaii entwickelt, um Computerterminals über Funk mit einem Zentralrechner zu verbinden. Es bildet die Grundlage aller auf dem wahlfreien Zugriff basierenden Zugriffsprotokolle. Beim wahlfreien Zugriff (engl.: random access) darf eine Station zu einem beliebigen Zeitpunkt auf das Medium zugreifen.

Für eine einfache Analyse des ALOHA-Protokolls gehen wir von einer Reihe von Annahmen aus. Alle Stationen senden Pakete der gleichen Länge von n bit. Bei einer Bitrate r_b des Übertragungsmediums beträgt die Paketdauer

$$T_P = \frac{n}{r_b}. \tag{11-2}$$

Wenn eine Station ein Paket sendet und es nicht zu einer Kollision kommt, d. h. wenn keine andere Station zur gleichen Zeit einen Übertragungsversuch startet, so wird das Paket erfolgreich übertragen. In Bild 11-8 ist dies für das erste Paket von Station A der Fall. Beim zweiten Paket kommt es zu einer Kollision mit Paketen von einer zweiten Station B. Dies ist immer dann der Fall, wenn eine andere Station einen Übertragungsversuch innerhalb des Kollisionsbereiches der Länge $2\,T_P$ startet.

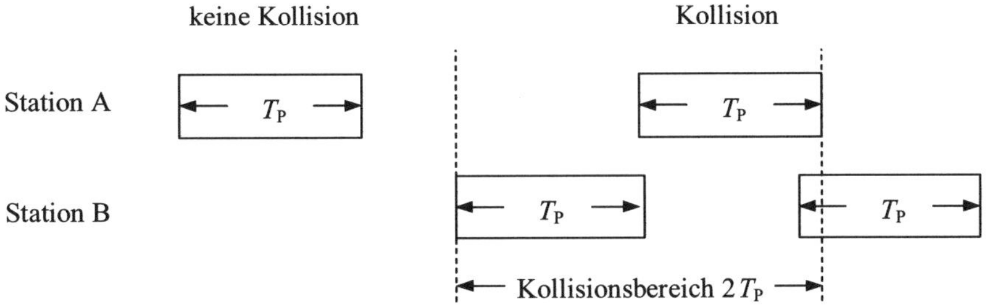

Bild 11-8: Kollisionen bei ALOHA

Wir nehmen weiter an, dass eine Station im Falle einer Kollision sofort eine Rückmeldung bekommt, dass der Übertragungsversuch nicht erfolgreich war. Dann versucht die Station nach einer zufälligen Zeit, das Paket erneut zu übertragen. Würde die Zeit zwischen den Versuchen konstant sein, käme es immer wieder zu Kollisionen zwischen den gleichen Stationen.

Die Rate, mit der Pakete von den Stationen generiert werden, sei G einschließlich der Wiederholungen. Die Paketabstandszeiten seien exponentialverteilt, d. h. es handelt sich bei dem Ankunftsprozess um einen Poisson-Prozess wie in Abschnitt 9.5.2 beschrieben. Wir suchen den Durchsatz S, also die Rate der erfolgreichen Versuche. S und G sind auf die Paketdauer bezogen. Bezeichnen wir mit s und g die Raten in Pakete/s, so ist

$$S = s\,T_P\,, \quad G = g\,T_P\,. \tag{11-3}$$

Bei exponentialverteilten Zwischenankunftszeiten ist die Anzahl der Pakete, die in einem Intervall der Länge T eintreffen, Poisson-verteilt. Die Wahrscheinlichkeit, dass i Pakete im Intervall eintreffen, ist durch Gl. 2-79 gegeben. Die Wahrscheinlichkeit einer erfolgreichen Übertragung, also dass im Kollisionsintervall $T = 2\,T_P$ keine weiteren Pakete gesendet werden, beträgt

$$P_0 = P(i=0) = \frac{(g\,2T_P)^i}{i!}\,\mathrm{e}^{-g\,2T_P} = \mathrm{e}^{-g\,2T_P} = \mathrm{e}^{-2G}\,. \tag{11-4}$$

Die Rate der erfolgreichen Versuche ist nun gleich der Rate der Versuche mal der Erfolgswahrscheinlichkeit P_0, d. h. für den Durchsatz gilt

$$S = G\,P_0 = G\,\mathrm{e}^{-2G}\,. \tag{11-5}$$

Der Durchsatz des ALOHA-Protokolls ist in Bild 11-9 gezeigt. Der Durchsatz wird maximal für $G = 1/2$; der Maximalwert beträgt $S_{\max} = \mathrm{e}^{-1}/2 = 0{,}184$. Dies bedeutet, dass höchstens 18,4 % der Übertragungskapazität genutzt werden können. Die restliche Übertragungskapazität bleibt ungenutzt (es finden keine Übertragungsversuche statt) oder es kommt zu Kollisionen.

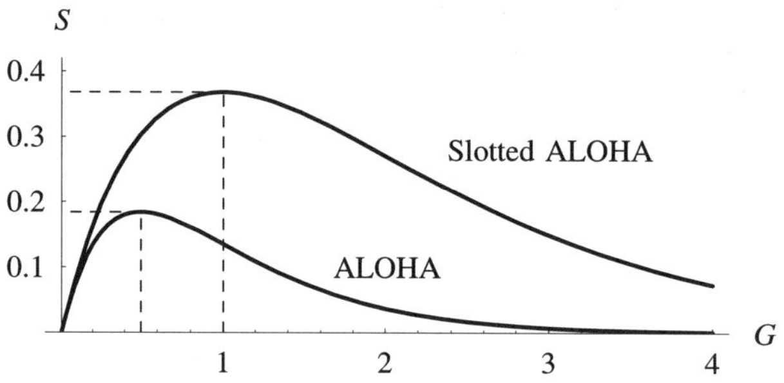

Bild 11-9: Durchsatz für ALOHA und Slotted ALOHA

Eine Steigerung des Durchsatzes ist möglich, wenn die Stationen nur zu bestimmten Zeitpunkten senden dürfen. Dies bezeichnet man als Slotted ALOHA (Bild 11-10). Dazu werden vom Übertragungssystem Zeitschlitze entsprechend der Paketdauer vorgegeben. Möchte eine Station ein Paket übertragen, so beginnt sie mit dem Senden mit Beginn eines Zeitschlitzes. Wenn keine weitere Station versucht, im gleichen Zeitschlitz ein Paket zu senden, tritt keine Kollision auf und die Übertragung ist erfolgreich. Belegen zwei oder mehr Stationen den gleichen Zeitschlitz, kommt es zur Kollision und die Übertragung muss wiederholt werden. Wie man Bild 11-10 entnehmen kann, hat bei Slotted ALOHA der Kollisionsbereich die Länge T_P. Bei sonst gleichen Annahmen wie zuvor beträgt die Erfolgswahrscheinlichkeit

$$P_0 = \mathrm{e}^{-G} \tag{11-6}$$

und der Durchsatz

$$S = G\,\mathrm{e}^{-G}\,. \tag{11-7}$$

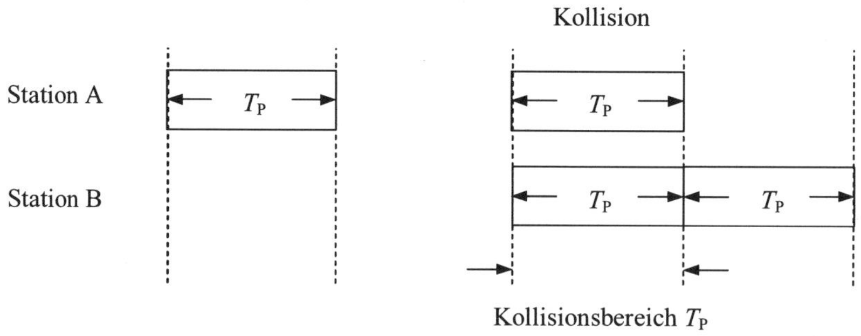

Bild 11-10: Kollisionen bei Slotted ALOHA

Der Durchsatz des Slotted-ALOHA-Protokolls wird maximal für $G = 1$ mit dem Maximalwert $S_{max} = e^{-1} = 0{,}368$ (Bild 11-9). Der höchste Durchsatz ist damit doppelt so groß wie bei reinem ALOHA.

Aus unserer vereinfachten Betrachtungsweise geht jedoch nicht das dynamische Verhalten des Systems hervor. Wie wir anhand von Bild 11-9 erkennen können, gibt es sowohl für reines ALOHA als auch für Slotted ALOHA für einen Durchsatz $S < S_{max}$ zwei Lösungen für G. Dies wird in Bild 11-11 für Slotted ALOHA erläutert. Bei der Lösung G_1 links des Maximums handelt es sich um ein stabiles Gleichgewicht, während es sich bei der Lösung G_2 rechts des Maximums um ein instabiles Gleichgewicht handelt. In unserem Modell schließt die Rate G, mit der Pakete generiert werden, die Wiederholungen ein. Befindet sich das System im Arbeitspunkt G_1 und kommt es auf Grund von Kollisionen kurzzeitig zu einem Anstieg $G > G_1$, so steigt auch der Durchsatz. Dadurch sinkt G wieder und nähert sich dem Gleichgewichtswert G_1. Befindet sich das System dagegen im Arbeitspunkt G_2 und es kommt zu einem Anstieg $G > G_2$, so sinkt der Durchsatz. Dadurch kommt es vermehrt zu Wiederholungsversuchen, G steigt weiter und entfernt sich vom instabilen Gleichgewichtswert G_2.

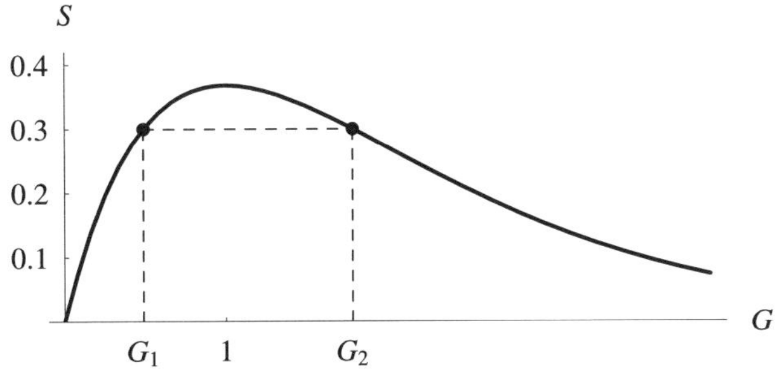

Bild 11-11: Stabiler und instabiler Arbeitspunkt bei Slotted ALOHA

Es existieren Stabilisierungsverfahren für ALOHA, die dafür sorgen, dass das System im gewünschten Arbeitspunkt bleibt [1]. Diese Verfahren basieren darauf, dass die mittlere Wartezeit, nach der eine Station einen Wiederholungsversuch startet, dynamisch angepasst wird.

11.2.2 Carrier Sense Multiple Access

Wir wir gesehen haben, ist der maximale Durchsatz bei Slotted ALOHA auf 36,8 % der Übertragungskapazität des Mediums beschränkt. Der Durchsatz kann wesentlich gesteigert werden, wenn die Stationen die Möglichkeit haben, vor einem Sendeversuch festzustellen, ob das Medium bereits von einer anderen Station belegt wird. Dazu hört die Station das Medium ab, ob ein Trägersignal zu erkennen ist. Dies bezeichnet man im Englischen als Carrier Sensing und das Zugriffsverfahren als Carrier Sense Multiple Access (CSMA). CSMA kann natürlich nur verwendet werden, wenn die Stationen auf Grund der physikalischen Eigenschaften des Übertragungsmediums die Sendeaktivität anderer Stationen erkennen können. Dies ist beispielsweise bei leitungsgebundenen Rechnernetzen mit Bustopologie der Fall, aber bei Funknetzen in der Regel nicht gewährleistet.

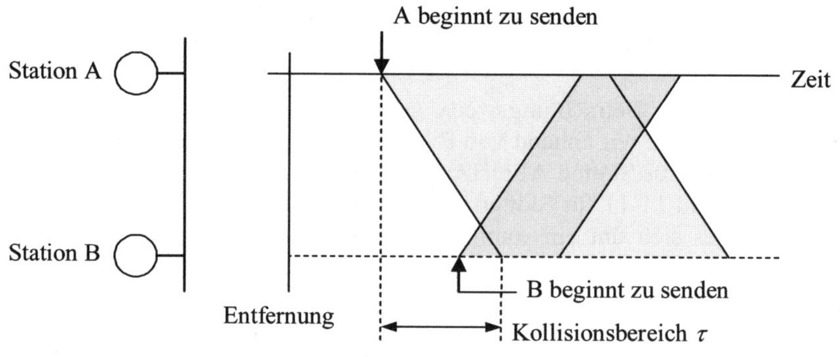

Bild 11-12: Carrier Sense Multiple Access (CSMA)

Auf Grund der endlichen Signallaufzeit kann es auch bei CSMA zu Kollisionen kommen. Beträgt die maximale Signallaufzeit zwischen zwei Stationen τ, so kann eine Station erst nach der Zeit τ die Aktivität der jeweils anderen Station bemerken (Bild 11-12). Beginnt eine zweite Station innerhalb dieses Kollisionsbereichs mit einem Übertragungsversuch, so kommt es zur Kollision. Nach der Zeit τ kann keine Kollision mehr auftreten, da die anderen Stationen bemerken, dass das Medium belegt ist, und die Übertragung abwarten.

Möchte eine Station ein Paket übertragen, so stellt sie zunächst fest, ob das Medium frei ist. Ist das der Fall, startet sie sofort mit der Übertragung. Ist das Medium belegt, so wartet sie, bis das Medium frei wird, und beginnt sofort mit der Übertragung. Dies bezeichnet man als 1-persistent CSMA. Kommt es zur Kollision, so versucht die Station nach einer zufälligen Zeit, das Paket erneut zu übertragen.

Der Durchsatz von CSMA hängt vom Verhältnis der Signallaufzeit zur Paketübertragungszeit, $a = \tau / T_P$, ab. Ist T_P groß gegen τ und damit a klein, so ist der Kollisionsbereich klein gegen das kollisionsfreie Intervall und die Übertragungskapazität wird effizient genutzt. Ist umgekehrt a groß, sinkt der Durchsatz.

CSMA ermöglicht eine deutliche Steigerung des Durchsatzes im Vergleich zu Slotted ALOHA. Wird das CSMA-Verfahren um eine Kollisionserkennung (Collision Detection, CD) erweitert, so ist eine zusätzliche Erhöhung möglich. Kommt es bei CSMA/CD zu einer Kollision, so brechen die beteiligten Stationen sofort die Übertragung ab (Bild 11-13). Dadurch wird keine Zeit für die restliche Übertragung der ohnehin gestörten Pakete vergeudet. Eine Kollision wird daran erkannt, dass das Signal auf dem Medium stärker als das gesendete Signal ist. Bis eine sendende Station eine Kollision erkennt, kann maximal die Zeit $2\,\tau$ vergehen. Die Paketübertragungszeit muss daher größer als $2\,\tau$ sein. Andernfalls kann es passieren, dass die Übertragung des Pakets bereits abgeschlossen ist, wenn die Kollision erkannt wird. Eine detaillierte Analyse des Durchsatzes, der mit den verschiedenen CSMA-Verfahren erzielt werden kann, findet sich in [17].

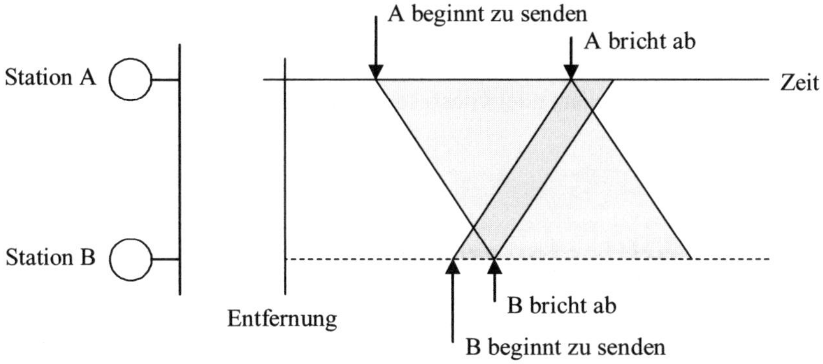

Bild 11-13: Carrier Sense Multiple Access/Collision Detection (CSMA/CD)

Beispiel 11-1: IEEE-802.3-LAN

Ein IEEE-802.3-LAN ist ein lokales Rechnernetz, das auf einer Bustopologie basiert. Es verwendet TDMA und CSMA/CD als dezentrale Zugriffssteuerung. LANs nach dem IEEE-802.3-Standard [57] werden auch oft als Ethernet bezeichnet (nach einem früheren Produktnamen der Firma Xerox für diese LAN-Technik). Bei IEEE 802.3 werden Pakete variabler Länge übertragen, die als Frames (Rahmen) bezeichnet werden (Bild 11-14). Im Kontext des OSI-Modells deckt IEEE 802.3 die Funktionen der Schichten 1 und 2 ab, also der physikalischen Schicht und der Sicherungsschicht (Data Link Layer). Ein Frame ist eine Schicht-2-PDU, während der Begriff des Pakets in der Regel für die Schicht 3, in der das Routing stattfindet, reserviert wird. Die MAC-Funktion ist Teil der Schicht 2.

byte 8	6	6	2	46 … 1500		4
Vorspann	Ziel-adresse	Quellen-adresse	Länge	Daten	Pad	FCS

Bild 11-14: Format eines IEEE-802.3-Frames

Ein Frame besteht aus einem 8-byte-Vorspann, der ein festes Bitmuster enthält und der Symboltakt- und Rahmensynchronisation dient. Es folgen die Ziel- und die Quellenadresse zu jeweils 6 byte. Diese werden auch als MAC-Adresse bezeichnet. Das Längenfeld gibt die Länge des Datenfeldes in byte an. Das Datenfeld kann eine Länge von 0 bis 1500 byte haben. Ist es kürzer als 46 byte, so wird der Frame mit dem Pad-Feld aufgefüllt. Damit wird dafür gesorgt, dass die Frames eine minimale Länge von 64 byte (ohne Vorspann) haben und Kollisionen sicher erkannt werden, bevor die Übertragung eines Frames beendet ist. Die letzten 4 byte enthalten die Frame Check Sequence (FCS). Dahinter verbirgt sich ein zyklischer Code zur Fehlererkennung (CRC-32, siehe Abschnitt 6.1.4 Tabelle 6-7). Zwischen Frames liegt ein mindestens 9,6 µs langes Schutzintervall.

Typische Bitraten eines IEEE-802.3-LANs sind 10 Mbit/s, 100 Mbit/s (Fast Ethernet) oder 1000 Mbit/s (Gigabit Ethernet). Als Übertragungsmedium wurden früher meist Koaxialkabel genutzt, heute werden in der Regel symmetrische Kupferkabel (engl.: twisted pair, verdrilltes Adernpaar) oder Glasfaser verwendet.

◄

11.3 Zentrale Zugriffssteuerung

Bei der dezentralen Zugriffssteuerung kommt es zu Kollisionen, wenn zwei oder mehr Stationen gleichzeitig auf das Übertragungsmedium zugreifen. Eine Kollisionsauflösungsstrategie sorgt dafür, dass die Stationen letztendlich ihre Pakete erfolgreich übertragen können. Bei der zentralen Zugriffssteuerung fordert eine Zentrale die Stationen zum Senden auf und verhindert Kollisionen. Dies wird auch als Polling bezeichnet. Die Häufigkeit und die Reihenfolge der Sendeaufforderungen sind prinzipiell beliebig. Beispielsweise kann die Häufigkeit von der Zentrale so festgelegt werden, dass einer Station eine vereinbarte Übertragungskapazität zugewiesen wird.

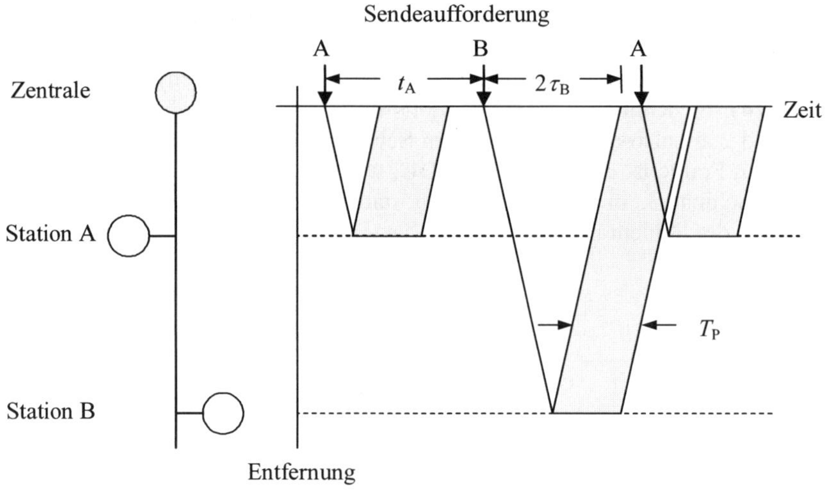

Bild 11-15: Polling

Das Prinzip des Polling zeigt Bild 11-15. Die Zentrale ruft abwechselnd die Stationen A und B auf. Bei jedem Aufruf senden die Stationen ein Paket mit der Übertragungszeit T_P. T_P hängt nach Gl. 11-2 von der Paketlänge und der Bitrate des Übertragungsmediums ab. Damit sich die Pakete von Stationen, die sich in unterschiedlicher Entfernung von der Zentrale befinden, nicht zeitlich überlagern und damit stören, muss der Abstand zwischen den Sendeaufrufen genügend groß sein. Die Signallaufzeit von der Zentrale zur Station A sei τ_A. Station B sei die am weitesten entfernte Station mit der Laufzeit τ_B. Wenn der Aufruf für Station B erfolgt, erscheint das erste Bit nach der Zeit $2\,\tau_B$ an der Zentrale (interne Verarbeitungszeiten werden vernachlässigt). Wird anschließend Station A aufgerufen, darf das erste Bit frühestens nach der Zeit $2\,\tau_B + T_P$ an der Zentrale erscheinen, damit sich die Pakete nicht überlagern. Mit der Signallaufzeit $2\,\tau_A$ von der Zentrale zu Station A und zurück muss für die Zeit zwischen den Aufrufen

$$t_A = 2\,\tau_B + T_P - 2\,\tau_A = T_P + 2(\tau_B - \tau_A) \qquad (11\text{-}8)$$

gelten. Je nach Laufzeitdifferenz zwischen der am weitesten entfernten und der nächstgelegenen Station wird die Übertragungskapazität also nur zum Teil genutzt. Liegt die Differenz für Hin- und Rückweg $2(\tau_B - \tau_A)$ in der Größenordnung der Paketübertragungszeit T_P, so stehen nur ca. 50 % der Übertragungskapazität für die Datenübertragung zur Verfügung.

Verzögert dagegen Station A ihr Paket um die Zeit $T_{V,A} = 2(\tau_B - \tau_A)$, so können die Sendeaufforderungen im Abstand T_P erfolgen, ohne dass es zu einer Überlagerung kommt (Bild 11-16). Wenn alle an das Übertragungsmedium angeschlossenen Stationen eine individuelle Sendeverzögerung entsprechend der Differenz von maximaler und eigener Signallaufzeit einhalten, so kann die Übertragungskapazität voll genutzt werden. Wird die individuelle Sendeverzögerung automatisch durch die Zentrale und die Stationen eingestellt, so bezeichnet man dies im Englischen als Ranging, da die erforderliche Verzögerung von der Entfernung abhängt. Polling und Ranging werden beim Zugriffsverfahren von Kabelmodems verwendet (siehe Abschnitt 12.3.2).

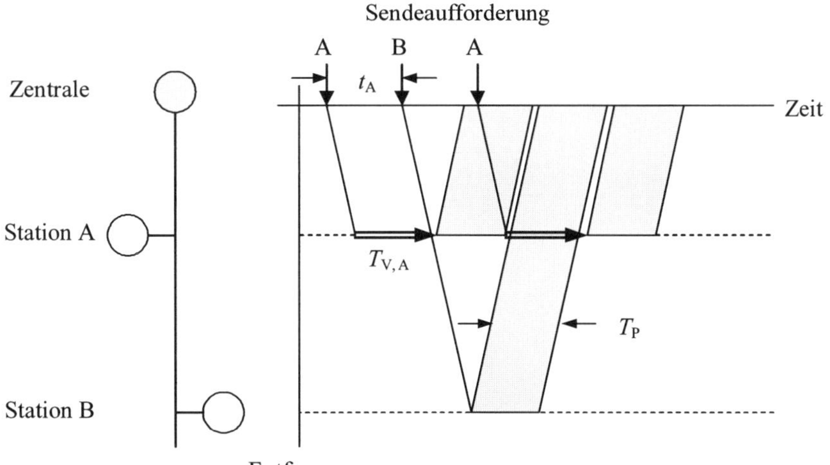

Bild 11-16: Polling mit Sendeverzögerung

Beim sequenziellen Polling werden die Stationen nacheinander abgefragt, ob sie Pakete zu übertragen haben. Ist die Zahl der Stationen groß, so wird viel Zeit benötigt, bis alle Stationen einmal abgefragt wurden, obwohl vielleicht nur ein geringer Teil Pakete senden möchte. Hier besteht die Möglichkeit, das Polling mit dem wahlfreien Zugriff zu kombinieren. Dazu werden Zeiträume für wahlfreien Zugriff vorgesehen, in denen eine Station z. B. mit Hilfe des ALOHA-Verfahrens auf das Medium zugreifen und Pakete an die Zentrale senden kann. Über diesen Kanal hat die Station die Möglichkeit, jederzeit bei der Zentrale ihre Wünsche bezüglich des Pollings anzumelden.

Die zentrale Zugriffssteuerung hat den Vorteil, dass eine Priorisierung von Verkehr leicht möglich ist. Sendet beim wahlfreien Zugriff eine Station in kurzer Zeit sehr viele Pakete, so kommt es häufiger zu Kollisionen mit Paketen anderer Stationen. Diese werden durch die Wiederholungsversuche stark verzögert, und einer einzelnen Station kann kein bestimmter Durchsatz oder eine maximale Paketlaufzeit garantiert werden. Bei der zentralen Zugriffssteuerung können dagegen beispielsweise Pakete, die zu einem Echtzeitdienst gehören, regelmäßig abgerufen werden, so dass eine bestimmte Dienstgüte gewährleistet wird.

12 Transport- und Anschlussnetze

Das Transportnetz besteht aus den Übertragungssystemen im Kernbereich des Netzes. Der Teil des Netzes von der letzten Vermittlungseinrichtung bis zum Teilnehmeranschluss wird als Anschluss- oder Zugangsnetz bezeichnet (Bild 12-1). Das Transportnetz wird also von den übertragungstechnischen Einrichtungen im Weitverkehrsnetz gebildet. Dies sind beispielsweise Regeneratoren und Crossconnects. Regeneratoren sind erforderlich, wenn eine Übertragungsstrecke die zulässige Länge übersteigt. Bei einem optischen Übertragungssystem über Glasfaser besteht ein Regenerator aus der optisch-elektrischen Wandlung, der Aufbereitung und der elektrisch-optischen Wandlung des Signals.

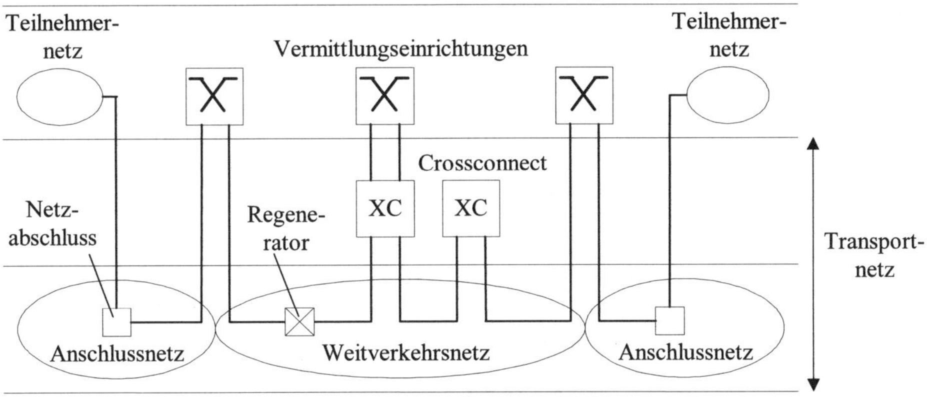

Bild 12-1: Transport- und Anschlussnetz als Teil eines Kommunikationsnetzes

Über Crossconnects (XC, das "X" wird als "Cross" ausgesprochen) werden Verbindungen mit einer bestimmten Übertragungskapazität zwischen den Vermittlungseinrichtungen geschaltet. Diese Verbindungen werden durch ein Netzmanagementsystem nach Bedarf eingerichtet und konfiguriert. Crossconnects können auch bei Ausfall einer Übertragungsstrecke durch automatische Ersatzschaltungen dafür sorgen, dass die Verbindung über andere Strecken wiederhergestellt wird. Für diesen Zweck muss Redundanz in Form von zusätzlicher Übertragungskapazität bereitgehalten werden. Wir betrachten im Bereich des Transportnetzes Übertragungssysteme der älteren plesiochronen digitalen Hierarchie (PDH) und der synchronen digitalen Hierarchie (SDH).

Über das Anschlussnetz (engl.: access network, auch "last mile" genannt) bekommt der Teilnehmer Zugang zum Kommunikationsnetz. Das klassische Anschlussnetz ist das Fernsprechnetz von der lokalen Vermittlungsstelle bis zum Teilnehmer. Auf die Übertragungstechnik, die im Fernsprechnetz eingesetzt wird, kommen wir im Rahmen von Kapitel 13 zurück. Im Bereich der Anschlussnetze versucht man, die vorhandenen Systeme für möglichst viele Dienste zu nutzen, da der Aufbau einer neuen Infrastruktur mit enormen Kosten verbunden wäre. In Abschnitt 12.3 betrachten wir Systeme, die den Anschlussbereich des Fernsprechnetzes (xDSL-Systeme) oder das Kabelfernsehnetz (Kabelmodems) nutzen.

Auf das Anschlussnetz folgt das Teilnehmernetz (Customer Premises Network, CPN), das unter der Verantwortung des Teilnehmers steht. Am Übergang zwischen Anschluss- und Teilnehmernetz findet man oft einen Netzabschluss (Network Termination, NT), der Funktionen zur Überwachung des Übertragungssystems durch den Netzbetreiber enthält.

12.1 Plesiochrone digitale Hierarchie (PDH)

Die PDH ist ein plesiochrones, d. h. nahezu synchrones Transportnetz mit Bitraten von 2 Mbit/s bis 140 Mbit/s. Tabelle 12-1 zeigt die standardisierten Bitraten, die weltweit verwendet werden.

Tabelle 12-1: Bitraten der PDH

Europa		**Nordamerika**		**Japan**	
E1:	2,048 Mbit/s	DS1:	1,544 Mbit/s	J1:	1,544 Mbit/s
E2:	8,448 Mbit/s	DS2:	6,312 Mbit/s	J2:	6,312 Mbit/s
E3:	34,368 Mbit/s	DS3:	44,736 Mbit/s	J3:	32,064 Mbit/s
E4:	139,264 Mbit/s	DS4:	274,176 Mbit/s	J4:	97,728 Mbit/s

In der europäischen Hierarchie werden immer vier Zubringersignale zur nächsthöheren Hierarchiestufe im Zeitmultiplex zusammengefasst (Bild 12-2). Die Multiplexer verwenden eigene Taktgeneratoren mit definierten Toleranzen, daher der Begriff plesiochron. Als Übertragungsmedien kommen symmetrische Kupferkabel, Koaxialkabel, Lichtwellenleiter und Richtfunkstrecken zum Einsatz. Die elektrischen Eigenschaften der PDH-Signale sind in der ITU-T-Empfehlung G.703 [80] standardisiert.

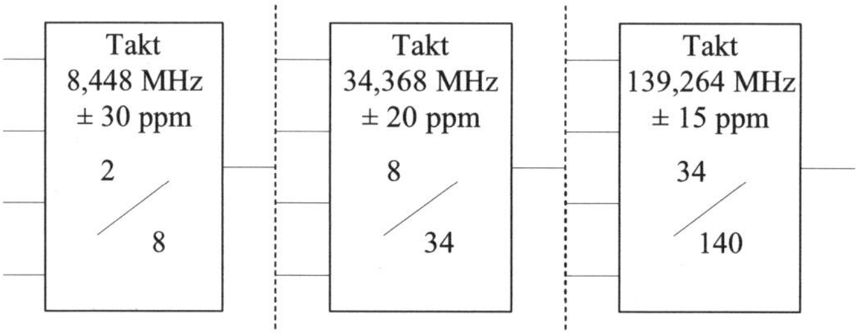

Bild 12-2: Multiplexschema der europäischen PDH-Hierarchie

Ein PDH-Mulitplexer fasst vier Zubringersignale durch bitweises Multiplexen zu einem neuen, höherratigen Signal zusammen. Wie man Tabelle 12-1 entnehmen kann, ist die Bitrate einer höheren Hierarchiestufe jedoch nicht genau gleich dem Vierfachen der niedrigeren Stufe, sondern etwas größer. Der Multiplexer fügt den Zubringersignalen weitere Bits hinzu, die der Synchronisation, der Überwachung und der Bitratenanpassung dienen.

Bild 12-3 zeigt den Rahmenaufbau des E3-Signals. Der Rahmen besteht aus 1536 bit, die in 44,7 µs übertragen werden. Die ersten 12 bit bilden das Rahmenkennungswort und die Servicebits, die der Rahmensynchronisation und der Überwachung dienen.

Da die Bitraten der Zubringersignale innerhalb der Spezifikation der Takttoleranzen vom Nennwert abweichen können, erfolgt ein Ausgleich durch das so genannte Stopfen. Pro Zubringersignal kann im Feld "Stopf/Nutzbits" entweder ein Nutzbit oder ein Stopfbit übertragen werden. Ist die Bitrate etwas geringer als der Nennwert, so wird ein Stopfbit eingefügt. Das Stopfbit wird beim Demultiplexen wieder entfernt. Liegt die Bitrate des Zubringersignals über dem Nennwert, so wird an dieser Stelle ein Nutzbit übertragen. Die Information, ob es sich um ein Stopf- oder Nutzbit handelt, wird in den Stopfinformationsbit-Feldern mit dreimaliger Wiederholung übertragen. Damit stehen einem Zubringersignal minimal 377 bit pro Rahmen und maximal 378 bit pro Rahmen zur Verfügung. Dies entspricht einer minimalen Bitrate von 8,44 Mbit/s und einer maximalen Bitrate von 8,45 Mbit/s.

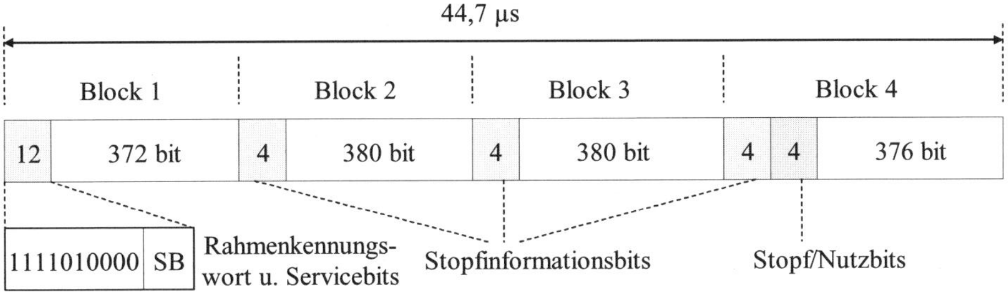

Bild 12-3: Rahmenaufbau des 34,368-*Mbit/s-Multiplexsignals*

Tabelle 12-2 zeigt die Rahmengrößen der weiteren Hierarchiestufen. Die Bitraten der PDH wurden vom 64-kbit/s-Kanal abgeleitet. Wie wir in Abschnitt 3.4 gesehen haben, wird ein Sprachsignal zur Übertragung im Fernsprechnetz mit 8 kHz abgetastet und mit 8 bit quantisiert. Die Übertragung eines Sprachsignals benötigt also eine Bitrate von 64 kbit/s. Das E1-Signal kann 30 dieser Kanäle transportieren, höhere Hierarchiestufen jeweils die vierfache Anzahl (Tabelle 12-2).

Tabelle 12-2: Weitere Eigenschaften der europäischen PDH-Hierarchie

Hierarchie	**Rahmengröße**	**Anzahl 64-kbit/s-Kanäle**
E1	256 bit	30
E2	848 bit	120
E3	1536 bit	480
E4	2928 bit	1920

Die größte Verbreitung hat die 2,048-Mbit/s-Schnittstelle, da diese auch im Zugangsnetz zum Beispiel für den Anschluss von größeren Telefonanlagen verwendet wird. Da das E1-Signal 30 PCM-codierte Sprachsignale mit einer Bitrate von jeweils 64 kbit/s transportieren kann, spricht man auch von der PCM-30-Schnittstelle. Der Rahmen des E1-

Signals besteht aus 256 bit, wobei jeweils 8 bit zu einem Byte zusammengefasst werden (Bild 12-4). Eine Übertragung von 8 bit in 125 µs entpricht einer Bitrate von 64 kbit/s.

Das erste Byte des Rahmens enthält abwechselnd das Rahmenkennungswort und das Meldewort. Die S_i-Bits dienen der Fehlerüberwachung, das A-Bit signalisiert einen dringenden Alarm und mit Hilfe der S_{ai}-Bits werden Steuerbefehle übermittelt. In den Zeitschlitzen 1 bis 15 und 17 bis 31 werden 30 64-kbit/s-Kanäle byteweise gemultiplext. Der Zeitschlitz 16 ist für die Übertragung von Signalisierungsnachrichten vorgesehen.

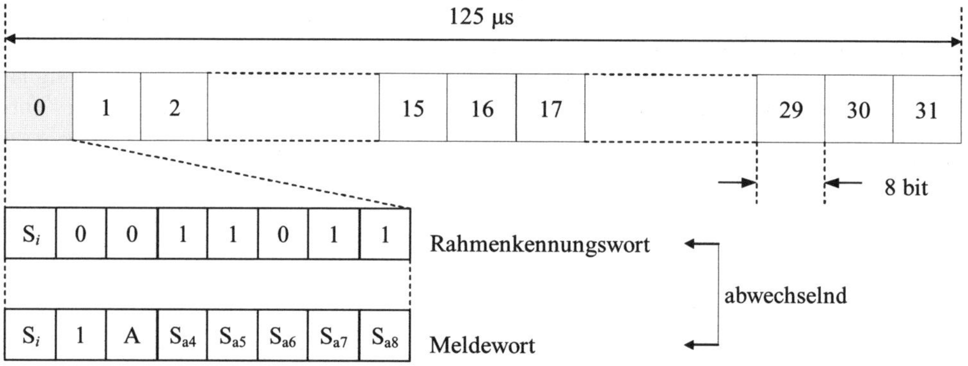

Bild 12-4: Rahmenaufbau des 2,048-*Mbit/s-Signals*

Zur Fehlerüberwachung mit Hilfe der S_i-Bits wird ein Mehrfachrahmen aus 16 Rahmen gebildet, der wiederum aus zwei Subframes zu jeweils 8 Rahmen besteht. Über die 8 Rahmen eines Subframes wird ein zyklischer Code zur Fehlererkennung mit vier Redundanzbits berechnet (CRC-4, siehe Abschnitt 6.1.4, Tabelle 6-7). Innerhalb eines Mehrfachrahmens stehen 16 S_i-Bits zur Verfügung. Davon werden 8 bit für die Übertragung der zwei mal vier CRC-Bits verwendet. Die restlichen Bits dienen der Synchronisation des Mehrfachrahmens und der Rückmeldung erkannter Fehler durch den Empfänger.

Die PDH-Übertragungstechnik hat mehrere Nachteile. Der Zugriff auf Zubringersignale ist nur nach dem Demultiplexen aller höherratigen Signale möglich, da auf Grund des Stopfens keine feste Phasenbeziehung zwischen der Nutzinformation und dem Rahmen besteht. PDH-Systeme bieten nur geringe Funktionalität für Betrieb und Wartung, und die Bitraten sind weltweit nicht einheitlich, was das Bereitstellen internationaler Verbindungen erschwert.

12.2 Synchrone digitale Hierarchie (SDH)

Auf Grund der oben genannten Nachteile der PDH-Systeme wurde Ende der Achtzigerjahre ein neuer Standard für Übertragungssysteme mit hohen Bitraten und einem leistungsfähigen Netzmanagement geschaffen. Diese Systeme werden in Europa als synchrone digitale Hierarchie (SDH) und in den USA als Synchronous Optical Network (SONET) bezeichnet und in der ITU-T-Empfehlung G.707 [81] standardisiert. In Tabelle 12-3 sind die Bitraten und Hierarchiebezeichnungen zusammengestellt.

Tabelle 12-3: Bitraten der SDH

SDH-Hierarchie	SONET-Hierarchie	Bitrate
STM-0	OC-1	51,84 Mbit/s
STM-1	OC-3	155,52 Mbit/s
STM-4	OC-12	622,08 Mbit/s
STM-16	OC-48	2488,32 Mbit/s
STM-64	OC-192	9953,28 Mbit/s
STM-256	OC-768	39813,12 Mbit/s

Die Hierarchiestufen werden als STM-*N* (Synchronous Transport Module level *N*) oder OC-*N* (Optical Carrier level *N*) bezeichnet. Die Übertragung erfolgt in der Regel optisch über Lichtwellenleiter. Beginnend bei 155,52 Mbit/s vervierfacht sich die Bitrate von Stufe zu Stufe. Bild 12-5 zeigt das Multiplexschema. Die zu übertragenden Nutzdaten werden in einen Container C-*n* verpackt. Beispielsweise ist ein C-4-Container von der Übertragungskapazität her an einem E4-Signal ausgerichtet, während der C-12-Container ein E1-Signal aufnehmen kann (siehe Tabelle 12-1).

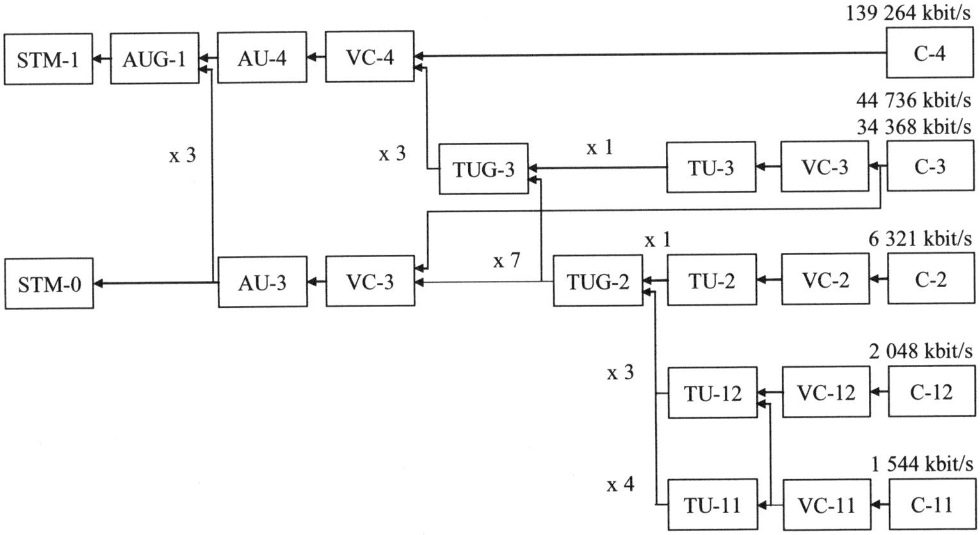

Bild 12-5: Multiplexschema der SDH bis STM-1

Aus einem C-*n*-Container wird ein virtueller Container VC-*n* durch Hinzufügen des Path Overhead (POH) gebildet. Der Path Overhead dient der Übermittlung von Status- und Steuerinformationen. Mehrere VCs werden über Tributary Units (TU) und Tributary Unit Groups (TUG) zu einem VC-4 zusammengefasst. Der VC-4 zusammen mit einem Pointer bildet eine Administrative Unit AU-4. Der Pointer zeigt auf den Beginn des VC-4 innerhalb des STM-Rahmens. Die AU-4 bildet eine Administrative Unit Group (AUG), aus der durch Hinzufügen des Section Overhead (SOH) schließlich das Synchronous Transport Module

STM-1 hervorgeht. Der Section Overhead enthält ein Rahmenkennungswort, Paritätsbits zur Fehlererkennung, Steuerinformationen und Daten- und Sprachdienstkanäle für Betrieb und Wartung.

Der Aufbau eines STM-1-Rahmens ist in Bild 12-6 in Form eines Blocks von 9 Zeilen zu jeweils 270 byte gezeigt. Die insgesamt 2430 byte werden in 125 µs übertragen; dies entspricht der Bitrate von 155,52 Mbit/s. Die Übertragung erfolgt zeilenweise wie in Bild 12-6 angedeutet. Wie man dem Bild entnehmen kann, besteht der Path Overhead (POH) des virtuellen Containers VC-4 aus 9 byte. Zusammen mit dem AU-4-Pointer (PTR) bildet der VC-4 die Administrative Unit AU-4. Das erste Byte des VC-4 kann an einer beliebigen Stelle innerhalb des STM-1-Rahmens liegen, der VC-4 "schwimmt" also im STM-1-Rahmen. Mit Hilfe des Pointers kann der VC-4 aber jederzeit aufgefunden werden. Vor der Übertragung wird der STM-1-Rahmen bis auf das Rahmenkennungswort gescrambelt. Es wird ein rahmensynchronisierter Scrambler mit dem Generatorpolynom $G(x) = 1 + x^6 + x^7$ verwendet (siehe Abschnitt 4.7).

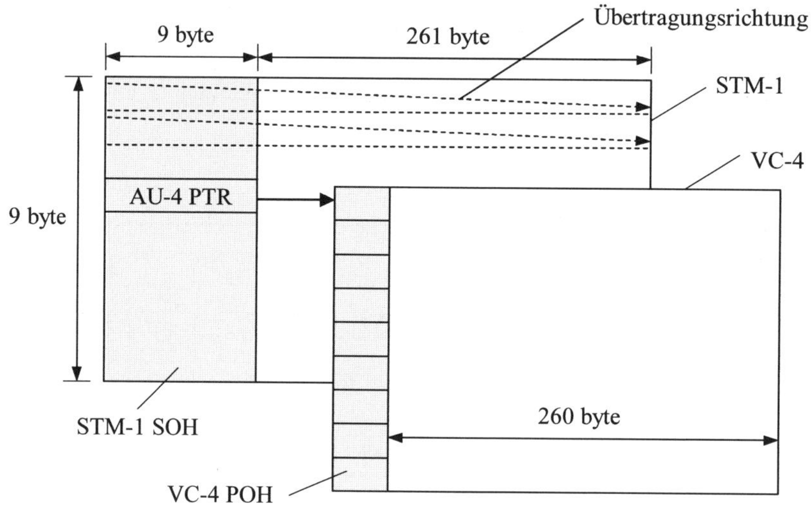

Bild 12-6: STM-1-Rahmen mit VC-4

Ein STM-N-Rahmen entsteht durch das byteweise Multiplexen von N STM-1-Rahmen. Ein STM-N-Rahmen besteht aus 9 Zeilen zu jeweils $N \cdot 270$ byte. Eine Zeile setzt sich aus $N \cdot 9$ byte für den SOH und $N \cdot 261$ byte für die Nutzlast zusammen. Die Nutzbitrate hängt von den verwendeten Containern und dem damit verbundenen Overhead ab. Beispielsweise können an Stelle eines VC-4 auch drei VC-3 transportiert werden. Innerhalb eines C-4-Containers stehen $260 \cdot 9 = 2340$ byte für Nutzdaten zur Verfügung. Dies entspricht einer Nutzbitrate von $2340 \cdot 8$ bit/125 µs = 149,76 Mbit/s. Die Größe der verschiedenen Container kann Tabelle 12-4 entnommen werden.

Tabelle 12-4: SDH-Containergrößen

Container	C-11	C-12	C-2	C-3	C-4
Größe in byte	25	34	106	756	2340

12.3 Anschlussnetze

12.3.1 xDSL-Systeme

Der Begriff der digitalen Teilnehmeranschlussleitung (Digital Subscriber Line, DSL) bezieht sich auf den Anschlussbereich des Fernsprechnetzes. DSL ist der Oberbegriff für alle digitalen Übertragungssysteme von der lokalen Vermittlungsstelle bis zum Teilnehmer. Den Aufbau des Anschlussbereiches zeigt Bild 12-7.

Die Vermittlungsstelle ist über den Hauptverteiler mit den Hauptkabeln verbunden. Ein Hauptkabel besteht aus bis zu 2000 Adernpaaren. Aus dem Hauptkabel werden jeweils mehrere hundert Leitungen in einen Kabelverzweiger geführt. Im Verzweigerkasten wird das Verzweigungskabel angeschlossen, dessen Adernpaare in Muffen verzweigt werden und zu den Teilnehmern führen. Das Anschlussnetz endet an der TAE-Dose, der Telekommunikationsanschlusseinheit. An die TAE-Dose sind über die Hausverkabelung die Endgeräte (Terminal Equipment, TE) angeschlossen. Die Teilnehmeranschlussleitung ist eine symmetrische verdrillte Kupferdoppelader mit einem Aderndurchmesser von 0,35 mm bis 0,8 mm; am häufigsten kommen 0,4-mm-Kabel vor. Die durchschnittliche Länge der Anschlussleitung beträgt 2,3 km, und etwa 99 % aller Teilnehmer sind über eine Leitung mit einer Länge kleiner als 8 km angeschlossen [14].

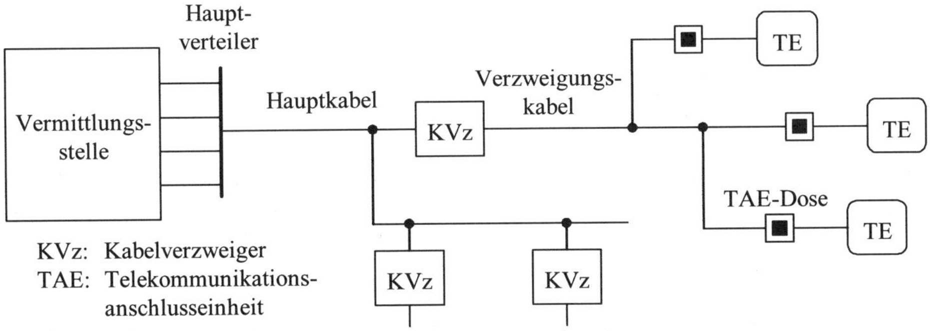

Bild 12-7: Anschlussbereich des Fernsprechnetzes

Man unterscheidet zwischen symmetrischen und asymmetrischen DSL-Systemen. Bei symmetrischen Systemen ist die Übertragungskapazität in der Richtung zum Teilnehmer (engl.: downstream) genauso groß wie in der Richtung vom Teilnehmer zur Vermittlungsstelle (engl.: upstream). Bei asymmetrischen Systemen ist die Downstream-Kapazität größer als die Upstream-Kapazität. Dies deckt sich mit dem Bedarf vieler Dienste. Beispielsweise müssen zum Betrachten einer Internet-Seite nur wenige Steuerinformationen upstream, aber umfangreiche Inhalte downstream übertragen werden. Die Datenraten stehen dabei etwa im Verhältnis eins zu zehn. Auch das Übertragen eines Videos zum Teilnehmer erfordert eine wesentlich größere Übertragungsrate in der Downstream-Richtung als in der Upstream-Richtung.

ADSL (Asymmetric Digital Subscriber Line) ist in der ITU-T-Empfehlung G.992.1 standardisiert [87]. Die wesentlichen Komponenten eines ADSL-Systems zeigt Bild 12-8. Es besteht aus einer vermittlungsseitigen ADSL-Baugruppe (ATU-C: ADSL Transceiver Unit Central Office) und einem teilnehmerseitigen ADSL-Modem (ATU-R: ADSL Transceiver Unit Remote Terminal). Die Datenübertragung erfolgt oberhalb des Frequenzbereichs, der vom analogen Telefonanschluss (POTS: Plain Old Telephone Service) oder digitalen ISDN-Anschluss belegt wird. Das ISDN-Signal oder das analoge Telefonsignal werden über Splitter vom ADSL-Signal getrennt. Ein Splitter besteht aus einem Hochpass- und einem Tiefpassfilter.

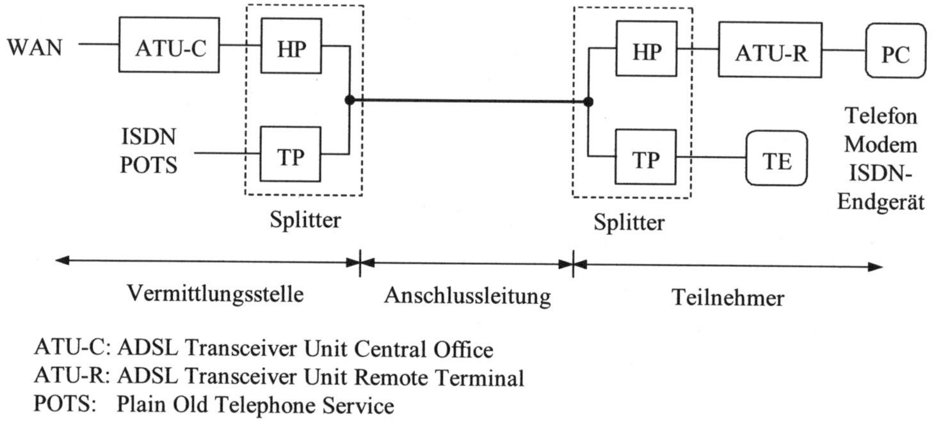

Bild 12-8: ADSL-Komponenten

ADSL über POTS belegt einen Frequenzbereich von 25 kHz bis 1,104 MHz (Bild 12-9). ADSL über ISDN belegt wegen der größeren Bandbreite des ISDN-Signals den Frequenzbereich von 138 kHz bis 1,104 MHz. Bei der Richtungstrennung zwischen Upstream- und Downstream-Übertragung kommen zwei Verfahren zum Einsatz. Beim Frequenzgetrenntlage-Verfahren (Frequency Division Duplex, FDD) werden für beide Richtungen getrennte Frequenzbänder vorgesehen. Wie man Bild 12-9 entnehmen kann, liegt der Rückkanal im unteren Frequenzbereich. Dort sind die Störungen und die Dämpfung geringer.

Bei der Echokompensation belegen beide Richtungen den gleichen Frequenzbereich. Die Richtungstrennung zwischen Sende- und Empfangssignal erfolgt durch eine Gabelschaltung. Durch Fehlanpassungen wird jedoch immer auch ein Teil des gesendeten Signals in den Empfänger reflektiert (Bild 12-10). Das Eingangssignal am Empfänger setzt sich daher aus dem Empfangssignal und dem störenden Echosignal zusammen. Ein Echokompensator in Form eines adaptiven digitalen Filters bildet das Echosignal nach und subtrahiert es vom Eingangssignal.

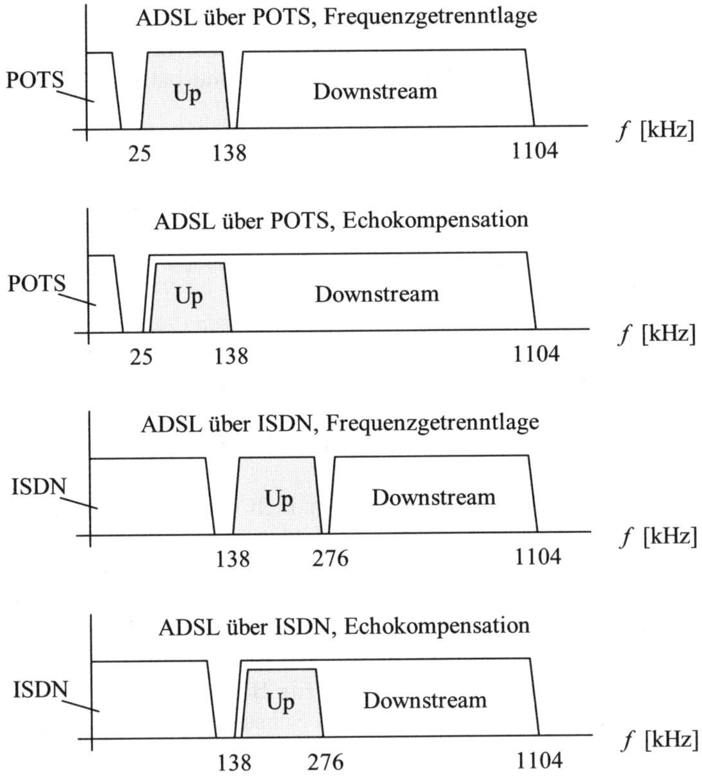

Bild 12-9: ADSL-Spektren

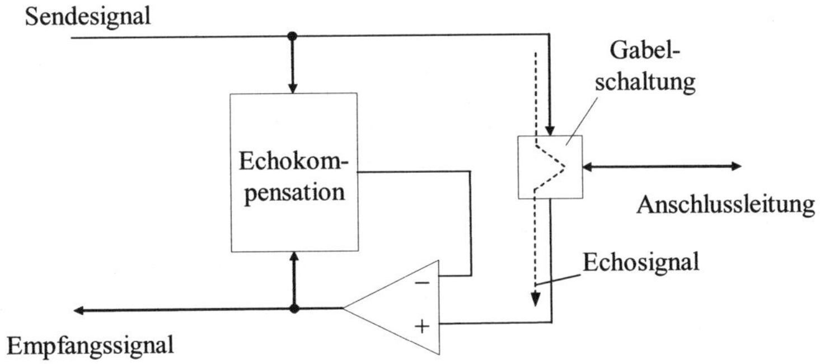

Bild 12-10: Prinzip der Echokompensation

Als Modulationsverfahren wird bei ADSL DMT (Discrete Multitone) verwendet. Dabei handelt es sich um ein Multiträgersystem vergleichbar zu OFDM. Der verfügbare Frequenzbereich wird in zahlreiche Teilbänder unterteilt, so dass das Spektrum an die Eigenschaften des Kanals gut angepasst werden kann (Abschnitt 5.4). Das Blockschaltbild (Bild 5-53) eines OFDM-Senders und Empfängers gilt ebenso für DMT, lediglich die

Mischstufen zur Frequenzumsetzung entfallen. ADSL verwendet 255 Subträger im Abstand von 4,3125 kHz; als Modulationsverfahren dient QAM (Quadratur-Amplitudenmodulation). Die Nutzdatenrate beträgt bis zu 6,144 Mbit/s downstream und bis zu 640 kbit/s upstream.

Eine ADSL-Variante, die ohne den teilnehmerseitigen Splitter auskommt und die Installation vereinfacht, ist in der ITU-T-Empfehlung G.992.2 standardisiert [88]. Sie wird als Splitterless ADSL, Universal ADSL oder ADSL lite bezeichnet. Die Downstream-Bitrate beträgt bis zu 1,536 Mbit/s bei einer oberen Grenzfrequenz von 552 kHz, in Upstream-Richtung sind bis zu 512 kbit/s möglich. Diese Variante ist auf den Betrieb parallel zum analogen Telefonanschluss beschränkt.

Die Reichweite eines ADSL-Systems hängt von den Kabeleigenschaften (Aufbau, Aderndurchmesser) und von der Beschaltung der Adernpaare mit anderen Übertragungssystemen ab. Auf Grund der vielen Adernpaare in einem Kabel ist das Nebensprechen (siehe Abschnitt 4.6) ein gravierendes Problem. Je größer der Beschaltungsgrad in einem Kabel, umso geringer ist die Reichweite bzw. die Bitrate, die mit einem ADSL-System erzielt wird.

Neben ADSL gibt es noch weitere Systeme. VDSL (Very high speed Digital Subscriber Line) ermöglicht Bitraten bis zu 52 Mbit/s downstream und bis zu 6,4 Mbit/s upstream über Leitungslängen von einigen hundert Metern. Um diese hohen Datenraten zu realisieren, wird der Frequenzbereich bis 11 MHz ausgedehnt. Wegen der geringen Reichweite eignet sich VDSL hauptsächlich für die Übertragung vom Kabelverzweiger bis zum Teilnehmer. Im Kabelverzweiger befindet sich die netzseitige VDSL-Baugruppe, die über eine Glasfaser von der Vermittlungsstelle aus angeschlossen wird. Ein Beispiel für ein symmetrisches DSL-System ist SDSL (Single-pair symmetric Digital Subscriber Line). Es erlaubt symmetrische Datenraten von ca. 380 kbit/s bis 2,3 Mbit/s in beiden Richtungen.

12.3.2 Kabelmodems

Mit Hilfe eines Kabelmodems können über das Kabelfernsehnetz interaktive Dienste angeboten werden. Das Kabelfernsehnetz wurde ursprünglich für Verteildienste konzipiert und hat eine Baumtopologie. Bild 12-11 zeigt die wesentlichen Elemente des Netzes [9]. In einer Kopfstation (engl.: headend) werden die Fernsehprogramme über Satellit empfangen oder extern zugeführt. Nach der Anpassung des Übertragungsformats und der Umsetzung auf den gewünschten Kanal werden die Programme an die Teilnehmer verteilt. Das Netz besteht in der Regel aus Koaxialkabeln mit einer Reihe von Verstärkern. An den Verstärkern verzweigt sich das Netz baumförmig. Im letzten Teil des Netzes gibt es keine aktiven Komponenten mehr, und die weitere Verteilung erfolgt über passive Abzweige.

Für die Verteilung von Fernsehprogrammen stehen 7 MHz und 8 MHz breite Kanäle zur Verfügung. Bild 12-12 zeigt das Kanalraster des deutschen Breitbandkabelnetzes BK-450, das Frequenzen bis 450 MHz nutzt [9]. Ein Kanal kann entweder von einem analogen oder einem digitalen Fernsehsignal belegt werden. Ein digitales Fernsehsignal nach DVB-C bietet bei einer Kanalbandbreite von 8 MHz eine Nettobitrate von ca. 38 Mbit/s (siehe Beispiel 5-3). Die in Bild 12-11 gezeigte Settop-Box decodiert das digitale Fernsehsignal.

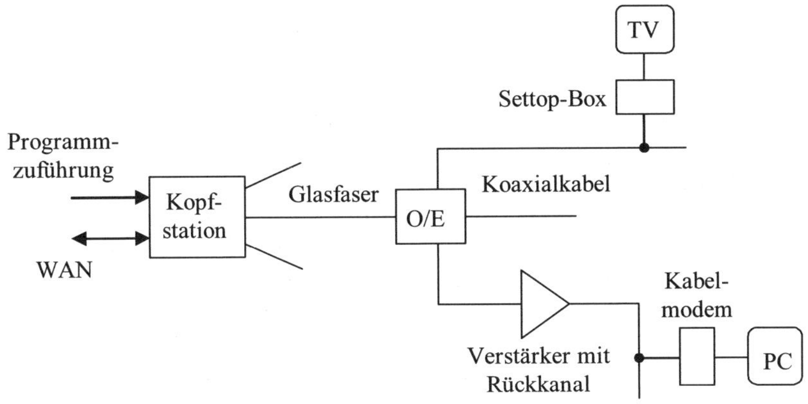

Bild 12-11: Kabelfernsehnetz

Um interaktive Dienste über das Kabelfernsehnetz anzubieten, wird in der Richtung zum Teilnehmer (engl.: downstream) die gleiche Übertragungstechnik wie für DVB-C benutzt. Dazu müssen ein oder mehrere Kanäle für die interaktiven Dienste freigemacht werden. Die Daten werden als Payload in die MPEG-TS-Pakete (siehe Bild 5-42) eingefügt. Interaktive Dienste benötigen auch einen Rückkanal, d. h. es muss eine Übertragungsmöglichkeit in der Richtung vom Teilnehmer zur Kopfstation (engl.: upstream) geben. Für den Rückkanal wird der Frequenzbereich von ca. 5 bis 30 MHz verwendet. Als Mehrfachzugriffsverfahren dient meist eine Kombination von FDMA und TDMA mit zentraler Zugriffssteuerung durch die Kopfstation (Polling, siehe Abschnitt 11.3).

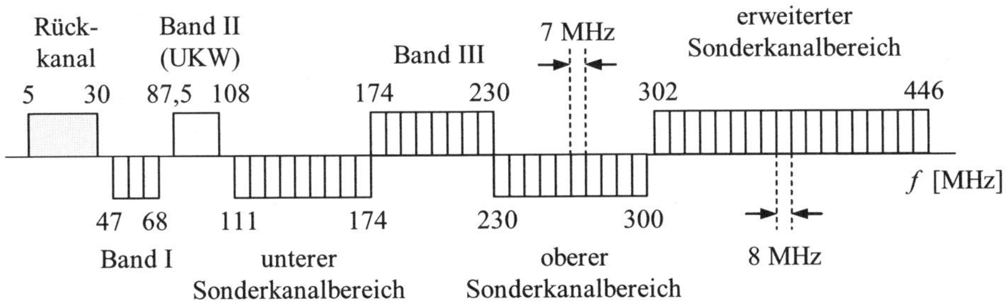

Bild 12-12: Kanalschema des BK-450-MHz-Systems

Befinden sich Verstärker in der Übertragungskette, so müssen diese rückkanalfähig sein, d. h. sie müssen das Rückkanalsignal in der Upstream-Richtung verstärken und in Richtung zur Kopfstation übertragen. Die Übertragungskapazität in beiden Richtungen steht allen Teilnehmern mit Kabelmodem gemeinsam zur Verfügung. In Downstream-Richtung ist die Kapazität durch die Anzahl der für interaktive Dienste verfügbaren Kanäle begrenzt, in Upstream-Richtung durch den Frequenzbereich des Rückkanals. Je nach Teilnehmerzahl kann daher ein Ausbau des Netzes erforderlich sein. Dazu wird das Netz in kleinere Bereiche mit einer begrenzten Teilnehmerzahl unterteilt, und diese Bereiche werden mit der Kopfstation über optische Übertragungssysteme verbunden. Man bezeichnet die

Kombination von optischer Übertragung über Glasfaser und elektrischer Übertragung über Koaxialkabel als HFC(Hybrid Fiber Coax)-Netz.

Beispiel 12-1: Die DOCSIS-Spezifikation für Kabelmodems

DOCSIS (Data-Over-Cable Service Interface Specification) ist eine Spezifikation für ein vollständiges Kabelmodemsystem [4]. In der Kopfstation befindet sich das Cable Modem Termination System (CMTS), das mit den angeschlossenen Kabelmodems kommuniziert. In der Downstream-Richtung erfolgt die Übertragung gemäß DVB-C im Frequenzbereich von 88 bis 860 MHz, mit Kanalbandbreiten von 6 bis 8 MHz und 64- oder 256-QAM (Quadratur-Amplitudenmodulation). In Upstream-Richtung wird FDMA/TDMA im Frequenzbereich von 5 bis 42 MHz, mit Kanalbandbreiten von 200 bis 3200 kHz und QPSK oder 16-QAM verwendet. Ein Upstream-Kanal hat eine Bitrate im Bereich von 320 kbit/s (200 kHz, Symbolrate 160 kbaud, QPSK) bis 10,24 Mbit/s (3200 kHz, Symbolrate 2560 kbaud, 16-QAM).

Innerhalb eines Upstream-Kanals wird TDMA mit kurzen Zeitschlitzen (so genannte mini-slots) entsprechend einer Länge von 16 bis 128 byte verwendet. Das CMTS teilt den Kabelmodems über den Downstream-Kanal mit, welche Zeitschlitze belegt werden dürfen. Darüber hinaus gibt es Bereiche, die für den wahlfreien Zugriff durch die Modems vorgesehen sind.

Wird ein Kabelmodem angeschlossen, so muss es zunächst initialisiert werden. Dies erfolgt in mehreren Schritten:

1. Das Modem sucht einen DOCSIS-Downstream-Kanal. Dort werden vom CMTS Informationen zur Zeitsynchronisation und über die Parameter des Upstream-Kanals (Frequenz, Bandbreite, Modulationsverfahren) gesendet.
2. Das Modem ermittelt die Entfernung zum CMTS (Ranging, siehe Abschnitt 11.3). Dazu sind bestimmte Wartungsintervalle vorgesehen, in denen ein Modem auch ohne Laufzeitausgleich auf den Rückkanal zugreifen kann. In Abhängigkeit von der Entfernung und damit der Signallaufzeit wird der lokale Zeitoffset zur CMTS ermittelt und die erforderliche Sendeleistung eingestellt. Je kürzer die Entfernung zwischen Modem und CMTS, umso geringer die Sendeleistung.
3. Anmeldung am CMTS. Hier wird dem Modem z. B. eine IP-Adresse zugewiesen und es werden sicherheitsrelevante Einstellungen vorgenommen.

◄

Beispiel 12-2: Paketlaufzeiten in einem Kabelmodemnetz

Bild 12-13 zeigt die Ergebnisse einer Messung der Paketlaufzeiten in einem DOCSIS-Kabelmodemnetz. Gemessen wurden die unidirektionalen Laufzeiten (One-Way Delay, weitere Erläuterungen siehe Beispiel 10-1) getrennt für Downstream- und Upstream-Richtung. Eine Messung umfasst jeweils 3600 IP-Testpakete mit einer Größe von 128 byte. Die Testpakete wurden im Abstand von 1 s gesendet, entsprechend einer Messzeit von eine Stunde.

In der Downstream-Richtung beträgt die minimale Laufzeit ca. 2 ms und die maximale Laufzeit ca. 5 ms; es treten also nur geringfügige Laufzeitschwankungen auf. Zur Paketlaufzeit tragen im Wesentlichen die Signallaufzeit im Netz und Verzögerungen durch die Kanalcodierung und das Interleaving bei.

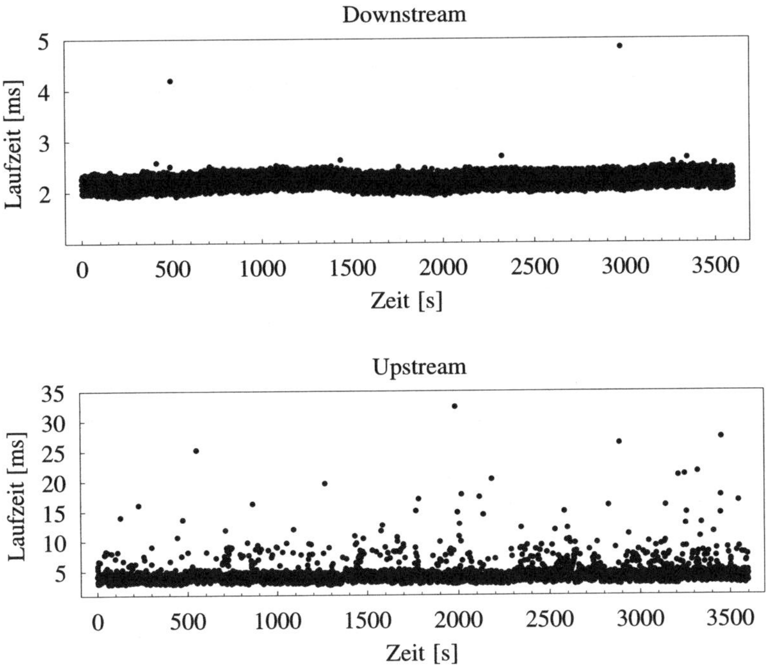

Bild 12-13: Gemessene Paketlaufzeiten in einem DOCSIS-Kabelmodemnetz

In der Upstream-Richtung beträgt die minimale Laufzeit ebenfalls ca. 2 ms, es treten hier jedoch maximale Laufzeiten bis zu ca. 33 ms auf. Die Laufzeitschwankungen in der Größenordnung von 30 ms sind auf das Zugriffsverfahren im Rückkanal zurückzuführen.

◀

13 Integrated Services Digital Network (ISDN)

Die Arbeiten für ein diensteintegrierendes digitales Netz begannen in den Siebzigerjahren bei der CCITT, der heutigen ITU. 1984 wurden die ersten Standards beschlossen, und 1989 wurde der Regelbetrieb des ISDN in Deutschland aufgenommen. Typische ISDN-Dienste sind Telefonie, Fax, Zugang zu Online-Diensten, Videokonferenz oder die Kopplung von LANs. Das Fernsprechnetz in Deutschland ist heute vollständig digitalisiert. Bestehende analoge Telefonanschlüsse werden in der lokalen Vermittlungsstelle umgewandelt. Ende 2004 umfassten die Fernsprechnetze in Deutschland 54,55 Millionen Telefonkanäle. Diese setzen sich aus 26,98 Millionen analogen Anschlüssen, 11,94 Millionen ISDN-Basisratenanschlüssen und 123 000 ISDN-Primärratenanschlüssen zusammen. Ein Basisratenanschluss entspricht der Kapazität von 2 und ein Primärratenanschluss der Kapazität von 30 Telefonkanälen.

13.1 Grundlagen

Für das ISDN sind verschiedene Referenzpunkte im Bereich des Netzzugangs definiert. Der T-Referenzpunkt markiert die Benutzer-Netz-Schnittstelle (User Network Interface, UNI), an der die Zuständigkeit des Netzbetreibers endet (Bild 13-1). Den netzseitigen Abschluss bildet der NT1, der für die Schnittstellenanpassung zwischen der ISDN-Vermittlung und der Teilnehmerseite sorgt und Funktionen für Wartungszwecke, die Speisung von Endgeräten und deren Notbetrieb enthält.

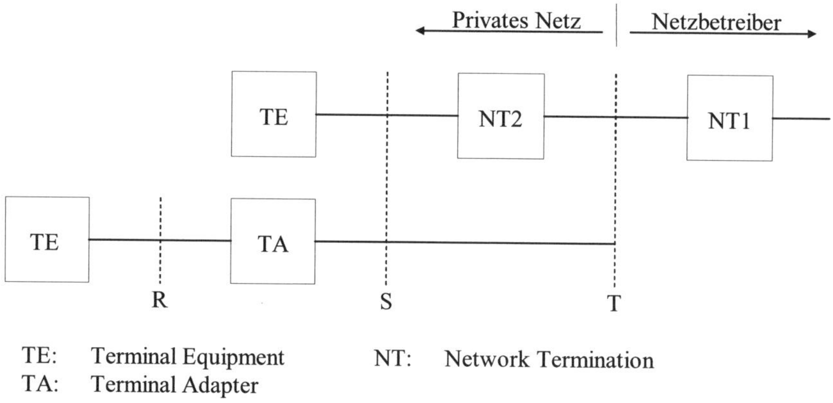

Bild 13-1: ISDN-Referenzkonfiguration

ISDN-fähige Endgeräte können direkt am T-Referenzpunkt oder am S-Referenzpunkt angeschlossen werden, d. h. S und T sind technisch identisch. Zwischen S und T kann sich z. B. eine private Nebenstellenanlage befinden, die in der Referenzkonfiguration als NT2 bezeichnet wird. Nicht ISDN-fähige Endgeräte werden am R-Bezugspunkt über einen Terminaladapter angeschlossen.

Der Anschluss an das ISDN kann über den Basisratenanschluss oder den Primärratenanschluss erfolgen (Bild 13-2). Im Falle des Basisratenanschlusses wird der NT1 als NT_{BA}, die Schnittstelle am S-Referenzpunkt mit S_0 und die Schnittstelle zwischen NT_{BA} und Vermittlungsstelle mit U_{K0} bezeichnet. Für den Primärratenanschluss gelten enstprechend die Bezeichnungen NT_{PM}, S_{2M} und U_{K2M}. Der Primärratenanschluss dient dem Anschluss größerer Nebenstellenanlagen.

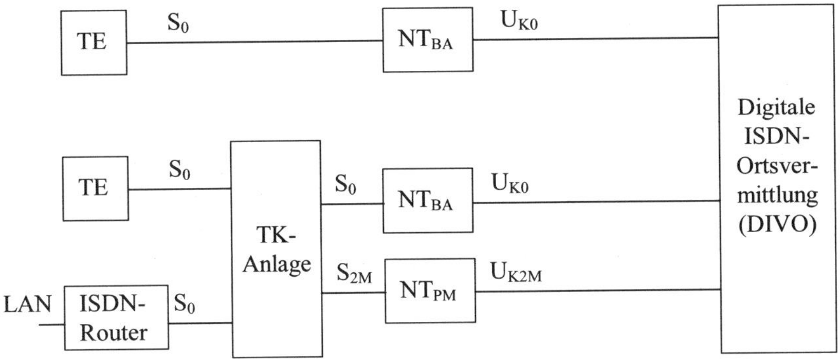

Bild 13-2: Netzzugänge zum ISDN

Basisraten- und Primärratenanschluss unterscheiden sich durch die Anzahl der Nutzkanäle. Die Kanalstruktur des ISDN basiert auf dem 64-kbit/s-Kanal, der sich aus der Abtastung eines Sprachsignals mit einer Abtastrate von 8 kHz und einer 8-bit-Quantisierung der Abtastwerte ergibt. Sprachsignale werden nichtlinear quantisiert und PCM-codiert, wie in Abschnitt 3.4 beschrieben. Ein Kanal mit einer Bitrate von 64 kbit/s wird als B-Kanal bezeichnet. Durch Kanalbündelung werden die höherratigen H-Kanäle gebildet. Die ISDN-Nutzkanäle sind in Tabelle 13-1 zusammengestellt.

Tabelle 13-1: Nutzkanäle im ISDN

Kanal	Bitrate
B	64 kbit/s
H0	384 kbit/s
H11	1536 kbit/s
H12	1920 kbit/s

Neben den Nutzkanälen gibt es die D-Kanäle, in denen die Signalisierungsnachrichten übermittelt werden. Ein D-Kanal hat eine Bitrate von 16 kbit/s oder 64 kbit/s. Der Basisratenanschluss umfasst zwei B-Kanäle und einen 16-kbit/s-D-Kanal. Daraus ergibt sich eine Nettobitrate von 144 kbit/s. Da der Übertragungsrahmen zusätzliche Bits enthält, die für den Betrieb der Schnittstelle erforderlich sind, beträgt die Bruttobitrate 192 kbit/s (Tabelle 13-2). Der Primärratenanschluss basiert auf der niedrigsten Hierarchiestufe der PDH, also 2,048 Mbit/s in Europa und 1,544 Mbit/s in den USA (siehe Abschnitt 12.1). In

Europa entspricht der Primärratenanschluss einer Kapazität von 30 B-Kanälen und einem 64-kbit/s-D-Kanal. An Stelle der B-Kanäle können auch H-Kanäle entsprechend der verfügbaren Nettodatenrate transportiert werden.

Tabelle 13-2: Kanalstruktur und Bitraten des Basisraten- und des Primärratenanschlusses

	Basisraten-anschluss	**Primärratenanschluss**	
		Europa	**USA**
Bruttodatenrate	192 kbit/s	2048 kbit/s	1544 kbit/s
Nettodatenrate	144 kbit/s	1984 kbit/s	1536 kbit/s
Kanäle	$2B + D_{16}$	$30B + D_{64}$	$23B + D_{64}$

Der folgende Abschnitt beschäftigt sich mit den Details des ISDN-Netzzugangs in Form des Basisraten- und des Primärratenanschlusses. Die übertragungstechnischen Eigenschaften des Basisratenanschlusses sind in der ITU-T-Empfehlung I.430 standardisiert [96], während die Empfehlung I.431 entsprechende Festlegungen für den Primärratenanschluss beinhaltet [97]. In weiteren Abschnitten betrachten wir die digitale Vermittlungstechnik und geben einen Überblick über die Signalisierung. Eine ausführliche Beschreibung des ISDN findet man in [14].

13.2 Netzzugänge

13.2.1 Basisratenanschluss

Für die Teilnehmerinstallation von Endgeräten am NT_{BA} sind zwei Möglichkeiten vorgesehen (Bild 13-3). Die Punkt-zu-Punkt-Konfiguration der S_0-Schnittstelle erlaubt den Anschluss eines Endgerätes über eine Leitungslänge von bis zu 1000 m. Die Punkt-zu-Mehrpunkt-Konfiguration ermöglicht den Anschluss von bis zu acht Endgeräten bei einer Leitungslänge von maximal 200 m. Das Teilnehmernetz hat dann die Form eines passiven Busses. Die Leitungen müssen am vom NT_{BA} entfernten Ende mit einem 100-Ω-Widerstand abgeschlossen werden.

Der Geräteanschluss erfolgt über einen 8-poligen Stecker, die ISDN-Anschlusseinheit (IAE). Es wird jeweils ein Adernpaar pro Richtung für die Informationsübertragung verwendet, d. h. es handelt sich um eine 4-Draht-Schnittstelle. Die Stromversorgung von Endgeräten durch den NT_{BA} erfolgt mit Hilfe einer Phantomschaltung. Zur galvanischen Trennung werden Übertrager verwendet. Der NT_{BA} stellt eine Leistung von 4,5 W bei einer Spannung von 40 V zur Verfügung. Bei Ausfall der lokalen Stromversorgung ist ein Notbetrieb für ein Endgerät vorgesehen. Im Notbetriebsfall polt der NT_{BA} die Versorgungsspannung um. Die vier weiteren Anschlüsse werden für spezielle Speiseverfahren verwendet.

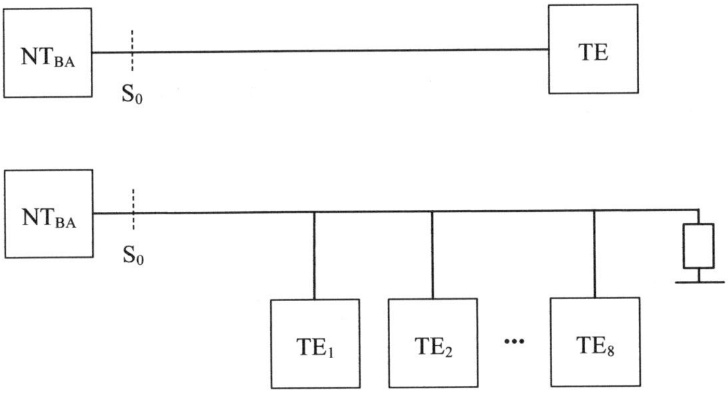

Bild 13-3: Punkt-zu-Punkt- und Punkt-zu-Mehrpunkt-Teilnehmerinstallation des Basisratenanschlusses

Die elektrischen Eigenschaften der teilnehmerseitigen S_0-Schnittstelle und der netzseitigen U_{K0}-Schnittstelle des Basisratenanschlusses sind in Tabelle 13-3 zusammengestellt. An der S_0-Schnittstelle wird als Leitungscode ein modifizierter AMI-Code verwendet. Im Gegensatz zum normalen AMI-Code (siehe Abschnitt 4.2) sind hier die Rollen von binär 1 und 0 vertauscht, d. h. die binäre 1 wird in den Pegel 0 und die binäre 0 alternierend in A und $-A$ (A = 0,75 V) codiert.

Tabelle 13-3: Übersicht über die elektrischen Eigenschaften der S_0*- und der* U_{K0}*-Schnittstelle*

	S_0	U_{K0}
Übertragungs-geschwindigkeit	192 kbit/s	120 kbaud (160 kbit/s)
Leitungscode	mod. AMI	4B3T
2-Draht/4-Draht	4-Draht	2-Draht
Pegel	±0,75 V	2 V
Impedanz	100 Ω	150 Ω

Den Rahmenaufbau des Signals an der S_0-Schnittstelle zeigt Bild 13-4. Ein Rahmen besteht aus 48 bit, die in 250 µs gesendet werden. Daraus resultiert die Bruttobitrate von 192 kbit/s. Der Rahmen enthält zur Übertragung der Nutzdaten zwei mal acht Bits für den B-Kanal 1 und nochmals zwei mal acht Bits für den B-Kanal 2, entsprechend einer Bitrate von 64 kbit/s pro B-Kanal. Für den 16-kbit/s-D-Kanal sind vier Bits pro Rahmen vorgesehen. Die weiteren Bits dienen der Rahmensynchronisation und der Übermittlung von Steuerinformationen. Zwischen den Rahmen, die in beiden Richtungen von NT_{BA} zu TE und von TE zu NT_{BA} gesendet werden, besteht ein zeitlicher Versatz von 2 bit. Bei einer Bitdauer von 5,2 µs sind dies 10,4 µs.

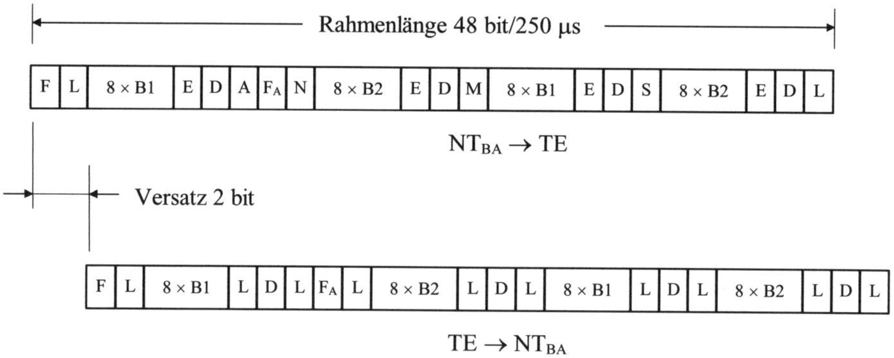

D	D-Kanal	F, F_A	Rahmenkennungsbit
B1	B-Kanal 1	L	Gleichstromausgleichsbit
B2	B-Kanal 2	N	$N = \overline{F}_A$
E	D-Kanal-Echo-Bit	S	S-Kanal
A	Aktivierung	M	Mehrfachrahmenbit

Bild 13-4: Rahmenaufbau der S_0*-Schnittstelle*

Wenn ein Endgerät eine Verbindung aufbauen möchte, muss es dazu über den D-Kanal eine Signalisierungsnachricht an die Vermittlungsstelle senden. Bei erfolgreichem Verbindungsaufbau bekommt das Endgerät einen B-Kanal (oder zwei bei Kanalbündelung) zugewiesen. Sind beide B-Kanäle belegt, wird der Verbindungswunsch abgewiesen. In der Punkt-zu-Mehrpunkt-Konfiguration besteht die Möglichkeit, dass zufällig mehrere Endgeräte gleichzeitig auf den D-Kanal zugreifen. Ein Mehrfachzugriffsverfahren sorgt dafür, dass solche Kollisionen aufgelöst werden. Es handelt sich um ein verteiltes Zugriffsverfahren mit wahlfreiem Zugriff (siehe Abschnitt 11.1).

D-Kanal-Bits werden in der Richtung vom Endgerät zum NT_{BA} mit den Pegeln 0 (binär 1) und $-A$ (binär 0) übertragen. Die binäre 1 ist gleichzeitig das Ruhesignal. Ist der Pegel kleiner als 0, so detektiert der NT_{BA} eine 0, d. h. eine binäre 0 setzt sich gegenüber einer binären 1 durch. Der NT_{BA} sendet die detektierten D-Kanal-Bits als Echo-Bits zu den Endgeräten zurück. Ein Endgerät erkennt eine Kollision daran, dass das Echo-Bit ungleich dem gesendeten D-Kanal-Bit ist und bricht die Übertragung im D-Kanal sofort ab. Dieses Verfahren hat den Vorteil, dass sich trotz einer Kollision ein Endgerät durchsetzt und seine Nachricht erfolgreich übertragen kann.

Ein Prioritätsmechanismus sorgt dafür, dass kein Endgerät den D-Kanal für längere Zeit belegen kann. Signalisierungsnachrichten haben die Priorität 1, alle anderen Nachrichten haben die niedrigere Priorität 2. Ein Endgerät darf eine Nachricht der Priorität 1 senden, wenn es mehr als $x = 8$ binäre 1 im Echo-Kanal registriert hat. Eine Priorität-2-Nachricht darf nur nach mehr als $y = 10$ binären 1 gesendet werden. Konnte sich ein Endgerät durchsetzen und die Nachricht erfolgreich übertragen, so darf es eine weitere Nachricht erst nach $x = 9$ bzw. $y = 11$ binären 1 senden. Dadurch bekommen zunächst die anderen Endgeräte die Gelegenheit, eine Nachricht gleicher oder höherer Priorität zu senden.

Auf Grund der unterschiedlichen Entfernungen der Endgeräte zum NT_{BA} kommt es zu einem Bitversatz zwischen den Signalen verschiedener Endgeräte. Damit sich die Bits ausreichend überlappen und damit sicher vom NT_{BA} erkannt werden können, darf die Laufzeit vom NT_{BA} zu einem Endgerät und zurück 10,4 µs abzüglich Toleranzen nicht unterschreiten. Darin ist der Versatz von 10,4 µs zwischen den Richtungen enthalten. Die maximal zulässige Laufzeit beträgt 14 µs. Bei einer Bitdauer von 5,2 µs entspricht die Differenz von 3,6 µs ca. 70 % der Bitdauer. Aus dieser Einschränkung ergibt sich die maximale Länge der Punkt-zu-Mehrpunkt-Konfiguration. Bei einer Signallaufzeit von 9 µs/km gilt

$$L_{\max} = \frac{1}{2} \frac{3{,}6\ \mu s}{9\ \mu s/km} = 0{,}2\ km\ . \qquad (13\text{-}1)$$

An der U_{K0}-Schnittstelle wird für die Übertragung nur eine Doppelader für beide Richtungen verwendet (Bild 13-5). Die Richtungstrennung wird mit Hilfe des Echokompensationsverfahrens erreicht. Das Prinzip der Echokompensation wurde bereits in Abschnitt 12.3.1 im Zusammenhang mit ADSL erläutert (siehe Bild 12-10). Die Richtungstrennung erfolgt durch eine Gabelschaltung (engl.: hybrid). Durch Fehlanpassungen wird hier das vom NT_{BA} gesendete Signal in den Empfänger zurückreflektiert. Je nach Stärke der Reflexion kann das Echosignal wesentlich größer als das durch die Leitung gedämpfte Nutzsignal sein. Mit Hilfe eines adaptiven digitalen Filters wird das Echosignal nachgebildet und wieder subtrahiert. Für die korrekte Nachbildung des Echosignals durch das Filter dürfen die Signale der beiden Übertragungsrichtungen nicht korreliert sein. Dies wird dadurch erreicht, dass für beide Richtungen unterschiedliche Scrambler verwendet werden. In der Richtung von der Vermittlungsstelle zum NT_{BA} lautet das Scrambler-Polynom $G(x) = 1 + x^5 + x^{23}$ und in der Richtung vom NT_{BA} zur Vermittlungsstelle $G(x) = 1 + x^{18} + x^{23}$ (siehe Abschnitt 4.7).

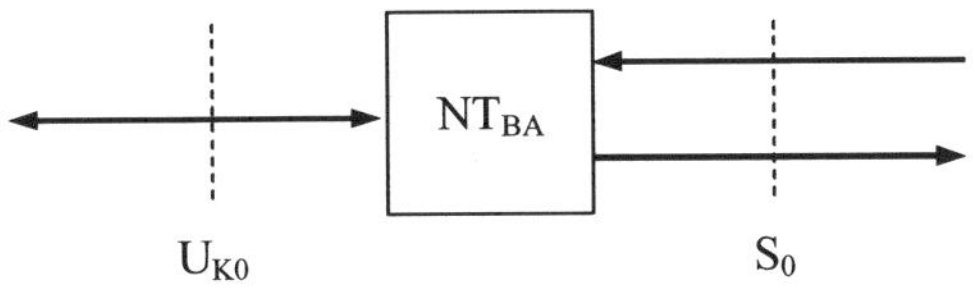

Bild 13-5: Übergang von der 2-Draht- zur 4-Draht-Schnittstelle am NT_{BA}

Als Leitungscode kommt an der U_{K0}-Schnittstelle der 2B1Q-Code oder ein 4B3T-Code zum Einsatz. Der 2B1Q-Code wird hauptsächlich in den USA verwendet. Dabei wird, wie in Abschnitt 4.2 erläutert, ein Block von 2 bit in ein quaternäres Symbol codiert (Codierungstabelle siehe Tabelle 4-1). Dieser Code resultiert in einer Symbolrate von 80 kbaud, die halb so groß wie die Bitrate von 160 kbit/s ist.

In Europa wird ein 4B3T-Code verwendet. Bei diesem Code wird ein Block von 4 bit auf einen Block von drei ternären Symbolen abgebildet, d. h. es stehen $2^4 = 16$ binäre Codeworte $3^3 = 27$ möglichen ternären Codeworten gegenüber. Da es mehrere Möglichkeiten der Zuordnung gibt, existieren verschiedene Varianten von 4B3T-Codes. Die beim ISDN verwendete Variante heißt MMS43 (Modified Monitored Sum). Die Codierungstabelle des MMS43-Codes besteht aus vier Alphabeten A1 bis A4 (Tabelle 13-4). Ein ternäres Symbol kann einen von drei Werten annehmen: 0 (Pegel 0), – (negativer Pegel) und + (positiver Pegel). Das Folgealphabet gibt an, nach welchem Alphabet der nächste 4-bit-Block codiert wird. Die Codetabelle ist so aufgebaut, dass die laufende Summe (Running Digital Sum,

RDS) über alle Symbole immer im Bereich von −1 bis 4 liegt. Dabei wird das Symbol – als −1 und das Symbol + als +1 gezählt. Im Empfänger können Übertragungsfehler daran erkannt werden, dass die RDS den Wert −1 unterschreitet bzw. den Wert 4 überschreitet.

Tabelle 13-4: Codierungstabelle des MMS43-Codes

4-bit-	Alphabet A1 ... A4 und Folgealphabet (FA)							
Block	A1	FA	A2	FA	A3	FA	A4	FA
0001	0 − +	1	0 − +	2	0 − +	3	0 − +	4
0111	− 0 +	1	− 0 +	2	− 0 +	3	− 0 +	4
0100	− + 0	1	− + 0	2	− + 0	3	− + 0	4
0010	+ − 0	1	+ − 0	2	+ − 0	3	+ − 0	4
1011	+ 0 −	1	+ 0 −	2	+ 0 −	3	+ 0 −	4
1110	0 + −	1	0 + −	2	0 + −	3	0 + −	4
1001	+ − +	2	+ − +	3	+ − +	4	− − −	1
0011	0 0 +	2	0 0 +	3	0 0 +	4	− − 0	2
1101	0 + 0	2	0 + 0	3	0 + 0	4	− 0 −	2
1000	+ 0 0	2	+ 0 0	3	+ 0 0	4	0 − −	2
0110	− + +	2	− + +	3	− − +	2	− − +	3
1010	+ + −	2	+ + −	3	+ − −	2	+ − −	3
1111	+ + 0	3	0 0 −	1	0 0 −	2	0 0 −	3
0000	+ 0 +	3	0 − 0	1	0 − 0	2	0 − 0	3
0101	0 + +	3	− 0 0	1	− 0 0	2	− 0 0	3
1100	+ + +	4	− + −	1	− + −	2	− + −	3

Der MMS43-Code ist gleichspannungsfrei und vermeidet lange Folgen ohne Pegeländerung. Es treten maximal vier aufeinander folgende Nullen und maximal fünf gleiche Symbole + oder – auf. Die Symbolrate beträgt 3/4 der Bitrate, d. h. 120 kbaud. Die erste Nullstelle des Leistungsdichtespektrums liegt bei 120 kHz (2B1Q-Code: 80 kHz). Damit ist die Bandbreite des 4B3T-codierten Signals größer als die des 2B1Q-codierten Signals.

Bild 13-6 zeigt den Rahmenaufbau an der U_{K0}-Schnittstelle. Die Richtung LT → NT_{BA} ist die Richtung vom Leitungsabschluss (Line Termination, LT) in der Vermittlungsstelle zum NT_{BA}. Ein Rahmen besteht aus 120 Ternärsymbolen, die entsprechend der Symbolrate von 120 kbaud in 1 ms übertragen werden. Die Datenfelder bestehen aus insgesamt 108 Ternärsymbolen oder 144 bit und enthalten die zwei B-Kanäle und den D-Kanal. Das Synchronisierwort mit 11 Ternärsymbolen ist eine Barker-Folge der Länge $N = 11$ (Tabelle 4-6). Es dient der Rahmensynchronisation (vgl. Beispiel 4-10). Über das Meldewort (1 Ternärsymbol) werden Prüfschleifen geschaltet und Rahmenfehler gemeldet.

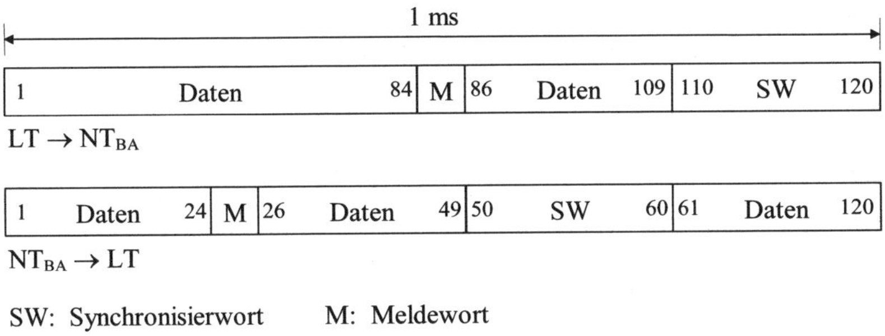

Bild 13-6: Rahmenaufbau an der U_{K0}*-Schnittstelle*

13.2.2 Primärratenanschluss

Der Primärratenanschluss mit einer Bruttobitrate von 2,048 Mbit/s erfordert eine 4-Draht-Schnittstelle mit jeweils einem Adernpaar pro Richtung. Die maximale Reichweite der U_{K2M}-Schnittstelle beträgt ca. 2 km. Müssen größere Entfernungen überbrückt werden, so können Zwischenregeneratoren eingesetzt werden. Auch der Anschluss über Glasfaser ist möglich.

Tabelle 13-5: Übersicht über die elektrischen Eigenschaften der S_{2M}*- und der* U_{K2M}*-Schnittstelle*

	S_{2M}	U_{K2M}
Übertragungs-geschwindigkeit	2,048 Mbit/s	2,048 Mbit/s
Leitungscode	HDB3	HDB3
Pegel	3 V	3 V
Impedanz	120 Ω	130 Ω

Sowohl bei der netzseitigen U_{K2M}-Schnittstelle als auch bei der teilnehmerseitigen S_{2M}-Schnittstelle wird der HDB3-Leitungscode verwendet (Tabelle 13-5). HDB3 steht für High Density Bipolar of order 3 [80]. Dieser Code arbeitet wie der AMI-Code (siehe Abschnitt 4.2), indem eine binäre 0 in den Pegel 0 und eine binäre 1 alternierend in die Pegel $+A$ und $-A$ codiert wird. Der AMI-Code ist gleichspannungsfrei, hat aber den Nachteil, dass eine lange 0-Folge in einem konstanten Signal resultiert. Dies erschwert die empfängerseitige Taktrückgewinnung.

Daher werden beim HDB3-Code vier aufeinander folgende Nullen durch 000V oder B00V ersetzt. B steht für einen Impuls mit entgegengesetzter Polarität gegenüber dem vorhergehenden Impuls entsprechend der AMI-Codierregel. V steht für einen Impuls mit gleicher Polarität wie der vorhergehende Impuls und stellt eine Verletzung der AMI-Codierregel dar. Bei einer ungeraden Anzahl von binär 1 seit dem letzten V-Bit wird ein 4-bit-Block 0000 durch 000V ersetzt, bei einer geraden Anzahl von binär 1 seit dem letzten V-Bit wird der Block durch B00V ersetzt. Bild 13-7 zeigt ein Beispiel, an dem die Ersetzungsregel des HDB3-Codes nachvollzogen werden kann. Die Bereiche, in denen vier aufeinander folgende Nullen ersetzt wurden, sind grau hinterlegt.

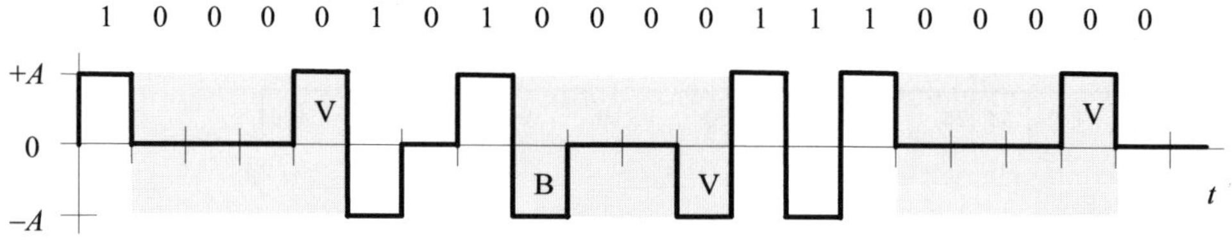

Bild 13-7: Codierbeispiel des HDB3-Codes

Der Rahmenaufbau ist identisch zur PCM-30-Schnittstelle (Bild 12-4). Die 30 B-Kanäle werden in den Zeitschlitzen 1 bis 15 und 17 bis 31 übertragen, der D-Kanal im Zeitschlitz 16. Im Zeitschlitz 0 wird abwechselnd das Rahmenkennungswort und das Meldewort eingefügt. Die Fehlerüberwachung mit Hilfe des CRC-4-Codes arbeitet wie in Abschnitt 12.1 beschrieben.

13.3 Vermittlungstechnik

Eine digitale Vermittlungsstelle besteht aus einem Koppelfeld, der Vermittlungssteuerung und weiteren Funktionsblöcken für die Synchronisation und den Leitungsabschluss (Bild 13-8). Das Koppelfeld stellt Verbindungen mit einer Bitrate entsprechend den Nutzkanälen, also in der Regel 64 kbit/s, von einem Eingang zu einem Ausgang her. Der Weg durch das Koppelfeld wird anhand der Signalisierungsinformation von der Vermittlungssteuerung festgelegt.

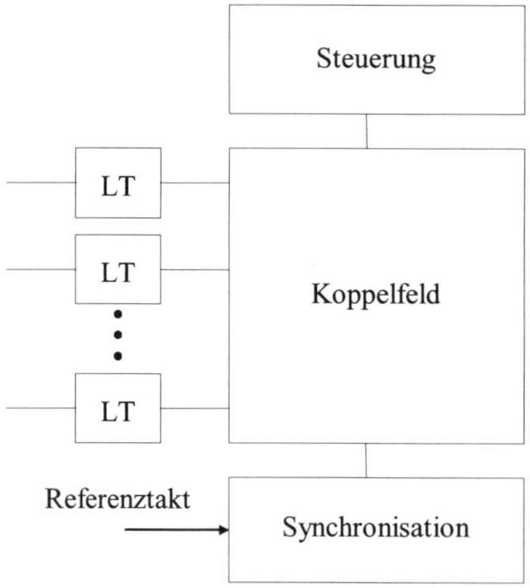

Bild 13-8: Prinzipieller Aufbau einer STM-Vermittlungsstelle

Der Leitungsabschluss (Line Termination, LT) stellt verschiedene Schnittstellen in Form eines analogen Anschlusses oder eines digitalen Basisraten- oder Primärratenanschlusses bereit. Die Synchronisation sorgt dafür, dass die Vermittlungsstelle zu einem Referenztakt synchronisiert ist, und stellt einen eigenen hochgenauen Takt bei Ausfall des Referenztaktes bereit.

An große Vermittlungsstellen sind bis zu 100 000 Teilnehmer angeschlossen. Entsprechend hoch sind die Anforderungen an das Koppelfeld und die Vermittlungssteuerung. Bei 3,6 Verbindungswünschen pro Teilnehmer in der Hauptverkehrsstunde (siehe Abschnitt 9.5.3) muss die Steuerung ca. 100 Verbindungen in der Sekunde aufbauen.

Beim Koppelfeld unterscheidet man zwei Funktionsprinzipien: Die Raumvielfach- und die Zeitvielfach-Vermittlung. Bild 13-9 zeigt die Raumvielfach-Vermittlung. Das Koppelfeld hat n Eingänge und m Ausgänge, die über Schalter verbunden werden können. Im Beispiel Bild 13-9 ist eine Verbindung von Eingang 2 auf Ausgang 3 durchgeschaltet. Liegen an den Eingangs- und Ausgangsleitungen einzelne Kanäle, so sind die Durchschaltepunkte für die Dauer einer Verbindung statisch. Liegen an den Ein- und Ausgängen mehrere Kanäle im Zeitmultiplex, so ändern sich die Durchschaltepunkte von Zeitschlitz zu Zeitschlitz.

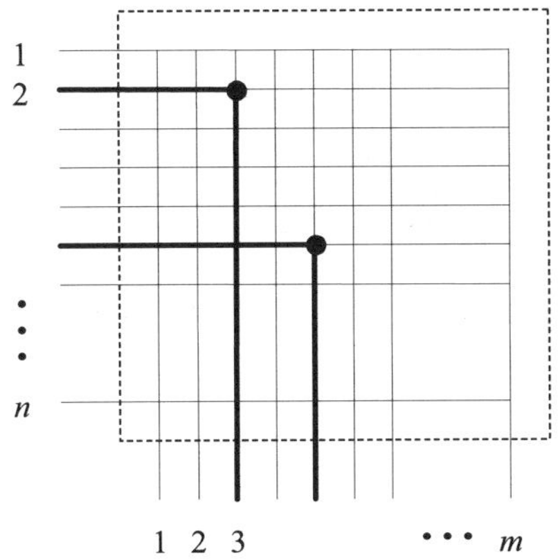

Bild 13-9: Prinzip der Raumvielfach-Vermittlung

Das Prinzip der Zeitvielfach-Vermittlung ist in Bild 13-10 dargestellt. Ein Eingangsmultiplexer führt n Eingangsleitungen im Zeitmultiplex auf einer Leitung zusammen. Ein Zeitschlitz entspricht z. B. einem B-Kanal, also einer Bitrate von 64 kbit/s und 8 bit bzw. 1 byte pro Zeitschlitz wie im Falle der PCM-30-Schnittstelle. Die Bytes werden anhand einer Tabelle an eine bestimmte Adresse des RAMs geschrieben. Am Ausgang werden die Bytes sequenziell aus dem RAM gelesen und von einem Demultiplexer auf n Ausgangsleitungen verteilt. Durch die Zeitvielfach-Vermittlung kann jeder Eingang des Eingangsmultiplexers mit jedem Ausgang des Ausgangsdemultiplexers verbunden werden.

Weder mit einer reinen Raumvielfach-Vermittlung noch mit einer reinen Zeitvielfach-Vermittlung können sehr große Vermittlungsstellen aufgebaut werden. Die Raumvielfach-Vermittlung erfordert $n \cdot m$ Durchschaltepunkte, so dass n und m nicht beliebig groß werden können. Bei der Zeitvielfach-Vermittlung sind $2n$ Schreib/Lesezugriffe in der Dauer eines Zeitschlitzes am Eingang (125 µs im Falle eines B-Kanals) erforderlich. Auch hier kann n und damit die Schreib- bzw. Lesegeschwindigkeit nicht beliebig gesteigert werden.

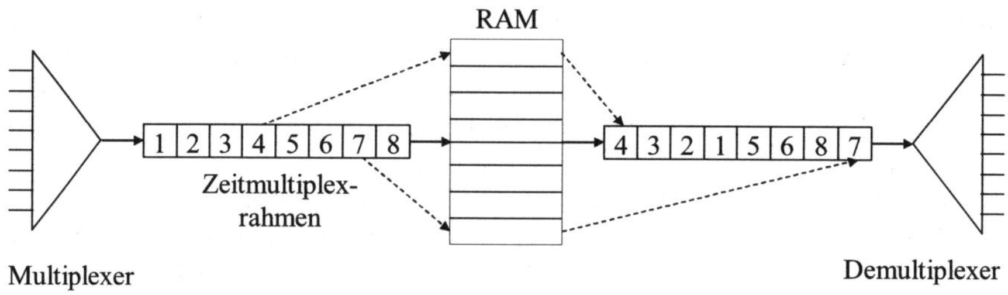

Zeitschlitz	RAM-Adresse
1	4
2	3
3	2
4	1
5	5
6	6
7	8
8	7

Bild 13-10: Prinzip der Zeitvielfach-Vermittlung

Für den Bau großer Vermittlungsstellen werden Zeit- und Raumvielfach-Stufen kombiniert. Das zu Grunde liegende Prinzip ist in Bild 13-11 dargestellt. Am Eingang und Ausgang des Koppelfeldes befinden sich Zeitvielfach-Stufen, dazwischen Raumvielfach-Stufen. Durch die Zeitvielfach-Vermittlung am Eingang werden die Bytes so angeordnet, dass ein Weg durch die Raumvielfach-Vermittlung zum gewünschten Ausgang geschaltet werden kann. Durch die Zeitvielfach-Vermittlung am Ausgang werden die Bytes dem richtigen Kanal zugeordnet.

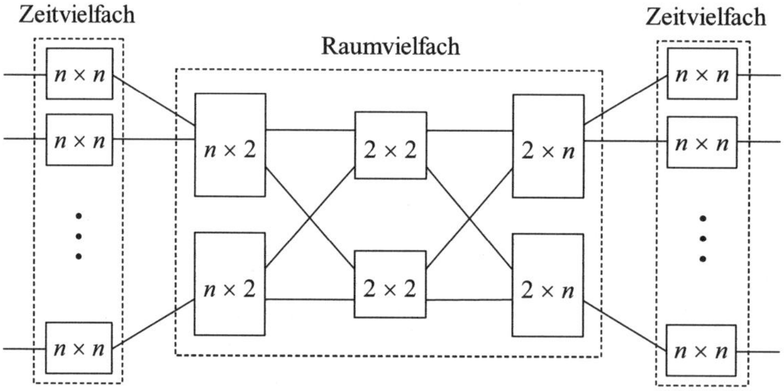

Bild 13-11: Prinzip einer kombinierten Zeit/Raumvielfach-Vermittlung

Wie in Bild 13-11 angedeutet ist die Raumvielfach-Vermittlung in der Regel mehrstufig ausgeführt. Dadurch wird die Komplexität der einzelnen Stufen reduziert, allerdings bildet die mittlere Stufe einen Engpass. Bei k 2×2-Raumkoppelfeldern in der mittleren Stufe können maximal $k \cdot 2$ Verbindungen durchgeschaltet werden. Diese Anordnung ist daher nicht blockierungsfrei. Ein Koppelfeld wird als blockierungsfrei bezeichnet, wenn von jedem freien Eingang zu jedem freien Ausgang ein Weg durchgeschaltet werden kann. Clos zeigte 1953, dass dazu die Bedingung $k \geq 2n - 1$ erfüllt sein muss [16].

13.4 Signalisierung

Das ISDN ist ein verbindungsorientiertes Netz, bei dem vor Beginn der Übertragung von Nutzdaten eine Verbindung zwischen den Endgeräten aufgebaut werden muss. Der Auf- und Abbau einer Verbindung wird durch den Austausch von Signalisierungsnachrichten gesteuert. Während des Verbindungsaufbaus wird der Weg durch das Netz festgelegt und ein Nutzkanal mit der gewünschten Übertragungskapazität (in der Regel 64 kbit/s) eingerichtet. Ist dies nicht möglich, da im Netz ein Übertragungssystem oder ein Koppelfeld voll belegt ist, so wird derVerbindungswunsch abgewiesen.

Für den Transport der Signalisierungs- oder Zeichengabenachrichten werden eigene Protokolle verwendet. Man unterscheidet zwischen der Teilnehmersignalisierung von einem Endgerät zu einer Vermittlungsstelle und der Zwischenamtssignalisierung von Vermittlungsstelle zu Vermittlungsstelle. Bei einem analogen Teilnehmeranschluss erfolgt die Teilnehmersignalisierung über das Impulswahlverfahren oder das Mehrfrequenzwahlverfahren. Beim Impulswahlverfahren wird durch das Schließen und Öffnen von Schaltern der Stromfluss auf der Teilnehmeranschlussleitung gesteuert. Die Schalter werden durch die Wählscheibe betätigt; die Anzahl der erzeugten Impulse ist gleich der gewählten Ziffer. Die Signalisierung von der Vermittlungsstelle zum Teilnehmer erfolgt über Signaltöne (z. B. Wähl-, Frei und Besetztton).

Beim Mehrfrequenzwahlverfahren (Dual Tone Multiple Frequency, DTMF) werden die Zeichen der Wähltastatur in eine Kombination von zwei Sinustönen umgesetzt. Deren Frequenzen liegen im Bereich von 697 Hz bis 1633 Hz und sind so gewählt, dass eventuell auftretende Oberwellen nicht stören (Bild 13-12). Da diese Töne im gleichen Frequenzbereich wie das Sprachsignal übertragen werden, spricht man von einer Inbandsignalisierung.

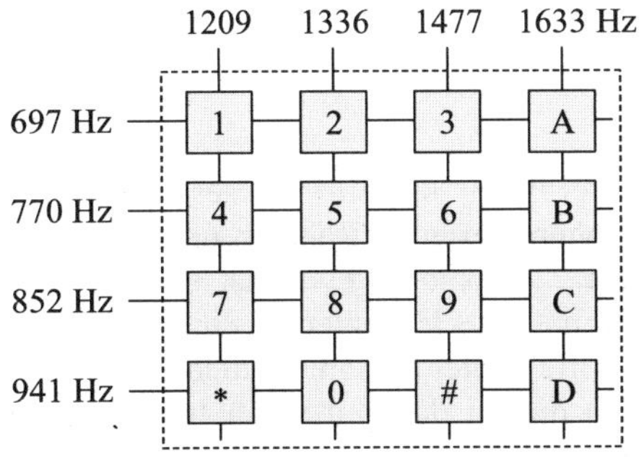

Bild 13-12: Zuordnung von Tönen zur Telefontastatur beim Mehrfrequenzwahlverfahren

Die Teilnehmersignalisierung im ISDN erfolgt über einen separaten Kanal, den D-Kanal. Das Protokoll der Schicht 2, also der Sicherungsschicht, wird als LAPD (Link Access Procedure D-Channel) bezeichnet [101]. Es hat die Aufgabe, die Signalisierungsnachrichten sicher und fehlerfrei über den D-Kanal zu übertragen.

Das LAPD-Protokoll basiert auf dem HDLC-Protokoll (High Level Data Link Control). Der Rahmenaufbau ist identisch zu HDLC (Bild 13-13). Beginn und Ende des

Rahmens werden durch ein Flag im ersten und letzten Byte markiert. Das Flag besteht aus dem festen Bitmuster 0 1 1 1 1 1 1 0. Dem Flag folgt das Adressfeld. Es setzt sich aus dem SAPI (Service Access Point Identifier) und dem TEI (Terminal Endpoint Identifier) zusammen. Der TEI dient der Unterscheidung mehrerer Endgeräte an der S_0-Schnittstelle. Er wird mit Hilfe einer Vergabeprozedur bei Anschluss des Endgerätes zugewiesen. Der SAPI ist eine logische Kennung zum Multiplexen mehrerer Schicht-2-Verbindungen zwischen einem Endgerät und der Vermittlungsstelle. Mit Hilfe des C/R(Command/Response)-Bits wird zwischen einem Kommando und der Antwort auf ein Kommando unterschieden. Über Bit 1 der Adress-Bytes wird die Länge des Adressfeldes angezeigt. Eine 0 im ersten Byte zeigt an, dass ein weiteres Byte folgt. Eine 1 zeigt an, dass es sich um das letzte Byte des Adressfeldes handelt. LAPD-Adressen bestehen immer aus zwei Bytes, während bei HDLC auch andere Längen möglich sind.

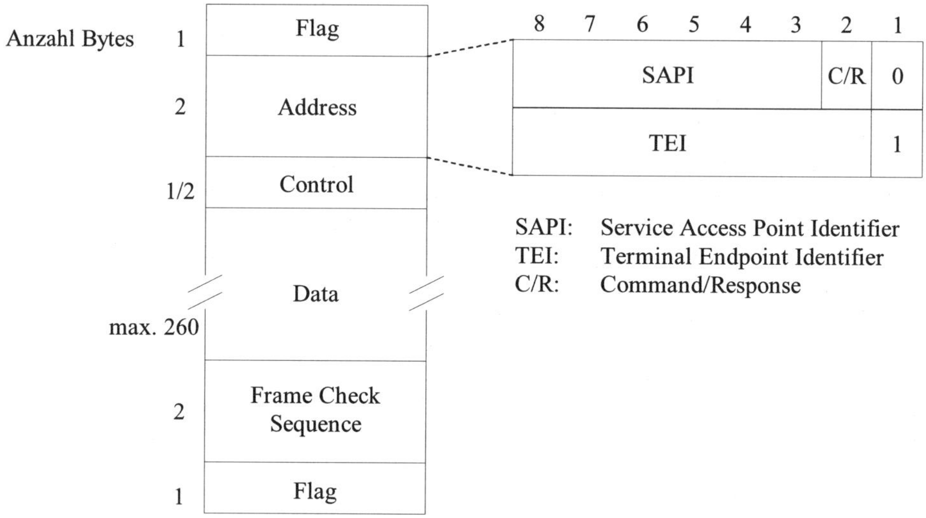

Bild 13-13: Aufbau eines LAPD-Rahmens

Das Control-Feld besteht aus einem oder aus zwei Bytes. Mit Hilfe dieses Feldes wird zwischen Informationsrahmen, Steuerrahmen und unnummerierten Rahmen unterschieden. Im Daten-Feld werden die Nachrichten der Schicht 3 transportiert. Es hat eine variable Länge von bis zu 260 byte. Schließlich folgt die Frame Check Sequence, ein 16-bit-CRC (siehe Abschnitt 6.1.4 und Tabelle 6-7), mit dessen Hilfe Fehler erkannt werden.

Informationsrahmen (engl.: information frames) dienen der quittierten Informationsübertragung. Sie werden für Zeichengabenachrichten der Schicht 3 verwendet. Für die gesicherte Datenübertragung quittiert der Empfänger den fehlerfreien Empfang eines Rahmens. Das Control-Feld eines Informationsrahmens besteht aus zwei Bytes (Bild 13-14). Darin wird eine laufende Nummer für gesendete (N_S) bzw. empfangene (N_R) Nachrichten übermittelt. Hat der Empfänger die Nachricht mit der Nummer N_S fehlerfrei empfangen, so setzt er in seiner Antwort $N_R = N_S + 1$. Damit wird der Rahmen N_S quittiert und N_R zeigt die Nummer des nächsten erwarteten Rahmens an. Rahmen, die nach 1 s noch nicht quittiert sind, werden bis zu dreimal wiederholt, d. h. es handelt sich um eine timergesteuerte Erkennung von Paketverlusten. Es dürfen maximal k Rahmen unquittiert sein, wobei für den

Basisratenanschluss $k = 1$ und für den Primärratenanschluss $k = 7$ gilt. Durch diesen Sliding-Window-Mechanismus wird der Durchsatz an die unterschiedliche Übertragungskapazität angepasst (siehe Abschnitt 9.4). Wird das P-Bit (Poll-Bit) auf 1 gesetzt, so muss der Empfang sofort quittiert werden.

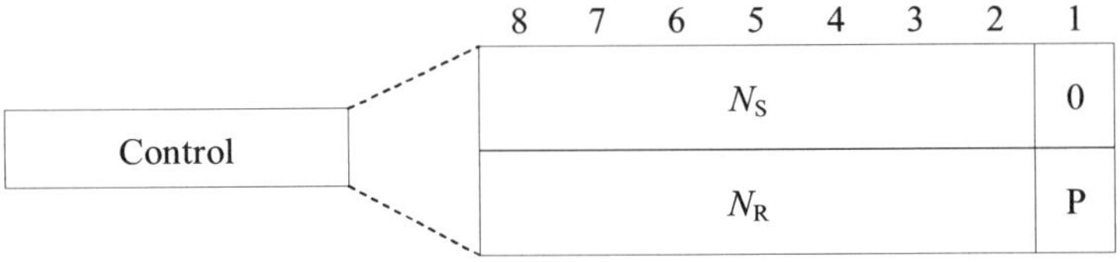

Bild 13-14: Control-Feld eines Informationsrahmens

Mit Hilfe der Steuerrahmen (engl.: supervisory frames) werden Schicht-2-interne Steuerinformationen übertragen. Das Control-Feld eines Steuerrahmens besteht ebenfalls aus zwei Bytes. Das erste Byte enthält eine Kennung, mit der zwischen drei Kommandos unterschieden wird. Das erste Bit des ersten Bytes ist gleich 1 zur Unterscheidung von Steuer- und Informationsrahmen. Das zweite Byte enthält N_R wie in Bild 13-14. Das Kommando Receive Ready (RR) dient der Quittierung eines Informationsrahmens durch den Empfänger, falls dieser selbst keinen Informationsrahmen zu senden hat. Durch das Kommando Receive Not Ready (RNR) wird die Gegenstelle veranlasst, keine weiteren Nachrichten zu senden. Es handelt sich hier also um eine Flusskontrolle mit expliziter Steuerinformation (siehe Abschnitt 10.2.2). Das Kommando Reject (REJ) wird vom Empfänger zurückgesendet, wenn ein Fehler erkannt wurde. Die Gegenstelle muss bei Empfang eines REJ-Kommandos alle Informationsrahmen ab der Nummer N_R wiederholen.

Unnummerierte Rahmen (engl.: unnumbered frames) dienen der unquittierten Informationsübertragung, d. h. es erfolgt keine Empfangsbestätigung durch den Empfänger. Das Control-Feld besteht aus einem Byte zur Unterscheidung verschiedener Kommandos. Unnummerierte Rahmen werden für Broadcast-Nachrichten, die sich an alle Endgeräte richten, und für die TEI-Zuweisungsprozedur verwendet.

Das Protokoll der Schicht 3 der ISDN-Teilnehmersignalisierung wird als Digital Subscriber Signalling No. 1 (DSS1) bezeichnet [102]. DSS1-Nachrichten werden im Datenfeld von LAPD-Rahmen übertragen und dienen dem Austausch von Zeichengabenachrichten zwischen den Endgeräten und der Vermittlungsstelle. Den Aufbau einer solchen Schicht-3-Zeichengabenachricht zeigt Bild 13-15. Der Protokolldiskriminator dient der Kennzeichnung verschiedener Protokolle. Der Wert 08 (hexadezimal) steht für DSS1, der Wert 09 steht für das Signalisierungsprotokoll DSS2 des Breitband-ISDN (Kapitel 14). Mit der Transaktionsnummer (engl.: call reference) wird eine Zeichengabenachricht einer Verbindung zugeordnet. Die Transaktionsnummer wird zu Beginn des Verbindungsaufbaus festgelegt und ändert sich bis zum Ende der Verbindung nicht. Das Feld Nachrichtentyp unterscheidet zwischen den möglichen Zeichengabenachrichten, z. B. Setup, Alerting, Disconnect. Es folgen schließlich ein oder mehrere Nachrichtenelemente. Ein Nachrichtenelement wiederum kann aus einem Byte oder aus mehreren Bytes bestehen. Die Nachrichtenelemente enthalten z. B. die Rufnummer, Informationen über den Dienst oder die Übertragungsgeschwindigkeit.

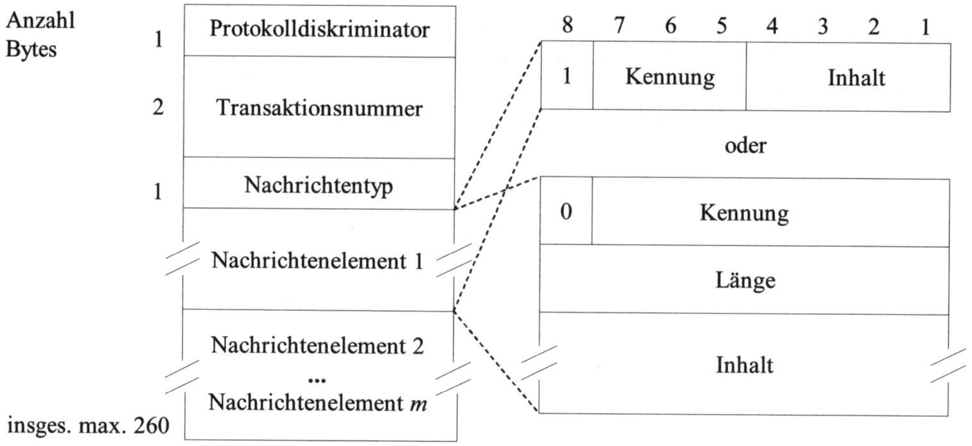

Bild 13-15: Aufbau einer Schicht-3-Zeichengabenachricht

Die Zwischenamtssignalisierung erfolgt über zentrale Zeichengabekanäle (engl.: common channel signalling). Die hier verwendeten Protokolle werden unter der Bezeichnung Zeichengabesystem Nr. 7 (Signalling System No. 7, SS7) zusammengefasst [23]. Die Protokolle der Schichten 1 bis 3 werden als Message Transfer Part (MTP) bezeichnet. Darauf setzt der ISDN User Part (ISUP) auf zum Austausch von Zeichengabenachrichten zwischen Vermittlungsstellen. An die Zeichengabe im Netz werden sehr hohe Anforderungen hinsichtlich der Zuverlässigkeit gestellt. Im Bereich der Fernsprechnetze wird in der Regel eine Verfügbarkeit von 99,999 % gefordert, d. h. es ist eine Ausfallzeit von maximal ca. 5 min/Jahr erlaubt. Entsprechend sind im MTP umfangreiche Funktionen für die zuverlässige Datenübertragung und für die Rekonfiguration bei Ausfällen von Netzkomponenten implementiert.

Den vereinfachten Ablauf eines Verbindungsaufbaues im ISDN zeigt Bild 13-16. Zwischen den Endgeräten (TE) und der Vermittlungsstelle (VSt), also im linken und rechten Abschnitt des Bildes, finden wir die Teilnehmersignalisierung. Zwischen den Vermittlungsstellen in den beiden mittleren Abschnitten finden wir die Zwischenamtssignalisierung. Der Aufbau einer Verbindung (engl.: call) beginnt mit einer Setup-Nachricht des rufenden Teilnehmers. Die Setup-Nachricht enthält die ISDN-Nummer des gerufenen Teilnehmers sowie Kompatibilitätsinformationen bezüglich des angeforderten Dienstes. Weitere Schicht-3-Nachrichten der Teilnehmersignalisierung im Zuge des Verbindungsaufbaus sind Call Proceeding, Alerting und Connect. Empfängt der rufende Teilnehmer die Connect-Nachricht, so konnte die Verbindung zum gewünschten Partner hergestellt werden. Beim Verbindungsabbau finden wir die Nachrichten Disconnect (DISC), Release (REL) und Release Complete (RLC). Diesen Nachrichten der Teilnehmersignalisierung entsprechen die Zeichengabenachrichten Initial Address Message (IAM), Address Complete Message (ACM), Answer Message (ANM), Release (REL) und Release Complete (RLC) der Zwischenamtssignalisierung zwischen den Vermittlungsstellen.

Neben dem Auf- und Abbau von Verbindungen gibt es weitere Nachrichten für Kompatibilitätsabfragen von Dienstemerkmalen, für den Dienstewechsel und für Managementfunktionen. Die Adressierung der Teilnehmer im ISDN wird durch einen Rufnummernplan in Form der ITU-T-Empfehlung E.164 geregelt [77]. Den Aufbau einer ISDN-Rufnummer zeigt Bild 13-17. Eine Rufnummer besteht aus maximal 15 Dezimalstellen. Diese werden mit 4 bit pro Dezimalstelle BCD-codiert übertragen.

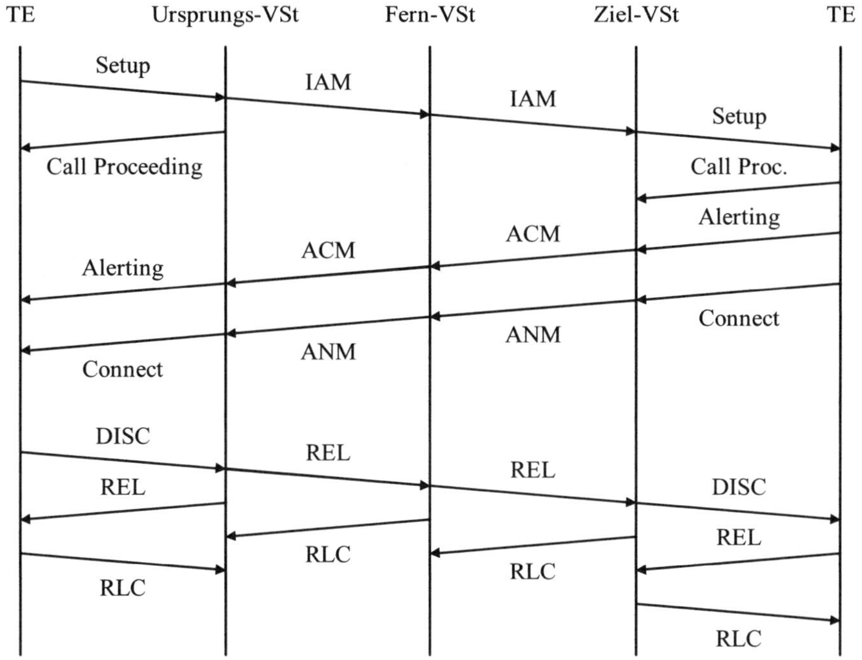

Bild 13-16: Prinzipieller Ablauf eines Verbindungsaufbaus

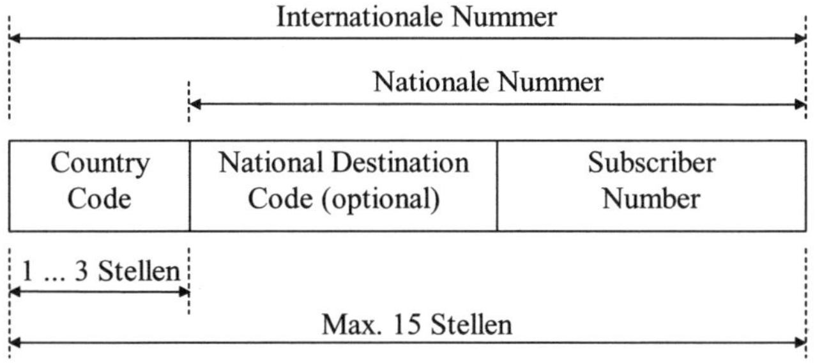

Bild 13-17: Aufbau einer ISDN-Nummer gemäß E.164

Zu Beginn finden wir die Länderkennzahl (Country Code), bestehend aus 1 bis 3 Dezimalstellen. Die Länderkennzahl für Deutschland lautet z. B. 49. Neben Kennzahlen für die einzelnen Länder gibt es weitere Codes für globale Dienste, z. B. weltweite Satellitentelefondienste. Es folgt die nationale Nummer bestehend aus dem nationalen Zielcode (National Destination Code) und der Teilnehmernummer (Subscriber Number). Der nationale Zielcode kennzeichnet z. B. ein Ortsnetz oder ein Mobilfunknetz; mit der Teilnehmernummer wird ein Teilnehmeranschluss adressiert.

14 Asynchronous Transfer Mode (ATM)

Der asynchrone Transfer-Modus (ATM) ist ein flexibles Übermittlungsverfahren, das die Vorteile paketorientierter Datenübertragung und leitungsvermittelter Netze zu vereinen versucht. Ziel ist die Unterstützung beliebiger Dienstebitraten sowie die Integration von Diensten mit konstanter bzw. variabler Bitraten-Charakteristik. Die grundlegenden Ideen dafür wurden in den Achtzigerjahren entwickelt, und 1990 wurden von der ITU-T erste Standards beschlossen. In der ITU-Terminologie ist ATM die Grundlage des Breitband-ISDN (B-ISDN), daher sind die für ATM relevanten Standards in der I-Serie zu finden. 1991 gründeten Hersteller und Netzbetreiber das ATM-Forum, um die Entwicklung der ATM-Technik voranzutreiben.

Das Ziel, sowohl die Datenübertragung als auch Echtzeitdienste in einem Netz effizient zu integrieren, führte zu einer beträchtlichen Komplexität des Verkehrsmanagements. Es zeigte sich auch, dass mehr und mehr Applikationen im Bereich der Datenübertragung auf TCP/IP-Protokollen basierten. Der hier erforderliche Aufwand zur Integration solcher Applikationen und die gestiegene Komplexität führten dazu, dass sich die hohen Erwartungen an ATM bisher nicht erfüllt haben.

14.1 Grundlagen

Bei ATM erfolgt die Übertragung der Informationen in kurzen Paketen mit einer konstanten Länge von 53 byte. Zur Abgrenzung von anderen paketorientierten Übermittlungsverfahren mit in der Regel variabler Paketgröße bezeichnet man die 53-byte-Pakete als Zellen. Von den 53 byte entfallen 5 byte auf den Zellkopf und 48 byte auf das Informationsfeld. Im Zellkopf steht eine logische Adresse, die sich aus dem Virtual Path Identifier (VPI) und dem Virtual Channel Identifier (VCI) zusammensetzt, mit deren Hilfe die Zellen im Netz vermittelt werden. VPI und VCI kennzeichnen eine virtuelle Verbindung, d. h. die Verbindung kann, einmal eingerichtet, jederzeit genutzt werden, belegt andernfalls aber keine Kapazität. Die Übertragung ist asynchron in dem Sinne, dass Zellen einer virtuellen Verbindung nicht in festen Zeitschlitzen gesendet werden, sondern im Rahmen des Zelltaktes in unregelmäßigen Abständen aufeinander folgen können. In nicht belegten Zeitschlitzen werden Leerzellen gesendet (Bild 14-1).

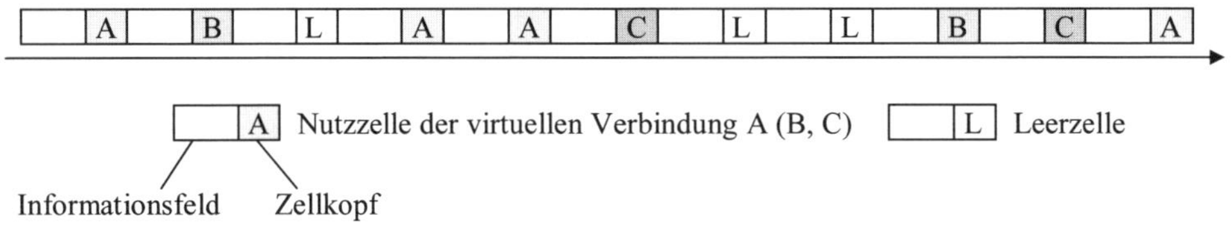

Bild 14-1: Asynchroner Zellmultiplex

Eine Quelle mit variabler Bitraten-Charakteristik sendet nur dann eine Nutzzelle, wenn eine Datenmenge entsprechend der Größe des Informationsfeldes verfügbar ist, andernfalls jedoch Leerzellen. Leerzellen können in Vermittlungsstellen jederzeit durch Nutzzellen ersetzt werden. Dies ermöglicht das statistische Multiplexen mehrerer Quellen. Da man davon ausgehen kann, dass nicht alle Quellen gleichzeitig aktiv sind, kann die Summe der Spitzenbitraten aller Quellen größer als die Kapazität der Verbindung sein.

Das Zellformat ist in Bild 14-2 dargestellt [93]. Die Übertragung der Zellen erfolgt zeilenweise von links nach rechts. Neben den Routing-Feldern (VPI und VCI) enthält der Zellkopf Felder zur Flusssteuerung (Generic Flow Control, GFC), für Netzmanagement-Funktionen (Payload Type, PT), zur Kennzeichnung der Priorität (Cell Loss Priority, CLP) und zur Fehlererkennung bzw. Korrektur (Header Error Control, HEC). Der Zellkopf am User-Network Interface (UNI) unterscheidet sich geringfügig vom Zellkopf am Network-Node Interface (NNI). Das User-Network Interface befindet sich an der Grenze zwischen Netzbetreiber und Teilnehmer, während das Network-Node Interface zwischen Netzknoten liegt. Da am NNI keine Flusssteuerung vorgesehen ist, entfällt hier das GFC-Feld zu Gunsten eines erweiterten VPI.

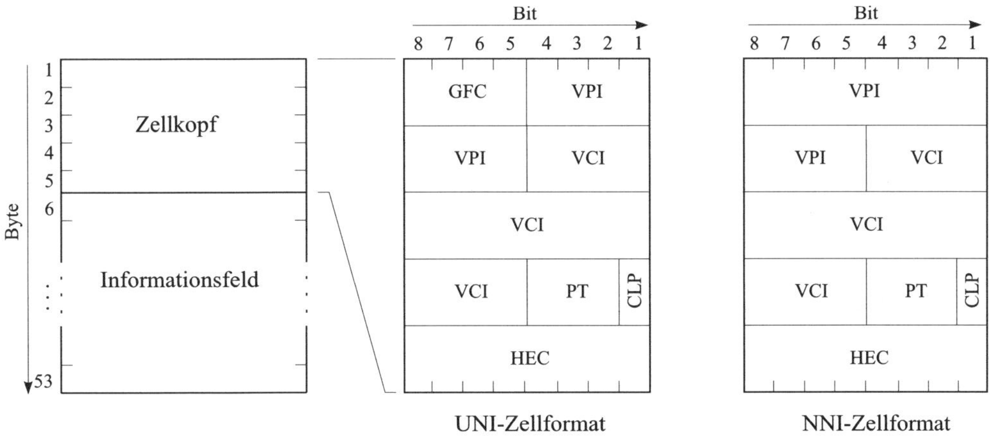

GFC	Generic Flow Control	VPI	Virtual Path Identifier
PT	Payload Type	VCI	Virtual Channel Identifier
CLP	Cell Loss Priority	HEC	Header Error Control

Bild 14-2: Zellformat am UNI bzw. NNI

Die feste Länge der Zellen ermöglicht eine schnelle Vermittlung bei hohen Bitraten, im Gegensatz zur Paketvermittlung mit Paketen variabler Länge. Die Wahl der Länge wiederum hat einen Einfluss auf die Übertragung isochroner bzw. nicht isochroner Dienste. Für isochrone Dienste, z. B. die Sprachübermittlung, sind kurze Zellen günstiger, da die Zeit für das Füllen des Informationsfeldes geringer ist und somit die Ende-zu-Ende-Verzögerung klein bleibt. Für nicht isochrone Dienste wie die Datenübermittlung sind dagegen lange Zellen vorteilhaft, da dies die Nutzbitrate, die vom Verhältnis der Länge des Informationsfeldes zur Gesamtlänge der Zelle abhängt, erhöht. Zunächst wurden in den Standardisierungsgremien für die Größe des Informationsfeldes von europäischen Vertretern 32 byte und von amerikanischen Vertretern 64 byte vorgeschlagen. Man einigte sich schließlich auf das arithmetische Mittel von 32 und 64, also 48 byte.

ATM ist verbindungsorientiert, d. h. eine Verbindung zwischen zwei Endgeräten wird mit Hilfe eines Signalisierungsprotokolls auf- und wieder abgebaut. Mit diesem Protokoll wird der Verbindung eine VPI/VCI-Kombination zugewiesen sowie Übertragungskapazität im Netz reserviert. Die Signalisierungsinformation wird über eine eigene virtuelle Verbindung ausgetauscht.

14.2 Protokollreferenzmodell

Das Protokollreferenzmodell für ATM ist ähnlich dem OSI-Modell schichtweise strukturiert (Bild 14-3). Im Gegensatz hierzu besteht es jedoch aus mehreren Ebenen (Planes). Die Steuerungsebene (Control Plane) dient der Übermittlung von Signalisierungsnachrichten, die Nutzerebene (User Plane) dem Transport der Nutzinformation und die Managementebene (Management Plane) der Steuerung und Überwachung des Netzes. Die Managementebene wird noch unterteilt in das Ebenenmanagement (Plane Management) und das Schichtenmanagement (Layer Management). Darin sind schichtenübergreifende bzw. schichtenspezifische Funktionen zur Steuerung und Überwachung enthalten [90].

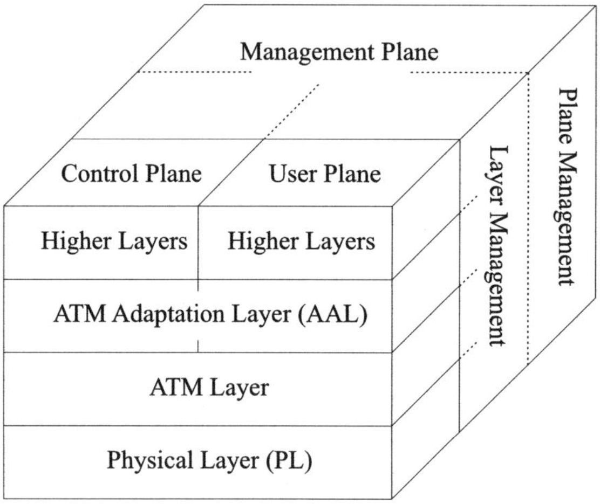

Bild 14-3: Das ATM-Protokollreferenzmodell

Die physikalische Schicht stellt wie im OSI-Modell Funktionen für die Bitübertragung bereit. Darauf setzen die ATM-Schicht und die ATM-Anpassungsschicht (ATM Adaptation Layer, AAL) auf. Wie in Bild 14-3 angedeutet sind diese drei Schichten in der Steuerungs- und der Nutzerebene identisch, wobei verschiedene AAL-Funktionen genutzt werden können. Oberhalb der Anpassungsschicht werden dagegen unterschiedliche Protokolle verwendet.

14.2.1 Physikalische Schicht

Die physikalische Schicht stellt Funktionen zur Übertragung der ATM-Zellen über ein physikalisches Medium zur Verfügung. Anpassungsfunktionen ermöglichen den Einsatz von ATM auf verschiedenen Übertragungssystemen. Die physikalische Schicht besteht aus den Teilschichten Physical Medium (PM) und Transmission Convergence (TC). Die PM-

Teilschicht beinhaltet vom Übertragungsmedium abhängige Funktionen, beispielsweise die Leitungscodierung und die elektrisch-optische Wandlung. Die TC-Teilschicht enthält Anpassungsfunktionen, die für die Übertragung der ATM-Zellen benötigt werden. Die Funktionen in der physikalischen Schicht sind für verschiedene Übertragungssysteme in einer Reihe von ITU-T-Empfehlungen (I.432.1 bis I.432.5) festgelegt. In der Empfehlung I.432.1 werden die Funktionen definiert, die unabhängig vom spezifischen System immer benötigt werden [98]. Dazu gehören beispielsweise die Generation und die Verifikation des HEC-Feldes, die Zellgrenzenerkennung (Cell Delineation) und das Einfügen oder Extrahieren von Leerzellen.

Der Fehlerschutz durch das HEC-Feld erlaubt die Korrektur von Einzelbitfehlern bzw. die Erkennung von Mehrfachbitfehlern im Zellkopf. Zellen mit nicht korrigierbaren Fehlern werden gelöscht. Für das Informationsfeld ist kein Fehlerschutz vorgesehen. Der Fehlerschutz für den Zellkopf ist ein zyklischer Blockcode mit dem Generatorpolynom $x^8 + x^2 + x + 1$ (siehe Abschnitt 6.1.4). Zu den 8 Prüfbits wird ein festes Bitmuster "0101 0101" modulo 2 addiert. Dadurch vermeidet man einen Zellkopf, der komplett aus "0...0" besteht, da die Prüfbits in diesem Fall ebenfalls alle 0 sind.

Die Zellgrenzenerkennung im Empfänger basiert auf der Korrelation von Zellkopf und HEC-Feld. Zunächst wird der Bitstrom so lange bitweise verschoben, bis ein Zellkopf mit gültigem HEC gefunden wird. Wenn im Abstand von jeweils 53 byte δ gültige HEC-Felder gefunden werden, ist der Empfänger synchronisiert und die Zellen können weiterverarbeitet werden. Wenn mehr als α ungültige HEC-Felder auftreten, wird der Verlust der Synchronisation angenommen. Für SDH-Übertragungssysteme wird $\alpha = 7$ und $\delta = 6$ verwendet. Leerzellen (Idle Cells), die von der TC-Teilschicht zum Anpassen der Bitrate eingefügt werden, bestehen aus einem festen Bitmuster (Bild 14-4).

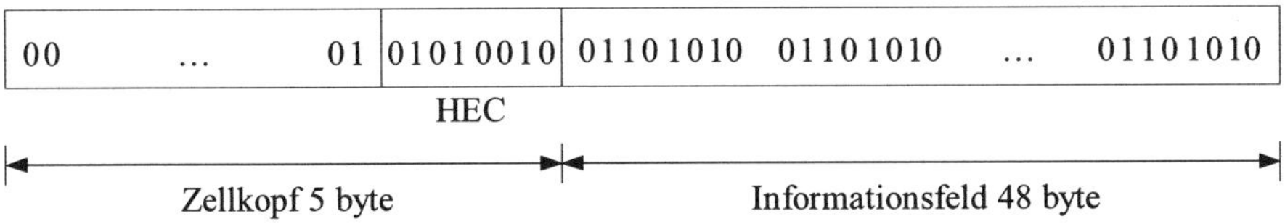

Bild 14-4: Format einer Leerzelle

Die ITU-T hat Schnittstellen mit Bitraten von 25,6 Mbit/s bis 622 Mbit/s standardisiert (Tabelle 14-1). Bei den SDH-Übertragungssystemen werden die ATM-Zellen in einem Container C-4 oder C-3 übertragen (siehe Abschnitt 12.2). Für diese Schnittstellen mit den Bitraten 622,08 Mbit/s, 155,52 Mbit/s und 51,8 Mbit/s existiert auch jeweils eine zellbasierte Variante, die ohne den SDH-Übertragungsrahmen auskommt. Dabei werden die Funktionen für Betrieb und Wartung des SDH-Rahmens von OAM-Zellen (Operation and Maintenance) übernommen. Die 25,6-Mbit/s-Schnittstelle ist eine vom ATM-Forum entwickelte Schnittstelle für die Übertragung über eine symmetrisch verdrillte Kupferdoppelader bei Entfernungen bis ca. 100 m.

Tabelle 14-1: Verschiedene Übertragungssysteme für ATM

Bitrate in kbit/s	**Zelldauer in µs**	**System**	**Standard**
622 080	0,68	SDH STM-4	I.432.2
155 520	2,73	SDH STM-1	I.432.2
51 840	8,18	SDH STM-0	I.432.4
25 600	16,56	ATM-25	I.432.5
2 048	207,03	PDH E1	I.432.3
1 544	274,61	PDH DS1	I.432.3

14.2.2 ATM-Schicht

Die Funktionen der ATM-Schicht bestimmen wesentliche Eigenschaften des ATM-Verfahrens. Die ATM-Schicht sorgt für den Transport und die Vermittlung der Zellen im Netz auf der Grundlage des Konzeptes der virtuellen Verbindungen. Eine virtuelle Verbindung wird durch den Virtual Path Identifier (VPI) und den Virtual Channel Identifier (VCI) im Kopf der Zellen gekennzeichnet. VPI und VCI haben keine Ende-zu-Ende-Bedeutung, sondern können von einem Vermittlungsknoten geändert werden (Bild 14-5). Dies ist erforderlich, wenn eine bestimmte VPI/VCI-Kombination auf der Ausgangsleitung der Vermittlung bereits von einer anderen Verbindung verwendet wird. Eine Ende-zu-Ende-Verbindung wird als Virtual Channel Connection (VCC) bezeichnet. Die zwischen den Vermittlungsknoten verwendeten VPI/VCI-Werte werden während des Verbindungsaufbaus festgelegt.

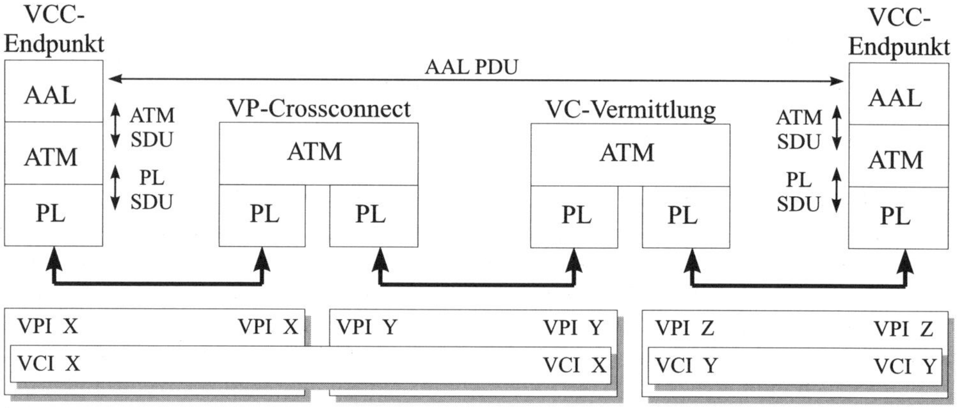

Bild 14-5: Lokale Bedeutung des VPIs bzw. VCIs

Die Unterscheidung zwischen virtuellen Pfaden, gekennzeichnet durch den VPI, und virtuellen Kanälen, gekennzeichnet durch den VPI/VCI, ermöglicht die Bündelung von virtuellen Kanälen. Wie in Bild 14-5 gezeigt, unterscheidet man zwischen einer ATM-Vermittlung und einem ATM-Crossconnect. Eine ATM-Vermittlung richtet virtuelle Kanäle ein und wird in der Regel über die Signalisierung gesteuert. Ein ATM-Crossconnect richtet virtuelle Pfade ein und wird meist über das Netzmanagement gesteuert. Ein Crossconnect vermittelt die Zellen nur anhand des VPI und setzt diesen um, während der VCI nicht verändert wird.

Dadurch, dass VPI und VCI nur lokal zwischen den Netzelementen gültig sind, können diese Felder im Zellkopf der ATM-Zelle relativ klein sein. Während der Übertragung der Zellen durch das ATM-Netz bleibt deren Reihenfolge innerhalb einer virtuellen Verbindung erhalten. Die Aufgaben der ATM-Schicht im Einzelnen sind:

- Generation bzw. Extraktion des Zellkopfes (ohne HEC)
- Multiplexen bzw. Demultiplexen der Zellströme
- VPI/VCI-Umsetzung
- Flusssteuerung mit Hilfe des GFC-Feldes (nur am UNI)

Die Flusssteuerung mit Hilfe des GFC-Feldes ist für Punkt-zu-Mehrpunkt-Netze vorgesehen, wird aber meist nicht verwendet. Einige VCI-Werte sind für bestimmte Funktionen reserviert:

- VCI = 1: Meta-Signalisierung
- VCI = 2: Broadcast-Signalisierung
- VCI = 5: Punkt-zu-Punkt-Signalisierung
- VCI = 6: Resourcemanagement-Zelle

Signalisierungsnachrichten werden ebenfalls über virtuelle Verbindungen ausgetauscht. Ein Endgerät nimmt über den Meta-Signalisierungskanal Kontakt zur Vermittlungsstelle auf und bekommt einen VPI/VCI-Wert für die virtuelle Verbindung zugewiesen, über die die weitere Signalisierung abgewickelt wird. Ist nur ein Endgerät über eine Punkt-zu-Punkt-Verbindung angeschlossen, so erfolgt die Signalisierung über VCI = 5; eine Meta-Signalisierung ist in diesem Fall nicht erforderlich. Resourcemanagement-Zellen werden in Verbindung mit der ABR-Diensteklasse verwendet (siehe Abschnitt 14.4.3).

Zwischen AAL-Schicht und ATM-Schicht werden SDUs (Service Data Unit) in Form des 48-byte-Informationsfeldes einer ATM-Zelle übergeben. Die ATM-Schicht reicht als SDU eine um den Zellkopf ergänzte Zelle an die physikalische Schicht weiter.

14.2.3 ATM-Anpassungsschicht

Aufgabe der ATM-Anpassungsschicht (ATM Adaptation Layer, AAL) ist die Adaption des Zelltransportes an die spezifischen Anforderungen der Dienste. Wie in Bild 14-5 gezeigt, ist sie an den Endpunkten einer Verbindung implementiert, also in der Regel in den Endgeräten. Die ATM-Anpassungsschicht ist daher vergleichbar mit einem Transportprotokoll der Schicht 4 des OSI-Modells.

Die ATM-Schicht gewährleistet nicht die korrekte, fehlerfreie Übermittlung der Daten, da kein Fehlerschutz für das Informationsfeld und kein Schutz gegen Zellverluste vorgesehen ist. Die Zellen erfahren in den Vermittlungseinrichtungen eine variable Verzögerung, so dass der zeitliche Bezug zwischen den gesendeten Daten nicht erhalten bleibt. Die ATM-Anpassungsschicht sorgt nun je nach Anforderung der Dienste für die Fehlerbehandlung und die Ende-zu-Ende Synchronisation.

Die ATM-Anpassungsschicht ist weiter in die Teilschichten Convergence Sublayer (CS) und Segmentation and Reassembly Sublayer (SAR) unterteilt. Bild 14-6 gibt einen

Überblick über die allgemeine Struktur der ATM-Anpassungsschicht. Die CS-Teilschicht enthält die dienstespezifischen Funktionen zur Fehlerbehandlung und Synchronisation. Die SAR-Teilschicht segmentiert sendeseitig die CS-PDU in Felder entsprechend der Größe des Informationsfeldes und setzt sie empfangsseitig wieder zusammen. Der AAL-Protokolloverhead in Form der Header und Trailer wird im Informationsfeld übertragen und reduziert somit die effektiv für Nutzdaten zur Verfügung stehende Kapazität.

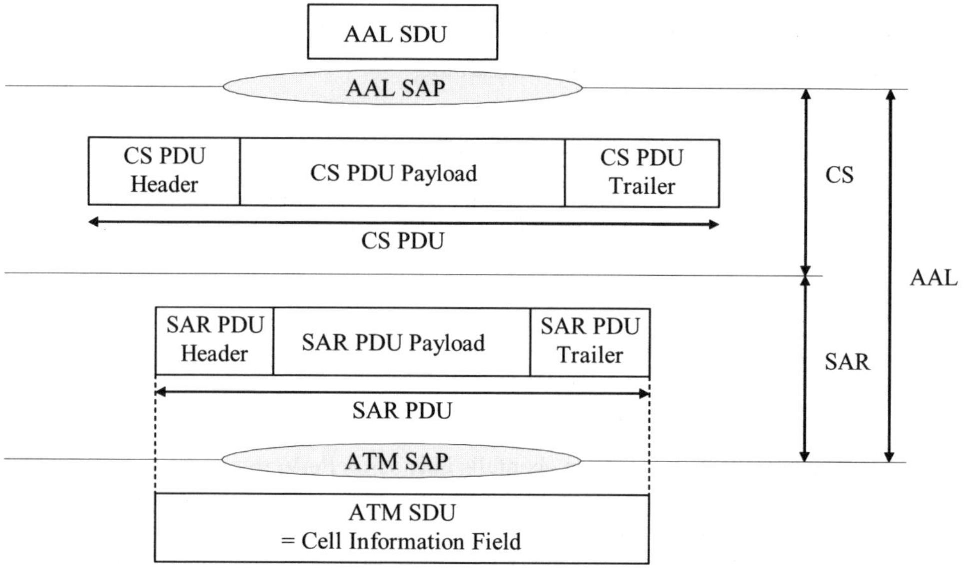

CS: Convergence Sublayer
PDU: Protocol Data Unit
SAR: Segmentation and Reassembly Sublayer
SAP: Service Access Point
SDU: Service Data Unit

Bild 14-6: Die AAL-Protokollarchitektur

Die ATM-Anpassungsschicht wird in der ITU-T-Empfehlung I.363 beschrieben [94]. In weiteren Empfehlungen werden vier AAL-Typen für verschiedene Diensteklassen spezifiziert:

- AAL 1 (I.363.1): für Dienste konstanter Bitrate mit Echtzeitanforderungen
- AAL 2 (I.363.2): für Dienste konstanter oder variabler Bitrate mit Echtzeitanforderungen
- AAL 3/4 (I.363.3): für Dienste variabler Bitrate ohne Echtzeitanforderungen, ermöglicht das Multiplexen mehrerer Datenströme
- AAL 5 (I.363.5): für Dienste variabler Bitrate ohne Echtzeitanforderungen

Bild 14-7 zeigt den Aufbau von AAL 1. Von den 48 byte des Informationsfeldes einer Zelle werden 47 byte für die Übertragung von Nutzinformation verwendet. Das erste Byte enthält eine Sequenznummer (SN) und einen Fehlerschutz für die Sequenznummer, bestehend aus insgesamt vier Bits. Mit Hilfe der Sequenznummer können Zellverluste erkannt werden.

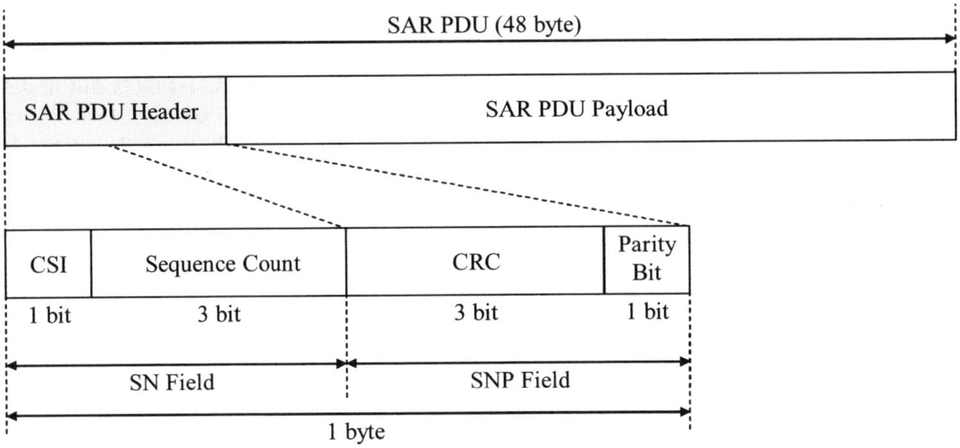

CSI: Convergence Sublayer Indication
SN: Sequence Number
SNP: Sequence Number Protection
CRC: Cyclic Redundancy Check

Bild 14-7: Format der AAL 1 SAR PDU

Im Empfänger muss ein Bittakt generiert werden, der synchron zum sendeseitigen Bittakt ist. Dazu werden zwei Verfahren angewendet. Bei der adaptiven Taktrückgewinnung werden die Nutzdaten in ein FIFO geschrieben (Bild 14-8). Die Daten werden mit dem im Empfänger lokal generierten Takt ausgelesen. Ist der lokale Takt schneller als der sendeseitige Takt, so wird sich das FIFO leeren und im umgekehrten Fall wird der Füllstand steigen. Der lokale Takt wird nun so nachgeregelt, dass der Füllstand des FIFOs konstant bleibt.

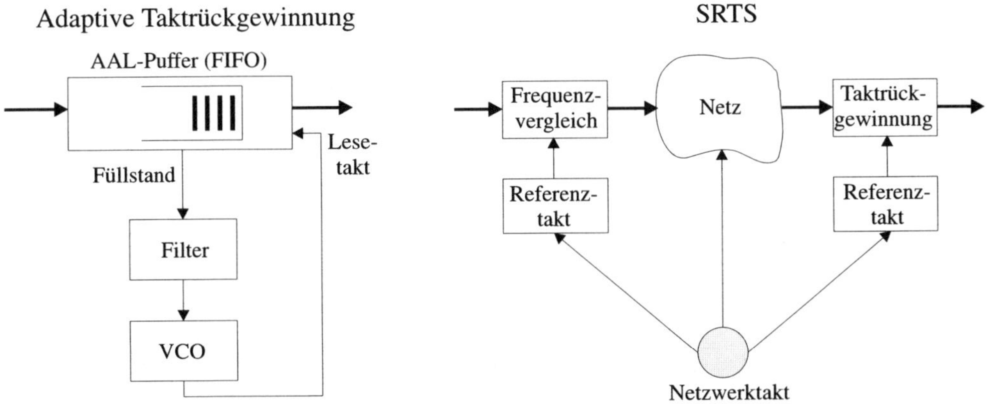

Bild 14-8: Adaptive Taktrückgewinnung und Synchronous-Residual-Time-Stamp(SRTS)-Verfahren

Das Synchronous-Residual-Time-Stamp-Verfahren (SRTS) geht davon aus, dass sowohl im Sender als auch im Empfänger ein Referenztakt zur Verfügung steht [18]. Ein Referenztakt kann beispielsweise von einem SDH-Übertragungssystem abgeleitet werden.

Die Differenz zwischen dem Bittakt und dem Referenztakt wird in den Residual Time Stamp (RTS) codiert. Der RTS besteht aus 4 bit und es können Frequenzdifferenzen von bis zu 200 ppm codiert werden. Der RTS wird seriell im CSI-Bit von AAL-1-PDUs mit ungeraden Sequenznummern übertragen.

Für Echtzeitdienste mit niedrigen Bitraten kann die Zeit für die Füllung des AAL-1-Nutzdatenfeldes zu lange dauern. Bei einer Dienstebitrate von 64 kbit/s werden 5,875 ms für das Füllen der 47 byte benötigt. Bei der komprimierten Sprachübertragung mit einer Dienstebitrate von beispielsweise nur 8 kbit/s werden dagegen bereits 47 ms benötigt. Um diese Verzögerung zu reduzieren, können bei AAL 2 kleine Pakete variabler Länge übertragen werden. Abweichend von der allgemeinen AAL-Struktur ist AAL 2 in die Teilschichten Service Specific Convergence Sublayer (SSCS) und Common Part Sublayer (CPS) unterteilt (Bild 14-9).

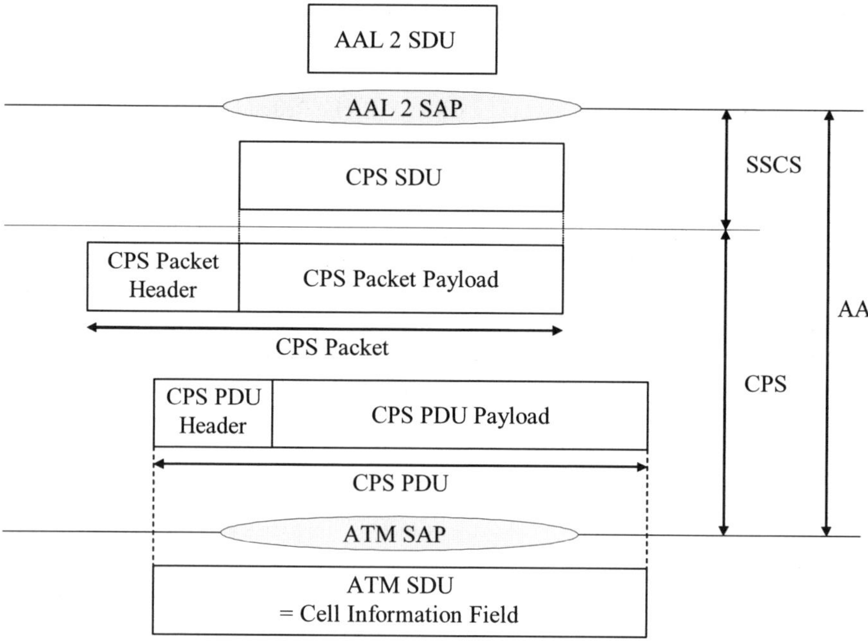

SSCS: Service Specific Convergence Sublayer
CPS: Common Part Sublayer

Bild 14-9: Struktur von AAL 2

Ein AAL-2-Mini-Paket (CPS-Paket) besteht aus einem 3-byte-Paketkopf und einem Nutzdatenfeld variabler Länge (Bild 14-10). Das Nutzdatenfeld hat eine Länge von 1 bis 45 byte, für bestimmte Anwendungen sind bis zu 64 byte möglich. Der CPS-Paketkopf besteht aus einer Kennung (CID), die das Multiplexen mehrerer Verbindungen erlaubt, einer Längenangabe (LI) und einem Fehlerschutz für den Paketkopf (HEC). Über das UUI-Feld können Management-Informationen zwischen den AAL-Endpunkten ausgetauscht werden.

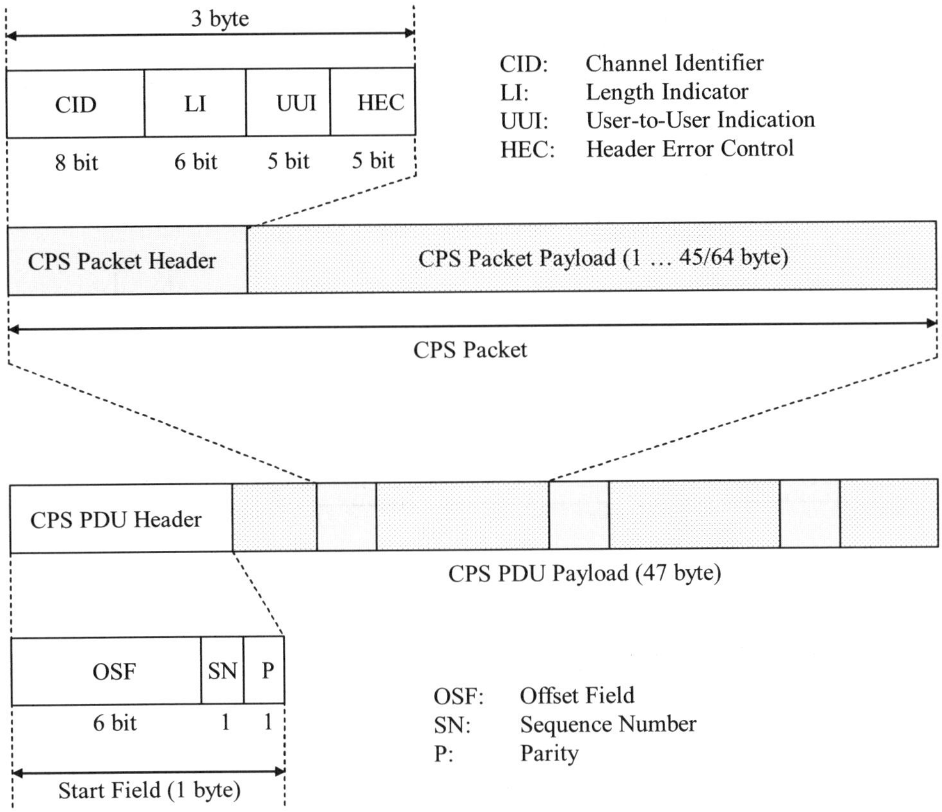

Bild 14-10: Format des AAL-2-CPS-Pakets und der CPS-PDU

Die CPS-Pakete werden in 47 byte des Zellinformationsfeldes übertragen. Den Paketen wird ein Byte vorangestellt, das Startfeld. Wenn ein CPS-Paket nicht vollständig eingefügt werden kann, werden die restlichen Bytes des Pakets in der nächsten ATM-Zelle übertragen. Das Offset-Feld innerhalb des Startfeldes zeigt auf den Beginn des ersten vollständigen CPS-Pakets innerhalb der Zelle.

Über AAL 3/4 lassen Daten variabler Länge transportieren. Datenpakete können eine Größe von bis zu 65 535 byte haben und es können Pakete verschiedener Quellen in eine virtuelle Verbindung gemultiplext werden. Bild 14-11 zeigt die Struktur von AAL 3/4. Der Convergence Sublayer (CS) wird weiter unterteilt in den Service Specific Convergence Sublayer (SSCS) und den Common Part Convergence Sublayer (CPCS). Der CPCS SDU wird sowohl ein Header (4 byte) als auch ein Trailer (4 byte) hinzugefügt. SDU, Header und Trailer bilden zusammen die CPCS PDU, deren Format Bild 14-12 entnommen werden kann.

Der Header besteht aus dem Common Part Indicator (CPI), der für Management-Informationen verwendet wird. Das Beginning tag (Btag) und das End tag (Etag) sind für eine PDU identisch und werden von PDU zu PDU inkrementiert. Sie erlauben im Empfänger das Erkennen von falsch wieder zusammengesetzten PDUs. Das Feld Buffer Allocation Size (BASize) zeigt dem Empfänger den für das Zusammensetzen der PDU benötigten

Speicherbedarf an. Das Alignment-Feld (AL) dient lediglich dazu, die Länge des Trailers auf vier Bytes zu erhöhen. Ebenso sorgt das Pad im Nutzinformationsfeld dafür, dass die Länge der PDU ein ganzzahliges Vielfaches von vier ist. Es hat eine Länge von 0 bis 3 byte.

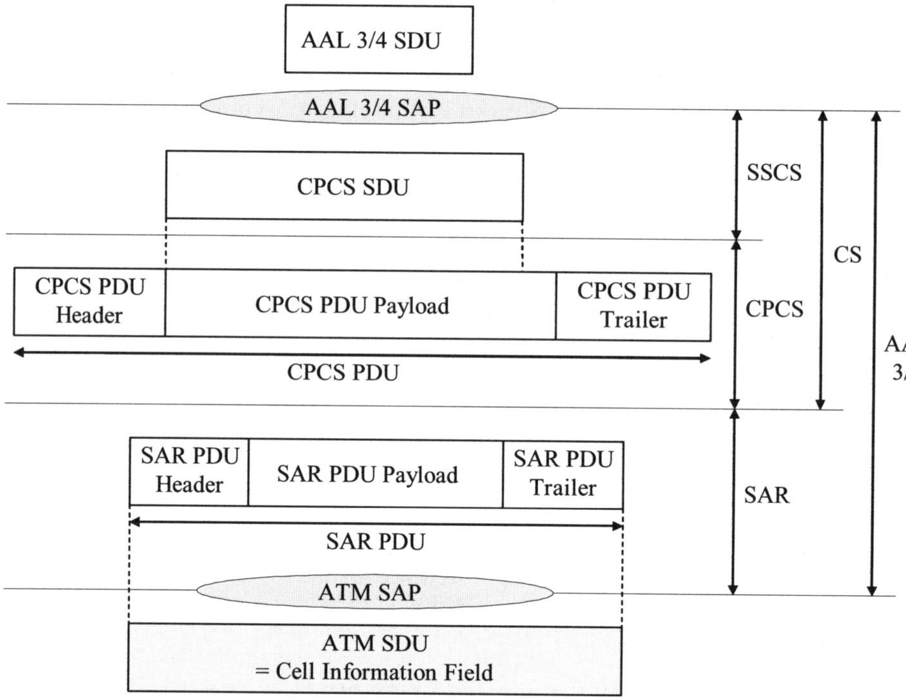

SSCS: Service Specific Convergence Sublayer
CPCS: Common Part Convergence Sublayer

Bild 14-11: Struktur von AAL 3/4

Die SAR-Teilschicht des AAL 3/4 stellt Funktionen für das Segmentieren und Zusammensetzen der Datenpakete zur Übertragung im Informationsfeld der ATM-Zellen zur Verfügung (Segmentation and Reassembly, SAR). Sie enthält darüber hinaus Funktionen für das Erkennen von Bitfehlern im Informationsfeld und von Zellverlusten. In der SAR-Teilschicht wird ein Datenpaket in Form einer CPCS PDU in 44-byte-Einheiten segmentiert. Eine 44-byte-Einheit bildet die SAR-PDU-Nutzinformation, der wiederum ein 2-byte-Header und ein 2-byte-Trailer hinzugefügt werden (Bild 14-13). Es entsteht eine SAR PDU der Länge 48 byte, die genau in das Informationsfeld einer ATM-Zelle passt.

Der Header enthält die Felder Segment Type (ST), Sequence Number (SN) und Multiplexing Identification (MID). Mit dem ST-Feld werden das erste Segment als Begin of Message (BOM), nachfolgende Segmente als Continuation of Message (COM) und das letzte Segment einer CPCS PDU als End of Message (EOM) gekennzeichnet. Kleine CPCS PDUs (max. 44 byte), die nicht segmentiert werden müssen, werden mit Single Segment Message (SSM) gekennzeichnet. Das SN-Feld wird pro SAR PDU (und damit pro ATM-

Zelle) inkrementiert und erlaubt das Erkennen von Zellverlusten. Das MID-Feld ist für alle Segmente einer CPCS PDU gleich und ermöglicht das gleichzeitige Übertragen mehrerer Datenpakete über AAL 3/4. Die Felder des Trailers enthalten eine Längenangabe (LI) und ein CRC-Feld zur Fehlererkennung. Die Behandlung erkannter Zellverluste oder Bitfehler (z. B. Wiederholung der Segmente) ist Aufgabe der SSCS-Teilschicht oder darüber liegender Schichten.

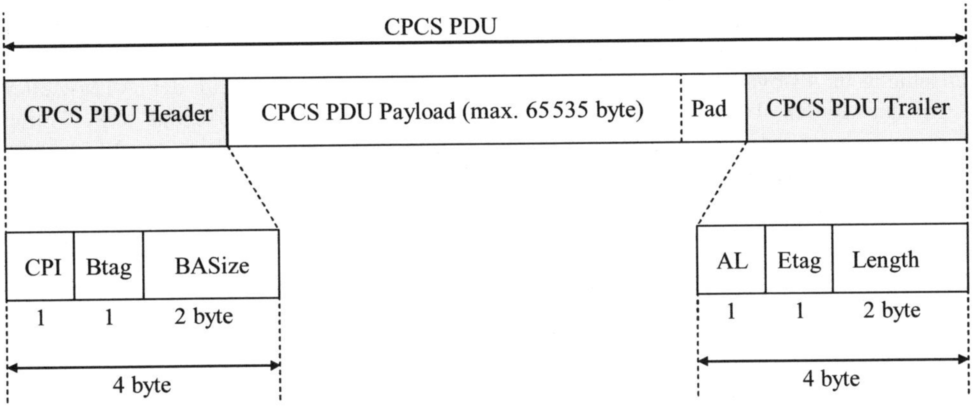

CPI: Common Part Indicator
Btag: Beginning tag
BASize: Buffer Allocation Size
AL: Alignment
Etag: End tag

Bild 14-12: Format der AAL 3/4 CPCS PDU

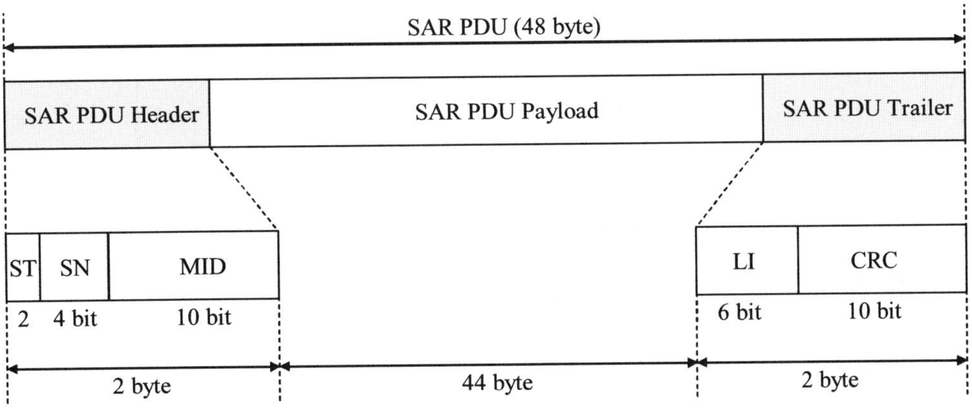

ST: Segment Type
SN: Sequence Number
MID: Multiplexing Identification
LI: Length Indication
CRC: Cyclic Redundancy Check

Bild 14-13: Format der AAL 3/4 SAR PDU

AAL 3/4 ist durch seine zahlreichen Funktionen recht komplex und durch die umfangreichen Header und Trailer nicht besonders effektiv. Selbst im günstigsten Fall können nur 44 byte einer ATM-Zelle für die Übertragung von Nutzdaten verwendet werden. AAL 5 ist wie AAL 3/4 für den Transport von Datenpaketen variabler Länge mit einer Größe von bis zu 65 535 byte konzipiert, jedoch einfacher aufgebaut.

Bild 14-14 zeigt die Struktur von AAL 5. Wie bei AAL 3/4 wird der Convergence Sublayer (CS) weiter unterteilt in den Service Specific Convergence Sublayer (SSCS) und den Common Part Convergence Sublayer (CPCS). Allerdings wird der CPCS SDU nur ein Trailer hinzugefügt. SDU und Trailer bilden die CPCS PDU. Diese wird in der SAR-Teilschicht in 48-byte-Einheiten segmentiert, die im Informationsfeld der ATM-Zellen übertragen werden. In der SAR-Teilschicht werden keine weiteren Header bzw. Trailer benötigt. Es wird lediglich das letzte Segment einer CPCS PDU mit Hilfe der ATM-User-to-ATM-User Indication (AUU) markiert. Diese Information wird im PT-Feld der ATM-Zelle angezeigt.

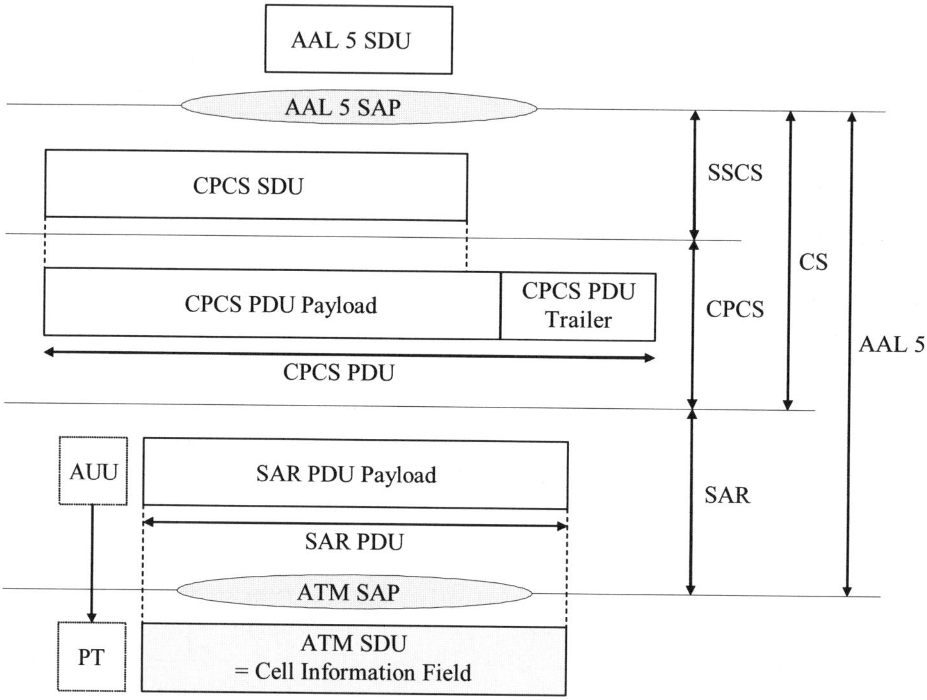

SSCS: Service Specific Convergence Sublayer
CPCS: Common Part Convergence Sublayer
AUU: ATM-User-to-ATM-User Indication
PT: Payload Type

Bild 14-14: Struktur von AAL 5

Das Format der CPCS PDU ist in Bild 14-15 gezeigt. Der 8-byte-Trailer besteht aus den Feldern CPCS User-to-User Indication (CPCS-UU) und Common Part Indicator (CPI) für den Austausch von Management-Informationen zwischen den AAL-Endpunkten. Es folgt eine Längenangabe des Nutzinformationsfeldes in byte und ein 32-bit-CRC zur Fehlererkennung. Die Länge des Pad-Feldes wird so gewählt, dass die Länge der CPCS PDU ein ganzzahliges Vielfaches von 48 byte ist. Die CPCS PDU wird in Dateneinheiten mit einer Länge von 48 byte segmentiert, die in ATM-Zellen verpackt werden.

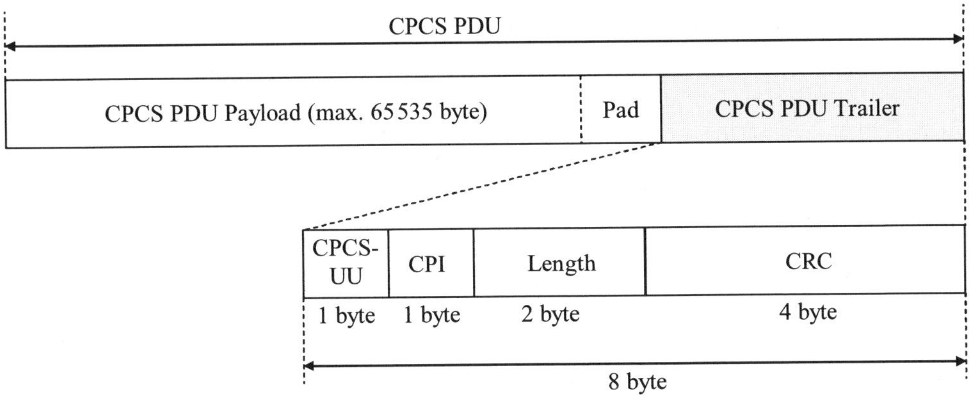

CPCS-UU: CPCS User-to-User Indication
CPI: Common Part Indicator
CRC: Cyclic Redundancy Check

Bild 14-15: Format der AAL 5 CPCS PDU

Das Ende einer PDU wird im PT(Payload Type)-Feld der ATM-Zelle angezeigt. Der Wert PT = 0x1 (der Wert des mittleren der drei PT-Bits ist beliebig) markiert das letzte Segment der PDU. Dadurch, dass Informationen der ATM-Anpassungsschicht im Kopf der ATM-Zelle übertragen werden, wird das Prinzip der unabhängig voneinander arbeitenden Schichten verletzt. Der Vorteil dieser Vorgehensweise ist, dass alle Zellen, die zu einer AAL 5 PDU gehören und ein Datenpaket bilden, in der ATM-Schicht erkannt werden. In einer ATM-Vermittlungsstelle wird dies genutzt, um im Falle eines Zellverlustes alle weiteren Zellen bis zum Ende der AAL 5 PDU zu löschen, da das Datenpaket ohnehin nicht mehr zusammengesetzt werden kann.

Beispiel 14-1: Übertragung von IP-Paketen über ATM/AAL 5

Ein IP(Internet Protocol)-Paket habe eine Länge von 1500 byte. Pakete dieser Länge kommen häufig vor, da dies bei der Übertragung über Ethernet die maximal zulässige Paketgröße ist (siehe Beispiel 11-1). Bei AAL 5 stehen alle 48 byte des Informationsfeldes für Nutzdaten zur Verfügung; lediglich in der letzten Zelle der PDU wird der 8-byte-Trailer hinzugefügt. Das IP-Paket wird daher in 32 Zellen segmentiert, wobei die letzte Zelle die letzten 12 byte des Pakets sowie 28 byte Pad und 8 byte Trailer enthält. ◀

14.2.4 Betrieb und Wartung

Unter dem Begriff Betrieb und Wartung (Operation and Maintenance, OAM) werden Funktionen eines Netzes zusammengefasst, die der Überwachung im laufenden Betrieb dienen. Zu den Aufgaben von OAM-Funktionen gehören:

- Detektion von Störungen
- Lokalisieren von Störungen
- Qualitätsüberwachung
- Meldungen an das Netzmanagement

Die OAM-Funktionen eines ATM-Netzes sind in der ITU-T-Empfehlung I.610 festgelegt [99]. Diese Funktionen sind im Rahmen des Protokollreferenzmodells dem Schichtenmanagement (Layer Management) zugeordnet (Bild 14-3). Die OAM-Funktionen werden durch fünf bidirektionale Informationsflüsse (Flows) F1 bis F5 realisiert. Die Informationsflüsse F1 bis F3 dienen dem Betrieb und der Wartung der physikalischen Schicht, die Informationsflüsse F4 und F5 nehmen entsprechende Funktionen in der ATM-Schicht wahr. Dabei ist F4 der VP-Ebene und F5 der VC-Ebene zugeordnet.

Bei SDH-basierten Übertragungssystemen (siehe Abschnitt 12.2) sind die Informationsflüsse F1 bis F3 im SDH-Rahmenoverhead enthalten, d. h. sie werden durch die OAM-Funktionen des Übertragungssystems realisiert. Bei Systemen ohne Übertragungsrahmen werden F1- und F3-OAM-Zellen verwendet.

Auch in der ATM-Schicht erfolgt der Informationsaustausch über OAM-Zellen. Die Informationsflüsse F4 und F5 dienen sowohl der Überwachung einer Ende-zu-Ende-Verbindung als auch der Überwachung eines Segments. Ein Segment ist ein Netzabschnitt zwischen zwei oder mehreren ATM-Netzelementen. Damit ist es möglich, gezielt einzelne Abschnitte des Netzes zu kontrollieren. F4-OAM-Zellen haben den gleichen VPI wie die Nutzzellen des überwachten virtuellen Pfades, sind aber durch bestimmte VCI-Werte gekennzeichnet. F5-OAM-Zellen haben den gleichen VPI und VCI wie die Nutzzellen des überwachten virtuellen Kanals und sind durch bestimmte Werte des PT-Feldes gekennzeichnet. Tabelle 14-2 zeigt eine Zusammenstellung der Zellkopf-Formate der OAM-Zellen.

Tabelle 14-2: Format des Zellkopfes für OAM-Zellen

OAM-Zelltyp	**GFC**	**VPI**	**VCI**	**PT**	**CLP**
F1	0	0	0	001	1
F3	0	0	0	100	1
Segment F4	x	x	3	000, 010	x
Ende-zu-Ende F4	x	x	4	000, 010	x
Segment F4	x	x	$x \neq 0$	100	x
Ende-zu-Ende F5	x	x	$x \neq 0$	101	x

OAM-Zellströme der physikalischen Schicht sind immer aktiv. Die Rate der F1- und F3-OAM-Zellen beträgt maximal 1 OAM-Zelle pro 27 Zellen und minimal 1 OAM-Zelle pro 513 Zellen. OAM-Zellströme der ATM-Schicht sind pro virtueller Verbindung definiert. Da sehr viele virtuelle Verbindungen gleichzeitig auf einer Übertragungsstrecke existieren können, werden diese Zellströme nach Bedarf aktiviert und deaktiviert. Mit den F4- und F5-OAM-Zellen der ATM-Schicht werden folgende Funktionen realisiert:

- Fehlermeldung (Alarm Indication Signal, Remote Defect Indication)
- Verbindungstest (Continuity Check)
- Loopback (zum Einkreisen von Fehlern)
- Qualitätsmanagement (Forward Monitoring, Backward Reporting)
- Aktivierung/Deaktivierung (des Qualitätsmanagements und des Verbindungstests)
- Systemmanagement (für systeminterne Funktionen)

Für das Qualitätsmanagement wird zwischen der Leistungsmessung (Forward Monitoring) und der Meldung in Abwärtsrichtung (Backward Reporting) unterschieden. Zellen zur Leistungsmessung werden von einem Netzelement in Aufwärtsrichtung zu einem anderen Netzelement gesendet. Die Zellen enthalten eine Zeitmarke zur Ermittlung der Zellenlaufzeit und Zähler für die Anzahl der gesendeten und der empfangenen Zellen zur Ermittlung der Zellverluste. Die Ergebnisse der Messung werden in Zellen zur Meldung in Abwärtsrichtung zum sendenden Netzelement übertragen.

14.3 Vermittlungstechnik

Die Grundfunktion einer ATM-Vermittlung besteht im Transfer von Zellen zu vorgegebenen Ausgängen in Abhängigkeit von VPI und VCI unter Beibehaltung der Zellreihenfolge. Das ATM-Vermittlungsprinzip ist in Bild 14-16 dargestellt. Mit Hilfe der während des Verbindungsaufbaus ausgetauschten Signalisierungsinformation wird eine Routingtabelle erstellt. Die Routingtabelle enthält für jeden Eingang die Information, zu welchem Ausgang Zellen einer bestimmten Verbindung, gekennzeichnet durch den VPI/VCI, vermittelt werden müssen und wie gegebenenfalls der VPI/VCI umgesetzt wird. Bei jeder Zelle, die an der Vermittlungsstelle eintrifft, wird der VPI/VCI entsprechend geändert und das HEC-Feld neu berechnet.

Existieren gleichzeitig Verbindungen von zwei oder mehreren Eingängen zu einem gemeinsamen Ausgang, so werden die Zellen dieser Verbindungen zu einem Zellstrom gemultiplext, indem Leerzellen durch Nutzzellen ersetzt werden. Dabei kann der Fall eintreten, dass zwei Zellen gleichzeitig am Ausgang eintreffen. Damit dies nicht zu einem Zellverlust führt, müssen in der Vermittlung Zellspeicher implementiert sein, in denen konkurrierende Zellen zwischengespeichert und sequenziell ausgelesen werden. Dies führt zu Wartezeiten in den Zellspeichern, die von Zelle zu Zelle variieren können und die die Laufzeit und die Laufzeitschwankungen der Zellen maßgeblich beeinflussen.

Die Vermittlungssteuerung ist für die Abwicklung des Auf- und Abbaus der Verbindungen, für Betrieb und Wartung und das Erfassen von Verbindungsdaten als Grundlage für die Kostenberechnung zuständig. Im Zuge des Verbindungsaufbaus gehört dazu auch die Aufgabe der Rufannahmesteuerung (Connection Admission Control, CAC). Anhand der während des Verbindungsaufbaus ausgetauschten Information bezüglich des Kapazitätsbedarfs entscheidet die Rufannahmesteuerung, ob der Verbindungswunsch akzeptiert oder abgelehnt wird (siehe Abschnitt 10.2.2). Usage Parameter Control (UPC) und Network Parameter Control (NPC) dienen der Verkehrsüberwachung (siehe Abschnitt 10.2.1). Die UPC-Funktion findet man am User-Network Interface (UNI) und die NPC-Funktion am Network-Node Interface (NNI). Eine Verkehrsüberwachung ist erforderlich, damit ein Teilnehmer nicht mehr Zellen als erlaubt sendet und damit möglicherweise andere Teilnehmer beeinträchtigt. CAC-Algorithmen basieren auf statistischen Annahmen über das Quellenverhalten oder verwenden Verkehrsmessungen.

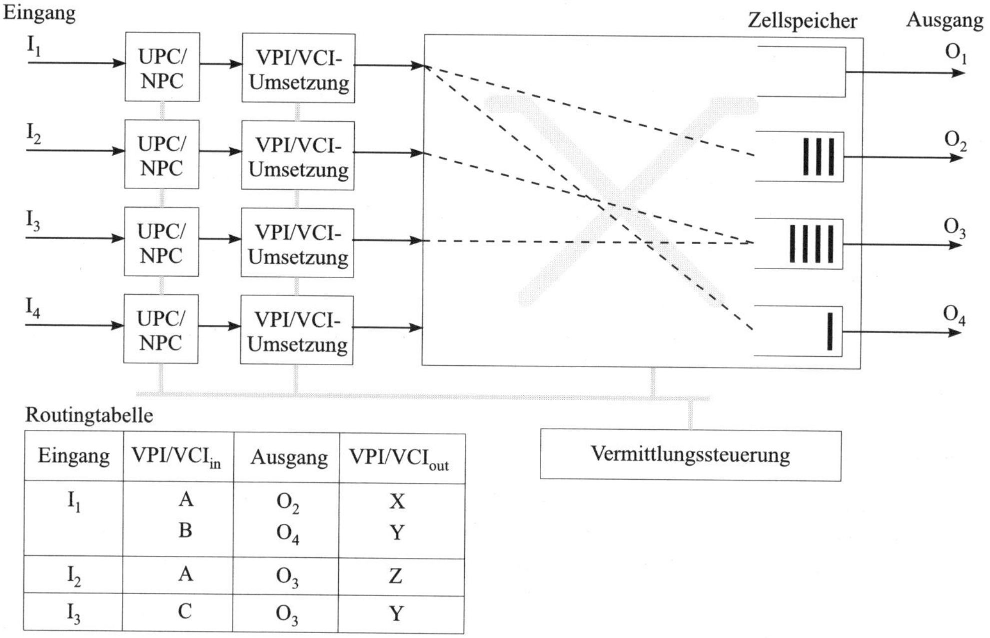

Eingang	VPI/VCI_{in}	Ausgang	VPI/VCI_{out}
I_1	A B	O_2 O_4	X Y
I_2	A	O_3	Z
I_3	C	O_3	Y

Bild 14-16: Prinzipieller Aufbau einer ATM-Vermittlungsstelle

Die Anforderungen an eine ATM-Vermittlung unterscheiden sich je nach Einsatzgebiet im LAN oder WAN hinsichtlich des Durchsatzes (Bitrate pro Eingang/Ausgang mal Anzahl der Eingänge/Ausgänge), der Skalierbarkeit und der Zuverlässigkeit. Im Rahmen des Verkehrsmanagements sind Funktionen für die dezidierte Behandlung der Verkehre entsprechend den Diensteklassen und der Dienstgüte erforderlich (siehe Abschnitt 14.4). Eine besondere Herausforderung stellen Multicast-Verbindungen dar. Bei einer Multicast-Verbindung kommuniziert ein Sender mit mehreren Empfängern, daher müssen Zellen kopiert und zu mehreren Ausgängen vermittelt werden.

Die feste Größe der ATM-Zellen ist die Grundlage für die schnelle Hardware-Vermittlung der Zellen durch das Koppelfeld. Tatsächlich sind heute auch IP-Router in der Regel intern zellbasiert, d. h. es werden Pakete fester Größe im Koppelfeld verarbeitet [3]. Zum Vermitteln von Paketen variabler Größe werden diese in den Schnittstellenkarten segmentiert und am Ausgang des Koppelfeldes wieder zusammengesetzt.

Die in Bild 14-16 angedeuteten Zellspeicher können prinzipiell am Eingang oder am Ausgang des Koppelfeldes liegen. Kriterien für die Beurteilung der Leistungsfähigkeit einer Vermittlungsarchitektur sind die Zellverlusthäufigkeit und der mittlere Besetzungsgrad der Zellspeicher bzw. die damit verbundene mittlere Verzögerung der Zellen. In dieser Hinsicht erweist sich die Anordnung der Zellspeicher am Ausgang wie in Bild 14-17 als günstiger.

Im Falle von Ausgangszellspeichern muss ein Koppelfeld mit *n* Eingängen bis zu *n* Zellen innnerhalb der Zelldauer (z. B. 2,73 µs bei einer Eingangsbitrate von 155 Mbit/s, siehe Tabelle 14-1) zu einem Ausgang transportieren können. Im Vergleich zur Eingangsbitrate muss es also mit einer Geschwindigkeitsüberhöhung um den Faktor n arbeiten. Daher ist es nicht möglich, große Vermittlungsstellen mit vielen hochbitratigen Eingängen nur mit dieser Architektur zu realisieren.

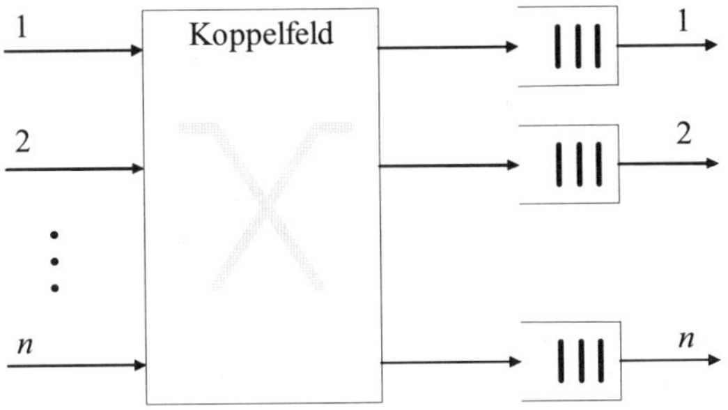

Bild 14-17: Vermittlung mit Ausgangszellspeichern

Eine Anordnung der Zellspeicher am Eingang des Koppelfeldes zeigt Bild 14-18. Eine Arbitration-Logik wählt die Zellspeicher aus, aus denen Zellen zum Transport durch das Koppelnetz ausgelesen werden. Sie sorgt dafür, dass immer nur eine Zelle pro Ausgang in das Koppelfeld gelangt. In diesem Fall muss das Koppelfeld bis zu n Zellen innerhalb der Zelldauer zu n verschiedenen Ausgängen transportieren, es tritt also keine Geschwindigkeitsüberhöhung im Vergleich zur Eingangsbitrate auf.

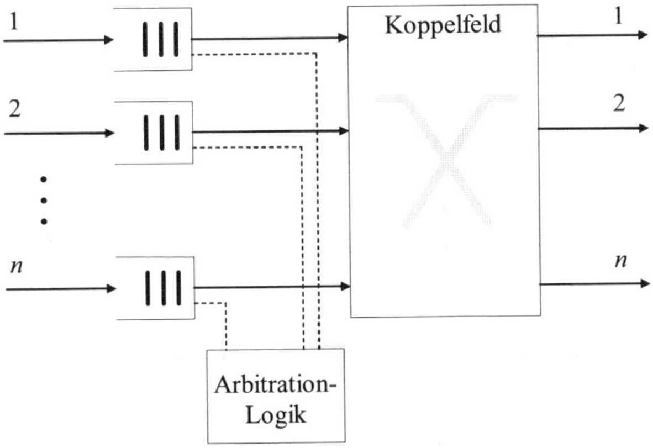

Bild 14-18: Vermittlung mit Eingangszellspeichern

Eine Architektur mit Eingangszellspeichern zeigt jedoch ein ungünstiges Verhalten bezüglich der Verzögerungszeiten. Eine Zelle am Ausgang eines Zellspeichers, die zu einem momentan belegten Ausgang durchgeschaltet werden muss, blockiert nachfolgende Zellen, selbst wenn diese für gerade freie Ausgänge bestimmt sind. Dies bezeichnet man als Head-of-Line Blocking. Eine vergleichende Studie zur Leistungsfähigkeit der Architekturen mit Eingangs- und Ausgangszellspeichern findet man in [15]. Da beide Varianten ihre spezifischen Nachteile haben, werden meist Eingangs- und Ausgangszellspeicher kombiniert [3]. Das Koppelfeld selbst ist beispielsweise als Crossbar, Bus oder als Batcher-Banyan-Netzwerk realisiert [16].

14.4 Verkehrsmanagement

14.4.1 Diensteklassen

In einer Diensteklasse werden Applikationen mit qualitativ ähnlichen Anforderungen zusammengefasst. Die ITU-T hat in der Empfehlung I.371 folgende Diensteklassen für ATM spezifiziert [95]:

- Deterministic Bit Rate (DBR): für Dienste mit konstanter Bitrate und garantierter Dienstgüte, beispielsweise die Sprach- oder Videoübertragung bei Codierung mit konstanter Bitrate.
- Statistical Bit Rate (SBR): für Dienste mit variabler Bitrate und garantierter Dienstgüte, beispielsweise die Sprachübertragung mit Unterdrückung von Sprechpausen oder die Videoübertragung bei Codierung mit variabler Bitrate.
- Available Bit Rate (ABR): für die Datenübertragung mit Flusssteuerung durch das Netz.
- ATM Block Transfer (ABT): für die Datenübertragung mit kurzfristiger Reservierung der Übertragungskapazität auf der Basis von Zellblöcken.
- Guaranteed Frame Rate (GFR): für die Datenübertragung unter Berücksichtigung der Paketgröße.

Das ATM-Forum verwendet zum Teil andere Bezeichnungen und leicht abweichende Definitionen. An Stelle von DBR spricht man hier von CBR (Constant Bit Rate) und an Stelle von SBR von VBR (Variable Bit Rate) [45], [46].

Jede Diensteklasse wird durch einen Satz von Verkehrsparametern beschrieben. Während des Verbindungsaufbaus werden die Verkehrs- und auch die Qualitätsparameter für die Verbindung festgelegt. Anhand der Verkehrsparameter entscheidet das Netz, ob die Verbindung angenommen werden kann, und überwacht den eingehenden Verkehr (Abschnitt 14.4.2). Während die Verkehrsparameter den von der Quelle erzeugten Verkehr spezifizieren, beschreiben die Qualitätsparameter den zulässigen Einfluss des Netzes z. B. in Form der Zellenlaufzeit und der Zellenverluste (Abschnitt 14.4.4).

14.4.2 Verkehrsparameter und Verkehrsüberwachung

Wie in Abschnitt 10.2 beschrieben, basiert das Verkehrsmanagement auf der Definition von Verkehrsparametern und Diensteklassen, auf deren Grundlage die Verkehrssteuerung für die Einhaltung der geforderten Dienstgüte sorgt. Für ATM sind folgende Verkehrsparameter definiert [8]:

- Spitzenzellrate (Peak Cell Rate, PCR)
- Durchsetzbare Zellrate (Sustainable Cell Rate, SCR)
- Burst-Toleranz (Intrinsic Burst Tolerance, IBT)
- CDV-Toleranz (Cell Delay Variation Tolerance, CDVT)
- Minimale Zellrate (Minimum Cell Rate, MCR)
- Maximale Rahmengröße (Maximum Frame Size, MFS)

Die Spitzenzellrate (PCR) ist gleich der maximalen Zellrate einer Verbindung und damit der Kehrwert des minimalen Zeitabstands T_P zwischen zwei ATM-Zellen. Die durchsetzbare Zellrate (SCR) ist eine obere Grenze für die mittlere Zellrate, und ihr Kehrwert T_S ist somit eine untere Grenze für den mittleren Abstand zwischen zwei Zellen. Die durchsetzbare Zellrate ist immer kleiner als die Spitzenzellrate. Die Burst-Toleranz (IBT), auch als τ_{IBT} bezeichnet, beschreibt das Burstverhalten einer Quelle mit Bezug zur durchsetzbaren Zellrate. Sie ist ein Maß für die Anzahl der Zellen, die mit der Spitzenrate gesendet werden dürfen.

Die CDV-Toleranz (CDVT) ist ein Maß für die erlaubte Häufung von Zellen in einem Zeitintervall. Damit werden Laufzeitschwankungen berücksichtigt, die durch übertragungstechnische Einrichtungen zwischen dem Endgerät und der ATM-Vermittlungsstelle verursacht werden können. Man unterscheidet zwischen der CDV-Toleranz bezüglich der Spitzenrate, τ_{PCR}, und der durchsetzbaren Rate, τ_{SCR}.

Die minimale Zellrate (MCR) ist gleich der Mindest-Rate, mit der ein Dienst der ABR- oder GFR-Diensteklasse jederzeit Zellen senden kann. Es ist möglich, MCR = 0 zu vereinbaren. Bei ABR wird die Rate, mit der die Quelle senden darf, durch Steuerinformationen des Netzes an die verfügbare Kapazität angepasst (siehe Abschnitt 14.4.3). Es gibt jedoch auch Quellen, deren Rate nicht beeinflusst werden kann. Für solche Quellen wurde die GFR-Diensteklasse definiert.

Bei GFR (Guaranteed Frame Rate) bezieht sich der Begriff eines Frames auf eine AAL 5 PDU (siehe Bild 14-15). Werden beispielsweise IP-Pakete über ATM/AAL 5 übertragen, so besteht die PDU aus dem IP-Paket und einem 8-byte-Trailer. Diese PDU wird dann in ATM-Zellen segmentiert (siehe Beispiel 14-1). Zur Beschreibung eines GFR-Dienstes gehört die maximale Rahmengröße (Maximum Frame Size, MFS). Die MFS gibt die Zahl der Zellen an, in die die PDU segmentiert wurde; sie hängt also von der maximalen Größe der zu übertragenden Pakete ab.

Entsprechend den angedachten Applikationen, die sich in den Diensteklassen widerspiegeln, wird jeder Diensteklasse ein Satz von Verkehrsparametern zugeordnet (Tabelle 14-3). Bei der DBR-Klasse geht man von einer konstanten Bit- bzw. Zellrate aus, daher wird für diese Diensteklasse nur die Spitzenzellrate angegeben. Bei der SBR-Klasse wird die variable Bitrate mit Hilfe der durchsetzbaren Zellrate spezifiziert; die Spitzenrate stellt eine Obergrenze dar. Die Rate, mit der ein Dienst der ABR-Klasse senden darf, bewegt sich innerhalb der oberen Grenze in Form der Spitzenrate und der unteren Grenze in Form der minimalen Rate.

Tabelle 14-3: Diensteklassen und zugehörige Verkehrsparameter

Diensteklasse	**Verkehrsparameter**	**CDV-Toleranz**
DBR	PCR	τ_{PCR}
SBR	PCR, SCR, IBT (τ_{IBT})	τ_{PCR}, τ_{SCR}
ABR	PCR, MCR	τ_{PCR}
ABT	PCR, SCR[1], IBT[1]	τ_{PCR}, τ_{SCR} [1]
GFR	PCR, MCR, IBT (τ_{IBT}), MFS	τ_{PCR}, τ_{MCR}

[1] optional

Grundlage der Definition der Verkehrsparameter ist der Token Bucket wie in Abschnitt 10.2.1 beschrieben. Das Referenzverfahren zur Überprüfung der Parameter wird bei ATM als Generic Cell Rate Algorithm (GCRA) bezeichnet. Mit GCRA(T, τ) bezeichnet man einen Algorithmus, der einen Zellstrom hinsichtlich der vereinbarten Zellrate $1/T$ und des zugehörigen Toleranzparameters τ überprüft (Bild 14-19).

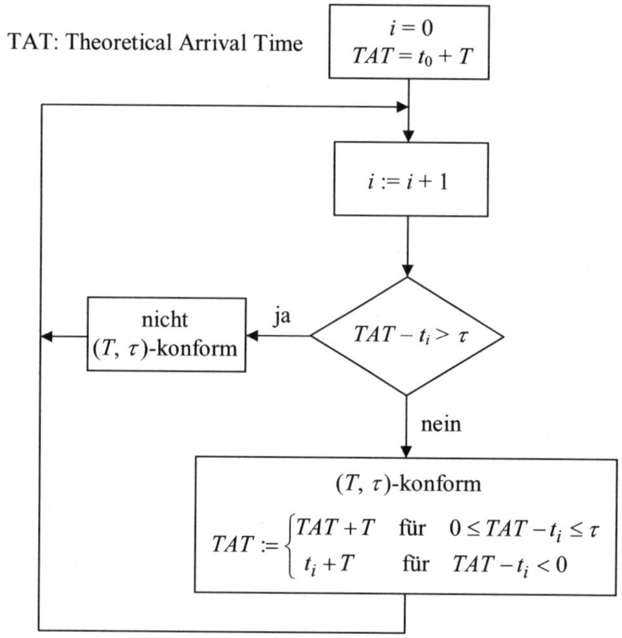

Bild 14-19: Generic Cell Rate Algorithm GCRA(T, τ)

Dazu wird für jede Zelle eine theoretische Ankunftszeit *TAT* (Theoretical Arrival Time) definiert. Eine Zelle darf maximal um τ früher eintreffen als durch die *TAT* festgelegt, d. h. es muss $TAT - t_i \leq \tau$ gelten. In diesem Fall wird die Zelle als konform bezeichnet und die *TAT* für die nächste Zelle, wie in Bild 14-19 gezeigt, bestimmt. Für $TAT - t_i > \tau$ ist die Zelle nicht konform zu den vereinbarten Verkehrsparametern. Eine nicht konforme Zelle wird gelöscht und die *TAT* bleibt unverändert.

Bild 14-20 zeigt ein Beispiel mit $T = 5\,T_C$ und $\tau = 15\,T_C$, T und τ sind also mit Bezug auf die Zelldauer T_C angegeben. Die Quelle sendet mehrere kurze Bursts von Zellen im Abstand T_C. Im Beispiel von Bild 14-20 ist für die fünfte Zelle des ersten Bursts die Differenz zwischen theoretischer und tatsächlicher Ankunftszeit größer als τ, es handelt sich also um eine nicht konforme Zelle. Das Gleiche gilt für die vierte Zelle des zweiten Bursts.

Der GCRA führt keine Verkehrsformung durch. Nichtkonforme Zellen werden gelöscht oder durch Setzen des CLP-Bits als Zellen niedriger Priorität markiert. Letzteres wird als Tagging bezeichnet und kann optional bei der SBR-Diensteklasse angewendet werden. Bei einer Verkehrsformung würden hingegen nicht konforme Zellen so lange in einem Zellspeicher des Token Bucket verzögert, bis die Bedingung TAT $- t_i \leq \tau$ erfüllt ist.

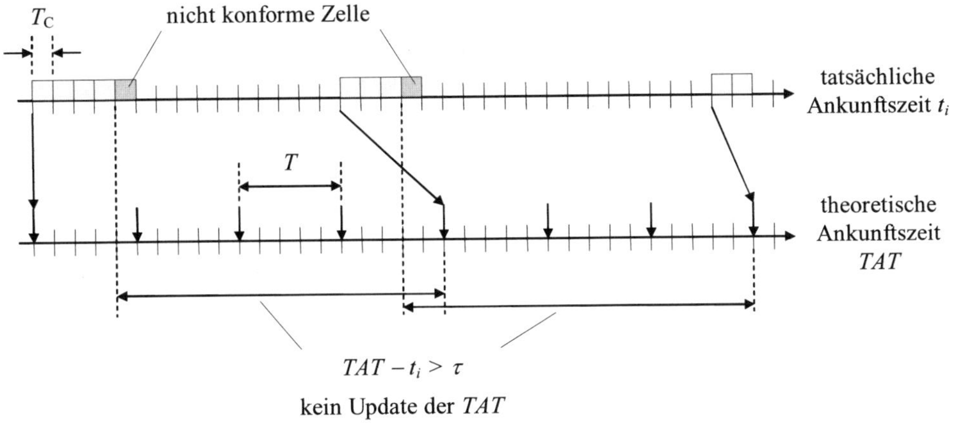

Bild 14-20: Beispiel zur Funktion des GCRA(T, τ)

Der GCRA wird sowohl zur Überwachung der Spitzenzellrate als auch der durchsetzbaren Zellrate verwendet. Eine Anwendung muss beim Verbindungsaufbau die Diensteklasse und die zugehörigen Verkehrsparameter spezifizieren. Die Verkehrsparameter sind am Service Access Point (SAP) der physikalischen Schicht des Endgerätes definiert. Bild 14-21 zeigt das zugehörige Referenzmodell. Das Endgerät besteht aus einer oder mehreren Quellen und einem Multiplexer (MUX), der die von den Quellen generierten Zellen zusammenführt. Der Shaper dient der Verkehrsformung und glättet Zellbursts.

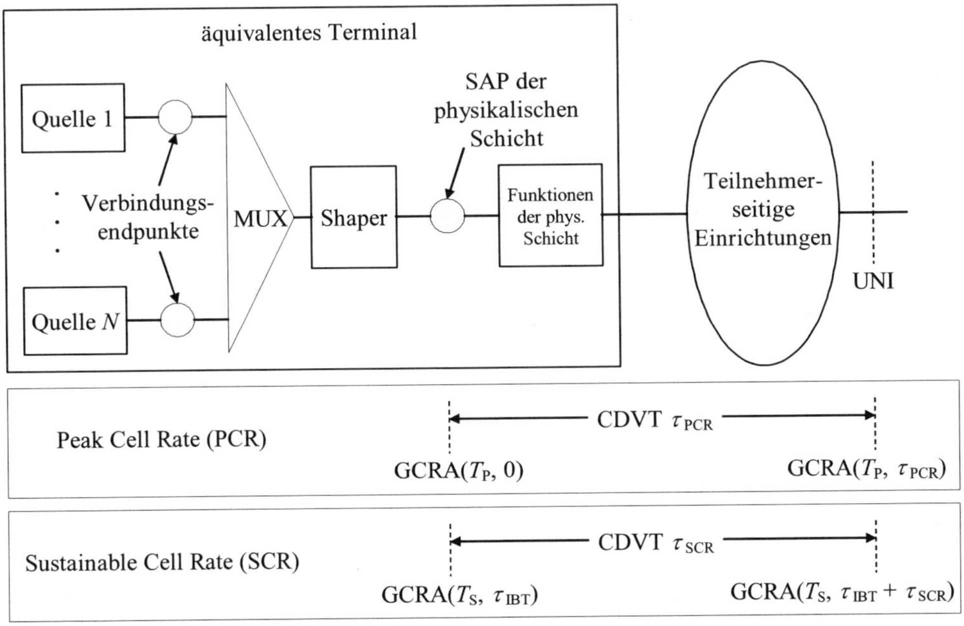

Bild 14-21: Modell eines Endgerätes und Definition der Zellraten und CDV-Toleranzen

Am Ausgang des Shapers ist der generierte Zellstrom hinsichtlich der Spitzenrate konform zu GCRA(T_P, 0), d. h. die CDV-Toleranz ist null und der Zellabstand niemals kleiner als T_P. Auf dem Weg vom Endgerät zur Vermittlungsstelle kann der Zellabstand auf Grund von Laufzeitschwankungen kleiner werden. Dies wird durch die CDV-Toleranz τ_{PCR} berücksichtigt, d. h. der Zellstrom muss hier konform zu GCRA(T_P, τ_{PCR}) sein.

Bei einer Quelle mit variabler Rate wird die durchsetzbare Zellrate durch die Parameter T_S und τ_{IBT} am Ausgang des Shapers spezifiziert. Äquivalent zur Angabe der Burst-Toleranz τ_{IBT} ist die Angabe der maximalen Burstgröße (Maximum Burst Size, MBS). Die *MBS* ist gleich der zulässigen Zahl von Zellen eines Bursts, die mit der Spitzenrate gesendet werden dürfen. Zwischen der Burst-Toleranz und der maximalen Burstgröße besteht der Zusammenhang

$$MBS = \left\lfloor 1 + \frac{\tau_{IBT}}{T_S - T_P} \right\rfloor . \tag{14-1}$$

Dabei ist $\lfloor x \rfloor$ die größte ganze Zahl kleiner oder gleich x. Werden wiederum Laufzeitschwankungen durch die CDV-Toleranz τ_{SCR} berücksichtigt, so muss der Zellstrom am Eingang der Vermittlungsstelle konform zu GCRA(T_S, $\tau_{SCR} + \tau_{IBT}$) sein.

Die Verkehrsüberwachung hat die Aufgabe, den Quellenverkehr hinsichtlich der vereinbarten Verkehrsparameter zu prüfen (siehe Bild 10-6). Bei ATM bezeichnet man dies als Usage Parameter Control (UPC). Der GCRA ist der Referenzalgorithmus für die Verkehrsüberwachung in einem ATM-Netz. Werden, wie bei der SCR-Diensteklasse, Spitzen- und durchsetzbare Rate spezifiziert, so besteht die Verkehrsüberwachung aus der Reihenschaltung eines GCRA zur Überwachung der Spitzenzellrate und eines weiteren GCRA zur Überwachung der durchsetzbaren Zellrate.

Beispiel 14-2: Spitzenzellrate und CDV-Toleranz

Bei der PCM-Codierung eines Sprachsignals entsteht ein digitales Signal mit der konstanten Bitrate von 64 kbit/s (siehe Abschnitt 3.4). Bei der Übertragung über ATM/AAL 1 stehen pro Zelle 47 byte für Nutzdaten zur Verfügung. Die Zeit für das Füllen einer Zelle beträgt $47 \cdot 8$ bit/64 kbit/s = 5,875 ms. Es werden also regelmäßig im Abstand T_P = 5,875 ms Zellen generiert und die Spitzenzellrate beträgt PCR = 171 Zellen/s. Die CDV-Toleranz am UNI sei τ_{PCR} = 750 µs. Dann muss der zeitliche Abstand zwischen zwei GCRA(T_P, τ_{PCR})-konformen Zellen mindestens $T_P - \tau_{PCR}$ = 5,125 ms betragen.

◄

14.4.3 Verkehrssteuerung

Zu den Verfahren der Verkehrssteuerung gehören, wie in Abschnitt 10.2.2 erläutert, die Rufannahmesteuerung, Scheduling-Verfahren, die Flusssteuerung und das Paketspeicher-Management. Eine ATM-spezifische Form des Paketspeicher-Managements ist Early Packet Discard (EPD).

Wird ein Datenpaket in mehrere Zellen segmentiert und geht eine der Zellen verloren, so bedeutet dies in der Regel den Verlust des kompletten Datenpakets. EPD wird angewendet, wenn der Speicherfüllstand in einem Vermittlungsknoten einen Schwellenwert erreicht und Zellverluste drohen. Es gelangen dann nur noch Zellen in den Speicher, die zu Paketen gehören, die sich bereits teilweise im Speicher befinden. Zellen von neuen Paketen werden gelöscht. Dadurch wird erreicht, dass nur vollständige Pakete übertragen werden und Zellen von Paketfragmenten, die für den Empfänger ohnehin nutzlos wären, keine Übertragungskapazität belegen. EPD setzt voraus, dass in der ATM-Vermittlung die Paketgrenzen erkannt werden. Dies ist möglich bei AAL 5, da hier das Ende eines Datenpakets im PT-Feld des Zellkopfes signalisiert wird (Bild 14-14).

Bei der ABR-Diensteklasse wird eine Flusssteuerung mit expliziter Steuerinformation verwendet. ABR ist für Dienste gedacht, deren Anforderungen an die Übertragungskapazität des Netzes zeitlich variieren und die keine Echtzeitanforderungen stellen. Die Bitrate, mit der die Quelle senden darf, wird für diese Dienste durch das Netz gesteuert. Möchte die Quelle ihre Bitrate erhöhen, so sendet sie eine Resourcemanagement-Zelle (RM-Zelle) in Aufwärtsrichtung, in der die gewünschte Bitrate steht (Bild 14-22). RM-Zellen einer VC-Verbindung sind durch das PT-Feld (PT = 110) und RM-Zellen einer VP-Verbindung sind durch den VCI (VCI = 6) gekennzeichnet.

Die Netzelemente entlang der Verbindung stellen fest, ob sie die geforderte Bitrate unterstützen können. Ist dies der Fall, so wird die RM-Zelle unverändert weitergeleitet, andernfalls ersetzt das Netzelement die geforderte Bitrate durch die mögliche Bitrate. Die Senke sendet die RM-Zelle zurück zur Quelle, die ihre Bitrate nun auf den in der Zelle enthaltenen Wert einstellen kann. RM-Zellen können sehr häufig, z. B. alle 16 oder 32 Nutzzellen, gesendet werden und erlauben so die schnelle Anpassung der verfügbaren Bitrate an die Anforderungen des Dienstes. Die zugeteilte Rate variiert zwischen der Mindestrate (MCR) und der Spitzenrate (PCR). Bei einer großen Reaktionszeit (T_A in Bild 14-22) kann die Quelle unter Umständen sehr viele Zellen senden, bevor die Information zur Drosselung der Rate die Quelle erreicht. Daher sind sehr große Zellspeicher in den Vermittlungsknoten erforderlich, um Zellverluste zu vermeiden. Um die Reaktionszeit zu verkürzen, kann eine Vermittlung die Kontrollschleife unterbrechen und selber als virtuelle Quelle bzw. Senke bezüglich der RM-Zellen agieren.

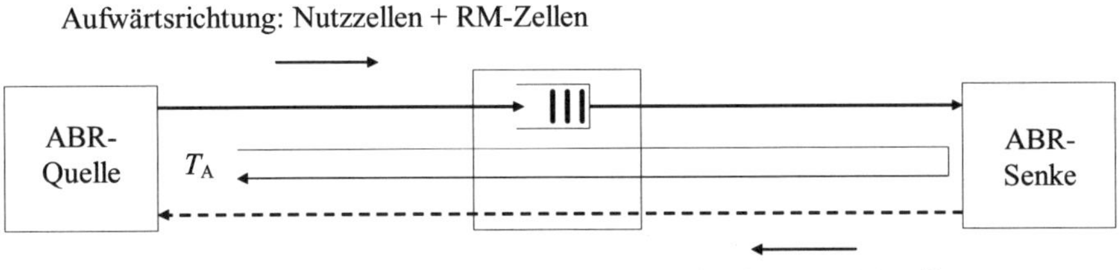

Bild 14-22: Prinzip der ABR-Flusssteuerung

Das oben beschriebene Verfahren, bei dem der Quelle direkt die verfügbare Rate mitgeteilt wird, wird als Explicit Rate Feedback (ERF) bezeichnet. Es erfordert die Berechnung der verfügbaren Rate in den Vermittlungsknoten. Eine einfachere Variante ist Explicit Forward Congestion Indication (EFCI). Bei EFCI muss ein Vermittlungsknoten bei drohendem Speicherüberlauf lediglich die Überlast-Indikation im PT-Feld des Zellkopfes der Nutzzellen setzen (PT = 00x: keine Überlast, PT = 01x: Überlast, der Wert des letzten Bits ist beliebig). Die Senke setzt bei Erkennen der Überlast-Indikation ein entsprechendes Bit (Congestion Indication, CI) in der RM-Zelle, die wieder zurück zur Quelle gesendet wird.

Die momentane Rate der Quelle wird als Allowed Cell Rate (ACR) bezeichnet. Beim Verbindungsaufbau werden der Rate Increase Factor (RIF) und der Rate Decrease Factor (RDF) vereinbart. Die Quelle erhöht ihre momentane Rate bei Empfang einer RM-Zelle mit CI = 0 auf

$$\mathrm{ACR} := \mathrm{ACR} + \mathrm{RIF} \cdot \mathrm{PCR}$$

und verringert ihre momentane Rate bei Empfang einer RM-Zelle mit CI = 1 auf

$$\mathrm{ACR} := \mathrm{ACR}\,(1 - \mathrm{RDF}).$$

Bei EFCI stellt sich also keine konstante Rate ein, sondern die Rate steigt langsam an, solange keine Überlast-Situation entsteht. Im Falle einer Überlast wird die Rate der Quelle jedoch stark gedrosselt.

Eine dritte Variante der ABR-Flusssteuerung ist Relative Rate Feedback (RRF). Dabei muss ein Vermittlungsknoten ebenfalls wie bei ERF auf die RM-Zellen in Aufwärtsrichtung zugreifen, er muss jedoch keine explizite Rate berechnen. Ein Knoten setzt je nach momentaner Last das CI-Bit oder das NI-Bit (NI: No Increase) in den RM-Zellen. Die Quelle reagiert bei Empfang einer RM-Zelle in Rückrichtung auf das CI-Bit wie bei EFCI. Ist NI = 1 gesetzt, bleibt die Rate jedoch unverändert, so dass sich eine konstante Rate einstellen kann.

Bei der ABT-Diensteklasse werden Blöcke von Zellen gebildet, die in RM-Zellen eingeschlossen sind. Jeder Block wird mit den entsprechenden Verkehrsparametern angemeldet. Es handelt sich also um eine kurzfristige Reservierung von Übertragungskapazität, die jeweils für die Dauer eines Zellblocks gültig ist.

14.4.4 Qualitätsparameter der ATM-Schicht

Für die ATM-Schicht sind in der ITU-T-Empfehlung I.356 folgende Qualitätsparameter definiert [92]:

- Zellenlaufzeit (Cell Transfer Delay, CTD)
- Zellenlaufzeitschwankungen (Cell Delay Variation, CDV)
- Zellverlusthäufigkeit (Cell Loss Ratio, CLR)
- Zellfehlerhäufigkeit (Cell Error Ratio, CER)
- Zellfehleinfügungsrate (Cell Misinsertion Rate, CMR)
- Zellblockfehlerhäufigkeit (Severely Errored Cell Block Ratio, SECBR)

Die Zellenlaufzeit (Cell Transfer Delay, CTD) beschreibt die Verzögerung, die eine Zelle beim Transport zwischen ATM-Netzelementen erfährt. Sie umfasst nur die Verzögerung der ATM-Schicht und der physikalischen Schicht. Verzögerungen, die in Schichten oberhalb der ATM-Schicht entstehen, sind nicht Teil der Zellenlaufzeit, können aber einen beträchtlichen Teil der Ende-zu-Ende-Signallaufzeit ausmachen (siehe Abschnitt 10.1).

Die Laufzeit, die die Zellen einer Verbindung erfahren, kann von Zelle zu Zelle unterschiedlich sein. Der variable Anteil der Zellenlaufzeit wird mit Hilfe eines weiteren Parameters, der Zellenlaufzeitschwankungen (Cell Delay Variation, CDV), erfasst. Die minimale Zellenlaufzeit wird wesentlich von der Signallaufzeit in den Übertragungseinrichtungen bestimmt (Abschnitt 10.1). Der variable Anteil geht auf die Wartezeiten der Zellen in den Zellspeichern der Vermittlungseinrichtungen zurück. Diese Komponente wird stark von der Vermittlungsarchitektur und den dort implementierten Funktionen zur Verkehrssteuerung bestimmt.

Zellenlaufzeitschwankungen werden durch zwei Parameter, die 2-Punkt-CDV und die 1-Punkt-CDV, quantitativ erfasst. Die 2-Punkt-CDV beschreibt die Laufzeitschwankungen, die die Zellen einer virtuellen Verbindung in einem Netzabschnitt zwischen zwei Messpunkten MP_1 und MP_2 erfahren (Bild 14-23). Sie ist unabhängig von den Eigenschaften der Quelle, es gehen nur die Eigenschaften des Netzabschnittes zwischen den Messpunkten ein. Dagegen beschreibt die 1-Punkt-CDV die Laufzeitschwankungen, die an einem Messpunkt beobachtet werden, mit Bezug zur maximalen Zellrate der virtuellen Verbindung. Die 1-Punkt-CDV bezieht also Eigenschaften der Quelle und des Netzabschnittes zwischen Quelle und Messpunkt ein.

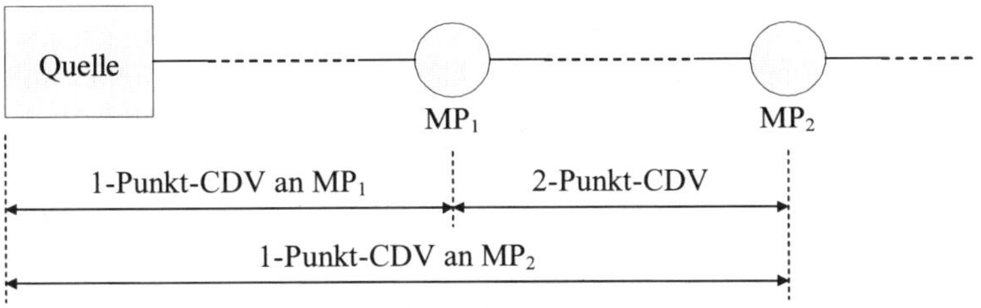

Bild 14-23: Zusammenhang zwischen 1-Punkt-CDV und 2-Punkt-CDV

Die 2-Punkt-CDV v_i der Zelle i ist die Differenz der Zellenlaufzeit D_i der Zelle i und der Laufzeit D_{ref} einer Referenzzelle,

$$v_i = D_i - D_{\text{ref}}. \tag{14-2}$$

Die Verteilung der Werte der 2-Punkt-CDV ist daher identisch mit der um D_{ref} verschobenen Verteilung der absoluten Zellenlaufzeiten. Als Dienstgütekriterium dient die Differenz von maximalem und minimalem Wert der 2-Punkt-CDV, auch als Peak-to-Peak CDV bezeichnet.

Die 1-Punkt-CDV bezieht sich auf den Ankunftsprozess der Zellen einer virtuellen Verbindung an einem Messpunkt und ist im Wesentlichen ein Maß für die Häufung von Zellen in einem Zeitintervall. Die 1-Punkt-CDV y_i der Zelle i ist die Differenz einer Referenzankunftszeit c_i und der Ankunftszeit t_i der Zelle i,

$$y_i = c_i - t_i. \tag{14-3}$$

Die Referenzankunftszeit wird bei Ankunft der Zelle 0 mit $c_0 = t_0$ initialisiert und ist in Relation zu T_P (dem Kehrwert der Peak Cell Rate) der virtuellen Verbindung definiert als

$$c_0 = t_0,$$

$$c_{i+1} = \begin{cases} c_i + T_P & \text{für } y_i \geq 0, \\ t_i + T_P & \text{für } y_i < 0. \end{cases} \tag{14-4}$$

Die Referenzankunftszeit kann auch als erwartete Ankunftszeit einer Zelle interpretiert werden und der Wert der 1-Punkt-CDV als Differenz von erwarteter Ankunftszeit zu tatsächlicher Ankunftszeit. Ein positiver Wert $y_i \geq 0$ entspricht einer früheren Ankunftszeit als erwartet auf Grund einer Häufung von Zellen in einem Zeitintervall. Ein negativer Wert $y_i < 0$ entspricht einer späteren Ankunftszeit als erwartet auf Grund von Lücken im Zellstrom. Für $y_i < 0$ springt die Referenzankunftszeit um einen Betrag, der gleich der Differenz von tatsächlicher und erwarteter Ankunftszeit ist. Dadurch haben durch fehlende Zellen verursachte Lücken im Zellstrom aufgrund keinen Einfluss auf den Wert der 1-Punkt-CDV.

Die Zellverlusthäufigkeit (Cell Loss Ratio, CLR) ist das Verhältnis der Anzahl der verlorenen Zellen zur Anzahl der gesendeten Zellen. Eine Zelle gilt als verloren, wenn sie nicht innerhalb einer Zeit $t \leq T_{\max}$ nach dem Sendezeitpunkt empfangen wird. Man unterscheidet, ob sich die Zellverlusthäufigkeit auf alle Zellen unabhängig von deren CLP-Bit (CLR_{0+1}) oder nur auf Zellen hoher Priorität (CLR_0 für Zellen mit CLP = 0) bzw. niedriger Priorität (CLR_1 für Zellen mit CLP = 1) bezieht.

Die Zellfehlerhäufigkeit (Cell Error Ratio, CER) ist das Verhältnis der Anzahl der fehlerhaften Zellen zur Anzahl der empfangenen Zellen. Fehlerhafte Zellen sind Zellen mit Bitfehlern im Informationsfeld und Zellen mit ungültigem Zellkopf nach der Fehlerkorrektur durch den HEC-Mechanismus.

Die Zellfehleinfügungsrate (Cell Misinsertion Rate, CMR) ist die Zahl der fehleingefügten Zellen in einem Beobachtungsintervall. Der Mechanismus, der zu Zellfehleinfügungen führt, ist unabhängig von der Zellrate der betroffenen Verbindung. Daher ist dieser Parameter als Rate definiert (d. h. Ereignisse pro Zeiteinheit), im Gegensatz zu den anderen fehlerbezogenen Parametern, die als Häufigkeit definiert sind. Falls Bitfehler in den Routing-Feldern VPI und VCI vom HEC-Mechanismus nicht erkannt oder falsch korrigiert werden, kann dies in Zellfehleinfügungen resultieren.

Die Definition eines Zellblockfehlers (Severely Errored Cell Block, SECB) dient der quantitativen Erfassung von Fehlerbursts auf Zellebene. Mit Hilfe der SECBs erkannte Fehlerbursts werden bei der Bestimmung der Parameter Zellfehlerhäufigkeit, Zellverlusthäufigkeit und Zellfehleinfügungsrate ausgeschlossen. Diese Parameter beschreiben die Netzgüte für die gesamte Dauer der Verbindung. Kurzzeitige Störungen mit einer großen Anzahl von Fehlerereignissen könnten die Parameter stark beeinflussen, so dass sie bezogen auf die Dauer der Verbindung keine Aussagekraft mehr haben würden.

Ein Zellblock besteht aus N aufeinander folgenden Zellen. Ein Zellblockfehler tritt auf, wenn mehr als M fehlerhafte, verlorene oder fehleingefügte Zellen innerhalb des Blocks auftreten. Die Blockgröße N ist abhängig von der im Verkehrsvertrag vereinbarten maximalen Zellrate (Peak Cell Rate, PCR) der zu überwachenden Verbindung. N ist gleich PCR/25 aufgerundet auf die nächsthöhere Potenz zur Basis 2, mindestens aber 128. Für den Schwellenwert M gilt $M = N/32$. Die Zellblockfehlerhäufigkeit (Severely Errored Cell Block Ratio, SECBR) ist nun das Verhältnis der Anzahl der Zellblockfehler zur Anzahl der gesendeten Zellblöcke.

Bei der Vereinbarung der Dienstgüte einer Verbindung sind prinzipiell zwei Vorgehensweisen denkbar. Eine Möglichkeit besteht darin, die Werte der einzelnen Qualitätsparameter beim Verbindungsaufbau festzulegen. Dies ist hinsichtlich der Spezifikation der Dienstgüte sehr flexibel, erfordert jedoch auch die individuelle Behandlung der Verbindungen in den Netzelementen. Eine andere Möglichkeit besteht darin, Dienste mit ähnlichen Anforderungen in Dienstgüteklassen zusammenzufassen und zulässige Grenzwerte für die Qualitätsparameter festzulegen. Beim Verbindungsaufbau muss dann neben der Diensteklasse und den zugehörigen Verkehrsparametern lediglich die gewünschte Dienstgüteklasse angegeben werden.

Die ITU-T hat fünf Dienstgüteklassen definiert (Tabelle 14-4) [92]. Die Klassen unterscheiden sich hinsichtlich der Zellenlaufzeit, der Laufzeitschwankungen und der Verlusthäufigkeit, da diese Parameter durch geeignete Verkehrssteuerungsfunktionen individuell beeinflusst werden können. Hinsichtlich der Fehlerhäufigkeit, der Fehleinfügungsrate und der Blockfehlerhäufigkeit wird nicht differenziert, da diese Parameter wegen der zugrunde liegenden Fehlermechanismen nicht individuell kontrolliert werden können. Der Grenzwert von 400 ms hinsichtlich der Zellenlaufzeit bezieht sich auf die mittlere Laufzeit. Der zulässige Wert von 3 ms bzw. 6 ms bezüglich der 2-Punkt-CDV ist auf die Differenz von oberem und unterem 10^{-8}-Quantil (siehe Abschnitt 10.1) bezogen.

Tabelle 14-4: Dienstgüteklassen für ATM nach ITU-T-Empfehlung I.356 [92]

	Class 1 (stringent)	**Class 2 (tolerant)**	**Class 3 (bi-level)**	**Class 4 (unspecified)**	**Class 5 (stringent bi-level)**
CTD	400 ms	U	U	U	400 ms
2-Punkt-CDV	3 ms	U	U	U	6 ms
CLR_{0+1}	$3 \cdot 10^{-7}$	10^{-5}	U	U	U
CLR_0	U	U	10^{-5}	U	$3 \cdot 10^{-7}$
CER	$4 \cdot 10^{-6}$	$4 \cdot 10^{-6}$	$4 \cdot 10^{-6}$	U	$4 \cdot 10^{-6}$
CMR	1 pro Tag	1 pro Tag	1 pro Tag	U	1 pro Tag
SECBR	10^{-4}	10^{-4}	10^{-4}	U	10^{-4}

U: Unspecified

Es gibt prinzipiell keine Einschränkung, welche Diensteklasse mit welcher Dienstgüteklasse kombiniert werden kann. Beispielsweise ist die Kombination der DBR-Diensteklasse mit der Dienstgüteklasse 1 für Echtzeitdienste mit konstanter Bitrate wie die Sprachübertragung geeignet. DBR in Verbindung mit Dienstgüteklasse 4 ist für Best-Effort-Dienste günstig, also die Datenübertragung ohne Qualitätsgarantien, wobei lediglich die Spitzenrate der Quelle spezifiziert wird. Je nachdem, ob es sich um einen Echtzeitdienst oder nicht handelt, kann die SBR-Diensteklasse beispielsweise mit den Dienstgüteklassen 5 oder 2 kombiniert werden.

14.5 Signalisierung

Ein ATM-Netz ist wie das ISDN ein verbindungsorientiertes Netz. Der Auf- und Abbau einer virtuellen Verbindung wird durch das Signalisierungs- oder Zeichengabeprotokoll gesteuert. Die für die Teilnehmer- und Zwischenamtssignalisierung verwendeten Protokolle sind Erweiterungen der entsprechenden ISDN-Protokolle (siehe Abschnitt 13.4). Für den Aufbau einer Punkt-zu-Punkt-Verbindung werden die gleichen Schicht-3-Zeichengabenachrichten wie beim ISDN verwendet. Der Aufbau einer virtuellen Verbindung in einem ATM-Netz folgt daher dem in Bild 13-16 gezeigten Ablauf.

Während beim ISDN nur bidirektionale Punkt-zu-Punkt-Verbindungen konstanter Bitrate möglich sind, gibt es bei ATM auch unidirektionale und bidirektionale Punkt-zu-Mehrpunkt-, Mehrpunkt-zu-Punkt- und Mehrpunkt-zu-Mehrpunkt-Verbindungen. Die ISDN-Zeichengabeprotokolle werden daher um neue Zeichengabenachrichten wie Add_Party und Drop_Party erweitert, um einer Punkt-zu-Mehrpunkt-Verbindung einen weiteren Teilnehmer hinzuzufügen oder einen Teilnehmer auszuschließen.

Während des Verbindungsaufbaus werden die Verkehrs- und Dienstgüteparameter festgelegt. Zur Übertragung dieser Parameter werden die Zeichengabenachrichten um entsprechende Nachrichtenelemente erweitert. Bei ATM ist auch die Möglichkeit des Neuaushandelns dieser Parameter bei einer bestehenden Verbindung vorgesehen. Dazu dient die neue Zeichengabenachricht Modify_Request. Die ATM-spezifischen Erweiterungen wurden schrittweise in so genannten Capability Sets (CS) CS1, CS2 und CS3 eingeführt.

Das Protokoll der Schicht 3 der ATM-Teilnehmersignalisierung wird als Digital Subscriber Signaling No. 2 (DSS2) bezeichnet und ist in der ITU-T-Empfehlung Q.2931 spezifiziert [103]. Die Signalisierungsnachrichten werden über virtuelle Verbindungen mit AAL 5 in der ATM-Anpassungsschicht übertragen. Dazu wird AAL 5 in der SSCS-Teilschicht um signalisierungsspezifische Protokolle ergänzt. Für die Zwischenamtssignalisierung wird auf den von der ISDN-Signalisierung bekannten Message Transfer Part MTP3 der Breitband-ISDN User Part (B-ISUP) aufgesetzt. Vom ATM-Forum existieren eigene Festlegungen für die Teilnehmersignalisierung (User-Network Interface, UNI) [47], [48] und die Zwischenamtssignalisierung in privaten Netzen (Private Network-Network Interface, PNNI) [49].

Für die Adressierung werden in ATM-Netzen E.164-Adressen wie beim ISDN verwendet (Bild 13-17). Diese können in NSAP-Adressen enthalten sein. NSAP (Network Service Access Point) bezeichnet den Dienstzugangspunkt der Schicht 3. NSAP-Adressen wurden von der ISO für das OSI-Protokoll spezifiziert.

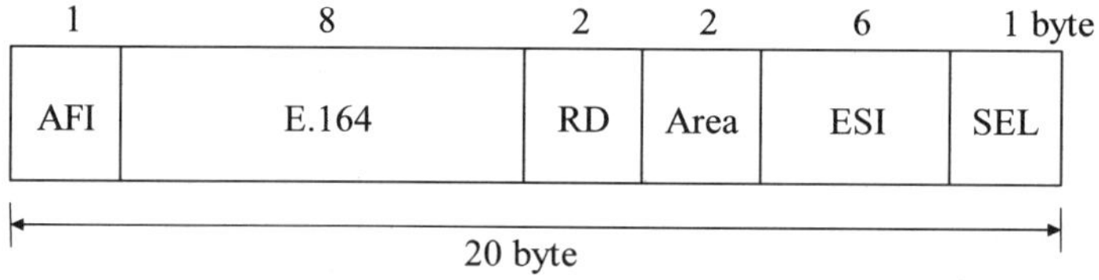

Bild 14-24: Format einer NSAP-Adresse für ATM-Endsysteme

Eine NSAP-Adresse besteht aus 20 byte (Bild 14-24). Das AFI-Feld (Authority and Format Identifier) gibt das nachfolgende Adressformat an, hier eine E.164-Adresse. Die folgenden 8 byte enthalten die E.164-Adresse. Es folgen das RD- und Area-Feld zur Kennzeichnung einer Routing Domain und von Gebieten innerhalb der Routing Domain. Das ESI-Feld (End System Identifier) identifiziert ein Endsystem. Dabei kann es sich beispielsweise um eine IEEE-802-MAC-Adresse handeln. Das SEL-Feld (Selector) wird innerhalb des Endsystems ausgewertet.

15 Internet Protocol (IP)

Grundlage des Internets ist das Internet Protocol (IP). Es basiert auf der Paketvermittlung mit Paketen variabler Länge. Die Pakete enthalten eine weltweit eindeutige Adresse. IP arbeitet verbindungslos, d. h. Router leiten die Pakete anhand der Adresse weiter, ohne dass zuvor eine Verbindung aufgebaut werden muss. Bild 15-1 zeigt die grundlegende Struktur eines IP-basierten Netzes und des Netzzugangs. Ein Endsystem, auch Host genannt, ist über ein lokales Rechnernetz mit anderen Endsystemen und mit einem Router (R) verbunden. Im Beispiel handelt es sich bei dem Rechnernetz um Ethernet und bei den Hosts um PCs. Der Router leitet Pakete, die nicht für lokal angeschlossene Endsysteme bestimmt sind, an einen anderen Router weiter. Dieser Vorgang setzt sich so lange fort, bis das Paket am Ziel angekommen ist.

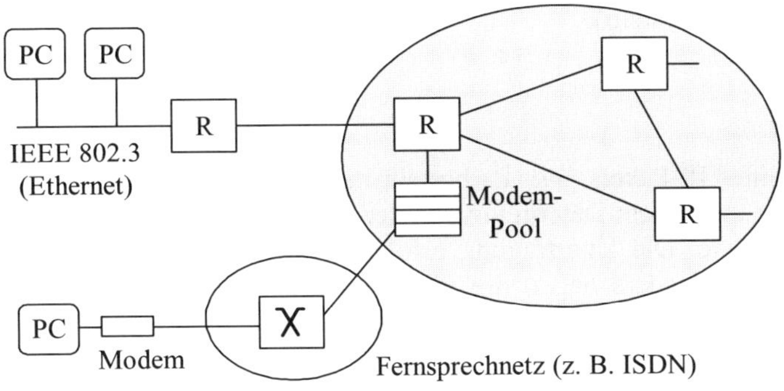

Bild 15-1: Internetzugänge

In Bild 15-1 ist als weiteres Beispiel für den Netzzugang die Einwahl über ein Modem dargestellt. Über das Modem und das Fernsprechnetz baut der Teilnehmer eine Verbindung zu einem Internet Service Provider auf. Die Verbindung endet in einem Modem-Pool; dort werden die IP-Pakete extrahiert und über Router weitergeleitet. Dieser Einstiegspunkt in das Internet wird auch als Point of Presence (PoP) bezeichnet. Netzzugänge werden auch über ADSL oder Kabelmodems realisiert (siehe Abschnitt 12.3).

Eine Übersicht über die IP-Protokollarchitektur gibt Bild 15-2. IP ist im Kontext des OSI-Modells ein Schicht-3-Protokoll (Abschnitt 9.1). Es wird durch ICMP (Internet Control Message Protocol) ergänzt, mit dessen Hilfe Fehlermeldungen übermittelt werden. Bei der Übertragung der IP-Pakete in der physikalischen Schicht über Modem, ISDN oder SDH wird als Schicht-2-Protokoll meist PPP (Point-to-Point Protocol) verwendet. Es ist in RFC 1661 [65] spezifiziert und stellt beispielsweise Funktionen für die Fehlererkennung, die Zuteilung einer IP-Adresse beim Verbindungsaufbau und die Authentifizierung des Teilnehmers bereit [38]. IEEE 802.3 [57] deckt die Schichten 1 und 2 ab. Bei der Übertragung von IP-Paketen über ATM wird in der ATM-Anpassungsschicht AAL 5 verwendet (Abschnitt 14.2.3).

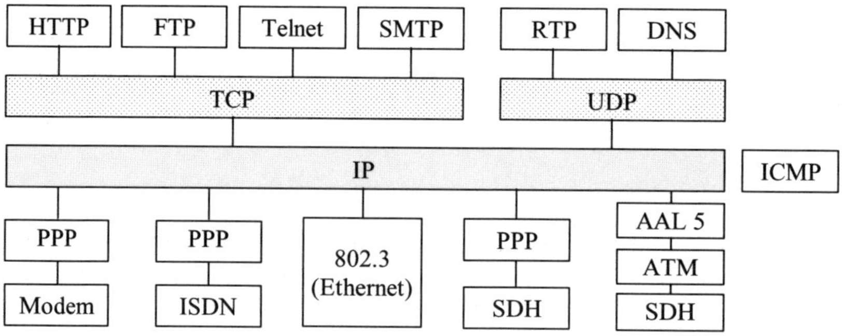

Bild 15-2: Internet-Protokolle

Oberhalb von IP wird in der Schicht 4, also der Transportschicht, TCP (Transmission Control Protocol) für die gesicherte und UDP (User Datagram Protocol) für die ungesicherte Übertragung verwendet. Exemplarisch sind in Bild 15-2 einige Applikationen dargestellt, die auf TCP/IP oder UDP/IP aufsetzen: HTTP (Hypertext Transfer Protocol), FTP (File Transfer Protocol), SMTP (Simple Mail Transfer Protocol), RTP (Real-Time Transport Protocol) und DNS (Domain Name System).

15.1 Grundlagen

Bild 15-3 zeigt den Aufbau eines IP-Pakets [59]. Es besteht in der Regel aus einem Standard-Header der Länge 20 byte und einem Datenfeld variabler Länge. Die maximale Länge eines IP-Pakets beträgt 65535 byte. Die Übertragung erfolgt zeilenweise von links nach rechts. Die einzelnen Felder des Headers haben die folgende Bedeutung (in Klammern: Länge des Feldes):

- Version (4 bit): Versionsnummer = 4 (IPv4).
- Header Length (4 bit): Länge des Headers in Vielfachen von 4 byte.
- Type of Service, TOS (8 bit): dient der Unterscheidung unterschiedlicher Prioritäten, wird heute oft als Differentiated Services-Feld verwendet.
- Total Length (16 bit): Länge des Pakets in Byte.
- Identification (16 bit): Kennzeichnung zusammengehöriger Pakete, die durch Fragmentierung eines größeren Pakets entstanden sind.
- Flags (3 bit): 1 bit reserviert, 1 bit Don't Fragment-Flag (DF), 1 bit More Fragments-Flag (MF).
- Fragment Offset (13 bit): Kennzeichnung der Position eines Fragments.
- Time to Live, TTL (8 bit): Dieser Wert wird von jedem Router dekrementiert. Erreicht der Wert 0, so wird das Paket gelöscht.
- Protocol (8 bit): Kennzeichnung des Transportprotokolls (z. B. TCP oder UDP).
- Header Checksum (16 bit): Prüfsumme über den IP-Header zur Fehlererkennung.
- Source Address (32 bit): IP-Adresse der Quelle.
- Destination Address (32 bit): IP-Adresse des Ziels.

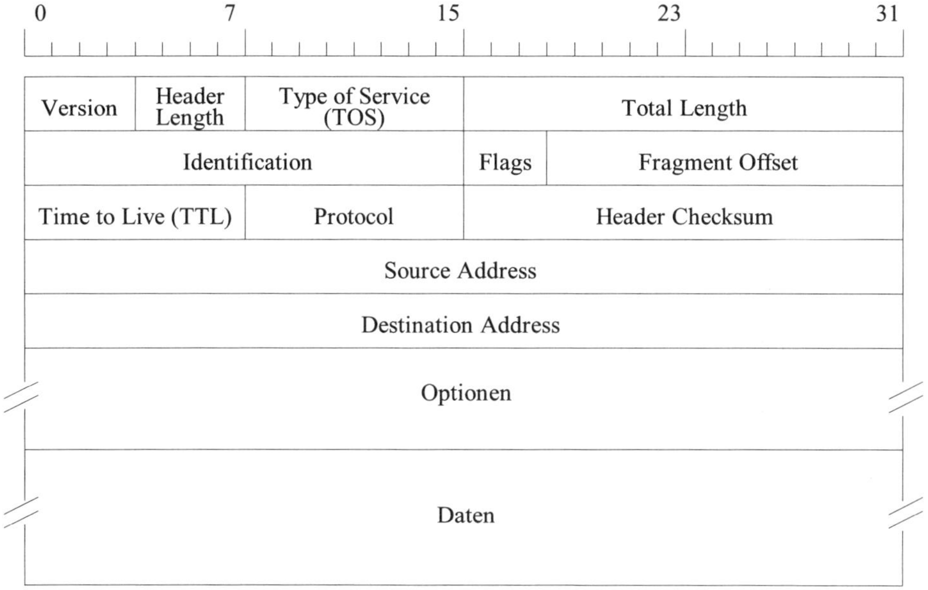

Bild 15-3: Format des IP-Pakets

Das TOS-Feld besteht aus einem 3-bit-Precedence-Feld zur Angabe der Priorität. Dabei steht 000 für die niedrigste und 111 für die höchste Priorität. Daneben gibt es drei Flags: Laufzeit (Delay), Durchsatz (Throughput) und Zuverlässigkeit (Reliability). Durch Setzen eines der Flags kann angegeben werden, welcher der drei Parameter Vorrang hat. Da jedoch keine Regeln spezifiziert sind, wie Pakete mit einem bestimmten TOS-Wert im Netz behandelt werden müssen, wurde dieses Feld nicht wie ursprünglich beabsichtigt verwendet. Es wird heute in Verbindung mit der Differentiated-Services-Architektur als DS-Feld verwendet (siehe Abschnitt 15.4.2).

Da manche Übertragungssysteme nur Pakete bis zu einer maximalen Größe übertragen können, müssen IP-Pakete fragmentiert werden, wenn die zulässige Größe überschritten wird. Beispielsweise ist die maximale Größe bei einem IEEE-802.3-LAN auf 1500 byte begrenzt (siehe Beispiel 11-1), während IP-Pakete bis zu 65535 byte groß sein können. Unter Fragmentierung versteht man das Aufteilen eines Pakets in mehrere Teilpakete. Alle Teilpakete sind durch die gleiche Nummer im Identification-Feld gekennzeichnet. Bei allen Fragmenten bis auf das letzte wird das MF-Flag (More Fragments) gesetzt.

Das Fragment-Offset-Feld kennzeichnet die Lage eines Fragments innerhalb des Pakets. Diese Information wird beim Defragmentieren im Empfänger benötigt, da nicht gewährleistet ist, dass die Reihenfolge der Fragmente bei der Übertragung über das Netz erhalten bleibt. Die Länge aller Fragmente (bis auf das letzte) ist ein Vielfaches von 8 byte. Bei gesetztem DF-Flag (Don't Fragment) wird das Paket nicht fragmentiert.

Wird anhand der Header Checksum ein Bitfehler im Kopf des IP-Pakets festgestellt, so wird das Paket gelöscht. Da ein Router zumindest das TTL-Feld ändert, muss die Prüfsumme jedes Mal neu berechnet werden. Ursprünglich arbeiteten Router softwarebasiert, so dass nur ein einfaches Verfahren zur Berechnung in Frage kam. Die Prüfsumme besteht aus der bitweisen Addition aller 16-bit-Worte des Headers.

Optional kann der Header durch zusätzliche Felder erweitert werden. Optionen sind vorgesehen für Sicherheitsfunktionen (Security), die Vorgabe eines Pfades (Source Routing), die Aufzeichnung eines Pfades (Route Recording) oder das Aufzeichnen der Routing-Zeitpunkte (Timestamping).

IP-Router arbeiten heute in der Regel intern zellbasiert, d. h. es werden Pakete fester Größe im Koppelfeld verarbeitet (vgl. Abschnitt 14.3) [3]. Pakete fester Größe erlauben wie bei ATM die schnelle Hardware-Vermittlung durch das Koppelfeld. Die IP-Pakete variabler Größe werden in den Schnittstellenkarten des Routers segmentiert und am Ausgang des Koppelfeldes wieder zusammengesetzt. Pakete mit Header-Optionen werden meist aus dem schnellen Pfad herausgefiltert, da die zeitaufwändige Verarbeitung der Optionen in Software erfolgt. Daher ist z. B. die Verwendung der Timestamp-Option zur Ermittlung der Paketlaufzeiten wenig geeignet, da Pakete mit optionalen Headern wesentlich langsamer in den Routern verarbeitet werden als Pakete mit dem Standard-Header.

Das Internet Control Message Protocol (ICMP) [60] ermöglicht Routern oder Endsystemen, Rückmeldungen an den Sender zu geben und Probleme zu melden. ICMP-Nachrichten werden in IP-Paketen transportiert. Beispielsweise erhält der Sender eine Fehlermeldung, wenn kein Pfad zum Empfänger gefunden wurde (Destination unreachable) oder wenn das TTL-Feld den Wert 0 erreicht hat und das Paket gelöscht wurde (Time exceeded).

Das Ping-Programm, mit dessen Hilfe die Verbindung zu einem Host getestet werden kann, verwendet die ICMP-Nachrichten Echo Request und Echo Reply (Beispiel 10-1). Ein ähnlich nützliches Programm ist Traceroute, mit dem der Pfad zu einem Host ermittelt werden kann. Dazu sendet Traceroute zunächst ein Paket mit TTL = 1 zum Zielhost. Nach dem Dekrementieren im ersten Router ist TTL = 0 und das Paket wird gelöscht. Der erste Router antwortet daraufhin mit einer ICMP-Nachricht Time exceeded. Aus dieser Nachricht erhält Traceroute die IP-Adresse des ersten Routers. Dieser Vorgang wird mit Paketen mit TTL = 2, 3, … fortgesetzt, bis der Zielhost erreicht wurde. Auf diese Weise erhält man Informationen über Anzahl und Adressen der Router des Pfades.

15.2 Adressierung und Routing

IP-Adressen haben eine Länge von 32 bit und sind weltweit eindeutig. Die Adressen sind unterteilt in eine Netzwerkadresse und eine Hostadresse. Dabei gibt es fünf Klassen:

- Klasse A: 8-bit-Netzwerkadresse und 24-bit-Hostadresse. Die Netzwerkadresse beginnt mit 0.
- Klasse B: 16-bit-Netzwerkadresse und 16-bit-Hostadresse. Die Netzwerkadresse beginnt mit 10.
- Klasse C: 24-bit-Netzwerkadresse und 8-bit-Hostadresse. Die Netzwerkadresse beginnt mit 110.
- Klasse D: Multicast, Adresse beginnt mit 1110.
- Klasse E: Experimentell, Adresse beginnt mit 11110.

Bild 15-4 zeigt als Beispiel eine Klasse-B-Adresse. IP-Adressen werden durch jeweils eine Dezimalzahl pro 8-bit-Gruppe angegeben. Wenn alle 8 bit gleich 1 sind, ergibt sich als größte Dezimalzahl 255. Die Dezimalzahlen werden durch einen Punkt getrennt; führende

Nullen können weggelassen werden. Im Beispiel von Bild 15-4 kann die IP-Adresse also als 135.255.25.129 geschrieben werden.

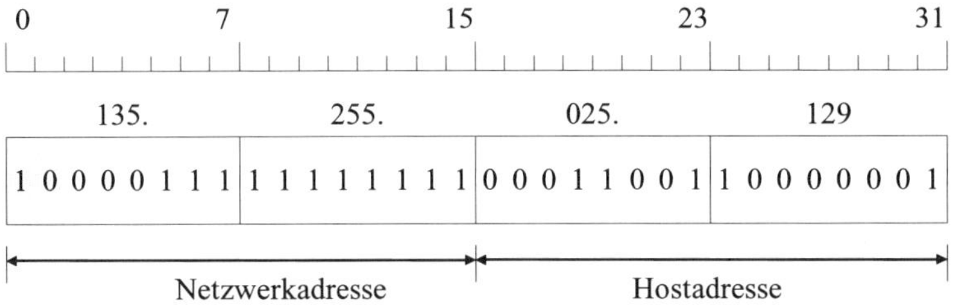

Bild 15-4: Beispiel einer Klasse-B-Adresse

Eine Netzwerkadresse, bei der alle Bits auf 0 gesetzt sind, bezieht sich auf das eigene Netzwerk (Bild 15-5). Eine Broadcast-Nachricht, die an alle Hosts des eigenen Netzwerkes geht, ist durch eine IP-Adresse gekennzeichnet, bei der alle Bits auf 1 gesetzt sind. Bei einer Broadcast-Nachricht an alle Hosts eines anderen Netzwerkes sind nur die Bits der Hostadresse auf 1 gesetzt. Loopback-Pakete werden für Testzwecke im Host zurückgeschleift.

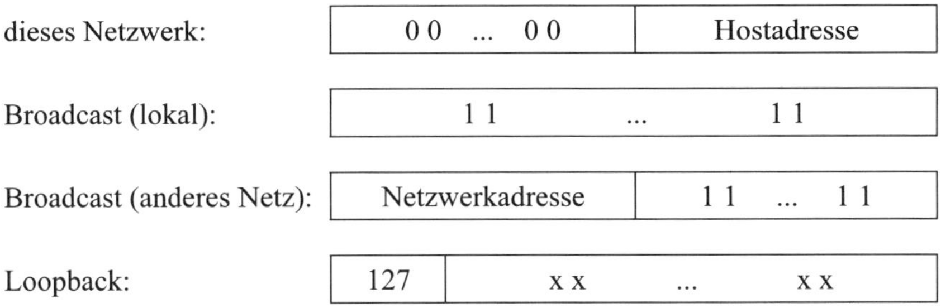

Bild 15-5: Spezielle IP-Adressen

Bei einer Klasse-A-Adresse besteht ein Netzwerk aus 2^{24} (über 16 Millionen) Hosts, bei einer Klasse-B-Adresse aus $2^{16} = 65536$ Hosts und bei einer Klasse-C-Adresse immerhin noch aus $2^8 = 256$ Hosts. Um ein einfacheres Management und Routing zu ermöglichen, können daher Netzwerke in Teil- oder Subnetze unterteilt werden. Im Beispiel von Bild 15-6 werden 6 bit des Hostadressbereichs einer Klasse-B-Adresse als Subnetzadresse vewendet. Dies entspricht 62 Subnetzen mit jeweils 1022 Hosts (die Adressen 0 … 0 und 1 … 1 werden nicht verwendet).

Die Länge der Subnetzadresse wird durch Angabe einer Subnetzmaske festgelegt. In Bild 15-6 besteht die Subnetzadresse aus 6 bit und die Subnetzmaske lautet in Dezimalnotation 255.255.252.0. Der Router verknüpft die Paketadresse mit der Subnetzmaske durch eine bitweise UND-Funktion und erhält so die Adresse 135.255.24.0. Anhand der Subnetzadresse (Subnetz 6 im Beispiel) wird das Paket weitergeleitet, ohne dass dem Router die Adressen der in diesem Subnetz befindlichen Hosts bekannt sein müssen.

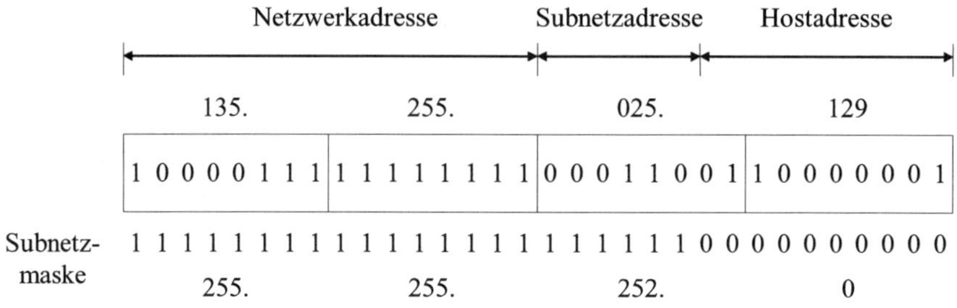

Bild 15-6: Unterteilung eines Klasse-B-Netzwerks in Subnetze

Für viele Organisationen ist der Hostadressraum der Klasse C mit 256 Hosts zu klein. Dies führte dazu, dass oft Klasse-B-Adressen zugeteilt wurden, deren Adressraum jedoch nur zu einem geringen Teil ausgenutzt wird. Zu Beginn der Neunzigerjahre zeichnete sich einerseits ein Mangel an Klasse-B-Adressen ab, während andererseits im Klasse-C-Bereich noch viele Netzwerkadressen verfügbar waren [16]. Zur Lösung dieses Problems wurde Classless Interdomain Routing (CIDR) [63] eingeführt. Dabei werden mehrere Klasse-C-Adressen zu einem größeren Netzwerk zusammengefasst. Bild 15-7 zeigt ein Beispiel, bei dem acht Klasse-C-Adressen ein Netzwerk mit $8 \cdot 256 = 2048$ Hostadressen bilden. Die Netzwerkadresse besteht aus 21 bit; dies wird durch die Schreibweise 199.255.0.0/21 ausgedrückt.

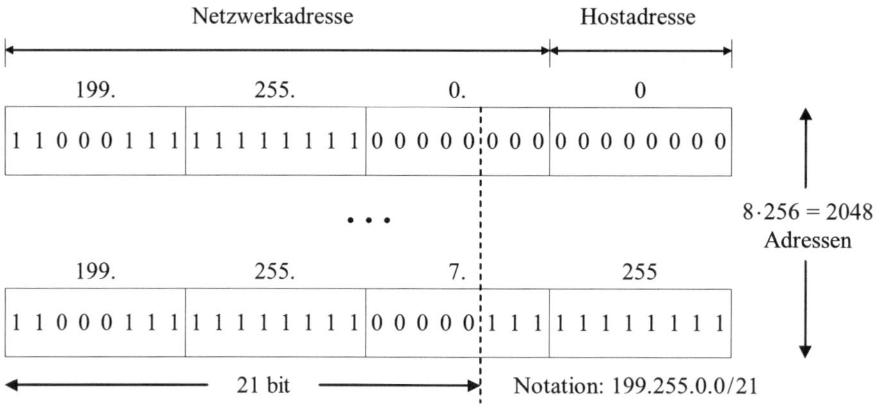

Bild 15-7: Adress-Aggregation gemäß CIDR

Neben der statischen Adresszuteilung können IP-Adressen auch dynamisch vergeben werden. Eine dynamische Adressvergabe erfolgt z. B. bei der Einwahl bei einem Internet Service Provider über eine Modem-Verbindung mit Hilfe des Point-to-Point Protocols (PPP). Der Service Provider erhält dazu einen Pool von IP-Adressen, und bei der Einwahl bekommt ein Host eine Adresse aus diesem Pool zugeteilt. Da nur ein geringer Teil der Kunden gleichzeitig eingewählt ist, können so die verfügbaren IP-Adressen effizient genutzt werden [38]. In ähnlicher Weise kann in einem LAN ein Rechner beim Booten mit DHCP (Dynamic Host Configuration Protocol) konfiguriert werden. Von einem DHCP-Server erhält er eine freie IP-Adresse und die passende Subnetzmaske [16].

Das Domain Name System (DNS) ermöglicht die Verwendung von für den Anwender verständlichen Namen an Stelle von IP-Adressen. DNS bildet einen hierarchischen Namensraum, wobei Hierarchien durch Punkte getrennt werden wie beispielsweise in e-technik.fh-schmalkalden.de. Die oberste Hierarchieebene, auch Top Level Domain genannt, ist unterteilt in generische Domänen und Länder-Domänen (Bild 15-8). Zu den generischen Domänen zählen beispielsweise com, edu und org, während Länder-Domänen ein bestimmtes Land kennzeichnen (z. B. de für Deutschland).

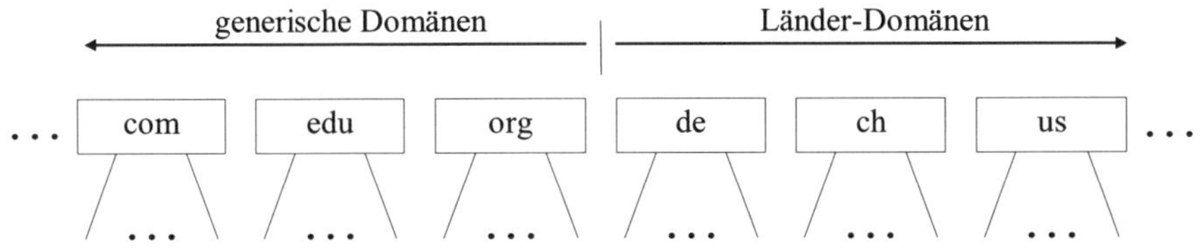

com (comercial):	Firmen	de:	Deutschland
edu (education):	Bildungseinrichtungen	ch:	Schweiz
org (organization):	Non-Profit-Organisationen	us:	USA
...		...	

Bild 15-8: Oberste Ebene der Domänen

DNS besteht aus einer Hierarchie von Servern, die ihre Datenbestände untereinander abgleichen. Gibt man in einer Applikation an Stelle der (meist unbekannten) IP-Adresse einen Namen ein, so sendet der Host zunächst eine Anfrage an den nächsten DNS-Server. Der Server antwortet mit der zu dem Namen gehörigen IP-Adresse, die die Applikation dann in die IP-Pakete einsetzt [38].

Anhand der IP-Adresse erfolgt das Routing der Pakete durch das Netz zum Ziel. Dazu führt jeder Router eine Routingtabelle, in der zu einer Zieladresse der nächste Router steht, zu dem das Paket weitergeleitet werden muss. Bild 15-9 zeigt dazu ein Beispiel. Die Routingtabelle eines Routers enthält für jeden weiteren Router im Netz einen Eintrag.

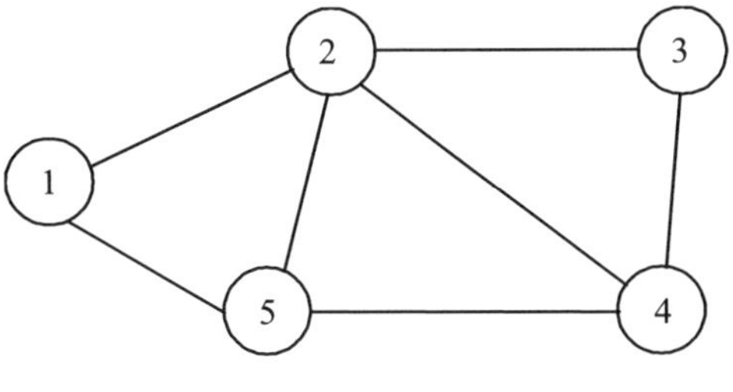

Zieladresse	nächster Router
2	2
3	2
4	5
5	5

Bild 15-9: Beispiel einer Routingtabelle (für Router 1)

Durch die hierarchische Unterteilung der IP-Adressen in Netzwerk- und Hostadressbereiche können die Routingtabellen drastisch verkleinert werden. Im Beispiel von Bild 15-10 wurden zwei Teilnetze mit den Netzwerkadressen 1 und 2 gebildet. In jedem Teilnetz gibt es einen Border Router, der den Verkehr in und aus dem Teilnetz weiterleitet. Alle Pakete, die für Teilnetz 2 bestimmt sind, werden von Router 1-1 an den Border Router 1-2 weitergeleitet. Die Routingtabelle von Router 1-1 besteht aus nur noch zwei Einträgen. Allerdings können durch die Aggregation von Adressen zu Teilnetzen längere Pfade entstehen. In Bild 15-9 sendet Router 1 ein Paket zu Router 3 über Router 2. In Bild 15-10 gelangt das Paket zunächst zu Router 1-2 und von dort über Router 2-1 zu Router 2-2.

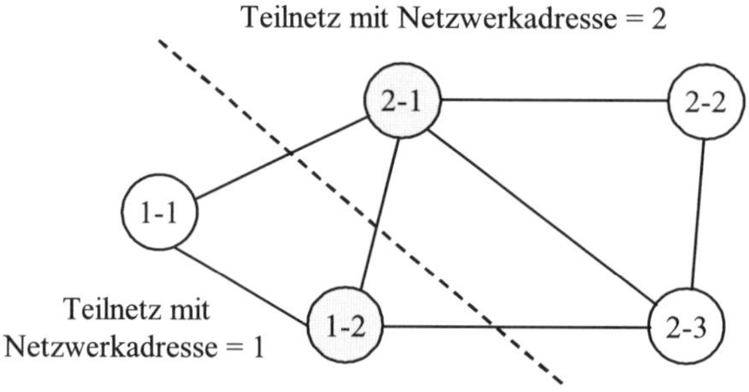

Zieladresse	nächster Knoten
1-2	1-2
2-*	1-2

Bild 15-10: Hierarchisches Routing (Routingtabelle für Router 1-1)

Bei der Festlegung der Pfade können viele verschiedene Aspekte von Bedeutung sein, beispielsweise die Minimierung der Anzahl der Router eines Pfades, die Minimierung der geographischen Entfernung, eine gleichmäßige Verteilung des Verkehrs, aber auch Sicherheitskriterien wie die Vermeidung bestimmter Länder. Routingtabellen können entweder manuell oder dynamisch mit Hilfe eines Routing-Protokolls konfiguriert werden.

Routing-Protokolle ermöglichen das automatische Anpassen der Tabellen bei Änderungen der Netztopologie, dem Ausfall von Geräten oder Verbindungsleitungen. Dazu tauschen die Router untereinander Informationen über das Netz aus. Anhand dieser Informationen werden die Routingtabellen aufgebaut. Beispiele für Routing-Protokolle sind Open Shortest Path First (OSPF) und das Border Gateway Protocol (BGP) [16], [38].

Beispiel 15-1: Ethernet-Adressen und IP-Adressen

In einem IEEE-802.3-LAN (Ethernet) erfolgt die Adressierung der angeschlossenen Rechner anhand einer 6-byte-Adresse. IP-Pakete werden innerhalb des Datenfeldes eines IEEE-802.3-Frames übertragen (siehe Beispiel 11-1). Bild 15-11 zeigt ein Beispiel, in dem Rechner über Ethernet an einen Router angeschlossen sind. Die Ethernet- oder MAC-Adresse ist hexadezimal angegeben, z. B. steht 9A (hex) für das Byte 1001 1010. Die MAC-Adressen werden von den Herstellern fest in die Netzwerkkarten einprogrammiert. Durch eine zentrale Vergabe von Adressblöcken an die Hersteller wird sichergestellt, dass jede MAC-Adresse nur einmal vorkommt. In Bild 15-11 gehö-

ren die Rechner PC 1 und PC 2 zum Klasse-C-Netzwerk 199.255.12.0 und die Rechner PC 3 und PC 4 zum Klasse-C-Netzwerk 199.255.15.0.
Wenn PC 1 ein IP-Paket an PC 2 mit der IP-Adresse 199.255.12.3 im gleichen Netzwerk senden möchte, muss er dazu dessen MAC-Adresse kennen. Diese MAC-Adresse erhält er mit Hilfe des Address Resolution Protocol (ARP) [62]. Er sendet dazu eine Broadcast-Nachricht an alle an das LAN angeschlossenen Rechner mit der Anfrage, wer die IP-Adresse 199.255.12.3 hat. PC 2 antwortet auf diese Anfrage und PC 1 erhält so dessen MAC-Adresse. Er kann nun das IP-Paket in einem IEEE-802.3-Frame mit der MAC-Adresse von PC 2 versenden.

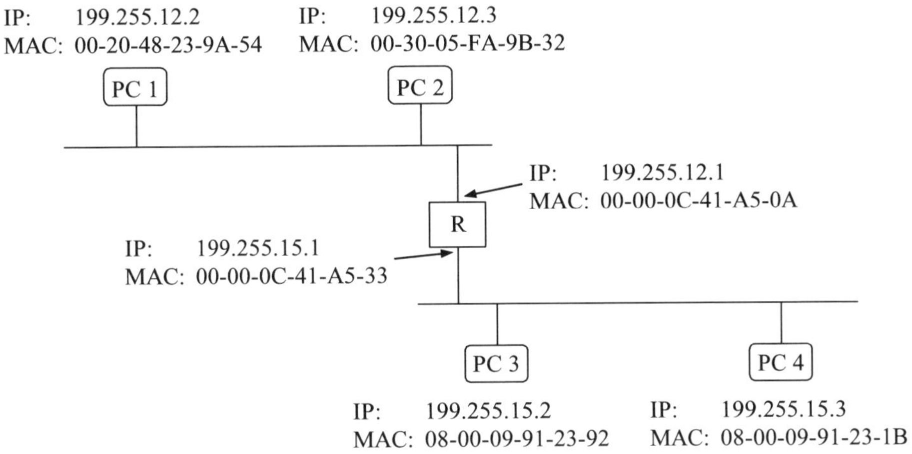

Bild 15-11: Ethernet- und IP-Adressen

Möchte PC 1 nun ein IP-Paket an PC 3 mit der IP-Adresse 199.255.15.2 in einem anderen Netzwerk senden, so wird dieses Paket zunächst an den angeschlossenen Router übertragen. Der Router leitet das Paket anhand der IP-Adresse an den entsprechenden Ausgang weiter. Über ARP erfährt der Router die zur IP-Adresse 199.255.15.2 gehörige MAC-Adresse von PC 3.

◀

15.3 Transportprotokolle

Die Transportprotokolle der Internet-Protokollarchitektur sind das Transmission Control Protocol (TCP) und das User Datagram Protocol (UDP). Sie sind der Schicht 4 des OSI-Modells zugeordnet und in den Endgeräten implementiert (Bild 9-1). TCP- und UDP-Pakete werden im Datenfeld der IP-Pakete transportiert.

15.3.1 Transmission Control Protocol (TCP)

TCP ist ein Transportprotokoll, das für die gesicherte Datenübertragung durch das Wiederholen verlorener oder fehlerhafter Pakete sorgt. Dies ist erforderlich, da die IP-Schicht ja keinen Fehlerschutz für die Nutzdaten bereitstellt. Durch eine fensterbasierte Flusssteuerung wird die Rate, mit der Pakete vom Sender generiert werden, an die verfügbare Übertragungskapazität angepasst. Bild 15-12 zeigt den Aufbau eines TCP-Pakets [61].

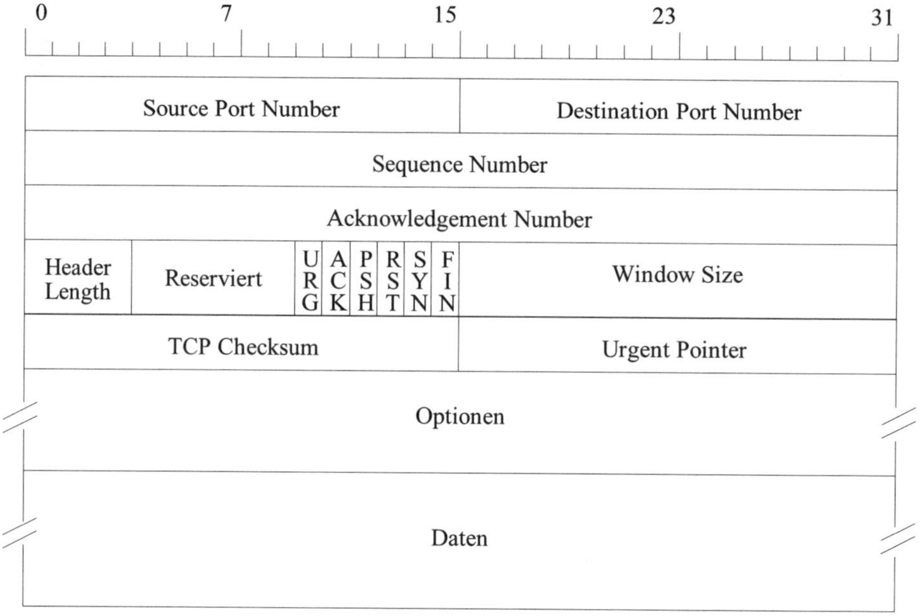

Bild 15-12: Format des TCP-Pakets

TCP arbeitet byteorientiert, d. h. es kann einen Bytestrom ohne weitere Strukturierung übertragen. Man bezeichnet daher ein TCP-Paket auch als TCP-Segment. Der Header besteht aus 20 byte ohne optionale Felder. Er setzt sich aus folgenden Elementen zusammen (in Klammern: Länge des Feldes):

- Source Port Number (16 bit): Port-Nummer zur Identifikation einer Applikation der Quelle.
- Destination Port Number (16 bit): Port-Nummer zur Identifikation einer Applikation des Ziels.
- Sequence Number (32 bit): Sequenznummer des ersten Bytes des Datenfeldes, gerechnet vom Startwert der Sequenznummer.
- Acknowledgement Number (32 bit): dient der byteweisen Empfangsbestätigung. Die Zahl gibt die Sequenznummer des nächsten Bytes an, das der Empfänger erwartet.
- Header Length (4 bit): Länge des TCP-Headers in Vielfachen von 4 byte.
- URG (1 bit): Das Urgent Flag zeigt an, dass der Urgent Pointer gültig ist.
- ACK (1 bit): Das Acknowledgement Flag zeigt an, dass die Acknowledgement-Nummer gültig ist.
- PSH (1 bit): Das Push Flag zeigt an, dass die Daten sofort an die nächsthöhere Protokollschicht weitergeleitet werden müssen.

- RST (1 bit): Das Reset Flag dient dem Zurücksetzen einer TCP-Verbindung.
- SYN (1 bit): Das Synchronization Flag dient dem Aufbau einer TCP-Verbindung.
- FIN (1 bit): Das Final Flag dient dem Abbau einer TCP-Verbindung.
- Window Size (16 bit): zeigt die Fenstergröße in Byte an und dient der Flusssteuerung durch den Empfänger.
- TCP Checksum (16 bit): Prüfsumme zur Fehlererkennung. Die Prüfsumme erstreckt sich über das gesamte TCP-Paket und Teile des IP-Headers und wird durch die bitweise Addition aller 16-bit-Worte berechnet.
- Urgent Pointer (16 bit): Falls das Urgent Flag gesetzt ist, enthält das Paket wichtige, mit Priorität zu verarbeitende Daten. Der Pointer zeigt auf das letzte Byte dieser Daten.

Mit Hilfe der Port-Nummern wird zwischen mehreren Applikationen unterschieden, die gleichzeitig in einem Endsystem über TCP/IP kommunizieren. Eine Port Number kennzeichnet zusammen mit der IP-Adresse den Service Access Point der TCP-Schicht (siehe Bild 9-2). Die Port-Nummern 0 bis 1023 werden für Standardanwendungen genutzt und als "well known ports" bezeichnet. Beispielsweise ist HTTP der Port 80 und SMTP der Port 25 zugeordnet (siehe Bild 15-2). Pakete an einen HTTP-Server werden also mit der Port-Nummer 80 versehen, während für die Port-Nummer der Quelle eine frei gewählte Nummer verwendet wird. Durch diese frei gewählte Nummer können beispielsweise in einem Rechner mehrere gleichzeitige HTTP-Verbindungen unterschieden werden.

TCP ist ein verbindungsorientiertes Protokoll, d. h. zwischen den Endsystemen wird (ohne Beteiligung des Netzes) eine bidirektionale Verbindung aufgebaut. Die Steuerung erfolgt mit Hilfe der SYN- und FIN-Flags (Bild 15-13). Zum Aufbau einer Verbindung sendet Host 1 ein TCP-Segment mit gesetztem SYN-Flag, einer zufällig gewählten Sequenznummer $Seq = m$ und ohne Nutzdaten. Host 2 antwortet mit ebenfalls gesetztem SYN-Flag und der zufälligen Sequenznummer $Seq = n$. Bei der Bestätigung des Empfangs mittels der Acknowledgement-Nummer (*Ack*) wird das SYN-Flag als 1 byte gezählt; daher setzt Host 2 *Ack* auf $m + 1$. Nach der Empfangsbestätigung durch Host 1 mit $Ack = n + 1$ ist die Verbindung aufgebaut.

Der Abbau der Verbindung erfolgt in ähnlicher Form mit Hilfe des FIN-Flags. Der Verbindungsabbau kann von jedem der beiden Hosts veranlasst werden. Das Zurückweisen einer Verbindung erfolgt durch Setzen des RST-Flags.

Die maximale Größe eines Segments (Maximum Segment Size, MSS) beträgt in der Regel 536 byte. Größere Werte können beim Verbindungsaufbau individuell für jede Richtung festgelegt werden. Dazu werden die optionalen Felder des TCP-Headers verwendet.

Das Feld Window Size dient der Flusssteuerung durch den Empfänger. Die Fenstergröße gibt die Anzahl der Bytes vor, die unquittiert gesendet werden dürfen. Hat der Sender eine entsprechende Anzahl von Bytes gesendet, so muss er zunächst auf die Empfangsbestätigung durch den Empfänger warten. Setzt der Empfänger die Fenstergröße auf null, so wird der Sender gestoppt. Die maximale Fenstergröße beträgt $2^{16} - 1 = 65535$ byte. Je nach Bitraten-Laufzeit-Produkt (siehe Beispiel 9-1) reicht dies jedoch nicht immer aus, um kontinuierlich zu senden. Daher ist optional eine Skalierung möglich, bei der die im Feld Window Size angegebene Fenstergröße mit einem Faktor 2^x ($x < 14$) multipliziert wird. Dieser Faktor wird beim Verbindungsaufbau vereinbart.

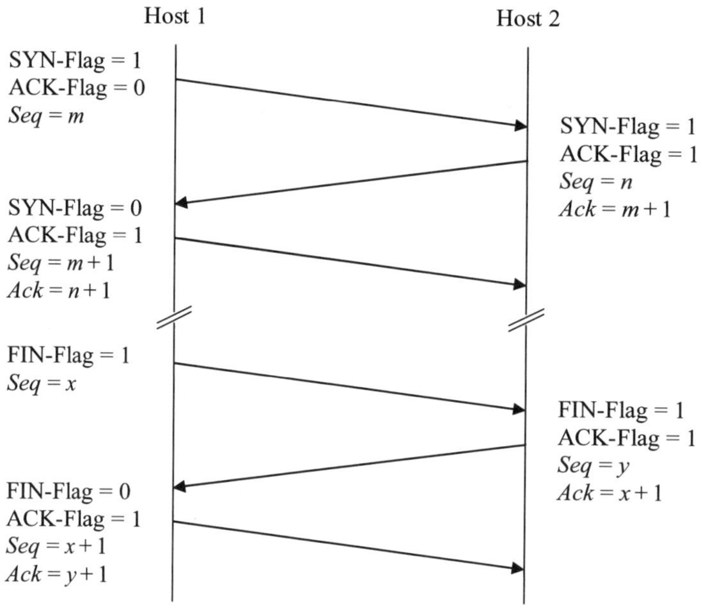

Bild 15-13: Aufbau einer TCP-Verbindung

Paketverluste werden durch das Ausbleiben der Empfangsbestätigung erkannt. Wurde bis zum Ablauf eines Timers der Empfang nicht quittiert, wird das entsprechende Segment wiederholt (siehe Abschnitt 9.4). Die Antwortzeit, d. h. die Zeit, die vom Senden des Pakets bis zum Eintreffen der Empfangsbestätigung vergeht, kann jedoch im Bereich von unter 1 ms bis zu mehreren hundert ms variieren. Daher muss der Timerwert dynamisch an die Antwortzeit angepasst werden. In der Regel wird der Timerwert gleich der mittleren Antwortzeit plus einem Wert, der von der Varianz der Antwortzeiten abhängt, gesetzt [38].

Im Falle eines Paketverlustes reagiert TCP mit einer Drosselung der Senderate, da ein Verlust meist seine Ursache in einem Überlauf der Paketspeicher der Router hat. Durch das Herabsetzen der Senderate kann die Überlast im Netz abgebaut werden. TCP arbeitet nach dem Prinzip der fensterbasierten Flusssteuerung mit impliziter Steuerinformation. Bei der impliziten Steuerinformation handelt es sich um die Paketverluste. Die Größe des Fensters, das auch als Congestion Window bezeichnet wird, bestimmt die Anzahl der Bytes, die unquittiert gesendet werden dürfen. Die TCP-Flusssteuerung und das Timer-Management haben im Laufe der Jahre eine Reihe von Modifikationen und Ergänzungen erfahren, siehe z. B. [66], [72].

Bild 15-14 zeigt einen typischen Verlauf für das Congestion Window. Die Fenstergröße ist zu Beginn gleich der maximalen Segmentgröße. Diese beträgt standardmäßig 536 byte (für das Datenfeld); beim Verbindungsaufbau können jedoch auch größere Werte vereinbart werden. Bei erfolgreicher Übertragung wird die Fenstergröße jeweils verdoppelt, bis ein Schwellenwert (slow-start threshold) erreicht wird. Dadurch ergibt sich ein exponentieller Anstieg der Fenstergröße. Der Schwellenwert liegt im Beispiel zu Beginn beim Sechzehnfachen der maximalen Segmentgröße.

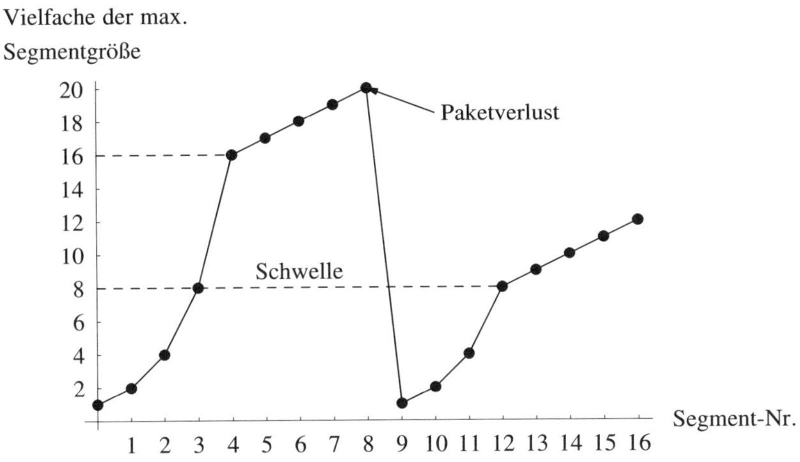

Bild 15-14: Beispiel zur Anpassung der Fenstergröße

Oberhalb des Schwellenwerts wird die Fenstergröße um die maximale Segmentgröße erhöht und steigt nur noch linear. Bei Segment Nr. 8 kommt es zu einem Paketverlust, d. h. der Timer des Senders läuft ab, bevor eine Empfangsbestätigung eintrifft. Als Reaktion auf den Datenverlust wird die Fenstergröße auf die maximale Segmentgröße zurückgesetzt und der Schwellenwert auf die Hälfte der Anzahl der Bytes, deren Empfang noch nicht quittiert wurde, verringert. Mit dieser Strategie wird verhindert, dass ein TCP-Sender zu Beginn große Datenmengen in das Netz einbringt, ohne zu wissen, ob das Netz auch die entsprechende Übertragungskapazität hat. Andererseits kann der Sender schnell den Durchsatz erhöhen, wenn keine Überlast im Netz besteht.

Die Größe des Congestion Window wird also durch implizite Steuerinformationen des Netzes in Form von Paketverlusten bestimmt. Daneben hat, wie oben erwähnt, der Empfänger die Möglichkeit, über das Feld Window Size im TCP-Header die Rate des Senders zu beeinflussen. Die Anzahl der Bytes, die gesendet werden dürfen, ergibt sich aus dem Minimum dieser beiden Fenster.

15.3.2 User Datagram Protocol (UDP)

UDP ist ein einfaches Transportprotokoll ohne Verbindungsaufbau und ohne Fehlerkorrektur [58]. Der Header eines UDP-Pakets ist daher im Vergleich zum TCP-Header sehr einfach aufgebaut. Er besteht aus insgesamt acht Bytes (Bild 15-15).

Source bzw. Destination Port Number haben die gleiche Bedeutung wie bei TCP, d. h. sie kennzeichnen zusammen mit der IP-Adresse den Service Access Point der UDP-Schicht. Damit kann zwischen mehreren Applikationen in einem Endsystem unterschieden werden. Neben den Port-Nummern gibt es nur noch eine Längenangabe (UDP Length) und eine Prüfsumme (UDP Checksum). Die Prüfsumme wird wie bei TCP über das gesamte Paket und Teile des IP-Headers berechnet.

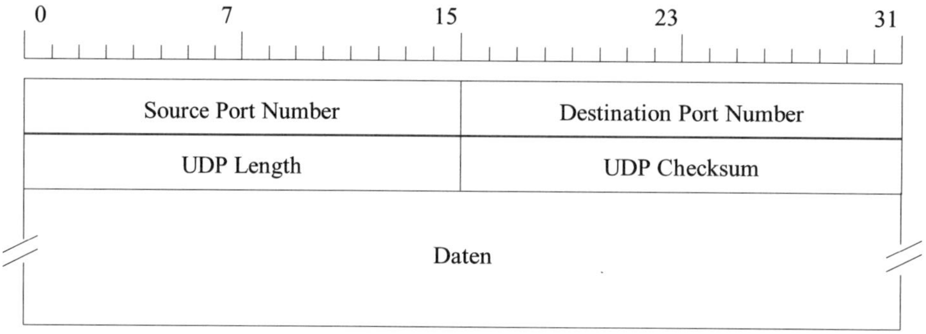

Bild 15-15: Format des UDP-Pakets

UDP ist für kurze Nachrichten geeignet, die aus nur einem Paket bestehen, beispielsweise eine Abfrage bei einem DNS-Server (siehe Bild 15-2). Es wird auch für Echtzeitdienste verwendet, da hier die Wiederholung verlorener Pakete wegen der damit verbundenen großen Verzögerung keinen Sinn macht, wie beispielsweise bei der Sprachübertragung. Bei Echtzeitdiensten kann in der Regel auch keine Flusssteuerung wie bei TCP erfolgen, da die Senderate durch den Dienst vorgegeben ist und nicht durch das Netz beeinflusst werden kann.

15.4 Dienstgüte und Verkehrsmanagement

Das Internet Protocol sieht keine Differenzierung von Diensten hinsichtlich der Dienstgüte vor, man spricht daher auch von einem Best-Effort-Dienst. Wie in Abschnitt 15.1 erwähnt gibt es zwar die Möglichkeit der Kennzeichnung mit Hilfe des TOS(Type of Service)-Feldes, aber keine Regeln, wie ein Paket mit einem bestimmten TOS-Wert behandelt werden muss.

Der Best-Effort-Ansatz hat sich für Dienste, die tolerant gegenüber einem kurzzeitigen Anstieg der Paketlaufzeiten oder der Paketverluste sind, bewährt. Mit dem zunehmenden Wunsch, auch Echtzeitdienste mit strikten Qualitätsanforderungen über IP-basierte Netze zu übertragen, entstand der Bedarf an einem effektiven Verkehrsmanagement [5]. Dazu wurden zwei Ansätze entwickelt: die Integrated-Services-Architektur (IntServ) und die Differentiated-Services-Architektur (DiffServ). IntServ bietet strikte Qualitätsgarantien, ist aber auf Grund der technischen Anforderungen schwierig in großen Netzen zu realisieren. DiffServ bietet relative Qualitätsgarantien und eignet sich auch für große Netze. Als dritten Ansatz betrachten wir Multiprotocol Label Switching (MPLS), bei dem das Routing in der IP-Schicht durch ein schnelles Durchschalten in der darunter liegenden MPLS-Schicht ersetzt wird.

15.4.1 Integrated Services

Die grundlegenden Eigenschaften der Integrated-Services-Architektur (IntServ) werden in RFC 1633 beschrieben [64]. IP-Pakete, die zu einem bestimmten Dienst gehören und für die eine definierte Dienstgüte gefordert wird, bilden einen Datenfluss (Flow). Die Zuordnung der Pakete zu einem Flow erfordert in der Regel auch die Auswertung des Transportprotokoll-Headers, d. h. ein Flow ist beispielsweise durch die IP-Adresse, die Art des Transportprotokolls und die Port-Nummer gekennzeichnet.

Für jeden Flow wird die geforderte Übertragungskapazität im Netz reserviert. Damit dies möglich ist, muss der Dienst seine Anforderungen durch geeignete Verkehrsparameter beschreiben (Abschnitt 10.2.1) und über ein Signalisierungsprotokoll müssen die Router entsprechend gesteuert werden. Wie bei ATM werden bei IntServ Applikationen mit qualitativ ähnlichen Anforderungen in Diensteklassen zusammengefasst. IntServ sieht zwei Diensteklassen vor:

- Guaranteed Service (RFC 2212)
- Controlled Load Service (RFC 2211)

Bei der Guaranteed-Service-Klasse werden eine maximale Paketlaufzeit und eine definierte Übertragungskapazität garantiert. Sie eignet sich daher für Echtzeitdienste wie die Sprachübertragung oder Videokonferenz und ist vergleichbar mit den ATM-Diensteklassen DBR und SBR (Abschnitt 14.4.1). Bei der Controlled-Load-Service-Klasse werden keine quantitativen Zusagen hinsichtlich der Dienstgüte gemacht. Sie bietet eine Dienstgüte, wie sie bei geringer Netzauslastung erwartet wird. Diese Klasse ist für Dienste gedacht, die tolerant hinsichtlich der Paketlaufzeiten und der Paketverluste sind, aber auch bei hohem Verkehrsaufkommen noch zufrieden stellend arbeiten sollen. In dieser Hinsicht ist der Controlled Load Service vergleichbar mit der ATM-Diensteklasse ABR.

Verkehrsparameter werden auf der Basis des Token Bucket (Abschnitt 10.2.1) spezifiziert. Die Guaranteed-Service-Diensteklasse sieht folgende Parameter vor:

- Spitzenrate (Peak Rate) in byte/s
- Tiefe des Token-Speichers in byte
- Token-Rate in byte/s
- Minimum Policed Unit in byte
  (ein IP-Paket mit weniger als *m* byte wird vom Token Bucket als ein Paket der Größe *m* byte gezählt, *m*: Minimum Policed Unit)
- Maximum Datagram Size in byte
  (maximal zulässige Größe eines IP-Pakets)

Anhand dieser Verkehrsparameter entscheidet ein Router, ob er die Verbindung akzeptieren kann (vergleiche Rufannahmesteuerung, Abschnitt 10.2.2). Ein Scheduler im Router sorgt dafür, dass die Pakete des Flows entsprechend der angemeldeten Rate übertragen werden.

Als Signalisierungsprotokoll wird bei IntServ das Resource Reservation Protocol (RSVP) verwendet [67]. Die prinzipielle Arbeitsweise von RSVP ist in Bild 15-16 dargestellt. Die Quelle sendet eine PATH-Nachricht mit den Verkehrsparametern zu einem oder mehreren Empfängern. Letzteres gilt im Falle einer Multicast-Verbindung. In der PATH-Nachricht wird der Pfad aufgezeichnet, indem die Router, über die die Nachricht läuft, sich hier eintragen. Der Empfänger antwortet mit einer RESV(Reservation)-Nachricht. Die RESV-Nachricht nimmt den gleichen Pfad wie die PATH-Nachricht. Die Router entlang des Pfades werden veranlasst, die geforderte Übertragungskapazität zu reservieren. Bei einer Multicast-Verbindung werden an einer Verzweigung die aufeinander treffenden Flows zusammengefasst.

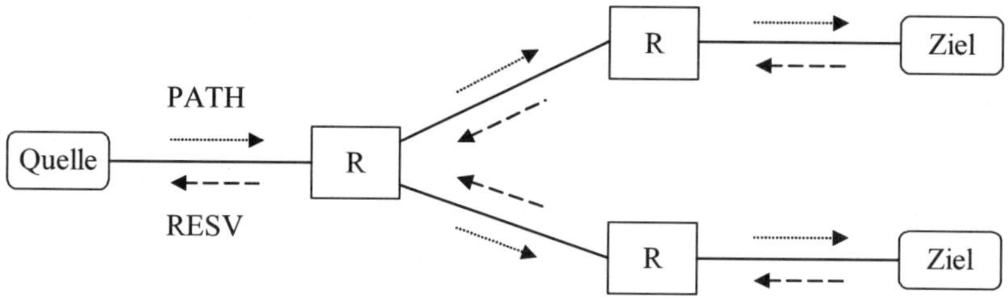

Bild 15-16: Prinzip der RSVP-Signalisierung

Die RESV-Nachrichten müssen periodisch gesendet werden, um die Reservierung aufrechtzuerhalten. Bleiben die RESV-Nachrichten aus, so löscht der Router den entsprechenden Eintrag. Dies wird als Soft State bezeichnet. Im Gegensatz dazu bleibt bei der Signalisierung bei ISDN und ATM eine Verbindung so lange bestehen, bis sie explizit durch die entsprechenden Signalisierungsnachrichten wieder abgebaut wird.

Ein Router muss für jeden Flow die aktuellen Statusinformationen und Verkehrsparameter speichern und verarbeiten. Es ist daher schwierig, IntServ/RSVP in einem großen Netz zu implementieren, da hier sehr viele Flows in einem Router verwaltet werden müssen.

15.4.2 Differentiated Services

Die Differentiated-Services-Architektur (DiffServ oder DS) [71] erfordert keinen Verbindungsaufbau und verringert dadurch die Komplexität im Vergleich zur Integrated-Services-Architektur erheblich. Bei DiffServ erfolgt eine Unterscheidung hinsichtlich der Dienstgüte anhand des TOS(Type of Service)-Feldes im IP-Header, das in diesem Zusammenhang als DS-Feld bezeichnet wird. Ein bestimmter Wert des DS-Feldes kennzeichnet eine Diensteklasse, in der beispielsweise alle Sprachverbindungen zusammengefasst werden. Dadurch, dass die Behandlung der Pakete in den Routern nicht mehr individuell pro Verbindung, sondern nur individuell pro Diensteklasse erfolgt, verringert sich der Verarbeitungsaufwand in den Routern erheblich. Allerdings kann DiffServ daher auch keine verbindungsindividuelle Dienstgüte gewährleisten.

Die erforderlichen Funktionen am Eingang eines DiffServ-Netzes sind in Bild 15-17 gezeigt. Zunächst erfolgt eine Klassifizierung der Pakete anhand der Header (z. B. IP-Adresse, Transportprotokoll und Port-Nummer). Die Marker-Funktion setzt das DS-Feld auf den entsprechenden Wert. Die Shaper/Dropper-Funktion führt eine Verkehrsformung durch oder löscht Pakete.

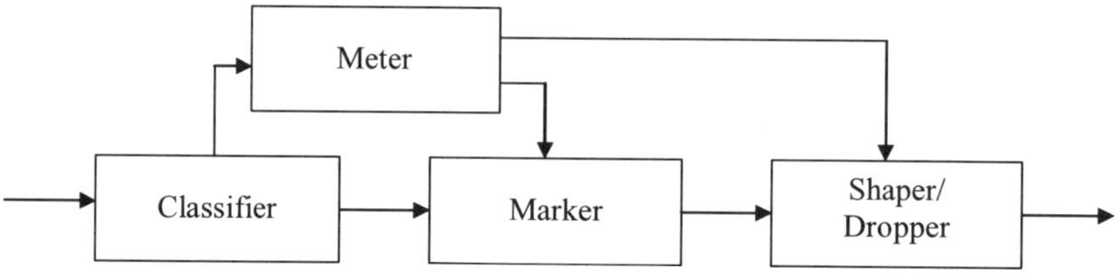

Bild 15-17: Klassifizierung und Traffic Conditioning am Eingang einer DiffServ-Domäne

Die Meter-Funktion überwacht den eingehenden Verkehr, beispielsweise auf der Basis des Token Bucket. Sie steuert die Marker- und Shaper/Dropper-Funktionen. Die Anpassung der Verkehrscharakteristik durch Verkehrsformung und Löschen von Paketen wird als Traffic Conditioning bezeichnet. Die Meter-Funktion entspricht zusammen mit der Dropper-Funktion der Verkehrsüberwachung (Abschnitt 10.2.1).

Das DS-Feld wird bei IPv4 im TOS-Feld und bei IPv6 im Traffic-Class-Feld (siehe Abschnitt 15.6) eingefügt [70]. Es enthält den DS Codepoint der Länge 6 bit. Mit einem bestimmten DS Codepoint ist eine bestimmte Behandlung der Pakete in einem Router verbunden. Diese wird als Per-Hop Behaviour (PHB) bezeichnet. Für DiffServ sind zwei PHBs spezifiziert:

- Expedited Forwarding (RFC 3246)
- Assured Forwarding (RFC 2597)

Expedited Forwarding gewährleistet niedrige Laufzeiten und Laufzeitschwankungen sowie geringe Paketverluste und ist daher für Echtzeitdienste geeignet. Für Expedited Forwarding ist ein Scheduling-Verfahren in den Routern erforderlich. Der Verkehr wird durch einen Token Bucket spezifiziert (Abschnitt 10.2).

Assured Forwarding bietet geringe Paketverluste, aber keine Bevorzugung hinsichtlich der Paketlaufzeiten. Innerhalb von Assured Forwarding wird nochmals zwischen zwölf verschiedenen Prioritätsklassen unterschieden. Die unterschiedliche Priorisierung wird durch ein entsprechendes Paketspeicher-Management erreicht, d. h. Pakete mit niedrigerer Priorität werden im Falle einer Überlast bevorzugt gelöscht. Als Verkehrsparameter dienen die minimale Rate (Committed Information Rate) und die Spitzenrate (Peak Information Rate).

Eine DiffServ-Domäne (Bild 15-18) ist ein Teil des Netzes, in dem einheitliche Verfahren zur differenzierten Behandlung der Pakete gemäß ihrer Kennzeichnung durch das DS-Feld angewendet werden. Eine DiffServ-Domäne wird in der Regel von einem Netzbetreiber verwaltet. Zwischen Kunde und Netzbetreiber wird ein Service Level Agreement (SLA, auch Service Level Specification [74]) vereinbart. Ein SLA enthält quantitative oder qualitative Vereinbarungen bezüglich der Übertragungskapazität und der Dienstgüte.

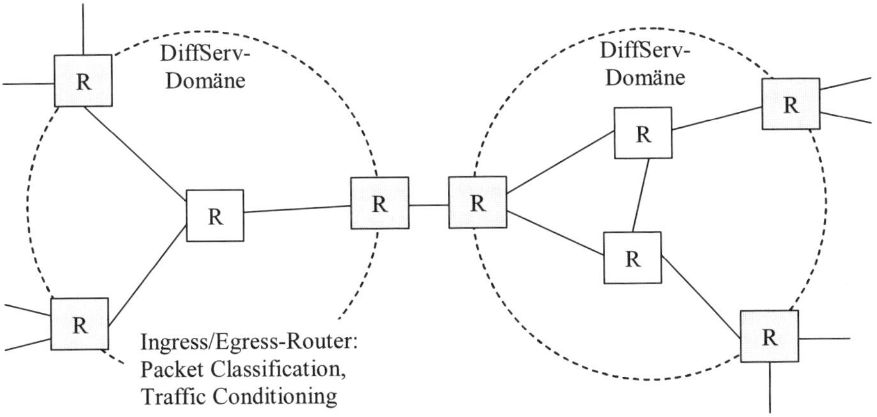

Bild 15-18: Ein Differentiated-Services(DiffServ)-Netz

Anhand der im SLA getroffenen Vereinbarungen erfolgen die Klassifizierung und das Traffic Conditioning am Eingang der DiffServ-Domäne im so genannten Ingress-Router (Bild 15-18). Netzbetreiber schließen untereinander ebenfalls SLAs ab. Am Ausgang einer DiffServ-Domäne erfolgt im Egress-Router gegebenenfalls nochmals ein Traffic Conditioning, um den Verkehr SLA-konform zu gestalten. Beim Übergang von einer Domäne in eine andere Domäne kann eine Umcodierung des DS Codepoints erfolgen. Für Verbindungen, die mehrere DiffServ-Domänen durchlaufen, ergibt sich die Ende-zu-Ende-Dienstgüte aus der Verkettung der entsprechenden SLAs.

15.4.3 Multiprotocol Label Switching (MPLS)

MPLS ist eine Technik, die unterhalb der Schicht 3, also der IP-Schicht, ansetzt. Am Eingang zu einem MPLS-Netz bekommt ein IP-Paket eine Kennzeichnung, Label genannt, vorangestellt. Die Weiterleitung der Pakete erfolgt dann nicht mehr anhand der IP-Adresse, sondern nur noch anhand des Labels. Alle Pakete mit dem gleichen Label folgen dem gleichen Weg durch das MPLS-Netz. Dieser Weg oder Pfad wird als Label Switched Path (LSP) bezeichnet.

Die Vorteile von MPLS liegen darin, dass die Pfade unabhängig von IP-Routing-Protokollen festgelegt werden können und das Label Switching schneller als das IP-Routing ist, da nicht mehr der komplette IP-Header, Port-Nummern usw. ausgewertet werden müssen. Eine definierte Dienstgüte kann dadurch gewährleistet werden, dass beim Einrichten der LSPs die entsprechende Übertragungskapazität reserviert wird. Das MPLS-Konzept ähnelt ATM, wenn man einen LSP mit einer virtuellen ATM-Verbindung und das Label mit dem VPI/VCI der ATM-Zelle vergleicht.

Die grundlegenden Eigenschaften von MPLS sind in RFC 3031 spezifiziert [73]. Bild 15-19 zeigt die wesentlichen Elemente eines MPLS-Netzes. Die Router innerhalb des Netzes, die die MPLS-Pakete anhand von deren Label weiterleiten, werden als Label Switching Router (LSR) bezeichnet. Router am Rande einer MPLS-Domäne heißen Edge LSR.

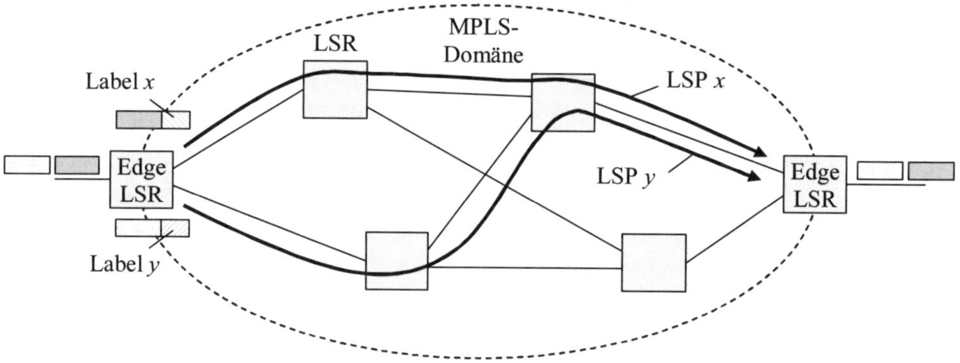

Bild 15-19: MPLS (Multiprotocol Label Switching)

Ein Edge LSR hat die Aufgabe, den IP-Paketen bei Eintritt in die MPLS-Domäne ein entsprechendes Label zuzuweisen bzw. es am Ausgang wieder zu entfernen. Bei dem Label handelt es sich um ein 20-bit-Feld; der MPLS-Header besteht insgesamt aus 32 bit. Anhand des Labels werden die Pakete über einen bestimmten Label Switched Path (LSP) geführt.

Die LSPs werden manuell oder per Signalisierung eingerichtet mit dem Ziel, eine bestimmte Dienstgüte zu bieten und die Netzauslastung zu optimieren. Pakete, die die gleiche Behandlung im Netz erfahren und den gleichen Pfad nehmen, werden in einer Forwarding Equivalence Class (FEC) zusammengefasst [27].

15.4.4 Qualitätsparameter der IP-Schicht

In Abschnitt 10.1 wurden die wesentlichen Qualitätsparameter der Schicht 3 in einem paketvermittelten Netz beschrieben. Insbesondere die Laufzeit, die Laufzeitschwankungen und die Verlusthäufigkeit der Pakete sind für die Dienstgüte von großer Bedeutung. Bei der IETF und der ITU-T wurden spezifische Definitionen für IP entwickelt.

Die IETF hat in RFC 2330 allgemeine Eigenschaften von Qualitätsparametern der IP-Schicht festgelegt [68]. Darauf aufbauend werden in einer Reihe weiterer RFCs die folgenden Parameter definiert:

- A One-way Delay Metric for IPPM (RFC 2679)
- A Round-trip Delay Metric for IPPM (RFC 2681)
- IP Packet Delay Variation Metric (RFC 3393)
- A One-way Packet Loss Metric for IPPM (RFC 2680)
- IPPM Metrics for Measuring Connectivity (RFC 2678)
- One-way Loss Pattern Sample (RFC 3357)
- Network performance measurement with periodic streams (RFC 3432)

Neben den grundlegenden Parametern Laufzeit (One-way Delay, Round-trip Delay), Laufzeitschwankungen (IP Packet Delay Variation) und Verlusthäufigkeit (One-way Packet Loss) gibt es noch Definitionen zur Verfügbarkeit einer Verbindung (Connectivity) und weitere Parameter, die den zeitlichen Abstand von Paketverlusten bzw. den zeitlichen Abstand der von einer Quelle generierten Pakete berücksichtigen.

Die ITU-T hat in der Empfehlung Y.1540 IP-Qualitätsparameter definiert und in der Empfehlung Y.1541 werden dazu auch quantitative Vorgaben gemacht [107], [108]. Die ITU-Definitionen unterscheiden sich in Details von den IETF-Festlegungen. Im Einzelnen werden folgende Parameter definiert:

- IP Packet Transfer Delay (IPTD)
- IP Packet Delay Variation (IPDV)
- IP Packet Error Ratio (IPER)
- IP Packet Loss Ratio (IPLR)
- Spurious IP Packet Rate (SIPR)
- IP Service Availability

Wie bei ATM (Abschnitt 14.4.4) werden Dienstgüteklassen gebildet, die sich hinsichtlich der zulässigen Grenzwerte für die Qualitätsparameter unterscheiden (Tabelle 15-1). Der zulässige Wert hinsichtlich der Paketlaufzeit bezieht sich auf die mittlere Laufzeit. Der Grenzwert bezüglich der Laufzeitschwankungen ist auf die Differenz des oberen $(1 - 10^{-3})$-Quantils (siehe Abschnitt 10.1) und der minimalen Paketlaufzeit bezogen. Aspekte, die bei der praktischen Messung von Paketlaufzeiten berücksichtigt werden müssen, wurden in

Beispiel 10-1 diskutiert, und in Beispiel 12-2 wurden Ergebnisse einer Laufzeitmessung in einem Kabelmodemnetz vorgestellt.

Tabelle 15-1: Dienstgüteklassen für IP nach ITU-T-Empfehlung Y.1541 [108]

	Class 0	Class 1	Class 2	Class 3	Class 4	Class 5
IPTD	100 ms	400 ms	100 ms	400 ms	1 s	U
IPDV	50 ms	50 ms	U	U	U	U
IPLR	10^{-3}	10^{-3}	10^{-3}	10^{-3}	10^{-3}	U
IPER	10^{-4}	10^{-4}	10^{-4}	10^{-4}	10^{-4}	U

U: Unspecified

15.5 Voice over IP

Hinter dem Begriff Voice over IP (VoIP) verbirgt sich ein Bündel von Techniken, um Sprache über IP-basierte Netze zu übertragen. Für den Transport der codierten Sprachdaten wird das Real-Time Transport Protocol (RTP) verwendet (Bild 15-20). RTP setzt in der Regel auf UDP auf, da die Wiederholung verlorener Pakete (wie bei TCP) wegen der damit verbundenen großen Verzögerung bei einem Echtzeitdienst nicht sinnvoll ist. Um die erforderliche Dienstgüte zu gewährleisten, sind geeignete Maßnahmen im IP-Netz zu treffen (IntServ, DiffServ, MPLS, siehe Abschnitt 15.4). Für die Qualität einer Sprachverbindung spielen insbesondere die Paketlaufzeit, die Laufzeitschwankungen und die Paketverlusthäufigkeit eine wichtige Rolle. Deren Einfluss und Verfahren zur Bewertung der Sprachqualität wurden in Abschnitt 10.1 diskutiert.

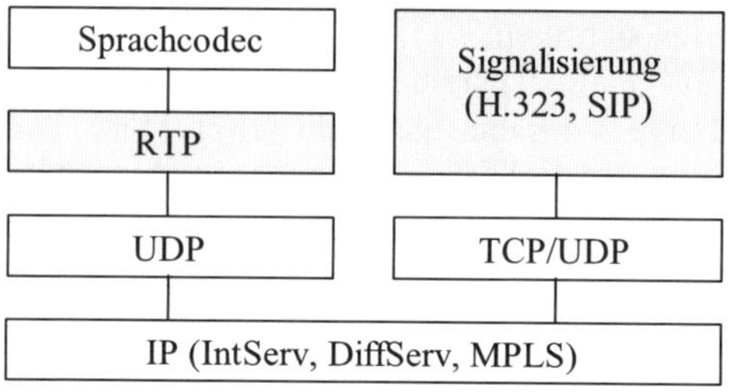

Bild 15-20: Voice-over-IP(VoIP)-Protokolle

Für die Signalisierung, d. h. die Steuerung des Auf- und Abbaus einer Verbindung, werden das von der ITU entwickelte H.323-Protokoll bzw. das von der IETF entwickelte Session Initiation Protocol (SIP) verwendet.

15.5.1 Real-Time Transport Protocol

Das Real-Time Transport Protocol (RTP), in RFC 3550 spezifiziert [76], stellt Funktionen für den Transport von Echtzeitdiensten über paketorientierte Netze bereit. Es wird in den Endgeräten implementiert, ist also ein Ende-zu-Ende-Protokoll und kann als Ergänzung der Schicht 4 im Kontext des OSI-Modells (Abschnitt 9.1) angesehen werden. Es unterstützt die Intra-Media-Synchronisation und in Verbindung mit dem Real-Time Transport Control Protocol (RTCP) die Inter-Media-Synchronisation.

Unter Intra-Media-Synchronisation versteht man die zeitliche Synchronisation von Sender und Empfänger innerhalb eines Mediums, beispielsweise eines Audiosignals. Aufgabe der Intra-Media-Synchronisation ist der Ausgleich von Laufzeitschwankungen und die Wiederherstellung des Sendetaktes im Empfänger. Unter Inter-Media-Synchronisation versteht man die Wiederherstellung des zeitlichen Bezugs zwischen verschiedenen Medien, beispielsweise die Lippensynchronisation zwischen einem Video- und dem zugehörigen Audiosignal.

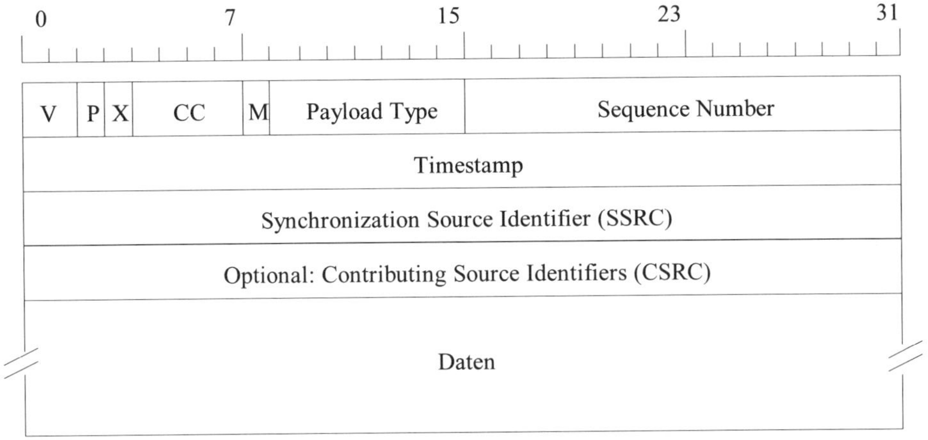

Bild 15-21: Format eines RTP-Pakets

Bild 15-21 zeigt den Aufbau eines RTP-Pakets. Der RTP-Header besteht aus mindestens 12 byte und setzt sich aus folgenden Elementen zusammen (in Klammern: Länge des Feldes):

- V (2 bit): Versionsnummer = 2.
- P (1 bit): Padding-Bit. Ist das Bit gesetzt, wurde das Datenfeld mit Padding-Bytes aufgefüllt, um eine bestimmte Paketgröße zu erreichen.
- X (1 bit): Extension-Bit. Ist das Bit gesetzt, so enthält der RTP-Header optionale Felder (für zukünftige Erweiterungen vorgesehen).
- CC (4 bit): CSRC Count, gibt die Anzahl der Contributing Source Identifiers an.
- M (1 bit): Marker-Bit zur Kennzeichnung besonderer Ereignisse. Wird bei der Sprachübertragung mit Unterdrückung von Sprechpausen zu Beginn der Sprachaktivität auf 1 gesetzt.
- Payload Type, PT (7 bit): Kennzeichnung der Nutzdaten, d. h. des Sprachcodecs (beispielsweise G.711 oder G.723.1) oder des Videocodecs (beispielsweise H.263).
- Sequence Number (16 bit): Sequenznummer, dient der Wiederherstellung der richtigen Reihenfolge und der Erkennung von Paketverlusten.
- Timestamp (32 bit): Zeitmarke, die den Zeitpunkt der Erzeugung der Nutzdaten im Sender kennzeichnet. Dient der Synchronisation des Empfängers.

- SSRC (32 bit): Synchronization Source Identifier zur Identifikation des Senders.
- CSRC (32 bit): Contributing Source Identifier zur Identifikation der ursprünglichen Quellen im Falle einer Signalmischung.

Der SSRC ist eine Zufallszahl, die den Sender des RTP-Pakets identifiziert. Im Falle einer Konferenzschaltung werden die Audiosignale der Teilnehmer in einem Mischer zu einem Audiosignal gemischt. Die SSRCs der Teilnehmer werden vom Mischer als CSRCs im RTP-Header übertragen. Der SSRC dieser RTP-Pakete kennzeichnet in diesem Fall den Mischer selbst. Der CSRC ist optional, da er bei einer Punkt-zu-Punkt-Verbindung nicht benötigt wird.

RTP wird durch das Real-Time Transport Control Protocol (RTCP) ergänzt. Mit Hilfe von RTCP tauschen Sender und Empfänger Informationen über die Dienstgüte aus. Der Sender Report enthält Informationen über die seit dem letzten Report versendete Anzahl von RTP-Paketen und Zeitmarken, aus denen die absolute Zeit der RTP-Pakete bestimmt werden kann. Werden Audio und Video getrennt übertragen, kann mit diesen Angaben im Empfänger der zeitliche Bezug zwischen dem Audio- und dem Videosignal wiederhergestellt werden (Inter-Media-Synchronisation). Der Receiver Report enthält Angaben zu Paketverlusten und Laufzeitschwankungen. Diese Angaben können verwendet werden, um die Übertragungsrate anzupassen.

Beispiel 15-2: Overhead bei Voice over IP und Voice over ATM

Bei der Übertragung eines Sprachsignals über RTP/UDP/IP müssen neben den Nutzdaten pro Paket 12 byte für den RTP-Header, 8 byte für den UDP-Header und 20 byte für den IP-Header übertragen werden (Bild 15-22).

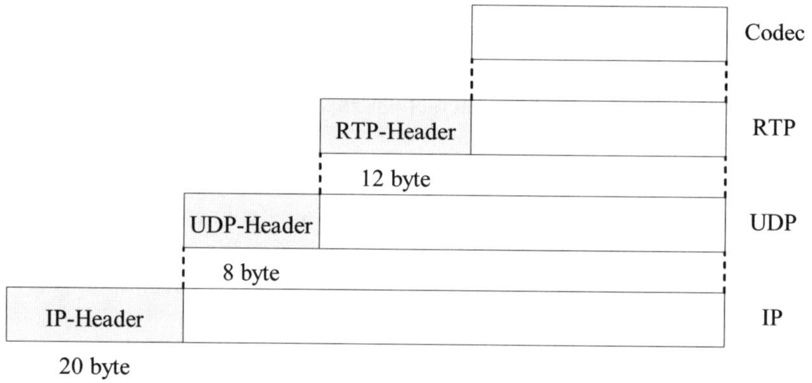

Bild 15-22: Transport eines Sprachsignals über RTP/UDP/IP

Bei der Codierung des Sprachsignals nach G.711 (Abschnitt 3.4) mit einer Bitrate von 64 kbit/s werden typisch 256 byte Nutzdaten pro Paket versendet. Jedes Byte entspricht einem PCM-Codewort. Einschließlich der Header ergibt sich eine Paketlänge von 296 byte und eine Bruttobitrate von 74 kbit/s. Die Paketierungsverzögerung, d. h. die Zeit, die für das Füllen des Nutzdatenfeldes benötigt wird, beträgt

$$T_Z = \frac{256 \cdot 8\ \text{bit}}{64\ \text{kbit/s}} = 32\ \text{ms}\,.$$

Bei der Übertragung über ATM mit AAL 1 stehen 47 byte pro Zelle fur Nutzdaten zur Verfügung (Abschnitt 14.2.3). Bei einer Zellgröße von 53 byte und einer Nettobitrate von 64 kbit/s beträgt die Bruttobitrate 72,2 kbit/s. Die Paketierungsverzögerung beträgt jedoch nur 5,875 ms.
Verwendet man als Codec G.723.1, so beträgt die Nettobitrate 5,3 oder 6,3 kbit/s (Tabelle 3-3). Der G.723.1-Codec arbeitet rahmenbasiert, d. h. er erzeugt Rahmen mit einer Länge von 20 byte (5,3 kbit/s) bzw. 24 byte (6,3 kbit/s) [83]. Überträgt man einen Rahmen pro Paket, so entsteht keine weitere Paketierungsverzögerung, allerdings beträgt die Verzögerung durch den Codec bereits 37,5 ms. Bei 5,3 kbit/s entstehen bei der Übertragung über RTP/UDP/IP Pakete einer Größe von 60 byte und man erhält eine Bruttobitrate von 15,9 kbit/s.

◀

RTP beinhaltet im Wesentlichen Funktionen für die Synchronisation und die Steuerung der Sprach- und Videokommunikation. Paketverluste werden zwar erkannt, aber RTP sieht keine Fehlerkorrektur vor. Diese ist in der Regel Bestandteil der Codecs. Beispielsweise kann bei den Sprachcodecs ein Paketverlust dadurch verdeckt werden, dass aus den vorangegangenen Abtastwerten ein synthetisches Signal berechnet und an Stelle der verloren gegangenen Daten wiedergegeben wird [82], [83].

15.5.2 Signalisierung

Neben der Übertragung der Sprachdaten ist für VoIP eine Signalisierung erforderlich, mit der die Teilnehmer Verbindungen untereinander aufbauen können. Bild 15-23 zeigt die wesentlichen Elemente der H.323-Architektur [27], [39], [89]. H.323 ist eine Rahmenspezifikation, die vorhandene Protokolle zu einem Standard zusammenfasst. Audio- und Videodaten werden über RTP/UDP/IP transportiert. Als Audiocodec muss G.711 unterstützt werden, andere Codecs sind optional. Als Videocodecs werden H.261 oder H.263 mit verschiedenen Auflösungen verwendet.

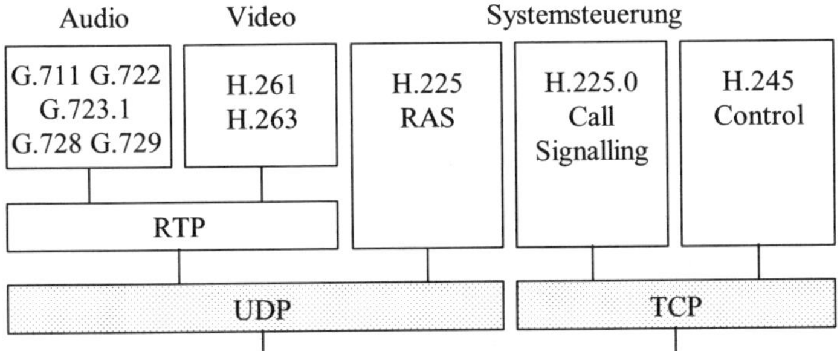

Bild 15-23: Die H.323-Protokollarchitektur

Das H.255-Protokoll dient der Registrierung, der Zugangskontrolle und dem Austausch von Statusmeldungen. Dies wird als RAS (Registration, Admission, Status) bezeichnet. Das H.225.0-Protokoll (Call Signalling) sorgt für den eigentlichen Verbindungsaufbau. Die Signalisierung ist ähnlich der Schicht-3-Teilnehmersignalisierung im ISDN (Digital Subscriber Signalling No. 1, DSS1, Abschnitt 13.4).

Das H.245-Protokoll (Control) steuert die Ende-zu-Ende-Kommunikation. Typische Funktionen sind der Auf- und Abbau logischer Kanäle für Audio, Video und Daten und der Austausch von Informationen über verfügbare Codecs.

H.323 definiert die folgenden Elemente: End Point, Gatekeeper, Gateway und Multipoint Control Unit. Ein End Point ist ein H.323-Endgerät, beispielsweise ein PC oder ein Telefon. Der Gatekeeper sorgt für die Verwaltung der Teilnehmer, prüft deren Berechtigung und übersetzt Adressen, beispielsweise eine Telefonnummer oder E-Mail-Adresse zu einer IP-Adresse. Die oben erwähnten RAS-Nachrichten werden mit dem Gatekeeper ausgetauscht. Endgeräte können aber auch direkt ohne Gatekeeper eine Verbindung aufbauen, wenn die IP-Adressen bekannt sind.

Ein Gateway ermöglicht den Aufbau von Verbindungen in andere Netze, z. B. in das ISDN. Aufgabe des Gateways ist die Umsetzung der Signalisierung und die Umcodierung der Audio- und Videodaten, falls erforderlich. Für Konferenzschaltungen wird eine Multipoint Control Unit (MCU) benötigt. Die MCU sorgt für die Vereinbarung gemeinsamer Datenformate, führt gegebenenfalls eine Transcodierung durch und übernimmt die Mischung der Audiosignale.

Das Session Initiation Protocol (SIP) ist eine IETF-Spezifikation, die hinsichtlich der Funktionalität vergleichbar mit der H.323-Systemsteuerung ist [27], [39], [75]. Die Übertragung der Audio- und Videodaten erfolgt wie bei H.323 über RTP/UDP/IP. Bei SIP handelt es sich wie bei HTTP um ein textbasiertes Client-Server-Protokoll. SIP-Nachrichten werden in der Regel über UDP übertragen, da in SIP eigene Mechanismen für die zuverlässige Übertragung vorgesehen sind.

Ein SIP-Endgerät besteht aus zwei Komponenten, dem User Agent Client (UAC) und dem User Agent Server (UAS). Der Client startet Anfragen und der Server sendet Antworten. Bild 15-24 zeigt einige SIP-Nachrichten, wie sie im einfachsten Fall des Verbindungsaufbaus zwischen zwei Teilnehmern ausgetauscht werden.

Im Beispiel initiiert Teilnehmer A eine Verbindung zu Teilnehmer B, indem er eine INVITE-Nachricht zu B sendet. SIP-Adressen sind ähnlich E-Mail-Adressen aufgebaut, beispielswiese in der Form sip:user_name_b@firma.com. Den Domain-Namen werden mit Hilfe von DNS (Abschnitt 15.2) IP-Adressen zugeordnet.

Eine Reihe von Servern sorgt bei SIP dafür, dass auch komplexe Szenarien möglich sind. Die Server sind vergleichbar mit der Funktion der H.323-Gatekeeper. Proxy Server sorgen für die Weiterleitung der SIP-Nachrichten. Sie ermitteln den zuständigen SIP-Server des gerufenen Teilnehmers und leiten die Anfrage dorthin weiter. Sie sind weiterhin für die Authentifizierung des Teilnehmers zuständig. Registrar Server und Redirect Server verwalten vom Teilnehmer veranlasste Umleitungen. Ein Teilnehmer kann beispielsweise festlegen, ob er im Büro, zu Hause oder über Mobiltelefon erreichbar ist. Diese Server informieren z. B. die Proxy Server darüber, an welche Adresse eine INVITE-Nachricht zu senden ist. Ein Vorteil von SIP im Vergleich zu H.323 ist hier, dass die Server nur Anfragen beantworten und keine Daten über den Zustand der Verbindungen verwalten müssen.

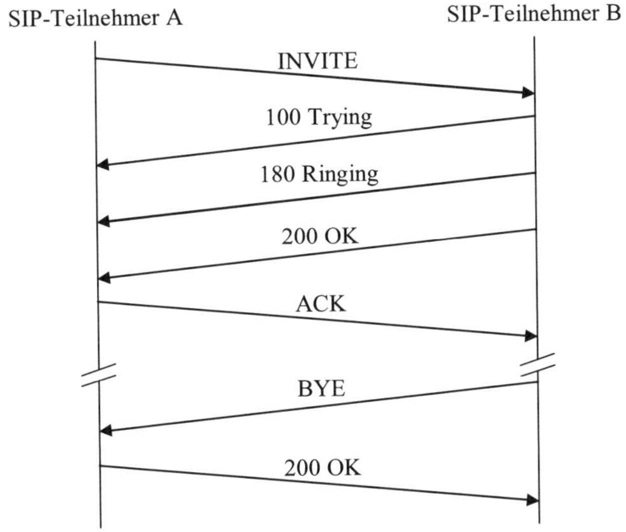

Bild 15-24: Beispiel eines Verbindungsaufbaus mit SIP

Beispiel 15-3: Next Generation Networks

Mit dem Begriff Next Generation Networks (NGN) wird im Allgemeinen ein Netz auf der Basis des Internet-Protokolls verbunden, das die Übertragung von Daten- und Echtzeitdiensten mit hoher Dienstgüte ermöglicht. Bei Echtzeitdiensten stellt insbesondere der Telefoniedienst einen Schwerpunkt dar. Ein NGN kann durch folgende Eigenschaften beschrieben werden [27], [39]:

- Paketbasierte Übertragung
- Für Dienste mit unterschiedlichsten Anforderungen an Übertragungskapazität und Dienstgüte geeignet
- Getrennte Steuerung des Nutzdatentransports, des Verbindungsaufbaus und der Dienste
- Interworking mit bestehenden Netzen
- Unbeschränkter Zugang zu verschiedenen Diensteanbietern
- Unterstützung von Mobilität
- Berücksichtigung regulatorischer Anforderungen (z. B. Sicherheitsaspekte wie Notruf, gesetzliche Anforderungen hinsichtlich der Überwachung)

Bei der Einführung eines Telefoniedienstes in einem IP-basierten Netz müssen neben der reinen Sprachübertragung mit der vom ISDN-Fernsprechnetz gewohnten Qualität und Zuverlässigkeit auch z. B. Fragen der Abhörsicherheit, der Abrechnung, der Netzübergänge und der Nummerierung bedacht werden.

◀

15.6 IP Version 6

Mit IP Version 6 (IPv6) wurde in den Neunzigerjahren eine neue Version des Internet-Protokolls spezifiziert mit dem Ziel, die derzeitige Version IPv4 langfristig zu ersetzen (die Versionsnummer 5 wird für das Stream Protocol verwendet, das jedoch über einen experimentellen Status nicht hinausgekommen ist).

Der Hauptgrund für die Einführung einer neuen Version war die Erweiterung des Adressraumes. Bei den 32-bit-Adressen von IPv4 stehen 2^{32}, also über vier Milliarden Adressen zur Verfügung. Trotz dieser großen Zahl ist abzusehen, dass der Adressraum von IPv4 nicht ausreicht. Neben dem enormen Wachstum des Internets ist die hierarchische Adressierung mit den Klassen A, B und C ein Grund dafür. Wird beispielsweise ein Klasse-B-Adressblock zugeteilt, so sind damit $2^{16} = 65536$ Adressen vergeben, obwohl in dem Netzwerk vielleicht nur ein geringer Teil der Adressen benötigt wird. Andererseits ist ein Klasse-C-Adressblock mit $2^8 = 256$ Hostadressen oft nicht ausreichend. Classless Interdomain Routing (CIDR) und dynamische Adressvergabe (siehe Abschnitt 15.2) schaffen hier zwar Abhilfe, lösen das Problem jedoch nicht dauerhaft.

Die grundlegenden Eigenschaften von IPv6 sind in RFC 2460 spezifiziert [69]. IPv6 verwendet 128-bit-Adressen und hat damit den gewaltigen Adressraum von 2^{128} Adressen. Dies entspricht einer Erweiterung gegenüber IPv4 um den Fakor $2^{96} = 7{,}9 \cdot 10^{28}$. Die Struktur des Headers wurde vereinfacht, um eine schnellere Verarbeitung der Pakete in den Routern zu ermöglichen. Der Header hat eine Länge von minimal 40 byte, wobei jeweils 16 byte auf die Quell- und die Zieladresse entfallen (Bild 15-25).

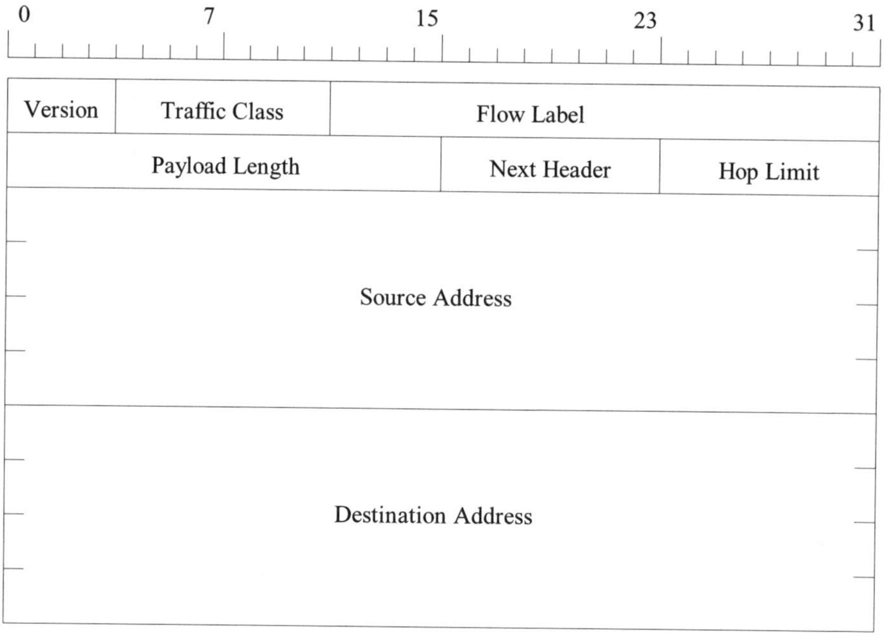

Bild 15-25: Format des IPv6-Headers

Die einzelnen Felder des IPv6-Headers haben die folgende Bedeutung (in Klammern: Länge des Feldes):

- Version (4 bit): Versionsnummer = 6.
- Traffic Class (8 bit): dient der Kennzeichnung der Priorität oder der DiffServ-Diensteklasse. Bei Best-Effort-Paketen werden alle 8 bit des Feldes auf 0 gesetzt.
- Flow Label (20 bit): kennzeichnet Pakete, die einen Datenfluss bilden, z. B. bei einer Sprach- oder Videoverbindung. Alle Pakete eines Flows werden in den Routern hinsichtlich der Datenrate und der Dienstgüte gleich behandelt.
- Payload Length (16 bit): Länge des dem Standard-Header folgenden Teils des Pakets in Byte.
- Next Header (8 bit): kennzeichnet den auf den Standard-Header folgenden Header. Dabei kann es sich z. B. um einen TCP- oder UDP-Header oder einen optionalen Erweiterungs-Header handeln.
- Hop Limit (8 bit): Dieser Wert wird von jedem Router dekrementiert. Erreicht der Wert 0, so wird das Paket gelöscht.
- Source Address (128 bit): IPv6-Adresse der Quelle.
- Destination Address (128 bit): IPv6-Adresse des Ziels.

Im Vergleich zu IPv4 ist keine Fragmentierung mehr vorgesehen. Ist ein Paket zu lang, so wird eine Fehlermeldung generiert und es ist die Aufgabe des Hosts, dafür zu sorgen, dass die zulässige Paketgröße nicht überschritten wird. Ebenfalls entfallen ist die Fehlererkennung für den Header. Ähnlich wie bei IPv4 kann der Header optional erweitert werden. Falls dem 40-byte-Standard-Header ein Erweiterungs-Header folgt, wird dies durch das Next-Header-Feld angegeben. Erweiterungs-Header dienen z. B. der Vorgabe eines Pfades, der Verschlüsselung und der Authentifizierung. Auf den Header folgt das Nutzdatenfeld mit einer Länge von 0 bis 65535 byte. Mit der Jumbo Payload Option können IPv6-Pakete mit einer Länge von über 4 Milliarden (2^{32}) byte gebildet werden.

Das Flow Label ist ein wesentliches Element zur Unterstützung von Qualitätsgarantien. In Verbindung mit der IP-Adresse ermöglicht es einem Router, Pakete eines Datenflusses zu identifizieren und diese Pakete hinsichtlich der Dienstgüte differenziert zu behandeln. Bei IPv4 ist dies nur eingeschränkt möglich und es müssen dazu auch Felder anderer Protokolle (z. B. des TCP- oder UDP-Headers) ausgewertet werden.

IPv6-Adressen sind in Hexadezimalziffern angegeben. Dabei werden 16-bit-Gruppen gebildet, die durch jeweils vier Hex-Ziffern dargestellt und durch Doppelpunkte getrennt werden. Ein Beispiel ist die Adresse

3FFE:0000:0000:0000:2600:8FF1:0E8D:6EE9.

Nullfolgen können durch zwei aufeinander folgende Doppelpunkte ersetzt und führende Nullen weggelassen werden. Vereinfacht lässt sich also die obige Adresse auch

3FFE::2600:8FF1:E8D:6EE9

schreiben. Mit der Einführung der neuen Version wird es zunächst kleinere Teilnetze auf der Basis von IPv6 geben. Um die Kommunikation zwischen diesen Teilnetzen zu ermöglichen, ist die Tunnelung von IPv6 durch IPv4 vorgesehen. Dabei werden IPv6-Pakete im Nutzdatenfeld von IPv4-Paketen transportiert. Während IPv6 das Problem der

Verfügbarkeit von Adressen langfristig löst, ist die Länge des 40-byte-Headers bei der Übertragung von kurzen Paketen ungünstig. Beispielsweise erhöht sich bei der Sprachübertragung mit dem G.711-Codec mit den Zahlenwerten aus Beispiel 15-2 die Paketgröße auf 316 byte. Dadurch steigt die Bruttobitrate von 74 kbit/s bei IPv4 auf 79 kbit/s bei IPv6. Bei dem G.723.1-Codec mit einer Nutzbitrate von 5,3 kbit/s ergibt sich eine Paketgröße von 80 byte. Die Bruttobitrate steigt von 15,9 kbit/s bei IPv4 auf 21,2 kbit/s bei der Verwendung von IPv6.

Anhang 1: Formelsammlung

Funktionen

Rechteckfunktion: $\operatorname{rect}(x)=\begin{cases}1 & \text{für } |x|<1/2\\ 0 & \text{für } |x|\geq 1/2\end{cases}$

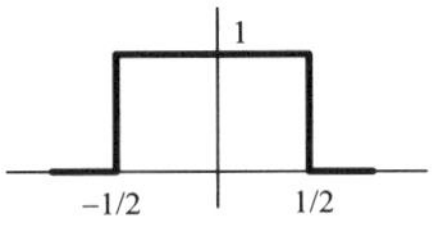

Sprungfunktion: $u(x)=\begin{cases}0 & \text{für } x<0\\ 1 & \text{für } x\geq 0\end{cases}$

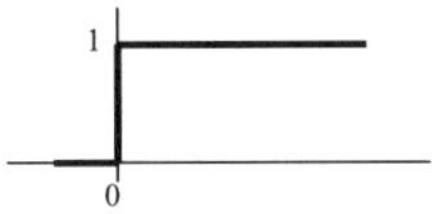

Dreieckfunktion: $\Lambda(x)=\begin{cases}1-|x| & \text{für } |x|\leq 1\\ 0 & \text{für } |x|>1\end{cases}$

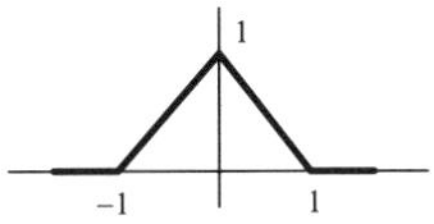

si-Funktion: $\operatorname{si}(x)=\dfrac{\sin x}{x}$

$\operatorname{si}(0)=1$

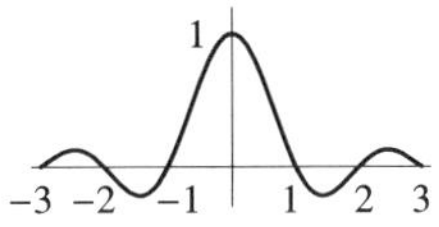

Signum-Funktion: $\operatorname{sgn}(x)=\begin{cases}1 & \text{für } x>0\\ 0 & \text{für } x=0\\ -1 & \text{für } x<0\end{cases}$

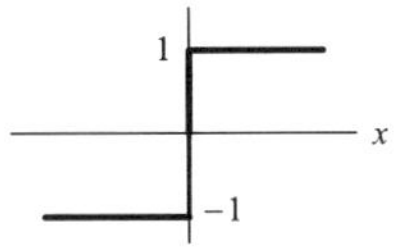

Trigonometrische Beziehungen

$\mathrm{e}^{\pm \mathrm{j}\theta}=\cos\theta \pm \mathrm{j}\sin\theta$ (eulersche Formel)

$\sin^2 x+\cos^2 x=1$

$\cos^2 x-\sin^2 x=\cos 2x$

$\sin^2 x=\frac{1}{2}(1-\cos 2x)$

$\cos^2 x=\frac{1}{2}(1+\cos 2x)$

$\sin(x\pm y)=\sin x\cos y\pm\cos x\sin y$

$\cos(x\pm y)=\cos x\cos y\mp\sin x\sin y$

$$\sin x \sin y = \tfrac{1}{2}\left[\cos(x-y) - \cos(x+y)\right]$$

$$\cos x \cos y = \tfrac{1}{2}\left[\cos(x-y) + \cos(x+y)\right]$$

$$\sin x \cos y = \tfrac{1}{2}\left[\sin(x-y) + \sin(x+y)\right]$$

$$\sin x + \sin y = 2\sin\frac{x+y}{2}\cos\frac{x-y}{2}$$

$$\sin x - \sin y = 2\cos\frac{x+y}{2}\sin\frac{x-y}{2}$$

$$a\cos x + b\sin x = \sqrt{a^2+b^2}\,\cos\left(x - \arctan\frac{b}{a}\right)$$

Unbestimmte Integrale

$$\int \frac{x^2}{a^2+x^2}\,\mathrm{d}x = x - a\arctan\frac{x}{a}$$

$$\int x\,\mathrm{e}^{ax}\,\mathrm{d}x = \frac{ax-1}{a^2}\mathrm{e}^{ax}$$

$$\int \sin^2 ax\,\mathrm{d}x = \frac{1}{2}x - \frac{1}{4a}\sin 2ax$$

$$\int \cos^2 ax\,\mathrm{d}x = \frac{1}{2}x + \frac{1}{4a}\sin 2ax$$

$$\int \sin ax \cos ax\,\mathrm{d}x = \frac{1}{2a}\sin^2 ax$$

$$\int \cos ax \cos bx\,\mathrm{d}x = \frac{\sin(a-b)x}{2(a-b)} + \frac{\sin(a+b)x}{2(a+b)} \quad \text{für } |a| \neq |b|$$

Reihen

$$\sum_{i=0}^{n-1} q^i = \frac{1-q^n}{1-q} \qquad \text{(geometrische Reihe)}$$

$$\lim_{n\to\infty} \sum_{i=0}^{n-1} q^i = \frac{1}{1-q} \quad \text{für } |q| < 1$$

$$\sum_{i=1}^{n} i\,q^i = \frac{q + [n\,q - (n+1)]\,q^{n+1}}{(1-q)^2}$$

$$\lim_{n\to\infty} \sum_{i=1}^{n} i\,q^i = \frac{q}{(1-q)^2} \quad \text{für } |q| < 1$$

$$\sum_{i=1}^{n} i = \frac{n(n+1)}{2}$$

$$\sum_{i=1}^{n} i^2 = \frac{n(n+1)(2n+1)}{6}$$

$$(1+x)^n = 1 + nx + \frac{n(n-1)}{2!}x^2 + \frac{n(n-1)(n-2)}{3!}x^3 + \ldots \qquad \text{(binomische Reihe)}$$

$$\cos x = 1 - \frac{1}{2!}x^2 + \frac{1}{4!}x^4 - \frac{1}{6!}x^6 + \ldots$$

$$\sin x = x - \frac{1}{3!}x^3 + \frac{1}{5!}x^5 - \ldots$$

$$\ln(1+x) = x - \frac{1}{2!}x^2 + \frac{1}{3!}x^3 - \frac{1}{4!}x^4 + \ldots$$

Näherungen

$$\frac{1}{1+x} \approx 1 - x \quad \text{für } x << 1$$

$$\sqrt{1+x} \approx 1 + x/2 \quad \text{für } x << 1$$

$$(1+x)^2 \approx 1 + 2x \quad \text{für } x << 1$$

Anhang 2: Tabellen und Theoreme der Fourier-Transformation

Signal	Fourier-Transformierte	Bemerkungen
$x(t)$ $S_x(t)$	$S_x(f)$ $x(-f)$	Symmetrie
$x(t) * y(t)$	$S_x(f) \cdot S_y(f)$	Faltung
$x(t) \cdot y(t)$	$S_x(f) * S_y(f)$	Multiplikation
$x(at),\ a \neq 0$	$\frac{1}{\lvert a \rvert} S_x\left(\frac{f}{a}\right)$	Ähnlichkeitssatz
$x(t - t_0)$	$S_x(f) \cdot e^{-j2\pi f t_0}$	Zeitverschiebung
$x(t) \cdot e^{j2\pi f_0 t}$	$S_x(f - f_0)$	Frequenzverschiebung
$x(-t)$	$S_x(-f)$ $S_x^*(f)$ für $x(t)$ reell	Zeitspiegelung
$x^*(t)$	$S_x^*(-f)$	Konjugiert komplex
$y(t) = \frac{d}{dt} x(t)$	$S_y(f) = j 2 \pi f \, S_x(f)$	Differenziation
$y(t) = \int_{-\infty}^{t} x(\tau) \, d\tau$	$S_y(f) = \frac{S_x(f)}{j 2 \pi f} + \frac{1}{2} S_x(0) \delta(f)$	Integration
$\int_{-\infty}^{\infty} x^2(t) \ dt$	$\int_{-\infty}^{\infty} \lvert S_x(f) \rvert^2 \ df$	Parsevalsches Theorem
$\delta(t)$	1	Dirac-Impuls
1	$\delta(f)$	Konstante
$\mathrm{rect}(\tau / T)$	$\lvert T \rvert \mathrm{si}(\pi T f)$	Rechteckfunktion
$\mathrm{si}(\pi t / T)$	$\lvert T \rvert \mathrm{rect}(T f)$	si-Funktion
$u(t)$	$\frac{1}{2} \delta(f) - j \frac{1}{2 \pi f}$	Sprungfunktion
$\cos(2\pi f_0 t)$	$\frac{1}{2} \left(\delta(f + f_0) + \delta(f - f_0) \right)$	Kosinusfunktion
$\sin(2\pi f_0 t)$	$\frac{j}{2} \left(\delta(f + f_0) - \delta(f - f_0) \right)$	Sinusfunktion

Fourier-Transformation reeller, gerader und ungerader Signale

Jede reelle Funktion $x(t)$ kann in eine gerade Komponente $x_g(t)$ und eine ungerade Komponente $x_u(t)$ zerlegt werden (Bild A-1):

$$x(t) = x_g(t) + x_u(t)$$

mit

$$x_g(t) = \frac{1}{2}x(t) + \frac{1}{2}x(-t) \text{ und } x_u(t) = \frac{1}{2}x(t) - \frac{1}{2}x(-t).$$

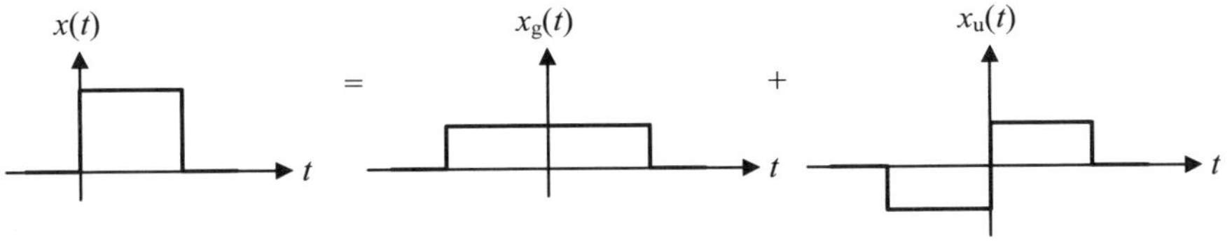

Bild A-1: Beispiel zur Zerlegung einer Funktion in eine gerade und eine ungerade Komponente

Die Fourier-Transformation von $x(t)$ liefert unter Anwendung der eulerschen Beziehung

$$S_x(f) = \int_{-\infty}^{\infty} \left(x_g(t) + x_u(t)\right)\left(\cos(2\pi f t) - \mathrm{j}\sin(2\pi f t)\right)\mathrm{d}t.$$

Da $x_g(t)\sin(2\pi f t)$ und $x_u(t)\cos(2\pi f t)$ ungerade Funktionen bez. t und daher die Integrale null sind, erhält man

$$\begin{aligned} S_x(f) &= \int_{-\infty}^{\infty} x_g(t)\cos(2\pi f t)\mathrm{d}t - \mathrm{j}\int_{-\infty}^{\infty} x_u(t)\sin(2\pi f t)\mathrm{d}t \\ &= \mathrm{Re}\{S_x(f)\} + \mathrm{j}\,\mathrm{Im}\{S_x(f)\}. \end{aligned}$$

Eine gerade Funktion hat also eine reelle und eine ungerade Funktion eine rein imaginäre Fourier-Transformierte. Der Realteil $\mathrm{Re}\{S_x(f)\}$ ist eine gerade Funktion, da $\cos(2\pi f t)$ gerade bez. f ist. Entsprechend ist der Imaginärteil $\mathrm{Im}\{S_x(f)\}$ eine ungerade Funktion, da $\sin(2\pi f t)$ ungerade bez. f ist. Damit ist auch der Betrag $|S_x(f)|$ eine gerade und die Phase $\varphi(f)$ (Gl. 2-17) eine ungerade Funktion. Weiter folgt aus dem Ähnlichkeitssatz mit $a = -1$:

$$\Im\{x(-t)\} = S_x(-f).$$

Für ein reelles Signal erhalten wir damit

$$\Im\{x(-t)\} = S_x(-f) = \mathrm{Re}\{S_x(f)\} - \mathrm{j}\,\mathrm{Im}\{S_x(f)\} = S_x^*(f).$$

Anhang 3: Standardisierung

Standards sind in der Kommunikationstechnik von großer Bedeutung, da nur durch sie gewährleistet wird, dass Systeme verschiedener Hersteller miteinander kommunizieren können. Während De-facto-Standards dadurch entstehen, dass ein Hersteller ein bestimmtes Verfahren oder System erfolgreich am Markt durchsetzen kann, erarbeiten Standardisierungsgremien offene Standards, die allen Herstellern zur Verfügung stehen, um konforme Produkte zu entwickeln.

In der Kommunikationstechnik basieren nahezu alle weltweit erfolgreichen Systeme auf offenen Standards. Natürlich hat ein Hersteller, der an der Erarbeitung solcher Standards mitarbeitet, Vorteile, da er bereits während der Entstehung des Standards an der Entwicklung entsprechender Produkte arbeiten oder auch eigene Entwicklungen in die Standards einbringen kann. Die Standardisierung ist einerseits oft Voraussetzung, aber andererseits keine Garantie für erfolgreiche Entwicklungen. Insbesondere im Bereich der Kommunikationsnetze beteiligen sich nicht nur Hersteller, sondern auch Netzbetreiber an der Standardisierung, um die Kommunikation zwischen verschiedenen Betreibern und über verschiedene Betreiber hinweg zu gewährleisten.

Allerdings ist die Standardisierung meist ein schwieriger und langwieriger Prozess, da oft zwischen vielen Interessen ein Kompromiss gefunden werden muss. Aus diesem Grund haben sich seit der Liberalisierung des Telekommunikationsmarktes immer wieder Interessengruppen gebildet, um bestimmte Technologien voranzutreiben, z. B. das ATM-Forum oder das ADSL-Forum. Solche Gruppen können keine Standards erlassen, sondern erarbeiten "Implementation Agreements", die ggf. von Standardisierungsgremien übernommen werden. Eine detaillierte Beschreibung der relevanten Gremien und Foren sowie deren Arbeitsweise findet sich in [27].

Das weltweit wichtigste Standardisierungsgremium ist die **ITU (International Telecommunication Union, www.itu.int)**. Die ITU ist eine Untergruppe der Vereinten Nationen und gliedert sich in drei Sektoren:

- ITU-T (Telecommunication Standardization Sector)
- ITU-R (Radiocommunication Sector)
- ITU-D (Development Sector)

Die ITU-T ist aus der CCITT (Comité Consultatif International de Télégraphique et Téléphonique) und die ITU-R aus der CCIR (Comité Consultatif International de Radiocommunication) hervorgegangen. Die ITU-R reguliert die weltweite Nutzung von Radiofrequenzen und die ITU-D ist für Entwicklungsländer zuständig. Die für Telekommunikationsstandards zuständige ITU-T erarbeitet international gültige Empfehlungen (Recommendations). Diese sind in Serien geordnet:

A-Serie:	Organization of the work of ITU-T
B-Serie:	Means of expression: definitions, symbols, classification
C-Serie:	General telecommunications statistics
D-Serie:	General tariff principles
E-Serie:	Overall network operation, telephone service, service operation and human factors
F-Serie:	Non-telephone telecommunication services
G-Serie:	Transmission systems and media, digital systems and networks
H-Serie:	Audiovisual and multimedia systems
I-Serie:	Integrated services digital network
J-Serie:	Transmission of television, sound programme and other multimedia signals
K-Serie:	Protection against interference
L-Serie:	Construction, installation and protection of cables and other elements of outside plant
M-Serie:	TMN and network maintenance: international transmission systems, telephone circuits, telegraphy, facsimile, and leased circuits
N-Serie:	Maintenance: international sound programme and television transmission circuits
O-Serie:	Specification of measuring equipment
P-Serie:	Telephone transmission quality, telephone installations, local line networks
Q-Serie:	Switching and signalling
R-Serie:	Telegraph transmission
S-Serie:	Telegraph services terminal equipment
T-Serie:	Terminals for telematic services
U-Serie:	Telegraph switching
V-Serie:	Data communication over the telephone network
X-Serie:	Data networks and open system communication
Y-Serie:	Global information infrastructure and Internet protocol aspects
Z-Serie:	Programming languages

Bekannte Standards sind beispielsweise die Empfehlungen V.24 (serielle RS-232 Schnittstelle zwischen Modem und Rechner [104]) oder V.34 (33,6 kbit/s-Modem-Standard [105]). Während bis vor kurzem alle ITU-T-Empfehlungen kostenpflichtig waren, können nun bis zu drei Empfehlungen pro Jahr kostenlos bezogen werden (siehe www.itu.int).

Die **ISO (International Organization for Standardization, www.iso.org)** ist die Dachorganisation der nationalen Normenausschüsse. Dies sind beispielsweise in Deutschland DIN (Deutsche Industrie Norm) und in den USA ANSI (American National Standards Institute). Die ISO stimmt die von den einzelnen Ländern vorgeschlagenen Standards ab und ist z. B. für die ISO-9000-Serie im Bereich des Qualitätsmanagements bekannt. Im Bereich der Telekommunikation ist insbesondere die OSI-Architektur der ISO von Bedeutung.

Das **ETSI (European Telecommunications Standards Institute, www.etsi.org)** wurde von der Europäischen Gemeinschaft gegründet und hat für die Normung im Bereich der Telekommunikation in Europa große Bedeutung. Ein überaus erfolgreicher ETSI-Standard ist GSM (Global System for Mobile Communications).

Das **IEEE (Institute of Electrical and Electronic Engineers, www.ieee.org)** erarbeitet Normen auf dem Gebiet der Elektrotechnik und Informatik und ist insbesondere für die Standards der IEEE-802-Reihe für lokale Rechnernetze bekannt.

Für den Bereich des Internets ist die **IETF (Internet Engineering Taskforce, www.ietf.org)** das wichtigste Gremium, obwohl auch die ITU in den letzten Jahren hier verstärkt (in der Y-Serie) tätig wurde. Die IETF wurde 1989 als Untergruppe des IAB (Internet Architecture Board) gegründet und erarbeitet Standards für das Internet. Diese heißen RFCs (Request for Comments) und sind frei verfügbar. Bevor eine Spezifikation ein RFC wird, wird sie als Entwurf (Internet Draft) veröffentlicht. Nur wenn es mehrere unabhängige Implementationen gibt, die den Funktionsnachweis erbracht haben, wird aus einem Entwurf ein RFC.

Für die Vergabe von IP-Adressen ist die IANA (Internet Assigned Numbers Authority) zuständig. Sie verteilt die verfügbaren Adressen auf weltweit vier Regionen. In der Region, zu der Europa gehört, wird die Adressvergabe vom RIPE (Réseaux IP Européens) NCC (Network Coordination Center) koordiniert.

Verzeichnis der Beispiele

Literaturverzeichnis

[1] Bertsekas, D., Gallager, R.: *Data Networks*. Prentice Hall, 2. Aufl., 1992.

[2] Bronstein, I. N., Semendjajev, K. A., Musiol, G., Mühlig, H.: *Taschenbuch der Mathematik*. Frankfurt a. Main: Verlag Harry Deutsch, 4. Aufl., 1999.

[3] Chiussi, F. M., Francini, A.: *Scalable Electronic Packet Switches*. IEEE Journal on Selected Areas in Communications, Vol. 21, No. 4 pp. 486-499 (May 2003).

[4] Data-Over-Cable Service Interface Specifications: *Radio Frequency Interface Specification* SP-RFIv1.1-I06-001215, December 2000.

[5] El-Gendy, M. A., Bose, A., Shin, K. G. S.: *Evolution of the Internet QoS and Support for Soft Real-Time Applications*. Proceedings of the IEEE, Vol. 91, No. 7 pp. 1086-1104 (July 2003).

[6] Ephremides, A., Hajek, B.: *Information Theory and Communication Networks: An Unconsummated Union*. IEEE Transactions on Information Theory, Vol. 44, No. 6 pp. 2416-2434 (October 1998).

[7] Grüningen, D. v.: *Digitale Signalverarbeitung*. Carl Hanser Verlag, 2004.

[8] Habermann, R., Roppel, C., Geipl, M., Henneberger, H.: *Das Dienstgütekonzept in ATM-Netzen*. Der Fernmeldeingenieur, 51. Jahrg., Okt./Nov./Dez. 1997.

[9] Hessenmüller, H., Bartel, W., Döring, K.-H., Giloi, H.-G., Grimm, K., Hein, B., Herber, R., Komp, G., Martin, H., Plümer, T., Roppel, C., Sipahi, S., Widera, R., Willie, H.: *Zugangsnetzstrukturen für interaktive Videodienste*. Der Fernmeldeingenieur, 48. Jahrg., August/September 1994.

[10] Im, G.-H., Werner, J.-J.: *Bandwidth-Efficient Digital Transmission over Unshielded Twisted-Pair Wiring*. IEEE Journal on Selected Areas in Communications, Vol. 13, No. 9 pp. 1643-1655 (December 1995).

[11] ITG-Empfehlung 5.2-03: *Nachrichtenverkehrstheorie Begriffe*. Informationstechnische Gesellschaft (ITG) im Verband Deutscher Elektrotechniker (VDE) (Entwurf 1997).

[12] Jerri, A. J.: *The Shannon Sampling Theorem – Its Various Extensions and Applications: A Tutorial Review*. Proceedings of the IEEE, Vol. 65, No. 11 (November 1977).

[13] Kammeyer, K. D.: *Nachrichtenübertragung*. Teubner, 2. Aufl., 1996.

[14] Kanbach, A., Körber, A.: *ISDN - Die Technik*. Hüthig, 3. Aufl., 1999.

[15] Karol, Mark J., Hluchyj, Michael G., Morgan, Samual P.: *Input Versus Output Queueing on a Space-Division Packet Switch*. IEEE Transactions on Communications, Vol. COM-35, No. 12, 1347-1356 (December 1987).

[16] Keshav, S.: *An Engineering Approach to Computer Networking: ATM Networks, the Internet, and the Telephone Network*. Addison-Wesley, 1997.

[17] Kleinrock, L., Tobagi, F. A.: *Packet Switching in Radio Channels: Part I – Carrier Sense Multiple-Access Modes and their Throughput-Delay Characteristics*. IEEE Transactions on Communications, Vol. COM-23, No. 12, 1400-1416 (December 1975).

[18] Lau, R. C., Fleischer, P. E.: *Synchronous Techniques for Timing Recovery in BISDN*. IEEE Transactions on Communications, Vol. 43, 1810-1818 (February/March/April 1995).

[19] Lin, S., Costello, D. J.: *Error Control Coding*. Prentice Hall, 2. Aufl., 2004.

[20] Massey, J. L.: *Information Theory: The Copernican System of Communications*. IEEE Communications Magazine, Vol. 22, No. 12 (December 1984).

[21] Meyr, H., Moeneclaey, M., Fechtel, S. A.: *Digital Communication Receivers: Synchronization, Channel Estimation, and Signal Processing*. Wiley, 1998.

[22] Mirabbasi, S., Martin, K.: *Classical and Modern Receiver Architectures*. IEEE Communications Magazine, November 2000.

[23] Modarressi, A. R., Skoog, R. A.: *An Overview of Signaling System No. 7*. Proceedings of the IEEE, Vol. 80, 590-606 (April 1992).

[24] Nyquist, H.: *Certain Topics in Telegraph Transmission Theory*. Transactions of the AIEE, Vol. 7, 617-644 (April 1928). Reprint: Proceedings of the IEEE, Vol. 90, No. 2, 280-305 (February 2002).

[25] Ohm, J.-R., Lüke, H. D.: *Signalübertragung*. Springer, 8. Aufl., 2002.

[26] Oppenheim, A. V., Schafer, R. W.: *Discrete-Time Signal Processing*. Prentice Hall, 2. Aufl., 1999.

[27] Orlamünder, H.: *Paket-basierte Kommunikationsprotokolle*. Hüthig, 2004.

[28] Papoulis, A.: *Probability, Random Variables, and Stochastic Processes*. McGraw-Hill, 3. Aufl., 1991.

[29] Proakis, J. G.: *Digital Communications*. McGraw-Hill, 3. Aufl., 1995.

[30] Roppel, C.: *Estimating Cell Transfer Delay and Cell Delay Variation in ATM Networks: Measurement Techniques and Results*. European Transactions on Telecommunications (ETT), Vol. 10, No. 1 (January/February 1999).

[31] Roppel, C., Habermann, R., Dörken, H.: *Ein Tool für Performance-Messungen in IP-basierten Netzen*. In: Steinmetz, R. (Hrsg.): Kommunikation in Verteilten Systemen (KiVS, 2.-5. März 1999, Darmstadt). Berlin: Springer, 1999.

[32] Shannon, C. E.: *A Mathematical Theory of Communication*. Bell Systems Technical Journal, Vol. 27, 379-423 (July 1948) and 623-656 (October 1948).

[33] Shannon, C. E.: *Communication in the Presence of Noise*. Proceedings of the IRE, Vol. 37, No. 1, 10-21 (January 1949). Reprint: Proceedings of the IEEE, Vol. 86, No. 2, 447-457 (February 1998).

[34] Sklar, B.: *Digital Communications: Fundamentals and Applications*. Prentice Hall, 2. Aufl., 2001.

[35] Slepian, D.: *On Bandwidth*. Proceedings of the IEEE, Vol. 64, No. 3 (March 1976).

[36] Steinmetz, R.: *Multimedia-Technologie*. Springer, 2. Aufl., 1999.

[37] Takahashi, A., Yoshino, H., Kitawaki, N.: *Perceptual QoS Assessment Technologies for VoIP*. IEEE Communications Magazine, July 2004.

[38] Tanenbaum, A. S.: *Computer Networks*. Prentice Hall, 3. Aufl., 1996.

[39] Trick, U., Weber, F.: *SIP, TCP/IP und Telekommunikationsnetze*. Oldenbourg, 2004.

[40] TS 23-107: *QoS Concept and Architecture*. 3GPP Technical Specification, September 2003.

[41] Vaughan, R. G., Scott, N. L., White, D. R.: *The Theory of Bandpass Sampling*. IEEE Transactions on Signal Processing, Vol. 39, No. 9 (September 1991).

[42] Viterbi, A. J.: *Convolutional Codes and Their Performance in Communication Systems.* IEEE Transactions on Communications Technology, Vol. COM-19, No. 5 pp. 751-772 (October 1971).

[43] Werner, M.: *Information und Codierung.* Vieweg, 2002.

[44] Zhang, H.: *Service Disciplines for Guaranteed Performance in Packet-Switching Networks.* Proceedings of the IEEE, Vol. 83, 1374-1396 (October 1995).

ATM-Forum

[45] ATM Forum Technical Committee: *Traffic Management Specification*, Version 4.0, 1996.

[46] ATM Forum Technical Committee: *Traffic Management Specification*, Version 4.1, 1999.

[47] ATM Forum Technical Committee: *User-Network Interface (UNI) Specification*, Version 3.1, 1994.

[48] ATM Forum Technical Committee: *User-Network Interface (UNI) Specification*, Version 4.0, 1996.

[49] ATM Forum Technical Committee: *Private Network-Network Interface Specification Version 1 (PNNI 1.0)*, 1996.

ETSI

[50] ETS 300 421: *Digital Video Broadcasting (DVB): Framing structure, channel coding and modulation for 11/12 GHz satellite services.* European Telecommunications Standards Institute (ETSI), 1997.

[51] ETS 300 429: *Digital Video Broadcasting (DVB): Framing structure, channel coding and modulation for cable systems.* European Telecommunications Standards Institute (ETSI), 1998.

[52] ETS 300 744: *Digital Video Broadcasting (DVB): Framing structure, channel coding and modulation for digital terrestrial television (DVB-T).* European Telecommunications Standards Institute (ETSI), 2004.

[53] EN 302 304: *Digital Video Broadcasting (DVB): Transmission System for Handheld Terminals (DVB-H).* European Telecommunications Standards Institute (ETSI), 2004.

[54] EN 302 307: *Digital Video Broadcasting (DVB): Second generation framing structure, channel coding and modulation systems for Broadcasting, Interactive Services, News Gathering and other broadband satellite applications.* European Telecommunications Standards Institute (ETSI), 2005.

[55] ETR 290: *Digital Video Broadcasting (DVB): Measurement guidelines for DVB systems.* European Telecommunications Standards Institute (ETSI), 1997.

[56] TR 101 190: *Digital Video Broadcasting (DVB): Implementation guidelines for DVB terrestrial services; Transmission Aspects.* European Telecommunications Standards Institute (ETSI), 2004.

IEEE

[57] IEEE Std 802.3-2002: *Carrier sense multiple access with collision detection (CSMA/CD) access method and physical layer specifications.*

IETF

[58] RFC 768: *User Datagram Protocol.* August 1980.

[59] RFC 791: *Internet Protocol (Version 4).* September 1981.

[60] RFC 792: *Internet Control Message Protocol.* September 1981.

[61] RFC 793: *Transmission Control Protocol.* September 1981.

[62] RFC 826: *An Ethernet Address Resolution Protocol.* November1992.

[63] RFC 1519: *Classless Inter-Domain Routing: An Address Assignment and Aggregation Strategy.* September 1993.

[64] RFC 1633: *Integrated Services in the Internet Architecture: an Overview.* June 1994.

[65] RFC 1661: *The Point-to-Point Protocol (PPP).* July 1994.

[66] RFC 2001: *TCP Slow Start, Congestion Avoidance, Fast Retransmit, and Fast Recovery Algorithms.* January 1997.

[67] RFC 2205: *Resource Reservation Protocol – Version 1 Functional Specification.* September 1997.

[68] RFC 2330: *Framework for IP Performance Metrics.* May 1998.

[69] RFC 2460: *IPv6 Specification.* December 1998.

[70] RFC 2474: *Definition of the Differentiated Services Field (DS Field) in the IPv4 and IPv6 Headers.* December 1998

[71] RFC 2475: *An Architecture for Differentiated Services.* December 1998.

[72] RFC 2581: *TCP Congestion Control.* April 1999.

[73] RFC 3031: *Multiprotocol Label Switching Architecture.* January 2001.

[74] RFC 3260: *New Terminology and Clarifications for Diffserv.* April 2002.

[75] RFC 3261: *SIP: Session Initiation Protocol.* June 2002.

[76] RFC 3550: *RTP: A Transport Protocol for Real-Time Applications.* July 2003.

ITU-T

[77] ITU-T Recommendation E.164 (1996): *Numbering Plan for the ISDN Era.*

[78] ITU-T Recommendation G.107 (2000): *The E-Model, a computational Model for Use in Transmission Planning.*

[79] ITU-T Recommendation G.114 (2000): *One-way transmission time.*

[80] ITU-T Recommendation G.703 (1998): *Physical/Electrical Characteristics of Hierachical Digital Interfaces.*

[81] ITU-T Recommendation G.707 (2003): *Network Node Interface for the Synchronous Digital Hierachy (SDH).*

[82] ITU-T Recommendation G.711 (2000): *Pulse Code Modulation (PCM) for Voice Frequencies.*

[83] ITU-T Recommendation G.723.1 (1996): *Dual rate speech coder for multimedia communications transmitting at 5.3 and 6.3 kbit/s.*

[84] ITU-T Recommendation G.726 (1990): *40, 32, 24, 16 kbit/s Adaptive Differential Pulse Code Modulation (ADPCM).*

[85] ITU-T Recommendation G.729 (1996): *Coding of speech at 8 kbit/s using conjugate-structure algebraic-code-exited linear-prediction.*

[86] ITU-T Recommendation G.826 (1996): *Error performance parameters and objectives for international, constant bit rate digital paths at or above the primary rate.*

[87] ITU-T Recommendation G.992.1 (1999): *Asymmetric Digital Subscriber Line (ADSL) Transceivers.*

[88] ITU-T Recommendation G.992.2 (1999): *Splitterless Asymmetric Digital Subscriber Line (ADSL) Transceivers.*

[89] ITU-T Recommendation H.323 (2003): *Packet-Based Multimedia Communications Systems.*

[90] ITU-T Recommendation I.321 (1991): *B-ISDN Protocol Reference Model and its Application.*

[91] ITU-T Recommendation I.350 (1993): *General Aspects of Quality of Service and Network Performance in Digital Networks, including ISDNs.*

[92] ITU-T Recommendation I.356 (2000): *B-ISDN ATM Layer Cell Transfer Performance.*

[93] ITU-T Recommendation I.361 (1999): *B-ISDN ATM Layer Specification.*

[94] ITU-T Recommendation I.363 (1993): *B-ISDN ATM Adaptation Layer Specification.*

[95] ITU-T Recommendation I.371 (2000): *Traffic Control and Congestion Control in B-ISDN.*

[96] ITU-T Recommendation I.430 (1995): *Basic User-Network Interface Layer I Specification.*

[97] ITU-T Recommendation I.431 (1993): *Primary Rate User-Network Interface Layer I Specification.*

[98] ITU-T Recommendation I.432.1 (1999): *B-ISDN User-Network Interface - Physical Layer Specification: General Characteristics.*

[99] ITU-T Recommendation I.610 (1999): *B-ISDN Operation and Maintenance Principles and Functions.*

[100] ITU-T Recommendation P.800 (1996): *Methods for Subjective Determination of Transmission Quality.*

[101] ITU-T Recommendation Q.921 (1997): *ISDN User-Network Interface – Data Link Layer Specification.*

[102] ITU-T Recommendation Q.931 (1998): *ISDN User-Network Interface Layer 3 Specification for basic Call Control.*

[103] ITU-T Recommendation Q.2931 (2000): *B-ISDN – Digital Subscriber Signalling System No. 2 (DSS2) - User-Network Interface (UNI) Layer 3 Specification for basic Call/ Connection Control.*

[104] ITU-T Recommendation V.24 (2000): *List of Definitions for Interchange Circuits between Data Terminal Equipment (DTE) and Data Circuit-Terminating Equipment (DCE).*

[105] ITU-T Recommendation V.34 (1998): *A Modem operating at Data Signalling Rates of up to 33 600 bit/s for Use on the General Switched Telephone Network and on leased point-to-point 2-Wire Telephone-Type Circuits.*

[106] ITU-T Recommendation V.56bis (1995): *Network Transmission Model for Evaluating Modem Performance over 2-Wire Voice Grade Connections.*

[107] ITU-T Recommendation Y.1540 (2002): *Internet Protocol Data Communication Service - IP Packet Transfer and Availability Performance Parameters.*

[108] ITU-T Recommendation Y.1541 (2002): *Internet Protocol Data Communication Service - IP Performance and Availability Objectives and Allocations.*

Sachwortverzeichnis